JINSHU GOUJIAN
QUEXIAN SHIXIAO FENXI YU SHILI

金属构件
缺陷、失效分析与实例

丁惠麟　金荣芳　编著

化学工业出版社

·北京·

内 容 提 要

本书通过大量实例，结合金属构件断裂实物和相应金相照片，详细介绍了金属构件由于设计不当、材料缺陷、工艺缺陷和使用不当造成的零件失效的缺陷分析和处理对策。

本书适宜从事机械和材料相关领域的科研和分析人员以及相关企业的质检人员参考。

图书在版编目（CIP）数据

金属构件缺陷、失效分析与实例/丁惠麟，金荣芳编著. —北京：化学工业出版社，2020.6（2023.1重印）

ISBN 978-7-122-36535-4

Ⅰ.①金… Ⅱ.①丁…②金… Ⅲ.①机械元件-缺陷②机械元件-失效分析 Ⅳ.①TH13

中国版本图书馆 CIP 数据核字（2020）第 053646 号

责任编辑：邢　涛　　　　　　　　　　文字编辑：张　宇　陈小滔
责任校对：张雨彤　　　　　　　　　　装帧设计：韩　飞

出版发行：化学工业出版社（北京市东城区青年湖南街 13 号　邮政编码 100011）
印　　装：北京盛通数码印刷有限公司
787mm×1092mm　1/16　印张 37¼　字数 959 千字　2023 年 1 月北京第 1 版第 2 次印刷

购书咨询：010-64518888　　　　　　　　售后服务：010-64518899
网　　址：http://www.cip.com.cn
凡购买本书，如有缺损质量问题，本社销售中心负责调换。

定　　价：198.00 元

前言

金属构件缺陷、失效分析与实例
JINSHU GOUJIAN
QUEXIAN SHIXIAO FENXI YU SHILI

随着科学技术和工业生产的迅速发展，人们对机械零部件的质量要求也越来越高。材料质量和零部件的精度虽得到很大的提高，但各行业中使用的机械零部件的早期失效仍时有发生。通过失效分析，找出失效原因，提出有效改进措施以防止类似失效事故的重复发生，从而保证工程的安全运行是必不可少的。

经长期失效分析，笔者深感缺陷分析是失效分析的重要基础之一。一般失效分析常以脆性断裂、疲劳断裂、塑性断裂、蠕变断裂和剥落、腐蚀、磨损等失效模式来描述失效形式，但不是失效的原因。造成结构失效的根本原因往往是材料或零部件制造过程遗留的各种缺陷或设计考虑不周、安装与使用不当、使用环境变化等因素引起应力集中、受力状态的改变及表面损伤导致零部件的变形与裂纹的形成或多种因素综合作用的结果。

本书是笔者在长期从事金相检测和失效分析、生产实践经验积累和收集相关资料的基础上编写而成。全书共分9章，第1章为失效和失效分析；第2章为设计不当引起的失效；第3章为材料缺陷与失效；第4~7章为铸造、锻造、焊接和热处理生产过程中形成的缺陷与由此引起的失效；第8章为冷加工成形缺陷与失效；第9章为安装、使用和维护不当引起的失效。各章分别介绍了材料和制造过程中常见的各种缺陷与设计、管理和使用不当导致零部件的早期失效。突出了各种缺陷的形成、特征及其危害和失效分析中的断口、组织形貌，并附有各类缺陷引起的失效案例。

本书内容翔实，图文并茂，可供机械、冶金、航空、电力、汽车、轻工等企业和技术部门的金相检测、铸造、热处理、锻造、焊接、设计与失效分析等人员使用，也可供高等院校相关专业师生参考。

本书编写过程中得到了江苏省机械研究设计院等单位和王建怀高级工程师的帮助和支持，引用了一些单位和学者发表的科技资料和技术标准，在此一并表示衷心感谢。

由于水平有限，书中不足之处，敬请读者赐教和指正。

编著者

金属构件缺陷、失效分析与实例
JINSHU GOUJIAN
QUEXIAN SHIXIAO FENXI YU SHILI

目 录

第 3 章　材料缺陷与失效　　73

第 8 章　冷加工成形缺陷与失效　　379

金属构件缺陷、失效分析与实例
JINSHU GOUJIAN
QUEXIAN SHIXIAO FENXI YU SHILI

·第1章·

失效和失效分析

工程技术上经常会遇到一些机械构件失效事故，即机械构件在使用过程中以断裂、变形、磨损、腐蚀等为特征的损坏，丧失其规定功能的现象。在生产过程中出现的材质问题而使其失去原来应有的效能，也属失效范畴。对可修复的产品，通常也称为故障。失效分析就是通过对失效件的宏观与微观特征、材质、工艺、理化性能规定的功能、受力状态及环境条件等进行分析研究，判明失效性质与原因，提出预防和纠正措施的技术活动与管理活动。

1.1 失效分析的目的及意义

1.1.1 失效分析的目的

装备或构件的失效首先从最薄弱的部位开始，而且在失效的部位必然会留存着失效过程的信息。通过对失效件的分析，明确失效类型，找出失效原因，采取改进和预防措施，防止类似的失效在设计寿命范围内再发生，对装备及构件在以后的设计、选材、加工及使用都有指导意义（图1-1），这是失效分析的主要目的。失效分析有的是为了技术攻关、提高产品质量或产品的修复；有的是为了仲裁，其目的不同，而意义相同。

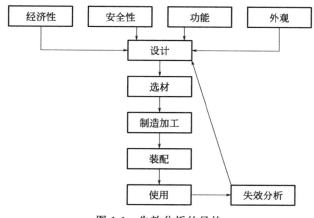

图 1-1　失效分析的目的

1.1.2　失效分析的意义

1.1.2.1　促进科学技术的发展

失效分析是对事物认识的一个复杂过程，通过多学科交叉分析，找到失效的原因，不仅可防止同样的失效再发生，而且能更进一步完善装备构件的功能，并促进与之相关的各项工作的改进。例如，19世纪中期火车车轴的频繁断裂，通过失效分析，发展了疲劳断裂理论，成为金属材料强度学中的一个重要领域。第二次世界大战中，美国对焊接结构的"自由轮"1000多次脆断事故的失效分析，诞生了钢的低温脆断基本理论，根据低温脆断理论，人们研制出了低温下仍有良好性能的低温材料。50年代美国对数起电站设备开裂事故进行了大量失效分析后，对钢中的氢和夹杂物的有害作用有了充分的认识，从而促进了金属材料冶炼技术的飞跃发展。人们通过大型化工设备的断裂分析，认识了金属在敏感介质系统中的各类应力腐蚀开裂行为，加深了对应力腐蚀断裂机理的理解。飞机起落架的断裂失效分析，发展了氢脆理论。

1.1.2.2　提高装备及其构件的质量

提高产品质量是非常重要的，在强大的市场竞争条件下，只能是以质量求信誉，以质量求生存，以质量求经济效益。失效分析的结论是产品开发规划和设计的重要依据，是控制产品质量的实地检验，也是评定产品缺陷、安全度的最佳参数依据。

1.1.2.3　失效分析具有很大的经济效益

通过失效分析找出失效原因及防止措施，使同样的失效不再发生，减少和消除失效造成的直接及间接经济损失，进而提高装备构件质量，增加使用寿命，降低维修费用及获得更高的产品质量信誉等都可以得到经济效益的提高。同时，失效分析在外贸索赔活动中也发挥了很大作用。失效分析能分清责任，为仲裁和执法提供依据。失效分析有力地推动了科学技术的发展，给整个社会带来的经济效益和社会效益是难以估计的。

1.1.2.4　失效分析是质量管理的重要环节

其作用为以下三个方面：
① 失效分析的结果是新产品开发规划和设计的重要依据；
② 失效分析是对质量控制的实地检验；
③ 失效分析是评定产品缺陷的最佳参考依据，其结果可用于产品缺陷的安全性分析。

1.2　构件失效的主要形式及其分析

机械构件的失效通常有四种类型，即变形失效、断裂失效、腐蚀失效和磨损失效。

1.2.1　变形失效

变形失效是在使用中逐渐发生的，一般都属于非灾难性的，但若忽视对变形失效的监督和预防，也会导致重大损失。

室温下的变形失效主要有弹性变形失效和塑性变形失效。高温下的变形失效主要有蠕变变形失效和高温松弛失效。

1.2.1.1　弹性变形失效

构件的弹性变形已不遵循变形的可逆性，失去了弹性功能而失效。如汽车车厢下面的弹簧，长期使用后松弛，不能起缓冲作用，发生了弹性变形失效。

1.2.1.2　塑性变形失效

构件产生的塑性变形量超过允许的数值称为塑性变形失效。其变形失效判断以影响构件执行正常功能为依据。例如，长期运转后的汽轮机叶片逐渐伸长而与壳体相碰时叶片发生塑性变形失效，从而使汽轮机不能正常运转。

1.2.1.3　蠕变变形失效

构件在一定温度和压力作用下长期工作，即使应力小于屈服点，也会缓慢地产生塑性变形，此现象称为蠕变。当蠕变变形超过规定数值时会产生失效，甚至发生蠕变断裂。

1.2.1.4　高温松弛失效

构件在高温下失去弹性功能而导致失效。如蒸汽轮机的高温紧固件经长期使用发生松弛，使蒸汽轮机不能正常工作。

1.2.2　断裂失效

断裂失效可分为塑性断裂和脆性断裂两种。

1.2.2.1　塑性断裂

构件所受实际应力大于其屈服强度时，发生变形，进一步加大应力即可发生断裂，称为塑性断裂，又称过载断裂。此类断裂由于首先发生塑性变形，往往易发现。所以，塑性断裂一般不易发生灾难性事故。塑性断裂的宏观断口一般呈杯锥状，由三个特征区组成，即纤维区、放射区和剪切唇区。纤维区是由在平面应变条件下拉伸应力造成的断裂，其断裂面与主应力方向垂直，一般位于断口中央，呈纤维起伏状。紧接纤维区的是放射区，是裂纹由缓慢扩展转化为快速的不稳定扩展的标志，呈放射状花样。剪切唇区为断裂过程的最后阶段，和拉伸应力方向约呈 45°角度，形成表面光滑区。

蠕变断裂也属塑性断裂，但断裂机理不同，它是在高温载荷下发生变形导致断裂。

塑性断裂的主要特征：

① 断裂部位有缩颈现象，在其附近有塑性变形，断口形貌呈杯锥状，变形部位往往还可能有裂纹出现（图 1-2）。

② 扫描电镜下观察断口可见韧窝形貌，根据韧窝形貌可分析断裂时的受力性质。如韧窝为拉长形，则断裂时受剪应力或撕裂应力；韧窝呈等轴形，说明受正应力（图 1-3）。

③ 金相组织中有明显的变形组织。

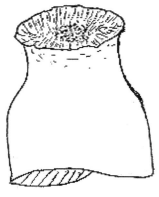

图 1-2　断裂缩颈形态

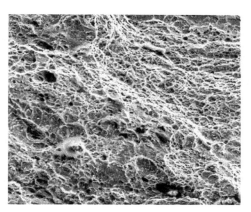

图 1-3　等轴韧窝　1200×

3

1.2.2.2 脆性断裂

脆性断裂前无明显的塑性变形，所以是突发性的，防范较困难，危害性大。断裂时的裂纹扩展途径可穿晶也可沿晶断裂。它的断裂方式有以下三种。

(1) 解理断裂 所谓解理是指在一定条件下，金属受拉应力作用而沿某些特定的结晶面发生分离。如铁素体钢的解理面为 {100} 晶面。

① 解理断裂的特征。

a. 断裂时所受应力较低，常低于材料的屈服强度。

b. 断裂之前没有或只有局部的轻微塑性变形。

c. 断裂源总是发生在缺陷处（加工、焊接等缺陷）或应力集中处（缺口、凹槽、"R"等部位）。

d. 断口宏观形貌平直，断面与拉应力方向垂直，断口上可见放射状条纹，放射条纹的收敛点为断裂源。当构件为管材或板材时，断口上呈"人字纹"特征，人字纹头部指向裂源，如图 1-4 所示。断口呈瓷状，无剪切唇，可见发亮的小刻面，断口微观形貌为解理状河流花样（图 1-5）。

e. 一旦发生开裂，裂纹扩展速度极快，可达声速。

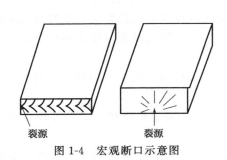

裂源　　　　　裂源

图 1-4　宏观断口示意图　　　　　图 1-5　解理断口河流花样　600×

② 形成原因。

a. 存在三向应力集中部位，如构件存在表面缺口、裂纹、几何形状突变等缺陷，而且构件硬度较高，脆性较大。

b. 受到一定的应力作用，如有残余应力、冲击应力等。

c. 温度较低，即低于材料的脆性转变温度点。

(2) 准解理断裂 介于韧性断裂和解理断裂之间，其韧性比解理断裂好，而比韧性断裂差。断口宏观形貌具有细小的放射状条纹，或呈瓷状。断口微观形貌也有河流花样，但河流短而不连续，并能观察到较多的撕裂棱特征。所以，准解理断口既有河流条纹、舌状花样等解理断口形态特征，又有韧性断口韧窝、撕裂棱等形态特征（图 1-6）。

(3) 沿晶断裂 裂纹沿晶界扩展而断裂称为沿晶断裂。

特征：宏观断口呈颗粒状，有时有放射状，微观断口呈冰糖状（图 1-7）。

形成原因：

① 晶界有沉淀相，即夹杂物（如 MnS 等）、碳化物等沿晶沉淀析出；

② 微量元素（Si、Ge、Sn、N、P、As、Sb、Bi、S、Se、Te 等）在晶界偏聚 ［如回火冷却速度慢，产生第二类回火脆性（375～560℃）等］；

③ 环境、介质侵蚀引起沿晶断裂，如氢脆、应力腐蚀等；

④ 高温蠕变断裂时，在等强温度（即晶界与晶内强度相等的温度）以上为沿晶断裂，等强温度以下为穿晶断裂。

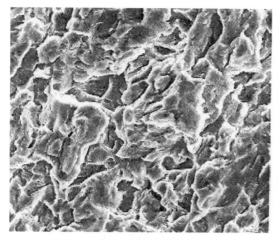

图 1-6　准解理断裂形貌　600×

图 1-7　沿晶断裂形貌　600×

1.2.2.3　疲劳断裂

零件在循环交变应力的作用下引起的断裂称为疲劳断裂。疲劳断裂在断裂中比例最高，达 70％以上。疲劳断裂是最常见的也是最重要的断裂形式，一般是小于屈服极限下在交变载荷作用下的断裂，无塑性变形，断裂通常在无明显征兆的情况下突然发生，因此危害较大。疲劳断裂的类型较多，常见的有高周疲劳、低周疲劳、热疲劳、接触疲劳、腐蚀疲劳、微动疲劳、蠕变疲劳等。

（1）高周疲劳　循环次数在 $10^4 \sim 10^5$ 及以上，称为高周疲劳。加载频率 f 在数十～数百次/秒及以上，达上千次/秒，应力水平为强度的 10％～50％左右。有以下特征：

a. 无宏观塑性变形，呈脆性形貌；

b. 有疲劳源区、扩展区和瞬时断裂区（图 1-8）。

疲劳源常位于零件的尖角、凹槽或材料的夹杂、空洞、微裂纹等缺陷处。裂纹扩展区宏观下具有独特的海滩状（或称贝纹线）特征（图 1-9），微观形貌为疲劳条带（图 1-10）。

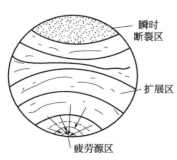

图 1-8　疲劳断口示意图

图 1-9　疲劳断口宏观贝纹线特征

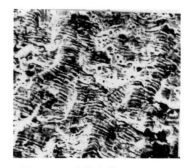

图 1-10　疲劳条带　1000×

产生疲劳断裂的常见原因有：

① 材料强度不足；

② 零件结构上有尖角、键槽、"R"等应力集中区；

③ 有表面缺陷，如凹坑、折叠、加工刀痕、毛刺、磨削烧伤和裂纹等；

④ 有夹杂、疏松、气孔、微裂纹、脱碳、过热、表面化学热处理的组织不良等材料缺陷。

其中由②、③两项引起的疲劳断裂占 52% 左右。

(2) 低周疲劳 循环次数 N 在 $10^4 \sim 10^5$，加载频率 f 为数十次/分或小时，应力水平一般在材料的屈服强度附近，所以称为高应力低周疲劳。其裂纹扩展较快，断口形貌较复杂。当循环次数大于 10^3 时，断口上有粗大条带；当循环次数小于 10^3 时，断口上有时可观察到一种"轮胎花样"；当循环次数小于 10^2 时，断口上出现韧窝或准解理。

(3) 热疲劳 零件承受交变的热应力或热应变出现的疲劳断裂和损伤称为热疲劳。如热锻模、压铸模、发动机排气门等，其特征为网状或平行断续的细小裂纹，微观断口有氧化特征，疲劳条带不易观察到。

(4) 接触疲劳 在接触应力作用下引起的疲劳破坏。如轴承、齿轮等。宏观上有剥落特征，微观上有条带、准解理等特征。其原因主要是接触应力较高所致。

(5) 腐蚀疲劳 金属材料在交变载荷及腐蚀介质的共同作用下所发生的腐蚀失效现象是腐蚀疲劳。腐蚀促进疲劳裂纹的萌生与扩展，而交变载荷又加速腐蚀，使疲劳裂纹更快扩展。

腐蚀疲劳的宏观断口形貌有腐蚀产物覆盖，颜色呈棕黑色，常为多源，起源于腐蚀坑、尖角、凹槽部位。断口微观形貌是鉴别腐蚀疲劳的重要手段，其疲劳条带有河流花样相垂直的形态，又称脆性疲劳条带。用能谱仪分析腐蚀产物可测到介质中的腐蚀元素。

(6) 微动疲劳 由微振应力作用下引起的疲劳破坏。若两个零件相互匹配，接触面发生相对微细运动而出现的微振磨损，进而产生疲劳裂纹的扩展，导致零件的损坏，如铆钉、叶片根部的安装部位等。裂源处有磨损现象和磨损产物。疲劳断口上可观察到与高周疲劳相似的条带。

1.2.3 腐蚀失效

金属与其表面接触的介质发生反应而造成的损坏称为腐蚀。腐蚀失效的特点和失效形式众多，失效机理复杂。按腐蚀机理不同可分为：化学腐蚀和电化学腐蚀两大类；按腐蚀分布的集中度可分为局部腐蚀和全面腐蚀两大类；按腐蚀部位和原因可分为均匀腐蚀、点腐蚀、缝隙腐蚀、晶间腐蚀、应力腐蚀、氢损伤、高温腐蚀、气蚀、冲刷腐蚀等，另外还有生物腐蚀。腐蚀失效占金属机械构件失效事故的比例相当高，仅次于疲劳断裂。尤其是在化工、石油、电站、冶金等工业领域中，腐蚀失效较多。现将常见的腐蚀失效类型简述如下。

1.2.3.1 均匀腐蚀

均匀腐蚀是在构件表面或相当大的面积上发生化学或电化学反应而产生的腐蚀，相对于其他腐蚀形式，危险性较小，往往表面尺寸的减薄是逐渐产生的，不会造成突然断裂，而且易被发现。

预防措施：

① 选择合适材料，降低腐蚀速度；

② 在金属表面涂覆耐蚀涂层或镀层；

③ 在接触介质中加入缓蚀剂；

④ 采用阴极保护。

1.2.3.2 点腐蚀

构件表面出现个别孔坑或密集斑点的腐蚀称为点腐蚀。点腐蚀是一种由小阳极大阴极腐蚀电池引起的阳极高度集中的局部腐蚀形式。如不锈钢、铝和铝合金等在氯离子的介质中，易发生点腐蚀。

点腐蚀的特征：

① 点腐蚀的蚀孔小；

② 只出现在表面局部区域，有分散的，也有较密集的；

③ 腐蚀产物往往将点蚀孔覆盖，将覆盖层去除后，才能暴露出点蚀孔；

④ 若构件受到应力作用，点蚀孔易成为应力腐蚀开裂或腐蚀疲劳的裂纹源。

点腐蚀的形貌如图 1-11 所示。

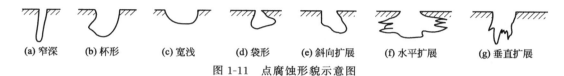

(a) 窄深　　(b) 杯形　　(c) 宽浅　　(d) 袋形　　(e) 斜向扩展　　(f) 水平扩展　　(g) 垂直扩展

图 1-11　点腐蚀形貌示意图

点腐蚀的形成原因：金属表面位错露头、杂质相界、不连续缺陷或金属表面钝化膜和保护膜的破损等部位都可成为点蚀源。在电解质中，这些部位往往呈活性状态，电位比邻近完好部位要负，两者之间形成局部微电池，经过一段时间的微电池作用，点蚀部位溶出点蚀孔。

预防措施：

① 设计时避免液体沉淀物的沉积；

② 及时清洗并保持干燥；

③ 选择耐点蚀材料。

1.2.3.3 缝隙腐蚀

金属之间或金属与非金属之间形成很小的缝隙，使缝隙内介质处于静滞状态，从而引起缝内金属加速腐蚀的局部腐蚀形式称为缝隙腐蚀，如图 1-12 所示。金属表面形成了缝隙，缝内外难以进行介质交换，缝内氧耗尽而形成氧浓差电池，或促使氯离子等活性离子进入缝隙，使 pH 值降低，在缝隙内产生催化、酸化过程，都会引起缝隙腐蚀。如铆钉、垫片、螺栓等缝隙。

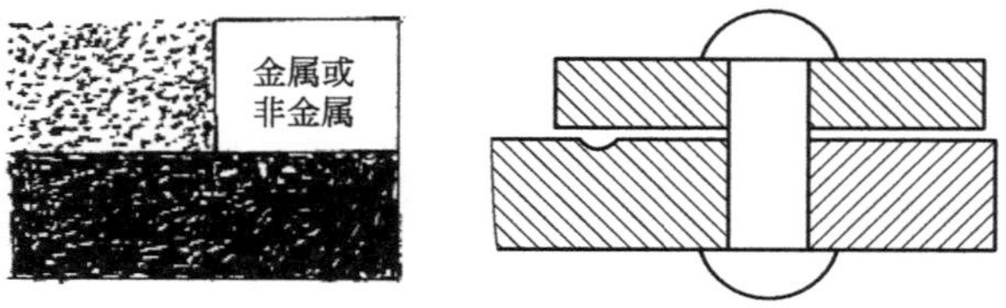

金属或
非金属

图 1-12　缝隙腐蚀特征

1.2.3.4 晶间腐蚀

晶间腐蚀是指金属材料的晶界及其邻近部位优先腐蚀，而晶粒本身不腐蚀或腐蚀很轻微

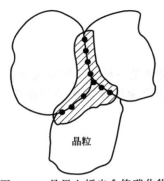

图 1-13 晶界上析出含铬碳化物
（黑点），阴影部分为贫铬区

的一种局部腐蚀。不锈钢的晶间腐蚀比普通碳钢及低合金钢普遍。例如，18-8 奥氏体不锈钢在 $400\sim900\,^{\circ}\mathrm{C}$ 范围内加热，在晶界上析出碳化物 $Cr_{23}C_6$，使晶界附近的铬元素（Cr）贫化（图 1-13）形成腐蚀敏化区，发生晶间腐蚀。

防止措施：

① 固溶处理后淬水快冷；

② 加入少量的碳化物稳定元素，如 Ti、Nb 等，减少 $Cr_{23}C_6$ 在晶界析出；

③ 降低含碳量。

1.2.3.5 电偶腐蚀

电解质中两种不同的金属相接触，由于电位不同，构成一个微电池，使电极电位低的阳极上发生严重腐蚀，称为电偶腐蚀。如钢板制成的加热水箱和外接铜管形成电偶腐蚀，使水箱很快腐蚀。

预防措施：

① 采用电极电位接近的异金属连接；

② 避免使用大阴极、小阳极；

③ 异金属连接处采用绝缘材料；

④ 表面采用涂层或镀层与腐蚀介质隔离。

1.2.3.6 应力腐蚀

金属材料在拉伸应力（包括外加载荷、热应力、冷加工、热加工、焊接等所引起的残余应力）和特定的腐蚀介质协同作用下，所出现的低于其强度极限的脆性开裂现象，称为应力腐蚀。

(1) 应力腐蚀的形貌特征

① 材料表面腐蚀程度轻，无全面腐蚀特征，但裂纹较深，裂纹走向基本与主应力方向垂直。

② 裂纹呈分叉树枝状（图 1-14），裂纹有沿晶、穿晶及混合型三种。一般碳钢、低合金钢、α-黄铜为沿晶断裂；奥氏体不锈钢和 β-黄铜在氯离子气氛中为穿晶断裂。断口宏观形貌有腐蚀色，通常应力腐蚀是多源的。断口微观形貌，穿晶为河流花样，沿晶型呈冰糖块特征。用能谱仪能测到腐蚀介质的元素。

(2) 应力腐蚀的产生条件

① 材料。应力腐蚀一般发生在耐蚀性良好的材料中，如不锈钢和铜合金等。

② 应力。有低于屈服强度的应力（工作应力和残余应力）存在。

③ 环境。对不同的合金而言有其特定的

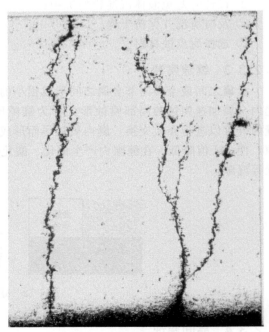

图 1-14 304 不锈钢应力腐蚀
裂纹穿晶走向示意图

腐蚀介质。不锈钢引起应力腐蚀的介质主要为 Cl^-、F^-、Br^-、H_2S、$NaOH$、SO_2 等的水溶液。对于黄铜主要介质为氨和氨溶液。

应力腐蚀的防护主要从受载条件、冶金元素和环境因素三个方面考虑。

1.2.3.7　氢损伤

氢对金属的作用往往使钢产生脆性，因而把金属的氢损伤统称为氢脆。氢与金属的相互作用可分为物理作用和化学作用两类。氢溶于金属中形成固溶体，氢原子在金属的缺陷中形成氢分子，这些是物理作用；氢与金属中的第二相作用生成气体产物，这些是化学作用。氢与钢的化学作用主要是氢与钢中碳化物等第二相反应生成甲烷等气体，反应呈单方向地向生成甲烷的方向进行：

氢原子与游离碳反应　　　$4H + C \longrightarrow CH_4$

氢分子与游离碳反应　　　$2H_2 + C \longrightarrow CH_4$

氢分子与渗碳体反应　　　$2H_2 + Fe_3C \longrightarrow CH_4 + 3Fe$

氢分子和甲烷分子的体积比氢原子大得多，形成后被封闭在钢材的微隙中，逐渐形成高压，使微隙壁萌生裂源至发展成裂纹。习惯上把氢对钢的物理作用所引起的损伤叫钢的氢脆，而把氢与钢的化学作用引起的损伤叫氢的腐蚀。氢腐蚀比氢脆破坏性大。

氢的来源：

① 钢中溶解较多的氢形成白点；

② 电镀、酸洗渗氢；

③ 腐蚀与电腐蚀反应析出的氢渗入钢内。

1.2.3.8　其他腐蚀

（1）高温腐蚀　高温下金属不断被氧化，生成氧化皮，为高温腐蚀失效的典型形式。若高温下有 H_2S 和 SO_2 气相对金属起腐蚀作用，称为高温硫腐蚀。在高温锻压过程中氧渗入钢内部产生内氧化也是高温腐蚀的一种，如合金结构钢（18Cr2Ni4W）锻造过程中引起的内氧化等。

（2）气蚀　在液体与金属之间相对速度很高的情况下，气体在材料表面局部区域形成空穴或气泡并迅速破灭，产生强烈的冲击波，压力可达 410MPa，使金属表面损耗，形成蚀坑，称为气蚀。

（3）微动磨损腐蚀、磨蚀、冲蚀、微生物腐蚀等。

1.2.4　磨损失效

相互接触并作相对运动的物体由于机械、物理和化学作用，物体表面材料位移及分离，表面形状、尺寸、组织及性能发生变化的过程称为磨损。

磨损的类型，目前较通用的是按磨损机理来划分，可分为磨粒磨损、黏着磨损、接触疲劳磨损、冲蚀磨损和微动磨损。

1.2.4.1　磨粒磨损

材料与硬颗粒或与耦合件表面做相对运动所造成的材料位移或分离，称为磨粒磨损。磨粒磨损主要是硬质点夹在两表面之间，对一面或两面表面起切削作用。对于塑性材料，磨料尖锐，使其表面形成沟槽，即产生犁沟现象。对于硬表面，反复应力作用而使其产生显微裂纹，最后局部发生脆断方式剥落，相当于接触疲劳失效。

磨粒磨损可分三类：

① 冲击性磨粒磨损，如颚式破碎机齿板；

② 碾碎性磨粒磨损，如球磨机衬板与磨球；

③ 磨蚀，磨粒在气流或液流中以一定的速度与零件摩擦所引起的磨损。

1.2.4.2　黏着磨损

黏着磨损也称咬合（胶合）磨损。在相对运动物体的真实接触面积较小的微凸体上，其接触应力极高，因而产生冷焊现象，发生固相黏着，使材料从一个表面转移到另一表面的现象，称为黏着磨损。黏着磨损通常发生在载荷大、速度高、无润滑或润滑剂使用不当，使润滑膜破裂，两金属之间发生直接接触的情况。

1.2.4.3　接触疲劳磨损

两物体作滚动时，表面受到应力的反复作用，引起表面疲劳破坏现象，称为接触疲劳磨损失效。

接触疲劳磨损的基本原理：两物体接触的最大正应力发生在表面，最大的切应力发生在离表面一定距离处。对于两球体的点接触，此值为 $0.47a$；对于两个圆柱体的线接触时，此值为 $0.78a$，a 为接触宽度的 $1/2$（见示意图 1-15）。滚动接触时在交变应力的影响下，裂纹就容易在这些部位形核，并扩展到表面而产生剥落。

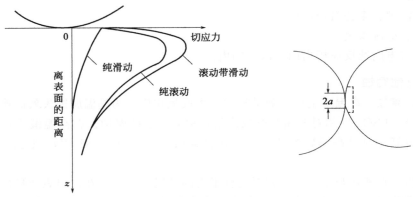

图 1-15　距表面不同深度处切应力的变化曲线

按产生条件及失效形态，可分为麻点剥落和片状剥落两类。

（1）麻点剥落　当表面受很高的接触应力时，产生疲劳开裂，裂纹沿锐角方向向内扩展，最后由裂纹前端的弯曲应力使其折断，形成剥落，其麻坑形状呈三角形。

麻点剥落有两种形式：

① 非扩展性麻点剥落，又称初期剥落。初始阶段表面粗糙，接触面积小，局部接触区应力很高，易产生麻点，运行一段时间后，接触面积增大，实际应力下降，不产生新的麻点，老的麻点被逐渐磨平。

② 扩展性麻点剥落，又称破坏性麻点剥落。表面接触应力大，同时由于材料、润滑剂选择不当，初期麻点不断增多，并扩大而发展成较大面积的凹坑。

麻点剥落主要发生在硬度偏低的工件表面，如软的齿表面。啮合齿齿数少、齿形不良、表面粗糙、精度低等都会造成局部接触应力过高，从而引起表面微裂纹的产生进而剥落。

（2）片状剥落　又称浅层剥落。由于受到滑动和滚动复合剪切应力，其最大切应力位于次表面。因此，片状剥落往往位于次表层的缺陷处，如夹杂、大块碳化物、表面硬化层与中心的交界处。

1.2.4.4 微动磨损

微动磨损和微动疲劳基本类似。一般认为微动磨损的机理是两接触表面在载荷作用下，微凸体之间发生黏着，由于相对运动，黏结破裂、脱落成磨屑，夹在两表面不易被带出而起磨料作用，加剧磨损。

微动磨损的磨屑颜色因材料不同而异，钢、铁磨屑呈红色（$\alpha\text{-Fe}_2\text{O}_3$）和黑褐色（$\text{Fe}_3\text{O}_4$），而铝、镁磨屑呈黑色。在微动磨损条件下，疲劳裂纹往往在非常低的应力条件下在应力集中点萌生，所受应力大大低于一般疲劳极限。

1.2.4.5 腐蚀磨损

磨损过程中材料同时与周围介质发生化学或电化学反应而引起的破坏称为腐蚀磨损。

由于磨损与腐蚀的双重作用，腐蚀磨损比单独磨损失效率要高得多。有时介质对材料的腐蚀虽很微弱，但在磨损条件下，可促使磨损加剧。如水对黄铜或青铜并非腐蚀介质，但因表面钝化膜被磨去，表面再次暴露而受到水的腐蚀进而加速磨损。

1.2.4.6 润滑失效

两物体相对运动时，表面间加润滑剂可降低摩擦系数，减少磨损，添加润滑剂后的磨损率仅为无润滑剂时的 5%。当载荷、速度和温度增加时，局部边界润滑膜破裂，就可引起金属与金属直接接触而加剧磨损，导致失效，称为润滑失效。

原因：大部分润滑失效是由于油的分解变质，受污染、受热变质，流失或油压不确定。大多数的润滑失效与油的受热氧化有关。油在空气中受热发生氧化，使油的黏度增高，油中有机酸增加，使变质油黏度变低，油膜强度下降，造成磨损加剧甚至咬死，导致失效。

1.2.5 失效模式表

常见的失效模式及其诱因和表现形式见表1-1。

表 1-1　常见失效模式及其诱因和表现形式

失 效 模 式		诱 发 因 素	表 现 形 式
弹性变形		各种受力形式、温度（高温）	弹性变形弯曲失稳
塑性变形		各种受力形式、温度（高温）	塑性变形弯曲失稳
过载压痕损伤		接触应力、温度（高温）	塑性变形
塑性断裂		拉伸或剪应力、冲击载荷、温度（高温）	断裂、塑性变形
脆性断裂		拉伸或剪应力、冲击载荷、温度（低温）、热冲击	断裂
疲劳	高周疲劳	交变应力	断裂
	低周疲劳	交变塑性应变	断裂
	热疲劳	交变温度	开裂
	表面疲劳	交变接触应力	表面剥离
	冲击疲劳	冲击应力	断裂
	腐蚀疲劳	交变应力＋腐蚀介质	断裂及腐蚀
	微振疲劳	微小振动	表面开裂

失 效 模 式		诱 发 因 素	表 现 形 式
腐蚀	纯化学腐蚀	腐蚀介质	化学变化
	电池腐蚀	电解质	化学变化
	缝隙腐蚀	电解质	化学变化
	点腐蚀	腐蚀介质	化学变化
	晶界腐蚀	腐蚀介质	化学变化
	浸出腐蚀	腐蚀介质	成分有变化
	冲蚀腐蚀	冲刷力＋腐蚀介质	表面剥离及化学变化
	微振腐蚀	微小振动＋腐蚀介质	表面开裂及化学变化
	氢损伤	氢介质	断裂
	生物腐蚀	霉菌	化学变化
	应力腐蚀	拉应力＋腐蚀介质	断裂及化学变化
磨损	黏着磨损	表面相对运动	表面损伤
	磨料磨损	硬质点研磨	表面损伤
	腐蚀磨损	相对运动、硬质点、腐蚀介质	表面损伤及化学变化
	表面疲劳磨损	交变接触压应力	表面剥离
	变形磨损	过高的冲击载荷	表面塑性变形、裂纹、掉粒
	气蚀	瞬时冲击	表面剥离及物理变化
	微振磨损	微小振动	表面剥离
	冲击磨损	反复冲击	表层金属掉块
	咬合	匹配表面相对运动	咬合、咬死
蠕变	热松弛	应力、高温、长时间	变长
	蠕变断裂	应力、高温、长时间	断裂
	蠕变弯曲失稳	应力、高温、长时间、杆形件	塑性失稳
	蠕变疲劳	静应力、高温、长时间、交变应力	变形断裂
辐射损伤		射线辐照、长时间	材质变坏、性能变化

1.3　引起失效的主要原因

1.3.1　设计不合理

①几何形状不合理，如"R"大小、凹槽等。②选材不合理。③表面粗糙度和配合不合理。④焊缝选择不当。⑤润滑不良。⑥振动等。

1.3.2　材料缺陷

① 冶炼不纯，如夹杂，偏析，O、H、N元素含量较多等。

② 铸造缺陷，如疏松、夹渣（杂）、脱碳、冷/热裂纹、偏析等。

1.3.3　加工制造过程中产生的缺陷

① 锻造缺陷：如过热、过烧、裂纹、流线、折叠等。

② 焊接缺陷：裂纹、夹杂、未熔合、未焊透、咬边、气孔等。

③ 机加工缺陷：表面粗糙度不符合要求、"R"过小、磨削烧伤、裂纹等。

④ 热处理缺陷：过热、网状碳化物、脱碳、变形、裂纹、性能不符合要求等。

⑤ 表面处理缺陷：渗氢、渗碳、渗氮缺陷等。

1.3.4 操作与维护维修不当引起的失效

① 违章操作。

② 维修、保养不好。

1.4 失效分析思路及方法

机械零件失效的情况千变万化，很难用一个简单的模式去进行分析。所以，分析之前要有一个确定的程序和严密的步骤，便于得到正确结论。

首先要把失效件和其配合件的材料、使用时间和配合紧度等情况及其传动系统的关系统一考虑，不能孤立地仅分析失效件。

其次是对失效件的使用环境（如温度、介质、气氛等）和操作、维修等情况统一考虑。

再次，事物在不同时间和空间范围内变化，设备在不同工作阶段、不同环境下，就具有不同性质或特点。所有机械产品的失效都是服从"浴盆曲线"特性，即在工作初期和后期最易失效，而中期失效率就低得多。所以，必须考虑失效件的使用时间和其寿命期之间的关系。

具体方法上，必须从设计、材料、使用和维护、维修等因素中寻找失效原因。选择和失效件同批生产的和同设备、同工作条件下使用未失效的工件进行测试比较，寻找差异，从中找出失效原因。然后根据设计、材料与制造情况和失效现场调查材料及分析测试获得的信息来进行分析比较，综合归纳和概括，作出判断和推论，得出可能导致失效的原因。

1.5 失效分析程序和步骤

对一个大而复杂系统的失效，在分析前要设计一个分析程序，防止混乱和走弯路，甚至分析步骤颠倒，使失效分析无法找到真实原因。

1.5.1 一般分析程序

1.5.1.1 接受任务

明确分析对象：名称、型号、材料、状态、生产工厂、工作时间、使用和失效情况、技术要求等。

1.5.1.2 调查研究

(1) 现场调查

① 事故与工况概况。

② 失效件使用情况，是否装配精度不够，受力状态是否正常，有无使用不当等。

③ 设备状况，是否精度降低、维护不当等。

④ 操作情况，如润滑和冷却不良、操作失误等。

⑤ 失效件（同批产品）所占比例，以前是否有类似失效现象，安装后的运转时间内，

有否发生异常情况，以及失效瞬间情况等。

⑥ 配合件与传动机构运转等情况。

（2）失效件的制造过程调查

① 设计技术要求：如材料成分和冶金质量，有关规范与标准，力学性能、金相组织等技术指标，几何形状和表面状态的要求等。

② 锻造及锻后热处理工艺和相关的技术要求，如力学性能、显微组织纤维方向和表面质量等要求。

③ 最终热处理工艺与技术要求，如实际操作情况，是否有过热、过烧，显微组织，晶粒度，增、脱碳情况。

④ 机加工和表面处理要求等。

通过以上调查，排除和确定一些可能产生的情况，对失效分析形成一个初步设想。

1.5.1.3 失效件的外观检查与测定

（1）失效件的外观检查 通过肉眼或利用放大镜，观察失效件外表面损伤形态和性质，是否有弯曲、变形、颈缩、腐蚀、磨损、擦伤和配合件的情况等，以初步判断零件工作过程中的受力方向、应力状态，进而初步推断导致失效的几种可能性。

（2）失效件的几何形状测定 如"R"大小、表面粗糙度、尺寸等是否符合技术要求。

（3）无损探伤 必要时采用磁粉、超声波、X射线等探伤方法，以显露失效件表面及内部缺陷的分布情况。

（4）首断件的判断 机械装备在使用过程中，某一零件或部位首先开裂或断裂失效，往往会导致其他零件或部位因异常受力而先后开裂或断裂。此时，必须找出首先开裂件（首断件），并将其作为分析断裂原因的主要研究对象。判断首断件的原则为：根据各零件的功能特征，各相关零件的损伤痕迹，各零件的断裂形貌等加以综合分析判断。

① 当各断裂件中既有延性断裂又有脆性断裂时，一般脆性断裂发生在前，延性断裂发生在后。

② 当各断裂件中既有一次性快速断裂件又存在疲劳断裂件时，则疲劳断裂件应为首断件。

③ 当存在两个或两个以上疲劳断裂件时，低应力疲劳断裂件出现在前，而大应力疲劳断裂件出现在后。

④ 当各断裂件均为延性断裂时，则应根据各零件的受力状态、结构特性、断裂走向、材质与性能等进行综合分析与评判，才能找出首先断裂失效件。

1.5.1.4 断口分析

（1）断口的获取与保护

① 裂纹打开与断口切取。断口表面往往会存留许多断裂过程的信息，它既是断裂分析的基础，又是判断断裂原因的依据，断口分析比裂纹分析更为全面准确与直观。判断裂纹扩展方向找出失效源区，便于后期对源区进行重点分析，也可通过电镜观察和微区能谱成分分析确定其断裂性质和断裂原因。对有些已开裂但仍未完全断开的失效件，首先要将裂纹打开，找出裂源，然后对裂源区进行重点分析，找出原因。有时主断口受到机械的或化学的损伤与污染，很难对断口形貌特征进行分析，必须清洗后观察；有时需要将二次裂纹打开加以观察分析。

裂纹张口最大的部位往往是最先开裂的，因此，尽量沿此处打开裂纹，以便于找到裂纹源,并对裂源进行重点观察分析。打开裂纹的方法有拉开、扳开、压开、敲开等,要选好受力点,沿裂纹扩展方向施加作用力,使裂纹张开形成断口,从而避免在打开裂纹的过程中造成开裂面的损伤。

有的零件厚度较大而裂纹较浅,很难将裂纹直接打开,可通过锯、刨、车等机械加工手段在裂纹的反方向上进行加工,加工时要注意加工深度,不要损坏裂纹断口的形貌。对于较大的断口,为了便于进行深入的观察分析,需要将大型零件的断口切割成小块试样。常用的切割方法有:砂轮切割、电火花线切割等。在切割过程中要防止断口及其附近区域的显微组织和性能因受热发生变化,同时要尽量避免断面的形貌特征受到机械的或化学的损伤和污染。

无论是打开裂纹还是切取断口,都会部分地破坏断裂失效件的外观特征。因此,在实施切割或打开裂纹的操作前,一定要对失效件的外观特征进行仔细的观察与测量,并用文字和影像翔实记录下来。

② 断口的清洗。零件在断裂过程中和断裂之后,断裂表面不可避免地会受到污染,甚至可能受到机械和化学的损伤,为了能够观察到断口的真实形貌与特征,需要将覆盖在断口表面上的尘埃、油污、腐蚀产物及氧化膜等清除掉。

根据断口材料特性和附着物种类来选择断口清洗方法。对于一般的灰尘和外来附着物,可用干燥的压缩空气吹去,也可用软毛刷清除。对于带有油污的断口,首先要用汽油去除,然后用丙酮、三氯甲烷、石油醚及苯等有机溶剂溶去除残余油污,若需进一步清洗,可用弱酸(草酸、醋酸、磷酸等溶液)或氢氧化钠溶液清洗,最后用无水乙醇清洗吹干。当浸没处理还不能完全去除油污时,可使用加热及超声波方法进一步去除它。

在腐蚀环境下发生断裂的断口,通常在断口上覆有一层腐蚀产物,这层腐蚀产物对于分析断裂原因往往是非常有用的。这种断口不要随便清洗,因为清洗就有可能洗掉引起断裂的重要线索。因此,视情况需要,在清洗前先对断口上的腐蚀产物或附着物进行能谱成分分析,确定其性质和种类后再清洗。

清除腐蚀产物可采用电化学方法或化学方法。用电化学方法清除腐蚀产物如表 1-2 所示。利用化学方法清除腐蚀产物如表 1-3 所示。

表 1-2 清除腐蚀产物的电化学方法

电解液:50%H_2SO_4(质量比)水溶液	缓蚀剂:有机缓蚀剂(如若丁)2g/L
阳 极:碳(石墨)或铅	温 度:75℃
阴 极:试样(断口)	时 间:3min
阴极电流密度:20A/dm^2	

表 1-3 清除腐蚀产物的化学方法

基体材料	溶 液	时 间	温 度	备 注
铝和铝合金	70%HNO_3 水溶液	2～3min	室温	随后用毛笔轻刷
	2%CrO_3、5%HPO_4 水溶液	10min	79～85℃	随后用毛笔轻刷
铜和铜合金	15%～20%HCl 水溶液	2～3min	室温	随后用毛笔轻刷
	5%～10% H_2SO_4 水溶液	2～3min	室温	随后用毛笔轻刷
铅和铅合金	1%醋酸水溶液	10min	沸腾	随后用毛笔轻刷
	5%醋酸铵水溶液	5min	热	随后用毛笔轻刷
	80g/L NaOH、50g/L 甘露糖醇、0.62g/L 硫酸肼水溶液	30min 或至清除干净为止	沸腾	

续表

基体材料	溶 液	时 间	温 度	备 注
铁和钢	20% NaOH、200g/L 锌粉水溶液	5min	沸 腾	
	浓 HCl、50g/L SnCl$_2$、20g/L SbCl$_3$	25min	冷	溶液应搅拌
	含有 0.15%有机缓蚀剂的 15%浓 H$_3$PO$_4$ 水溶液	到清除为止	室温	可去除钢表面形成的氧化铁皮
镁和镁合金	15%CrO$_3$、1%AgCrO$_4$ 水溶液	15min	沸 腾	
镍和镍合金	15%～20%HCl 水溶液	到清除干净为止	室 温	
	20%H$_2$SO$_4$ 水溶液	到清除干净为止	室 温	
锡和锡合金	15% Na$_3$PO$_4$ 水溶液	10min	沸 腾	随后用毛笔轻刷
锌	10% NH$_4$Cl 水溶液	5min	室 温	随后用毛笔轻刷
	5%CrO$_3$、1%AgNO$_3$ 水溶液	20s	沸 腾	
	饱和醋酸铵水溶液	到清除干净为止	室 温	
	100g/L NaCN 水溶液	15min	室 温	

无论使用何种方法清洗，都应以既要除去断口表面的污染物及腐蚀与氧化物层，又不损伤断口的形貌特征为原则。

下面简要介绍一下化学和电化学断口清洗方法。

化学清洗法：

a.清洗液的配制：先取 25%～30%的盐酸水溶液，再按 1%～1.5%的比例加入"7701"缓蚀剂并搅拌均匀，使用前再用蒸馏水按 1：1 的比例将清洗剂稀释即可。

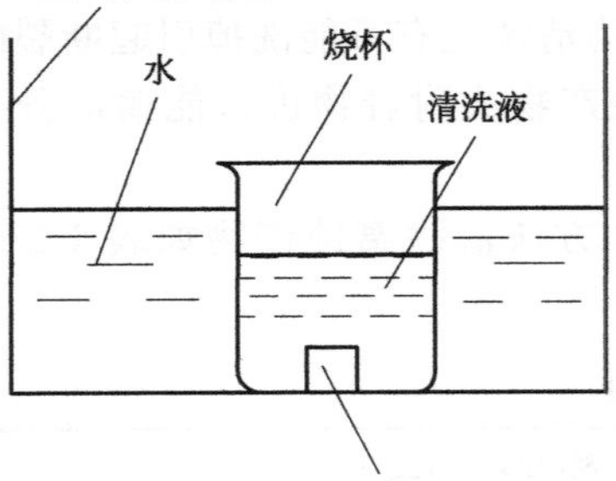

b.清洗方法：将断口浸入清洗液中，并置于超声波振荡仪中（图 1-16），振荡时间为 25～60s（视清洗的实际情况而定）。取出后立即用无水乙醇冲洗断口表面，然后再置于装有丙酮的烧杯中进行一次超声波振荡清洗 5～10min，取出后立即用丙酮或无水乙醇冲洗，用热风吹干。对于腐蚀较严重的断口，可反复多次清洗直至断口清洗干净为止，但每次清洗时间要相应缩短，并随时注意断口表面清洗的状况，以免清洗过度而侵蚀试样断口表面，造成假象。

图 1-16　超声振荡化学清洗示意图

电化学清洗法：

a.电解液的配制：氢氧化钠 110g 和氰化钠 15g，溶入 500mL 冷水中，加入数滴表面活性剂（如聚氧乙烯辛烷基酚醚-10 水溶液），电解液配制完成后可置于密封玻璃瓶中备用。

需要特别注意的是，氰化钠有剧毒，在配制和使用过程中，必须非常小心，注意安全，避免与酸接触，防止产生有毒的氰化氢气体。配制和使用电解液时，要佩戴防护目镜和手套，避免与眼睛和皮肤接触。清洗试样必须在良好的抽风柜内进行。用过的电解液，加入高浓度的次氯酸钙中和，在密封的容器中静置 24h 后，用大量清水冲走。

b.清洗方法：清洗装置如图 1-17 所示。所用小直流电源的功率为 500～1000W，输出电流、电压应能调节，试样作为阴极，以铂箔（面积约 20cm^2）作为阳极，铂箔距试样断口表面约 50mm，两者尽量保持平行。

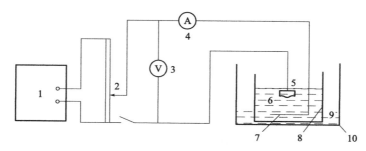

图 1-17　电化学清洗装置示意图

1—直流电源；2—滑线电阻；3—电压表；4—电流表；5—试样；
6—电解液；7—铂箔；8—烧杯；9—热水；10—超声波洗涤槽

电解液装入一个约 650mL 的烧杯内，该烧杯置于超声波水浴槽中，用以搅拌电解液。试样可以在室温下清洗，也可以在超声波浴槽中注入热水，将电解液加热到 45℃ 左右，切勿使工作温度超过 65℃。

在清洗过程中，试样可以简单地夹持在鳄鱼夹上，但鳄鱼夹尽量不要和溶液接触，以防污染溶液。建议施加 $250A/cm^2$ 的阴极电流密度，每隔 1～2min 取下试样，在扫描电镜下观察，以确定最佳清洗时间。试样经电解液清洗后，再用蒸馏水清洗，然后用无水乙醇冲洗，最后用热风吹干。清洗后的断口应尽可能快地做扫描电镜检查。

③ 断口的保护与保存。在切取断口与运送断口的过程中，要防止断口表面遭受机械或化学损伤。在断口初检及清洗时，切忌用手去触摸断口表面，以防手上汗液里的氯离子残留，更不能将两个匹配断面对接碰撞，以免使断口表面产生人为损伤。

为了防止断口表面在运送与保存过程中遭受腐蚀与损伤，可用干净的塑料膜包扎保护断口或将断口直接浸在无水乙醇中；也可在断口表面涂抹一层保护材料。保护材料应选择既无腐蚀作用又容易溶解除去的品种，大多采用 8% 的醋酸纤维丙酮溶液，待干燥后将断口存放在干燥器中。

（2）断口宏、微观分析　断口分析有宏观分析和微观分析两种。断口的宏观分析是用肉眼、放大镜和体视显微镜等来研究断口特征的一种方法，是断口分析的第一步，也是断口分析的基础。通过宏观分析，可以大致确定金属断裂的性质（是脆性断裂、韧性断裂还是疲劳断裂），可以分析断裂源的位置和裂纹扩展方向，初步判断钢材的冶金质量和热处理质量。但断口宏观分析结果一般需进一步深化，必须用其它手段来观察宏观不能看到的细节，探讨宏观不能得到的裂纹形成和扩展的机理。常用的重要手段之一是扫描电镜观察断口，即断口微观分析。所以，断口宏观和断口微观分析是整个断口分析过程中的两个阶段，两者相辅相成，不可偏废。

① 断口宏观分析。断口形貌真实地记载了断裂过程，断口宏观分析就是用宏观的方法分析断口形貌特征、断裂源位置、裂纹扩展方向，估算断裂失效应力集中程度和名义应力的高低（疲劳断口），观察断裂源区有无宏观缺陷以及各种因素（如材料强度水平、构件的几何形状、工作环境、热加工及热处理工艺等）对断口形貌特征的影响等。宏观断口分析可为断口微观分析和其它分析指明方向，奠定基础，所以断口宏观分析是整个断裂失效分析中不可缺少的关键环节。

失效断口尽管因材料不同而形态各异，但断裂方式一样，其断裂过程存在着共同特征，即存在裂纹生核缓慢扩展区、快速扩展区和瞬时断裂区。这三个区域的存在与否、大小、位置、比例和形态随着材料的强度水平、应力状态、尺寸大小、几何形状、内外缺陷及其位置、温度高低、外界环境等不同而有很大变化。塑性和韧性好的材料，快速扩展区较少，甚至没有快速扩展的放射区。而脆性大的材料放射区较大，甚至不存在纤维区和剪切唇，放射区呈结晶状或冰糖状特征。同一种材料随着温度的降低，纤维区和剪切唇减少，放射区增加。

板材的三个区位置也由于裂源位置是在表面还是内部和构件的几何形态而发生改变。例如，板材裂纹主要沿宽度方向扩展，纤维区呈椭圆形，放射区呈"人字纹"花样，人字纹尖顶指向裂源，而且随厚度的减小，剪切唇面积增大，放射区面积缩小，甚至出现全剪切唇断口。

疲劳断口按其断裂过程同样有三个区域，即疲劳形核区、疲劳扩展区和瞬时断裂区，相应的特征是疲劳源、疲劳弧线或疲劳沟线、放射区和剪切唇。疲劳源用肉眼或低倍放大镜就能判断其断裂位置，疲劳源是疲劳破坏的起点，一般发生在构件表面，如果构件内部有缺陷，如脆性夹杂物、空洞、化学成分偏析等也可能在构件内部发生。疲劳源可能是一个也可能是多个。疲劳弧线标志着应力变化时疲劳裂纹扩展过程中所留下的宏观变形痕迹。疲劳弧线受到材料特征而变化，塑性好的材料弧形条带较明显，高强度钢和脆性材料弧形条带不明显，甚至看不到弧形条带。

在宏观分析时，必须将失效件的外观特征和断口形貌及裂源等重点部位照相记录下来，便于分析。由于断口表面往往是凹凸不平的，一般需采用斜照明（10°～45°），利用其阴影效应有效地将断口形貌特征显示出来。对于较复杂的断裂件，可用几个侧向照明光源拍摄。

② 断口微观分析。主要利用透射电镜和扫描电镜，尤其是扫描电镜，其景深大，制样方便，直观性强，可从低倍到高倍连续观察。所以，扫描电镜被广泛应用于断口分析。

断口的扫描电镜观察，首先要在较低的放大倍数（5×～50×）下进行，对断口的整体形貌、断裂特征区有全面了解并确定重点观察部位。在整体观察的基础上，找出断裂起始区，并对断裂源区进行重点深入的观察与分析，包括源区的位置、形貌、特征、微区成分、材质、冶金缺陷、附近的加工刀痕、外物损伤痕迹等。对断裂过程不同阶段的形貌特征逐一加以观察，在适当的倍数下拍摄能反映断口的全貌及源区、扩展区和瞬断区特征的典型照片。

总之，利用扫描电镜观察断口形貌，可以较容易地判定材料的断裂性质，是脆性的还是韧性的，是一次（瞬时）断裂还是多次重复破坏（疲劳）的结果，是氢脆断裂还是应力腐蚀断裂，是沿晶断裂还是穿晶断裂，断口上有无析出物或腐蚀产物，其形态如何；进而可以估计其在断裂过程中的作用；等等。对于较复杂的断裂，特别是当有外来介质的影响时，还可以借助能谱成分分析等手段，根据不同的断口形态和深入的综合分析，判断其发生断裂的原因。

1.5.1.5 力学性能测试

力学性能测试是对失效件进行强度、表面和中心硬度等力学性能进行测试（硬度测试可分别在断裂部位或远离断裂处进行），将测试的性能结果和技术要求进行对比。

1.5.1.6 化学成分分析

化学成分分析是采用化学、光谱、能谱（表面与界面采用俄歇电子能谱或光电子能谱仪）等手段，鉴定零件用材成分是否符合要求。

1.5.1.7 金相检验

金相检验包括宏观与微观检验，常用的有以下几方面：

① 低倍酸蚀检验——检查冶金缺陷；

② 硫印和磷印检查——检查硫、磷的偏析；

③ 磨削加工表面的磨削烧伤检查；

④ 显微组织分析——腐蚀、磨损、氧化、脱碳、渗碳、渗氮等表面状态，裂纹形态，夹杂物，晶粒度，金相组织，等；

⑤ 失效区和非损伤区的金相组织及显微硬度对比。

1.5.2 断裂失效分析的基本步骤

断裂失效分析的基本步骤详如图 1-18 所示。

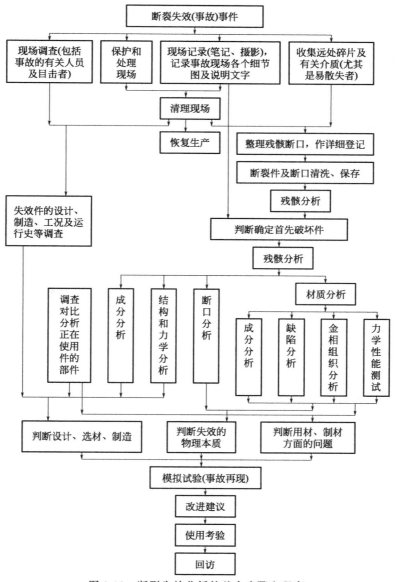

图 1-18 断裂失效分析的基本步骤和程序

1.6 裂纹分析

裂纹是一种不完全断裂的缺陷，裂纹的存在，不仅破坏了金属的连续性，而且裂纹尖端大多尖锐，易引起应力集中，促使构件在低应力下提前破断。如果微裂纹未能及时发现，则在下道工序或在以后的使用过程中，裂纹可能会继续扩展，甚至导致断裂事故发生。

无论是在制造过程（铸造、锻、轧、焊、冲压、挤压、冷拔、热处理及磨削等工序）中还是在使用过程中形成的裂纹，它们形成的原因是复杂的。零件结构设计不合理，选材不当，材质不良，制造工艺不当引起的缺陷，以及使用和维护中所造成的各种损伤等均有可能导致裂纹的产生。例如，热处理之前原材料和所经历的各种加工过程中所产生的缺陷（具有一定尺寸的夹杂物、晶粒粗大、白点、锻造开裂、折叠、机加工表面粗糙度不良等）都可能成为产生淬火裂纹的根源。而淬火加热时温度过高、淬火冷却速度不合理及淬火后没有及时回火，均可成为产生淬火裂纹的直接原因。

1.6.1 裂纹及断口检查

1.6.1.1 裂纹的宏观检查

一般通过肉眼或放大镜和体视显微镜进行外观检查和分析，必要时还可通过无损探伤法如磁力探伤、超声波探伤、X 射线探伤和荧光探伤等物理探伤法检测裂纹，对于一些小型零件亦可用着色检测。必要时为了使裂纹显现更加清晰，可采用酸蚀法（3%～5%硝酸乙醇溶液，注意此处不可用盐酸热蚀）作宏观检查。

1.6.1.2 裂纹的微观检查

为了进一步确定裂纹的性质和产生的原因，需对裂纹进行微观分析，即光学金相和电子金相分析。通过对显微组织、晶粒度等检查，可以判定裂纹起始部位的微观形态、材料和热加工质量等。如由过热、过烧所引起的锻造或热处理裂纹，往往晶粒和组织粗大，甚至晶界处可能伴有析出物；材质中夹杂物引起开裂，可看到裂源处有粗大或集中的非金属夹杂物；局部应力超过材料的强度极限（即过载）引起的开裂，在裂纹起始处往往具有明显的塑性变形痕迹。主裂纹附近有无微裂纹；裂纹附近的晶粒大小，晶粒是否有变形，裂纹走向与晶粒变形方向是否一致，裂纹两侧是否存在氧化、脱碳，裂纹表面是否有加工硬化层或回火层，裂纹周围是否有过热组织、魏氏组织、带状组织及其他反常组织等都是判断裂纹形成原因的重要因素。

1.6.1.3 断口检查

断口上真实地记录了裂纹的起因、外部因素对裂纹萌生的影响及材料本身的缺陷对裂纹的形成和促进作用，同时也记录着裂纹发展的路径、发展过程及内外因素对裂纹扩展的影响。简而言之，断口上记录着与开裂有关的信息。所以，断口分析也是裂纹分析的向导，指引裂纹分析少走弯路。

观察裂纹断裂面首先要将裂纹打开，然后找出裂源，进行重点分析，找出原因。如一批齿轮轴共 52 件，在热处理喷丸和精加工后共发现有六件开裂，裂纹形态基本相同，如图 1-19 所示。

齿轮轴材料为 18CrNiMo7-6 钢，加工工序为：锻造→粗车→探伤→滚齿→渗碳→淬、回火→喷丸→精车→精磨。热处理工艺：940℃渗碳→淬火（650℃保温 2h 转 820℃/0.7%C

图 1-19 齿轮轴开裂全貌

保温 8h 油淬)→低温回火（200℃保温 16h）。表面硬化层深度要求 3.6～4.6mm，表面硬度为 58.0～62.0HRC。

裂纹沿轴的纵向分布，几乎贯穿整个轴的长度，呈曲折状，如图 1-20 所示。从齿的端面可以看出裂纹深度接近直径的 1/2。从裂纹开口较大的部位（图 1-20 所指的区域）将裂纹打开，可见裂纹起源于距表面一定深度的一条白色条带处（图 1-21），裂纹由该处向周边呈放射状扩展，至整个轴的开裂。

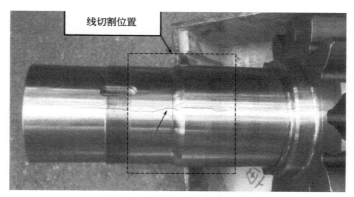

图 1-20 轴表面的裂纹形态

从裂源部位取断口试样，清洗后置于扫描电镜下观察，白色条带周围基体为沿晶断裂状，有解理和准解理形貌（图 1-22），并有较多的二次裂纹（图 1-23）。对白色条带区域进行能谱分析，结果主要是氧化铝夹杂（图 1-24）。

对故障件取样分别进行了化学成分、硬度、酸蚀低倍组织、非金属夹杂物、表面硬化层深度、显微组织等理化检验，检查结果正常。

通过检查分析认为齿轮轴材料成分及热处理性能符合相关技术要求，开裂原因主要是在热处理时产生的应力和切削加工应力作用下，材料表层存在的较大氧化铝等复合夹杂物的应力集中处形成裂纹，并扩展至整个输出齿轮。

建议加强原材料的质量检查和控制，同时适当改进热处理中淬火的加热和冷却条件，降低淬火后的残余拉伸应力。

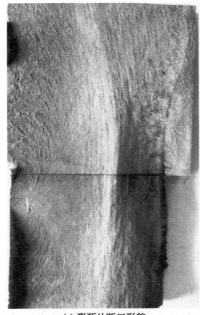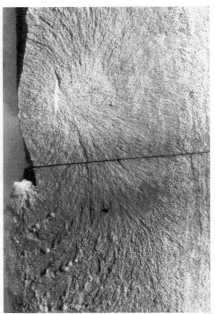

(a) 裂源处断口形貌　　　　　　　　(b) 图(a)局部放大后的裂源处形态

图 1-21　裂纹起源于白色条带处

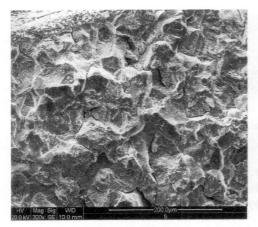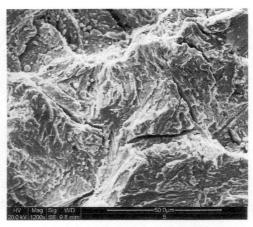

图 1-22　基体断口呈沿晶开裂的解理和准解理形貌　　图 1-23　准解理和二次裂纹形貌

1.6.2　力学性能测试

　　为了确定产生裂纹是否与零件材料与力学性能的降低有关，按技术要求对开裂零件进行全面的力学性能检测是必要的。但对于一些较小的零件，由于受到尺寸的限制，不可能切取足够的有代表性的试样。所以，有时全面力学性能测试有一定的困难。硬度测试方法简单，可直接在工件上进行，而且硬度与其他力学性能指标之间有一定的对应关系，因此，多采用硬度试验来初步判断材质与工艺是否正常。硬度测试除了在裂纹部位进行外，在其他不同部位也要测试，看其是否均匀。必须指出，硬度不能反映材料的韧性，因此，仅硬度检验结果并不能全面代表零件的热处理质量。

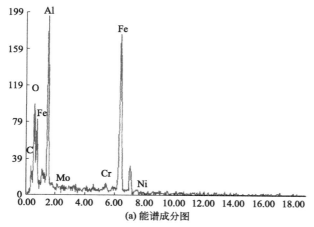

元素	含量(质量)/%	含量(原子数)/%
CK	00.08	00.22
OK	13.89	30.05
AlK	24.89	31.93
MoL	00.54	00.20
CrK	02.26	01.50
FeK	56.61	35.08
NiK	01.73	01.02

(a) 能谱成分图　　　　　　　　　　(b) 能谱成分

图 1-24　白色条带局部能谱成分测定

1.6.3　裂纹件的成分分析

钢的化学成分不仅是决定其组织与性能的最本质因素，而且与工件的热加工工艺合理性有着密切的关系。因此，设计人员根据零件的使用性能来确定材质，当选料错误或加工投料出现混料，以及钢材化学成分存在冶金质量问题时，均可引起工艺裂纹和使用裂纹。如工件在加工或使用过程中，钢中 S、P 等含量较高和偏析时，就可能引起热脆、冷脆而开裂；锻造加热过程中混有铜合金或在锻造加热炉中有残留铜时，就可能引起钢表层渗有铜，沿晶分布铜的固溶体，进而引起网状的裂纹；当钢中铜含量过高（＞0.2％）时，在热锻造过程中，表面发生选择性氧化，即铁首先发生氧化，使铜的含量相对地增加，从而沿晶界聚集，形成富铜相的网络，这种富铜相的熔点通常低于基体，使熔融状态的富铜相沿晶发生开裂（铜脆）。因此，对裂纹起始部位进行化学成分分析或微区分析，对于分析裂纹产生的原因起着重要作用，是裂纹分析中不可忽视的重要环节。

1.6.4　常见裂纹汇总

金属常见的裂纹的名称、形成原因和特征见表 1-4。

表 1-4　金属常见裂纹的名称、形成原因及其特征

裂纹名称		裂纹形成原因	裂纹的特征					
			宏观外形	起源位置	裂纹走向	周围情况	末端情况	其他特征
铸造裂纹	铸造热裂纹	铸造热裂纹是在高温下形成的。形成原因有：金属冷凝时，在形成热裂的温度范围内收缩率过大；铸件在砂型中收缩受阻；铸件设计不合理，厚薄相差悬殊，冷却严重不均匀；铸件金属中有害杂质较多，在金属凝固后，有害杂质聚集于晶界，降低了金属的强度和塑性；金属铸件表面与涂料相互作用等	有时呈网状或半网状（龟裂）	铸件的最后凝固区或铸件应力集中区	沿晶界扩展	有严重的氧、化脱碳，有时还有严重的、疏松、夹杂和孔洞等	圆秃	
	铸造冷裂纹	铸造冷裂纹是较低温度下产生的，它的形成主要是由热应力和组织应力造成的		应力集中区	穿晶扩展	基本上没有氧化、脱碳，裂纹两侧的基体金属相差不大		

裂纹名称	裂纹形成原因	裂纹的特征					
		宏观外形	起源位置	裂纹走向	周围情况	末端情况	其他特征
锻造裂纹 — 折叠	前一道锻、轧所产生的突出尖角或"耳子",在后一道锻、轧时被压入金属坯内而形成	轧制件上呈纵向单条分布,锻件上分布无一定规律,裂纹与表面呈一锐角夹角	表面层		有氧化夹杂并有严重的脱碳情况	粗钝	
过热、过烧锻造裂纹	锻、轧前加热温度过高	呈龟裂状或鱼鳞状	锻件表面或在变形最大区	沿晶界扩展	有严重的氧化、脱碳	严重时呈豆渣状	基体组织有过热过烧的特征
铜脆	钢的含铜量较高;在锻造加热时毛坯表面渗入金属铜	呈龟裂状或鱼鳞状	在锻件表面或在渗铜处	沿晶界扩展	有游离铜相或氧化铜夹杂		
热脆	钢的含硫量过高,锻造加热时在晶界处的FeS熔化,锻造时沿晶界开裂	呈龟裂状或鱼鳞状	表面或应力集中处	沿晶界扩展	有硫化物夹杂		钢的硫化物级别较高,晶界有硫化物夹杂
加热不足锻造裂纹	轧、锻前加热保温时间不够,心部尚未热透;高合金钢中心碳化物偏析严重	一般呈放射状	锻件心部	一般为穿晶扩展	有轻微氧化、脱碳现象或碳化物偏析		
终锻温度过低锻造裂纹(冷裂)	终锻温度过低,材料塑性下降;或因锻造温度在$Ar_3 \sim Ar_1$两相区间时,铁素体沿晶界析出,进一步锻造时,沿铁素体开裂	呈对角形或扇形	应力集中处或在晶界铁素体处	锻造温度过低时,裂纹穿晶扩展;在$Ar_3 \sim Ar_1$之间断裂时,裂纹沿晶界上的铁素体扩展	有轻微氧化、脱碳现象	没有明显的组织变化	
皮下气泡引起锻造裂纹	皮下气泡未清除尽	与表面垂直	次表面皮下气泡处	一般为穿晶扩展	有时有氧化的情况		一般较浅
锻、轧半成品中的发纹	有发纹的钢材,进一步进行锻造和轧制	直线状	发纹所在位置	沿轧制方向(纵向)分布			在纵向断口上还可能有发纹的其他特征
铸坯缩孔未清除	钢锭切头不足	顺变形方向拉长	中心部位				
锻比大,锻速快	由变形热升温引起,方坯对角线部位由中心起开裂	交叉裂纹	锻件心部开始	穿晶扩展	有氧化层	尖锐	

续表

裂纹名称		裂纹形成原因	裂纹的特征					
			宏观外形	起源位置	裂纹走向	周围情况	末端情况	其他特征
焊接裂纹	焊接冷裂纹	在100～300℃之间,因热应力和组织应力的共同作用而产生。特别是100～300℃温度范围内氢气析出及聚集作用的结果		应力集中处或组织过渡区内(在热影响区内)	一般具有穿晶断裂的特征	很少氧化脱碳		
	焊接热裂纹	钢在1100～1300℃之间,因热应力作用产生。形成热裂纹的可能性与基体金属、焊条金属的成分有很大关系,一般地说,合金钢或含碳量较高、强度较大的钢,含氧量高的铜合金,使用低熔点焊条的铝合金,发生热裂的可能性较大	有时呈蟹脚状、网状,有时呈曲线状	一般在焊缝区内起源	沿晶界扩展	有氧化、脱碳,有时还有焊料		
	熔合线裂纹	热应力过大或材料表面有残存氧化物等		一般在结合线处	一般穿晶扩展			
磨削裂纹		由于磨削加热引起的组织应力和热应力,以及在磨削过程中进一步的组织转变(如残余奥氏体的转变)和应力的再分配等	龟裂,或呈辐射状,或呈有规则的排列	在金属的磨削表面层内	沿晶界分布	有时有微弱的氧化	呈喇叭形	磨削表面有时有氧化色彩
淬火、回火裂纹	淬火龟裂	表面脱碳的高碳钢零件,在淬火时因表面层金属的比容比中心小,在拉应力作用下产生龟裂	龟裂	脱碳表面	沿晶界分布	一般没有或很少氧化	尖细	裂纹一般只限在表面脱碳层内,深度较浅
	淬火直线裂纹	细长零件在心部完全淬透的情况下,由于组织应力和热应力的共同作用而产生纵向直线裂纹	纵向直线	有时在应力集中处,有时在夹杂物处起源	穿晶分布	一般没有或很少氧化	尖细	
	过热或过烧引起的淬火裂纹	淬火加热温度过高,产生了过热和过烧,削弱了晶界,淬火时在组织应力和热应力的共同作用下而开裂	网状或弧形	应力集中处	一般沿晶分布	一般没有或很少氧化	尖细	
	其他淬火裂纹	凹槽、缺口处因冷却速度较小,零件过大或钢的淬透性太小,产生局部未淬透区或软点附近的组织过渡或偏析区在拉应力作用下开裂	一般呈弧形裂纹	凹槽、凹角等应力集中处或组织过渡区	一般为穿晶开裂	一般没有或很少氧化	尖细	一般组织存在过渡区
	回火脆性裂纹	具有回火脆性的钢,在回火脆性温度范围内回火时,冷却速度太小,或零件厚度太大等原因引起回火脆性,在随后的校直或使用过程中开裂		一般在应力集中处	一般沿晶界开裂			

续表

裂纹名称		裂纹形成原因	裂 纹 的 特 征					
			宏观外形	起源位置	裂纹走向	周围情况	末端情况	其他特征
在使用过程中产生的裂纹	应力腐蚀裂纹	特定金属在腐蚀介质和拉应力的共同作用下产生的开裂	有时呈网状	与腐蚀介质接触并受有拉应力的表面	沿晶扩展	有时有腐蚀产物		金属的电阻增加,有时甚至失去金属清脆音
	氢脆裂纹	金属中含有的氢或在酸洗、电镀等过程中渗入金属的氢在内部缺陷处聚集,造成很大的内应力而导致开裂			沿晶分布	比较干净		
	疲劳裂纹	金属制件,在交变载荷作用下产生开裂		多数在表面应力集中处	穿晶分布	有时有金属的磨屑	尖细	
	蠕变裂纹	金属在高温环境工作时开裂		应力集中处	沿晶分布	有严重的氧化		
	韧性撕裂	所受载荷超过金属的强度极限而开裂	张应力下开裂方向与张应力方向夹角呈45°,剪应力下开裂方向与剪应力方向平行	一般在应力集中处	穿晶分布			

1.6.5 断裂源的几种识别法

在机械事故分析中,经常会碰到在同一失效件上出现多条裂纹的情况。一般来说,在同一零件上出现多条裂纹或存在多个断口时,这些开裂或断裂在时间上是有先后的。这就要求从中准确地找出首先开裂处也即断裂源的部位。常用的断裂源的识别方法有以下几种。

1.6.5.1 碎块拼凑法

拼凑时要注意别碰伤断口,根据破碎过程中变形和密合程度可判别断裂的先后。如图1-25所示,A裂纹较B、C裂纹密合程度差,所以A裂纹是先断开的。

1.6.5.2 "T"形法

分析中首先确定主裂纹和二次裂纹。图1-26中A、B表示相交于一点的两条裂纹,裂纹B向A裂纹扩展,显然裂纹A早于B形成,才能阻止裂纹B的扩展。

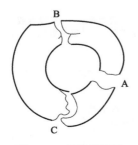

图1-25 碎块拼凑法

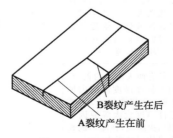

图1-26 "T"形法

1.6.5.3 多枝形法

图1-27表示裂纹分叉情况，其汇合裂纹发生在前而分叉裂纹产生于后。

1.6.5.4 "人"字形法

金属薄板在快速断裂时往往出现人字纹特征，人字纹的焦点即为断裂源。裂纹从薄板的一点生核后逐渐扩展到自由表面，裂纹扩展的前沿线就形成人字形，然后在人字形裂纹前沿又生核、扩展，如此反复直至断裂。无应力集中时，源区在两组"人"字形的汇合处，有应力集中时，裂源在应力集中处（图1-28）。

图1-27 多枝形法

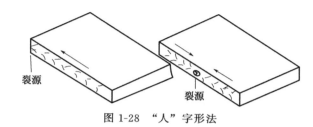

图1-28 "人"字形法

1.6.5.5 放射标记法

断口上放射状线汇聚处是裂源（图1-29）。

1.6.5.6 最小应变法

裂纹形成后逐渐扩展，开始阶段变形小，随面积的减小，应力越来越大，变形随之增大。所以，韧性材料断裂时宏观变形先小后大，变形小的区域为裂源。

1.6.5.7 剪切唇法

剪切唇在断口上较易识别，其特征是断口光滑，与主应力方向呈45°角，外表面有毛边等。剪切唇的对面为裂源（图1-30）。

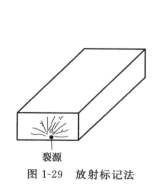

图1-29 放射标记法

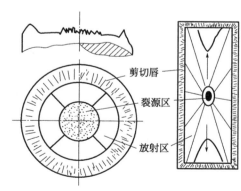

图1-30 剪切唇法

1.6.5.8 贝纹花样（疲劳条带）判断法

对于疲劳断口，根据贝纹线判断裂源，裂源位于弧形条带的圆弧形中心处。

1.6.5.9 氧化法

在腐蚀介质、高温长时间作用下，断口上氧化或腐蚀最严重的部位为裂源。

设计不当引起的失效

构件的失效原因是非常复杂的，它涉及材料选择、加工制造导致的表面缺陷（尖角、毛刺、切削加工刀痕）、使用、环境温度、介质、载荷条件、装配、调试和保养等诸多因素。有部分失效事故是由于设计时没有估计到的原因，如零件尖角的影响、服役条件和失效特点等。有些虽对零部件整个服役期限内的安全性和可靠性已做了充分的考虑与核算，照理在服役过程中不会发生断裂，但零部件的断裂仍然时有发生。这是因为在设计过程中有许多因素不是都能准确考虑到的，例如，作用在零部件的外力有的不能利用理论公式进行正确计算，对关键零件的使用特点和新的工作条件下可能形成的失效形式认识不足，如加工过程中产生的有害残余应力和使用过程中可能发生的振动应力等，都可能导致零件的早期失效。某航空附件厂从 1972～1990 年间在装试和使用过程中发生的 55 次失效事件中，由于设计引起的失效占全部失效事件的

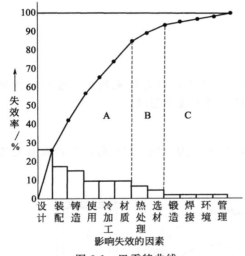

图 2-1　巴雪特曲线

25.3％，如图 2-1 和表 2-1，可见，A 类因素是造成失效的关键所在，其中设计、装配和铸造显得尤为突出，占整个失效事件的 56.2％。

表 2-1　某航空附件厂 1972～1990 年间在装试和使用过程中发生的失效事故统计表

序号	1	2	3	4	5	6	7	8	9	10	11	12
分类	设计	装配	铸造	使用	冷加工	材质	热处理	选材	锻造	焊接	环境	管理
失效次数	14	9	8	5	5	5	3	2	1	1	1	1
比例/%	25.3	16.4	14.5	9.1	9.1	9.1	5.5	3.6	1.8	1.8	1.8	1.8

2.1　常见的设计不合理因素

2.1.1　几何形状

忽略了零部件形状突变处的尖角和粗糙度对使用性能的影响，是造成零部件失效的重要

因素。在航空辅机系统的失效案例中有 57% 左右是由于零件边缘未倒角、转角处 "R" 的半径过小和表面粗糙度要求不当或毛刺引起应力集中成为疲劳断裂的起始点而导致失效。如飞行器上的右轮轴在右转弯轻带刹车时折断（图 2-2），是由于拐角处无圆角过渡（图 2-3），当受到较大的侧向应力时，尖角处应力集中，导致尖角处裂纹的形成和快速扩展至断裂。有的联接轴的花键和键槽的槽底尖角处产生应力集中，裂纹将在尖角处产生，并沿与最大拉伸应力相垂直的方向扩展。特别是花键轴可能在各尖角处都出现微裂纹形成疲劳核心并各自沿着与正应力相垂直的方向扩展，并在轴的中心区汇合，形成星形断面。如生产车间行车在运行约 284 天，发生故障，突然停止运转。拆下检查后发现，转子轴的花键根部断裂（图 2-4），断口呈星形形貌（图 2-5），裂源均处于键槽的尖角部位。

图 2-2　右轮轴直角处快速断裂后的断口形貌

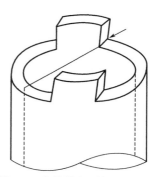

图 2-3　右轮轴断裂部位示意图

图 2-4　断裂的转子轴部位及其形态

(a) 实物的星形断口形貌

图 2-6　斜盘摆架断裂实物 1：2

(b) 断口形貌的示意图

图 2-5　花键轴断口形貌

设计人员往往只注意到零部件配合面尺寸、截面突变处的圆角半径和表面粗糙度，而忽略了非配合面的形态要求。例如，某液压泵斜盘在运行仅数十小时的磨合试车过程中就发生斜盘摆架断裂（图 2-6）。斜盘材料为 18Cr2Ni4WA 钢，经锻造成形，正火、调质处理后的硬度为 38HRC（设计要求为 33～40HRC），组织为回火索氏体，锻造纤维方向、非金属夹杂物和晶粒度均符合相关技术要求。从断裂部位和形态可知，产生断裂的原因是斜盘摆架下部外缘非接触面的圆弧处不仅粗糙度较差，而且呈尖角形态（图 2-7），在使用应力的作用下形成应力集中导致微裂纹的萌生，在最大载荷为 22600N 的交变应力作用下，裂纹逐步扩展，形成典型的疲劳断裂（图 2-8）。

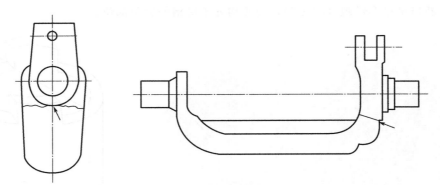

图 2-7　断裂部位（箭头处）和斜盘形态示意图

图 2-8　摆架疲劳断裂的断口形貌

有的零部件受力不大，其拐角半径不被重视，忽略了实际使用应力的复杂性。如振动应力的产生使尖角部位应力水平提高，形成微裂纹，最终导致疲劳断裂的情况也时有发生。例如，恒速装置支架的连接拐角处无圆弧过渡，在使用时的振动应力作用下，在尖角处形成应力集中，导致疲劳断裂（图 2-9）。

(a)断裂部位　　　　　　　　　　　(b)疲劳断口形貌

图 2-9　恒装支架断裂后的形态

对于承受反复冲击载荷的零件，由于在使用过程中承受的冲击和振动应力较大，其截面拐角的过渡圆弧 "R" 半径和加工粗糙度显得尤为重要。图 2-10 为 5CrW2Si 钢制的矿山用冲击钻冲击杆，由于安装柄和杆身连接处的圆角半径较小，在使用过程中的冲击力的作用下，在圆角半径处形成应力的高度集中，导致冲击杆的早期疲劳断裂。

(a) 箭头处为断裂部位   (b) 疲劳断口形貌

图 2-10　冲击杆安装柄根部断裂形态

2.1.2　对零件制造应力认识不足，设计结构不合理

设计零部件时力求加工方便、周期短、成本低、使用寿命长、安全可靠，但由于对使用条件的实际状态认识的局限性，往往导致零部件早期失效的情况时有发生。航空液压泵中直径 3mm 的柱塞销设计为过渡配合，装机后在第四次升空仅 2.5h 就发生柱塞销松动滑出切断，引起柱塞卡死而扭断，导致柱塞球头拉脱掉入螺盖边缘卡死，联轴器扭断，引起主系统压力迅速下降。将柱塞销的过渡配合改为紧配合（0～0.02 的紧度），消除了柱塞松动滑出，保证了飞行安全。

对于较大尺寸的零部件，设计人员往往仅考虑到热加工过程中的变形问题对零件的影响，而忽略了热应力、组织应力和加工后表面状态的影响，结果使零部件的使用寿命大大降低。例如铝板轧制机变速箱大齿轮，由于体积过大，热处理工艺不当导致很大的残余热应力，仅使用一个月就开裂失效。又如直径为 400mm 长为 1200mm 的冷轧辊，采用 9Cr2W 钢制作，轧辊表面硬度要求为 58～60HRC，硬化层深度为 15mm，其余部位的硬度要求不大于 278HB。设计时考虑到大直径轧辊在淬火过程中的热应力较大，为了防止中心裂纹的产生，在轧辊中心钻直径 80mm 的内孔，以利于整体淬火时内孔同时通水冷却来降低淬火应力，防止内裂。实际上这对轧辊的使用寿命并没有起到预期效果，在使用过程中多次发生轧辊的断裂失效（图 2-11）。由于轧辊内孔是在热处理前加工，深孔内壁粗糙度较差，因此在使用应力的作用下，在加工痕迹处形成应力集中，导致裂源在加工痕迹处形成并向四周扩展，最终导致疲劳断裂。热处理过程中内孔表面氧化脱碳，降低了孔壁表面的疲劳强度。另外，加工内孔不仅增加了生产周期和制造成本，而且使心部材质缺陷暴露于表面。这些都是

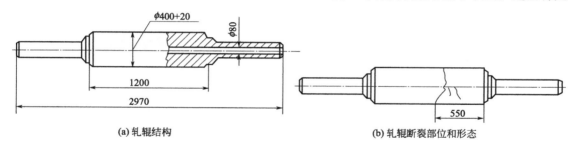

(a) 轧辊结构   (b) 轧辊断裂部位和形态

图 2-11　轧辊结构和断裂示意图

促进轧辊断裂的因素。经修改设计，取消直径 80mm 的内孔，改为实心轧辊，在改变热处理工艺、降低热应力、防止内裂的条件下制造的轧辊，在长期使用中均未发生轧辊断裂，避免了因断裂事故遭受的经济损失。

对于一些承受复杂应力的重要零部件，其结构较复杂时，加工和装配紧度误差设计若考虑不周，在以后的运行过程中易引起非正常摩擦磨损，导致零部件的损伤或断裂失效。例如，航空应急泵铝合金叶片在运行过程中除了承受旋转时的离心力外，还承受弯曲和扭转应力的共同作用。因此，按设计要求组装后的大轴承内圈和叶片轴颈端面通过螺套和螺母的拧紧，使轴颈和大轴承无任何相对运动（图 2-12）。由于不锈钢垫圈内孔直径为 13.5mm，而轴颈直径为 13mm，轴颈根部"R"为 1.1～1.45mm（实测），因而在装配时的压紧过程中使图 2-12 中 a、b 两个垫圈在有"R"处形成喇叭状（图 2-13），对叶片轴颈产生干涉，造成轴承内圈和叶片端面不能紧密接触。因此，叶片在高速运转过程中在旋转弯曲和振动应力的共同作用下，轴颈和轴承内圈之间产生一定的相对摆动位移，其大小决定于轴颈"R"和垫片内孔尺寸。由微动磨损的一般机理可知，两个紧固的组合件之间产生往复而微小的相对位移时会引起摩擦。其结果将使零件接触表面氧化膜发生破裂，导致微凸体产生塑性变形和重复出现微焊和断裂，从而引起金属的转移和摩擦热的产生，使一部分金属粒子氧化生成黑色 Al_2O_3 产物。Al_2O_3 硬度高于基体，形成磨粒磨损，尤其是不锈钢垫圈形成喇叭形后，与铝合金叶片轴颈更容易产生微动磨损。因此导致磨损区内形成点蚀坑和微疲劳裂纹，在磨损和接触应力的周期作用下，导致微裂纹的逐渐扩展，最后导致轴颈处的折断（图 2-14 和图 2-15），断口上呈现出明显的疲劳条带形貌（图 2-16）。

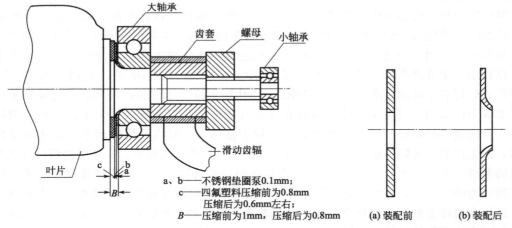

图 2-12　叶片断裂部位的组装示意图

图 2-13　不锈钢垫圈装配前后的形状

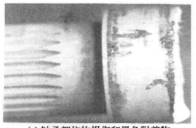

(a) 轴承部位的损伤和黑色附着物

(b) 经清洗后可见折断处的撕裂片残存

图 2-14　轴颈折断部位的外貌　4×

图 2-15 折断叶片全貌（尾部因折断后飞出撞弯）

对叶片设计结构进行改进，将三个垫圈改成钢质内圆环和四氟塑料为外圆环组成的垫圈（图 2-17），依靠叶片端面台阶定位，消除了轴颈的干涉，使轴承内圈和叶片端面之间紧密接触，从而消除了轴颈端面和轴承内圈之间微隙和偏摆，消除了轴颈处的微动磨损和折断现象。

图 2-16 扩展区的疲劳条带形貌

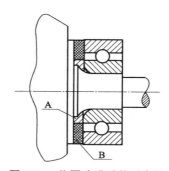

图 2-17 垫圈改进后的示意图
A—不锈钢垫圈；B—四氟塑料垫圈

2.1.3 设计硬度要求不合理

2.1.3.1 硬度过高

对耐磨件片面地追求高硬度来提高耐磨性，而忽略了材料的综合性能往往往导致严重后果。

例如，航空液压泵输出轴的材料为 GCr15SiMn 钢，设计要求硬度为 60～65HRC，实测硬度为 62～63HRC，在装配和使用中多次发生折断（图 2-18）。断裂部位处于轴台阶的"R"处，实测"R"为 0.7～0.8mm（使用后的美国同类产品硬度为 60～60.5HRC、"R"为 0.4mm）。断口呈灰白细瓷状，有明显的快速断裂的三个区域（图 2-19）。取同批生产的三只成品，检测"R"部位的残余应力，结果轴向应力值为 −480MPa。显微组织为隐针状回火马氏体＋细小颗粒状碳化物＋少量残余奥氏体（图 2-20）。经调整热处理工艺将硬度降低至 59～62HRC，提高材料韧性后，消除了折断现象。

图 2-18 输出轴折断件

(a) 实物断口

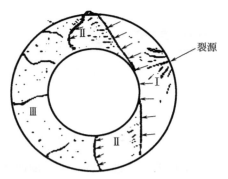

裂源

(b) 断口扩展示意图

图 2-19　输出轴断口形貌

　　图 2-21 为断裂液压泵斜盘，由 GCr15SiMn 钢锻造成毛坯，经粗加工后热处理，然后精加工成形，设计要求硬度为 60～66HRC。热处理工艺为 840℃盐炉加热，保温 8～12min，油冷淬火，150℃低温回火，实测硬度为 64～64.5HRC（美国同类产品硬度为 59～60HRC），显微组织中有较多的针状马氏体（白区）和隐针状马氏体＋少量颗粒状碳化物＋残余奥氏体（图 2-22）。在使用仅数小时，甚至在磨合试车过程中就发生断裂（图 2-23）。断裂均处于 R 部位，断口均呈瓷状脆性快速断裂特征（图 2-24）。将零件硬度要求改为 59～62HRC，热处理工艺调整为 820～830℃盐炉加热，保温 8～12min，油冷淬火，200℃低温回火处理后，显微组织为隐针状为主的回火马氏体＋较多的颗粒状碳化物＋少量残余奥氏体（图 2-25）。不仅增加了材质的韧性，而且由于颗粒状碳化物较多，有良好的耐磨性，大大提高了斜盘的使用寿命，消除了脆性断裂现象。

图 2-20　断裂件显微组织
隐针状回火马氏体＋细小颗粒状碳化物＋少量残余奥氏体　500×

图 2-21　断裂液压泵斜盘

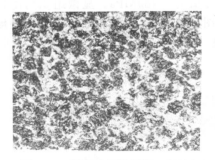

图 2-22　断裂件显微组织　500×

图 2-23　磨合试车时断裂斜盘

图 2-24 两只断裂斜盘的不同形态

2.1.3.2 硬度偏低

对受力较小的零部件忽略了对材质强度的核算，材料选择后，对零件材质状态和硬度不提出明确要求，往往由于零部件硬度和强度过低，导致过载失效。

例如，1.5kW 的电动机传动轴，转速为 1425r/min，运行时电动机最大扭力仅为 400N，但在使用仅 10h 左右就连续发生两起传动轴断裂事件。断裂部位均处于粗糙度较差的退刀槽的根部（图 2-26），断口平整，垂直于轴，呈扭转剪切断裂形貌（图 2-27）。对传动轴进行理化检查，其材料为 45 钢（成分为 0.42% C、0.6% Mn、0.3% Si），硬度为 167～172HBS，显微组织为退火状态的片状珠光体＋网络状铁素体（图 2-28）。按相关资料，根据硬度换算

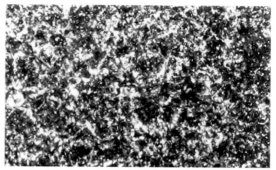

图 2-25 淬回火处理后的组织
隐针状为主的回火马氏体＋少量
针状马氏体＋颗粒状碳化物＋
少量残余奥氏体 500×

其剪切强度（τ_b）仅为 412～482MPa，由此可知未充分发挥 45 钢应有的性能潜力。同时，退刀槽部位加工较粗糙，加工痕迹处形成应力集中，在较大的扭转作用下，促进了传动轴的断裂。将传动轴进行调质处理，硬度提高至 30～35HRC 后，消除了断裂的再现。

图 2-26 传动轴断裂后实物

立铣传动轴，采用 40 钢未经调质处理，硬度仅为 197～201HBS。在使用过程中，在圈套的扭转力矩的作用下，仅运行 10 余小时就在靠近键槽的退刀槽处发生扭转断裂（图 2-29）。宏观断口出现典型的剪切断裂形貌（图 2-30），显微组织呈现为退火状态下的珠光体＋铁素体（图 2-31）。由于硬度过低，抗扭剪切强度不能满足使用应力的要求，导致传动轴的早期断裂。将传动轴进行调质处理，硬度提高至 30～36HRC 后，消除了传动轴在使用中的断裂现象。

(a) 齿轮内的断裂端

(b) 断口形貌

图 2-27　传动轴断裂形貌

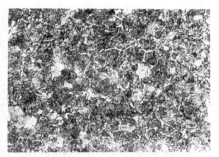

图 2-28　片状珠光体＋网络状铁素体　500×

图 2-29　断裂后的传动轴

(a) 传动轴断口形貌

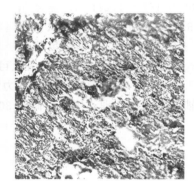

(b) 断口剪切变形形貌

图 2-30　断口形貌

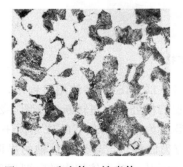

图 2-31　珠光体＋铁素体　500×

图 2-32　连杆键槽和键崩裂和破损失效件

2.1.3.3 配合件硬度搭配不合理

设备传动件间材料和硬度匹配选择不恰当，都会影响零件使用寿命。

图 2-32 为摩托曲轴连杆在运行过程中发生键槽崩裂和键严重变形和破裂后的实物图。曲轴材料为 50Mn 钢，键槽部位经感应淬火，要求硬化层深度为 0.5～2.5mm，淬火表面硬度要求为 55～65HRC。实测硬化层深度为 0.95～1.05mm，淬火表面硬度为 62～63HRC。键槽崩裂起始于键槽中间部位，向两边扩展，呈脆性剥离，如图 2-33 所示。而键的材料为 45 钢，对其硬度和状态未做任何要求，实测硬度为 199～218HBS，组织为退火状态下的片状珠光体＋条块状铁素体（图 2-34）。由于键槽硬度过高，脆性较大，而键的硬度过低，在摩托车运行过程中受到的反复挤压应力的作用下，键逐渐变形，键与键槽之间的间隙增大，使键槽两边的受力状态改变，导致键槽上部的挤压应力增加而崩裂，键严重变形破裂而失效。

 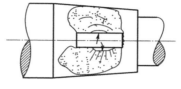 

(a) 键槽崩裂实物   (b) 崩裂示意图   (c) 键破裂形态

图 2-33 连杆键槽崩裂部位和键的破裂形态

有些部件为了提高耐磨性，要求表面采用渗碳或碳氮共渗等工艺来提高表面的硬度，但忽略了材料性质改变对加工工艺的影响。例如，航空柱塞的转子为了提高耐磨性，对柱塞帽表面进行碳氮共渗，经淬火、回火后进行组装收口（图 2-35）。由于设计对碳氮共渗层在柱塞帽表面长度未加以控制，渗层的长度超过了柱塞帽圆孔半径（图 2-36）。在收口过程中，帽口部分金属受到挤压变形，使靠近收口部分的高硬度碳氮共渗层受到一个很大的弯曲拉伸应力。由于渗层硬度高，塑性、韧性差，不易变形而易导致开裂（图 2-37）。为了避免组装收口时裂纹的产生，设计更改柱塞帽表面碳氮共渗层的长度，以保证收口变形部分无渗层，提高该部位的韧塑性，以利于收口时金属变形，消除了收口裂纹的再现。

图 2-34 键的显微组织
片状珠光体＋条块状铁素体   500×

配合件的材料选择，除了要考虑配合件的精度，重视硬度和耐磨性的匹配，还要考虑金属材料的性质如电极电位、晶格结构和表面状态的搭配，一般要避免同类材料和电极电位相差较大的材料作为摩擦副，这些设计人员往往会忽视或未予考虑，结果导致配合件间的损坏和两者之间的黏附咬合或微动磨蚀而失效的情况也常有发生。如齿轮泵中齿轮和轴相配合旋转，都采用 18Cr2Ni4W 钢渗碳、淬火、回火后加工而成，结果在试验台试验和装机使用过程中，相继发生齿轮和轴咬合损坏而失效（见案例）。又如应急泵铝合金叶片轴颈处和 1Cr18Ni9 不锈钢垫片发生摩擦，由于两者电极电位相差较大而产生微动磨蚀，引起疲劳失效。

2.1.4 选材和状态要求不合理

对于一些传动件，往往在运转过程中出现突然性的冲击载荷，例如，启动载荷往往比正常运转时载荷要大。另外，还可能出现偶然性的不正常运转引起的超负荷状态和材质中显微缺陷与环境等因素的影响。若选择材料的安全系数过小，易引起零部件的早期失效。如制造人造板的木料烘烤设备中的传动轴，在运行一年余就在轴的 1/3 长度处的小孔部位发生断裂，断裂起源于小孔表面，裂纹扩展区呈现出明显的疲劳弧线（图 2-38）。由于传动轴采用低碳合金钢 15Mn 钢（成分为 0.13% C、0.8%Mn、0.02%S、0.023%P）制造，硬度仅为 128～133HB，显微组织中不仅片状珠光体很少，而且还存在沿晶分布的三次渗碳体（图 2-39）。在长期的工作中，小孔表面受到温度和介质的影响，出现氧化腐蚀坑（图 2-40）。由于采用的低碳结构钢硬度、强度较低，小孔表面的氧化腐蚀坑形成应力集中的薄弱环节，在使用应力的作用下易萌生微裂纹，随着应力的变化，裂纹逐步扩展，加上显微组织中沿晶分布的三次渗碳体也促进裂纹的形成和扩展，导致传动轴的早期失效。

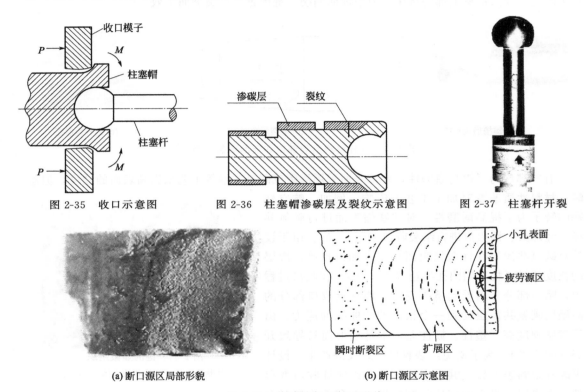

图 2-35 收口示意图　　图 2-36 柱塞帽渗碳层及裂纹示意图　　图 2-37 柱塞杆开裂

(a) 断口源区局部形貌　　　　(b) 断口源区示意图

图 2-38 传动轴断口源区形貌

对于一些耐磨件，应根据不同的磨损形式来选择不同的摩擦副和摩擦表面的组织形态与硬度，缺乏周密的考虑就有可能引起零件早期磨损失效。如常用的灰铸铁和球墨铸铁，对石墨形态和基体组织有着严格的要求和使用范围，若设计要求不明或使用不当，就可能导致零部件的早期失效。尤其是对凸轮轴类受力较大的接触滑动磨损，显得尤为突出。摩托车凸轮轴采用灰铸铁（成分为 3.85% C、3.03%Si、0.86%Mn、0.049%S、0.253%P）制造，仅运行 518km 左右就使凸轮轴磨去 3～5mm（图 2-41），导致摩托车无法正常运行。经检查，凸轮轴硬度仅为 92.5～93HRB。在凸轮顶部磨去 0.5mm 后的显微组织中，铁素体呈树枝状分布，珠光体呈不均匀的聚集状分布，而石墨成细小短条状和片状形态（图 2-42）。心部珠光体呈网络状和枝晶状分布，石墨条片比表层稍大（图 2-43）。采用图像分析仪对凸轮顶和心部 15 个视场分析结果，铁素体分别达到 52.8% 和 44.03%。可见，设计采用铁素体较多的普通灰铸铁制造凸轮轴，其耐磨性不能满足工作条件的要求，而导致整个发动机的早期失效。凸轮在使用时主要受到一个滚动和滑动摩擦，凸轮处受到刮和擦，使金属剥离。因此，要适应工作状态的要求，凸轮处的硬度必须提高，增强抗擦伤的能力，即提高凸轮的耐磨性。首先采用球化较好的球墨铸铁，其次是提高凸轮的硬度。将凸轮部位采用冷铁激冷获得冷硬的白口铸铁，得到了良好的耐磨性和使用寿命。

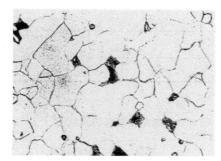

图 2-39 传动轴显微组织

铁素体＋少量珠光体＋沿晶三次渗碳体 500×

图 2-40 轴小孔表面氧化腐蚀坑

未侵蚀 400×

(a) 不同磨损程度的凸轮轴

(b) 图(a)下面一个凸轮轴局部放大后的磨损形态

图 2-41 磨损失效的凸轮轴

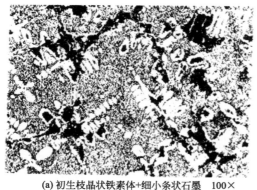

(a) 初生枝晶状铁素体+细小条状石墨 100×

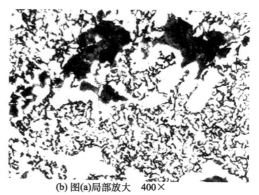

(b) 图(a)局部放大 400×

图 2-42 凸轮磨损 0.5mm 处的组织形态

石油化工厂在生产锦纶纤维过程中，经聚合混合后，通过增压泵和计量泵输送，计量泵最高工作温度约 370℃ 左右，流量为 2.4cm³/转，进口压力约 5MPa，出口压力为 25～30MPa。计量泵体和齿轮设计选择价格较便宜且常用的 Cr12MoV 钢，经热处理后硬度要求为 50～55HRC，安装后使用仅 20 天左右，就引起计量泵体的损坏而失效（详见 2.2.1）。

后改用价格较高的 W6Mo5Cr4V2 钢，热处理后的泵体硬度为 64.5～65.5HRC，齿轮硬度为 63.5～64.5HRC，使用寿命高达 2～3 年，取得了良好的经济效益。

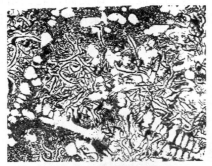

图 2-43　心部稍粗大的石墨　100×

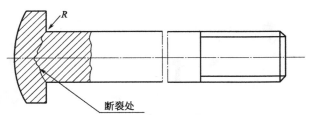

图 2-44　螺栓断裂部位示意图

图 2-45　图 2-44螺栓断裂部位圆角形态　200×

图 2-46　疲劳断裂形貌　4.5×

有些零部件和模具的失效不是单一因素造成的，往往由两个或两个以上因素的共同作用所致。例如，摩托车螺栓在运行 400 多千米就发生断裂（图 2-44），螺栓材料为 45 钢，经调质处理后硬度为 33～34HRC，断裂部位处于螺栓的转折的 R 处，该处设计 R 大小要求为 0.3～0.32mm，实测 R 仅为 0.10～0.11mm 左右，而且粗糙度较差（图 2-45）。断口呈现出明显的疲劳断裂特征，疲劳源区较光亮，扩展区较平坦，瞬时断裂区较小，仅占断口的 1/3 左右，并有明显的剪切唇（图 2-46）。显微组织中存在较严重的带状铁素体（图 2-47），

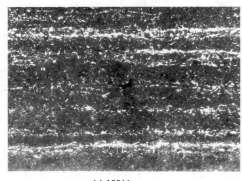

(a) 100×

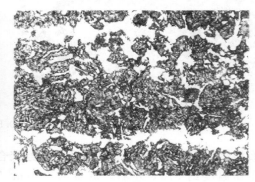

(b) 500×

图 2-47　螺栓显微组织

回火索氏体＋带状铁素体

头部经冷镦成形时的金属变形使 R 部位的带状铁素体分布形态几乎垂直于轴线（图 2-48）。则暴露于 R 表面的铁素体就成为应力集中的薄弱环节，促进微裂纹的形成和扩展。所以，螺栓经短时使用就形成疲劳断裂，这是因为加工后 R 较小，粗糙度较差，形成应力集中和螺栓显微组织中存在较严重的带状组织、局部强度较低的共同作用所致。

图 2-48 螺栓 R 部位带状组织的分布

尤其是对受冲击载荷的模具，若材质不良或结构不合理时，对模具的使用寿命影响极大。例如，Cr12MoV 钢制造的压印模在使用时多次发生冲模的开裂和崩裂，有的在试模时就发生开裂失效，严重影响生产任务的完成。失效形式为冲头表面凸起部位和冲头外表面尖角处的崩裂与冲头底部的开裂（图 2-49 和图 2-50）。从开裂部位打开的断口表面可看出，裂源处于尖角处，呈快速扩展的低周疲劳特征（图 2-51），整个断面呈木纹状（图 2-52）。零件经淬火、回火后的硬度为 55～56HRC，显微组织为回火马氏体＋条带状共晶碳化物和细小颗粒状碳化物＋少量残余奥氏体（图 2-53），共晶碳化物呈条带状和网络状分布，导致模具的脆性较大。由于模具镶嵌件的接触面无 R 过渡呈尖角状，当模具受到冲击时造成应力集中，易导致裂纹的形成。另外，模具中心无孔，当冲压时，金属流动只能流向外侧，使冲模面凸出部位受到一个较大的侧向应力，导致模面凸出部位由中心向外折断。通过采取锻造改善材质中共晶碳化物的分布形态，消除严重的条带状和网络状共晶碳化物，并将冲头底部镶嵌的尖角改为圆角，将冲模中间开孔等措施后，消除了模具的开裂现象，使模具寿命得到了很大的提高，由原来平均冲压 1500 余件提高至 18000 余件。

图 2-49 冲头崩裂部位

1、2 为凸起部位崩裂，3 为边缘尖角处崩裂

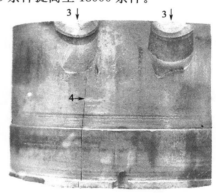

图 2-50 边缘尖角处崩裂和底部裂纹形貌

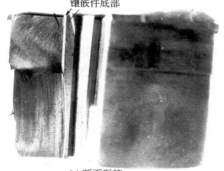

(a) 断面形貌

(b) 尖角起始部位的放大

图 2-51 冲模底部裂纹起始断面

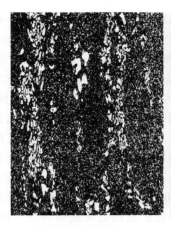

(a) 条带状共晶碳化物　200×　　　　(b) 网络状共晶碳化物　100×

图 2-52　木纹状断口　　　　　　　图 2-53　严重的条带状和网络状共晶碳化物

对于耐磨零件的材料选用，表面硬化层类型和深度的确定，应根据磨损形式、受力状态和大小来决定。材质硬度过低或硬化层深度过浅，则在使用过程中产生的接触应力或弯曲应力的作用下就可能引起硬化层的开裂和剥落，如图 2-54 和图 2-55。液压马达中的轴承选用低碳钢氰化处理，在载荷为 10000N、转速为 1800～2000r/min、机油润滑的条件下，尝试仅 1h 左右就发生轴承跑道表面开裂剥落（图 2-56 和图 2-57）。跑道表面硬度为 803～813$HV_{0.1}$（相当于 60～62HRC），氰化硬化层深度仅为 0.06mm，而中心硬度仅为 142～152HV_5（图 2-58），显微组织中除铁素体外，仅有少量的珠光体（图 2-59），近似于 10 钢的组织。在剥落附近微裂纹处的显微观察中，可看到近似于平行表面的横向微裂纹（图 2-60）。

图 2-54　使用时受到弯曲应力的作用，导　　　图 2-55　低碳钢硬度过低，在使用中受到
致表面高硬度的氰化层开裂　　　　　　　　弯曲应力而使表面软氮化层开裂和剥落

对于一般高硬度的表面渗层，其屈服强度较心部为高，当零件受到外加接触应力的作用时，表层产生弹性变形，同时，应力向心部传递而减弱，所以，渗层深度取决于零件的工作条件及心部材料的强度。只有当零件表面渗层有足够的深度和一定的心部屈服强度，使渗层下面有较强的支撑，才能使外加应力传递到心部时，心部不致产生塑性变形。由于设计选择轴承时心部硬度较低，渗层又浅，在高速的反复接触应力的作用下，使心部材料产生塑性变形，当外力负荷去除后，渗层的弹性变形恢复，而与渗层交界的心部却不能恢复到原状态，如此经过反复的作用，使渗层与心部的交界处和氰化层内产生微裂纹，并逐渐扩展，最后导致渗层的剥落。

图 2-56　轴承表面和滚针接触发生剥落

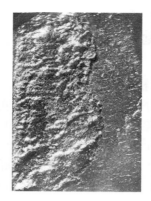

图 2-57　图 2-56 局部放大后的剥落和微裂纹　10×

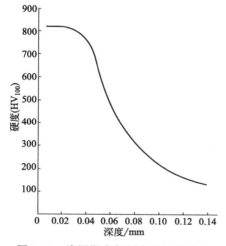

图 2-58　渗层深度与硬度之间的关系

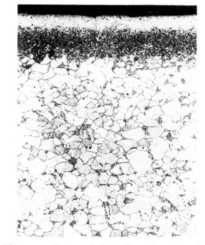

图 2-59　表面回火马氏体＋残余奥氏体；
中心铁素体＋珠光体　160×

图 2-60　滚道表面下的平行微裂纹（未经侵蚀）　320×

　　对于高速、高应力和高温工作条件下的摩擦偶件，选材或选用的润滑剂不当，会引起钢件表层渗氢而导致表层早期磨损甚至表层剥落，一般称之为"氢附磨损"。如滑动轴承的润滑剂采用矿物油时，由于矿物油大都是碳氢化合物，在高温、高压的作用下产生分解氢渗入钢件表层，使其产生脆化而迅速磨损甚至剥落，转移到青铜轴瓦上。尤其是钛合金类对氢敏感的合金件，采用矿物油润滑，会使其磨损得更快。钢件和塑料件作为摩擦副时，由于塑料的成分主要是碳氢链为基的高分子材料，在高速、高温条件下发生分解后会产生氢渗入钢件表层，使钢制材料转移到塑料上，导致钢制件迅速磨损失效。

2.2 设计不当引起的失效案例

2.2.1 计量泵失效分析

锦纶纤维是石油化工产品，经聚合后的原液在混合槽混合后，经增压主计量泵内一对齿轮转动来输送原液。计量泵的最高工作温度为 370℃，转速为 20 余转/分，流量为 2.4cm³/r，进口压力稍大于 500N/cm²❶，出口压力为 2500～3000N/cm²。齿轮轴与泵体间为压配合，

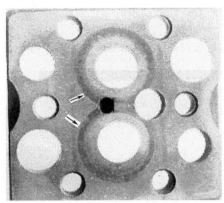

图 2-61　和齿端面接触的泵体损坏
形态（灰黑色圆形）　1：2

齿轮和轴间形成相对旋转运动，齿轮平面和泵体间的间隙为 0.01mm 左右。随着计量泵使用时间的延长，相对运动部位被磨损，使液流输出量降低。计量泵一般使用寿命为 2～3 年，但该泵仅使用 20 天左右，就引起损坏、输出液流下降而失效。

2.2.1.1　设计要求和热工艺

图纸规定计量泵材料为 Cr12MoV 冷作模具钢，硬度为 50～55HRC。锻造毛坯经初加工后需进行最终热处理，规范为：淬火加热温度为 1020℃，油冷，500℃空冷二次回火。

2.2.1.2　理化检验

(1) 宏观检查　泵体损坏部位处于齿端面和泵体的接触面上（图 2-61），呈圆形带状密集分布的小麻点，麻点为圆形、椭圆形的小凹坑，液流出口处较密集，甚至连成片状剥落。随着离液流出口处距离的增加，凹坑数量逐渐减少（图 2-62 和图 2-63）。

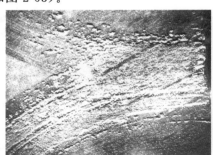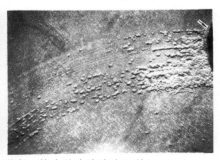

图 2-62　图 2-61局部放大后的损伤形态（箭头处为液流出口处）　10×

(2) 化学成分分析　经分析，失效泵体材料的化学成分见表 2-2，符合 Cr12MoV 牌号要求。

表 2-2　失效泵体的化学成分和 Cr12MoV 钢技术要求

化学成分❷/%	C	Si	Mn	Cr	Mo	V
失效泵体	1.58	0.31	0.37	11.75	0.51	0.21
GB/T 1299—2000 Cr12MoV	1.45～1.70	≤0.40	≤0.40	11.0～12.5	0.40～0.60	0.15～0.30

❶　1N/cm²＝0.01MPa，下同。

❷　本书中如无特殊标注，所有分数均为质量分数。

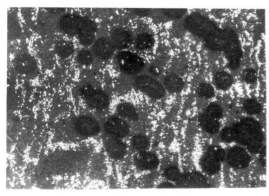

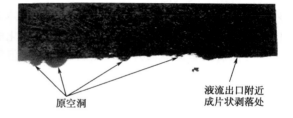

原空洞　　　　　　液流出口附近
成片状剥落处

图 2-63　抛光侵蚀后的孔洞分布特征　50×　　　　图 2-64　未侵蚀孔洞的深度和底部形态　50×

（3）硬度测定　失效泵体硬度测定结果为 $57\sim59$HRC，超过了设计要求（$50\sim55$HRC）的上限。

（4）金相检查　将摩擦损伤部位经砂纸磨制和抛光后观察，除大小不等的圆形、椭圆形和连接成长条形凹坑外，未见有裂纹和腐蚀等特征，经侵蚀后可见凹坑分布在碳化物外的基体上（图 2-63）。垂直损伤处切取样品抛光后观察，孔洞呈大小不等的圆弧凹坑（图 2-64），深度为 $0.1\sim0.15$mm。显微组织为回火马氏体＋碳化物（图 2-65），局部区域碳化物呈网络状偏聚（图 2-66）。

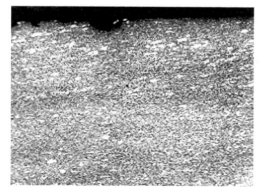

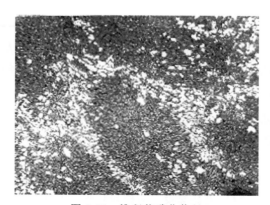

图 2-65　表面凹坑为损伤部位，
组织为回火马氏体＋碳化物　50×

图 2-66　堆积状碳化物呈
网络状偏聚　100×

2.2.1.3　分析与结论

计量泵的失效主要是泵体表面损伤引起压力降低而严重影响使用，受损伤部位是在泵体和齿轮的齿部带动液流的运动处，呈小麻点状的圆形和椭圆形凹坑，以圆带状分布，而且在液流出口压力变化最大处损伤最严重，随着距液流出口部位距离的增加，损伤程度逐渐减轻，这说明泵体损伤和液流变化有关。通过对损伤件解剖后的显微检查，未发现有表面脱碳和磨削烧伤等缺陷存在。损伤凹坑主要处于基体部位，堆积状碳化物处剥落较少，这可能与硬度有关。

计量泵的工作特点主要是通过泵内齿轮的旋转来传送液流，而旋转过程中齿轮啮合对液体的变化会引起流速和压力的变化。当流速增加，压力下降至一定程度时，会使溶于液体中的气体析出形成气泡而产生空穴现象，气泡随液流到达高压区时，气泡会迅速破裂而引起剧烈的液压冲击，在长时间的冲击下，会使泵体表面产生腐蚀（即气蚀）。所以在液流出口和压力变化最大处，气蚀最严重，随着压力变化的减小，气蚀现象逐渐减轻。

气蚀后的金属表面外观与点腐蚀相似，但气蚀严重时和点蚀有两点不同。首先气蚀的小孔较密集，其次气蚀表面较粗糙，甚至呈海绵状，这和计量泵损坏特征相似。由于气蚀而剥落的金属，存在于齿与泵体之间，随着旋转运动产生摩擦划痕。因此，计量泵的失效是由于液压流的变化而产生气蚀的结果。

2.2.1.4 改进措施

为了提高计量使用寿命，选用了室温与高温硬度高、碳化物均匀性和耐磨性好而且热膨胀系数比 Cr12MoV 钢小的 W6Mo5Cr4V2（M2）钢（表 2-3）制造泵体和齿轮，泵体硬度为 61～66HRC，齿轮硬度为 60～65HRC，经改进后，计量泵的使用寿命高达 2～3 年。

表 2-3　W6Mo5Cr4V2 和 Cr12MoV 钢的热膨胀系数　　单位：$10^{-6} \cdot ℃^{-1}$

材料＼温度/℃＼热处理工艺		20～100	20～200	20～400	20～500	20～600	20～700
W6Mo5Cr4V2（M2）	退火		9.44	10.76	10.98	11.49	11.95
	1220℃油淬、500℃×1h 空冷（两次）		9.52	10.5	10.83	11.26	
Cr12MoV		10.9		11.4		12.2	

M2 材料价格虽比 Cr12MoV 钢贵三倍左右，但有优越的性能，尤其是硬度较高，抗气蚀性能好，从而大大提高了计量泵的使用寿命，寿命提高产生的经济效益远远超过了材料价格的影响。

2.2.2 齿轮端面开裂失效分析

2.2.2.1 概述

齿轮泵主、从动齿轮在装配试验中仅运行 20min 左右就发生两端面开裂（共六只）（图 2-67），引起试验中断。

(1) 设计要求　齿轮材料为 18Cr2Ni4WA 钢，整体渗碳，渗碳层深度为 1.0～1.3mm，淬火、回火后渗碳层表面硬度为 59～63HRC，中心硬度为 35～47HRC，额定使用寿命为 500h。

(2) 安装结构和使用条件　齿轮转速为 1800r/min，两端面和两个固定的经硬质阳极化处理的 ZL105 铝合金套相配合，并有一定的压力，当齿轮旋转时，铝套和齿轮端面产生相对摩擦，如图 2-68 所示。

(3) 齿轮生产流程和热处理工艺　生产流程：棒材下料→粗加工→渗碳→淬火、回火→精加工成形。渗碳工艺：920℃加热、保温 7～10h，空冷→670℃回火→加工成形。最终热处理工艺：830℃加热、保温后油冷淬火→小于—70℃冷处理→160～190℃回火。

2.2.2.2 理化检验

(1) 齿轮材料化学成分分析　失效齿轮的成分分析结果见表 2-4，不符合图纸规定的 18Cr2Ni4WA 钢，而是 20CrMn 钢。经调查，生产过程中由于工厂缺 18Cr2Ni4WA 钢，设计同意由 20CrMn 钢代用。

图 2-67 齿端面开裂齿轮

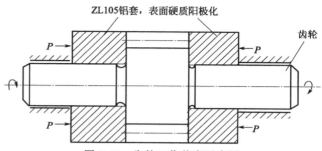

图 2-68 齿轮工作状态示意图

表 2-4 失效齿轮的成分和技术要求

化学成分/%	C	Si	Mn	Cr	Ni	W
开裂齿轮	0.20	0.25	0.98	1.13	—	—
GB/T 3077—1999 18Cr2Ni4WA	0.13~0.19	0.17~0.37	0.30~0.60	1.35~1.65	4.00~4.50	0.80~1.20
GB/T 3077—1999 20CrMn	0.17~0.23	0.17~0.37	0.90~1.20	0.90~1.20	—	—

（2）宏观观察 绝大部分裂纹从齿端面内圆向外呈放射状特征，和磨削裂纹相似，严重的尚存在无规律分布的裂纹（图 2-69）。将裂纹打开后裂纹断面黏附有深黑色的油污，经清洗后断面呈脆性断裂状，有的裂纹从端面向内深入达 5mm 左右，断面晶粒细小（图 2-70）。

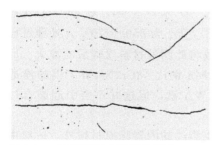

图 2-69 齿端面抛光后裂纹形态 50×

(a) 清洗后的裂纹断面

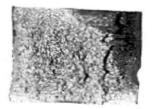

(b) 未经清洗的裂纹断面

图 2-70 裂纹打开后的断面形貌

齿端面烧伤检查，经酸蚀后呈现出明显的淬火和回火烧伤，烧伤形态和擦伤痕迹方向一致，和裂纹基本相垂直，如图 2-71 所示。

（3）硬度测定 渗碳层表面硬度为 62HRC，中心硬度为 33HRC，比设计要求低。

（4）显微组织检查 从有裂纹齿轮的端面取样抛光侵蚀后，呈现出严重的淬火、回火烧伤（图 2-72）。白色条带为淬火马氏体，其硬度高达 64~65HRC，而黑色为屈氏体，硬度为 43~46 HRC。渗碳层深度为 1~1.05mm，渗碳层表面组

图 2-71 经酸蚀烧伤检查后齿端面形貌

织为回火马氏体＋小点状碳化物和少量残余奥氏体（图2-73）。

图 2-72　齿端面烧伤组织形貌　50×

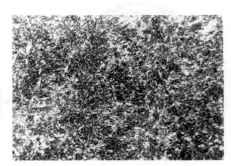

图 2-73　表面渗碳层组织
回火马氏体＋小点状碳化物＋少量残余奥氏体　500×

（5）应力检查　为了弄清产生裂纹是否由于原残余应力过大，在装配和磨合应力的作用下引起的开裂，对磨削加工后经磨削烧伤检查和磁检无裂纹和烧伤的同批齿轮进行200℃、保温4～8h的去应力处理，然后装机磨合试验，结果仍然出现裂纹。再将短期磨合检查无裂纹的齿轮和同批未经磨合试验的无裂纹齿轮各五只同时进行热盐酸侵蚀，结果经磨合试验的齿轮两端面都出现放射状裂纹，而未经磨合试车的则完好无裂纹。说明齿轮端面在磨加工后的残余应力较小而经装配磨合试车中产生的摩擦应力较大。

2.2.2.3　结果分析

（1）关于材料和热处理规范问题　18Cr2Ni4WA钢和20CrMn钢都是渗碳用钢，其热工艺参数相差不大。如20CrMn钢的A_{c_1}为725℃，A_{c_3}为825℃，M_s为360℃，T_A为870℃；而18Cr2Ni4WA钢的A_{c_1}为700℃，A_{c_3}为810℃，T_A为850～870℃。处理过程中考虑到渗碳后的热处理规范主要满足表面硬化的要求，故将此两种材料渗碳后的淬火、回火规范统一，以简化工艺管理。由于淬火温度较低，20CrMn钢比18Cr2Ni4WA钢的淬透性又较差，所以其中心硬度稍低，力学性能不如18Cr2Ni4WA钢，但这并不会引起磨合过程中齿端面的开裂。

（2）齿端面经磨合试车后产生裂纹问题　齿端面产生裂纹的因素除原材料外，一般由热处理、磨削加工和装配磨合三者造成的拉应力所致。从上述的检查和试验可知，渗碳层的残余奥氏体较少，碳化物呈均匀分布的颗粒状，针状马氏体相当于QC/T 262—1999《汽车渗碳齿轮金相检验》标准3级左右，磨加工后磁检和热盐酸侵蚀未见裂纹，说明热处理和齿端面磨加工后的残余应力较小。

鉴于摩擦偶件中的部分能量总是以热的形式消散，使温度升高，甚至可使材料相变，形成摩擦马氏体，并使润滑循环液的流量不足或中断，导致润滑膜的破裂，因而使摩擦件发生热裂。其特征呈径向裂纹，与磨削裂纹相似，故易和磨削裂纹相混淆，一般称为摩擦开裂。根据摩擦过程中的热斑点温度公式：

$$Q = KFL^{1/4}V^{1/2}$$

式中　Q——热斑点温度；

　　　K——弹性模量；

F——摩擦系数；

L——摩擦压力；

V——摩擦速度。

从上式可以看出，在摩擦系数和速度一定的情况下，摩擦过程中的热斑点温度的产生主要决定于摩擦压力。文献指出，产生热裂时的温度是一种表面局部瞬时高温，造成表面不均匀马氏体和局部的回火，引起热胀冷缩的反复进行，是产生热裂的根源。对普通碳钢，当热斑点温度<600℃时，不会出现裂纹；当摩擦温度达到600～750℃时，就会出现微小的热裂纹；温度超过750℃后就出现严重裂纹。所以摩擦压力大时，就会出现高温引起热裂和组织改变。因此，齿轮端面裂纹的产生和装试时的摩擦压力过大有关。

2.2.2.4 结论

① 在磨合试车过程中齿端面出现裂纹的主要原因是两端面摩擦压力较大引起摩擦应力和摩擦温度的升高，导致齿端面组织的改变和开裂。

② 齿轮材料牌号的改变不会导致齿轮端面的开裂。

2.2.2.5 改进措施

① 要避免齿轮端面的摩擦烧伤和开裂，必须修正齿轮和密封带的尺寸，减小两端面的压力。将原齿轮两端面间的长度缩短，同时装配时摩擦副的配对长度差不大于0.005mm，保证装入时以可靠的自重滑下为准。密封带厚度由$3^{+0.1}$mm改为$2.8^{+0.1}$mm。装配时选择密封带，保证装配后每个密封带的压缩量不大于0.4mm，以减小齿轮两端面的压力。

② 适当降低齿轮硬度。在不影响齿轮的使用寿命的前提下，为降低和避免热处理与磨削加工后的残余拉伸应力，增加韧性，将齿轮渗碳、淬火、回火后的硬度从59～63HRC的设计硬度改为57～60HRC。

通过上述改进后，齿轮装配磨合试车和使用过程中完全消除了齿端面裂纹的再现，提高了产品质量和使用寿命。

2.2.3 液压泵斜盘失效分析

2.2.3.1 概况

斜盘是液压泵中调节液流大小的重要部件。在组装使用后的返厂检修中，发现内螺纹根部退刀槽部位开裂，见图2-74。

斜盘材料为18Cr2Ni4WA钢。加工程序如下：锻造→退火→粗加工→热处理→精加工。最终热处理规范为：860℃±10℃油淬，540℃回火空冷，热处理后的硬度要求为34～38HRC。

图2-74 斜盘内螺纹裂纹部位

2.2.3.2 理化检验

(1) 裂纹外观形貌 裂纹位于内螺纹根部退刀槽的圆周尖角处，共两条，分别处于斜盘摆动的对称面上。经磁粉探伤后裂纹如图2-75所示，其中一条裂纹由里向外贯穿整个壁厚，内壁长60～70mm，外壁长约55～60mm，裂纹两端逐渐向上发展。另一条仅在内壁退刀槽尖角处，长约55mm。所有裂纹周围未发现异常。

(2) 断口形貌 从裂纹处打开后，断口上可见疲劳源点很多，并分布在同一线条上，疲

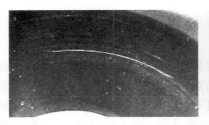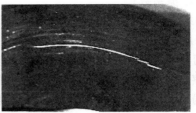

图 2-75　荧光磁粉探伤显示出的两条裂纹形态

劳弧线几乎是均匀向前扩展，呈多源和线状疲劳特征（图 2-76）。扫描电镜检查可知，裂源起始于退刀槽尖角切削刀痕处。由于切削后的光洁度很差，在粗糙的刀痕处出现较多的裂缝（图 2-77 和图 2-78）。裂源和扩展区的疲劳条带在高倍下并不明显（图 2-79）。这与在疲劳裂纹扩展过程中，交变载荷变化不大和材质强度较高等因素有关。在瞬时断裂区显示出韧窝状断口（图 2-80）。

图 2-76　裂纹打开后呈现的疲劳特征　2.6×

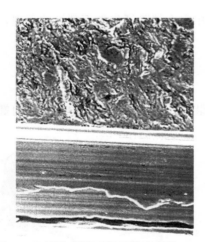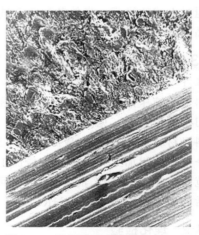

图 2-77　裂纹起源于退刀槽刀痕处　20×　　　图 2-78　刀痕处出现微裂纹　200×

（3）化学成分测定　开裂零件的化学成分见表 2-5，可见成分符合标准要求。

表 2-5　斜盘的化学成分和 18Cr2Ni4WA 钢技术要求

化学成分/%	C	Si	Mn	S	P	Cr	Ni	W
开裂件	0.151	0.21	0.48	0.021	0.023	1.42	4.31	1.12
GB/T 3077—1999 18Cr2Ni4WA	0.13～0.19	0.17～0.37	0.30～0.60	≤0.025	≤0.025	1.35～1.65	4.00～4.50	0.80～1.20

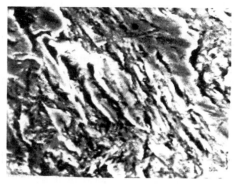

图 2-79　断口扩展区微观特征　1500×

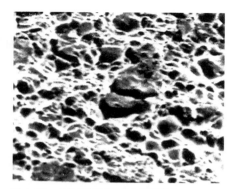

图 2-80　瞬时断裂区的韧断特征　1500×

（4）硬度测定　经测定，开裂件的硬度为 37.5HRC，符合规范要求。

（5）显微组织检查　经渗碳法测定晶粒度为 7～8 级。在裂源处取样磨抛后，未侵蚀时观察裂纹两边未发现异常现象（图 2-81），钢中非金属夹杂物为一级。侵蚀后组织为索氏体，裂纹呈穿晶发展（图 2-82）。

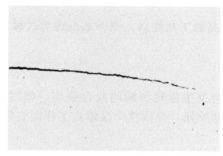

图 2-81　未经侵蚀时的裂纹形态　100×

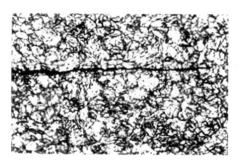

图 2-82　经侵蚀后裂纹呈穿晶发展　250×

（6）几何形状测量　斜盘内螺纹底部尖角裂纹附近的转接 "R" 测量结果为 0.03mm 左右，而使用未裂的零件在同一部位的 "R" 为 0.2mm（图 2-83 和图 2-84）。

图 2-83　失效件开裂区的 "R" 形态

图 2-84　未裂零件的圆角 "R" 形态

2.2.3.3　分析与讨论

（1）受力状态　根据斜盘的使用条件，最大正应力为 177.5～237MPa，最大弯矩 337～451N·m。内螺纹根部受到一个向外的弯曲应力，因此 "R" 部位处于张应力状态，如

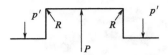

图 2-85　斜盘受力状态示意图

图 2-85 所示。工作状态下内螺纹退刀槽"R"的载荷随斜盘调节转子柱塞部位而摆动的变化而变化。

（2）加工尺寸精度问题　斜盘内螺纹退刀槽处的交接部位的"R"设计要求不小于 0.2mm，但无粗糙度要求。由于加工后测量较困难，因此实际生产中以目测检验。开裂件的"R"仅为 0.03mm 左右，成为很尖的锐角（未裂零件该处"R"为 0.2～0.3mm），因而造成该处应力集中较大。尤其是 18Cr2Ni4WA 高强度钢，应力集中系数 K 随圆角半径"R"的减小而显著增大。表面粗糙度差，存在较深的刀痕，同样会引起缺口敏感度（q）的增加，而且随材料强度的增加而提高，对高强度钢缺口更加敏感，因而引起疲劳强度的降低。从图 2-77 和图 2-78 中可看到疲劳源都在切削痕迹处产生。所以，斜盘的开裂和加工后的"R"过小和刀痕过深、表面粗糙度不好有关。

2.2.3.4　结论

斜盘在使用过程中引起内螺纹退刀槽圆角部位开裂，是由于"R"过小和表面粗糙度不好，引起应力集中，导致刀痕部位微裂纹的出现和裂纹的扩展而成。

2.2.3.5　改进措施

增加了退刀槽处的"R"（为 0.3mm）和适当提高加工精度后，至今未出现类似裂纹。

2.2.4　齿轮泵齿轮与轴咬合失效分析

2.2.4.1　概况

航空发动机中齿轮泵在使用和台架试验过程中均发生齿轮和轴间咬合损坏，如图 2-86 和图 2-87 所示。有的仅运转 40h 左右就发生齿轮和轴咬死，导致整个泵停止工作而失效。

图 2-86　齿轮和轴的配合损坏件

图 2-87　齿轮和轴咬合形态

齿轮和轴的材料要求为 18Cr2Ni4WA 钢，渗碳、淬火、回火处理，渗碳层深度要求为 0.8～1.2mm，表面硬度为 56～65HRC，中心硬度为 33～47HRC。

齿轮泵的工作转速为 3750r/min，油压为 0.2～0.8MPa。

2.2.4.2　理化检验

（1）宏观检查　齿轮安装在轴上做旋转运动而产生相对摩擦，在齿轮近中间和轴形成带状咬合。将齿轮敲下解剖后，可看到严重的咬合损伤，表面金属成挤压堆积和焊合撕裂形貌（图 2-88 和图 2-89）。

图 2-88 轴咬合部位的损伤形态 3× 　图 2-89 齿轮内孔咬合处的金属焊合撕裂形貌 5×

(2) 硬度测定 齿轮表面硬度为 739～752HV（相当于 61～61.5HRC），心部硬度为 44～45HRC。轴表面硬度为 713～726HV（相当于 60～60.5HRC），心部硬度为 42～43HRC。

(3) 化学成分分析 失效齿轮和轴的化学成分见表 2-6，符合 18Cr2Ni4WA 钢的技术要求。

(4) 金相检查 从咬合损伤部位取样检查可看到大小不等的撕裂缝和微裂纹（图 2-90 和图 2-91）。经侵蚀后在损伤表面出现白色淬火马氏体和残余奥氏体，在马氏体下面出现回火索氏体组织和微裂纹（图 2-92）。这是齿轮与轴在反复黏附-撕裂过程中，形成金属的强烈变形和摩擦系数增加与温度的升高，使局部组织发生改变，成为不规则的淬火马氏体和残余奥氏体，并在马氏体和残余奥氏体周围形成回火索氏体和裂纹，促进金属的剥离和变形。

表 2-6 失效齿轮、轴的化学成分和 18Cr2Ni4WA 钢技术要求

化学成分/%	C	Si	Mn	S	P	Cr	Ni	W
失效齿轮	0.15	0.21	0.39	0.021	0.022	1.48	4.20	0.92
失效轴	0.148	0.30	0.41	0.019	0.021	1.43	4.18	0.86
GB/T3077—1999 18Cr2Ni4WA	0.13～0.19	0.17～0.37	0.30～0.60	≤0.025	≤0.025	1.35～1.65	4.00～4.50	0.80～1.20

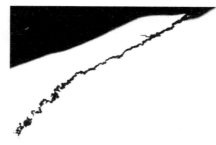

图 2-90 咬合处金属变形和撕裂缝 20× 　图 2-91 金属咬合焊接剪断撕裂时的微裂纹 50×

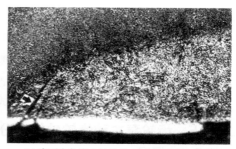

(a) 摩擦表面白色淬火马氏体+残余奥氏体和回火索氏体与微裂纹 50× 　(b) 表面白色淬火马氏体+残余奥氏体与微裂纹

图 2-92 摩擦表面组织的变化

齿轮和轴的渗碳层深度为0.9mm，摩擦表面形成白色淬火马氏体＋残余奥氏体（图2-93），中心组织为回火屈氏体＋少量铁素体（图2-94）。

 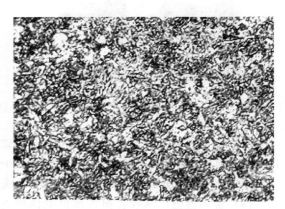

图2-93　摩擦面的渗碳层组织　　　　　　　　　图2-94　中心组织
白色淬火马氏体＋残余奥氏体　100×　　　　　回火屈氏体＋少量铁素体　500×

2.2.4.3　分析与结论

根据对失效件的检查和使用过程中的运转情况的了解，齿轮和轴的材质与运转条件正常。但齿轮与轴在运转过程中发生的黏附咬合导致整个泵的失效，是由于齿轮内孔和轴表面间的润滑膜遭到破坏，使局部摩擦面紧密接触接近至原子引力范围内发生相互扩散形成冷焊的现象。这和金属性质、晶体结构、表面状态、熔点、再结晶温度及原子半径等因素对冷焊的影响有关。如能增加金属表面接触时亲和力，使金属原子重新排列，形成很强的键，即可发生黏附、金属互溶咬合。一般来说，同种金属及互溶金属间容易黏附，而异种金属及互不溶金属间不容易黏附。

因此，摩擦副间形成黏附咬合的主要因素一般有以下三个方面。

① 摩擦副间接触负荷较大，使真实接触紧密，面积增大，界面结合能增大，金属间距离缩小，因而容易黏附咬合。

② 润滑不良，破坏了油膜，导致金属间直接接触，形成干摩擦，使摩擦系数和摩擦热增加，温度升高，分子运动加快，扩散加剧，黏附速度增加，导致咬合失效。

③ 摩擦副材料相同，使其金属性质、晶体结构、熔点和原子半径相同，在摩擦热的作用下，极易形成黏附互溶。则在动力足够大的摩擦过程中接触面上发生黏附-焊接点被剪断-再黏附-再剪断的过程，使表面严重咬合不能工作，导致咬合失效。这也是齿轮和轴失效的主要原因。

2.2.4.4　改进和效果

在齿轮材料、热处理工艺和硬度要求不变的条件下，将轴的材料由18Cr2Ni4WA钢改为GCr15轴承钢，经热处理后的硬度改为59～63HRC。

经上述改进后，完全消除了台架试验和使用中齿轮和轴的黏附咬合引起的失效问题。

2.2.5　齿轮泵主动齿轮轴折断分析

2.2.5.1　概况

主动齿轮轴是齿轮泵中重要部件，它传递扭矩、带动齿轮运转来实现泵的功能。因此，在制造过程中必须抽取一定数量的产品进行可靠性试验。一号齿轮泵在试验台试验时，按规范在转速 1000r/min、扭矩 263.9N·m 的条件下连续运转 17h38min 后按图 2-95 载荷谱进行动态试验。当试验 17h22min 时发现油泵性能有所下降，输出流量下降至 1.5L/min。继续动态试验至 22h 发生齿轮传动轴折断（图 2-96），其它部件均正常。

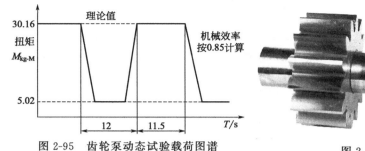

图 2-95　齿轮泵动态试验载荷图谱

图 2-96　齿轮轴折断全貌

2.2.5.2　设计要求与工艺流程

　　齿轮轴材料为 18Cr2Ni4WA 钢锻件，表面渗碳层深度 0.7～1.10mm，经淬火、回火后表面硬度 56～60HRC，中心硬度 33～47HRC。

　　工艺流程：下料→锻造→退火处理→粗加工→渗碳→淬火、回火→精加工成形。

　　渗碳工艺：920℃气体渗碳 6～8h、空冷→670℃回火 2～3h、空冷→校正→500℃去应力退火 2～3h。渗碳层深度要求为 0.9～1.3mm。

　　最终热处理工艺：800℃真空加热保温 50～70min→油冷淬火→200℃保温 2～3h、空冷。

2.2.5.3　检查结果

　　(1) 断口检查　失效件的整个断面呈顺时针方向旋转成杯锥状。由于折断后仍在继续旋转运动，引起两断口间的剧烈摩擦，使"锥头"和"杯底"产生高温氧化，并出现高温金属块的焊接现象（图 2-97）。根据断裂发展方向，裂纹起源于键槽尖角处，从键槽尖角裂纹处打开后可见疲劳弧线，并有较粗大的和疲劳弧线相垂直的放射性台阶（图 2-98）。

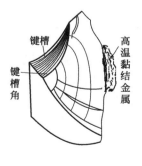

(a) 锥状断面尖部高温氧化　　(b) 键槽处裂纹

图 2-97　锥状断面尖部高温氧化和键槽处裂纹

(a) 实物　　(b) 示意图

图 2-98　键槽处裂纹打开后断面的疲劳特征

　　(2) 几何形状测定　断裂处轴的直径（d）为 28.5mm，键槽宽（b）为 6mm，月牙键槽最深处为 4mm，符合设计要求。但月牙槽"R"较小，计量测定 $R<0.1$mm，经金相摄影测量（放大 100 倍）R 仅为 0.05mm。

图 2-99　渗碳层组织，表层
有脱碳现象　100×

（3）金相组织检查　从键槽处取样观察，渗碳层深度为 0.8～0.81mm。表层有脱碳现象，过共析层的组织为高碳马氏体＋小颗粒碳化物（图 2-99），中心组织为低碳马氏体＋少量铁素体（图 2-100）。在键槽尖角处有显微裂纹存在（图 2-101）。

（4）化学成分分析　失效的齿轮轴的化学成分见表 2-7，符合 18Cr2Ni4WA 钢的技术要求。

（5）硬度检查　零件表面至中心的硬度梯度如图 2-102 所示。最表层硬度由于脱碳引起硬度下降至 54～55HRC，低于设计要求。中心硬度为 44～

45HRC，符合要求。

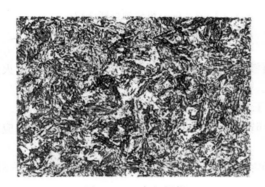

图 2-100　中心组织
低碳马氏体＋少量铁素体　500×

图 2-101　键槽尖角处的显微裂纹　100×

表 2-7　失效的齿轮轴的化学成分和 18Cr2Ni4WA 钢的技术要求

化学成分/%	C	Si	Mn	S	P	Cr	Ni	W
失效齿轮轴	0.17	0.28	0.41	0.022	0.021	1.61	4.11	1.10
GB/T 3077—1999 18Cr2Ni4WA	0.13～ 0.19	0.17～ 0.37	0.30～ 0.60	≤0.025	≤0.025	1.35～ 1.65	4.00～ 4.50	0.80～ 1.20

2.2.5.4　强度核算

根据硬度与强度的经验换算关系（GB 1172），表面渗碳层硬度 55HRC，相当于 599HV。

按铬镍钢 599～211HV 之间的经验公式换算得：

表面渗碳层抗拉强度 $\sigma_{b表面}=-3.47+0.35HV=206kgf/mm^2=2060MPa$。

根据扭转持久极限和抗拉强度换算关系：

渗碳层表面 $\tau_{-1表面}^{k}=0.22\times206kgf/mm^2=45.3kgf/mm^2=453MPa$。

由于扭转受力的最大剪切应力在齿轮轴表面，因此仅以 $\tau_{-1表面}^{k}$ 来核算。

齿轮轴在使用中已知参数 $M_{kmax}=30.16kgf\cdot m=30160kgf\cdot mm$。

根据实心圆轴一个键槽时的抗扭截面模量 W_p 公式：$W_p=\pi d^3/16-bt(d-t)^2/2d$。由于齿轮轴的键槽呈月牙形，裂纹源起始于月牙槽近轴表面 4mm 范围内的尖角处，因此槽深

t 取中间值 2mm 计算：

$$W_p=0.2d^3-6\times2\times(28.5-2)^2/2\times28.5=4397.46$$

按扭转时的剪切应力公式：

$$\tau_{max}=M_k/W_p=30160/4397.46=6.86kgf/mm^2=68.\,MPa$$

而齿轮轴本身由于键槽圆角和尺寸因素的影响，使齿轮轴承载能力下降。由图 2-103 可知，键槽圆角引起的应力集中系数随"R"尺寸减小而增大，由计量实测"R"为 0.05mm，故取键槽应力集中系数 $\alpha_\tau=3.8$。根据应力集中的尺寸因素的影响，取尺寸影响系数 ε 为 0.6，则：

$$[\tau_{-1}]=\varepsilon\tau_{-1}/\alpha_\tau=0.6\times45.3/3.8=7.15kgf/mm^2=71.5MPa$$

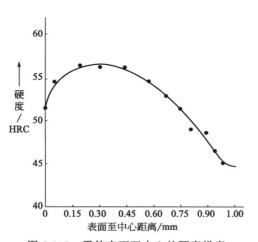

图 2-102 零件表面至中心的硬度梯度

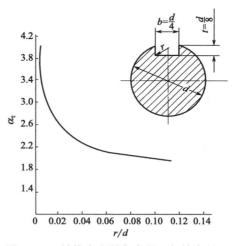

图 2-103 键槽底内圆角半径 r 与轴直径 d 之比与理论应力集中系数 α_τ 之关系

可见，由于键槽"R"过小，应力集中系数较大，使轴所受的最大扭转剪应力接近于最大许可的扭转持久极限。

2.2.5.5 分析与讨论

齿轮轴在运转过程中所受到的旋转扭力，其最大剪应力在横截面的最外圆。月牙键槽内的转角"R"太小，形成高度的应力集中。同时，表面脱碳使表面硬度、强度降低，导致扭转持久强度大大下降，严重影响齿轮的使用寿命。

轴开始所受扭矩较小（$M=263.9N\cdot m$），而且是恒速运转，因此足以承受外界的扭转载荷。当加大扭矩变换动态载荷时，导致在月牙键槽尖角处的高度应力集中的地方形成裂源。随着扭矩的周期变化，裂纹逐渐扩展。由于与最大剪应力作用面的 45°夹角的斜面有主应力作用，因此裂纹沿 45°内圆周方向发展，最后导致齿轮轴锥状断裂。

2.2.5.6 结论与改进措施

① 主动齿轮轴键槽尖角"R"过小，形成应力的高度集中，当加大载荷并转向动载荷时，使尖角应力集中处产生裂源，并随应力周期变化而迅速扩展至断裂。所以增加月牙槽内角"R"尺寸，降低应力集中系数，是提高剪切强度的有效途径。

② 主动齿轮轴表面脱碳，降低硬度和扭转持久强度，促使应力集中处早期开裂。因此，必须严格防止脱碳，确保渗碳层表面硬度符合设计要求。

通过以上改进后，生产试验近十年来，从未重复发生类似断裂，提高了产品的寿命和可靠性。

2.2.6 配油盘压印模冲头失效分析

2.2.6.1 概况

压印模冲头在使用中多次发生冲模早期开裂和崩裂，有的在试模中就发生开裂。

压印模冲头材料为 Cr12MoV 钢。制造流程为：下料→锻造→退火→粗加工→热处理→精加工。硬度要求为 60～62HRC。

2.2.6.2 理化检验

(1) 失效件的外观特征，有三种崩裂情况。

① 冲头型面凸起部位的崩裂，如图 2-104 中的箭头 1 和 2 处，断裂是由内向外的侧向应力引起的一种脆性断裂。

图 2-104 冲头型面损伤形貌 1∶4

② 冲头型面外圆凸出部分的崩裂（图 2-104 箭头 3），也是受到向外侧向应力而产生的折断。由裂纹的产生和扩展的过程，显示出低周疲劳的特征（图 2-105）。

③ 冲头底部产生较多的裂纹（图 2-106），裂纹由镶嵌件开始向外扩展形成，有的已成粗大裂纹。

(2) 宏观断口形貌 冲头型面凸出部位的折断是由内侧根部圆角处开始，断口呈脆性，外缘四个凸边都呈逐步扩展的撕裂状。

将冲头背面裂纹打开观察，裂纹从镶嵌块处冲模尖角部位开始呈低周疲劳特征（图 2-107），有的呈劈开的木纹状脆性断口（图 2-108）。

(3) 化学成分分析 从失效件上取样进行成分分析，结果见表 2-8，符合 Cr12MoV 钢牌号要求。

图 2-105 边缘凸出部位断裂后的侧面断口形貌（箭头所指）

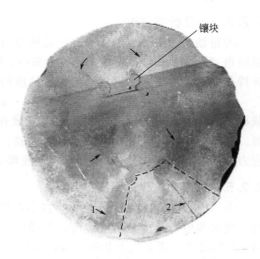

图 2-106 冲头底部裂纹形态（箭头所指为裂纹，虚线为切割试样部位）

(a)断裂形貌 (b)断口放大形貌

图 2-107　图 2-106 "1" 处裂纹起源于和镶嵌件接触的尖角部位（箭头处）

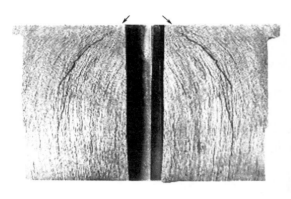

图 2-108　图 2-106 "2" 处的
木纹状断裂面

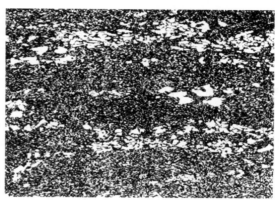

图 2-109　冲头组织
回火马氏体＋带状和块状共晶碳化物＋分散分布
的细粒状二次渗碳体 200×

表 2-8　失效冲头化学成分及标准要求

化学成分/%	C	Si	Mn	Cr	Mo	V
失效冲头	1.61	<1.0	<1.0	10～12	0.2～0.4	0.24
GB/T 1299—2000 Cr12MoV	1.45～1.70	≤0.4	≤0.40	11.00～12.50	0.40～0.60	0.15～0.30

（4）硬度测定　经测定，失效冲头的硬度为 55～56HRC。

（5）显微组织检查　从图 2-106 的虚线部位切取试样，经磨抛后侵蚀观察，组织为回火马氏体＋带状和块状共晶碳化物，二次渗碳体呈细粒状分散分布在基体上（图 2-109）。按 GB 1299 标准评定共晶碳化物为三级。

2.2.6.3　国外失效产品的检查

对加拿大生产的使用寿命较长的同类失效产品进行对比检查，结果如下。

（1）硬度测定　结果为 55～56HRC。

（2）化学成分　分析结果见表 2-9。

表 2-9　加拿大产失效冲头的化学成分

化学成分/%	C	Si	Mn	Cr	Mo	V
加拿大产失效冲头	1.54	<1.0	<1.0	11~13.0	0.50~0.80	0.84

(3) 宏观检查　压印模型面无任何崩裂现象，失效是由于底部产生裂纹导致断裂所致（图 2-110）。图 2-110 中"Ⅰ"区断面呈脆性木纹状（图 2-111）。

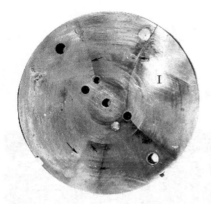

图 2-110　加拿大压印模底部裂纹特征 1∶2

图 2-111　图 2-110 "Ⅰ"区木纹状断口

(4) 显微组织检查　从"Ⅰ"区取样磨抛侵蚀观察，组织为回火马氏体＋分叉网络状和堆积状共晶碳化物。按 GB 1299 标准评定共晶碳化物不均匀度为五级（图 2-112）。

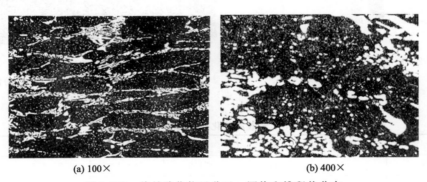

(a) 100×　　　　　　　　　　(b) 400×

图 2-112　共晶碳化物呈分叉、网络和堆积状分布

2.2.6.4　分析与讨论

(1) 冲头模面凸出部位的脆断问题　从断面形貌可知，断裂起源于靠近中心面的根部"R"处向外方向折断。这主要是受到中心向外的侧向力引起的，侧向力的产生是由于冲压过程中金属产生塑性变形却无法向中心流动，只能向外缘塑变，而模面凸出部位阻碍金属塑变而受到较大的弯曲应力时，就产生裂纹而迅速折断。有的部位面积较大，形成裂纹后在多次冲压的应力作用下逐渐扩展导致断裂。若凸出部位根部"R"处存在带状或堆积状碳化物时，更易产生脆断。加拿大压印模具的显微组织中的共晶碳化物分布和形态，虽比我国生产的模具钢质量差，但冲头凸出部位未发生断裂，使用寿命比国产模具长。其主要原因是在模具设计上考虑了金属塑性变形的问题，在模具中心增加了一个直径 12mm 的孔，来减小金属向外流动的压力，保护了冲头的凸出部位，避免了折断的危险。

（2）冲头底部裂纹产生的问题 从检查结果可知，裂纹起源于和镶嵌件接触面的尖角部位，是由于镶嵌件受到冲压应力作用产生镦粗，使冲压模受到一个较大的张应力，同时模块尖角处易受到冲击力形成应力集中导致微裂纹的产生，并迅速扩展至粗大裂纹。若尖角处存在大块状和堆积状碳化物，或线切割引起的组织变化，则会促进裂纹的形成和发展。

（3）显微组织的影响问题 组织中的共晶碳化物的均匀分布，对模具的使用寿命是很重要的。不均匀性越大，产生脆性开裂的可能性就越大。从失效模具的显微组织的共晶碳化物检查可知，由于加拿大模具材料中的 Mo、V 等合金元素比我国的 Cr12MoV 钢多，所以共晶碳化物数量多，分布形态差，脆性大，而模底开裂时的使用寿命反而比国产的长。主要是我国制造模具时采用线切割加工后镶嵌而成，而加拿大模具无镶嵌，所以无镶嵌尖角存在，也无线切割加工可能产生的缺陷，所以无冲压加工时镶嵌件镦粗和应力集中现象。如果加拿大模具材料中的共晶碳化物通过锻造加以改善，消除网络和堆积状的分布，则模具的使用寿命会更高。

2.2.6.5 结论

① 压印模型面凸边产生局部断裂是由于冲压过程中金属塑性变形引起的挤压应力过大所致。

② 压印模具底部产生的裂纹，是由于镶嵌处存在尖角，受到冲压应力和镶嵌件在冲压引起镦粗时产生挤压应力，使镶嵌件配合的模具尖角处产生应力集中，导致裂纹的产生和扩展。

2.2.6.6 改进

① 改进模具结构 采用模具中心开孔等方法来减小冲压时金属塑变向外的挤压应力。将模具底部镶嵌处的尖角改为圆角，以减小应力集中。

② 经线切割加工后进行补充低温回火，消除加工应力。

③ 通过锻造改善模具材料中的共晶碳化物的形态和分布，降低脆性。

通过以上改进后，模具的使用寿命提高了两倍左右，消除了型面凸边短期脆性断裂的现象。

2.2.7 传动轴断裂失效分析

某电脑（中国）有限公司显示器老化试验室传动机构的传动轴，在使用一个月左右，连续发生三次断裂失效。该传动机是由 2.25kW 电机通过变速机构减速至 136r/min，经传动轴的链轮和链条使载物台上下运动，如图 2-113 所示。

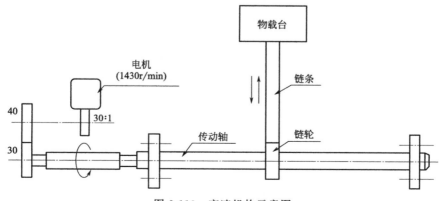

图 2-113　变速机构示意图

2.2.7.1　理化检验

(1) 宏观检查　三根传动轴的断裂部位均处于轴的台阶转接的根部，即组装链轮的端部（图 2-114 和图 2-115）。台阶连接处的圆角（R）仅为 0.15～0.2mm，而且加工粗糙，断面呈暗灰色，和主轴线相垂直。断面起始区域有较多的小台阶，由于台阶转接处"R"较小，应力集中系数较大。裂源呈多个同时发生，形成多源疲劳特征（图 2-116）。瞬时断裂区较小，呈椭圆形，仅占整个断裂面的 1/4 左右，说明轴的受力不大。瞬时断裂区偏向裂源呈一定角度，这和承受旋转弯曲应力有关。

(2) 断口微观检查　在扫描电镜下观察，疲劳裂源处于台阶"R"部位的粗糙的加工痕迹处（图 2-117）。在其扩展处呈现出明显的疲劳条带形貌（图 2-118），而瞬时断裂区呈解理和准解理形貌（图 2-119）。

(3) 硬度测定　在传动轴断口附近测定硬度为 163HBW。

(4) 化学成分分析　对断裂件进行化学成分分析，结果见表 2-10，符合 45 钢技术要求。

图 2-114　失效传动轴的全貌

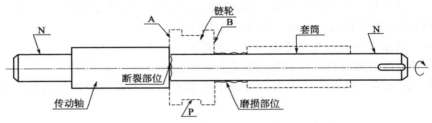

图 2-115　传动轴的断裂和受损部位的示意图

图 2-116　断裂面形貌
A—裂源区；B—瞬时断裂区

图 2-117　台阶"R"部位的刀痕
（箭头处）和放射状微裂纹

图 2-118　扩展区的疲劳条带形貌

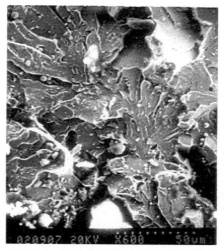

图 2-119　瞬时断裂区解理与准解理形貌

表 2-10　断裂的传动轴化学成分与标准要求

化学成分/%	C	Si	Mn	S	P
断裂传动轴	0.49	0.28	0.72	0.008	0.018
GB/T 699—1999 45 钢	0.42～0.50	0.17～0.37	0.50～0.80	≤0.035	≤0.035

（5）显微组织检查　从传动轴断裂部位取样检查。

① 钢中非金属夹杂物。按 GB/T 10561—2005 标准评定，A、B、C、D 四类均为 1～2 级。

② 传动轴的显微组织为珠光体＋网络状铁素体，但晶粒大小不均，较大的区域按 GB/T 6394—2002 评定达 3～4 级（图 2-120）。

2.2.7.2　分析与讨论

（1）传动轴台阶（R）和表面粗糙度的影响　传动轴在使用过程中受电机的带动旋转而受到一个扭转剪切应力，又受到链轮与两支座之间的三点弯曲应力，所以传动轴承受一个旋转弯曲应力。当传动轴上台阶转接（R）过小，则易在尖锐的"R"处产生很大的应力集中，从有关文献可知（图 2-121 和图 2-122），该轴的弯曲应力集中系数可大于 4（$D/d=$ 1.14），而扭转应力集中程度也相当大。另外，该"R"部位的加工表面较粗糙，加工痕迹较深。当轴在工作过程中受到旋转弯曲的交变载荷的作用下，金属不均匀滑移主要集中在金属表面，则易使尖角"R"应力集中部位和粗糙的加工痕迹处萌生疲劳裂纹，从而引起轴的早期失效。

（2）显微组织的影响　一般轴类零件采用中碳调质钢，经调质处理后获得细小均匀的索氏体组织，从而具有良好的综合性能，充分发挥材料的作用（图 2-123）。

该轴未经调质处理，而是在退火状态下使用，其硬度仅 163HBW。按 GB/T 1172—1999《黑色金属硬度与强度换算值》换算，抗拉强度仅为 562MPa，所以其剪切强度和疲劳强度也较低（$\tau_b=394.4MPa$、$\alpha_{-1}=281MPa$）。尤其是显微组织不良，硬度较低（一般在 70～100HBW 之间）的铁素体沿晶分布，割裂了性能较好的珠光体，大大降低了传动轴的力学性能和抗疲劳作用，降低了转动轴的使用寿命而导致早期失效。

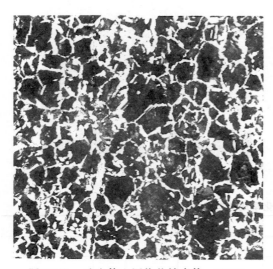

图 2-120　珠光体＋网络状铁素体　100×

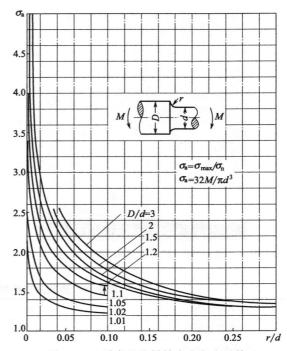

图 2-121　受弯的阶梯轴应力集中系数

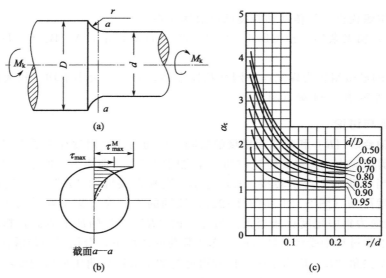

图 2-122　扭转应力集中系数

（3）摩擦咬合增加轴扭矩问题　从传动轴、链轮和套筒表面的摩擦磨损和咬合损伤特征可知，传动轴在运行过程中和其配合件相接触而产生摩擦。由于传动轴硬度较低，抗摩擦性较差，易产生咬合损伤。轴的磨损部位（图 2-115），磨损最深达 0.22～0.24mm，链轮的端面［图 2-115(B) 处］也磨损成较深的凹陷，套筒端面和局部外表面也有较严重的摩擦损伤。由于摩擦磨损而增加了传动轴的扭转力和轴阶梯尖角 R 处的剪切应力，加速了传动轴的早期失效。

2.2.7.3　结论

① 传动轴的断裂是属于早期旋转弯曲疲劳断裂，产生早期疲劳断裂的主要原因是由于安装链轮处的传动轴阶梯突变部位过渡圆角过小和加工粗糙而导致应力集中所致。

② 传动轴材料为45钢，未经调质处理，硬度较低和显微组织存在网络状铁素体，降低了传动轴的力学性能和使用寿命。

传动轴和链轮与套筒之间发生摩擦磨损，增加了轴的摩擦力和扭转剪切应力，加速了传动轴的早期失效。

2.2.7.4　改进意见

① 在不影响安装和使用的条件下，尽可能增加传动轴尺寸突变处过渡圆弧半径 R，并提高表面粗糙度，以降低应力集中系数。

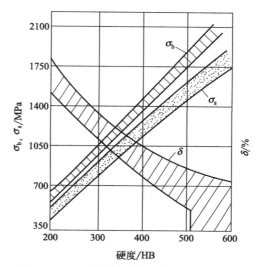

图 2-123　中碳钢调质后硬度与强度的关系

② 传动轴毛坯采用45钢调质处理，将轴的硬度提高至 263~298HBW，以改善零件的综合力学性能，充分发挥45钢的作用，延长传动轴的使用寿命。

③ 避免和消除传动轴在组装过程中的不正常的摩擦磨损，以降低传动轴的附加应力。

2.2.8　F3主减速箱大齿轮失效分析

2.2.8.1　概况

铝合金轧机 F3 主减速箱大齿轮，安装后在轧制铝板材仅一个月左右，在运行时发生故障，崩裂成四块，如图 2-124 所示。在运行过程中电机最大功率为 298kW，是设计负荷的90%左右。

大齿轮设计要求：材料为17CrNiMo6钢；齿部渗碳、淬火、回火后的有效硬化层深度为 3.2~4.0mm；齿面硬度为 58.0~62.0HRC，心部硬度为 35.0~40.0HRC；按 JB/T 4039—88 标准，马氏体和残余奥氏体≤4级，碳化物≤3级，心部铁素体≤4级。

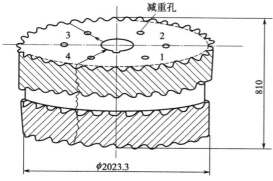

图 2-124　大齿轮崩裂成四块后的示意图

图 2-125　大齿轮断裂后的残块形貌

2.2.8.2　理化检验

（1）宏观断口检查　大齿轮开裂部位均处于减重孔处，见图 2-124 和图 2-125。未断裂减重孔内均有较大的裂纹存在，说明每个减重孔部位都承受较大的拉伸应力。现场所见的三个断裂面的形貌相似，断裂均起源于减重孔表面，裂纹迅速扩展至一定距离后，再逐步扩展直至断裂（图 2-126）。图 2-127 为减重孔内表面中间断裂源的放射状形貌，裂纹向齿表面扩展至一定距离随应力的减小而停止。在以后的工作应力的作用下，裂纹尖端应力集中而逐步向外扩展直至齿轮整个断裂，所以断裂面上可以看到扩展区的弧线形貌（图 2-128）。

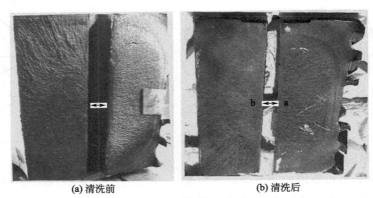

(a) 清洗前　　　　　　　(b) 清洗后

图 2-126　大齿轮断裂面的形态

(a) 图2-126(a)断裂源形貌　(b) 图2-126(b)断裂源形貌

图 2-127　减重孔表面中间断裂源处形貌

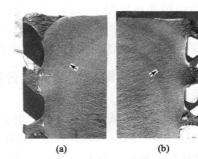

(a)　　　　　　　(b)

图 2-128　靠近外圆齿边的裂纹逐步扩展形貌

（2）低倍组织检查　从断裂面处取样酸蚀检查，除有较粗大的枝晶外，未发现有白点、疏松等不符合技术要求的冶金缺陷。但局部区域有条片状的成分偏析（图 2-129），经能谱成分分析，该区域含 Cr 量较高。

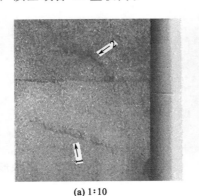

(a) 1:10　　　　　　　(b) 1:1

图 2-129　局部条片状成分偏析

（3）断口扫描电镜检查　减重孔中间裂源部位表面边缘已受到擦伤，但仍可看到其放射状的撕裂棱形貌（图 2-130）。高倍下呈准解理和撕裂棱的韧窝形貌，有的部位呈解理、准解理的混合型断口（图 2-131）。在宏观缓慢扩展区呈疲劳扩展形态（图 2-132）。靠近外表面除有解理和准解理外，还有较多的韧窝形貌（图 2-133）。

图 2-130 裂纹从减重孔表面向中心呈放射状扩展

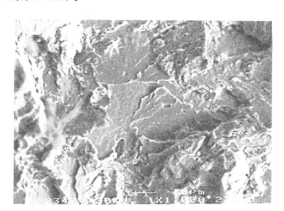

图 2-131 局部解理形貌

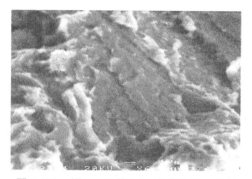

图 2-132 图 2-128 箭头区域疲劳扩展形态

图 2-133 靠齿部的韧窝形貌

（4）化学成分分析 失效大齿轮的化学成分见表 2-11，其含碳量偏高。

（5）硬度测定 将断裂面磨平后从内孔表面向齿部逐点测定硬度分布，结果如图 2-134 所示。减重孔表层有渗碳层，硬度较高，而靠近外表面和内孔表面，由于防渗碳保护和机械加工去除部分硬化层，所以硬度相对较低。

（6）钢中非金属夹杂物检查 从断裂起源区域和靠近外表面齿附近分别取样检查，结果按 GB/T 10561—2005 A 法评定，A、B、D 类夹杂物均为 1 级，而图 2-129 成分偏析区非金属夹杂物较多，呈密集堆聚状和大块状，有的因大块夹杂剥落呈孔洞状（图 2-135）。

表 2-11 失效大齿轮的化学成分与标准要求

化学成分/%	C	Si	Mn	S	P	Cr	Ni	Mo
失效大齿轮	0.21	0.35	0.49	0.007	0.010	1.66	1.41	0.27
17CrNiMo6 钢技术要求	0.14～0.19	0.15～0.40	0.25～0.55	≤0.025	≤0.025	1.50～1.80	1.40～1.70	0.25～0.35

（7）显微组织观察 从减重孔表层（断裂源）区与成分偏析区分别取样观察，结果发现减重孔表层有渗碳现象（该部位要求涂料保护、防止渗碳），碳化物呈网络状分布，组织为回火屈氏体（图 2-136）。而偏析区组织不均匀，出现较多的回火马氏体和其间的非金属夹

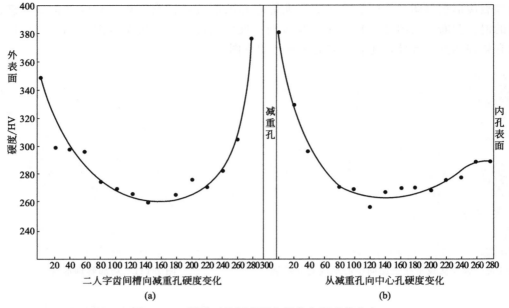

图 2-134　断裂面的硬度测定部位和硬度值分布

杂物（图 2-137）。其它部位为粒状贝氏体基体（$333\sim339HV_{0.2}$）上呈条带状分布的块状铁素体（$240\sim265HV_{0.2}$），并有少量珠光体（图 2-138）。

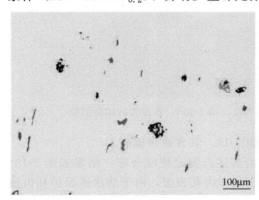

图 2-135　偏析区的非金属夹杂物

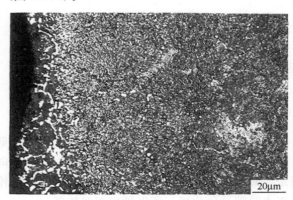

图 2-136　减重孔表层组织网状碳化物＋回火屈氏体　500×

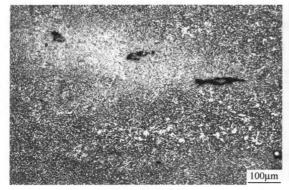

(a) 成分偏析区组织

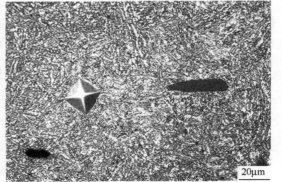

(b) 回火马化体组织放大形态

图 2-137　回火马氏体＋分布其间的非金属夹杂物

2.2.8.3 分析与讨论

(1) 钢中含碳量过高的影响 对减速箱大齿轮成分分析结果,其含碳量超过技术要求上限的0.02%。钢中含碳量的提高,可使钢的强度和硬度提高,而且可与钢中Cr、Mo等元素形成碳化物,提高钢的淬透性,增加强度,但降低了钢的韧性和塑性。由于含碳量仅超差0.02%,其对性能影响较轻微。如大齿轮热处理淬火采用水冷,虽能获得较高的综合性能和较高的脆性转变温度,但对于大型零件,当冶金质量不好、含碳量过高和偏析时,其水冷淬火的危害性可根据"Cottrell"公式计算钢的碳当量,当含碳量≤0.31%,碳当量≤0.75%时,水冷淬火无危险。减速箱大齿轮碳当量＝w(C)＋w(Mn)/20＋w(Ni)＋[w(Cr)＋

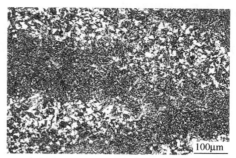

图2-138 粒状贝氏体＋条带状分布的
块状铁素体＋少量珠光体

w(V)]/10＝0.5228,所以大齿轮含碳量超过0.02%对水冷淬火影响极微,现大齿轮采用油冷淬火,其影响就更小。因此,含碳量超过0.02%不是造成齿轮断裂的因素。

(2) 钢中非金属夹杂物的影响 钢中非金属夹杂的危害性就在于它破坏了钢基体的连续性,容易形成应力集中,成为钢材中的薄弱环节,促进裂纹的萌生,并在一定条件下加速裂纹的扩展。大齿轮局部夹杂物较多,而且呈聚集状和大块状,对钢的性能有较大的影响。但夹杂物分布主要处于大齿轮的中心局部区域,齿轮的外缘夹杂物较少而小,所以对受力的齿部影响甚微。若较大的非金属夹杂物处于减重孔表面,当受到一定的张应力时,就可能促进裂纹的形成和扩展。

(3) 几何形状对热处理的影响 大型零件热处理时,其表面和中心加热和冷却速度不一,导致体积膨胀或收缩不均匀而产生内应力。当零件淬火快速冷却时,表面冷却快,心部冷却慢,表面先冷收缩,使表面受拉应力,心部受压应力,并随内外温差的加大而增加。此时,内部由于处于高温塑性阶段屈服点低,塑性变形后应力将得到松弛。当外部形成冷硬外壳后,对心部的收缩将起到阻碍作用而变为受压,心部则由受压转变为受拉。同时,随冷却的继续进行而不断增大,形成较大的残余热应力。大齿轮直径达2023.5mm,厚度810mm,内孔径615mm,重达17t左右,减重孔之间距离达540mm(图2-139)。当大齿轮淬火冷却后,由于存在较大的热应力,使减重孔中心受到很大的残余热应力。即使热处理后未立即形成裂纹,随后当大齿轮运行过程中承受较大的工作应力时,很容易在减重孔处产生裂纹并迅速扩展,所以裂源处于减重孔的中部应力最大处。

当裂纹迅速扩展至一定距离后,随应力的松弛,使裂纹扩展减缓,以后在工作应力的周期变化下继续缓慢发展。因此在断裂面靠近齿部区域看到低周疲劳断裂形态。

减重孔中防渗碳涂料处理不当形成渗碳层,甚至出现网状碳化物,增加了脆性,在较大拉伸应力作用下,可能会促进裂纹的形成和扩展,导致整个大齿轮的断裂。

综上所述,大齿轮开裂裂源是由减重孔中间形成,向外扩展至断裂,这是由于其几何形状导致淬火热应力过大所致。

2.2.8.4 结论

① 大齿轮材料成分中含碳量偏高,超出了技术要求上限的0.02%,但这对裂纹的形成影响不大。

② 减重孔表面网状碳化物增加了材料脆性，促进了裂纹的形成和扩展。

③ 大齿轮几何形状导致热处理淬火后的热应力过大，这是大齿轮断裂的主要原因。

2.2.8.5 改进意见

① 在保证使用安全系数条件下，适当增大大齿轮的减重孔以及减薄齿部和中间孔之间的壁厚（图 2-140），以降低热处理淬火后的过大热应力。

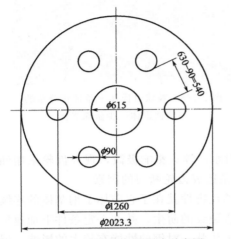

图 2-139　大齿轮主要尺寸示意图

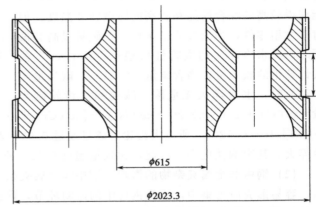

图 2-140　改变后的大齿轮几何形状示意图
尺寸由设计根据受力状态确定

② 保证减重孔表面防渗碳涂料的完整性，使表面不渗碳，减小脆性。

③ 增加齿轮材料和成品的无损检测，保证材料和产品符合相关技术要求。

2.2.9　提升机构制动器轴断裂分析

提升机构在工地仅使用半天就连续两次发生制动器轴断裂故障，断裂部位和断裂形貌基本相同（图 2-141）。断裂时的转速为 1850r/min，工作扭矩为 150N·m（吊重 5t 时，允许最大扭矩为 370N·m）。

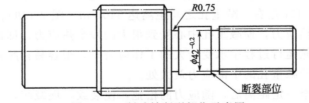

图 2-141　制动轴断裂部位示意图

设计要求：材料为 40CrA 钢，由棒材加工而成，热处理后硬度为 30～38HRC。

热处理工艺规范：盐炉加热 840℃，保温 25～30min，水-油冷却，490℃±20℃回火，保温 2～2.5h，空冷。

2.2.9.1　检查结果

(1) 宏观检查　断裂部位处于轴小齿轮端的退刀槽的尖角处（图 2-141），断口较平整，和轴线相垂直，外圆呈细瓷状，局部有旋转摩擦损伤，中间扩展区和瞬时断裂区较粗糙，均呈纤维状（图 2-142）。中心瞬时断裂区较小，说明轴所受的扭转力较小。槽底尖角"R"仅为 0.21mm ，且加工较粗糙。

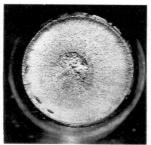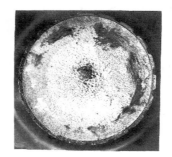

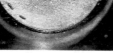

(a) 第一次扭转断口　　　　　　　(b) 第二次扭转断口

图 2-142　两根制动轴扭转断口

（2）硬度测定　两根轴的硬度均在 36～37HRC 范围内，处于设计要求的上限。

（3）化学成分分析　断裂制动轴的化学成分测定结果见表 2-12，符合技术条件要求。

表 2-12　断裂制动轴化学成分测定结果和标准要求

化学成分/%	C	Si	Mn	S	P	Cr
断裂制动轴	0.39	0.31	0.06	0.009	0.17	0.96
GB/T 3077—1999 40CrA	0.37～0.44	0.17～0.37	0.50～0.80	≤0.025	≤0.025	0.80～1.10

（4）扭转应力核算　已知轴破断时的传递扭矩为 150N·m，断裂部位的最大扭转剪应力为：

$$\tau_{max} = T/W_p = 150000 \times 16/(\pi \times 37.5^3) = 14.5\text{MPa}$$

式中　　T——扭矩；

　　　　W_p——抗扭模量。

断裂时的最大剪应力（图 2-143）仅为 14.5MPa，根据 GB/T 1172—1999（黑色金属硬度及强度换算值）可知，失效轴硬度 36HRC，相当于 R_m 1116MPa。

按经验公式：$\tau_b = (0.7 \sim 0.8)R_m$，若按 $\tau_b = 0.7R_m$，则 $\tau_{max} = 781.2\text{MPa}$，大大超过轴破断时的剪切应力。

（5）金相组织检查　从破断处取样作金相检查，钢中非金属夹杂物 A、C 类为 1 级，B、D 类为 0.5 级。钢的晶粒度为 7～8 级。显微组织为均匀细小的回火索氏体（图 2-144）。

2.2.9.2　结果分析

从检查结果可见，制动轴的材料及热处理后的力学性能均符合相关技术要求。从断口形貌看，呈曲形的扭转剪切断裂，但制动轴断裂时所受到的扭转力矩远低于轴所能承受的最大剪切力。断口的瞬时断裂区较小，也说明轴所受的扭转力矩不大，则断裂的主要原因可从断裂处的退刀槽加工后的圆角 "R" 过小（其 R/D 仅为 0.005）来查找。从图 2-145 带 U 形槽的受扭杆件的应力集中系数曲线可知，其扭转集中系数极大。这大大降低了制动轴的剪切强度，导致制动轴的早期失效。

2.2.9.3　结论

① 制动轴材料和热处理后的力学性能均符合技术要求。

② 制动轴的断裂是由于设计对轴退刀槽处无圆角 "R" 和表面粗糙度要求，使槽底圆角处 "R" 过小和粗糙度较差，引起应力集中较大，导致轴的早期失效。

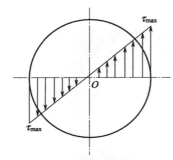

图 2-143　最大剪应力示意图

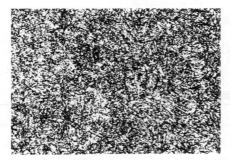

图 2-144　回火索氏体　500×

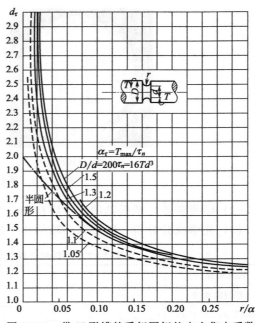

图 2-145　带 U 形槽的受扭圆杆的应力集中系数

2.2.9.4　改进意见

将制动轴原退刀槽形态改为 U 形，如图 2-146 所示。制动轴经改进后消除了早期失效现象。

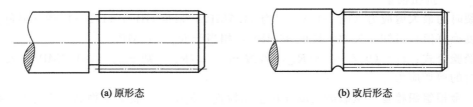

(a) 原形态　　　　　　　　　　　　　　　　(b) 改后形态

图 2-146　退刀槽形态改变示意图

金属构件缺陷、失效分析与实例
JINSHU GOUJIAN
QUEXIAN SHIXIAO FENXI YU SHILI

第 3 章

材料缺陷与失效

3.1 常见的材料缺陷

　　钢材的缺陷大多数是在钢锭浇注结晶过程中形成的。钢锭的结晶一般由无方向性的细小等轴晶的外壳、垂直于模壁的粗大柱状晶和无方向性的粗大等轴晶三个区域组成。钢液在钢模内由液态逐渐冷凝而结晶成固态，其整个结晶过程的影响因素较多，每个因素的变化都将对钢锭组织产生影响。常见的材料缺陷有：疏松、锭形偏析、点状偏析、皮下气泡、残余缩孔、翻皮、轴心晶间裂缝、非金属夹杂物、白点、异金属夹杂物、成分不均匀和轴心碳偏析、表面腐蚀。

3.1.1　疏松

　　钢锭是由液态转变为固态的，在此过程中体积发生收缩，在钢锭最后凝固的轴心区域形成缩孔和中心疏松。各结晶核心以树枝状晶为主轴和各次枝晶轴间的液体凝固时得不到补缩而产生微孔隙，析出的一些低熔点组元、非金属夹杂物和气体使组织不致密，在经磨光、酸蚀后的低倍试样表面呈分散的暗色小点，放大后呈不规则形状的孔洞或圆形针孔处于枝晶之间，看似海绵状小黑点形成一般疏松。由于体积收缩，在钢锭轴心区域形成缩孔和中心疏松（图3-1～图3-4），而且易形成中心偏析，如S、P等杂质元素较多。一般情况下，钢材直径越大，中心疏松越严重，力学性能降低越显著，锻造时越容易开裂。

图 3-1　φ100mm 45 钢中心疏松 1.6 级　0.6×　　　　图 3-2　φ65mm 65Mn 较严重的中心疏松　1：1

图 3-3　φ70mm 60 钢严重的中心疏松　1∶1

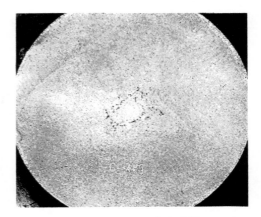

图 3-4　φ100mm 1Cr13 中心疏松　1∶1

例如，有一根直径 300mm 的辗压机锥辊轴，由于中心粗大枝晶间存在较严重的疏松，在热处理淬火过程中，心部形成较大的拉伸应力，使中心疏松部位产生应力集中效应，导致中心裂纹的形成并向外表面扩展，由于大直径表层存在压应力，所以中心裂纹往往不暴露在表面而不易被发现，在使用应力的作用下，导致锥辊轴的早期断裂（图 3-5）。

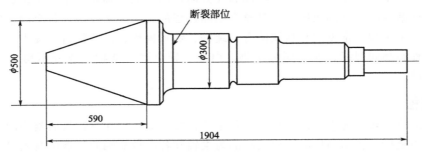

图 3-5　断裂锥辊轴示意图

3.1.2　锭形偏析

锭形偏析（也称方形偏析）是由于钢锭结晶过程中，由于柱状晶区与中心等轴晶交界处的成分偏析和杂质集聚所致。也就是说，钢锭柱状晶的成长，把低熔点组元、杂质、气体及偏析元素推向未冷凝的中心液相区，使固液相交界处形成锭形偏析区，未能在剩余钢液中充分扩散均匀或上浮至浇冒口，被冷凝下来形成锭形偏析。锭形偏析组织不致密，形成薄弱部位，是造成或促进破坏事故发生的重要因素。在低倍酸蚀检查时，易腐蚀呈暗色，其形状由钢锭模型决定。由于钢坯在热加工时变形程度的不同，会使锭形偏析的形态各异（图 3-6）。易腐蚀暗点锭形区域中以低熔点组元、S、P 和 C 为主时，受侵蚀后呈不规则疏松孔洞（图 3-7），是降低材料的力学性能、造成零部件早期失效的重要因素。

锭形偏析经锻轧后延伸成带状，与带状夹杂物情况相同。当钢材承受与塑性变形垂直方向的载荷时，使其力学性能下降，尤其使韧性下降更为显著。S 的偏析进一步促进热加工时的"热脆"，硫化铁与 Fe 形成低熔点共晶，以薄膜形态在晶界上析出引起热加工时开裂。所以在钢中添加少量 Mn，使其与 S 形成熔点较高的 MnS，降低 S 的有害影响。

锭形偏析区域的组织疏松程度和偏析带的宽度对钢的使用和工艺性能影响较大。因此，一般以此来评定其质量的优劣，工业上通常都控制在小于二级之内。

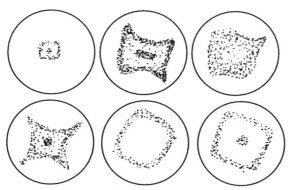

图 3-6 不同形态锭形偏析示意图

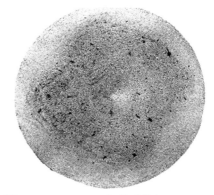

图 3-7 φ80mm 35 钢锭形偏析 0.75×

3.1.3 点状偏析

点状偏析（又称斑点状偏析）是钢在结晶过程中形成区域偏析的一种，一般认为是在结晶条件不良时，钢液在结晶过程中冷却较慢产生的成分偏析。当钢液中气体和夹杂物存在较多时，点状偏析较严重。尤其是 38CrMoAl 钢，当含 Al 量较高时，钢液较黏稠，合金成分不易扩散均匀，枝晶间富集成分偏析的少量钢液不能与大量未冷凝钢液充分的均匀化，在随后的冷凝中把这些偏析固定下来。此偏析易在最后凝固的钢锭中、上部区域出现。

斑点状偏析在酸浸试片上呈不同形状和大小的暗色斑点，与基体有明显的差别，如图 3-8 所示。

严重的斑点状偏析显著地削弱钢的塑性、抗拉强度和疲劳强度，使钢易在锻造过程中产生裂纹，一般只允许小于二级。而严重斑点状偏析的存在，若未经高温扩散退火（1200℃，保温 8h）消除，可导致零部件在使用过程中产生早期疲劳裂纹。

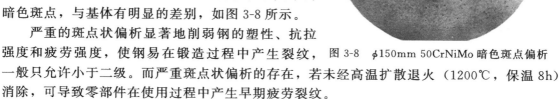

图 3-8 φ150mm 50CrNiMo 暗色斑点偏析

3.1.4 皮下气泡

在炼钢过程中原材料和保护渣不干燥、钢液除气不良、脱氧不完全、钢锭内壁清理不净、涂料水分高等，都会引起皮下气泡的产生。若采用上注法时，操作不当造成钢液飞溅黏附在模壁上被氧化，当钢液上升与模壁上氧化铁接触，使钢液中的 C 与 FeO 发生反应，生成一氧化碳（$C+FeO \rightarrow CO+Fe$）气泡，若不能及时排出而被包围在钢锭急冷层中，便成为单个或成簇的沿纵向排列的纺锤形小气孔，经锻轧后成为内壁光滑的细长小裂缝（图 3-9）。有的皮下气泡和方形偏析同时存在（图 3-10）。

由于皮下气泡会造成热加工裂纹，因此，热加工钢不允许有皮下气泡存在。机械加工用钢皮下气泡距表面的深度若小于加工余量，可加工掉；若距表面较深，残留在加工后的零件表面，会降低零件使用寿命。

3.1.5 残余缩孔

缩孔（又称缩尾）是由于钢液在凝固时发生体积收缩而产生的，在机加工时未全部切除而部分残留所致。有的由于锭型设计或浇注工艺不当，使钢锭上部已凝固而锭心尚未凝固，使钢锭中心部分产生缩孔，一般称为二次缩孔。

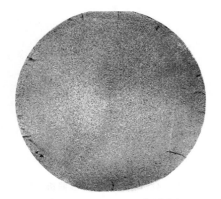

图 3-9　ϕ80mm 45 钢皮下
气泡 2.5 级　0.75×

图 3-10　ϕ80mm 35 钢皮下气泡
与锭形偏析共存　0.75×

　　残余缩孔一般均在轴心部位呈不规则的褶皱、裂纹和空洞，裂纹和空洞中往往残留着夹杂物（图 3-11）。残余缩孔严重时，空洞较大，延伸很深，甚至贯穿整个试片（图 3-12）。有的和夹杂、翻皮同时存在（图 3-13 和图 3-14）。有的管状缩孔往往靠近内壁呈孔洞状。

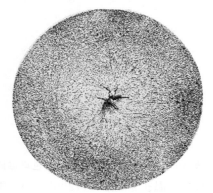

图 3-11　ϕ80mm 45 钢放
射状残余缩孔　0.75×

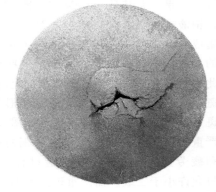

图 3-12　ϕ80mm 40Cr 严重的中心疏松并伴
有网络状内裂纹　0.75×

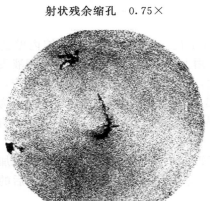

图 3-13　ϕ60mm 45 钢中心缩孔并伴有
炉衬（白色）等非金属夹杂物　1∶1

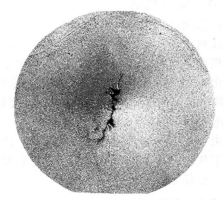

图 3-14　ϕ100mm Cr12 中心缩孔，边缘
有细小线状翻皮　0.75×

残余缩孔是夹杂（渣）和气体聚集的地方，破坏金属的连续性，是不允许存在的缺陷，即使少量的残余缩孔也会严重降低金属的强度。例如汽车转向螺杆中心存在少量残余缩孔未被发现，仅行驶2500km就发生断裂（图3-15）。在断裂缩孔周围存在较多的细小孔洞和夹杂物（图3-16），对非金属夹杂物进行能谱成分分析，结果表明，夹杂物中含有较高的O、Si、Ca、Na、Al等元素（图3-17和表3-1）。

图3-15 断口中心缩孔残余

图3-16 缩孔残余周围的夹杂物和细小孔洞 500×

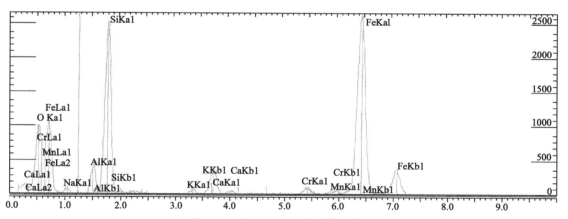

图3-17 图3-16夹杂物能谱成分图

表3-1 图3-17夹杂物能谱成分

元　　素		线宽/%	K	含量/%（原子分数）
O	Kα	21.34	0.1094	43.79
Na	Kα	0.63	0.0017	0.90
Al	Kα	2.27	0.0122	2.76
Si	Kα	12.55	0.0838	14.67
K	Kα	0.43	0.0040	0.36
Ca	Kα	2.43	0.0230	1.91
Cr	Kα	1.32	0.0138	0.83
Mn	Kα	0.87	0.0080	0.52
Fe	Kα	58.26	0.5317	34.25

3.1.6 翻皮

翻皮是在炼钢后的浇注过程中由于操作不当，表面氧化膜翻入钢液中，或模壁不光滑，浇注温度偏低，冒口结壳破裂落入未凝固钢液中，凝固前未能浮出所致。翻皮通常出现在钢锭的上部，所以往往和残余缩孔同时存在。一般在横向酸浸试片上呈灰暗色不规则细小条状特征，有的和轴心晶间裂纹同时存在（图3-18），有的和各种夹杂共存（图3-19）。

图 3-18　ϕ100mm 18Cr2Ni4W 中心放射状晶间裂纹，边缘有较严重的翻皮　0.6×

图 3-19　ϕ80mm 40Cr 黑色线条状翻皮和炉衬等非金属夹杂物

由于翻皮在钢中破坏了金属的连续性，残留在机械零件上，在使用过程中成为破断源而严重降低使用寿命，所以是不允许存在的缺陷。严重的翻皮可使零件出现掉块现象。例如16Mn钢在加工过程中发生零件掉块，其断面较光洁，呈淡灰色（图3-20），经扫描电镜能谱成分分析主要是 Al_2O_3、SiO、CrO 等氧化物。垂直于断面取样抛光观察，还可看到平行于断面的条状氧化物（图3-21）。有的由于浇注时翻皮残留在钢锭表面层，经热加工后形成不规则蜂窝状的密集小点，经酸浸后呈空隙或空洞状黑色小点（图3-22）。也有的翻皮进入钢液后受到钢液的冲刷而破裂成小块和小条状卷入到钢锭较深的部位，形成零部件在使用中的隐患。例如压路机轮轴在安装后仅使用数小时就发生轴的断裂（图3-23），在裂源处取样观察到轮轴外表层有小条状和密集小块的氧化膜碎块（图3-24），侵蚀后金相组织观察夹杂物周围无脱碳特征。

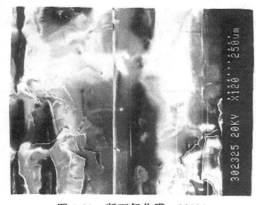

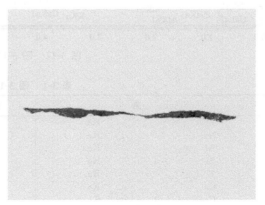

图 3-20　断面氧化膜　120×

图 3-21　氧化膜夹杂　100×

有些翻皮处于零部件的表层下面，不易发现，在使用中由于应力集中效应而成疲劳源，在交变应力的作用下逐渐扩展至断裂。如内燃机车在牵引列车运行过程中，仅运行51万千米，右侧第二传动轮厚为47.5mm的轮箍崩断。崩断是在轮箍的横断面上发生的（图3-25），断面

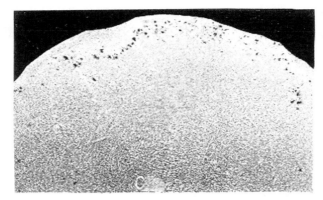

图 3-22 φ100mm 38CrMoAlA 由翻皮引起的
皮下非金属夹杂（黑色空隙）

(a) 压路机轮轴断裂现场

(b) 压路机轮轴断裂实物

图 3-23 压路机轮轴

(a) 轮轴裂源处氧化膜碎块 100×

(b) 轮轴裂源处氧化膜碎块 200×

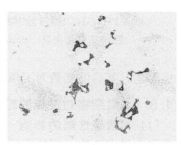

(c) 轮轴裂源处氧化膜碎块 500×

图 3-24 氧化膜碎块

有明显的疲劳弧线。从断面处横向取样酸蚀进行低倍检查，发现有严重的翻皮存在，翻皮处有肉眼可见的非金属夹杂物（图 3-26），对非金属夹杂物进行 X 射线结构分析，夹杂物主要是 $\alpha\text{-}Al_2O_3$ 和少量 $CaO \cdot 6 Al_2O_3$。由于冶炼操作不当及模内钢液沸腾，使浮在钢液表面的夹杂物和钢水的二次氧化物被翻入钢液内而形成翻皮，造成轮箍金属基体的不连续性，从而导致轮箍的早期疲劳断裂。

3.1.7 轴心晶间裂缝

此缺陷均出现在钢锭的中上部，钢的尾部未发现过晶间裂纹，这可能与钢锭冷却时收缩应力有关。钢锭冷却后期，边缘对中心的拉应力很大时，中心部位富集气体、夹杂的最后结晶区脆弱的晶界形成沿晶裂纹，在横向轴心区呈现蜘蛛网状或放射状的细小裂纹，有时和翻皮同时存在（图 3-18）。有的呈细小的网络状，并有较多的氧化夹杂（图 3-27）。

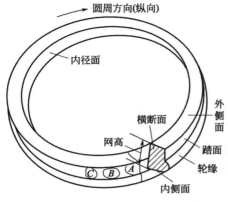

图 3-25　轮箍形状及各部位名称示意图

图 3-26　低倍试样上的翻皮

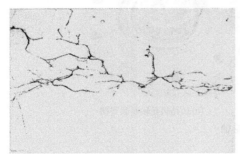

图 3-27　GH32 钢衬套中心晶间
裂纹和氧化夹杂　200×

轴心晶间裂纹一般出现在高合金钢、不锈钢中，如 Cr5Mo、1Cr13、2Cr13、Cr25、Cr25Ti、Cr17Ni2、18Cr2Ni4W、20Cr2Ni4A、GH32 等钢中较多。

轴心晶间裂纹是不允许存在的缺陷。

3.1.8　非金属夹杂物

　　钢中非金属夹杂物是冶炼和浇注过程中形成的，它在钢中数量虽少，但由于独立存在于钢中，破坏了钢基体的连续性，因此，其对钢的性能危害较大。非金属夹杂物对性能的影响程度决定于夹杂物的数量、类型、形状、大小、变形行为和分布情况。采用先进的真空冶炼技术或电渣重熔精炼工艺，其目的就是为了减少钢中非金属夹杂物，从而提高钢材质量和产品的使用寿命。

3.1.8.1　夹杂物对性能的影响

　　(1) 对疲劳性能的影响　机械零件的失效中，由于疲劳引起的断裂约占 90%，其中，由于非金属夹杂物引起疲劳裂纹的产生是重要因素之一。非金属夹杂物破坏了基体的均匀性和连续性，当零件在受力状态下，夹杂物不能传递钢基体中存在的应力，使其周围形成应力峰值而引起夹杂物本身开裂，或使基体和夹杂物界面处产生微裂纹。图 3-28(a) 为颗粒状铝酸钙夹杂在反复拉伸应力的作用下与基体脱开，并使裂缝沿基体滑移线扩展。而图 3-28(b) 为多角状的 AlN 夹杂在拉伸应力下发生开裂，使微裂纹沿基体滑移线扩展的形貌。另外，钢在冷、热加工过程中由于夹杂物变形能力较低，不能随基体相应地发生变形，导致夹杂物与基体的界面产生微裂纹。有些集中性的夹杂物随金属变形而破裂形成长条状串链分布，在以后的加工变形过程中发生开裂。如图 3-29 为板材冲压成形过程中金属形成的分层。对于一些未发现的细小微裂纹就可成为疲劳裂纹的发源地，图 3-30 为 50CrMn 钢制汽车弹簧钢板在使用中发生纵向分层开裂。对同批材料的弹簧片酸蚀检查，发现钢板中间有较严重的分层（图 3-31），显微检查分层处有密集带状的脆性非金属夹杂物（图 3-32）。实验证明，这些链状的脆性夹杂物是造成弹簧片开裂失效的主要原因。

(a) 铝酸钙与钢基体脱开形貌　　　　　　(b) AlN夹杂开裂并引起基体开裂

图 3-28　夹杂物引起的微裂纹

图 3-29　2mm 厚 Cr17Ni2 板材冲压分层　　　图 3-30　汽车弹簧钢板在使用中发现分层开裂

图 3-31　汽车弹簧钢板酸蚀后的发纹　3.5×

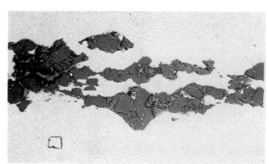

(a) 串链状脆性非金属夹杂物　　　　　　(b) 图(a)的局部放大形貌

图 3-32　非金属夹杂物

　　对钢轨钢接触疲劳性能的研究表明，硫化物和脆性硅酸盐与基体结合相对较弱，而且硫化物的热膨胀系数比基体大得多（α-Fe 为 $14.8×10^{-6}$/℃，MnS 为 $18.1×10^{-6}$/℃），在淬火激冷过程中，收缩大于基体的夹杂物可发生界面分离，而易产生淬火裂纹。对界面分离的细小裂缝成为潜在的疲劳源，特别是大块条状夹杂物周围的界面分离裂缝尖端应力集中，前沿塑性区小，在交变接触应力作用下裂纹扩展速率高。同时，由于疲劳裂纹的不断连接，使裂纹扩展加速，造成疲劳强度大大降低。所以，采用加热后缓冷（空冷、风冷等）的热处理，条链状夹杂物对接触疲劳的这种有害作用就会减轻或被抑制，而且还可得到对耐磨和接触疲劳性能都有利的细珠光体组织，可使钢轨使用寿命成倍提高。

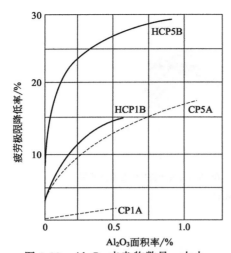

图 3-33 Al₂O₃ 夹杂物数量、大小、
形状对疲劳极限的影响
基体：HCP—HV＝300，CP—HV＝230
夹杂物：1～10μm，5～50μm
A—球形；B—多角形

不同类型和形态的夹杂物对抗疲劳性能的影响是不同的。硫化物塑性较好，在冷热加工过程中有较高的变形能力。因此，硫化物与钢基体之间的界面不易脱开，所以，一般认为含有一定数量的硫化物对抗疲劳性能影响相对较小。而氧化物等脆性夹杂物影响较大。但不同形态的氧化物夹杂的有害程度有很大的差异，最有害的是那些高硬度多角形的钙铝酸盐夹杂和 Al_2O_3 等脆性夹杂物（图 3-33）。硅酸盐脆性夹杂物在室温下对疲劳性能的影响要比硫化物严重。因此，脆性夹杂物周围包有硫化物的复合夹杂可减轻氧化物的有害作用。短小分散分布的硫化物在加工和使用条件下，还可起到润滑作用，对钢的疲劳寿命影响较小。但多而长的硫化物处于零件的受力部位时，在外力载荷作用下，会引起应力集中，导致微裂纹的萌生，降低疲劳性能。例如，摩托车齿轮在使用中发生掉齿（图 3-34），有的齿根部出现裂纹（图 3-35）。掉齿的断口呈纤维状并出现较

多的平行于齿面的灰白色条带（图 3-36），在扫描电镜下可看到集中的条状硫化物（图 3-37），说明平行齿面的条状硫化物在齿根表面分布时，在反复弯曲应力的作用下，易形成疲劳裂纹的发源地，导致齿的断裂。

图 3-34 摩托车主动齿轮掉齿实物

图 3-35 齿根部位的裂纹

图 3-36 齿根断裂面形貌

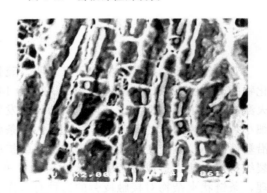

图 3-37 图 3-36 中断口扫描电镜形貌（条状为硫化物）

（2）对韧性和塑性的影响　钢中夹杂物对韧性和塑性（主要是断面收缩率）的影响程度与夹杂物的大小、数量、类型、形态和分布有关。研究结果表明，夹杂物越大，韧性和塑性下降越多。如30CrMnSiNi2钢有大块状3MnO·Al_2O_3·$2SiO_2$和FeO·Fe_2O_3混合夹杂物时（图3-38），使钢的冲击韧性下降58％，延伸率下降29％。对硫化物研究表明，夹杂物在断裂方向上的长度与钢的断裂韧性（塑性）紧密相关，夹杂物越细小，在轧制时变形长度也越细小，对钢的韧性和塑性有害影响越小，如图3-39所示。当长条状的非金属夹杂物处于零件表面时，在使用应力作用下，往往形成裂纹（图3-40）。从裂纹尾端仍可看到长条状的FeO·Al_2O_3和硅酸盐混合夹杂物（图3-41）。钢中夹杂物数量越多，夹杂物的间距越小，沿晶界连续分布或成偏析堆积状存在时，对钢的力学性能影响较大，尤其是会降低韧性和塑性，对零件的使用寿命危害较大。例如，12CrNi3A钢制的连接轴使用仅49h就发生破裂（图3-42）。断裂起源处检查发现较严重的条带分布的堆积状非金属夹杂物（图3-43），经电子探针成分分析，夹杂物主要成分为含有Al、Si、Mn和少量Fe的硅酸盐类夹杂。实验表明，极为细小的夹杂物，间距越小，反而能提高抗解理断裂的能力。

图3-38　30CrMnSiNi2钢大块
非金属夹杂物　500×

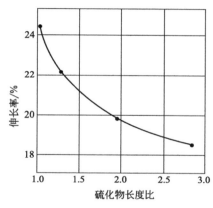

图3-39　Mn-Mo-S低合金钢中硫化物的长度
比（纵向长度/横向长度）对伸长率的影响

图3-40　12CrNi3钢制柱塞非金属夹
杂物形成的裂纹　1∶1

图3-41　图3-40裂纹尾端处的长条状
非金属夹杂物　100×

　　不同形态的非金属夹杂物对钢的韧性和塑性的影响各异，球状夹杂物对韧性和塑性影响最小，尖角状夹杂物使钢的韧性下降较多。沿纵向（轧制方向）伸长的夹杂物，使横向韧性和塑性明显下降。以条带状硫化物为主的夹杂物对横向的断面收缩率的影响更为突出（图3-44）。

图 3-42　破裂的联接轴　1:2

(3) 对热脆性的影响　硫在 γ 铁中最大固溶度约为 0.05%，随温度下降而减少，从晶界或晶内析出 FeS 小颗粒，向晶界和晶内析出的相对量取决于冷却速率。由于 FeS 熔点较低（1190℃），并在 900～1200℃ 温度范围内可形成低熔点共晶体，因此，硫在 Fe 中以两种方式导致"热脆性"：①在晶界形成低熔点相而降低晶界的剪切强度；②硫在低温固溶体中析出而使奥氏体强化，增加了材料在晶界上形成裂纹的倾向，降低了热工艺性能。

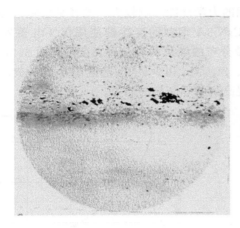
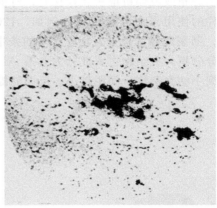

(a) 100×　　　　　　　　　　　(b) 图(a)的局部放大500×

图 3-43　联接轴裂源处的夹杂物

为避免"热脆性"，往往在钢中加入一定量的 Mn，使 S 与 Mn 结合，形成高熔点（1610℃）的 MnS。防止"热脆性"所需的 Mn 含量可由如下经验公式确定：

$$Mn\% = 12.5\%S + 0.03$$

上式对含氧量较低的钢是有效的，当钢中含氧量较高时，O 与 Fe、Mn 可形成（Fe、Mn）O 夹杂物而降低了奥氏体中有效的 Mn 含量，一定程度上减弱了 Mn 的有益作用。

严重的非金属夹杂物在锻造过程中不能消除，只能改变其形态。尤其是高硬度的脆性夹杂物，锻造变形过程使其形成断续链状夹杂，在零件的使用过程中造成匹配摩擦副的磨损和掉块。例如，38CrMoAl 钢制成的汽缸筒，在使用中发生严重的磨损。对损伤的汽缸筒解剖进行低倍检查，发现有较多的细小发纹和裂缝（图 3-45）。取样作金相检查，其夹杂物呈密集群分布（图 3-46），在高倍下可看到很不规则形状的大小不等的块状组成物，呈不均匀分布在基体中（图 3-47）。经电子探针分析为富 Al、Ca、O 等成分，而且有少量 Mg。所以此类夹杂物主要是由铝酸钙组成，其中，不规则块状物为含 Mg 的尖晶石，可能来源于耐火材料，而密集状的铝酸钙夹杂主要是钢厂浇注前采用钢锭模底部放置的固体熔渣来保持钢水温度和防止氧

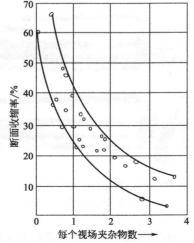

图 3-44　硫化物对横向断面收缩率的影响

化，浇注时熔渣未完全上浮所致。

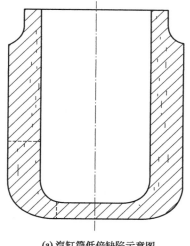
(a) 汽缸筒低倍缺陷示意图

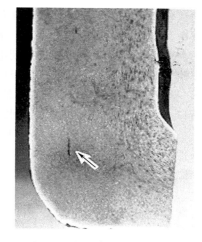
(b) 图(a)虚线部分实物图

图 3-45 汽缸筒解剖低倍检查面发纹和裂纹

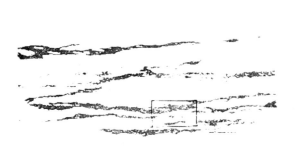

图 3-46 密集条状夹杂物 100×

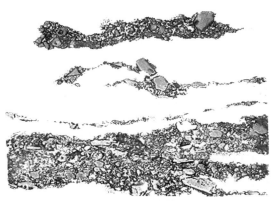

图 3-47 图 3-46 局部放大后的夹杂物形态 800×

（4）对钢的切削性能的影响 钢中增加含 S 量形成 MnS 夹杂物可使钢的切削性能提高。主要是由于硫化物能使切削屑的剪切平面上的应力提高，使切屑变脆易断，从而使切屑和刀具的接触面积减小，因而摩擦阻力和切削阻力变小，提高了刀具寿命。

一般来说，氧化物和硅酸盐夹杂物硬度较高，尤其是大颗粒夹杂，对钢的切削性能不利。例如，30CrMnSiNi2 钢在切削加工时，刀具磨损较大，使用寿命较低，对切削加工面酸蚀后可看到较多而无规律的黑色小条（图 3-48）。取样作金相检查，黑色的小条均为硬度较高（$700 \sim 2000 HV_{0.1}$）的 $FeS \cdot MnS + Al_2O_3 \cdot SiO_2$ 夹杂物，呈不规则堆积状（图 3-49）。这些大颗粒氧化物和硅酸盐在切削加工时碰撞刀尖，对刀刃磨损较大，使刀具寿命降低。如果这种夹杂物颗粒细小，在切削时可能被刀具推向一旁而不碰撞刀尖，则影响不大。含钙的氧化物夹杂对切削有良好的作用。

（5）对腐蚀性能的影响 钢中非金属夹杂物与基体的电极电位不同，在其界面处易引起电化学腐蚀。如洗涤厂的锅炉的后管板材料为 20g 钢，厚度为 14mm，位于后汽室与主汽管焊接处，主汽管直径为 57mm，厚度为 5mm。由于软水经常发生故障，水质处理不正常，将不经处理的水注入炉内，水中含有钙离子。在南方，尤其是位于石灰岩地理环境的区域，水中钙主要存在于 $CaCO_3$ 中，这种未经处理的水是造成后管板过快腐蚀的外因。后管板内部存在大量的氧化物和硫化物夹杂，铁与氧化物和硫化物比较，电极电位较低，在上述存在钙离子的溶液中，将形成微电池溶解腐蚀。在这过程中，Fe 为阳极，失去电子，变为铁离子溶入水中，夹杂物为阴极，从阳极上得到电子，而这些电子会被水中钙离子吸收，出现强烈的去极化作用。于是，正离子不断从阴极吸收电子，阳极不断有电子流向阴极，这就加速了 Fe 的溶解，导致后管板仅用了 6 年左右就发生水泄漏而报废。由于溶液中的钙离子被还原而沉积在断口上，$CaCO_3$ 属微溶盐，当水中 CO_2 含量高时，发生如下反应：

$$CaCO_3 + CO_2 + H_2O = Ca(HCO_3)_2$$

在锅炉工作条件下，后管板处于较高温度，于是水中的 $Ca(HCO_3)_2$ 放出 CO_2、沉淀析出 $CaCO_3$：

$$Ca(HCO_3)_2 = CaCO_3 \downarrow + CO_2 \uparrow + H_2O$$

因此焊接接头背面有一层厚厚的盐垢。所以，Fe 的阳极溶解，加速了断口上盐的沉积。

图 3-48　低倍组织中发纹和裂缝　1∶1　　　图 3-49　图 3-48 箭头处的夹杂物　100×

　　在不锈钢中非金属夹杂物的存在，破坏了金属表面钝化膜的连续性，所以点蚀都发生在夹杂物处。如硫化物较多的地方，光洁的零件表面极易发生锈蚀。

3.1.8.2　夹杂物的形成（来源）

　　非金属夹杂物的形成一般有两种，即外来夹杂物和内生夹杂物。

　　(1) 外来夹杂物（又称宏观夹杂物）　这类夹杂物是在钢的冶炼和浇注过程中，设备上剥落的耐火材料、熔渣或脏物进入钢液，来不及上浮而滞留在钢中所致。例如，炉壁在钢水冲刷下掉落，感应炉隧道中注管表面耐火材料剥落等。它们的密度较低，往往上浮在钢锭上面。其特点是大而无一定形状，一般尺寸较大，肉眼可见，分布无规律，以镶嵌形态存在，并保持其原有的各种颜色，如白色、微黄、灰白色等。如图 3-50 为 45 钢，心部白色颗粒为炉衬夹杂。有的炉衬和中心缩松及其它非金属夹杂共存（图 3-51）。由于夹杂物处于金属内部，往往不易被发现，有的在零件加工时发生断屑被细心的工人发现，但往往被忽视而遗留在零件中。如图 3-52 为直径 70mm 的 45 钢在加工传动螺钉后的成品检验中发现有纵向裂纹状缺陷，经 50%盐酸水溶液侵蚀后，清晰地看到白色的贯穿性的炉衬夹杂。

　　钢中外来夹杂对钢的危害较大，是不允许存在的，必须在冶炼、出钢、浇注过程中加以防止。

　　(2) 内生夹杂物（又称显微夹杂物）　这类夹杂物是钢在冶炼和凝固过程中，由于一系列的物理和化学反应所生成。例如，在冶炼过程中需经脱氧处理，如加入 Al、Fe-Si 等脱氧剂，可形成下列夹杂：

$$3FeO + 2Al \longrightarrow 3Fe + Al_2O_3$$

$$2FeO + Si \longrightarrow 2Fe + SiO_2$$

它们可以是酸性的，也可以是碱性的。如 Al_2O_3 和 SiO_2 组成硅酸盐夹杂：

$$nAl_2O_3 + mSiO_2 \longrightarrow nAl_2O_3 \cdot mSiO_2$$

$$nFeO + mSiO_2 \longrightarrow nFeO \cdot mSiO_2$$

冶炼中加入脱硫剂后还可形成 CaS、MnS 等夹杂，当钢液凝固时残留夹杂未全部上浮成渣去除而残留在钢锭内就形成内生夹杂。另外，在出钢和浇注过程中随温度下降，钢液溶解度的减小，O、S、N 等杂质元素沉淀析出形成的各种化合物，也以夹杂物的形式存在于钢中。

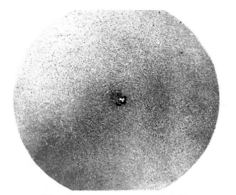

图 3-50　φ150mm 45 钢心部
白色炉衬夹杂物

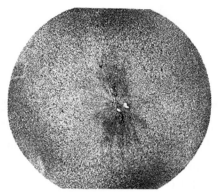

图 3-51　φ100mm 45 钢中心白色
炉衬夹杂和其它夹杂、缩松共存

(a) 传动螺钉螺纹部分白色炉衬

(b) 图(a)螺纹部分局部放大

(c) 螺钉安装部位底面和螺纹处
相对应的中心白色炉衬夹杂

图 3-52　传动螺钉贯穿性白色炉衬夹杂

钢锭经锻、轧等热加工后，由于不同夹杂物具有不同的塑性变形能力，所以，加工变形后钢材中夹杂物以不同形态存在。塑性夹杂物如 FeS、MnS、（Fe·Mn）S 和含 SiO_2（40%～60%）的低熔点硅酸盐等夹杂物呈带状分布（图 3-53），严重降低钢材的力学性能。编号为 14HS-02 和 15HS-01 的两种零件，为 20Cr2Ni4 钢制锻件，经淬火、回火处理后，其塑性（A、Z）和韧性（α_K）均不合格（表 3-2）。其断口呈朽木状（图 3-54），扫描电镜下观察断口，可看到韧窝中存在密集的长条形硫化物夹杂（图 3-55）。脆性夹杂物在热加工时不易变形，沿

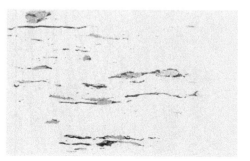

图 3-53　条带状分布的塑性夹杂　100×

(a) 拉伸断口　20×　　　　　　　　　　(b) 冲击断口　40×

图 3-54　20Cr2Ni4 钢制锻件宏观低倍断口形貌

加工变形方向破裂，呈串链状分布（图 3-56）。这些串链状夹杂物往往分布在因成分不均而导致的条带状显微组织之间，当条带状组织和夹杂物处于受力部位的表面时，形成零件的薄弱环节而引起使用过程的早期失效。如摩托车传动齿轮和被动齿轮采用 20CrMo 钢制造，表面经氰化处理（渗层深度 0.3～0.5mm，表面硬度≥80HRA，中心硬度 33～45HRC），运行 930km 和 1500km 就发生断齿和破裂（图 3-57 和图 3-58）。经检查，除中心硬度稍高（45～47HRC）外，其它均符合技术要求。宏观断口有亮色线条（图 3-59），经高温回火后呈现出严重的带状组织，并有长条形和密集性的非金属夹杂物分布其间（图 3-60）。当齿受到弯曲应力时，由于带状组织降低了抗弯强度，同时，暴露在齿根表面的非金属夹杂处形成应力集中，导致齿根开裂，中心硬度偏高也促进了齿的断裂和破裂。

表 3-2　14HS-02 和 15HS-01 两种零件经不同热处理后的力学性能测定结果

热处理\零件种类	第一次热处理				第二次热处理
	R_m/MPa	A/%	Z/%	α_K/(J/cm^2)	α_K/(J/cm^2)
14HS-02	1471	9.6	29.44	46	46
	1492	9.0	29.44	51	31.8
	1490	9.2	29.44	77.5	45.5
15HS-01	1545	4.5	13.5	25	12.5
	1540	4.5	11.5	20	15
YB6-71	≥1200	≥10	≥45	≥80	≥8

注：热处理条件
第一次热处理：880℃油淬＋780℃油淬＋200℃回火。
第二次热处理：900℃正火＋880℃油淬＋780℃油淬＋200℃回火。

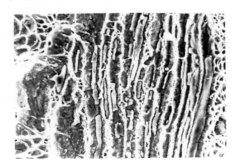　　　　　　　　　　

图 3-55　韧窝中密集的条状硫化物　1000×　　　图 3-56　FeO、FeO·Al$_2$O$_3$ 和硅酸盐混合夹杂

图 3-57 传动齿轮运行 930km 发生断裂

图 3-58 被动齿轮掉齿和开裂

图 3-59 齿部断口局部
放大形貌 20×

(a) 传动齿轮显微组织 100×　　(b) 被动齿轮显微组织 100×

图 3-60 齿轮组织
不均匀的带状索氏体＋条状和密集状夹杂物

　　严重的非金属夹杂物在锻造过程中不能消除，只能改变其形态，尤其是高硬度的脆性夹杂，锻造变形过程往往形成断续链状夹杂，酸蚀后似细小裂纹。如 12CrNi3A 钢制柱塞在锻造成形后酸蚀检查中发现细小裂缝（图 3-40），金相检查裂缝实为条带状密集分布的铝酸钙、氮化铝和硅酸盐等混合夹杂（图 3-41）。这对零件的使用性能危害较大，是不允许存在的夹杂。

3.1.9 白点

　　白点是由钢中氢和组织应力共同作用下产生的细小裂纹。氢来源于钢的冶炼和浇注过程中，当钢锭凝固时，氢析出来不及逸出钢锭外，仍以原子状态过饱和地固溶于钢中，随后部分扩散至钢锭的微隙（疏松等）中结合成分子。当钢锭进行锻压时，微隙将被焊合或压缩，其中部分氢重新固溶于钢中，使固溶体中氢含量增加，未固溶的分子氢由于体积压缩而对周围金属增加压力，产生局部内应力。钢坯在冷却过程中，氢溶解度的剧烈降低，使钢中氢的过饱和度不断增加。若冷却缓慢时，氢有足够的时间向外扩散，而不致产生白点。当冷速较快时，固溶体中析出的氢只能在附近的微隙中结合成分子，并与微隙中的碳化物生成甲烷（CH_4）。随固溶体的继续析出，使微隙中聚集大量的 CH_4 和 H_2，从而产生巨大压力，这种压力和相变及变形、体积收缩等形成的其它应力相结合，当超过金属的强度极限时，则以微隙为核心，发生穿晶脆裂，形成白点。其形成过程大致如下。

钢液吸H —降温→ 以H原子过饱和状态固溶于钢中 → 部分扩散于微隙(疏松等)结合成CH_4和H_2 —锻轧→ 微隙焊合或压缩

部分未固溶H_2对周围金属增加压力

部分固溶于钢中冷却增加钢的H饱和度

缓冷：H向外扩散而不形成白点

急冷：H析出于周围微隙中结合成CH_4和H_2→使CH_4和H_2产生巨大压力+组织应力 → 以微隙为中心发生穿晶脆裂

白点在横向酸浸试片上表现为细小条状和锯齿状裂纹，一般呈辐射状或不规则分布（图 3-61），在纵向酸浸试片上表现为平行于压延方向的小裂缝，严重时与压延方向成一定角度，淬火后的纵向断面上呈圆形或椭圆形白斑（图 3-62）。

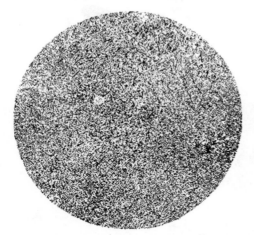

图 3-61　ϕ150mm 50CrNiMo 钢不规则
　　　　分布的白点（小裂纹）

图 3-62　白点在纵向断面上呈
　　　　圆形或椭圆形白斑

白点（裂纹）有沿晶和穿晶扩展两种形式，在裂纹周围无塑性变形和氧化脱碳特征。

白点是钢材或工件内部存在的隐危缺陷，严重降低钢的塑性和韧性，它往往会导致在不产生塑性变形的情况下突然发生脆性断裂。在热处理过程中，由于白点存在，易导致出现淬火裂纹和断裂。对有白点和发纹的车轴进行弯曲疲劳比较试验，结果（表 3-3）表明，白点严重地降低车轴钢纯弯曲疲劳寿命，有白点和无白点的破断循环次数相比可相差几倍至几十倍，甚至更多。有白点的试样 100% 断于白点处，疲劳源位于白点的边缘。而分散的 2～5mm 长度的发纹，对车轴的弯曲疲劳寿命影响不明显，若发纹在工件表面的受力部位，则首先在发纹处萌生疲劳裂纹源，导致早期疲劳断裂。因此，白点是机械零件中不允许存在的缺陷。

表 3-3　白点、发纹对纯弯曲疲劳寿命比较试验结果

施加应力/MPa	缺陷性质	循环次数	断裂情况
188.16	白点	4250×10^2	断于白点
		5028×10^2	断于白点
	发纹	$>10^7$	试样未断
		$>10^7$	试样未断
	无缺陷	$>10^7$	试样未断
		$>10^7$	试样未断
211.68	白点	1979×10^2	断于白点
		1177×10^2	断于白点
	发纹	24466×10^2	断于发纹上
		17484×10^2	未断发纹上
	无缺陷	$>10^7$	试样未断
		18264×10^2	断在圆角处

续表

施加应力/MPa	缺陷性质	循环次数	断裂情况
235.2	白点	902×10^2	断于白点
		1391×10^2	断于白点
	发纹	5383×10^2	断在圆角处
		8673×10^2	未断发纹上
	无缺陷	9850×10^2	断在圆角处
		6037×10^2	断在圆角处

一般奥氏体、铁素体和莱氏体类型钢不形成白点，含有 Cr、Ni、Mo 的合金钢对白点很敏感，碳素结构钢有时也有出现白点的可能。钢对白点的敏感性不仅与化学成分有关，而且与钢的冶炼方法、钢材尺寸大小有关。通常情况下，碱性平炉钢的白点敏感性比酸性平炉钢和碱性电炉钢大。钢材尺寸越大，也越容易产生白点，一般直径小于 40mm 的钢材不易产生白点。随着钢中含碳量的增加，白点敏感性就下降。

3.1.10　异金属夹杂

外来金属夹杂是钢液浇注过程中，金属块落入盛钢桶内未能完全熔融而注入锭内，一般呈不同形状镶嵌在金属内部。由于外来金属大多数与基体金属成分不同，抗腐蚀性也有差异，因此与基体有明显的界面，甚至有夹杂和缝隙（图 3-63）。若外来金属块较小，落入钢液时间较长，被钢液熔化了一部分，则与基体具有连续的过渡区而无明显的界面（图 3-64）。由于金属夹杂和基体成分、性能不同，易在零件的使用过程中在界面形成应力集中，产生裂纹源，形成疲劳裂源，引起零件的早期失效。

图 3-63　φ80mm 45 钢中心异金属被内
裂纹包围，边缘有少量裂缝

图 3-64　40Cr14Ni4W2Mo 钢灰白色条
块状的异金属，无明显的界面

3.1.11　成分不均匀和轴心碳偏析

钢材成分不均匀导致组织和性能的差异是明显的，也是常见的，影响使用性能的较严重的成分偏析也时有发生。有的较宽的条带状铁素体形成低强度的薄弱环节（图 3-65）。有的合金元素偏聚带形成高硬度区而增加材料的脆性，如锻造汽缸筒成分不均，低倍组织中出现条状黑色纹，高倍下可见白色高硬度条带（图 3-66），导致汽缸筒在使用中产生严重摩擦损

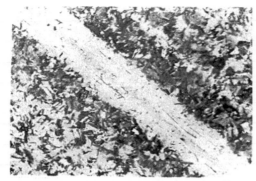

图 3-65　带状铁素体（292HV）＋（索氏体＋托氏体）（41HRC）＋细条状非金属夹杂物

伤而失效。有的轴类零件在出现严重偏析时，形成的组织不均，硬度差异较大而引起早期失效。如 40Cr 钢制的摩托车曲轴柄，由于成分严重的不均匀偏析（图 3-67），经调质处理后局部硬度仅为 21～22HRC，而高的区域可达 30～31HRC，导致曲轴柄月牙槽处断裂。抽取同批曲轴柄经退火后纵向取样金相观察，呈现明显的组织不均（图 3-68）。对于高合金工模具钢来说，易产生共晶碳化物的堆聚和条带状分布而引起开裂。如制造纺织钢领的冲模是由 Cr12 钢棒材经粗加工、热处理后磨加工而成，模具硬度为 60～62HRC，仅冲压 135 只钢领就发生开

裂（图 3-69）。由于钢材中存在较严重的条带状碳化物，在冲压过程中受到较大的冲击应力的作用下，沿脆性共晶碳化物开裂（图 3-70）。对于一些传动零件，尤其是传动齿轮，若齿根表面存在不均匀的条带组织，当齿受到传动过程中产生的弯曲应力时，易形成裂纹、断齿而失效。图 3-71 为 45 钢棒材制造的摩托车传动齿轮由于较严重的条带状组织而引起齿根部位开裂。

(a) φ165mm 38CrMoAl锻件制造的汽缸筒低倍组织出现黑色条带(经调质处理)　1:1

(b) 在黑色条带处取样金相检查组织中有白色条带　25×

(c) 图(b)局部放大后可见成分偏析,出现硬度较高的白色条带

图 3-66　汽缸筒成分偏析引起组织和性能的差异

　　有些钢材由于在炼钢过程中采用石墨渣保护浇注时，石墨渣铺放不当或浇注速度太快，使石墨粉渣卷入钢液中，钢锭凝固时，将石墨增碳的钢液推向中心缩孔区，使"V"形增碳区下移至帽口线以下，切头不够，保留下来，导致钢材上出现中心增碳缺陷，在低倍酸浸试片的中心呈颜色较深的特征，有时中心还存在缩孔（图 3-72），中心增碳区的组织为过共析组织（图 3-73）。钢中心增碳使塑性下降，在冷拔过程中心部受到周边塑性变形金属的拉伸

而出现竹节状的内裂（图 3-74），易在淬火或使用中发生断裂。

图 3-67 40Cr 钢成分不均调质后组织不均匀 100×

(a) 低倍下不均匀组织分布 40×

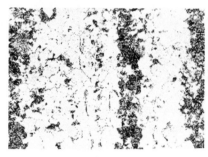

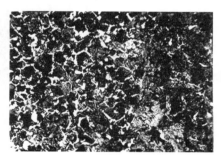

(b) 图(a)中间浅色区组织
铁素体+珠光体+MnS夹杂物 200×

(c) 图(a)右部深色区组织
珠光体+少量铁素体 100×

图 3-68 40Cr 钢曲轴柄经退火后组织不均匀分布形貌

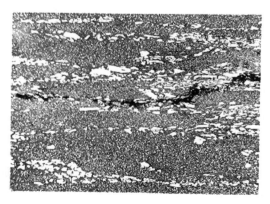

图 3-69 钢领冷冲模开裂实物 1：2

图 3-70 钢领冷冲模开裂沿共晶碳化物条带扩展

(a) 转动齿轮齿根开裂实物

(b) 齿根部位的条带状组织和裂纹 100×

图 3-71 45 钢制摩托车传动齿轮齿根开裂和该处的显微组织

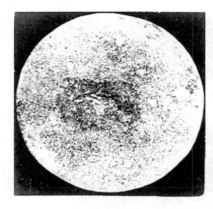

图 3-72 φ60mm 45 钢中心黑色
增碳区与缩裂

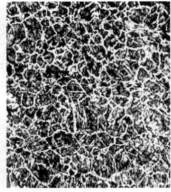
(a) 100×

(b) 400×

图 3-73 图 3-72 中心增碳区组织：
珠光体＋网状与针状碳化物

(a) 断裂件实物

(b) 中心增碳区裂纹示意图

图 3-74 中心增碳区裂纹

图 3-75 六角螺栓断口宏观形貌

用 35CrMoA 钢制造的 M30×160mm 的高强度六角螺栓使用中发生断裂，断口形貌由中心向外扩展（图 3-75），断口中心区呈解理形貌（图 3-76）。过中心进行纵向低倍酸蚀检查，可见中心呈带状黑色（图 3-77），该处硬度高达 48HRC，而其它区域硬度为 38～

38.6HRC（设计要求为 35～38HRC）。经化学成分分析，表层含碳量为 0.37％，而中心含碳量高达 0.67％。由于中心含碳量较高，其显微组织为回火马氏体＋粒状贝氏体，并有较多的显微裂纹（图 3-78）。由于高碳区硬度高和有微裂纹的存在，在使用应力的作用下，导致中心微裂纹的迅速扩展至断裂。

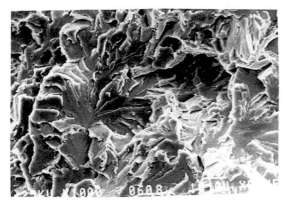

图 3-76　图 3-75 中心解理断裂形貌

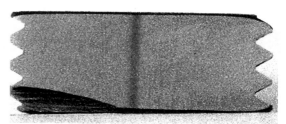

图 3-77　纵向低倍组织，中心呈黑色带

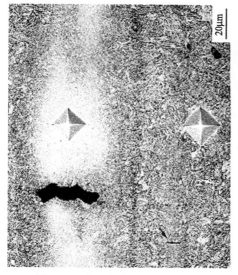

图 3-78　中心黑色区的显微组织
和微裂纹　500×

(a)　　　　　(b)　　　　　(c)

图 3-79　ϕ40mm 3Cr13Ni7Si 钢棒车加工时
发现表面腐蚀

3.1.12　表面腐蚀

钢材经热加工后表面往往有氧化皮存在，若在库存和运输过程中管理不当，会引起腐蚀而不易被发现，在以后的加工过程中若未完全去除，氧化皮残留在材料或零件表层，会引起以后的热变形开裂和零件使用寿命的降低。例如，直径 40mm 的 3Cr13Ni7Si 棒材表面有氧化皮，车加工去除 1.5mm 发现有点状腐蚀坑（图 3-79），取样作金相检查，有严重的沿晶腐蚀（图 3-80），深度 0.6～0.7mm。锻造后零件表面出现网状裂纹（图 3-81）。

残留的细小沿晶腐蚀缺陷往往不易被发现，残留在零件表层，在使用应力的作用下，将成为裂源而严重降低零件的使用寿命。

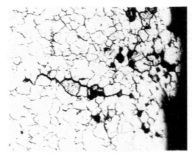
图 3-80 沿晶腐蚀形态 100×

图 3-81 热锻造后表面网状裂纹 1∶2

3.2 材料缺陷引起的失效案例

3.2.1 双头螺柱断裂分析

3.2.1.1 概况

风力发电设备上使用的 M30×280mm 双头螺柱在安装拧紧过程中发生部分螺柱断裂，如图 3-82 所示。

图 3-82 断裂螺柱全貌

安装要求：螺柱安装拧紧时，需采用扭力扳手进行，扭矩应小于 1417N·m。断裂螺柱均小于 1417N·m。

螺柱的技术要求：材料为 42CrMo 钢，按 GB/T 3098.1—2000《紧固件机械性能 螺栓、螺钉和螺柱》10.9 级要求，经淬火、回火后的力学性能为：R_m 1000～1040MPa、$A \geqslant 9\%$、$Z \geqslant 48\%$、硬度 32～39HRC。

3.2.1.2 理化检验

(1) 断口形貌

① 断口宏观形貌 断口较平坦，呈灰白色，断裂由中心向外呈放射状扩展，边缘有 45°左右的剪切唇（图 3-83）。

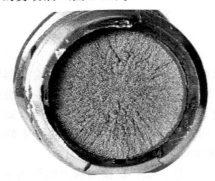
图 3-83 螺柱宏观断口形貌

图 3-84 断口中心区域呈菊花状向周围发散

② 扫描电镜断口观察 断口中心区域呈菊花状向周围发散（图3-84），为解理和准解理形貌，并有少量夹杂和二次裂纹（图3-85）。1/2R 处除解理外还出现少量韧窝和二次裂纹（图3-86），靠近边缘剪切唇处呈拉长的韧窝形貌（图3-87）。

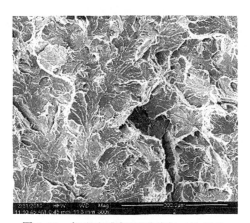

图 3-85 解理和准解理形貌与二次裂纹

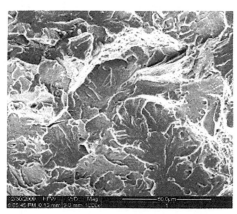

图 3-86 ½R 处解理、准解理和少量韧窝形貌

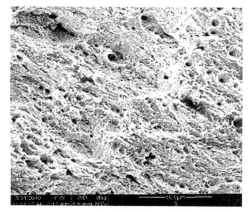

图 3-87 断口边缘拉长变形韧窝形貌

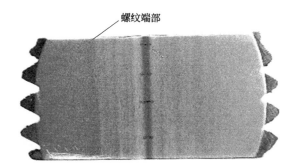

图 3-88 螺柱中心呈黑色条带并有横向微裂纹

（2）力学性能测定

① 硬度测定 靠近断口处的外表面为 38～38.5HRC，中心处为 34～36HRC。

② 将断裂螺柱较长的部分加工拉伸试样，但在车削过程中突然断成四段，其断口形貌和装配时断裂的断口形貌相似。由于无法加工试样，故无法测定 R_m、R_e、A、Z 等力学性能指标。

（3）螺柱纵向低倍组织检查 从断口附近制取纵向低倍试样酸蚀检查，可见中心有一条带状黑色区，并有竹节状的横向裂纹，如图3-88所示。

（4）化学成分分析 断裂螺柱的成分分析结果见表3-4，符合 GB/T 3077—1999 中 42CrMo 钢的技术要求。

表 3-4 断裂螺柱的化学成分与 42CrMo 钢技术要求

化学成分/%	C	Si	Mn	P	S	Cr	Mo
断裂螺柱	0.45	0.22	0.58	0.011	0.012	0.96	0.17
GB/T 3077—1999 42CrMo 钢	0.38～0.45	0.17～0.37	0.50～0.80	≤0.035	≤0.035	0.90～1.20	0.15～0.25

(5) 钢中非金属夹杂物和晶粒度检查　按 GB/T 10561—2005 和 GB/T 6394—2002 标准，分别检查非金属夹杂物和晶粒度，结果为 A、B 两类夹杂物均为 2 级，D 类夹杂物 1 级，晶粒度为 8～9 级，均符合相关技术要求。

(6) 显微组织检查　表层组织为回火屈氏体＋少量贝氏体＋细小条状非金属夹杂物（图 3-89）。在 1/2R 处有明显的成分不均匀引起的条带状组织（图 3-90），其中，灰白色条带组织硬度达 405HV$_{0.2}$（相当于 43.5HRC），而周围硬度仅为 321～327HV$_{0.2}$（相当于 35～35.5HRC）。中心区域不仅白色条带组织明显增多，而且有较多的横向黑色微裂纹（图 3-91），这与纵向低倍组织中心横向裂纹相对应。

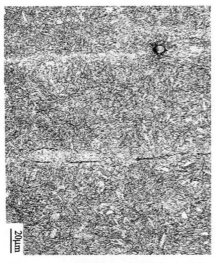

图 3-89　表层组织　回火屈氏体＋少量
贝氏体＋细小条状非金属夹杂物　500×

图 3-90　R/2 处灰白色条带
和硬度对比　500×

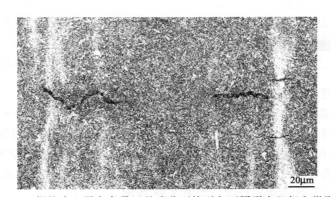

图 3-91　螺柱中心黑色条带区的成分不均引起不同形态组织和微裂纹

3.2.1.3　检查结果分析

42CrMo 钢制 M30×280mm 螺柱淬火时的热应力＋组织应力引起的表层切应力大于中心的拉伸应力，淬火不当产生的裂纹一般均位于表面纵向分布而不会产生中心横向微裂纹。调质处理后其综合性能较好，当螺柱安装拧紧时，受到一个较大的纵向拉伸应力，一般在螺柱的螺纹根部为应力集中最大处。若拧紧力过大，呈过载状态时，易在螺柱的螺纹根部出现裂纹，然后向中心扩展至断裂。其断口形态一般呈纤维状，在扫描电镜下呈现出韧窝形貌。

而该批螺柱断裂源处于中心区域，然后向外扩展至断裂，断口较平坦，呈脆性解理形貌，边缘瞬时剪切断裂区出现拉长形的韧窝形貌。纵向低倍和显微组织检查中，可看到螺柱中心区有较严重的条带状成分偏析，在合金元素偏析较严重处硬度较高，并有横向微裂纹。说明该钢材在冷拔时金属变形过程中，表层基体金属塑性较好，变形较快，而中心合金偏析区的高硬度处，塑性较差。冷拔时在表层基体塑性变形的拉伸牵制作用下，使塑性较差的高硬度条带和夹杂物处出现细小的横向裂纹。装配时，螺柱在拧紧拉伸应力作用下，中心区的横向微裂纹两端形成应力高度集中，导致微裂纹的迅速扩展，直至整个螺柱的脆性断裂。

3.2.1.4 结论

① 螺柱材料成分和宏观硬度均符合相关技术标准。

② 螺柱在装配过程中发生断裂的原因是：由于原材料的中心区存在较密集的条带状成分偏析，在冷拔过程中引起成分偏析条带处产生横向微裂纹，导致螺柱在组装时产生的较大拧紧力的作用下，使横向微裂纹迅速扩展至断裂。

3.2.1.5 改进措施

① 加强原材料质量检验，防止将钢中非金属夹杂物和成分偏析严重的材料投入生产。

② 成品螺柱出厂前，增加无损检测，防止次品出厂。

3.2.2 托轮轴断裂失效分析

3.2.2.1 概况

水泥厂回转窑托轮轴系 45 钢经调质后加工而成，它支承着 180t 的回转筒的旋转，其速度每分钟仅为 2～3 转。该托轮轴安装后仅使用 100h 左右，就在轴瓦附近发生折断，如图 3-92 所示。

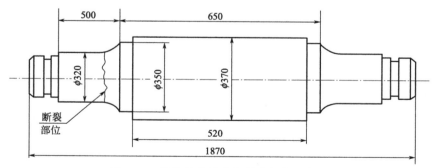

图 3-92 托轮轴的尺寸和断裂部位示意图

该托轮轴由锻造厂提供毛坯，经粗加工后调质处理，调质工艺为：在电炉中随炉加热至 650℃，保温 1.5h，再升温（升温速度约 100℃/h）至 830℃，保温 2h，淬入 5%～10% NaCl 水溶液中保持 30min 左右，取出后立即放入 600℃ 电炉中保温 5h，回火。

调质后的力学性能要求：$R_m \geqslant 640MPa$、$R_e \geqslant 345MPa$、$A \geqslant 17\%$、$Z \geqslant 40\%$、$A_k \geqslant 31J$、硬度 217～255HB。

3.2.2.2 理化检验

(1) 断口宏观检查 断面垂直于纵轴，断口粗糙且高低不平，呈晶粒状脆性断裂特征，中心晶粒粗大，而外缘相对较细。断裂起始于中心向外扩展，由于扩展方向不在同一平面而产生较多的撕裂棱和向上翘起的撕裂块（图 3-93），边缘呈现出周期性扩展的疲劳断裂特征（图 3-94）。

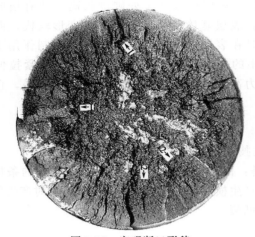

图 3-93　宏观断口形貌

箭头 1 为向上撕裂的翘起部位，箭头 2 为断裂扩展方向特征较明显部位

图 3-94　断口边缘撕裂棱和疲劳弧线形貌

（2）化学成分分析　托轮轴不同部位的化学成分分析结果见表 3-5，可见，含碳量超过技术要求。

表 3-5　托轮轴不同部位的化学成分与 45 钢技术要求

取样部位 与标准	化学成分/%				
	C	Si	Mn	P	S
外表层	0.48	0.33	0.65	0.026	0.020
直径的 1/4 处	0.49～0.51	0.35	0.70	0.030	0.027
中心部位	0.53～0.56	0.35	0.72	0.032	0.026
GB/T 699—1999 45 钢	0.42～0.50	0.17～0.37	0.50～0.80	≤0.035	≤0.035

（3）硬度测定　从断裂部位横截面切取试样，由外表面向中心逐点测定布氏硬度，结果为 243～219HB，其硬度变化曲线如图 3-95 所示。

（4）酸浸低倍组织　从断面下部取样，加工磨平后经热酸侵蚀，横截面外圆呈现出较粗的枝晶状结构，而中心区域呈等轴状结晶，有较多的夹杂和细小白点状裂纹存在（图 3-96），一般疏松为 2～3 级。

（5）显微组织检查　从断口附近取样磨抛后观察，有较长而曲折的细小裂纹和网络状的夹杂物（图 3-97），侵蚀后 1/4 直径处的组织为珠光体＋粗大沿晶分布的铁素体（图 3-98），表层组织为索氏体＋网络状与块状铁素体＋魏氏组织（图 3-99）。

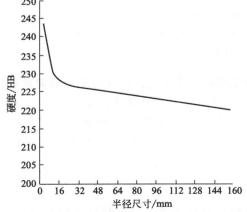

图 3-95　轴颈横截面硬度变化曲线

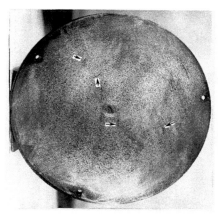
(a) 低倍组织全貌,箭头处为夹杂和裂纹　0.4×

(b) 图(a)边缘局部放大后的枝状晶　1:1

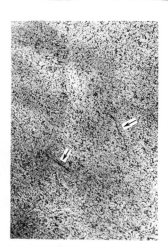
(c) 图(a)中心箭头处为小裂纹

图 3-96　酸浸低倍组织形态

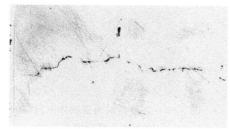
(a) 条状裂纹　100×

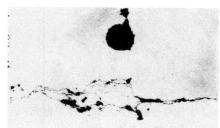
(b) 网络状夹杂和裂缝　400×

图 3-97　细小条状裂纹和网络状夹杂物

（6）力学性能试验　从断裂托轮轴上沿纵向取样加工成直径 15mm 拉伸试棒，拉伸试验结果见表 3-6。可见，断面收缩率和 1/4 直径处的抗拉强度与延伸率不符合设计要求。

表 3-6　断裂托轮轴纵向力学性能与要求

取样部位与标准	R_m/MPa	R_e/MPa	A/%	Z/%
表面层纵向	746	610	18.9	35
	700	589	19.2	32.8
1/4 直径处纵向	653	518	6.8	5.3
	615	486	5.6	3.4
设计要求	≥640	≥345	≥17	≥40

3.2.2.3　强度核算

根据生产厂提供的资料，回转窑滚筒总重为 180t，断裂托轮轴一端总承载为 85t，断裂轴受力情况见图 3-100 和图 3-101。

已知 $T_2 = 85t$，取 R_e 平均值 502～599.5MPa，

$F_1 = T_2/2\cos30° = 85 \times 10^3 \times 9.8/2\cos30° = 4.8 \times 10^5 \text{N}$

$P_1 = 2.4 \times 10^5 \text{N}$

$$M_N = 2.4 \times 10^5 \text{N} \times 250\text{mm} = 6.0 \times 10^7 \text{N} \cdot \text{mm}$$

$$W_Z = \pi d^3 / 32 = \pi \times 320^3 / 32 = 3.2 \times 10^6 \text{mm}^3$$

$$[\sigma] \geqslant \sigma_{max} = M_N / W_Z = 6.0 \times 10^7 / 3.2 \times 10^6 = 18.8 \text{N/mm}^2 = 18.8 \text{MPa}$$

$$\text{安全系数} = R_e / \sigma_{max} = 502 / 18.8 = 26.7$$

通过以上核算可知，1/4 直径处 R_e 计算安全系数较高。

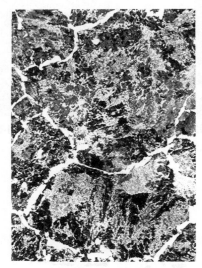

图 3-98　1/4 直径处的组织为珠光体＋粗大沿晶分布的铁素体　100×

图 3-99　表层组织为索氏体＋网络状与块状铁素体＋魏氏组织　400×

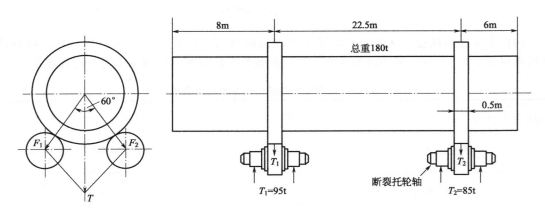

图 3-100　回转窑滚筒和托轮轴的结构和受载示意图

3.2.2.4　分析与讨论

(1) 材质问题　经化学成分分析，断裂凸轮的含碳量超过了 45 钢的技术要求范围，相当于 50 钢范畴，这对热加工工艺和力学性能（强度、塑性和韧性）均有一定的影响。钢材中粗大的铸态枝晶结构，锻压后未能很好改善，尤其是钢材内部存在较严重的夹杂和裂纹，严重地割裂了基体的连续性，大大地降低了材质的力学性能。1/4 直径处不仅 R_m 较低，延伸率和断面收缩率下降达 67.4% 和 87.2%。从显微组织中可看到铁素体沿粗大的晶粒呈网络状分布，并出现魏氏组织，严重地降低力学性能。

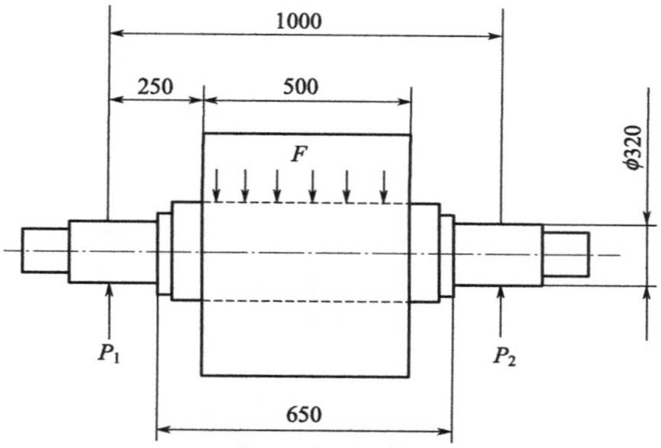

图 3-101 断裂托轮轴受力示意图

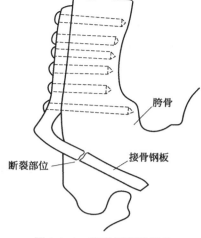

图 3-102 接骨板断裂部位

粗大的晶粒和魏氏组织只有在很高的温度下才能形成（如较高的锻造温度等），而调质时的淬火温度（830℃，保温 2h）是不可能产生魏氏组织和粗大的晶粒的。因此，很可能在高温锻造后未经正火等热处理工艺消除魏氏组织和细化晶粒，使托轮轴强度大幅降低和增加脆性。

（2）热处理问题　从上述工艺可知（在电炉中 830℃ 加热保温 2h，淬入盐水中保持 30min 左右，然后在 600℃ 回火 5h），托轮轴直径 320～370mm（毛坯还要大些），在电炉中加热保温按一般工艺（1～1.5min/mm 计算），应保温 5～9h，使原始组织转变成奥氏体并扩散均匀，淬火后才能获得良好的组织和性能。而保温 2h，严重的网状和块状铁素体和魏氏组织中针状铁素体不可能完全溶解和奥氏体均匀化，调质处理后仍保留着网状铁素体和魏氏组织特征，严重地影响材质的性能。

大工件淬火时产生的应力主要是热应力，它可导致大工件中心产生很大的拉伸应力，尤其是采用盐水淬火，冷速较快，增加大工件的热应力。同时，由于零件含碳量较高，内部又存在较多的夹渣、粗大晶粒、严重的沿晶网状铁素体、魏氏组织，尤其是微裂纹的存在，则在淬火热应力的作用下，使轴中心薄弱部位产生裂源并迅速扩展（各断口特征相吻合）。所以，托轮轴在使用前，轴内部已存在很大的裂纹。由于工作应力很小（安全系数很大），裂纹的扩展速度较慢，尚能工作一段时间。当裂纹随工作应力的变化不断扩展至不能承受外力载荷时，就发生托轮轴的突然断裂。

3.2.2.5　结论

① 托轮轴的原材料含碳量较高，局部存在夹杂、粗大晶粒、网状铁素体和魏氏组织，尤其是微裂纹的存在，严重地影响托轮轴的力学性能，是不允许存在的缺陷，是导致淬火内裂纹的形成和造成早期失效的主要原因。

② 淬火加热保温时间较短，淬火时采用盐水冷速较快，冷却时间稍长，促进了淬火后内裂纹的形成和扩展，必须加以适当改进。

3.2.3　接骨板断裂失效分析

3.2.3.1　概况

六旬老人不慎胯骨骨折，在南通某医院采用 110°L 形接骨板有螺钉固定手术，半年后老人感到疼痛，走路困难。经医院检查，发现接骨板断裂（如图 3-102）。

接骨板材料要求为 Cr18Ni13Mo3 奥氏体不锈钢 （GB/T 4234《外科植入物用不锈钢》）。

3.2.3.2 理化检验

（1）断口分析

① 宏观检查　接骨板断裂面呈暗灰色，较平坦，无明显的塑性变性特征。在凸边的尖角处和内"R"处呈放射状，扩展区有波纹状的疲劳弧线形貌，如图 3-103 所示。

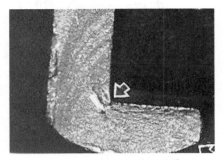

图 3-103　断口和裂源形貌

图 3-104　尖角处为裂源，呈放射状

② 断口扫描电镜观察　在接骨板的凸边尖角处有明显的放射状特征（图 3-104），在裂源和内"R"处有明显的腐蚀坑并有泥纹状腐蚀产物存在（图 3-105 和图 3-106）。对腐蚀产物能谱分析结果见图 3-107 和表 3-7，可见，腐蚀产物中有较多的 K、S、Cl、Ca 等元素。这些元素对奥氏体不锈钢都会引起不同程度的应力腐蚀，尤其是 S、Cl 的影响更为敏感。在断口扩展区有明显的疲劳条带和腐蚀坑（图 3-108）。

图 3-105　内"R"附近断面的腐蚀坑

(a) 断面腐蚀坑　　　(b) 泥纹状腐蚀产物

图 3-106　腐蚀坑和腐蚀产物

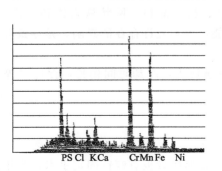

图 3-107　腐蚀产物成分能谱图

表 3-7　腐蚀产物成分

元素		相对强度（CPS）	含量/%
P	Kα	59.5687	12.77
S	Kα	14.9119	3.09
Cl	Kα	8.5061	1.76
K	Kα	10.3175	2.03
Ca	Kα	22.5253	4.46
Cr	Kα	106.8245	31.05
Mn	Kα	0.8664	0.31
Fe	Kα	94.3280	39.04
Ni	Kα	9.7925	5.49
			100.00

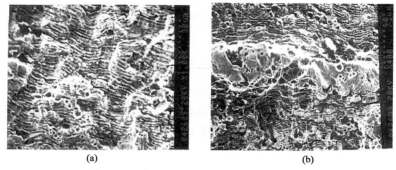

(a) (b)

图 3-108 断口扩展区的疲劳条带和腐蚀坑

（2）化学成分分析 经分析，断裂接骨板的成分符合 Cr18Ni13Mo3 的技术要求，见表 3-8。

表 3-8 断裂接骨板的成分与 Cr18Ni13Mo3 的技术要求

化学成分/%	C	Si	Mn	P	S	Cr	Ni	Mo
断裂接骨板	0.027	0.087	0.13	0.017	0.011	18.71	12.1	3.79
Cr18Ni13Mo3 技术要求	≤0.08	≤1.0	≤2.0	≤0.030	≤0.035	18.0～19.0	11.0～15.0	3.0～4.0

（3）钢中非金属夹杂物检查 从断裂部位取样磨制抛光后检查，在接骨板内"R"附近存在较大的块状非金属夹杂物（图 3-109）。经能谱成分测定结果，主要有不同含量的 Al_2O_3、TiN 等夹杂，见图 3-110 和表 3-9。其它部位各类夹杂物也较多（图 3-111），按 GB/T 10561—2005 评定结果如表 3-10。

图 3-109 钢中非金属夹杂物

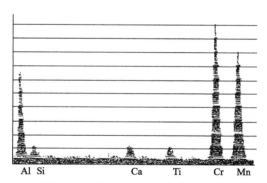

图 3-110 图 3-109 中夹杂物能谱图

表 3-9 夹杂物能谱分析成分

元 素		相对强度（CPS）	含量/%
Al	Kα	71.7527	19.56
Si	Kα	8.4017	1.84
Ca	Kα	15.9153	2.24
Ti	Kα	14.9999	2.56
Cr	Kα	172.5166	39.73
Mn	Kα	120.7673	32.12
Fe	Kα	6.1885	1.96
			100.00

表 3-10　断裂接骨板夹杂物和技术要求

非金属夹杂物	A	B	C	D
级别	2	2	1	1
GB 4234—2003 技术要求	≤1.5	≤1.5	≤1.5	≤1.5

(4) 钢的晶粒度检测　按 GB/T 6394—2002，断裂接骨板的晶粒度评定为 6 级。

(5) 显微组织检查　内部组织为奥氏体基体上分布着链状的 α-相（图 3-112），按 YY 0017—90《金属直型接骨板》技术标准规定和 GB/T 13305—2008《奥氏体不锈钢中 α-相面积含量金相测定法》测定结果 α-相约占 5%～6%。

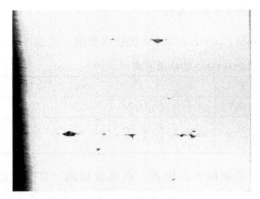

图 3-111　钢中非金属夹杂物　100×

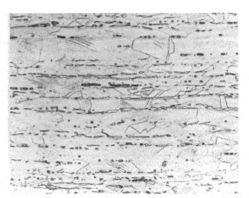

图 3-112　奥氏体基体上分布着
链状 α-相　300×

3.2.3.3　结果分析

接骨板是治疗胯骨骨折的重要部件，由于活动时受力较大，还承受一定的交变应力或冲击应力的作用，同时还经受人体内组织液的侵蚀作用，所以对制作接骨板的材料有其特殊要求，不仅要有好的综合力学性能和化学稳定性，并要求有很好的生物相容性。目前接骨板采用奥氏体不锈钢较多，但对其组织有着特殊要求。

由于各种金属基体与夹杂物、基体与第二相、基体与晶界甚至取向不同的晶粒，均可在电解液中构成腐蚀电池，只不过因其电极电位之差大小不同及钝化情况不同而发生腐蚀的速度有很大差异罢了。所以对外科植入物用不锈钢（GB/T 4234—2003）内的非金属夹杂物要求较严，显微组织中不得有残余 α-铁素体存在。

虽然断裂接骨板材料成分符合要求，但是断续条状的游离铁素体和非金属夹杂物较多，与基体形成两相组织之间的电位不同，在体液的介质作用下，易形成微电池，增加点蚀的倾向。点蚀坑引起应力集中和坑内局部环境与整体环境显著不同，都可促进微裂纹的形成。

SEM 断口检查有明显的泥纹状形貌的腐蚀产物，能谱分析结果含 Cl、S、K 等有害元素。因此，可确定接骨板的断裂性质为：材料非金属夹杂物较多和组织不良，在人体组织液的作用下引起腐蚀，身体活动使接骨板受到交变的应力，导致腐蚀疲劳断裂。

3.2.3.4　结论

① 宏观和微观分析结果，断面上存在疲劳条带和泥纹状腐蚀产物中有 Cl、S、K 等元素的存在，可确定接骨板的断裂性质为在人体组织液作用下引起的腐蚀疲劳断裂。

② 接骨板材料组织中存在较多的非金属夹杂物和不允许存在的断续条状残留铁素体和

基体之间形成微电池，增加点蚀倾向，大大降低了材料的抗腐蚀疲劳性能，这是造成接骨板断裂的主要原因。

3.2.4 六角锁紧螺栓断裂分析

汽车差速器连接六角螺栓规格为 M14×1.5×32mm，共 12 个，安装后仅运行 200 多千米，就发现有螺栓断裂（图 3-113）。

螺栓设计要求：材料为 42CrMo 钢，强度等级 12.9 级，硬度为 39～44HRC。安装时最终拧紧扭矩为 226～245N·m。

图 3-113 差速器与差速器螺栓断裂件

图 3-114 （a）为断裂螺栓，（b）、（c）为未断裂螺栓

3.2.4.1 理化检验

(1) 宏观检查 螺栓断裂部位处于螺栓头和螺杆连接的退刀槽处（图 3-114）。螺栓在安装拧紧过程中，头部和差速器壳表面接触不均匀，差速器壳表面有明显的接触压痕（图 3-115）。说明螺栓与差速器平面不垂直，在拧紧过程中受力是不均匀的，压痕深处受力较大，使螺栓在拧紧过程中受到一定的侧向弯曲应力。

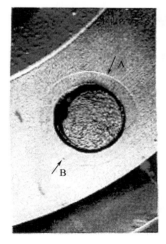

图 3-115 差速器壳表面压印
箭头 A 处较深，箭头 B 压痕很微

图 3-116 断口形貌，箭头处为
45°斜面瞬时断裂区

螺栓断口呈纤维状，断口的一边呈45°左右的剪切唇（图3-116），断裂起始于退刀槽的粗糙加工痕迹处（图3-117）。

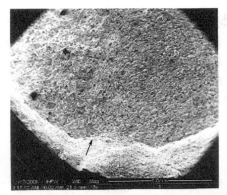

图3-117　断裂源处的粗糙的刀痕（箭头处）　　　　图3-118　断裂起源处向一边扩展，呈放射形态

（2）断口扫描电镜观察　断口由一边向另一边呈放射状扩展（图3-118），在放射源区表面，粗糙的加工痕迹处有较多的微裂纹（图3-119）。整个断裂面呈韧窝形貌，韧窝内较多的非金属夹杂物，有的已脱落呈凹坑，有的呈脆性开裂状，有的呈长杆形和密集分布（图3-120）。对各种形态的夹杂物进行能谱分析，除硫化锰外，还有较多的AlN和铝酸盐类等夹杂物，见图3-121～图3-124和表3-11及表3-12。

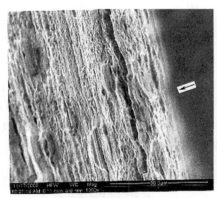

(a)断裂源处的微裂纹,箭头所指为断裂面　　　　　　(b)断裂源处附近的微裂纹

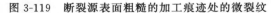

图3-119　断裂源表面粗糙的加工痕迹处的微裂纹

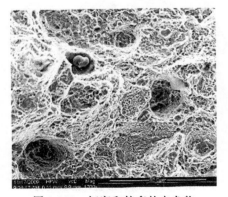

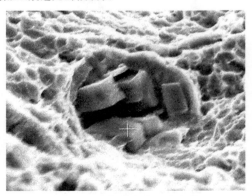

图3-120　韧窝和较多的夹杂物　　　　　　　图3-121　能谱成分测定部位

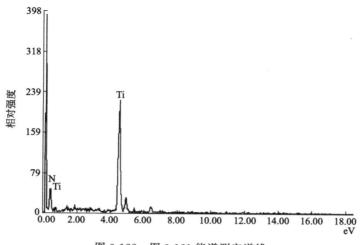

图 3-122　图 3-121 能谱测定谱线

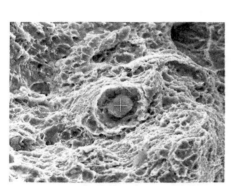

图 3-123　夹杂物能谱成分测定部位

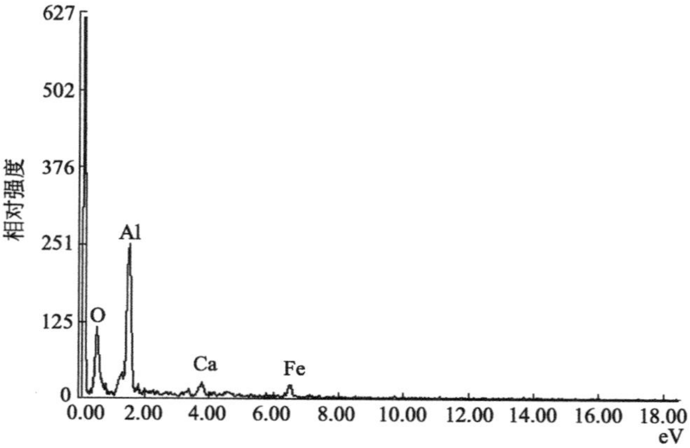

图 3-124　图 3-123 能谱测定的谱线图

表 3-11　图 3-122 中夹杂物成分

元　素	含量(质量)/%	含量(原子分数)/%
N　Kα	18.29	43.35
Ti　Kα	81.71	56.65

表 3-12　图 3-124 中夹杂物成分

元　素	含量(质量)/%	含量(原子分数)/%
O　Kα	39.87	56.65
Al　Kα	41.01	34.55
Ca　Kα	06.33	03.59
Fe　Kα	12.79	05.21

（3）**硬度测定**　断裂螺栓上测定硬度结果为 43.5～44HRC，符合设计要求的上限。

（4）**化学成分分析**　经分析，断裂螺栓的化学成分见表 3-13，符合 GB/T 3077—1999 中 42CrMo 的要求。

表 3-13　断裂螺栓的化学成分和 42CrMo 技术要求

化学成分/%	C	Si	Mn	S	P	Cr	Mo
断裂螺栓	0.43	0.21	0.73	0.012	0.013	1.02	0.17
GB/T 3077—1999 42CrMo 钢	0.38～0.45	0.17～0.37	0.50～0.80	≤0.035	≤0.035	0.90～1.20	0.15～0.25

（5）**钢的晶粒度测定**　按 GB/T 6394—2002 标准评定，断裂螺栓的晶粒度为 9 级。

（6）钢中非金属夹杂物测定　断裂件中颗粒状 D 类夹杂物较多，并有不连续条状分布的硫化物、铝酸盐和较多的氮化钛等夹杂物（图 3-125）。按 GB/T10561—2005 标准 A 法评定结果，A 类 1.5 级，B 类（细）2.5 级，B 类（粗）1 级，D 类别 3 级，DS 类 1 级。

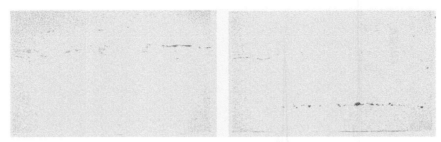

图 3-125　钢中非金属夹杂物

（7）显微组织检查　断裂螺栓组织为回火托氏体，由于成分不均匀，在回火托氏体内出现白色条带状硬度稍高的组织，同时在条带内还分布着块状和条状非金属夹杂物（图 3-126）。靠近螺栓头部和杆交接处的"R"断裂处，由于冷镦头时的金属变形，使原沿纵向分布的条带状组织和其间的非金属夹杂物转为横向分布，有的塑性变形能力较差的夹杂物与基体之间产生微裂纹（图 3-127）。

图 3-126　螺栓托氏体和纵向
白色条状组织

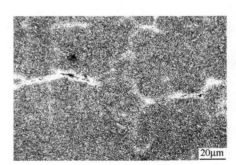

图 3-127　螺栓头部和杆连接圆角处的
白色组织间的夹杂物与裂缝

3.2.4.2　结果分析

（1）组织不均匀与非金属夹杂物的影响　从显微组织中可看到钢中有较多的非金属夹杂

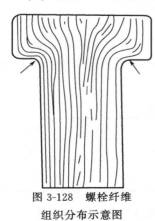

图 3-128　螺栓纤维
组织分布示意图

物，尤其是不变形的氮化钛等脆性夹杂物与钢基体之间不仅物理性质和变形能力存在较大的差异，而且破坏了钢基体的均匀连续性。由于成分不均匀，沿纵向出现条带状组织。白色条带状组织和其间的夹杂物与基体出现性能的差异，直接影响到材料的横向力学性能，但对螺栓的纵向性能影响较小。由于螺栓头部采用冷镦成形，使头与杆交接部位组织与纵向条带和夹杂物随头部的镦粗而趋向于横向分布（图 3-128），从而降低了该处的纵向力学性能。当安装拧紧时，螺栓与差速器壳表面又不垂直，使螺栓一侧受到一个弯曲应力，增加了螺栓的局部应力和变形，易促进夹杂物与基体交界处微裂纹的形成和扩展，在随后的使用和振动应力作用下，使微裂纹进一步快速扩展至断裂。

（2）切削加工刀痕影响 在断裂的退刀槽部位粗糙度较差，切削刀痕较深，在扫描电镜下可看到刀痕处有较多的微裂纹（图 3-119）。这说明螺栓在安装和使用过程中，粗糙的加工痕迹处应力集中水平较高，形成螺栓的薄弱环节之一，促进了微裂纹的形成和扩展。若螺栓材料质量较高时，螺栓的退刀槽处就有可能成为影响螺栓使用寿命的重要不利因素，必须引起足够重视。

3.2.4.3 结论

① 螺栓的断裂主要是由于材料中非金属夹杂物较多，尤其是不变形的脆性夹杂物较多，割裂了金属基体的连续性。成分不均匀引起组织的条带状分布，导致性能产生差异。在螺栓镦头时纤维方向的改变，使应力方向垂直于条带组织和夹杂物，从而降低了螺栓的力学性能，促进了微裂纹的形成和扩展，在以后的使用和振动等应力作用下，使微裂纹迅速扩展至断裂。

② 螺栓头部与杆交接的"R"处加工粗糙和差速器表面不平整，使螺栓受到一定的弯曲应力，促进应力集中和微裂纹的形成，必须充分重视。

3.2.5 连接螺栓失效分析

1$^{\#}$炉 D 磨煤机大齿轮与筒体连接螺栓规格为 M39×3×200mm，共 64 只，在运行仅 10 天左右，就有 8 只螺栓发生断裂。该项螺栓要求的性能等级为 8.8 级。

图 3-129 中 161$^{\#}$螺栓为使用 10 天左右的断裂件，162$^{\#}$螺栓为从 2005 年 4 月开始运行至今未断件。

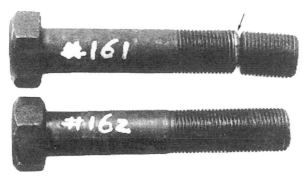

图 3-129 断裂（161$^{\#}$）和未断裂（162$^{\#}$）螺栓

图 3-130 螺栓断裂面形貌

3.2.5.1 理化检验

（1）宏观断口检查 断裂部位处于螺栓的螺纹部分的中部，断裂从螺纹根部开始，断口塑性变形不明显，呈现出较脆的形貌。断裂起源于外缘并向中心扩展，共有四个区域，两个较大的区域边缘有较多的放射状撕裂棱（图 3-130）。

（2）断口扫描电镜检查 螺栓螺纹为滚压成形，在断口边缘的螺纹表面有较多的挤压折叠纹（图 3-131）。断口呈准解理形貌，可看到较密集的黑色点状夹杂物和微裂纹（图 3-132）。经能谱成分分析，点状夹杂物主要是 Si、O、Mn、Fe 等组成的，类似硅酸盐类夹杂物和氧化物类夹杂物，见图 3-133～图 3-136 和表 3-14 及表 3-15。在断口中间部位有逐步扩展的疲劳条带形貌，并有较多的二次裂纹（图 3-137）。

（3）化学成分分析 对断裂螺栓（161$^{\#}$）和未断裂螺栓（162$^{\#}$）分别进行化学成分分析，结果见表 3-16。可见，断裂螺栓的含碳量比未断螺栓低，但 Mn 含量较高，相当于 GB/T 3077—1999 中 20Mn2 钢，而未断螺栓相当于 GB/T 699—1999 中的 45 钢。

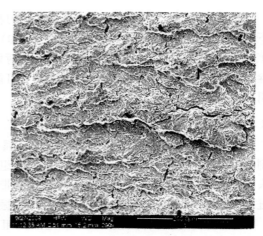

图 3-131　断口边缘螺纹表面的折叠纹
1—断口边缘；2—齿面折叠纹

图 3-132　断口准解理形貌，有较多
点状夹杂物和二次裂纹

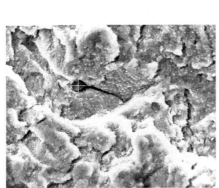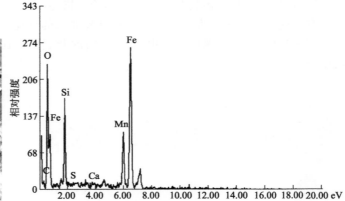

图 3-133　夹杂物能谱成分测定部位

图 3-134　图 3-133 能谱分析谱线图

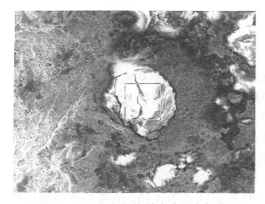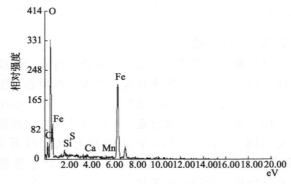

图 3-135　夹杂物能谱成分测定部位

图 3-136　图 3-135 能谱分析谱线图

（4）硬度测定　对断裂和未断裂螺栓分别测定横截面由表及里的硬度，结果见表 3-17。可见，断裂螺栓比未断件硬度低，硬度从表面向中心逐渐下降。

表 3-14	图 3-134 夹杂物能谱成分		

元素	含量(质量)/%	含量(原子分数)/%
C Kα	00.00	00.00
O Kα	21.39	45.63
Si Kα	09.84	11.95
S Kα	00.23	00.24
Ca Kα	00.51	00.44
Mn Kα	15.52	09.64
Fe Kα	52.50	32.09

表 3-15 图 3-136 夹杂物能谱成分

元素	含量(质量)/%	含量(原子分数)/%
C Kα	12.29	24.06
O Kα	36.54	53.72
Si Kα	01.08	00.90
S Kα	00.53	00.39
Ca Kα	00.28	00.16
Mn Kα	01.04	00.44
Fe Kα	48.25	20.32

表 3-16 断裂与未断裂螺栓的化学成分和对照标准

化学成分/%	C	Mn	Si	S	P	Cr	Ni	Mo	Cu
161# 断裂螺栓	0.24	1.47	0.58	0.023	0.032	0.020	0.020	0.010	0.040
162# 未断螺栓	0.45	0.65	0.24	0.013	0.016	0.020	0.010	0.010	0.010
GB/T 3098.1—2000 8.8 级	0.25~0.55	C≤0.25 ≥0.60	—	≤0.035	≤0.035	—	—	—	—
GB/T 3077—1999 20Mn2	0.17~0.24	1.40~1.80	0.17~0.37	≤0.035	≤0.035	≤0.30	≤0.30	≤0.15	≤0.30
GB/T 699—1999 45 钢	0.42~0.50	0.50~0.80	0.17~0.37	≤0.035	≤0.035	≤0.25	≤0.30		≤0.25

表 3-17 断裂螺栓与未断螺栓硬度测定结果

测定部位	近表面	1/2 半径处	中心区域
断裂螺栓硬度/HRC	28.5、28.5、28.0 (平均 28.3)	24.5、24、23.5 (平均 24.0)	22.0、21.0、21.0 (平均 21.3)
未断螺栓硬度/HRC	34.0、33.5、34.0 (平均 33.8)	26.0、26.5、26.5 (平均 26.3)	25.5、25.0、25.0 (平均 25.2)

(5) 显微组织检查

① 钢中非金属夹杂物 两件螺栓分别从纵向取样，按 GB 10561—2005 标准检查和评定钢中非金属夹杂物。断裂螺栓 A 类夹杂为 1.5 级，C 类夹杂相当严重，按粗系评定为 3 级（最高级别），如图 3-138。未断螺栓 A、B 类夹杂物均为 1.5 级（细系），C、D 类均小于 1 级。

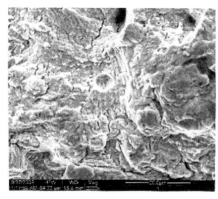

图 3-137 疲劳条带形貌和二次裂纹

图 3-138 断裂螺栓（161#）严重的 C 类夹杂物

② 晶粒度检查　两件螺栓晶粒度均为 9～10 级。

③ 显微组织　两个螺栓的螺纹底部可见滚压变形形态，表层和齿面组织均为回火索氏体。161# 齿侧表层有少量脱碳层，并有细小折叠裂纹（图 3-139）。中心组织为回火索氏体＋细珠光体和少量铁素体（图 3-140）。162# 螺栓中心组织为索氏体＋沿晶分布的铁素体。

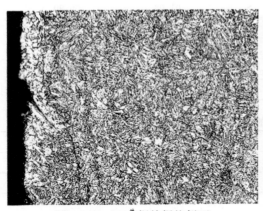
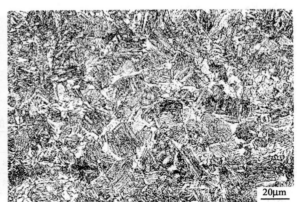

图 3-139　161# 螺栓螺纹侧面
折叠和脱碳形貌

图 3-140　断裂螺栓中心组织
回火索氏体＋少量铁素体＋细珠光体

3.2.5.2　结果分析

(1) 螺栓材料成分和硬度问题　从两件螺栓成分分析结果可知，162# 螺栓成分相当于 GB/T 699—1999 技术条件中的 45 钢，而 161# 螺栓成分相当于 GB/T 3077—1999 技术条件中的 20Mn2 钢，但含 Si 量较高（超过上限 0.21%）。由于硅和氧的亲和力较强（仅次于 Al 和 Ti），是炼钢中常用的还原剂和脱氧剂，它在钢中不形成碳化物，但可提高固溶体强度和冷加工变形硬化率，所以在一定程度上降低了钢的韧性和塑性，不利于冷挤压变形。

162# 螺栓由于含碳量较高，经热处理后表层和 1/2 半径处的硬度均高于 161# 螺栓，所以其抗拉强度也较高。而 161# 螺栓含碳量低，热处理后硬度也低，降低了螺栓的拉伸强度，对螺栓使用寿命有较大的影响。

(2) 钢中非金属夹杂物的影响　161# 螺栓有较密集长而粗的硅酸盐类夹杂物（图 3-138），超过了技术要求和评级范围。这些严重的非金属夹杂物的存在，破坏了钢基体的均匀连续性，在使用应力作用下，易形成应力集中，成为材料的薄弱环节。由于夹杂物沿纵向呈条状分布，对螺栓纵向拉伸应力的影响相对于横向要小得多，若密集的夹杂物暴露在螺栓的表面，则促进裂纹的形成和扩展。

(3) 螺栓表面折叠和脱碳的影响　根据扫描电镜和显微组织的检查结果，161# 螺栓在靠近螺纹齿侧面存在不同程度的脱碳现象，尤其是断裂部位螺纹表面脱碳层内存在长短不等的与表面呈一定角度的折叠纹，其尾端尖细，这种尖细折叠纹缺陷的存在，在组装拧紧应力、使用和振动应力的作用下，易在尖锐的折叠纹尾端形成应力集中，引起裂纹的扩展，导致螺栓的早期失效。

3.2.5.3　结论

① 161# 螺栓螺纹表面存在不同程度的脱碳和细小折叠纹，引起应力集中，使裂纹逐渐扩展导致螺栓早期失效。

② 161# 螺栓材料为 20Mn2，与 162# 螺栓的 45 钢相比，硬度较低，强度较差。特别是

钢中非金属夹杂物较严重，是导致螺栓早期失效的重要因素。

3.2.6　A14传动轴淬火开裂分析

大型齿轮箱A14传动轴（图3-141）由42CrMo钢经锻造、粗加工、调质处理后精加工而成。该轴在调质处理时，在850℃加热保温后的淬火油冷过程中，发生沿纵向约3/5轴长度从中间开裂，开裂的半片掉入油槽。开裂轴的形貌如图3-142所示。

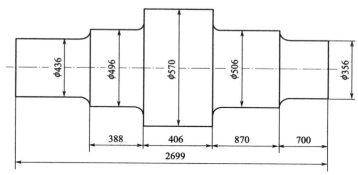

图3-141　A14传动轴示意图

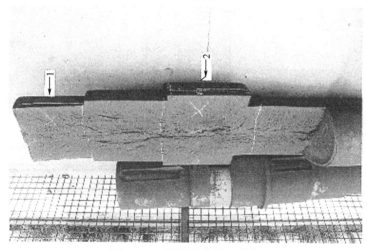

图3-142　开裂轴的断口形态

3.2.6.1　理化检查

（1）宏观断口检查　轴的开裂是沿轴的中间呈纵向劈开状，裂源由轴的最大直径中心（图3-142箭头2处）向两端和外径扩展，轴的中心区域呈现出无金属光泽、凹凸不平、层次起伏的条带，似朽木状，裂源中心区域有一暗黑色区域（图3-143）。断口两端较平坦，条带较细，呈放射状快速扩展至边缘。断口外缘呈放射状的河流花样，边缘有45°左右的最后断裂剪切唇。

（2）断口扫描电镜检查　分别从断口的中心区、扩展区及边缘等不同部位取样检查。断口裂源区域存在较多集中性的呈堆集状变形较小的块状夹杂物，经能谱成分分析结果为硫化物和氮化钛夹杂（图3-144和图3-145）。断口较平坦的扩展区在较低倍数下呈韧窝状和条带状纤维特征（图3-146），在高倍下可看到韧窝间的硫化锰等夹杂。在断口放射区呈解理形貌（图3-147），而靠近边缘和最后断裂的剪切唇区，出现大量的韧窝和少量的准解理形貌。

(a) 裂源区域呈暗黑色区(箭头所指)　　　　　　(b) 裂源中心区域凹凸起伏条带形貌

图 3-143　断口中心区域形貌

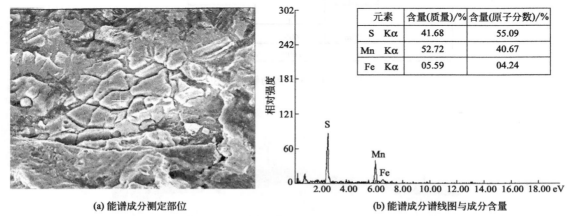

元素		含量(质量)/%	含量(原子分数)/%
S	Kα	41.68	55.09
Mn	Kα	52.72	40.67
Fe	Kα	05.59	04.24

(a) 能谱成分测定部位　　　　　　(b) 能谱成分谱线图与成分含量

图 3-144　块状夹杂物能谱成分分析（1）

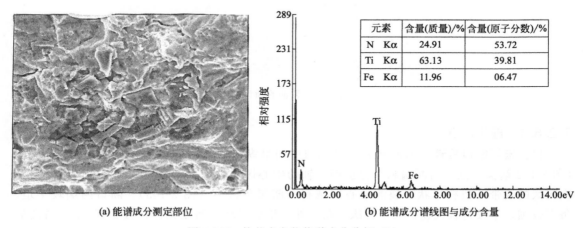

元素		含量(质量)/%	含量(原子分数)/%
N	Kα	24.91	53.72
Ti	Kα	63.13	39.81
Fe	Kα	11.96	06.47

(a) 能谱成分测定部位　　　　　　(b) 能谱成分谱线图与成分含量

图 3-145　块状夹杂物能谱成分分析（2）

（3）酸蚀低倍组织检查　从轴中心裂源区切取横截面试样经热酸侵蚀，低倍组织如图 3-148，离表面约 8～12cm 的外圈呈灰白色，组织良好。中心区域呈暗黑色并出现暗斑点状偏析缺陷，按 GB/T 1979—2001 评级图评定为 3 级，枝晶也较粗大（图 3-149）。同时，还可看到不连续弯曲条状裂纹形态缺陷（图 3-150）。

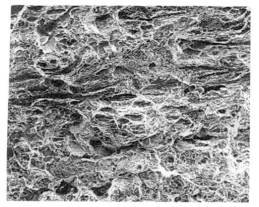

图 3-146 较平坦的扩展区断口形貌

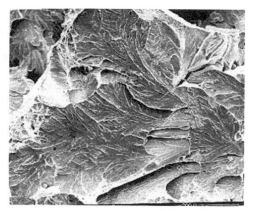

图 3-147 断面放射区的解理形貌

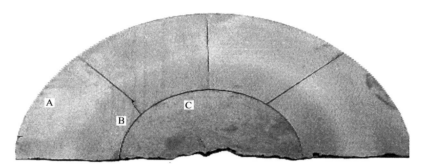

图 3-148 低倍组织形貌中心区域呈暗黑色 1∶6

图 3-149 图 3-148C 区域的斑点状
缺陷和枝晶形貌 1∶1

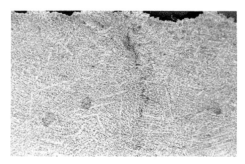

图 3-150 中心区域枝晶和
条状缺陷 1∶1

（4）硬度测定 从开裂面下面切取横截面，磨制后，从表面向中心测定硬度，结果见表 3-18。

表 3-18 传动轴表面至中心区域硬度测定结果

与表面距离/mm	表面(0)	5	10	15	20	图 3-148 B区域	中心区域
硬度/HRC	48.0、48.0、48.0	42.0、42.0、42.5	37.5、37.5、38.0	36.0、35.0、35.0	34.5、34.0、34.0	28.0、30.0、29.5	29.0、29.5、29.0
硬度(相当于 HBW)	470、470、470	392、392、397	345、345、350	332、323、323	318、314、314	269、283、280	276、280、276

（5）化学成分分析 在裂源区的横截面上从表面层、1/2 半径处和中心区三处分别取样

进行成分分析，结果见表 3-19。可见，碳、硅含量均超过技术要求，而且中心区域最高，合金元素和 S、P 杂质含量由表层向中心递增。

表 3-19　A14 传动轴裂源处的成分分布和标准要求

化学成分/%	C	Si	Mn	P	S	Cr	Mo	Ni
轴表层	0.48	0.40	0.64	0.014	0.024	0.92	0.18	0.11
1/2 半径处	0.51	0.41	0.69	0.018	0.034	0.96	0.20	0.12
中心裂源区域	0.56	0.42	0.71	0.018	0.035	0.97	0.20	0.11
JB/T 6396—2006 42CrMo	0.38～0.45	0.17～0.37	0.50～0.80	≤0.035	≤0.035	0.90～1.20	0.15～0.25	≤0.30

（6）钢中非金属夹杂物检查　从断裂源横截面近表面与图 3-148B 区和中心区域取样检查，近表面处的非金属夹杂物较细小且分散，而暗黑色 B 区和中心区域夹杂物较多，呈聚集状分布（图 3-151）。尤其是中心区夹杂物多且粗大，呈堆集状（图 3-152）。按 GB/T 10561—2005 标准评定，A 类夹杂物大于 3 级，B 类为 2 级，D 类为 0.5 级。

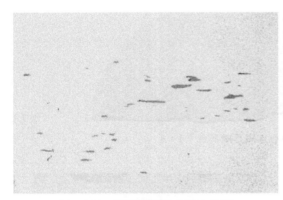

图 3-151　聚集状的非金属夹杂物

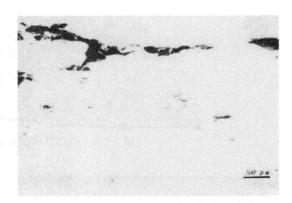

图 3-152　中心区域的粗大呈堆集状夹杂物

（7）显微组织检查　轴表层组织为较粗的针状马氏体和羽毛状的上贝氏体（图 3-153），中心为片状珠光体＋少量铁素体和粒状贝氏体（图 3-154）。

图 3-153　粗大针状马氏体＋羽毛状贝氏体

图 3-154　片状珠光体＋少量铁素体和粒状贝氏体

3.2.6.2　结果分析

（1）钢中非金属夹杂物和热处理应力对轴淬火开裂的影响　从轴断口形貌可知，该轴是从中心起裂，然后向外缘和纵向扩展形成纵向劈开状开裂。断口扫描电镜和金相检查结果可知，裂源中心区域存在严重的堆集状和大块硫化物、氮化钛等非金属夹杂物，说明该钢的冶炼质量不高和锻压变形不够，严重地破坏了钢材基体的均匀连续性，易形成应力集中，促进裂纹的形成和加速扩展。

热处理应力一般由组织应力和热应力两部分叠加而成。对截面尺寸较小的零件，由于淬火时的组织转变的不同时性，与组织应力相比，热应力较小。而对于大型工件而言，不仅在加热过程中会形成较大的热应力，在淬火过程中表层组织转变形成较厚的硬化层，而中心冷却收缩时形成的热应力远大于组织应力，使中心产生很大的拉伸应力，这种现象随着截面尺寸的增大而加大。当钢中心有较多的集中性的非金属夹杂物沿轴间呈条带状和大块聚集状分布时，易在工件中心夹杂物的薄弱区域造成应力集中形成裂源，并沿纵向夹杂物迅速扩展，使轴呈中间劈开状开裂。所以该轴中心存在较严重的非金属夹杂物以及淬火应力的作用，是形成纵向开裂的主要原因。另外，金相组织中表层马氏体较粗大，表明热处理温度较高，增加了热处理应力，促进了轴的开裂。

（2）材质成分和偏析的影响　对开裂轴的成分分析结果表明，合金中 C、Si 含量均偏高，不符合 JB/T 6396—2006 的技术要求。横截面酸浸低倍组织中心区域斑点状偏析较严重，材料质量较差。

低倍组织中心区域出现暗黑色斑点状偏析，一般认为是结晶条件不良、钢液在结晶过程中冷却缓慢产生的成分偏析。当气体和夹杂物大量存在时，使斑点状偏析加重。所以断口中心区呈现出无金属光泽的凹凸不平、层次起伏的朽木状形貌和严重的夹杂物与成分斑点状偏析有关。这严重地降低了轴的力学性能。

含碳量偏高会增加钢的淬透性和淬硬性，因此对提高轴的表层硬度和强度有利，而对韧性和塑性有所影响，尤其是中心区域含碳量偏高，增加了中心区域的珠光体量，使中心区域的韧性下降，促进了裂纹的形成和扩展。

3.2.6.3　结论

① A14 传动轴的材料成分中的 C、Si 含量偏高，不符合 JB/T 6396—2006 的技术要求。
② 传动轴中心区域斑点状偏析和非金属夹杂物较严重是造成热处理开裂的主要原因。
③ 热处理淬火温度较高，增加了热处理淬火热应力，对轴的开裂有一定的促进作用。

3.2.7　GIS 气管连接螺母失效分析

山东某公司制造的表泵变 220kV 部分 GIS 设备于 2007 年 12 月安装调试完成，使用至 2009 年 3 月出现 GIS 气隔 SF6 压力降低报警。检查发现 220kV GIS 出线管气室密度继电器管连接螺母开裂，如图 3-155 所示。螺母材料要求为 HPb59-1 铅黄铜，安装时紧固力矩为 39.2N·m。

3.2.7.1　理化检验

（1）宏观检查　开裂部位处于内螺纹离根部约 2～4 牙处。外表面裂纹呈不规则曲折形态，并先向螺母端面倾斜扩展，然后平行螺母轴线发展。将裂纹打开后，断口表面呈深褐色（图 3-156）。经清洗后断裂面呈现出较粗的颗粒状结晶形貌，为脆性断裂形态。而打开时的撕裂断面虽看不出颗粒状的结晶形态，但塑性变形形态也不明显，呈瓷状断口特征（图 3-157）。

（2）扫描电镜断口观察　将裂纹打开后的断面在扫描电镜下观察，发现有堆积状的腐蚀产物（图 3-158）。采用能谱对腐蚀产物成分分析，结果显示有较多的 O、K、S 等元素。经汽油清洗，去除堆积状腐蚀产物后呈现出泥纹状形貌（图 3-159）。再经能谱成分分析，结果仍有较多的 O、S，并有 F 的存在（图 3-160），这可能与六氟化硫泄漏有关。将腐蚀产物完全清洗去除后，可清晰地看到裂纹是由内表面螺纹底部形成并向外扩展的（图 3-161）。断口呈羽毛状解理形貌，并有较多明显的腐蚀坑（有的可能是铅颗粒剥落），见图 3-162。

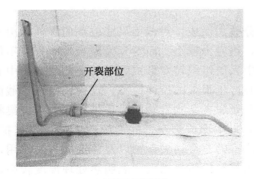

(a) 螺母安装部位

(b) 螺母开裂形态

图 3-155 连接螺母部位和开裂形态

图 3-156 裂纹打开后的断面形态

图 3-157 清洗后断裂面的形态

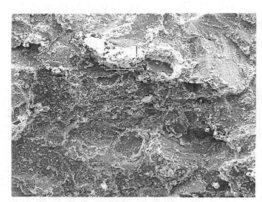

(a) 能谱成分测定部位

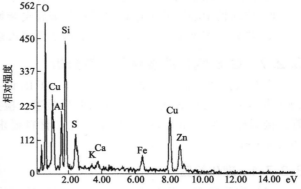

(b) 成分谱线图

图 3-158 腐蚀产物能谱成分分析结果

（3）硬度测定 由于螺母壁较薄，采用维氏硬度，测定结果为 $219 \sim 236 HV_{0.2}$。

（4）化学成分分析 经分析，该螺母的成分见表 3-20。可见，合金中 Cu、Ni、Fe、Pb、Sn、Sb、Bi 含量均超出了标准要求。

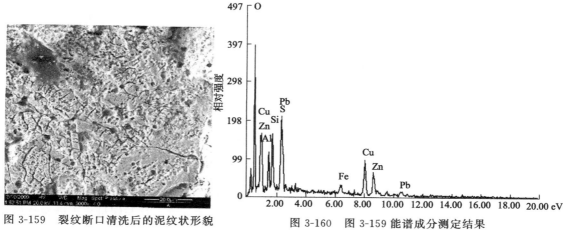

图 3-159　裂纹断口清洗后的泥纹状形貌　　　　图 3-160　图 3-159 能谱成分测定结果

图 3-161　内螺纹底部裂纹形成和扩展形态

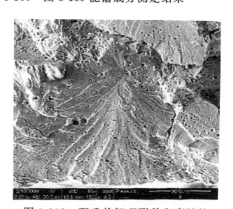

图 3-162　羽毛状解理形貌和腐蚀坑

表 3-20　失效螺母的化学成分和技术要求

化学成分/%	Fe	Ni	Cu	Zn	Sn	Sb	Pb	Bi
失效螺母	0.78	0.47	52.86	39.64	1.20	0.074	4.92	0.009
GB/T 5232—85 HPb59-1	≤0.50	≤0.20	57.0~60.0	余量	≤0.30	≤0.01	0.80~1.90	≤0.003

（5）显微组织检查　断裂螺母由于含 Pb 量较高，组织中分布着大小不等的 Pb 颗粒较多，且分布不均匀（图 3-163）。侵蚀后 α-相除沿晶分布外，还在 Pb 颗粒周围和晶粒内呈小条状与颗粒状形态存在（图 3-164）。

3.2.7.2　分析与讨论

对失效螺母成分分析结果表明，Cu 含量较低，而 Ni、Fe、Pb、Sn、Sb、Bi 含量均超过了 GB/T 5232—85 技术要求。微量元素的增加，会显著降低黄铜的塑性、韧性和强度。如 Fe 在 α 固溶体中仅溶解 0.1%～0.2%，当 Fe 含量大于 0.5% 时，就可形成富 Fe 的脆性化合物并在晶界聚集，导致强度、塑性和耐蚀性的降低。尤其是 Pb 和 Sn 的含量，它们分别超过技术标准的 3～4 倍左右，大大增加合金的 Zn 当量，导致合金显微组织中 β 相明显增多。这就使螺母的硬度和强度显著提高（一般在退火条件下的硬度小于 100HB，而开裂螺母实测硬度高达 219～236HV$_{0.2}$，相当于 213～229HB），塑性迅速下降。尤其是当大量不均匀分布的粗大 Pb 颗粒出现在螺母的内表面时，将严重影响螺母的力学性能和使用性能。

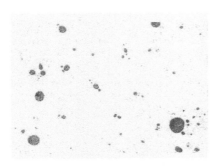

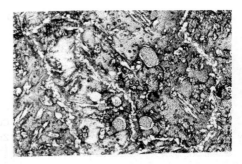

图 3-163　Pb 颗粒较大而分布不均　100×　　　图 3-164　沿晶分布的 α 相＋(α＋β) 相＋Pb 颗粒

因此，在安装应力和使用应力的共同作用下，螺母内表面应力集中处会出现微裂纹。而断口深褐色腐蚀产物能谱分析表明，其含有较高的 S 等有害元素，这与螺母出现微裂纹后密封性下降气体泄漏引起腐蚀有关，这将导致螺母进一步应力腐蚀开裂。

3.2.7.3　结论

① 螺母材料不符合 GB/T 5232—85 中 HPb59-1 铅黄铜技术要求，Cu 含量较低，Ni、Fe、Pb、Sn、Sb、Bi 等微量杂质元素含量过高。Pb 颗粒较大、过多，分布不均，以及金相组织中 α-相沿晶分布，严重降低了螺母的力学性能和使用性能。

② 螺母断口高低倍分析和能谱分析结果表明，螺母断裂形态属于应力腐蚀开裂。

3.2.8　大齿轮组装开裂原因分析

齿轮箱中齿轮轴是由大齿轮和主动轴组装而成，组装方式是将主动轴锥段插入大齿轮内锥孔内（锥度为 1：50），通过油泵和压力机使大齿轮和主动轴牢固地压装在一起。由于组装时大齿轮内孔受到较大的张应力（远小于齿轮的抗断强度），导致该齿轮发生开裂，如图 3-165 所示。

大齿轮技术要求：材料为 20Cr2Ni4A 钢制锻件，齿部渗碳、淬火、回火处理，渗碳表面硬度 57～62HRC，心部硬度 35～45HRC，有效硬化层深度为 1.40～1.70mm。

生产流程：锻件毛坯粗加工→调质处理→粗加工→渗碳、淬火、回火→精加工。除齿部外，其余部位在渗碳前均涂防渗剂保护。

图 3-165　开裂的大齿轮

3.2.8.1　理化检验

(1) 宏观检查　大齿轮直径达 845mm，高 256mm，中心孔直径为 181.8mm，另有六个 ϕ80mm 的减重孔。裂纹由减重孔至中心孔，呈对称的两条，其裂纹形态见图 3-166。从图 3-165 箭头 1 开裂处取样（图 3-167），将裂纹打开后，可看到靠近减重孔处，有明显的方向不同无规则分布的圆形白点，白点呈结晶状处于基体断面，如图 3-168 和图 3-169 所示，箭头 2 处放大后可看到白点处于减重孔表面，受到高温氧化而呈深褐色（图 3-170）。从图 3-165 箭头 2 减重孔裂纹取样，打开裂纹断口也发现有不同的白点存在。靠近减重孔切割面磨光后热酸蚀检查，可看到不同方向的白点（裂纹）。

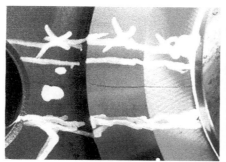 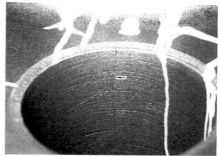

(a) 中心孔与减重孔之间端面裂纹　　　　　　　(b) 减重孔内的裂纹

图 3-166　中心孔至减重孔之间的裂纹形态

 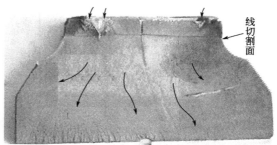

图 3-167　图 3-165 中箭头 1 裂纹处取样　　　　　图 3-168　图 3-167 中裂纹断面形貌

1—裂纹；2—线切割纹　　　　　　　　　　　　　箭头为裂纹扩展方向

图 3-169　图 3-167 中断口不同方向的白点形态　　　图 3-170　图 3-165 中箭头 2 处三个不同方向

箭头 1 处为两个不同方向的白点　　　　　　　　　的白点，表面深褐色为氧化膜

（2）**断口扫描检查**　在白点区内有一个较光滑的小区（图 3-171）。在高倍下断口形貌呈浮云状和解理形貌（图 3-172），其它区域呈波纹状（图 3-173）。在白点和正常断口区的交界处两边，断口形貌有明显的不同（图 3-174），靠近过渡区的局部区域出现穿晶和沿晶断裂的混合型脆性断口（图 3-175），正常断口出现撕裂形态，并有较多的二次裂纹（图 3-176），边缘剪切性的瞬时断裂区呈韧窝形貌（图 3-177）。

（3）**硬度测定**　减重孔表层（距孔表面约 0.1mm 处）硬度为 660～677HV$_{0.2}$（相当于58～58.5HRC），靠近减重孔的心部硬度为 38.5～39HRC。

（4）**化学成分分析**　经分析，失效大齿轮的化学成分见表 3-21，符合技术要求。

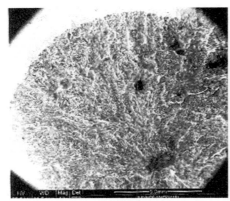

(a) 白点区的全貌　　　　　　　　　　(b) 图(a)白点中心区的放大形态

图 3-171　白点及其中心区的断口形貌

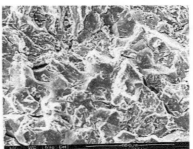

图 3-172　白点中心光滑区呈浮云状和解理形貌

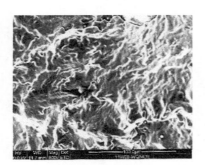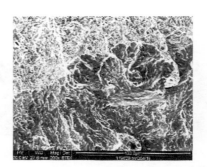

图 3-173　白点区域的波纹状形态　　　　　图 3-174　白点区和正常区之间过渡形貌

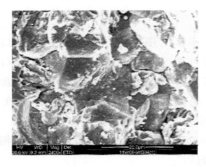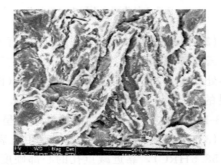

图 3-175　靠近过渡区的沿晶和穿晶的脆性断口形貌　　　图 3-176　正常断裂区的撕裂和二次裂纹

表 3-21 失效大齿轮的化学成分和技术要求

化学成分/%	C	Si	Mn	S	P	Cr	Ni
开裂大齿轮	0.18	0.23	0.40	0.009	0.016	1.50	3.42
JB/T 6396—2006 20Cr2Ni4A	0.17~0.23	0.17~0.37	0.30~0.60	≤0.025	≤0.025	1.25~1.65	2.25~3.65

（5）钢中非金属夹杂物检查 按 GB/T 10561—2005 A 法评定结果，A、D 两类夹杂物为 1 级，B 类夹杂物为 1.5 级。

（6）显微组织检查 从减重孔、白点和白点暴露在减重孔表面有氧化色处分别取样检查。白点处裂纹呈不连续状分布，裂纹界面较清晰，经侵蚀后，裂纹两边组织和中心无变化（图 3-178）。减重孔表层和裂纹两边均有渗碳层（图 3-179），深约 $1.65\sim1.70mm$，显微组织为高碳回火马氏体＋较多的残余奥氏体（图 3-180），硬度达 $58\sim58.5HRC$。暴露在减重孔表面的白点裂纹两边有较多的氧化物（图 3-181），说明白点暴露在表面受到热处理时高温氧化所致。离减重孔较远的中心区域，由于成分不均匀，其组织呈条带状的低碳马氏体和低碳马氏体＋粒状贝氏体。组织的差异导致区域性能的不均匀，低碳马氏体条带硬度达 $413HV_{0.2}$，而低碳马氏体＋粒状贝氏体区硬度仅为 $339HV_{0.2}$（图 3-182）。

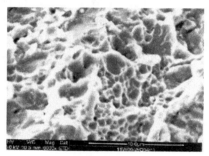

图 3-177 瞬时断裂区的韧窝形貌

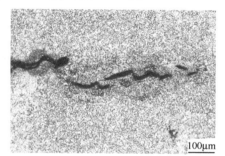

图 3-178 白点（裂纹）两边组织形态无差异

图 3-179 减重孔表层和裂纹两边均有渗碳（深黑色）

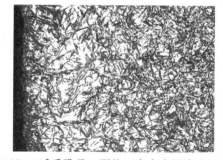

图 3-180 减重孔及（裂纹）白点表层渗碳层组织

3.2.8.2 分析与讨论

（1）大齿轮的白点问题 大齿轮在裂纹打开后看到，在减重孔附近有较多不同方向的白斑，低倍组织中存在不同方向的细小裂纹（白斑）。白斑的产生是钢中含氢量较多，使得在热加工后的冷却过程中，部分氢从氢的固溶体中析出所致。由于钢材表面附近的氢容易扩散到钢材之外，而钢材内部的氢则扩散到钢材内部的显微空隙中产生压力，当留在固溶体中的氢达到一定数量时，破坏了钢材的塑性，失去了可塑性的金属在氢的压力与钢的内应力（主要是组织应力，其次是变形应力和热应力）同时作用下，很容易在充有氢的显微空隙处产生局部脆断，形成白点，并随温度的降低，白点直径逐渐增大。白点破坏了钢材内部的连续性，使塑性、韧性急剧下降，是不允许存在的冶金缺陷。

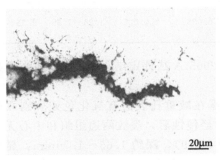

图 3-181　暴露在减重孔表面的
白点裂纹两边氧化

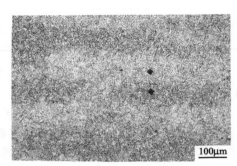

图 3-182　中心条带状低碳马氏体和
低碳马氏体＋粒状贝氏体

（2）大齿轮裂纹的形成　检查结果表明，减重孔和中心孔之间形成的对称分布的两条裂纹断面，均有不同方向分布的白点存在，有的白点处于减重孔的表面，并有氧化和渗碳现象，说明白点是在渗碳、淬火之前的热加工中形成的。由于机加工减重孔后，材料中心白点暴露于加工表面，在以后的渗碳过程中，因减重孔未涂防渗剂保护（要求防渗保护），导致减重孔和暴露在减重孔表面的白点两边同时渗碳，淬火后形成硬度较高的脆性层和较大的残余应力，最后在张应力的复合作用下，在白点处形成应力集中，导致大齿轮的快速开裂。

3.2.8.3　结论

① 大齿轮材料成分符合 JB/T 6396—2006 中 20Cr2Ni4A 钢的技术要求，但大齿轮减重孔附近存在较多的不同方向分布的白点，是钢材不允许存在的冶金缺陷。

② 大齿轮是由于钢材中白点较多，表层硬度较高、脆性较大，在组装应力作用下，在白点应力集中处导致开裂。

3.2.9　球磨机变速箱输出轴断裂分析

制造好的球磨机变速箱，运至用户现场将联轴器加热，使内孔扩张，然后紧箍在轴上。在设备安装后的调试过程中，联轴器连接部位的输出轴发生断裂脱落，见图 3-183，其中箭头所指为轴断裂面，B 为加热紧箍在轴上的联轴器。

输出轴的设计要求：材料为 40Cr 钢，经调质处理后的硬度为 240～280HBW。

3.2.9.1　理化检验

（1）宏观检查　输出轴的断裂部位处于轴和联轴器连接键的槽孔处（图 3-184），断裂面和轴线呈垂直状。断裂起源于近轴的中心区域，断口呈放射状向外扩展形貌。在表面约 40～50mm 处，有明显的二次扩展起始线（图 3-185）。整个断裂面起伏不大，显得较平整，除有少部分区域有黄色锈斑外，其余部分经清洗后呈灰白色，未见有明显的冶金缺陷。

（2）硬度测定　在断裂面附近的近表面处硬度为 289HBW，1/2 半径处为 255HBW，而中心区域为 234HBW。

（3）化学成分分析　从断裂面的 R/2 处取样进行成分分析，结果见表 3-22，符合 40Cr 钢的技术要求。

图 3-183 输出轴断后形态

箭头所指为轴断裂面，B 为加热紧箍在轴上的联轴器

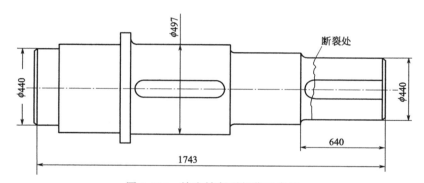

图 3-184 输出轴断裂部位示意图

(a)断口全貌 1:6.3

(b)局部放大后的断口全貌 1:2.5

图 3-185 输出轴断口形貌

127

表 3-22　断裂输出轴的化学成分和技术要求

化学成分/%	C	Si	Mn	S	P	Cr
断裂输出轴	0.41	0.31	0.64	0.015	0.005	0.99
GB/T 3077—1999 40Cr	0.37～0.44	0.17～0.37	0.50～0.80	≤0.035	≤0.035	0.80～1.10

(4) 断口扫描电镜检查　从断口中心区域、$R/2$ 处和边缘分别取样进行扫描电镜观察。中心区域呈现解理形貌（图 3-186），局部可见疏松状缺陷（图 3-187）。$R/2$ 处除解理形貌外，还可看到斑点状剥落形态（图 3-188）。而边缘可见撕裂棱的韧窝形貌（图 3-189）。

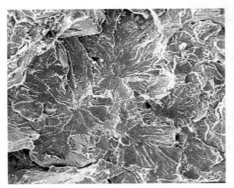

图 3-186　断口解理形貌

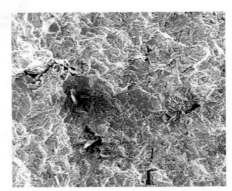

图 3-187　解理断口上局部疏松状缺陷

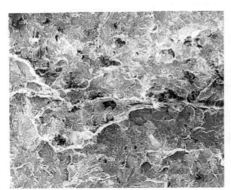

(a) 斑点状缺陷

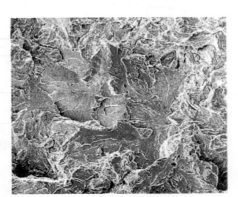

(b) 解理形貌

图 3-188　断面上 $R/2$ 处斑点状缺陷和解理形貌

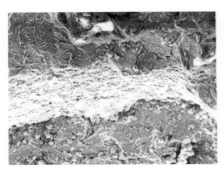

图 3-189　边缘撕裂韧窝形态

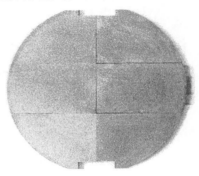

图 3-190　酸浸低倍组织　1:6

（5）钢的低倍检查 从断裂面下约 20mm 处取样进行热酸蚀低倍组织检查（由于直径过大，所以切割成六块分别进行酸蚀检查），如图 3-190 所示。由于图形缩小过大，看不清缺陷，局部放大至和原直径 1：1 情况下，可见有较多的斑点状偏析（图 3-191），按 GB/T 1979—2001 标准评定，斑点状缺陷达 3 级（标准最高为 4 级），而一般疏松为 1～2 级。

（6）金相检查

① 钢中非金属夹杂物检查 从断裂面中心区域取样，非金属夹杂物呈较大的颗粒状、不规则的条状（图 3-192），有的呈不规则堆积状存在。

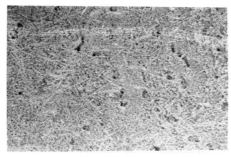

图 3-191 疏松和斑点状偏析 1：1

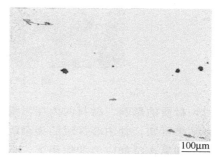

图 3-192 钢中非金属夹杂物

② 显微组织检查 从断口表层、$R/2$ 处和中心区域分别取样进行检查。表层组织为回火索氏体＋少量贝氏体和沿晶铁素体（图 3-193）。离表面约 20mm 处除回火索氏体外，还出现大块状托氏体和分散状的铁素体（图 3-194）。$R/2$ 处和中心区域由于成分偏析，组织出现不均匀，除珠光体和网络状的铁素体（图 3-195）外，有的区域呈完全珠光体组织。

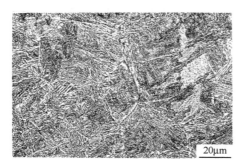

图 3-193 输出表层组织
回火索氏体＋少量贝氏体和沿晶铁素体

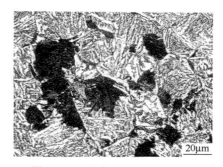

图 3-194 距表面 20mm 处组织
回火索氏体＋块状托氏体＋分散状铁素体

3.2.9.2 分析与讨论

从断口的宏观与微观检查结果可知，输出轴的断裂是从中心区域开始，然后快速向外扩展至完全断裂。经成分、组织与性能的检查，其形成断裂的因素有以下几个方面。

（1）淬火应力的问题 输出轴是经调质处理后加工而成，在调质淬火过程中，由于截面较大，不可能完全淬透。所以从高温快速冷却时，表面冷却快，只能淬硬一定深度的表层，而心部冷却较慢，因而使内外存在较大的温差。当表面层先进入弹性阶段，形成冷硬的外壳后，将不允许按照心部的收缩的要求改变形状，对心部的收缩将起到阻碍作用，使心部受到很大的拉伸应力。并随冷却的继续进行，拉伸应力不断增大，当拉伸应力超过中心区域的强度极限时，就可能形成开裂，这也是大型零件在淬火不当时，容易发生内裂的主要因素之一。

图 3-195　珠光体＋网络状铁素体

（2）材质的影响　材料的内在质量的好坏直接影响其力学性能的优劣。对输出轴断裂部位检查结果可知，轴中心区域的夹杂物呈大颗粒状，尤其是不规则的条、块状和堆积状等形状较多，则易在拉伸应力的作用下，形成应力集中，成为裂源。钢中心区域斑点状偏析较严重，降低了钢的塑性，促进了裂纹的形成和扩展。

由于上述因素的存在，导致中心区裂纹的形成，并迅速扩展至距表面约 40～50mm 处（断裂面约占整截面积的 63.3％～64％）。以后在组装和调试的外加应力作用下，由于内裂纹尖端应力的高度集中，促进了裂纹的进一步扩展，最终导致整个输出轴的断裂。

3.2.9.3　结论

调质时淬火热应力过大，轴中心区域集聚的不规则堆积状夹杂物和塑性较差的较严重斑点状偏析，导致输出轴中心处产生较大的内裂，以后在组装和调试的外加应力作用下，使裂纹进一步扩展至整个输出轴断裂。

3.2.10　离合器膜片弹簧断裂分析

汽车离合器膜片弹簧在生产检验压合试验和使用中多次发生离合器膜片弹簧外缘部位断裂，如图 3-196 所示。

膜片弹簧材料为 50CrVA 钢，生产流程为：钢板（t2）冲压成形→淬火、回火至硬度

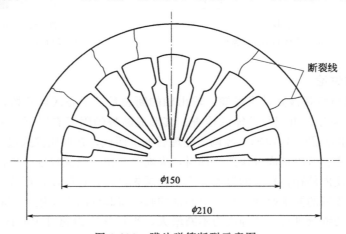

图 3-196　膜片弹簧断裂示意图

43～47HRC→内尖角部位高频淬火至硬度 54～59HRC→磷化处理。

3.2.10.1 检查与试验

(1) 宏观断口检查 将断裂部位掰开后，断口均无塑性变形特征，呈细结晶状脆性形貌，有的部位呈"人"字纹，有的以白亮色椭圆形为中心呈放射状扩展（图 3-197）。

图 3-197 脆性断口形貌左上部为椭圆形白亮区

图 3-198 沿晶开裂和晶间第二相

(2) 断口扫描电镜检查 断口经清洗后在扫描电镜下观察其形貌为沿晶开裂，局部晶界上有残留第二相存在（图 3-198）。瞬时断裂区为准解理形貌。

(3) 硬度测定 膜片弹簧外缘断裂部位硬度为 48HRC。

(4) 显微组织检查 将断裂膜片表面磷化层去除后直接磨制后金相观察，有近圆环形分布的夹杂物（图 3-199）。从断裂面磨制观察有较多的不规则形态分布的夹杂物存在（图 3-200），经精抛侵蚀后环绕断口白色小块区的边缘有夹杂物存在（图 3-201），基体组织为屈氏体。

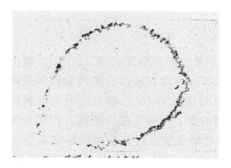

图 3-199 膜片弹簧表层夹杂物 100×

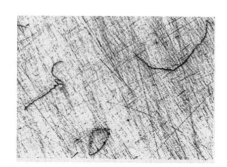

图 3-200 断裂面的夹杂物 32×

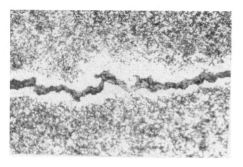

图 3-201 环绕断口白色小块区的夹杂物 500×

图 3-202 不同温度回火后的断口形貌 5×

131

(5) 化学成分分析 经分析，断裂弹簧膜片的化学成分符合技术要求，见表3-23。

表3-23 断裂弹簧膜片的化学成分和技术要求

化学成分/%	C	Si	Mn	S	P	Cr	V	Ni	Cu
开裂膜片	0.51	0.32	0.78	0.021	0.028	0.93	0.16	0.17	0.16
GB/T 1222—2007 50CrVA	0.46~0.54	0.17~0.37	0.50~0.80	≤0.025	≤0.025	0.90~1.20	0.10~0.20	≤0.35	≤0.25

3.2.10.2 补充回火试验

将断裂弹簧膜片残骸分别在380℃、400℃、425℃、450℃、500℃补充回火1h，空冷，然后分别敲断观察断口形貌和测定硬度，结果如图3-202和表3-24所示。

表3-24 补充回火后的断口形貌与硬度变化

补充回火温度/℃	380	400	425	450	500
断口纤维状形貌所占比/%	与断裂件相似	40~50	60	70~80	90
硬度/HRC	47	46	44	42	40

3.2.10.3 力学性能试验

采用合格的50CrVA钢，经850℃油淬，不同温度回火（300℃、350℃、400℃、450℃、500℃）后测定抗拉强度和冲击韧性，结果如表3-25。

表3-25 50CrVA钢不同回火温度下的力学性能

回火温度/℃	300	350	400	450	500
R_m/MPa	1814.2	1667.1	1471	1323.9	1255.3
α_{kv}/(J/cm²)	38.2	31.4	44.1	58.8	68.6

3.2.10.4 检查与试验结果分析

(1) 钢中非金属夹杂物与硬度的影响 对断裂膜片弹簧硬度测定高达48HRC，超出了技术要求，显微观察和补充回火敲断后断口检查结果可知，钢中存在较多的圆弧形和不规则的非金属夹杂物，严重地割裂了金属的连续性。尤其是淬火后在低于400℃的温度回火的脆性和高硬度区，当受到拉应力的作用时，夹杂物区域就成为断裂源，促进了脆性断裂。当回火温度高于400℃后，基本处于韧性状态，断裂时首先在夹杂物处形成微裂纹，使圆弧形夹杂物小区成为三向应力尖锐缺口（裂纹）脆性区，成为断口圆弧形白色区，其余基体呈现塑性断裂状态，所以断口主要为纤维状，在断口附近有明显的弯曲变形。由此可知，钢中非金属夹杂物是引起膜片弹簧断裂的主要原因，回火温度低，硬度较高，促进了膜片的快速断裂。

(2) 热处理制度的影响 50CrVA弹簧钢经淬火、适当温度回火后可获得回火屈氏体和适当的硬度，使钢具有良好的韧性、弹性、强度和使用寿命。从不同温度回火后的力学性能试验结果（表3-25）可知，在350℃±30℃范围内可能存在第一类回火脆性（马氏体回火脆性），冲击韧性处于低谷，宏观为小结晶状断口，微观呈沿晶及准解理花样。从补充回火后的硬度测定结果可知，断裂膜片弹簧硬度为48HRC，处于380℃以下的不适当回火状态，使材料处于脆性区，所以当受到外力作用时，易促进弹簧片的断裂。

3.2.10.5 结论

① 制造膜片弹簧的钢板中存在数量较多的圆环形和不规则状的非金属夹杂物，使钢的

塑性、韧性和强度降低，这是引起脆断的主要因素。

② 由于弹簧片回火温度较低，处于第一类回火脆性区，硬度又较高（超出了技术要求），因此，增加了钢的脆性断裂倾向。

3.2.10.6　改进建议

① 选用优质板材，加强材质非金属夹杂物检查，确保膜片弹簧材料的质量。

② 通过工艺试验，调整回火工艺，适当降低硬度，防止回火脆性的形成。

3.2.11　解吸塔再沸器上管板失效分析

再沸器组装在化工厂的解吸塔上后，仅使用 400h 就发现上管板处有泄漏现象，经拆开后检查发现上管板表面有较多的连续和断续的弯曲状裂纹，如图 3-203 所示。

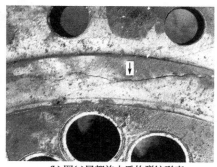

(a) 上管板形态(线框处为取样部位)　　(b) 图(a)局部放大后的裂纹形态

图 3-203　上管板表面裂纹

上管板材料为 304L 钢锻件，锻造工艺为：1150～870℃，锻造比＞3，按 Ⅱ 级锻件要求，锻后外观质量应无肉眼可见的裂纹、夹层、折叠和夹渣等缺陷。

热处理工艺为：随炉升温，升温速度≥150℃/h，1050℃保温 2～3h，水冷，处理后硬度为 167HB。

上管板和换热管连接，连接面（即壳程）是 280℃左右的蒸汽，压力为 4MPa，换热管内与上管板的另一面为含胺的水溶液并有少量的 NaOH，温度在 220℃左右，压力为 1.5MPa。

3.2.11.1　检查结果

(1) 宏观检查　上管板外表面（与胺等热水溶液接触面）裂纹较多，特别是上管板螺栓孔与换热管安装孔之间裂纹多且裂纹较大，安装孔周围裂纹较少而细小。裂纹形态呈连续和断续弯曲状。上管板的另一面裂纹较少而细小。整个上管板表面未见腐蚀特征。将裂纹打开后呈黑色，经清洗去除黑膜后断面大部分较平坦、光滑，似经挤压后的形貌，仅有少量呈结晶状。

(2) 断口扫描电镜检查　对裂纹打开后的黑色断面高倍观察，未见有泥纹花样的应力腐蚀特征，经能谱成分分析，除基体成分 C、Cr、Ni、Si 等元素外，主要是铁的氧化物（图 3-204、表 3-26）。有的部位存在较多的 Na、S、Mg 等元素（图 3-205 和表 3-27）。

去除黑色氧化膜后断面如同受挤压而较平坦，不易看出断裂是属于穿晶、沿晶或韧窝等特定形貌。在断面上有较多的裂纹和条状物，高倍下可见条状裂口中镶嵌有似夹杂物状的相存在（图 3-206），有少量裂纹断口的局部区域呈解理状及羽毛状脆性（图 3-207）和似腐蚀坑形貌。对条状物进行能谱成分分析结果，含有较高的 Cr、Fe 等元素（图 3-208 和表 3-28）。

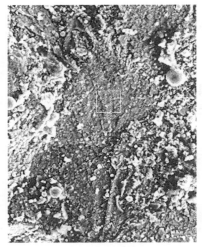

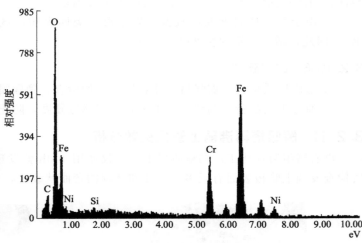

(a) 能谱成分测定部位   (b) 能谱成分分析图

图 3-204　裂纹断面能谱成分测定

表 3-26　图 3-204 能谱成分分析结果

元素	含量(质量)/%	含量(原子分数)/%
C　Kα	00.22	00.84
O　Kα	07.10	20.62
Si　Kα	00.77	01.28
Cr　Kα	17.87	15.97
Fe　Kα	66.59	55.40
Ni　Kα	07.45	05.90

表 3-27　图 3-205 能谱成分分析结果

元素	含量(质量)/%	含量(原子分数)/%
C　Kα	00.44	01.74
O　Kα	00.82	02.44
Na　Kα	01.70	03.54
Mg　Kα	00.88	01.73
Al　Kα	02.61	04.62
Si　Kα	04.43	07.54
S　Kα	00.56	00.84

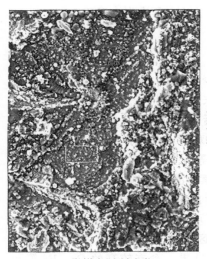

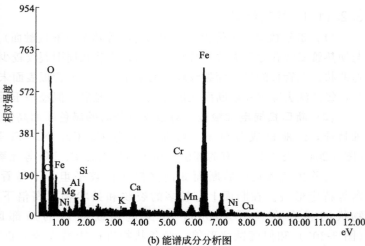

(a) 能谱成分测定部位   (b) 能谱成分分析图

图 3-205　裂纹断面能谱成分测定

(a) 裂纹断面去黑膜后的裂纹形态

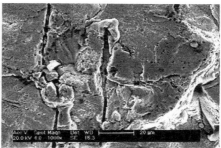
(b) 图(a)局部放大后裂纹中的条状物

图 3-206 裂纹断面

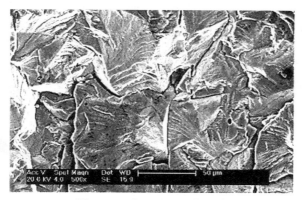

图 3-207 解理和羽毛状形貌

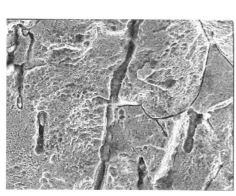
(a) 表面腐蚀坑形貌和条状物能谱成分分析部位

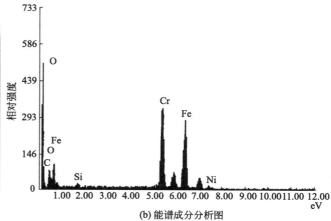
(b) 能谱成分分析图

图 3-208 能谱分析部位与分析图

表 3-28 能谱成分分析结果

元　　素	含量(质量)/%	含量(原子分数)/%	元　　素	含量(质量)/%	含量(原子分数)/%
C　Kα	00.32	01.40	Cr　Kα	41.63	42.26
O　Kα	00.16	00.52	Fe　Kα	53.07	50.17
Si　Kα	01.34	02.53	Ni　Kα	03.48	03.13

（3）硬度测定　失效件的硬度测定结果为 168～172HB。

（4）化学成分分析　上管板的化学成分分析结果如表 3-29 所示，可见，除含有少量的 Mo、Cu 外，其它元素含量均符合技术要求。

表 3-29　失效上管板化学成分测定结果与标准要求

化学成分/%	C	Si	Mn	S	P	Cr	Ni	Mo	Cu
失效上管板	0.029	0.50	0.98	0.015	0.019	18.25	8.63	0.27	0.45
GB/T 1220—2007 00Cr19Ni10(304L)	≤0.030	≤1.00	≤2.00	≤0.030	≤0.035	18.00～20.0	8.00～12.00	—	—

（5）金相组织分析　从裂纹部位取样、磨制、抛光后观察，裂纹呈不规则曲折状（图 3-209），放大后裂纹边缘有细小、独立、形状各异的灰色夹杂物，裂纹沿夹杂物扩展（图 3-210）。在扫描电镜下，夹杂物除呈条状外，有的呈薄膜状而处于基体中（图 3-211），经能谱成分测定结果表明主要为氧化物（图 3-212 和表 3-30）。经电解侵蚀后裂纹呈沿晶和穿晶状，有的呈断续状（图 3-213），组织为奥氏体，有的呈孪晶状，并有较多的白色条状相。经碱性赤血盐溶液染色鉴别，白色条状相为 δ 铁素体（图 3-214）。

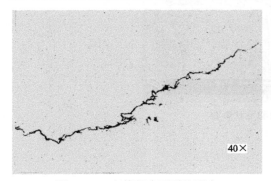

图 3-209　上管板表面裂纹形态

图 3-210　图 3-209 局部放大后的裂纹和夹杂物形态

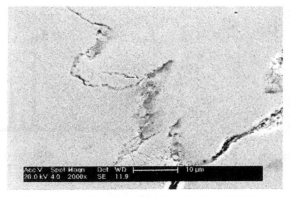

图 3-211　深灰色夹杂和基体混合在一起的形态

表 3-30　能谱成分分析结果

元　素	含量(质量)/%	含量(原子分数)/%	元　素	含量(质量)/%	含量(原子分数)/%
C　Kα	00.00	00.00	Cr　Kα	14.63	13.89
O　Kα	04.67	14.41	Fe　Kα	77.18	68.24
Si　Kα	00.55	00.97	Ni　Kα	02.97	02.50

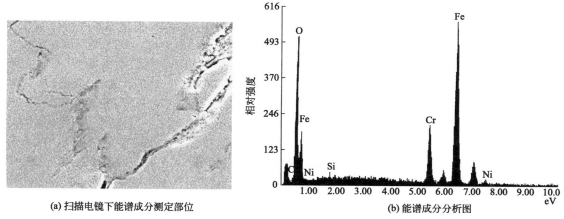

(a) 扫描电镜下能谱成分测定部位　　(b) 能谱成分分析图

图 3-212　夹杂物金相组织分析

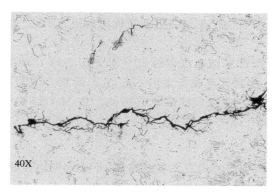

图 3-213　电解侵蚀后裂纹与组织形态　40×

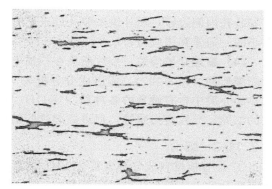

图 3-214　染色后的 δ 铁素体形貌　100×

3.2.11.2　检查结果分析

（1）合金成分的影响　上管板的成分分析结果基本符合 304L 奥氏体不锈钢的要求，但合金中含有少量的 Mo 和 Cu。Mo 在一般结构钢中主要存在于固溶体和碳化物中，可提高钢的淬透性、热强性和防止回火脆性等作用。对于含高 Cr、Ni 的 304L 奥氏体不锈钢来说，由于含碳量极低，所以微量的 Mo 主要固溶于奥氏体中，可进一步提高钢在弱氧化性介质和非氧化性介质中的抗蚀性，防止介质中氯离子所产生的点蚀倾向，所以，不锈钢中加入 Mo 是常见的。但 Mo 是缩小奥氏体区增加 δ 铁素体的元素，对于 304L 中存在微量 Mo 增加 δ 铁素体是极有限的，因此对性能的影响是不明显的。奥氏体不锈钢中含有微量 Cu，在高温固溶处理时，可完全固溶于奥氏体，对性能无不利影响。相反，在奥氏体不锈钢中加入更多的 Cu（2%～3%）或加入 Mo 的同时加入 Cu，可进一步提高钢材在硫酸、磷酸和盐酸等介质中的抗蚀性和对应力腐蚀的稳定性。因此，304L 奥氏体不锈钢中存在微量的 Mo 和 Cu 不是造成上管板产生裂纹的因素。

（2）δ 铁素体的影响　失效的上管板显微组织中存在较多的条状 δ 铁素体。304L 奥氏体不锈钢含碳量较低，容易形成 δ 铁素体，同时 δ 铁素体相中含 Cr 量比奥氏体相要高，所以 δ 铁素体形成元素（如 Si 等）均集中在 δ 铁素体中，容易加速 σ 脆性相的形成，使塑性和韧性显著降低。奥氏体不锈钢在 1000～1050℃ 固溶处理时一般不形成 δ 铁素体，若固溶处理温度较高或冷却速度不够快，则析出的 δ 铁素体量将增多。δ 铁素体在奥氏体组织中可减小晶间腐蚀和应力腐蚀倾向，但δ铁素体和奥氏体的电位不同，使点蚀倾向增大。

另外，当奥氏体中含有少量δ铁素体时，由于奥氏体和δ铁素体变形能力不同，因此降低了热加工性能，在热压力加工时，容易形成裂纹，而且也容易形成σ脆性相，使塑性和韧性显著降低，所以在实际工业生产中应对δ铁素体含量严格控制。从上管板检查结果可知，裂纹的形成部位与δ铁素体之间关系不密切，仅有少量裂纹产生于δ铁素体和奥氏体交界处。所以，组织中δ铁素体不是形成裂纹的主要因素，但可促进裂纹的形成和扩展。

(3) 非金属夹杂的影响 上管板材料内存在较多的以氧化铁为主的夹杂，裂纹主要是沿氧化铁为主的夹杂物形成和扩展，在裂纹边缘及其周围有较多而较小的夹杂物存在。从夹杂的分布和形态来看，不同于钢液不净形成的塑性或脆性夹杂物，这是炼钢过程中的外来氧化夹杂卷入所致。氧化物较大，形态各异，分布无规律，有的呈片状和基体相混合。这些大而多的氧化物割裂了基体，降低了钢的力学性能。同时，氧化夹杂变形率低，在钢的冷、热加工时，易在夹杂物处产生微裂纹。由于奥氏体组织塑性和韧性较好，裂纹一般不易扩展。值得注意的是，裂纹大部分处于上管板受压力较小的一面，裂纹呈张开状（裂缝较宽），都处于安装孔内侧边缘，而外缘安装孔处未见有明显的裂纹存在，说明上管板两面压力不同，压力小的一面受到张应力。

(4) 腐蚀介质问题 裂纹断面在扫描电镜下局部区域出现腐蚀坑［图 3-208(a)］和解理断裂形貌（图 3-207），能谱成分分析表明，裂纹断面存在少量的 Na、S 等元素，说明被加热的介质中含有微量的各种胺、NaOH、H_2S 等，在微裂纹内就有可能产生 NaOH 等介质的浓缩，导致应力腐蚀，促进微裂纹的扩展。

3.2.11.3 结论

① 上管板材料成分基本符合 304L 的要求，成分中有微量的 Mo 和 Cu 不影响使用性能，也不是导致上管板形成裂纹的因素。

② 显微组织中存在较多的δ铁素体，对钢的性能有一定影响，对裂纹的形成起到一定的促进作用，但不是造成上管板开裂的主要因素。

③ 上管板材料中存在较多的氧化铁为主的非金属夹杂是造成裂纹的主要原因，使用应力和介质对裂纹的扩展起到促进作用。

3.2.12 二米辗压机锥辊轴断裂分析

二米辗压机安装后开机生产仅运转 1h 左右（约辗压 20 余件产品），就发生锥辊轴断裂，如示意图 3-215，转速为 55～75r/min。该轴由特种钢厂提供的电弧炉冶炼的 5CrMnMo 钢锭，在 3t 锻压机上经二镦二拔至直径 600mm 的毛坯，再经 850～900℃保温 3～4h 正火，然后粗加工、调质处理，硬度要求为 235HBW，锥面淬火硬度为 42HRC，硬化层深度≥10mm（实际锥面为整体淬火）。

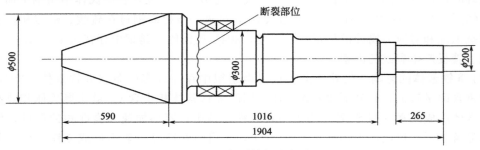

图 3-215　断裂轴的示意图

3.2.12.1 检查结果

(1) 宏观断口检查 断裂面和轴纵向相垂直，处于轴承内约 2～3cm，断面较平整，近中心（a 处）约有长 25mm、宽约 22mm 的椭圆形，呈平坦的"羽毛状"区域，和周围有明显的差异。在半径的 1/2 处（b 处）约有 10mm 区域特征和 a 处相似，均为裂纹起源区。但两者不在同一平面，因而当裂纹扩展至相交时产生台阶。从断面特征可知，裂纹首先由 a、b 处形成，然后向外扩展至边缘，但未裂至表面，形成裂源区（a、b 处）、扩展区（c 处），使用过程中扩展至离边缘约 20～25mm 处的疲劳区（d 处）和最后瞬时断裂区（e 处）（图 3-216）。

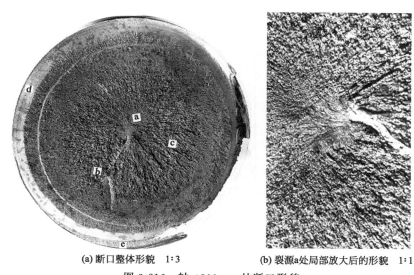

(a) 断口整体形貌　1:3　　　　　　　　(b) 裂源a处局部放大后的形貌　1:1

图 3-216　轴 φ300mm 处断口形貌

(2) 热酸蚀低倍组织检查 从断裂面下面取样磨平、酸蚀后，整个横断面呈现出粗大的组织，中心和近中心区域有较多的点、斑状偏析以及缩孔和疏松（图 3-217），其边缘仍保

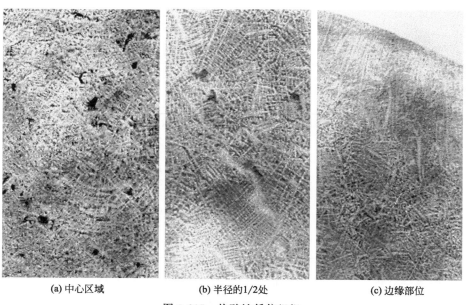

(a) 中心区域　　　　　　(b) 半径的1/2处　　　　　　(c) 边缘部位

图 3-217　热酸蚀低倍组织

留着钢锭凝固时形成的垂直于表面的柱状晶体。

（3）断口微观检查 从断口各部位取样，采用扫描电子显微镜和微区能谱成分分析，发现裂源区有较多的空洞、疏松和氧化铝、氧化硅等非金属夹杂物（图 3-218、图 3-219 和表 3-31）。扩展区呈解理河流花样，并有较多的二次裂纹（图 3-220）。

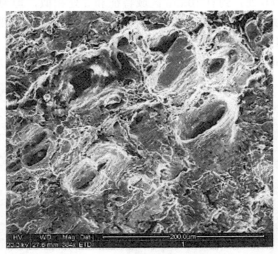

图 3-218 裂源区的空洞和夹杂

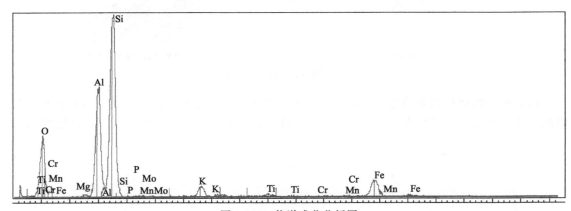

图 3-219 能谱成分分析图

表 3-31 能谱成分测定结果

元　素	含量（质量）/%	K 值	含量（原子分数）/%
O Kα	36.19	0.1498	52.93
Mg Kα	0.34	0.0022	0.33
Al Kα	16.21	0.1184	14.06
Si Kα	29.85	0.2159	24.87
K Kα	2.50	0.0212	1.49
Ti Kα	1.02	0.0086	0.50
Fe Kα	13.89	0.1162	5.82
合计 100.00			

（4）化学成分分析 断裂的锥辊轴化学成分分析结果见表 3-32，合金成分均偏低于下限，尤其是含碳量较低，边缘不均匀，有的区域低于要求。

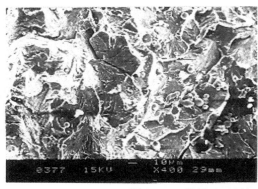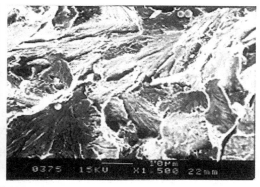

图 3-220 扩展区不同部位的解理形貌和二次裂纹

表 3-32 断裂锥辊轴化学成分测定结果与标准要求

化学成分/%		C	Si	Mn	S	P	Cr	Mo
失效锥辊轴	边缘	0.56、0.42、0.52 0.52、0.49、0.53 0.48、0.42、0.37	0.34	1.46 1.43	0.013	0.029 0.030	0.69	0.18
	心部	0.50、0.49 0.51、0.52	0.33	1.38 1.41	0.018	0.033	0.825	0.27
GB/T 1299—2000 5CrMnMo		0.50～0.60	0.25～0.60	1.20～1.60	≤0.030	≤0.030	0.60～0.90	0.15～0.30

注："边缘"的取样部位是距外圆 15mm 处。

(5) 硬度测定 在轴的横截面上不同部位硬度测定结果为：近外圆 240HBW，1/2 半径处 260HBW，中心区 258HBW。

(6) 强度核算 锥辊轴在运行过程中，轴主要受到一个近似于悬臂梁的弯曲应力和旋转时的剪切应力，其最大应力在 X—X 截面（图 3-221）。

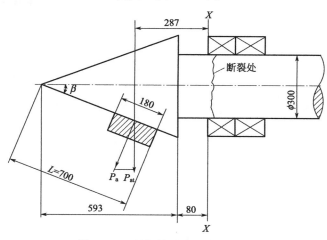

图 3-221 锥辊轴受力状态示意图

已知：$P_a = 625000N$，$l = 287mm$，$\beta = 17.5°$，$d = 300mm$

集中载荷 $P_{at} = \cos\beta \cdot P_a = \cos 17.5° \times 625000 = 596000N$

轴颈 $\phi = 300mm$，$F = 70650mm^2$，则危险截面 X—X 处：

$$M = P_{at} \times l = 596000 \times 287 = 171052000N \cdot mm$$

剪应力 $\sigma_\tau = P_{at}/F = 596000/70650 = 8.436\text{N/mm}^2$

弯曲应力 $\sigma_n = MR/J = 64 \times MR/(\pi d^4) = 64 \times 171052000 \times 150/(\pi \times 300^4)$
$$= 64.53\text{N/mm}^2$$

合成 $\sigma = (\sigma_n^2 + 3\sigma_\tau^2)^{1/2} = 66.16\text{N/mm}^2 < [\sigma]$

(7) 显微组织　从裂纹起源区取样观察，在断裂面下面存在较多的非金属夹杂、缩孔和裂纹，有的裂纹沿夹杂和缺陷方向发展（图 3-222）。侵蚀后显微组织为回火索氏体＋少量铁素体。由于成分偏析较严重，组织很不均匀（图 3-223），其性能也存在很大差异，如碳和合金元素较多的区域硬度达 293HV，而碳和合金元素较少的区域硬度仅为 244HV。成分和组织的不均匀不仅对力学性能和使用性能有不良影响，对工艺性能也有很大的危害。

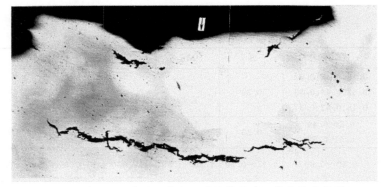

图 3-222　裂源区的缩孔、夹杂和裂纹等缺陷（箭头处为断裂面）

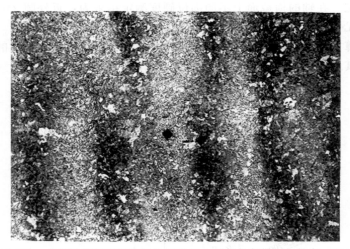

图 3-223　成分不均匀引起组织的不均匀，深灰色条带硬度较高　100×

3.2.12.2　结果分析

轴是由钢锭经锻压成毛坯、正火、粗加工后再经调质、精加工而成。轴的内在质量的好坏，首先决定于钢材的冶炼质量。钢锭中杂质、气体少，钢的缺陷少，再经充分的锻压来改变钢材的铸态组织，消除较小的显微疏松等缺陷，就能提高钢材的质量和性能。从锥辊轴高、低倍组织检查结果可知，钢材中存在较多的夹杂、疏松和裂纹等缺陷，而且成分偏析严重，低倍组织中显示出粗大的铸态枝晶组织，甚至表层柱状晶仍保留着，说明钢材冶炼质量不高，锻压变形量和变形次数尚不充分，未把铸态组织消除。由于铸态缺陷多，使钢材强度、韧性和塑性下降，在应力作用下，缺陷部位易形成应力集中，而导致裂源的形成。

使用应力计算结果可知，其弯曲强度、剪切强度和综合应力都很低，在正常的使用应力下，不足以导致轴的短时使用断裂。从宏观、微观特征和裂纹扩展方向可知，裂纹是从轴的内部向外扩展，而轴的最大工作应力处于表面，不可能使其中心萌生裂源。裂源处于轴的内部，只有在热加工过程中轴内部产生轴向拉应力所致。钢在淬火加热或冷却过程中会产生热应力和组织应力，残余应力为两种应力之和。钢件热加工过程中表面和内部形成的应力状态与零件的大小有关，加热时的热应力往往使表面产生压应力，而中心为拉应力。组织应力随零件大小而变，随零件壁厚或直径的增加，由表面拉应力转向压应力，则中心由压应力转为拉应力。实践证明，大直径零件心部存在严重的缺陷、夹杂和裂缝，就易在热处理的淬火过程中引起轴心的开裂。图 3-216 断面中 a、b 两个裂源和扩展区 c 不是在同一时期形成，a、b 区域可能在加热或锻造冷却过程中的热应力作用下，在较大的缺陷处产生裂源，在调质淬火过程中扩展至离表面约 20~25mm 处，在装机使用过程中，裂纹随工作应力的周期变化而逐步扩展，直至工作应力大于轴的横截面残余部分的强度极限时，就发生瞬时断裂。

3.2.12.3　结论

① 钢材质量不高，存在严重的疏松、裂缝、夹杂和缩孔等缺陷和成分不均匀是产生开裂和断裂的主要因素。

② 锻造变形量不足和锻造次数较少，未充分改变钢锭铸态组织，使钢材性能下降。同时，锻造冷却较快，导致内应力过大，使钢材缺陷处萌生裂纹，在随后调质淬火过程中裂纹进一步扩展，使轴在装机后的使用应力作用下发生断裂。

3.2.12.4　改进措施

① 订货时对钢厂提出质量要求，防止严重的缩孔、疏松和成分偏析的产生，或用电渣重熔钢以提高钢的纯度和韧性，并加强钢材质量检验。

② 提高锻造质量，加大锻压比和镦拔次数，以改变钢锭内的铸态组织，减少疏松，提高钢的致密性，改善性能。

③ 减缓加热和锻造后的冷却速度，锻后就放在 600℃ 炉中保温，待温度均匀后再冷至 150~200℃ 后然后空冷，防止热应力过大而产生裂纹。

3.2.13　摩托车齿轮失效分析

摩托车发动机主（被）动齿轮装机后在试车过程中发生掉齿和开裂失效，如图 3-224 所示。

(a) 主动齿轮

(b) 被动齿轮

图 3-224　失效的主（被）动齿轮形态

设计要求：两齿轮材料均为 20CrMo 钢，表面氰化处理，渗层深度为 0.30～0.50mm，表面硬度≥80HRA，中心硬度 33～45HRC。

3.2.13.1 检查结果

（1）宏观检查 主动齿轮齿的断裂呈快速折断状，在相近的齿的齿根处有裂纹存在（图 3-225）。齿轮断口呈朽木状（图 3-226）。

图 3-225 图 3-224(a) 齿折断处的放大形态，箭头处为裂纹

图 3-226 被动齿轮朽木状断口

（2）化学成分分析 从两失效齿轮上分别取样，进行化学成分分析，结果见表 3-33，均符合 20CrMo 的要求。

表 3-33 失效齿轮的化学成分测定结果和标准要求

化学成分/%	C	Si	Mn	S	P	Cr	Mo
主动齿轮	0.20	0.28	0.51	0.031	0.013	0.98	0.17
被动齿轮	0.21	0.26	0.53	0.033	0.027	0.87	0.18
GB/T 3077—1999 20CrMo	0.17～0.24	0.17～0.37	0.40～0.70	≤0.035	≤0.035	0.80～1.10	0.15～0.25

（3）硬度测定

① 主动齿轮表面 81.5～82HRA，齿中心 43～44HRC。

② 被动齿轮表面 82～82.5HRA，齿中心 46～47HRC，心部硬度超过设计要求。

（4）显微组织检查 从断裂部位齿部取样检查，氰化层深度为 0.40mm。表层组织为回火马氏体＋小颗粒状碳化物和少量残余奥氏体（图 3-227）。中心由于成分的不均匀，呈现出条带状组织，并有较多的硫化物和硅酸盐夹杂物（图 3-228）。高碳条带组织为低碳马氏体＋托氏体（图 3-229），低碳条带处为回火屈氏体和少量铁素体（3-230）。经退火处理后呈现出原材料中的带状组织较严重（图 3-231）。

3.2.13.2 结果分析

由上述检查结果可知，齿轮材料符合设计要求的 20CrMo 钢，氰化层深度和组织良好。但由于原材料成分的不均匀性，呈现较严重的条带状组织，同时，在条带组织间分布着较多的非金属夹杂，所以，被动齿轮的断口呈现出木纹状断口特征。由于条带状的组织和夹杂物的分布和齿相平行，当低碳条带或长条状非金属夹杂物处于齿根部位时，严重地降低齿的抗弯强度。尤其是当硬度较高时，对缺口敏感性较大，齿轮运行过程中易在齿根夹杂物和硬度较低的条带处形成微裂纹，导致齿和整体齿轮的开裂。

图 3-227　氰化层组织形态　100×

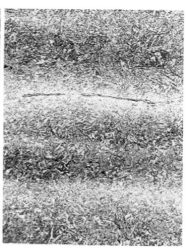

(a) 齿中心条带组织和夹杂物　400×　(b) 齿中心条带组织和夹杂物　400×

图 3-228　条带组织和夹杂物

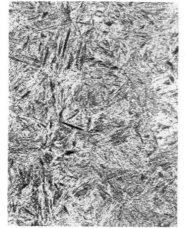

图 3-229　图 3-228 中高碳条带处组织形态　400×

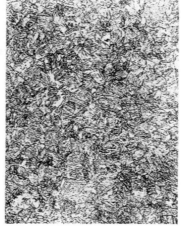

图 3-230　图 3-228 中低碳条带处组织形态　400×

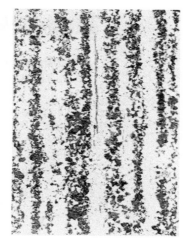

图 3-231　退火后呈现的条带状组织铁素体条带内分布着条状硫化物　100×

3. 2. 13. 3　结论

① 齿轮材料中成分不均形成条带状组织使性能的不均匀和条状非金属夹杂物是导致齿轮失效的主要因素。

② 被动齿轮中心硬度过高，增加材质脆性，促进了齿轮的整体开裂。

3. 2. 14　前轮毂压铸模失效分析

摩托车前轮毂（铝合金）压铸模装机使用后，仅压铸轮毂约 4000 余件就发生整个滑块断裂（图 3-232）。

压铸模材料为 4Cr5MoSiV1 钢，毛坯初加工后的热处理规范为真空炉内加热至 1050℃，空冷淬火，620℃二次回火，硬度要求为40～44HRC。

图 3-232　断裂后的压铸模滑块形貌

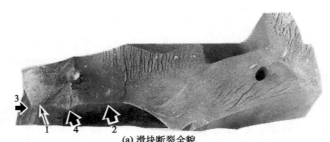

(a) 滑块断裂全貌

"1"、"2"为断裂起始部位；"3"为磨损部位；"4"为断裂扩展交界棱线；约1∶6

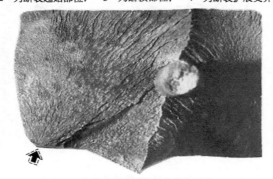

(b) "1"处的断裂起始点放大形貌

(c) "2"处的断裂起始部位放大形貌

(d) "3"处的摩擦损伤部位(箭头处)

图 3-233　压铸模滑块断裂面形貌

3.2.14.1　检查结果

（1）宏观检查　从断裂面形貌走向可知，断裂起源于模具截面尺寸改变处的"R"部位，呈多源特征，在裂源扩展的交界处显示出明显的棱线。疲劳稳定扩展区较平坦，快速扩展和瞬时断裂区呈河流花样，并有明显的停顿线，整个断面高低不平（图3-233）。图3-233（a）中"1""2"处为裂纹起源部位，"3"处为磨损部位，其局部放大形貌分别见图3-233（b）、图3-233（c）和图3-233（d）。在图3-233（d）标记A处的摩擦痕深0.25～0.30mm，宽3.5～4.0mm。在裂纹扩展的交界处，有部分仍保留着模具截面尺寸改变的过渡"R"[图3-233（a）箭头4处]。取样检查"R"尺寸为0.5～0.8mm，而且形状很不规则（图3-234）。

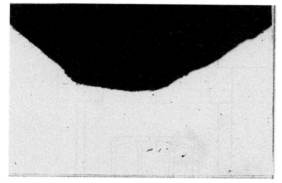

图3-234　图3-233（a）箭头4处的"R"形貌　50×

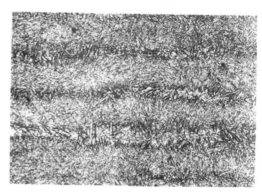

图3-235　成分不均匀的带状组织　100×

（2）显微组织检查　在断裂部位取样检查非金属夹杂物，结果氧化物和硫化物均为1～2级。侵蚀后的组织为保留马氏体位向的托氏体和索氏体，由于成分不均匀，引起较严重的带状组织（图3-235），在带状组织之间存在条状、角块状碳化物和硫化物（图3-236），并有明显的黑色网络组织（图3-237）。

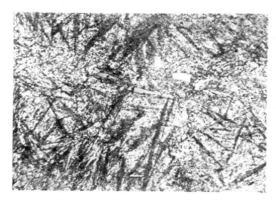

图3-236　带状组织内存在的角状
碳化物（白色）和条状硫化物　500×

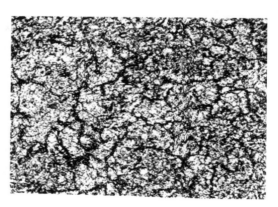

图3-237　组织中的黑色网络组织　500×

3.2.14.2　结果分析

（1）材质对压铸模具使用寿命的影响　失效模具存在成分不均而引起的严重带状组织和粗大条块状、角状碳化物与硫化物沿带状组织分布，严重地影响模具的性能的均匀性，使冲击韧性下降，处于应力集中部位就极易产生微裂纹而导致疲劳源的萌生和扩展。显微组织中的黑色网络是由于碳化物和微量杂质元素沿晶析出的结果，增加了模具的脆性。因此，材质较差是模具早期失效的重要原因。

(2) 使用中的受力状态 压铸模具在使用中的受力状态是比较复杂的。正确的设计、安装和使用是提高模具使用寿命的重要环节，从失效模具的摩擦痕迹［图 3-233（d）］可知，模具在使用过程中受力是不均匀的，受到一定的弯曲应力。从现场调查可知，由于安装不当，压块对模具滑块作用一个如图 3-238 所示的侧向弯曲应力，该应力和断裂源及扩展方向相对应。说明滑块的断裂和使用过程中受到侧向弯曲应力 P 有关。

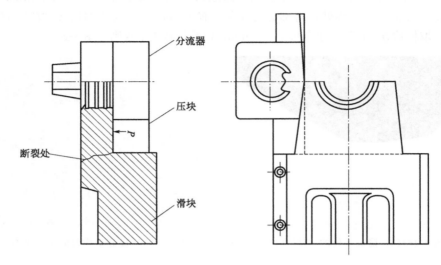

图 3-238 滑块不正常受力情况示意图

(3) 几何形状的影响 模具受力状态和模具的几何形状有着密切关系。对断裂源部位的截面转变"R"大小测量结果仅为 $0.5 \sim 0.8$mm，设计要求为 5mm，由于"R"过小，使工作中的应力集中系数增加（图 3-239），尤其是"R"部位的几何形状很不规则，就更加提高了应力集中水平，促使裂纹的萌生和发展。

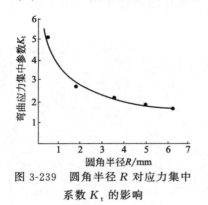

图 3-239 圆角半径 R 对应力集中系数 K_t 的影响

3.2.14.3 结论

① 材料成分不均匀导致带状组织的出现，使力学性能恶化，组织中存在条块状和角状碳化物和非金属夹杂物与黑色网状组织，使材质性能恶化，脆性增加，是造成压铸模滑块早期开裂失效的主要原因。

② 模具在使用中受到不正常的弯曲应力和受力部位"R"过小，是促使模具开裂的重要因素。

3.2.15 材质对压铸模具失效和使用寿命的影响

3.2.15.1 金属压铸模具使用的特点

金属在压铸过程中，熔融金属在压力作用下高速喷射到模具型腔内，使模具壁表面温度迅速升高。当金属液冷却凝固、零件出模后，再喷刷模具型腔表面脱模剂或润滑剂，使模腔表面迅速冷却。因此，模具在高温、高压、高速和冷热变化的反复作用下，易产生冷热骤变引起的热裂、侵蚀、模腔表面的陷落和断裂等问题，从而导致模具的早期失效。

3.2.15.2　压铸模具失效的形式与影响因素

（1）热疲劳裂纹　在压铸过程中模具表面不断受到冷热骤变的影响，使模具表面层内产生很大的温差，由于不同深处的膨胀量不同而产生很大的应力。这种反复的热冲击应力，最后导致金属疲劳而产生龟裂。若合金液温度过高，加上冷速过快，则加速热疲劳裂纹的产生。

模具经压铸一段时间后，模具表面开始出现微裂纹，之后又快速产生更多、更大的裂纹（图3-240）。此现象和其它金属疲劳现象一样，初期慢、后期加速，直至模具断裂。

图 3-240　热疲劳裂纹示意图

产生热疲劳的主要影响因素如下。

① **模具表面温度**　它对发生冷热骤变而引起的裂纹影响甚大。温度小于600℃时影响较小，当温度大于600℃，则产生热疲劳裂纹的影响较大。另外，对模具使用前的预热温度也有很大的关系。

② **模具表面温度的冷却速度**　冷却速度快，产生应力大，促使裂纹的提早出现。过去由于环境污染问题而改用水冷却，但因此而导致模具寿命缩短20%。所以，选择适当的冷却剂是很重要的。

③ **模具材质的均匀性**　模具材质的成分和组织的偏析、不均匀，有网状和带状分布的碳化物与非金属夹杂物的存在，严重地影响耐疲劳性和韧性，尤其是非金属夹杂物可看作微裂纹缺陷，它是导致热裂纹发生的起始点。

④ **模具热处理条件**　提高模具奥氏体温度，可提高模具的硬度，增加其红硬性、抗回火能力和减低热疲劳裂纹现象的出现。但硬度过高，会引起模具脆性增加而开裂。所以，一般铝合金压铸模具的硬度不宜超过48HRC，而铜合金压铸模具不宜超过44HRC。另外，模具表面氮、碳处理，可减轻合金液的黏附、侵蚀和磨损。

⑤ **模具表面光洁度**　模腔表面采用砂轮打磨后的划痕，对开始的热疲劳裂纹的出现有一定的影响。但若采用200～600号砂纸打磨就无此影响，并可有效地使脱模剂或润滑剂均匀黏附在模具的表面而防止脱落。所以，模具表面不宜打磨太光滑。

（2）断裂　压铸模具在使用中发生突然断裂是常见的一种失效形式（详见后述），其原因主要有以下几个方面。

① **模具材质不良**　如内部组织不均匀、原始组织球化不好，非金属夹杂物过多等导致材质性能恶化。

② **设计不良**　模具的模腔深度和模壁之比选择不恰当（一般为1:3）和模具拐角处"R"过小、应力集中系数高，严重降低模具冲击韧性（图3-241）。一般锌合金压铸模具$R > 0.5mm$，铝合金$R > 1mm$，而铜合金$R > 1.5mm$。

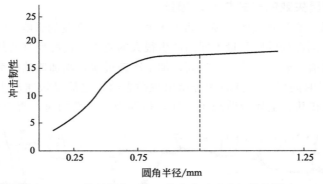

图 3-241　模具拐角 "R" 的大小对冲击韧性的影响

另外，压铸前模具必须进行适当的预热，未经预热处理的模具，对注入的高温金属液非常敏感，会引起尖角处应力集中而断裂。模具预热温度的提高，使钢的韧性增加（图 3-242），所以随模具预热温度的提高，使用寿命延长（图 3-243）。

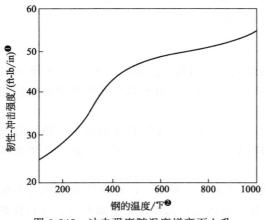

图 3-242　冲击强度随温度增高而上升

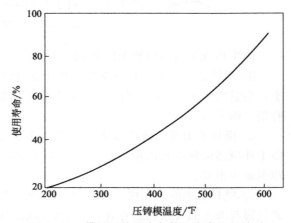

图 3-243　模具预热温度与使用寿命间的关系

模具的预热温度随压铸合金的不同而各异。如锡、铝合金一般为 100～150℃，锌合金为 150～200℃，镁、铝合金为 250～300℃，而铜合金为 300～350℃。

③ 热处理工艺不当　如冷却不够快，而导致碳化物沿晶析出呈网络状分布，或奥氏体化温度过高，淬火冷速过快，硬度过高，回火不足等，导致残余应力和脆性增大而降低冲击和断裂韧性。

(3) 型腔表面侵蚀　在压铸过程中，由于模腔表面的脱模剂等覆盖层脱落，使高温金属液接触模具钢材表面，造成部分金属溶解而导致侵蚀和腐蚀。影响侵蚀的因素主要有以下几点。

① 金属熔液温度过高　不同的合金在压铸过程中都有一个合适的压铸温度，若超过一定温度，对模具的侵蚀性会大大提高。如锌合金超过 480℃、铝合金超过 720℃时对模具都有显著的侵蚀作用，对铜合金虽无明确的温度限制，但侵蚀程度会随温度升高而加剧。

---

❶　1ft-lb/in＝0.0187J/m。下同。

❷　1℉＝℃×$\frac{9}{5}$＋32。下同。

② 合金熔液成分的影响　纯金属比一般合金更易侵蚀模具表面，但在铝中加入 1% 的 Fe 或 0.5% 的 Mn 可减轻侵蚀作用。

③ 模具设计　模具设计合理与否对模具侵蚀有重大影响。如水口设计位置错误会导致液流速度过高，使模具表面脱模剂（或润滑剂）被冲刷掉。另外，水口太细或太薄，注射时会产生局部过热及侵蚀。

④ 模具钢材质量　如钢中非金属夹杂物从模具表面剥落将形成被侵蚀点，所以钢材质量高（非金属夹杂少），则模具抗蚀性能就较好。

⑤ 表面处理　模具的表面处理甚为重要，若型腔表面加一层氧化膜或氮碳共渗层，以避免熔融金属与模腔表面直接接触，则可减轻侵蚀作用而提高模具的寿命。如图 3-244 所示，在压铸锌、铝、铜时，经表面氧化处理后模具显著地提高了抗蚀性能。

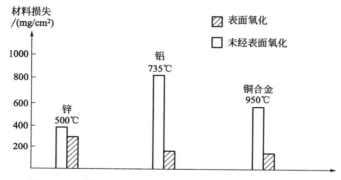

图 3-244　模具表面氧化与未氧化处理受侵蚀程度比较

(4) 模具塌陷　模具经使用一定时间后，模腔型面发生逐渐塌陷而导致失效。这主要因模具材质不良，模腔中心存在疏松、枝晶组织等缺陷，以及模具硬度较低，在高温条件下，抗压强度不足，使模腔表面受压而逐渐出现凹痕或陷落。发生此类失效，随工作温度升高而增加。

另外，使用中除严格执行工艺、加强操作管理外，还必须定期回火、氮碳共渗来消除由热交变所产生的热应力，防止形成热疲劳，用定期氮碳共渗的工艺措施来提高模具表面的硬度和耐冲蚀性。根据经验，每压铸 6000～8000 次，模具必须经 450～480℃ 回火一次，每压铸 13000～15000 次进行氮碳共渗一次。实践证明，采用上述方法，可明显减缓和防止由于热应力而导致模具龟裂的产生。

3.2.15.3　压铸模具的断裂失效分析

压铸模具的失效大致可分为两类：一类为延缓性失效，如热疲劳裂纹、表面侵蚀和塌陷等，此类失效都有一个缓慢的扩展过程，是可预测和修复延缓的过程。另一类为快速的断裂失效，它在所有的压铸模失效中约占 5%～10% 左右，在大型压铸模中往往成为一个主要的失效形式。由于断裂具有突发性，使用寿命低，危害大，所以受到广泛重视和研究。

造成模具断裂和开裂的原因很多，除了模具安装和操作不当外，与设计、材质和热处理工艺等都有密切的关系。断裂往往起源于模腔尖角处等应力集中部位或由于热疲劳扩展所致，其断口较平坦，无宏观塑性变形和剪切唇，显示出脆性断裂特征。断口微观形貌为解理和准解理特征。

例如，摩托车机匣压铸模较大（140mm×300mm×360mm），重达 70kg，型腔复杂，制造周期长，成本高，但使用寿命不长，失效形式主要是断裂和开裂。一般压铸仅 600～2530 只产品之间，有的甚至在试压铸过程中就发生开裂，其断裂部位和断口形貌有以下几个特征。

① 断裂源处于模腔型面拐角处，由于拐角处应力集中系数较大，易形成脆性快速断裂。其断面较平整，无疲劳形貌特征，而有大小不等而密集的河流花样（图3-245）。另一种从型腔拐角尖角处开裂后，随压铸次数、周期向纵深扩展至一定程度后发生快速断裂，在裂源区和扩展区受到高温氧化呈现出深浅不同的氧化色，并有明显的贝纹线，呈现出较典型的疲劳断口形貌特征（图3-246）。

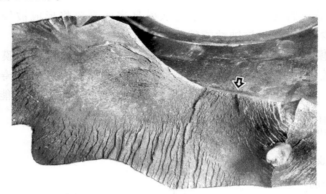

图3-245 裂源处于拐角的"R"部位（箭头处）

图3-246 裂源处氧化色和贝纹特征断口

图3-247 安装孔尖角处为裂源，断口平坦

② 裂纹源位于模腔附近的安装部位的尖角处，断面平坦而呈灰白色，裂纹扩展速度较快，可看出较宽的条带特征（图3-247）。有的尖角断面处有高温氧化色，并有较多的河流花样和扩展周期条带（图3-248）。

③ 裂纹源区有深黑色氧化物，说明模具在使用前就存在微裂纹，安装使用时成了断裂源，导致模具早期失效。断面有较长的放射条纹，呈快速扩展的脆性断裂形貌（图3-249）。

对三副失效的压铸模进行化学成分分析，结果均符合技术条件中4Cr5MoSiV1（H13）钢的要求，硬度均在44.5～52.5HRC。从模坯和三副失效压铸模具的开裂部位取样作金相检查，其非金属夹杂物呈聚集而不连续的粒状排列，按GB/T 10561—2005评定均为B类夹杂3级（图3-250）。

经抛光、侵蚀后其显微组织为回火马氏体＋托氏体，并有明显黑色网络和带状组织。黑色组织经放大后可清晰地看到沿晶分布的碳化物，有的呈粗大回火托氏体＋索氏体＋块状碳化物（图3-251～图3-255）。

图 3-248 箭头处为裂源的扩展裂纹

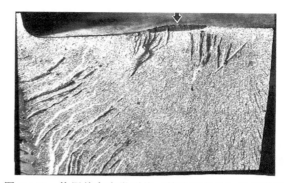
图 3-249 使用前存在微裂纹（箭头黑色处）引起开裂

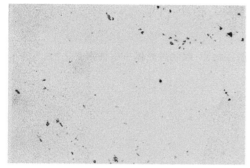
图 3-250 不连续的颗粒状非金属夹杂物 100×

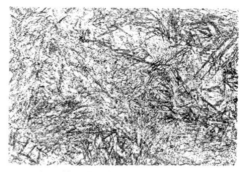
图 3-251 托氏体＋索氏体＋少量黑色网络组织 400×

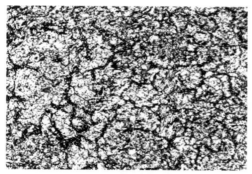
图 3-252 局部黑色网络处的碳化物 500×

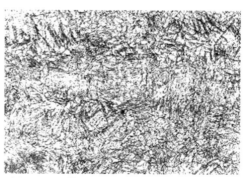
图 3-253 带状回火马氏体＋托氏体＋索氏体＋黑色网络组织 300×

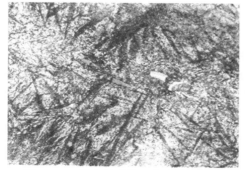
图 3-254 粗大托氏体＋索氏体和块状碳化物和硫化物 500×

图 3-255 保持马氏体位向的托氏体和索氏体并有条状碳化物和黑色网络组织 400×

153

对未经淬、回火的模坯取样检查，由于成分的不均匀，组织呈带状分布（图3-256），深黑色带状区域（图3-256中b处）为碳和合金元素富集区，除粒状珠光体外，还存在聚集状的不规则碳化物（图3-257），而浅灰色区（图3-256中a处）为点状珠光体（图3-258）。

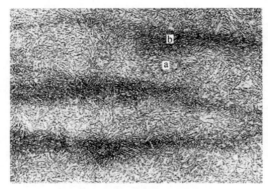

图 3-256　成分不均引起的带状索氏体　100×

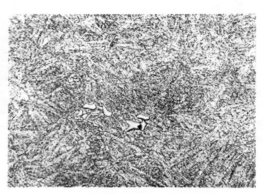

图 3-257　粒状珠光体＋不规则碳化物　400×

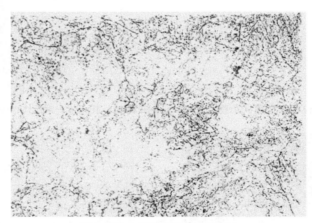

图 3-258　点状珠光体　400×

从以上检查结果可知，钢中碳和合金元素的严重偏析，碳化物呈网状分布和多角状共晶碳化物，链状分布未得到改善，使最终热处理后的组织分布不均匀，导致附加热处理内应力的产生，是促使模具淬火开裂或在服役过程中早期脆性开裂的重要因素。

另外，钢中S、P等杂质对热疲劳性能和断裂韧性影响也很大。压铸模具在高温状态下服役，在高温变形过程中所造成的晶界与晶内之间变形程度的差异，促使微量元素在晶界偏聚，尤其是S、P等杂质元素向晶界的动态偏聚会严重损害高温塑、韧性，导致模具发生高温脆裂。日本大同特殊钢公司研究指出，将SKD61（相当于我国的4Cr5MoSiV1钢）中S、P含量从0.03%降低至0.01%以下，可使钢的冲击韧性值提高一倍以上，而且能显著改善钢的抗冷热疲劳性能。日本日立金属公司安来工场研究指出，将SKD61钢中的P含量从0.03%降至0.001%，可使SKD61钢在45HRC的条件下，A_k值从31J提高至102J。瑞典产的8407（H13）钢将S的含量从0.028%降至0.003%，使钢的动态断裂韧性K_{ID}从40KSIin$^{1/2}$提高至11040KSIin$^{1/2}$（试验温度为200℃），如图3-259所示。

由此可看出，压铸模用钢必须严格控制S、P等杂质的含量。对于化学成分偏析，必须有合理的锻造和热处理工艺防止二次碳化物的形成并沿晶界析出，这是提高模具寿命的先决条件。

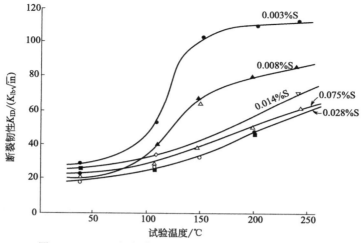

图 3-259　H13 钢的含硫量对动态断裂韧性 K_{ID} 的影响

3.2.15.4　材料的选择

影响压铸模具使用寿命的因素除模具设计、制造、热处理、使用和维修等因素外，模具材质的好坏是一个重要的根本因素。由于压铸模具是在高温、高压以及液态金属的冲击和侵蚀作用下工作，因此，对模具材料的选择和内在质量方面都有着特殊的要求，应具有较高的高温屈服强度、耐热疲劳性和抗蚀性，为了抵抗高温液态金属的冲刷磨损，所以应具有良好的耐磨性和抗黏附性。制造一副大型压铸模具成本较高，但钢材仅占制造成本的 10%，而加工成本占到制造成本的 70%，热处理和组装各占制造成本的 10%。所以，选择良好的材料，提高模具使用寿命，对增加经济效益有重要意义。

某厂过去采用传统的 3Cr2W8V 钢制造压铸模，由于使用寿命不高，从 1983 年底选用了 4Cr5MoSiV1 钢。4Cr5MoSiV1 钢是引进美国的 H13，是应用几十年的成熟钢种，在中温（600℃）具有高的强度、硬度和耐磨性，冲击韧性和断裂韧性都比 3Cr2W8V 钢高。由于 4Cr5MoSiV1 钢强韧兼备，而耐冷、热疲劳性能又好，所以可用水冷却。采用 4Cr5MoSiV1 钢后使煤气阀上壳体的上下压铸模具寿命由原来 1~4 万次提高至 23 万次以上，获得了良好的经济效益。当应用于大型摩托车机匣压铸模时，使用寿命并未提高，有的仅压铸 600 件左右，甚至在试模过程中就发生开裂。经分析，开裂原因主要是夹杂物、组织不均匀和网状碳化物等问题。为此，该厂进行了长期的探索和试验。该厂曾与钢厂试制高质量的 4Cr5MoSiV1 钢，合同规定了降低钢中 S、P 杂质的要求（P≤0.02%、S≤0.002%），工艺中强调了水压镦粗和锻锤上三镦三拔及模坯成品退火组织和硬度等要求。由于钢锭尺寸较大（670mm×1800mm），铸态组织较难消除均匀。因此，在提供的模坯中心存在严重的网状碳化物和不均匀的粒状珠光体（图 3-260 和图 3-261）。

为了获得高质量的模坯材料，该厂专门到国外钢铁公司进行了调研，发现瑞典钢厂生产的 8407 钢模坯和其服务质量较好。首先，其钢的成分范围控制较严，P、S 杂质含量低（表 3-34）。其次，模坯质量较高还与它的炼钢工艺较先进有关，经电弧炉冶炼后再经二次真空冶炼（一次冶渣、一次除气），再后电渣重熔，使钢的纯度进一步提高，使非金属夹杂和氧、氢等气体大大减少。经锻压后还经过所谓"组织细微化处理"，使钢的碳化物和晶粒度均匀球化，从而使纵向与横向性能趋于一致。该厂对 8407 钢模坯材料作了全面的质量检查，结果表明，钢中含氧量、低倍组织均匀性、非金属夹杂物级别、晶粒度、冲击韧性等许多方面都优于 4Cr5MoSiV1 钢（表 3-35～表 3-40）。

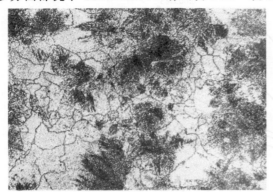

图 3-260　分布不均匀的粒状

珠光体＋铁素体　100×

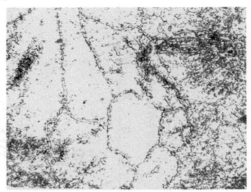

图 3-261　图 3-260 局部放大组织

网状碳化物＋粒状珠光体＋铁素体　630×

表 3-34　8407 与 4Cr5MoSiV1 钢标准成分比较

钢　种	化学成分/%							
	C	Si	Mn	P	S	Cr	Mo	V
GB/T 1299—2000 4Cr5MoSiV1	0.32～0.45	0.80～1.20	0.20～0.50	≤0.030	≤0.030	4.75～5.50	1.10～1.75	0.80～1.20
8407	0.37～0.42	0.80～1.20	0.30～0.50	≤0.025	≤0.003	5.00～5.50	1.20～1.50	0.80～1.10

表 3-35　8407 化学成分与气体含量测定结果

分析元素	C	Si	Mn	S	P	Ni	Cr	V	Mo	Cu
含量/%	0.405	1.05	0.40	0.0015	0.0103	0.080	5.130	0.950	1.40	0.090
分析元素	Al	Pb	Bi	Sn	Sb	As	Mg	Re	Zr	B
含量/%	0.0621	0.0032	0.0005	0.0048	0.002	0.01	<0.001	0.003	<0.005	<0.001
分析元素	Nb	Ca	Ba	La	Ce	H	O	N		
含量/%	<0.005	0.0007	<0.001	<0.001	<0.001	0.0003	0.0010	0.0103		

表 3-36　低倍检查结果（试片 200×150mm）

检查项目	一般疏松	中心疏松	方形偏析
评级结果	0	0	0

表 3-37　高倍检查结果

检查项目	晶粒度 (GB/T 6394—2002)		球化组织 (GB/T 1299—2000)	非金属夹杂物（GB/T 10561—2005）							
				A 类		B 类		C 类		D 类	
	原材料	热处理后		细系	粗系	细系	粗系	细系	粗系	细系	粗系
评定级别	10 图 3-262	8～9	1～3 级 图 3-263	0	0	0	0	0	0	0	1.0

表 3-38　冲击韧性试验结果

热处理规范	硬度/HRC	冲击韧性/(J/cm²)				金相组织
		表层		中心		
		宽	高	宽	高	
1020℃加热空淬,600℃×2h、 610℃×2h 两次回火	44～48.5	43～44.5	42.5～44	43.2～44.5	41.5～43	图 3-264

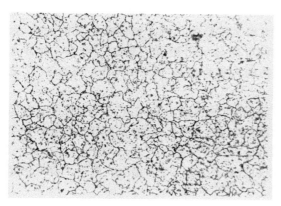

图 3-262　晶粒度按 GB/T 6394—2002 标准
评定为 10 级　400×

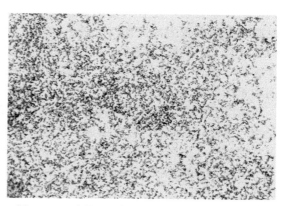

图 3-263　球状珠光体按 GB/T 1299—2000 标准
评定为 2～3 级　500×

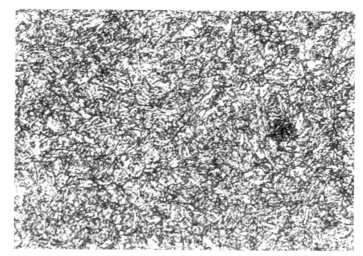

图 3-264　经 1020℃空淬、620℃保温 2h 和 610℃
保温 2h 二次回火后组织为回火托氏体　500×

表 3-39　失效模具原材料与 8407 钢冲击试样性能比较

热处理规范	材料	硬度/HB	冲击韧性/(J/cm²)
1040℃保温 40min 550℃回火两次	8407	451～477	21～22
	4Cr5MoSiV1	464～477	14～18

表 3-40　扫描电镜断口观察比较结果

材　料	断口形貌特征
8407	整个试样的全部视场中均为准解理和撕裂棱断口形貌,它是穿晶断裂的一种形式,显示不出晶界,所以也没有发现沿晶析出现象
4Cr5MoSiV1	整个试样大部分是准解理断口形貌,有 20%沿晶断裂,沿晶断口有 Cr、V 等大块状合金碳化物,晶面上有众多细小密集的 Cr、V、Mo 等碳化物质点

从断口分析可看出,8407 钢的断口全部为准解理形貌,质点甚少,没有沿晶的析出物,因此没有沿晶脆断特征;而 4Cr5MoSiV1 钢断口形貌有少量的沿晶脆性断口,既有较

大的共晶碳化物，又有大量的合金碳化物沿晶析出，因而导致沿晶断裂。它在性能上的反映一方面表现为冲击韧性值低于 8407，另一方面又不稳定（冲击韧性波动范围大），因为当试样上沿晶断口所占比例不同时，冲击值就可能显示出相应的差别。所以，晶界上大颗粒（VC）的存在及细小、密集的其它碳化物的大量析出是 4Cr5MoSiV1 钢与 8407 之间的重大差距之一。

从以上检查结果可知，8407 钢的纯洁度高，锻造和热处理工艺先进，钢内的成分和组织均匀致密，淬火前的球化退火质量好，碳化物颗粒细小、均匀，给加工和最终热处理提供了良好条件，这为充分发挥材料性能、提高使用寿命提供了可靠保证。

采用 8407 钢制造的摩托车机匣压铸模具，压铸次数达 19～23 万余次，取得了良好的经济效益。

3.2.16 M20 螺栓断裂失效分析

3.2.16.1 概况

M20 螺栓是用在太阳轮渗碳淬火时的悬挂装置上，通过压板来均匀固定太阳轮，如图 3-265 所示。安装后仅渗碳处理 7 个批次，在最后一次渗碳结束后发现太阳轮坠落于炉底，四个螺栓断裂（图 3-266）。热处理渗碳温度为 930～950℃，保温时间为 60h 左右。螺栓材料设计要求为 DIN 1.4848（ZG40Cr25Ni20Si2）铸钢，车削而成。

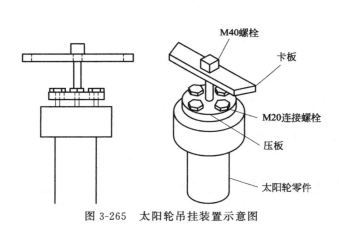

图 3-265　太阳轮吊挂装置示意图

M40螺栓
卡板
M20连接螺栓
压板
太阳轮零件

图 3-266　断裂螺栓在太阳轮上的形态

3.2.16.2 检查结果

(1) 宏观检查　螺栓的断裂部位均位于和太阳轮的平面交接处，即螺栓的最大受力部位。2 号螺栓有一定程度的弯曲，断口呈杯锥状（图 3-267），其余螺栓断口较平整。螺栓断裂面呈暗灰色颗粒状脆性断裂形貌（图 3-268）。近断口的螺纹底部均存在较多的裂纹和微裂纹（图 3-269）。垂直于四个螺栓断口剖开磨平侵蚀，可看到断口和螺纹部分均有深浅不等的渗碳区，3 号螺栓断口渗碳层最深，4 号次之，1 号略浅，2 号最浅。

(2) 硬度测定　断裂螺栓硬度为 155HBW。

(3) 化学成分分析　断裂螺栓的化学成分分析结果见表 3-41，不符合 DIN 1.4848 技术要求，而符合耐热钢技术条件中 16Cr25Ni20Si2 的要求。

图 3-267 螺栓断裂部位和断裂形态

图 3-268 断口呈暗灰色颗粒状形貌

图 3-269 螺纹底部的裂纹和微裂纹

表 3-41 断裂螺栓的化学成分与技术要求

化学成分/%	C	Si	Mn	P	S	Cr	Ni
断裂螺栓	0.076	1.53	0.83	0.028	0.014	24.55	19.00
DIN 1.4848 (ZG40Cr25Ni20Si2)	0.30~0.50	1.00~2.50	≤1.50	≤0.035	≤0.030	24.00~26.00	19.00~21.00
GB/T 1221—2007 16Cr25Ni20Si2	≤0.20	1.50~2.50	≤1.50	≤0.040	≤0.030	24.00~27.00	18.00~21.00

（4）钢中非金属夹杂物检查 从断裂螺栓的杆部纵向取样磨制抛光后观察，夹杂物呈密集颗粒状和少量细小短条状，沿棒材轧制变形方向呈条带状分布。按 GB/T 10561—2005 检查和 A 法评定，结果为 B 类夹杂物大于 3 级，D 类 2 级（图 3-270）。

（5）显微组织检查 从 M20 螺栓靠近头部的螺杆处取样，其基体组织为奥氏体，并有较多的颗粒状和网状分布的碳化物，颗粒状非金属夹杂物呈条带状分布，晶粒大小不均（图 3-271）。1 号、3 号和 4 号断裂螺栓的断口处渗碳层内均有大量条状、针状和网状碳化物。2 号断裂螺栓断口处渗碳层相对较浅，碳化物也较少。在断口处都存在密集的针状碳化物和与断口几乎平行的沿晶的微裂纹（图 3-272 和图 3-273）。断口渗碳层下面心部组织中也存在较多的沿晶分布的微裂纹（图 3-274）。

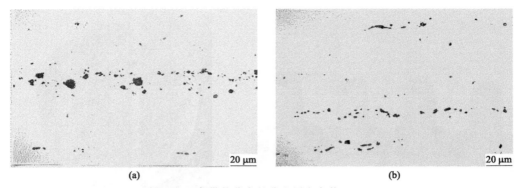

(a)　　　　　　　　　　　　(b)

图 3-270　条带状分布的非金属夹杂物　400×

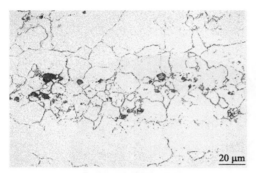

图 3-271　奥氏体＋颗粒状和
网状碳化物　400×

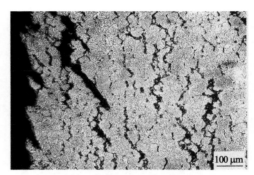

图 3-272　断口渗碳层内的针、条状碳化物和
平行于断口的微裂纹　100×

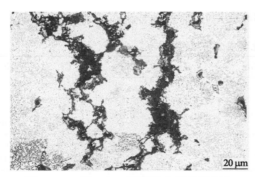

图 3-273　图 3-272 局部放大后的组织和
微裂纹形态　400×

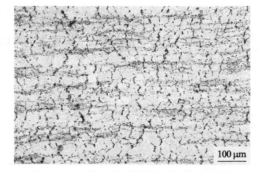

图 3-274　断口渗碳层下面心部组织和
沿晶分布的微裂纹　100×

3. 2. 16. 3　结果讨论

（1）M20 螺栓断裂原因　对断裂螺栓检查结果可知，四个螺栓断口均呈灰黑色，而且都有不同程度的渗碳，说明螺栓的断裂是在渗碳过程中发生的，但渗碳层深度不同，说明断裂有先后次序，3 号螺栓最先发生断裂，断面渗碳层最深，而 2 号螺栓渗碳层较浅，断口呈杯锥形头部弯曲状，说明此螺栓最后断裂，是受到一定的弯曲应力所致。螺栓断口附近的螺纹底部可看到较多的裂纹和微裂纹，显微组织中除直径较大的螺杆处未见微裂纹外，在螺纹

部位和其中心均有较多的与棒材轧制方向（即螺栓受力方向）相垂直的沿晶横向裂纹。螺纹底部裂纹较大，由表面向中心扩展。说明螺栓在最大受力部位的螺纹不仅受到多次反复的930~950℃高温下渗碳，同时还受到悬挂太阳轮重力的恒应力作用发生缓慢的塑性变形产生蠕变，其初期由于晶界滑动，在三晶粒交界处生成空洞核心，随着蠕变的进行，空洞核心长大形成楔形裂纹，并沿着横向晶界相互连接，再沿晶向外扩展。而螺纹表面渗碳层由于碳化物在晶内、晶界的大量分布，塑性变形能力差，增加了渗碳层的脆性，当中心发生塑性变形产生蠕变时，表面形成很大的拉伸应力而产生微裂纹。随着蠕变的不断进行，中心空洞和微裂纹不断增加，表面渗碳层微裂纹逐步扩展，最终导致螺栓的断裂。

（2）螺栓的材料问题 M20 材料设计要求为 DIN 1.4848 铸钢加工而成，对断裂螺栓材料成分分析结果为 16Cr25Ni20Si2 奥氏体耐热钢，不符合技术要求。两种材料合金成分基本相同，但 DIN 1.4848 铸钢的含碳量比 16Cr25Ni20Si2 钢高，其性能存在很大差异，尤其是高温持久强度和高温蠕变强度，DIN 1.4848 铸钢比断裂螺栓材料 16Cr25Ni20Si2 钢高得多（见表 3-42）。所以，16Cr25Ni20Si2 钢制螺栓使用寿命相对较低，在长期的高温下反复使用，易形成蠕变断裂。

表 3-42　DIN 1.4848 铸钢与 16Cr25Ni20Si2 钢高温性能比较　　　单位：kgf/mm^2

高温性能	高温持久强度 $\sigma_b/10000$			蠕变强度 $\sigma_i/10000$	
温度/℃	800	900	1000	900	1000
16Cr25Ni20Si2 钢	1.8	0.70	0.15	0.5	/
温度/℃	/	927	982	927	982
DIN 1.4848 铸钢	/	1.87	1.34	2.88	2.11

（3）钢中非金属夹杂物的影响 断裂螺栓中有较多而密集的颗粒状和少量细小沿棒材轧制方向呈条带状和分散的非金属夹杂物，按标准评定，B 类夹杂物大于 3 级，D 类夹杂物为 2 级。当螺栓中存在较多的非金属夹杂物时，在受力产生塑性变形过程中，由于夹杂物和基体的变形差异，易在夹杂物处形成应力场而产生微裂纹，因此对螺栓的持久强度和使用寿命有一定的不利影响，易促进螺栓的早期失效。

3.2.16.4　结论

① 断裂螺栓材料成分分析结果为 16Cr25Ni20Si2 钢，不符合设计要求的 DIN 1.4848 铸钢。由于 16Cr25Ni20Si2 钢的高温持久强度和高温蠕变强度相对较低，因此，该螺栓使用寿命相对较低，易导致螺栓早期蠕变断裂。

② 由于长期反复在高温（930~950℃）下渗碳和受到恒应力作用，使 M20 螺栓发生塑性变形和蠕变，螺栓中心和表面产生微裂纹并逐步扩展，导致螺栓的最后断裂。

③ 断裂螺栓存在较多的非金属夹杂物，降低了其高温持久强度，促进了螺栓的断裂。

3.2.16.5　改进措施

① 严格按设计要求采用 DIN 1.4848 铸钢材料，以提高其高温性能，确保其使用寿命。
② 做好螺栓的防渗碳保护，避免因螺栓的渗碳而降低使用寿命。

3.2.17　高速齿轮销轴开裂失效分析

3.2.17.1　概况

锻造粗加工的销轴，材料为 20CrNi2Mo 钢，经 930℃ 渗碳（保温时间不详）后进行淬、回火处理，淬、回火工艺为 840℃保温 1h＋820℃保温 3h 后油冷，180℃保温 16h 回火。淬、回火后表面硬度要求≥55HRC。经磨削加工（磨削量为 0.3～0.4mm）后存放在库房约两个月，然后进行液氮冰冷处理（零件直接投放到液氮中保持 40～50min），结果发现一批（12 件）产品均有不同程度的开裂，如图 3-275 所示。

图 3-275 开裂后的销轴形态

3.2.17.2 检查结果

（1）宏观检查 裂纹贯穿整个厚度，裂缝宽度从一边向另一边由宽逐渐变窄。将裂纹打开后，裂缝较宽的断裂靠近圆弧端面，呈朽木状形态，然后向中心和两边呈放射状扩展，并在扩展区的前端出现停歇线，说明裂纹的形成由两个扩展阶段组成（图 3-276）。

（2）低倍组织检查 沿裂纹打开后的一半销轴的横向切取低倍组织试片，磨平后进行热酸浸蚀，试片上出现分布不均匀的大块状灰黑色区域和粗大的枝晶组织（图 3-277）。经放大后，灰黑色区域内有密集的黑色小孔和小条状黑纹，但未见有明显的渗碳层特征。

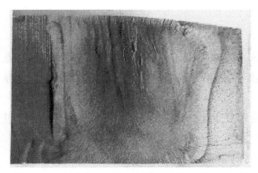

图 3-276 断裂面呈朽木状和放射状扩展形貌

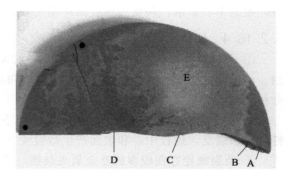

图 3-277 低倍组织形貌
E 区灰黑色和粗晶区，A、B、C、D 为金相取样部位

（3）断口扫描电镜检查 从朽木状断口处取样，置于扫描电镜下观察，断口呈撕裂状准解理形貌，局部区域有较多的非金属夹杂（图 3-278）。经能谱成分分析，夹杂物中含有较多的 O、S、Ca、K 和 Al 等元素（图 3-279 和图 3-280）。扩展区和扩展区尾端均呈沿晶和穿晶断裂形貌（图 3-281），说明材料脆性较大。

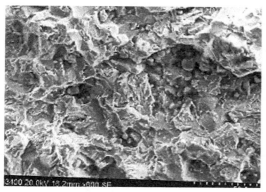

图 3-278 准解理形貌和较多的非金属夹杂物

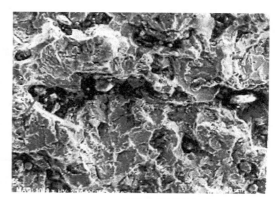

图 3-279 能谱成分测定部位

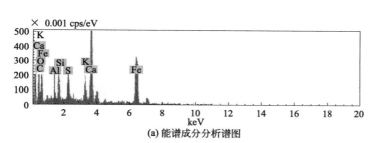

元素	含量(质量)/%	含量(原子分数)/%
C K	29.14	48.15
O K	25.71	31.90
Fe K	24.30	8.64
Ca K	13.13	6.50
S K	2.56	1.58
K K	2.23	1.13
Si K	2.00	1.41
Al K	0.94	0.69

(a) 能谱成分分析谱图   (b) 能谱成分

图 3-280 非金属夹杂物能谱成分测定结果

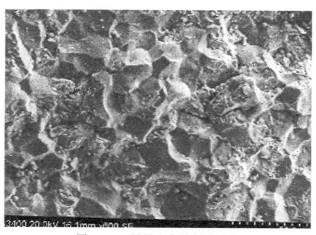

图 3-281 沿晶和穿晶断裂形貌

（4）硬度测定 在图 3-277 中 A、D 两个灰黑色区和 E 区（枝晶区）分别进行硬度测定，结果 A、D 灰黑色区硬度均为 62.0～64.0HRC，E 区（枝晶区）硬度为 33.0～40.0HRC。

（5）化学成分分析 从图 3-277 中 D（灰黑色区）和 E（枝晶区）分别取样进行化学成

分分析，结果见表 3-43，均不符合设计要求的 20CrNi2Mo 钢的技术要求，尤其是 D 区的碳含量高达 1.02%，成为高碳合金钢，所以硬度高脆性较大。

表 3-43　开裂销轴的化学成分与技术要求

化学成分/%		C	Si	Mn	P	S	Cr	Ni	Mo
开裂销轴	D 区	1.02	0.35	0.55	0.008	0.023	0.53	1.70	0.23
	E 区	0.30	0.33	0.64	0.008	0.004	0.54	1.80	0.23
GB/T 3077—2015 20CrNi2Mo 钢		0.17~0.23	0.17~0.35	0.40~0.70	≤0.020	≤0.015	0.35~0.65	1.55~2.00	0.20~0.30

(6) 钢中非金属夹杂物检查　按 GB/T 10561—2005 检查和评定，结果为 A 类夹杂物 2 级，B 类 0.5 级，D 类 1 级。

(7) 显微组织检查　从图 3-277 不同部位切取金相试样，磨抛侵蚀后观察，D 灰黑色区域组织为高碳针状马氏体＋网状碳化物（图 3-282），A 灰黑色区域组织为粗针状马氏体＋残余奥氏体（图 3-283），B 区断口停歇线附近组织为针状马氏体＋托氏体（图 3-284），朽木状断口区域（C 区附近）组织为条带状马氏体＋托氏体（图 3-285），枝晶区（E 区）组织为条带状低碳马氏体＋索氏体（图 3-286），其条带分布特征与朽木状断口区相似。

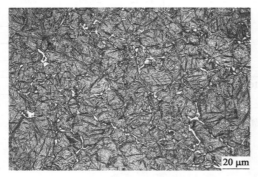

图 3-282　图 3-277 中 D 区高碳针状马氏体＋网状碳化物＋残余奥氏体组织，硬度 62.5~64HRC　400×

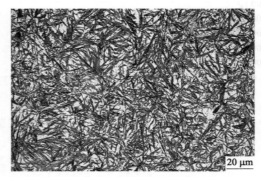

图 3-283　图 3-277 中 A 区粗针状马氏体＋残余奥氏体组织，硬度 62~63.5HRC　400×

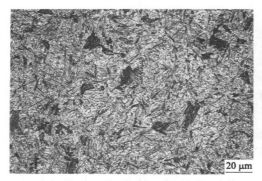

图 3-284　图 3-277 中 B 区针状马氏体＋托氏体组织，硬度为 56~59HRC　400×

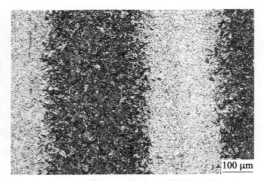

图 3-285　图 3-277 中 C 区纵向条带状组织　100×
白色条带硬度 595HV$_{0.2}$，相当于 55.5HRC
黑色条带硬度 381HV$_{0.2}$，相当于 40.2HRC

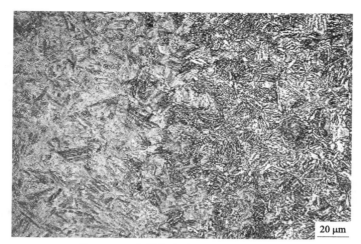

图 3-286　条带相交处组织形貌　400×

低碳马氏体硬度 $553HV_{0.2}$，相当于 53.1HRC，索氏体硬度 $359HV_{0.2}$，相当于 38HRC

3.2.17.3　结果讨论

从宏观裂纹和断口形貌可知，裂纹起源于销轴一边的内部，然后向表面和另一边扩展，形成较宽的宏观开裂。低倍组织中显示出大块不均匀的灰黑色斑块和较大的枝晶组织。不同区域的硬度也相差较大，灰黑色区硬度高达 62.0～64.0HRC，而枝晶区仅为 33.0～40.0HRC。对灰黑色区和枝晶区分别测定化学成分，结果显示灰黑色区含碳量高达 1.02%，形成了高碳合金钢特征，而枝晶区含碳量为 0.3%。由此可知，销轴材料成分分布严重不均匀，且大大超出了技术要求。由于材料化学成分的严重不均匀，含碳量各区域相差较大，在热处理时，尤其是在 930℃高温渗碳时，高碳区极易形成过热现象，冷却时高碳区马氏体转变点较低，随着含碳量的降低，Ms 点不断升高。因此，冷却时组织转变的不同时性形成很大的内应力，极易产生裂纹。组织检查可见，朽木状断口区域形成严重的条带状组织，高碳区存在粗大针状马氏体和大量残余奥氏体，呈现过热形态，而且出现网状碳化物，使材料脆性增加，当销轴在液氮中冷处理时，残余奥氏体转变成马氏体，由于体积膨胀而产生较大的内应力，使淬火时的内裂纹迅速扩展，形成粗大的宏观裂纹。

3.2.17.4　结论

① 销轴材料化学成分中含碳量太高，不符合技术要求。

② 由成分的严重不均匀，淬火时组织转变的不同时性产生的极大的内应力，导致销轴的开裂。

3.2.18　京唐大齿轮断裂失效分析

3.2.18.1　概况

京唐大齿轮装机后在试车过程中听到明显的异响，打开视窗盖观察，发现齿轮上有约 200mm 长度的裂纹贯穿两齿，其中一个齿的另一面有约 140mm 长的裂纹延伸至齿根。拆箱后检查，发现齿轮从内孔键槽处开裂，延伸至齿面，整个齿部已开裂（图 3-287 和图 3-288）。

热处理工艺：920℃渗碳 200h—660℃高温回火—920℃补渗碳 60h—660℃高温回火—830℃淬火保温—油淬 2h—沥油—清洗—220℃低温回火 36h。

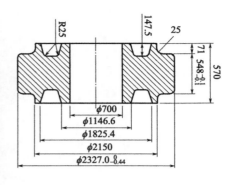

(a) 开裂齿轮实物　　　　　　　　　　　　　　(b) 开裂齿轮热处理时的尺寸

图 3-287　开裂齿轮实物和几何尺寸

图 3-288　开裂齿轮局部放大后的裂纹形态

技术要求：大齿轮材料为 18CrNiMo7-6 钢，热处理后齿表面硬度为 58.0～64.0HRC，工艺渗层深度≥6mm，心部硬度为 260～300HBW。

3.2.18.2　检查结果

（1）宏观检查　观察整个断口形貌可知，裂源位于齿轮内孔靠近键槽尖角处，该处有一个不规则的"白斑"，从"白斑"处呈放射状向纵深快速扩展至断。裂源附近较粗糙而不平整，呈破碎状形态。在裂源的附近和上侧扩展区有较多的凸起状小裂口，小裂口的断面也有不同形态的小"白斑"，说明裂纹在扩展过程中受到某种阻碍，使扩展方向略有改变，并使基体撕裂成裂口（图 3-289～图 3-291）。

（2）扫描电镜检查　从裂源区、凸起的小裂口部位和远离裂源区（图 3-289 实线小方块）各取一块试样，清洗后置于扫描电镜下观察。裂源"白斑"处断口呈波纹状浮云形貌（图 3-292 和图 3-293），而扩展区大部分为沿晶和穿晶断裂（图 3-294），扩展撕裂处有少量的韧窝。裂源"白斑"区局部有较多的非金属夹杂物（图 3-295），经能谱成分分析，结果除有较高的碳外，还有 O、S 和少量的 Cl、K 等元素（图 3-296）。

图 3-289 整个断口形貌

虚线区域为低倍检查区，实线小方块
区域为金相和化学成分分析区，
箭头所指为裂源

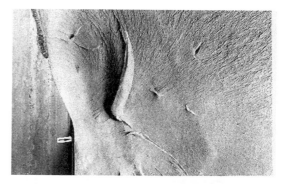

图 3-290 裂源附近局部放大后裂纹扩展形态

箭头处为裂源

图 3-291 裂源处局部放大后的放射状扩展形貌

图 3-292 裂源（"白斑"）不规则
形态和放射状扩展形貌

图 3-293 裂源区波纹形态的浮云形貌
和颗粒状非金属夹杂物

167

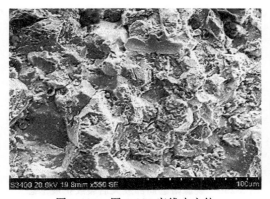

图 3-294　图 3-289 实线小方块
处沿晶和穿晶断裂形貌

图 3-295　能谱测定夹杂物区域

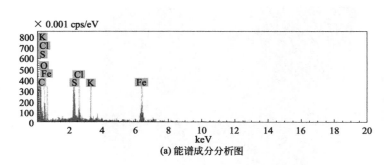

元素	含量(质量)/%	含量(原子分数)/%
C K	64.50	77.48
O K	19.12	17.24
Fe K	10.34	2.67
S K	4.10	1.84
Cl K	1.33	0.54
K K	0.61	0.22

(a) 能谱成分分析图　　　　　　　　　　(b) 能谱成分

图 3-296　夹杂物能谱成分测定结果

（3）硬度测定　裂源"白斑"区硬度为 470～492HV$_{0.2}$（相当于 47.1～48.7HRC），凸起的舌状小裂口"白斑"区硬度为 405～470HV$_{0.2}$（相当于 42.1～47.1HRC），中心化学成分取样处硬度为 38～39HRC，均超过了心部硬度的技术要求（260～300HBW）。

（4）化学成分分析　从图 3-289 实线方框区取样进行化学成分分析，结果见表 3-44，含碳量偏高，不符合技术要求。

表 3-44　失效大齿轮的化学成分与技术要求

化学成分/%	C	Si	Mn	P	S	Cr	Ni	Mo
失效大齿轮	0.23	0.30	0.79	0.008	0.005	1.52	1.60	0.31
18CrNiMo7-6 钢技术要求	0.15～0.21	0.17～0.35	0.50～0.90	≤0.020	≤0.015	1.50～1.80	1.40～1.70	0.25～0.35

（5）低倍组织检查　从图 3-289 虚线处断口下面取样，经磨平后置于热酸中侵蚀后观察，靠近裂源区域由于成分偏析形成较多大小不等的灰黑色条带（图 3-297），条带内有较多的夹杂经侵蚀剥落形成裂纹状缺陷，有的裂纹状缺陷较长而细（图 3-298），说明较大而长的夹杂物在热处理过程中，可能已形成裂纹。

图 3-297　靠近裂源区域低倍组织形貌

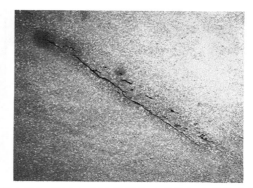

图 3-298　图 3-297A1 缺陷放大后的细小裂纹形态

（6）钢中非金属夹杂物检查　在靠近"白斑"部位和低倍试样条带状缺陷处分别取样，检查结果均有密集的大小不等、形状各异的硫化物夹杂，裂纹沿硫化物夹杂分布（图 3-299 和图 3-300）。垂直于低倍缺陷处取样磨制抛光后，可看到裂纹向纵深扩展，其特征形态和淬火裂纹相似。

(a) 裂源区域密集的硫化物形态

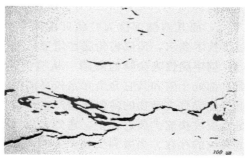

(b) 低倍缺陷处的硫化物和裂纹形态

图 3-299　裂源区域和低倍缺陷处的硫化物和裂纹形态　100×

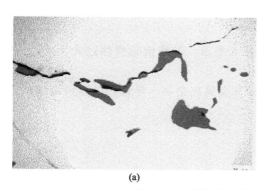

(a)

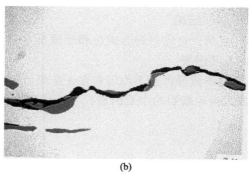

(b)

图 3-300　裂纹沿夹杂物形成和扩展形貌　400×

（7）显微组织检查　从裂源处、凸起的小裂口、远离裂源区（图 3-289 实线小方框）以及低倍缺陷处分别取样，不同方向磨制抛光侵蚀后观察，显微组织很不均匀。裂源处和凸起小裂口"白斑"处组织为低碳马氏体＋少量粒状贝氏体（图 3-301），硬度高达 $492HV_{0.2}$，而成分偏析区外组织为粒状贝氏体＋少量低碳马氏体，硬度仅为 $366\ HV_{0.2}$（图 3-302）。

图 3-301　"白斑"处低碳马氏体＋少量粒状
贝氏体组织　400×

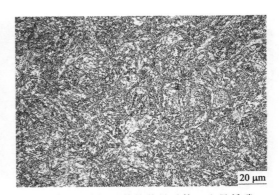

图 3-302　偏析区外粒状贝氏体＋少量低碳
马氏体组织　400×

3.2.18.3　结果分析

(1) 化学成分和组织的影响　对失效大齿轮成分分析（靠近中心），结果其含碳量偏高，而且偏析严重，局部区域碳和合金元素较高，导致热处理过程中的组织转变不同时性增加，产生较大的内应力。组织不均匀，局部区域为低碳马氏体＋少量粒状贝氏体，硬度高达 $492HV_{0.2}$，而其两侧部位为粒状贝氏体＋少量低碳马氏体，硬度也可达 38.0～39.0HRC，均超过了技术要求，造成齿轮脆性增加，从而降低使用寿命。

(2) 钢中脆性夹杂物的影响　从检查结果可知，失效大齿轮存在较多粗大密集状夹杂物，而且都处于碳和其它合金元素较高的偏析区，在热处理过程中的热应力和组织应力作用下，就可能导致夹杂物的薄弱部位产生微裂纹。断裂面上凸起的小裂口也出现"白斑"等特征，是当裂纹快速扩展过程中，遇到微裂纹时，裂纹扩展方向局部改变所致，这也说明热处理后微裂纹的存在。当微裂纹处于工件表面时，就可能形成裂源。

(3) 装配和使用应力的影响　根据设计要求，键和键槽是过盈配合，在键槽处会产生较大的装配应力，由于键槽表面存在微裂纹，就会在微裂纹尖端产生应力集中，在齿轮试车过程中的使用应力作用下，促进微裂纹的迅速扩展，导致齿轮的整体断裂。

3.2.18.4　结论

① 京唐大齿轮材料含碳量和硬度都超过了技术要求，导致齿轮脆性过大，是造成脆性断裂的重要因素。

② 钢中成分严重不均匀和存在密集而粗大的非金属夹杂物，导致热处理微裂纹的形成，是造成大齿轮断裂的主要因素。

金属构件缺陷、失效分析与实例
JINSHU GOUJIAN
QUEXIAN SHIXIAO FENXI YU SHILI

·第4章·

铸造缺陷与失效

铸造成形是机械制造业中应用最广的一种工艺方法，由于铸造工艺的复杂性和多样性，往往在铸造过程中出现各种铸造缺陷，影响到铸件的使用寿命。

4.1 常见的铸造缺陷及其影响

4.1.1 缩孔和缩松 （疏松）

铸件在凝固过程中，由于合金液的冷却收缩和凝固收缩，常在凝固的部位尤其是热节处得不到补缩而出现形状不规则的封闭式缩孔，在随后的加工中暴露，如图 4-1(a)，有的在缩孔下面呈不连贯树根状缩尾形式［图 4-1(b)］，或在铸件热节部位出现呈细小密集性的疏松形态［图 4-1(c)］。有些晶间细小的疏松只能借助放大镜或显微镜才能发现（图 4-2 和图 4-3）。

(a) 加工后发现的缩孔　　　(b) 解剖后的缩孔和缩松　　　(c) 解剖后热节处的疏松

图 4-1　铸件缩孔、偏析和疏松形貌

缩孔和缩松表面或内壁较粗糙，在扫描电镜下常可看到枝晶状的表面，呈较光滑的结晶形态（图 4-4），严重时还可能产生裂缝。如 ZZnAl4 铸锌合金在浇冒口下面收缩部位，经加工后发现收缩裂缝（图 4-5），垂直裂缝剖面观察，裂缝呈断续状向内深入（图 4-6）。

图 4-2　ZG45 蜡模精铸出现的显微缩松　100×

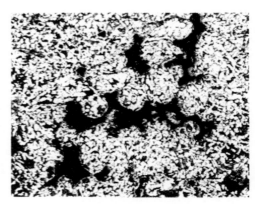

图 4-3　ZG45 经侵蚀后的缩松形态　100×

图 4-4　缩孔内壁结晶状形貌

图 4-5　ZZnAl4 锌合金铸件加工后暴露出的裂缝

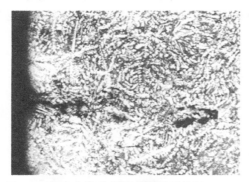

图 4-6　锌合金铸件收缩裂缝显微特征　100×

图 4-7　汽车交流发电机支架断裂形态

　　大的敞露缩孔或内部缩孔在加工后发现而不易流入成品零件中，对于厚壁铸件的内部，热节部件或内孔表面缩松往往不易被发现而流入成品，降低零件的力学性能和使用性能，导致渗漏和断裂，严重影响使用寿命，甚至造成严重事故。如汽车交流发电机支架安装后在不同路况的道路上做可靠性试验时，仅运行 24 多千米就发生支架断裂（图 4-7）。支架由材料为 ZGD345-570 铸钢加工而成。断裂从螺栓孔处呈斜向扩展断裂，断面已完全摩擦损伤，呈光滑发亮形态，但在螺纹孔上部平台及孔壁上有密集的缩孔等缺陷（图 4-8）。垂直孔解剖后可看到内孔上部分孔壁上有较大的缩孔和密集疏松（图 4-9）。断裂部位显微组织中除出现密集沿晶的缩孔外，铁素体沿珠光体晶界分布（图 4-10 和图 4-11）。由于密集性的缩孔与疏松，严重地割裂了基体的连续性，且铁素体沿晶界分布，使强度和塑性大大降低。则在使用应力的作用下，铸造缺陷处形成应力集中，尤其是沿晶分布的缩孔尖端处应力集中更为严重，导致裂纹的形成和扩展，形成支架早期的断裂失效。

图 4-8　螺纹孔平台上的缩孔形貌

断裂面

图 4-9　孔内壁及周围的缩孔

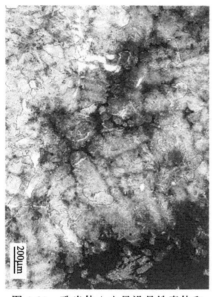

200μm

图 4-10　珠光体＋少量沿晶铁素体和
黑色孔洞与疏松　50×

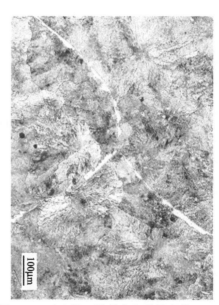

100μm

图 4-11　珠光体＋沿晶分布的铁素体　50×

　　柱塞泵壳体，由于铸件各部位体积不同，壁厚部位凝固较晚，未得到充分补缩而产生显微疏松，则在组装应力和使用应力的联合作用下，易形成微裂纹，导致壳体漏油而形成早期失效的现象也时有发生。

　　铸件缩孔的存在，对表面处理后的结合性有明显的不良影响。如球墨铸铁制的航空液压泵转子，在其平面加工后镀 Cu-Sn 青铜层起减磨作用，但在使用过程中多次发生镀层剥落，从宏观上可见明显的镀层结合不良。通过显微检查，镀层剥落部位铸件表面有较多的疏松存在。经试验，将同批镀 Cu-Sn 青铜层的产品加热 300℃保温 1.5h 后，局部出现鼓泡现象。解剖金相观察，鼓泡处与铸铁表面缩松相对应（图 4-12）。镀层组织呈层状形貌，这是由于电镀时电流波动引起沉积在零件表层的成分不同所致。经能谱成分分析，黑色条带处含 Sn 量较高。鼓泡时裂纹沿含 Sn 量高的条带发展，说明零件在使用温度下，铸件表面缩松处气体膨胀，使镀层鼓泡，并沿含 Sn 量较高的条带开裂和扩展，导致镀层的剥落。

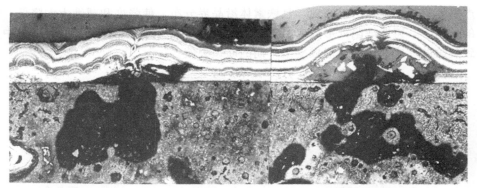

图 4-12　疏松处（黑色区）气体膨胀使镀层鼓泡开裂（92mL 氨水、8g $CuCl_2$ 溶液侵蚀）　50×

4.1.2　白口和反白口

4.1.2.1　白口

铸铁中的石墨能起到减摩和润滑的作用，若铁水中碳当量过低，S、Cr、V 等反石墨化元素过多，或浇注后冷却速度过快，则冷却较快的表面、边缘薄壁处或薄壁铸件，使用冷铁不当等都会抑制石墨化，按 Fe-Fe_3C 相图进行结晶，碳全部或部分以化合碳的形式形成莱氏体（图 4-13），使铸件硬度提高，脆性增加，切削加工困难，尤其是不加工的薄壁壳体，往往在使用应力或振动应力的条件下，易导致零件的脆性开裂。例如，压缩机的铸铁汽缸体，由于壁较薄，浇注后冷速较快，抑制石墨的形成而出现较多的莱氏体和条链状碳化物，使汽缸体壁脆性增加，在安装后的短期使用中，在使用应力和振动应力的作用下，使汽缸体壁开裂（图 4-14），从而导致压缩机的失效。

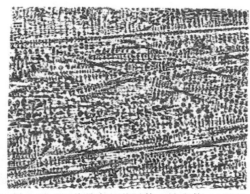

图 4-13　亚共晶白口莱氏体＋珠光体　100×

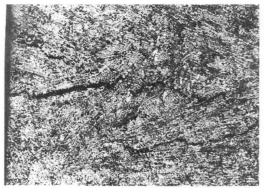

图 4-14　HT200 灰铸铁汽缸体壁开裂的裂纹和莱氏体＋珠光体＋少量细小石墨组织形态　50×

4.1.2.2　反白口

在铸件的厚壁和热节的中心部位，往往由于镁和稀土元素或反石墨化元素浓集在铁水中形成区域性的成分偏析，使石墨难以析出形成反白口。在断口上可见界线分明的白亮块，有的和缩松伴生。在显微组织中呈现出一定方向排列成密集的针状渗碳体、条块状、针状渗碳体与莱氏体混合分布三种类型的白口形态（图 4-15）。有时在反白口区针状渗碳体之间往往可发现微观裂纹和显微缩松。铸件中存在反白口使加工困难，增加刀具的磨损，也成为零件在使用中裂纹的发源地。

(a) 方向性密排渗碳体，球墨周围白色组织为铁素体，不规则铁素体中蠕虫状石墨100×

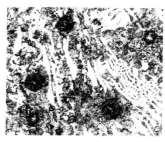

(b) 条状排列的渗碳体+莱氏体100×

(c) 针状渗碳体+莱氏体100×

图 4-15　白口形态

4.1.3　球墨铸铁球化不良与衰退

　　球墨铸铁的质量主要决定于石墨碳是否球化和球径大小，石墨球化在 1～2 级、球径大小在 6～8 级能获得良好的力学性能。石墨球径大或球化类型差，石墨即使有部分呈团状，但有尖锐棱角，微裂纹往往易在应力集中的石墨棱角或凹处发生、扩展，成为裂纹的发源地（图 4-16）。所以，希望获得较小球形石墨为好。但是，往往由于球化剂加入量少或吸收率低，铁水含硫过高等因素，会引起铸件球化不良，除出现团絮状石墨外，还有分散或集中分布的厚片状石墨（蠕虫状），如图 4-17。球墨铸件的力学性能随球化不良程度的增加而下降。

图 4-16　石墨棱角和凹处萌生的微裂纹　100×

　　经球化处理后未及时浇注，使球化效果衰退或消失，有的球化处理后随浇注时间的延长，使铁水中残留镁量和稀土量逐渐减少，当减少到残余量不足以球化的含量时，便产生球化衰退，先出现团片状进而过渡到厚片状石墨（图 4-18），使球墨铸件力学性能和使用寿命下降，如表 4-1 和图 4-19。例如，摩托车凸轮轴石墨球化衰退，装车后仅运行 750km，就发生严重磨损而失效（图 4-20）。

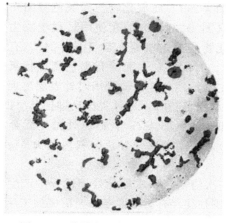

图 4-17　分散与集中分布的厚片状、
蠕虫状石墨（球化不良）　100×

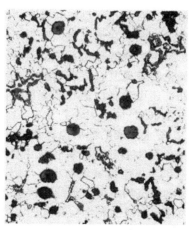

图 4-18　铁素体球墨铸铁石墨衰退形态
分散的厚片状＋少量球状石墨　100×

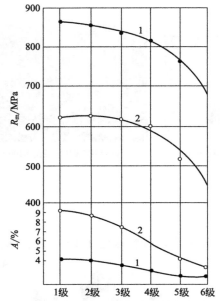

图 4-19　石墨球化级别与力学性能的关系
1—QT800-2、QT700-2、QT600-3；2—QT500-7

图 4-20　摩托车凸轮轴表面
严重磨损形态

表 4-1　同一包铁水铸件取样，先浇与后浇的力学性能对比

球化处理后不同时间浇注	R_m/MPa	A/%	A_K/(J/cm^2)	硬度/HBW
先浇注	76	2.6	32	293
后浇注	56	1.3	15	241

4.1.4　夹渣（夹杂）

在浇注前未能将液态金属中的熔渣除尽，随同液态金属进入型腔，或铁水在输送、转包和浇注过程中不断翻滚、飞溅，使一些 MgO、FeO、MnO 等卷入铸件内部，形成不规则的渣或非金属夹杂物，严重地割裂基体金属，在使用应力的作用下易形成裂源，严重地降低零件的使用寿命。

夹杂物往往在浇注后的疏松处较多，一般硫化物为主的夹杂在断口上看到的颜色较氧化物夹渣稍浅，在金相上呈淡灰色小点状或条带状（图 4-21），而氧化物呈深灰色（图 4-22）。例如，柴油机曲轴在加工表面常有不同程度的疏松（图 4-23），有的在使用过程中发生早期断裂，在其中心区的疏松部位均有较多硫化物、氧化物和氮化钛等夹杂（图 4-24），有的硫化物和氧化物等呈复合夹杂物的形态存在（图 4-25）。有的曲轴表面除有黑色斑点状氧化物等夹杂外，还可看到白斑状非金属夹杂物。如加工主轴承挡和连杆轴颈挡时外表层出现白色斑块（图 4-26），白斑大小约 0.5～1.5mm，斑内均呈白色粉状，用针尖拨动即掉落呈凹坑，经 1∶1 盐酸水溶液热蚀后白斑周围出现大量疏松和孔洞（图 4-27）。白斑处抛光后金相观察，呈灰色基体上分布密集状灰白色颗粒（图 4-28），经能谱成分分析，灰白色为 MgO 颗粒，灰色和深灰色为氧化物和硫化物。

白斑和黑斑均是由铁水的一次渣造成的。所谓一次渣是在铁水球化处理过程中产生的夹渣，多为稀土和镁的氧化物及硫化物。这种夹渣的周围往往伴有石墨漂浮。经机械加工后，夹渣缺陷处的部分脆性渣剥落，在表面形成了疏松区或疏松区与夹渣共存的铸造缺陷，即黑斑。若缺陷处存在氧化镁粉夹渣时，加工后，白色的氧化镁粉末暴露在表面，即呈白斑。

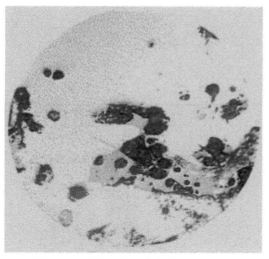

图 4-21 疏松处的硫化物夹杂 100×

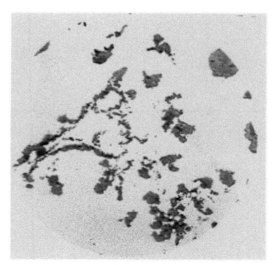

图 4-22 氧化物夹杂 100×

图 4-23 曲轴加工表面疏松和夹杂

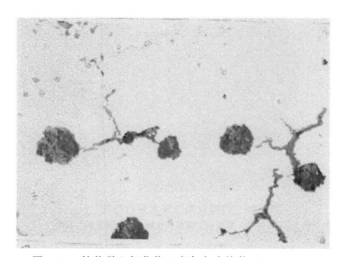

图 4-24 枝状稀土氧化物＋亮灰色小块状 TiN 100×

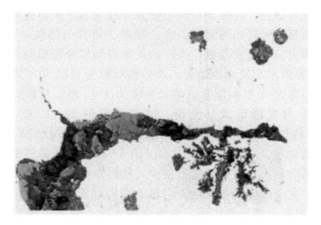

图 4-25 氧化物＋硫化物复合夹杂物 100×

图 4-26　主轴承挡表面的白斑

图 4-27　图 4-26 经热蚀后的孔洞和疏松

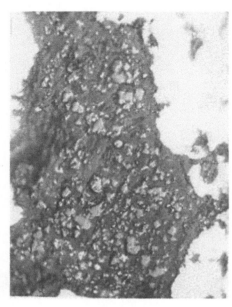

图 4-28　白斑处抛光放大后的形貌

灰白色为 MgO 颗粒，淡灰色主要是氧化物和少量硫化物　400×

图 4-29　汽车发动机正时
齿形带导轮架断裂形态

　　一次渣的形成主要是铁水经气动脱硫处理后，硫含量极少，使杂质难以浮起，另外，球化处理到铸件开箱之间的时间短，球化处理的一次渣小而分散，又都呈颗粒状，来不及上浮集中，因此，部分被冲入型腔，存在于铸件上箱表面或泥芯下表面死角处。

　　这些夹杂（渣）割裂了铸件的连续性，大大降低了铸件的强度，在使用应力的作用下，易发生铸件的开裂和断裂。汽车发动机厂生产的正时齿形带导轮架铸件，在汽车行驶过程中发生折断（图 4-29），导致汽车发动机熄火，该铸件材料为 HT250，要求硬度 190～240HB，珠光体≥95%，石墨形态为 A 型和部分 B 型，长度为 4～5 级。从断口上可看到较多的黑色斑点（图 4-30），经 X 射线能谱成分分析，除有少量的 Si、C 外，主要为铁的氧化物（图 4-31 和图 4-32），铸件壁表层由于冷却较快，使石墨形态呈枝晶状细小的 D、E 型（图 4-33），珠光体数量也较少，仅为 50% 左右（图 4-34）。由于铸件中存在较多的氧化铁类夹杂，铸件壁表层石墨形态不良和珠光体数量少，使铸壁强度大为降低，从导轮架的受力状态可知，在使用过程中主要经受到弯曲应力，最大应力处于零件内表面的中部［图 4-30(b) 箭头处］，当零件受使用应力的反复作用，首先在最大应力处靠近表面的黑斑（夹渣）部位形成裂源，同时也加大了其它部位的应力水平，最后导致零件整体的断裂。

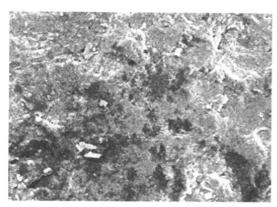
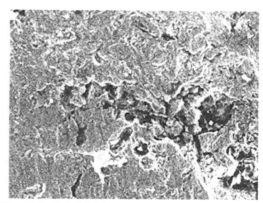

(a) 断裂面的形貌，箭头为断裂方向

(b) 断裂面黑斑示意图

图 4-30　导轮架断口形态

1、2、3 为金相取样部位

图 4-31　不同部位的黑斑形貌和能谱成分测定区

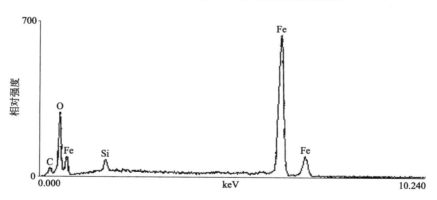

图 4-32　黑斑中心区域的能谱成分图

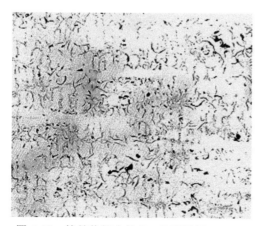

图 4-33　枝晶状细小的 D、E 型石墨　100×

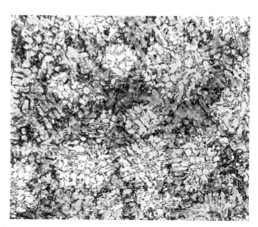

图 4-34　铸件表层珠光体较少（约 50%）　100×

179

4.1.5 石墨漂浮（开花状石墨）

熔炼时铁水成分控制不当，碳当量过高，初生的球状石墨从高温铁水中析出，由于密度的差别和上浮镁蒸气的带动，使部分石墨上浮集聚在一起（图 4-35），球墨铸件冷却速度太慢、壁太厚、残余 Mg 量过低、浇注温度和残余稀土过高等，都会引起石墨漂浮，分布不均，石墨漂浮一般产生在铸件上表面，泥芯的下表面和死角处。漂浮石墨外形具有球状特征但中心呈开花状，有的呈梅花状（图 4-36）。由于开花状石墨的大量聚集，削弱了金属基体的强度，使金属的力学性能大为降低，其影响大小决定于开花状石墨数量和分布密集程度。实践证明，在相同条件下，漂浮对性能的影响和铸件壁厚有关，漂浮随铸件壁厚度的增加而加剧，抗拉强度的下降更为明显，延伸下降可达 50％以上，而冲击韧性却随壁厚的增加而影响有所减小，见表 4-2。

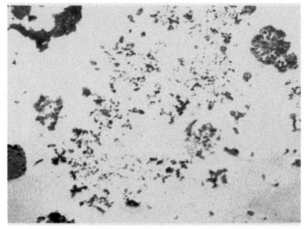

图 4-35　漂浮的开花状集聚石墨　100×

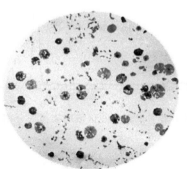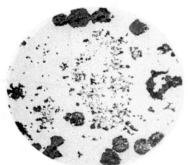

(a)漂浮的梅花状、破碎状石墨　100×　　(b)漂浮的开花状石墨　100×　　(c)中心开花的球状漂浮石墨　100×

图 4-36　石墨形态

表 4-2　石墨漂浮区与正常区力学性能的对比

试样直径/mm	切样部位	力学性能					
		抗拉强度/MPa	降低率/%	A/%	A 下降/%	A_K/(J/cm²)	A_K 下降/%
30	正常区	775	29.7	2.0	50	15	53.3
	漂浮区	545		1.0		7.0	
60	正常区	685	30.7	1.8	55.6	12	41.6
	漂浮区	475		0.8		7.0	

续表

试样直径 /mm	切样部位	力学性能					
		抗拉强度/MPa	降低率/%	A/%	A 下降/%	A_K/(J/cm²)	A_K 下降/%
100	正常区	630	34.1	1.6	62.5	8.0	25
	漂浮区	415		0.6		6.0	
150	正常区	600	35	1.2	50	7.0	14.3
	漂浮区	390		0.6		6.0	

　　有些铸件的缺陷不是单一的存在，往往会出现两种甚至两种以上缺陷同时存在而未被发现的情况，这对铸件的质量影响较大，会引起零部件的早期失效。如依维柯汽车中的制动器是由 QT450-10 球墨铸铁加工而成，安装后在整车 7km 路试进行踩刹车检测制动力时，发现无制动能力，拆开后发现底板断裂（图 4-37），宏观断口上可看到较大的缩孔（图 4-38）。显微组织中除有少量的石墨呈球状外，大部分石墨呈厚片状和蠕虫状（图 4-39）。铸件表层约 1.5～2.0mm 区域为石墨漂浮区，石墨呈开花状（图 4-40）。由于薄壁铸件内存在较大的缩孔，严重削弱了铸件的强度，而显微组织中石墨球化率也很低，大部分石墨呈厚片状和蠕虫状，同时，在表层约 1.5～2.0mm 区域内（铸件壁厚 8.5～11mm）呈开花状的漂浮石墨，大大降低了球墨铸铁的力学性能，当零件在运行过程中受到外来应力作用时，铸件极易产生裂纹导致断裂。

图 4-37　制动器底部断裂部位（箭头处）

图 4-38　图 4-37 中断裂件的断口缩孔形态

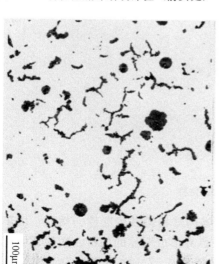

图 4-39　断裂部位的石墨形态　100×

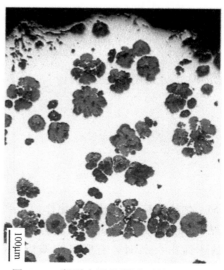

图 4-40　断裂表层的漂浮石墨　100×

181

4.1.6 偏析碳化物与磷共晶的影响

用于生产铸铁的生铁中往往含有少量的 Mn 和微量元素，特别是 Cr 和不常见的 B 和 V，这些元素会在凝固的共晶团间最后凝固的金属液中产生偏析，尤其是在厚件慢冷时，更易形成偏析。这种局部偏析的浓度达到一定水平，就会形成稳定的碳化物，而使球墨数量减少。偏析形成的碳化物多数形成大块状（图 4-41），也有的形成聚集的颗粒状（图 4-42）和网状。有的颗粒状碳化物分布在磷共晶的周围，这是由于冷却时磷元素排斥碳，使碳以二次渗碳体的形式析出所致。偏析状的碳化物往往不易发现，而易在使用过程中导致零部件的早期脆性断裂。在以珠光体为基的球墨铸铁中存在粗大的偏析碳化物时，在零件工作过程中，即使在较低的应力水平下，碳化物也会导致微裂纹的发生，而且在扩展时，不管其基体是珠光体，还是牛眼状组织，都不能阻止裂纹的扩展。所以，偏析碳化物对零件的弯曲疲劳性能危害很大。当粗大碳化物在表层时，不仅使加工困难，在运行摩擦副的表面，由于粗大碳化物的凸起或脱落，引起匹配件的表面的摩擦损伤和微粒磨损。例如，球墨铸铁转子在柱塞孔的表面有粗大的碳化物时，仅使用 153h，便由于摩擦副表面严重摩擦拉伤，导致柱塞和转子孔间的咬死而引起失效。

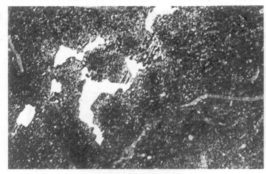

(a) 灰铸铁中碳化物　300×　　　　　　　　　(b) 球墨铸铁中碳化物　400×

图 4-41　铸铁中大块状碳化物

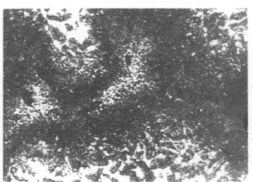

图 4-42　铸铁中聚集的颗粒状碳化物　500×

Mn 在球墨铸铁中起合金化作用，强化铁素体，提高球墨铸铁耐磨性。然而，由于球墨铸铁结晶特点所致，当 Mn 含量达到一定量后，易在晶界形成明显的偏析。实验证明，当含 Mn 量达到 0.69% 时，有明显的偏析存在。当 Mn 含量从 0.07% 增加到 0.74% 时，等温淬火后冲击韧性急剧地下降（表 4-3）。含 0.70% 以上 Mn 的球墨铸铁，在凝固过程中，碳易富集在共晶团晶界上，甚至可能形成晶界网状碳化物。当这种晶界组织形成后，便破坏了晶界之间的连接，成为裂纹源。

表 4-3　Mn 含量对球墨铸铁冲击韧性的影响

Mn 含量/%	0.07	0.47	0.74
无缺口试样 A_K/(J/cm^2)	80	57	37

　　磷作为有害元素存在于球墨铸铁中，除部分固溶于铁素体外，主要是形成磷共晶，和碳化物一样具有很大的危害。磷共晶和碳化物的存在，特别是沿晶界分布时，将极大地降低零件的疲劳强度，所以应控制这些脆性相的存在。

4.1.7　铁素体形态和数量

　　铸铁、铸钢和中低碳钢的零部件显微组织中都会存在一定数量的铁素体。由于状态不同，铁素体在显微组织中的形态不同，对零部件的力学性能的影响也不同。由于铁素体性软而韧性和塑性较好，但强度较低，当铁素体呈网络状存在时会严重降低材料的强度，影响零部件的使用寿命。例如，ZG25 铸钢钩在使用中发生脆性断裂，断口呈结晶状，如图 4-43 和图 4-44。在显微组织中除了可以看到晶内细针状铁素体外，在晶界上出现连续的厚片状铁素体（图 4-45）。

(a) 脆性断口(箭头处)

(b) 脆性断裂和撕裂

图 4-43　ZG25 铸钢钩脆性断裂

图 4-44　脆性断口结晶状形貌
ZG25 铸钢钩水淬后的试样断口

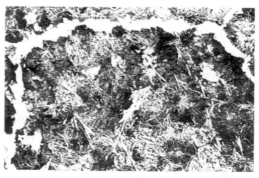

图 4-45　ZG25 铸钢水淬，沿晶铁素体和
晶内细针状铁素体　100×

球墨铸铁正火后，珠光体量在 70%～90%，铁素体若呈牛眼状分布，零件承受外力作用下，在石墨球或夹杂物处出现微裂纹向基体扩展至牛眼状铁素体时，会产生较大的塑性变形来吸收能量，阻止裂纹的扩展，因而提高了球墨铸铁曲轴的抗弯曲疲劳强度。珠光体数量为 90% 的球墨铸铁强韧性（K_{IC}）最高，但珠光体数量过高，不但不会给断裂韧性带来好处，还会降低曲轴弯曲疲劳强度。断口在扫描电镜下可见大部分区域呈河流花样及台阶花纹，呈典型的脆性断口。若正火温度较低，铁素体数量过多（>30%）会严重降低球墨铸铁的抗磨性能。例如，球墨铸铁转子经正火后铁素体量达 34%（图 4-46），在运行过程中柱塞孔和柱塞产生滑动摩擦而发生咬合卡死。显微组织中可看到柱塞孔摩擦内表面铁素体产生严重的摩擦变形特征（图 4-47）。

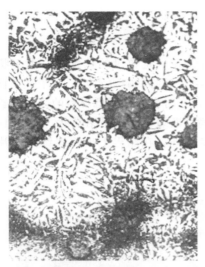
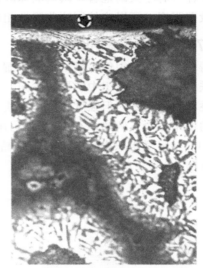

图 4-46　正火后铁素体量达 34%　200×　　　　图 4-47　摩擦内表面铁素体变形特征　500×

有的以铁素体为主的铸铁件，虽然铁素体晶粒细小，但由于出现三次渗碳体沿晶分布，增加了铸件的脆性，断口出现沿晶断裂无塑性变形的脆性特征（图 4-48），在高倍下可看到沿晶分布的三次渗碳体（图 4-49）。有的铁素体晶界处局部出现少量的三次渗碳体，对材料的力学性能影响并不显著，若材料中合金元素含量过高或存在微量的有害元素，就可能影响其性能。如压缩机连杆，采用 QT400-10 球墨铸铁铸造而成，长期采用邯郸产生铁铸造连杆，使用寿命较好。后采用苏州产生铁后，在相同的退火工艺条件（920℃保温 3～4h，随炉冷至 720～740℃保温 4h，冷至 520℃出炉空冷）下，由于邯郸和苏州两地生产的生铁含量的差异，配制的球墨铸铁连杆成分也有所不同（表 4-4）。1 号配制的铸件 C、Si、Mn、P、Cr 等元素的含量都比邯郸铁高，导致配制铸造的球墨铸铁连杆在使用中发生大量脆断。将两种生铁配比的连杆进行整体力学性能测试比较（表 4-5），可看出，1 号的强度、塑性和韧性都比较差，而硬度较高，其断口也呈脆性特征。1 号和 2 号金相组织中球化率、珠光体数量和晶界局部少量渗碳体都基本相同，但 1 号磷共晶稍多，并有 1% 左右的一次渗碳体和较多的 TiN 存在。采用显微硬度测定（图 4-50、图 4-51 和表 4-6），证明 1 号硬度较高。由于 P、Si、Cu、Mn 等元素都可以以固溶体形态存在于铁素体中，可提高铁素体基体的抗拉强度，同时也在一定程度上降低基体的韧性和塑性。尤其是 P，与其它合金元素相比，其固溶强化效果最高，同时也增加了基体的脆性。由试验结果可知，当铁素体中 P 含量超过 0.103% 时，冲击韧性下降，同时韧脆转变温度上升，这显然是有害的。所以 1 号件磷共晶较多，并有一次渗碳体存在，增加了铸件的脆性，导致连杆早期脆性断裂。

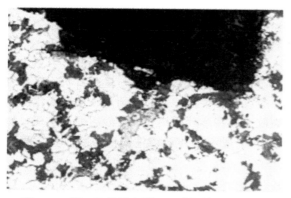

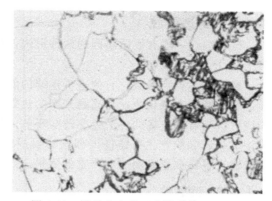

图 4-48 断口边缘无变形，呈脆性特征 100×
图 4-49 沿晶分布的三次渗碳体 1000×

表 4-4 不同配比的球墨铸铁连杆成分比较

序号	生铁配比	元素含量/%									断口特征
		C	Si	Mn	P	S	Re	Mg	Cu	Cr	
1	苏州铁75%＋邯郸铁25%	3.93	2.76	0.685	0.113	0.052	0.034	0.056	0.23	0.126	脆断
2	邯郸铁100%	3.45	2.43	0.554	0.080	0.025	0.030	0.041	0.19	0.081	韧断

表 4-5 不同生铁配比的球铁连杆性能比较

序号	生铁配比	R_m(平均)/MPa	A(平均)/%($L_0=250mm$)	A_K(平均)/(J/cm²)	硬度/HB	拉伸与冲击断口颜色
1	苏州铁75%＋邯郸铁25%	34.5	3	28	163	全部呈银灰色
2	邯郸铁100%	35.5	4	59	149	灰黑色

注：冲击试样规格为 55mm×10mm×10mm，无缺口。

表 4-6 不同生铁配比的球铁连杆显微组织硬度（HV₀.₂）测定比较

序号	生铁配比	晶界渗碳体处	铁素体	珠光体
1	苏州铁75%＋邯郸铁25%	180.6,186.8,186.8	183.4,180,181	289.8,188.1
2	邯郸铁100%	172.4,166.2,169.0	163.2,130.4,147.0	250.8,249.6

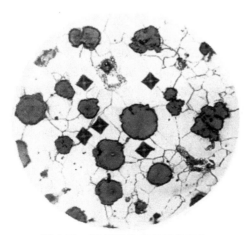

图 4-50 苏州铁连杆各部位组织
显微硬度测定 300×
图 4-51 邯郸铁连杆各部位组织显微
硬度测定 300×

4.1.8　铸造裂纹

铸造裂纹一般有性质不同的两种形式：热裂纹、冷裂纹。

4.1.8.1　热裂纹

裂纹呈不规则形貌，有的呈不连续的曲线形态，起始部位裂纹较宽，呈开口状。尾部较细，裂纹断面有氧化色，呈高温开裂的热裂纹。裂纹常发生在铸件的内圆角、壁厚变化部位和浇冒口与铸件连接的热节处等薄弱环节。热裂纹一般在落砂或热处理吹砂后即可发现，如图 4-52。若裂纹产生在铸件内部最后凝固的区域，一般不延伸至铸件表面，断口氧化程度也较轻，容易被忽略而造成严重的后果。

4.1.8.2　冷裂纹

当铸件凝固冷却至较低温度的弹性状态下，热应力和组织应力超过铸件强度极限时，导致铸件开裂。裂纹一般较规则，呈连续的细线条状（图 4-53），易发生在应力集中的内尖角、缩孔、夹杂部位以及结构复杂的大型铸件上。应力的大小与合金成分、组织、零件结构及冷却速度有关。如钢中含磷量高，则冷脆性增加，碳、铬、锰等元素含量的增加，虽增加钢的强度，却降低了导热性和塑性；马氏体钢相变时体积膨胀，造成很大的相变组织应力；形状复杂、厚薄悬殊的铸件，各部位温度不均匀，冷速悬殊等均会造成较大的拉伸应力，就极易发生冷裂纹。由于冷裂纹较细小，往往容易被遗留于零件中，在使用应力的作用下，逐步扩展，导致铸件的断裂，造成重大失效事故。

图 4-52　ZG35CrMnSi 铸钢件内圆角处的热裂纹

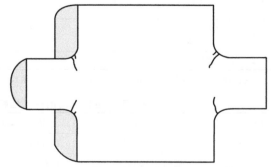

图 4-53　连接器圆角部位的冷裂纹示意图

4.1.9　灰铸铁件中常见的不良石墨形态

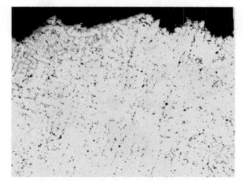

灰铸铁件中石墨起到割裂金属基体的连续性和完整性、降低力学性能的有害作用，但有很好的减振作用，减小金属缺口敏感性，更重要的是石墨是天然润滑剂，能吸附和储存润滑油，具有良好的润滑作用。石墨由于铸铁成分、铸件壁厚的大小和浇注过冷度等因素的影响，形成各种不同的石墨形态，一般希望获得中等尺寸、分布均匀且无方向性的 A 型石墨，其力学性能较好。但铸件中常可见到的有以下两种不良石墨形态。

图 4-54　铸件表层的枝晶石墨　100×

4.1.9.1　枝晶状 D、E 型石墨

对于 C、Si 含量较低的亚共晶铸件，若浇注过冷度较大，易使初生奥氏体的树枝间隙中剩余

液体，只能作微小的生长，出现细小石墨片，即具有明显的短片状分布特征的 D 型石墨，而使力学性能恶化，尤其是在奥氏体晶间分布着方向性更为明显的 E 型石墨，对力学性能的损害比 D 型更大，是不允许存在的石墨形态。铸件中存在 D、E 型石墨，在使用应力的作用下，易发生脆性断裂。例如，汽车离合器压盘内圆表面由于浇注时受到强烈的过冷影响，形成短小片状枝晶石墨，出现方向性分布的 E、D 型石墨（图 4-54），造成显微组织的不均匀分布（图 4-55），而降低力学性能，尤其是塑性的降低更为明显。当零件在高速切削时，在切削应力的作用下，易形成开裂（图 4-56）。

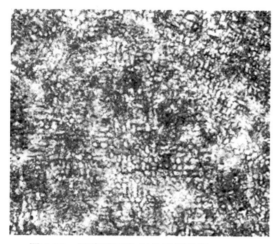

图 4-55　网络状不均匀的显微组织　100×

图 4-56　开裂的离合器压盘（箭头处为贯穿裂纹）

4.1.9.2　粗大初生石墨和过长的石墨片

过共晶的厚壁铸铁件或铸铁件浇注后缓慢冷却时，在共晶结晶前析出粗大的初生石墨或过长的石墨片，对基体性能危害较大，使力学性能下降较显著，而且力学性能随石墨长度和初生石墨的增加而降低。所以灰铸铁件零件中存在此类石墨会严重影响其使用寿命。例如，HT250 灰铸铁件铸造的汽车导轮架，安装后在台架试验中，当第一阶段（1000r/min，10min 左右）试验结束后转入第二阶段（2000r/min）仅数分钟，就连续二次发生导轮架的断裂（图 4-57 和图 4-58）。断口呈粗大结晶状，显微组织中石墨为 A 型，片状石墨长度达 0.38～0.40mm，按 GB 7216 标准评定为 3 级左右（图 4-59），有的区域出现大块状的初生石墨（图 4-60），显著降低铸件的力学性能，尤其是过长的石墨片，严重地割裂基体的连续性，大大提高铸件的脆性断裂的敏感性，使强度大幅下降（图 4-61）。在装配应力的作用下，使导轮架的螺纹部位受到一个较大的拉应力，在台架试验中又受到一个弯曲应力，在导轮的弯曲应力最大的"R"部位有粗大初生块状和长条状的石墨处产生裂源并迅速扩展至整个断裂。

图 4-57　断裂后的汽车导轮架

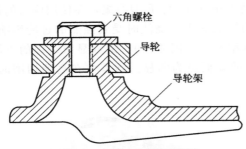

图 4-58　导轮架组装示意图

六角螺栓
导轮
导轮架

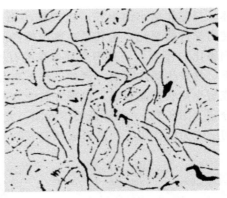

图 4-59　粗大的 A 型（片状）石墨　100×

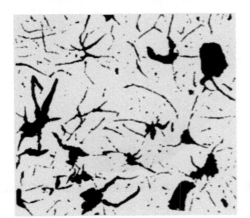

图 4-60　粗大的块状、星状初生石墨　100×

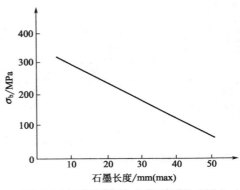

图 4-61　石墨长度与抗拉强度的关系

4.2　铸造缺陷引起的失效案例

4.2.1　航空液压泵斜盘断裂分析

4.2.1.1　概况

液压泵安装在发动机后仅飞行 100h 左右便发生压力下降，液压油中金属粉末较多，怀疑为液压泵中零件磨损所致。经返厂分解检查，发现斜盘折断（图 4-62）。该斜盘原设计材料为 18Cr2Ni4WA 钢，后改为 ZG35CrMnSi 铸钢，长期使用较稳定。

斜盘热工艺规范　铸件浇铸温度 1550～1680℃，毛坯不允许有缩孔、夹渣、疏松和裂纹。经脱碳层检查、100%磁粉探伤和 X 射线检查，合格后转入高温调质处理（淬火温度为 890℃±10℃，保温 30～40min，油冷，650℃±20℃保温 60～90min，空冷）。

性能要求　硬度 222～276HBW，$R_m \geqslant 800MPa$，$A \geqslant 10\%$，$Z \geqslant 20\%$。经初加工后最终调质处理（淬火规范同上，回火温度为 520～560℃，保温 40～60min，空冷）后，100%测定硬度为 34～42HRC。

图 4-62　折断斜盘

4.2.1.2 检查结果

（1）宏观检查 斜盘的断裂部位处于直径 40mm 的中心孔，对称垂直折断，断裂时的裂纹发展至内径螺纹退刀槽根部，然后向两侧发展，横向裂纹长度分别为 20～30mm（图 4-63），断裂周边表面无机械损伤。中心孔两侧的断裂面特征不同，图 4-64A 处断面呈现出明显的疲劳断裂形貌，起源于中心孔边缘的圆角处，逐渐向内扩展。图 4-64B 处断面呈现出脆性断口形貌，断面厚度较大的中心区域存在疏松，夹杂等冶金缺陷。对 A 断口夹杂能谱成分分析，主要是 O、Fe、Si 等元素，而 B 断口中心夹杂主要是 Fe 的氧化物。

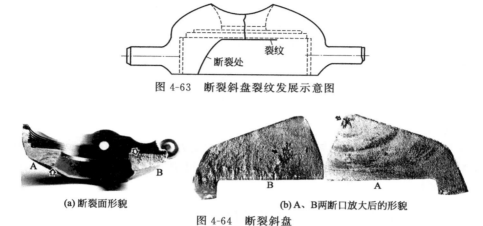

图 4-63 断裂斜盘裂纹发展示意图

（a）断裂面形貌

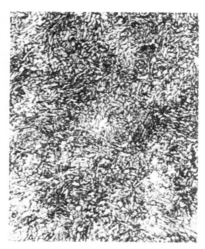

（b）A、B 两断口放大后的形貌

图 4-64 断裂斜盘

A—疲劳断裂面；B—脆性断裂面；箭头处为疏松和夹杂部位

（2）硬度测定 断裂件的硬度测定结果为 37～38HRC。

（3）化学成分分析 断裂斜盘的化学成分测定结果见表 4-7，符合 ZG35CrMnSi 技术要求。

表 4-7 断裂斜盘的化学成分测定结果与 ZG35CrMnSi 技术要求　　　　单位：%

元素含量	C	Si	Mn	S	P	Cr	Mo
断裂斜盘	0.36	0.75	1.00	0.020	0.021	0.84	0.15
ZG35CrMnSi 技术要求	0.32～0.40	0.60～0.90	0.90～1.20	≤0.035	≤0.035	0.70～1.00	0.10～0.20

图 4-65 裂源处的夹杂物和脱碳层　100×　　　　图 4-66 回火索氏体＋少量铁素体组织　500×

(4) 显微组织检查 从 A、B 两断口夹杂等缺陷部位（图 4-64 箭头处）取样抛光观察，均有较多的氧化物夹杂存在，经侵蚀后断口 A 处夹杂物大的已脱落为黑色孔洞，小的灰色氧化物呈分散分布并有严重的脱碳层（图 4-65），其硬度仅为 $183\sim190HV_{0.2}$。无夹杂物处组织为回火索氏体＋少量铁素体（图 4-66）。

4.2.1.3 结果分析

该斜盘在工作状态下承受最大弯矩为 $337\sim451N\cdot m$，最大弯矩偏离中心 1.78cm，最大正应力为 $177.5\sim237MPa$，按抗拉强度计算，安全系数达 $5\sim6.76$，按抗疲劳强度计算，安全系数为 $1.7\sim2.3$，都超过一般规定。因此，在正常情况下使用是安全可靠的。所以长期使用 ZG35CrMnSi 铸钢都满足使用要求。

根据对断裂斜盘的检查，断口上存在较集中的氧化物夹杂，尤其是斜盘 $\phi40mm$ 中心孔边缘应力集中区表面存在严重的脱碳和集中的氧化物夹杂，严重地削弱了材料的力学性能。当零件受到交变载荷时，就可在缺陷处优先产生微裂纹，随着应力的周期性变化，微裂纹成为疲劳源而逐渐扩展，直至工作应力超过剩余截面所能承受的载荷时，就产生突然折断。

4.2.1.4 结论

斜盘早期失效的原因是由于斜盘中心孔边缘最大受力区存在较严重的脱碳和集中性的夹杂等冶金缺陷，在使用应力的作用下，使缺陷处萌生微裂纹，随工作应力的变化而逐渐扩展，导致早期的疲劳断裂失效。

4.2.2 柴油机汽缸套的咬合损伤失效分析

船用柴油机汽缸是由球墨铸铁经热处理后加工而成，功率为 25 马力❶的汽缸，其最大爆发压力达 7.8MPa，扭矩为 $9.65kN\cdot m$。在工作温度（排气温度）约 300℃ 使用条件下，仅工作 3000h 左右就发生汽缸套与活塞间不同程度的黏着、咬合磨损，导致整个柴油机的失效（图 4-67）。

(a) 汽缸套剖开后内壁咬合磨损形态　　　　(b) 活塞表面咬合磨损形态

图 4-67　汽缸套与活塞间咬合磨损的形貌

汽缸套材料为稀土球墨铸铁（QT500-1.5），砂型铸造，经正火、回火处理后的硬度要求为 240～300HBW。

---

❶　1 马力＝745.7W。下同。

4.2.2.1 检查结果

(1) 宏观特征 汽缸套损伤严重部位处于活塞上"死点"，对应排气口的窄壁面处，熔焊、撕裂损伤痕迹明显，撕裂表面呈灰白色。

(2) 硬度测定 从损伤严重处取样，测定硬度为254HBW，符合技术要求。

(3) 显微组织检查 组织为珠光体为基加微观不均匀的球状石墨和少量不规则团絮状与厚片状石墨，铁素体围绕石墨成"牛眼状"。如图4-68，从黏着、咬合磨损处取样观察，表面呈白色淬火马氏体，深约 0.7mm，硬度达 $700.8HV_{0.5}$（相当于 60.1HRC），大于 0.8mm 的交界处为珠光体，硬度仅为 $243.8HV_{0.5}$（相当于 23.5HRC），如图4-69所示。

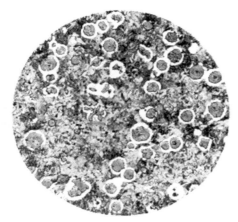
图 4-68 珠光体为基＋牛眼状石墨和铁素体 100×

图 4-69 咬合撕裂处表面与中心交界处组织与显微硬度压痕对比 500×

(4) 汽缸套内壁磨损尺寸的测定 对失效汽缸套内壁磨损情况进行尺寸测定，测量部位如图4-70所示，测量结果见表4-8。由测量结果可知，气口处是汽缸套磨损量最大部位，也是咬合损伤起始和严重的部位。

表 4-8 汽缸套内壁磨损处尺寸

材料状态	编号	D_1/mm	D_2/mm	$D_{气口}$/mm
球墨铸铁	1	0.1	0.09	0.205
正火、回火	2	0.06	0.065	0.190

4.2.2.2 结果分析

(1) 润滑条件问题 汽缸一般均在润滑状态下工作，但在高温和船用柴油机使用低质燃料时，燃烧生成物多，其中酸性成分极易凝结于工作表面，也可能使润滑中断。对于耐磨性较好的球墨铸铁，在润滑条件下应有一定的储油性，使摩擦面在润滑油中断的情况下仍有一定的油膜和润滑能力。但球墨铸铁的球状石墨和基体组织的分布存在极大的微观不均匀性，在没有石墨的区域无石墨固体润滑作用。干摩擦时，特别是温度较高（300℃）的气口部位，当铁素体含量较高，如较厚牛眼状分布的铁素体，易产生黏着咬合，局部引起干摩擦产生高温而造成熔焊、撕裂。表面产生的高热促成珠光体向马氏体转变，导致局部膨胀和组织转变所引起的体积比容增大。此现象重复发生，直至胀缸咬死，导致整机停止工作而失效。

(2) 表面状态的影响 控制汽缸套与活塞配合面的间隙，提高摩擦表面的粗糙度精度是

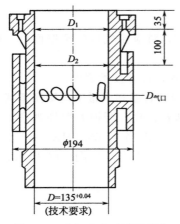

图 4-70　汽缸套内壁磨损部位
尺寸测量图

很重要的。有的采用滚压成形来提高缸套内表面的表面粗糙度的精度，但这会使基体金属，特别是石墨周围的铁素体发生流变，覆盖石墨孔，使球状石墨的液体润滑和固体润滑作用在一段时间内不能发挥应有的效益。经表面磨合，使流变金属逐渐退去并显露出石墨孔，储油性和润滑性才得到恢复和好转，就可减轻黏着、咬合磨损。由于球墨铸铁石墨分布的不均匀和较多的铁素体，使球墨铸铁的微观黏着、咬合磨损，尤其是在磨合初期还是不能完全克服的，所以采用合金球墨铸铁汽缸套在高温条件下黏着、咬合磨损是较难避免的。

4.2.2.3　结论

　　船用柴油机汽缸套采用稀土球墨铸铁铸造而成，由于其组织的不均匀性和牛眼状铁素体较多，在高温、高压和采用低质燃料时，汽缸套和活塞间隙和粗糙度较好的条件下，虽能提高使用寿命，但产生黏着磨损和咬合是较难避免的。必须采用抗磨性更好的铸铁来适应较恶劣的使用条件，才能确保汽缸使用寿命。

4.2.2.4　改进意见

　　为了克服稀土球墨铸铁的不足，采用硼铸铁作为汽缸套，具有良好的效果。硼铸铁具有与一般铸铁中相同的错乱均布的片状石墨，具有润湿和储油性，促进油膜的建立，保证摩擦面的润滑，以及万一出现干摩擦时，错乱均布的片状石墨有固体润滑作用，对抗黏着、咬合磨损是有利的。当铸铁中加入硼后，既保留了铸铁的最大特点——均匀分布的片状石墨，又使基体组织中析出高硬度的含硼碳化物，提高耐磨性，但硼铸铁的优良抗磨性必须保证有足够数量的硼碳化物硬质相。实践证明，硼碳化物的量在≥10%为好，均匀、细小的硼碳化物可获得良好的效果（图 4-71 和图 4-72），若硼化物块状过大或呈聚集状，分布不均匀，不仅加工性能差，还影响强度和抗磨性。

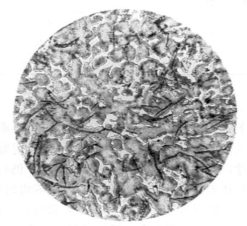

图 4-71　白色硼碳化物呈细小分
散均匀分布　100×

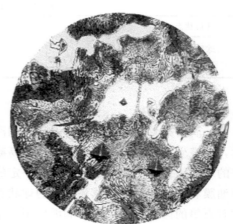

图 4-72　图 4-71 局部放大　硼碳化物＋
片状珠光体　400×

采用硼铸铁制造 E135 机汽缸套后，达到超过 1 万小时的使用寿命，获得了良好的经济效益。

4.2.3 隔离开关拐臂断裂失效分析

电力系统的隔离开关拐臂在安装后仅启动 20 次左右就发生拐臂断裂，如图 4-73 所示。隔离开关拐臂为意大利进口件，材料为铜合金铸件，具体牌号不详。

图 4-73 拐臂断裂后的形态

4.2.3.1 检查结果

（1）宏观形貌 断裂部位处于拐臂最小直径处，断裂的另一端长度约 70～80mm，上面装有轴套。拐臂外表面较粗糙，断口无宏观塑性变形特征，呈脆性断裂形貌。断裂面呈灰白色和灰黄色，局部断口边缘呈黑色（图 4-74）。靠近断口的外表面有微裂纹存在（图 4-75）。

图 4-74 拐臂断口形貌
箭头处为黑色区

图 4-75 箭头处为图 4-74 黑色区附近外圆微裂纹

（2）断口扫描电镜观察 断口呈穿晶和沿晶断裂特征（图 4-76），有的区域尤其是灰黑色区域呈枝晶状缩松形态（图 4-77）。对灰黄色和灰白色区域进行能谱成分分析结果，除 Zn 含量不同外，其余元素种类基本相同，但含量有所不同。除有大量不同数量的 Pb、Sn 外，还有一定数量的 O、S、C 等元素，这可能与断口受到氧化和工业大气中含有 SO_2 等因素有关。另外，灰白色区域含 Zn 量较少，甚至无 Zn（图 4-78、图 4-79、表 4-9 和表 4-10），说明成分有很大的不均匀性，所以宏观上呈现出不同色彩。

表 4-9 灰白色区能谱成分

元　素	含量(质量)/%	含量(原子分数)/%	元　素	含量(质量)/%	含量(原子分数)/%
C　Kα	00.59	03.09	Sn　L	05.75	03.03
O　Kα	05.55	21.71	Fe　Kα	01.94	02.17
Al　Kα	01.51	03.51	Cu　Kα	54.62	53.81
Si　Kα	01.02	02.27	Pb　L	28.03	08.47
S　Kα	00.99	01.93			

表 4-10　灰黄色区能谱成分

元　素	含量(质量)/%	含量(原子分数)/%	元　素	含量(质量)/%	含量(原子分数)/%
C　Kα	01.32	06.03	Sn　L	03.48	01.60
O　Kα	09.34	31.97	Fe　Kα	02.33	02.28
Al　Kα	02.01	04.09	Cu　Kα	41.78	36.01
Si　Kα	01.19	02.33	Zn　Kα	05.39	04.51
S　Kα	01.67	02.86	Pb　L	31.49	08.32

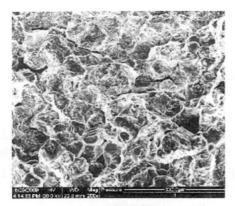

图 4-76　穿晶和沿晶脆性断裂形貌

图 4-77　灰黑色区缩松处枝晶形貌

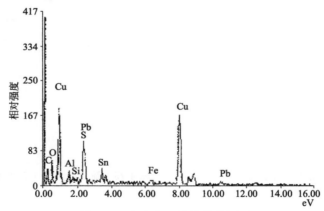

图 4-78　灰白色区域能谱谱线图

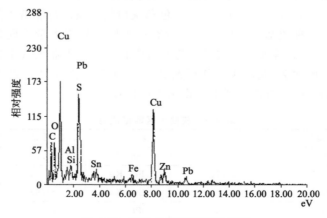

图 4-79　灰黄色区域能谱谱线图

(3) 硬度测定 从断口附近取样测定硬度为 96.1HB。

(4) 化学成分分析 断裂拐臂的实测化学成分见表 4-11，国内无此相应牌号。

表 4-11 失效拐臂的成分分析

元素	Zn	Pb	Sn	Fe	Ni	Si	Al	P	Mn	Sb	Cr	Cu
含量/%	8.8	1.20	2.10	2.10	1.20	0.16	4.30	0.09	0.27	0.08	0.013	余量

(5) 显微组织检查 从断裂部位取样金相观察，整个抛光面的不同部位均存在不同程度的显微疏松（图 4-80），有的区域疏松较严重。边缘细晶区和中心粗晶区，除灰黑色颗粒状 Pb 外，在其晶界上均存在白亮色和灰色相以及花纹状圆形和椭圆形相（图 4-81）。对灰色相和圆形花纹状相硬度测定结果基本相同，均达 720HV，而晶界处的白亮相仅 160HV。对这两种相的能谱成分分析表明，灰色颗粒、块状相和花纹状球形中深浅不同的相成分基本相同，均是以 Fe 为主的化合物相，但含量有所不同。沿晶分布的白亮组织主要是以 Cu 为基含有较多的 Sn 和少量 Zn 的固溶体。这些沿晶分布的化合物和晶内的成分偏析，对力学性能有一定的影响。这是铸造组织中应尽量避免出现的一种不良形态。

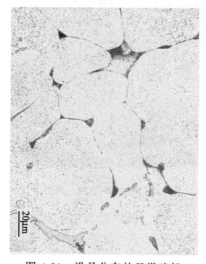

图 4-80 沿晶分布的显微疏松

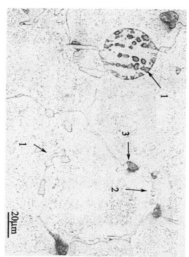

图 4-81 沿晶分布的白亮色相、灰色相和圆形花纹
相显微硬度（$HV_{0.2}$）
1—720；2—160；3—铅颗粒

4.2.3.2 结果分析

(1) 显微疏松的影响 根据上述检查结果，隔离开关拐臂是由铜合金铸造而成。由于铸造质量不高，使拐臂断裂部位存在较多的显微疏松，严重地割裂了基体的连续性，大大降低了材料的力学性能。当拐臂在使用应力作用下，沿晶的显微疏松处于应力集中状态，而形成微裂纹并迅速扩展，使拐臂在短时间内形成断裂而失效。所以，隔离开关拐臂存在较严重的疏松是导致拐臂早期失效的主要和直接因素。

(2) 显微组织的影响 根据断裂的隔离开关拐臂的成分和组织检查结果可知，其成分较复杂，除有较低的 Zn 外，还有 Pb、Sn、Fe、Ni、Al 和少量 P、Si、Mn 等多种元素，在合金中形成了多种复杂的化合物和固溶体。高硬度的化合物沿晶分布，严重地降低了合金的力学性能，尤其是塑性指标的降低更为显著，所以在断裂部位看不到塑性变形特征，呈脆性断裂形貌。由于这些不良铸态组织的存在，对拐臂的断裂起到了促进作用。

4.2.3.3 结论

① 隔离开关拐臂的断裂，主要是由于铸件内存在较严重的显微疏松，使力学性能大大降低而导致拐臂的早期失效。

② 隔离开关拐臂材质成分复杂，合金中硬质相的沿晶分布，降低了材料的力学性能，也促进了零件的早期失效。

4.2.4 柴油机曲轴断裂失效分析

4.2.4.1 概述

曲轴是柴油机的重要零件之一，它的功能主要是将往复运动转变成旋转运动并输出功。因此，曲轴承受着由于周期变化的气体压力和惯性力所产生的弯曲与扭矩，这种交变载荷以及高温、高速等使曲轴的服役条件很恶劣，应力分布很复杂，特别是在连杆轴颈与曲柄相交的圆角处应力发生了严重的重新分布，并使应力集中，该曲轴装机后仅使用 100 多小时就发生断裂（图 4-82）。

图 4-82 失效曲轴的断裂部位

图 4-83 断口形貌
A—裂源处；B—扩展区；C—瞬断区

柴油机的额定功率为 12 马力。柴油机在拖斗车装运水泥、黄砂时发生失效。手扶拖拉机的额定负荷（指牵引力 F）为 290kg，其拖车的装载量决定于行驶路面的质量以及牵引力，即 $N=F/\mu$，μ 为轮胎与路面间的摩擦系数。手扶拖拉机通常在公路上以 15km/h 的速度行驶，限载量为 1000kg。此拖拉机是在田间泥泞的小路上拖载 40 包水泥（每包 50kg）的情况下发生曲轴断裂的。一般讲由于拖拉机有较大的安全系数，故超载 80%～100% 时尚可正常行驶，这里超载 100% 左右，却发生了曲轴断裂。

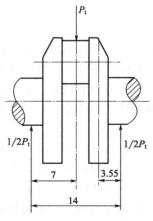

图 4-84 曲轴受力示意图

4.2.4.2 检查结果

(1) 宏观形态 曲轴断裂部位处于连杆轴颈与曲柄臂的连接圆角处（图 4-82 和图 4-83）。断口大部分被油污染，清洗后断口形貌清晰，裂源处无明显塑性变形，呈脆性断裂形态，有较多的台阶，隐约可见疲劳弧线特征。

(2) 曲轴的弯曲应力与安全系数 在设计过程中，考虑实际工况条件，安全系数较大（$n \approx 2.4 \sim 2.6$），有充裕的强度储备。经长期的实践考核，曲轴的可靠性还是令人满意的。但设计时的计算程序尽管很细致，但往往仍会因为各种意外情况而造成失效。如强度计算时是把曲轴作为一个连续介质来处理，而没有考虑生产过程中可能出现的各种缺陷。这些缺陷往往是曲轴断裂的裂源。因此，在模拟实际工况的基础上，将曲轴在交变弯矩使用下实测的安全系数与计算安全系数进行分析比较，结果如下。

① 在弯矩作用下曲轴的安全系数　作用在连杆轴颈上最大弯矩为 M_{max}，从示意图（图 4-84）中可知

$$M_{max}=(P_t/2)\times(L/2)$$

式中　$P_t=P_z\times F_n$

P_t 为作用在活塞顶部的气体压力；P_z 为汽缸套内气体爆发压力，取 6.89MPa；F_n 为活塞顶部面积；L 为支承距离，$L/2=7cm$。

故　$M_{max}=1/2\times(68.9\times3.14\times9.5^2\div4)\times14/2=17080kgf\cdot cm=1708N\cdot m$

圆角处的弯矩

$$M_弯=P_t/2\times a\times K=4880/2\times3.55\times0.75=6497kgf\cdot cm=649.7N\cdot m$$

式中，K 为支承系数，取 0.75。

计算弯曲应力

$\sigma_弯=M_弯/0.1d^3=17080/(0.1\times6.5^3)=621kgf/cm^2=62.1MPa$

许用弯曲应力

$$[\sigma_弯]=60MPa$$

实测弯曲应力

$$\sigma=70\sim80MPa$$

计算弯曲强度安全系数 $n=2.45$。

计算弯曲应力已超过许用应力，但从安全系数上看，设计偏于保守，且实测弯曲应力也较高，故使用较安全。不过，应注意实测弯曲应力仅比计算值高出 20% 左右。

② 实测安全系数　曲轴在谐振式曲轴疲劳试验机上进行模拟试验。

当 $M_{-1}=1180N\cdot m$，对应 $\sigma_弯=70MPa$，$N=7.5\times10^6$，通过；

当 $M_{-1}=1260N\cdot m$，对应 $\sigma_弯=75MPa$，$N=4.4\times10^6$，断裂。

故安全系数：

$N=M_{-1}/M_弯=1180/649.7=1.81$

上述计算表明，实测的安全系数低于理论计算值，但安全系数仍是足够大的。曲轴在弯矩作用下，仍有较大的强度储备，比汽车行业所规定的安全系数 1.3～1.6 为高。对于拖拉机用柴油机，由于工作条件较恶劣，负荷较重且经常超负荷运转等，故一般安全系数较大。应当指出，曲轴材料采用 QT600-2 球墨铸铁，有它的不足之处。如，弯曲疲劳极限 σ_{-1} 一般与 45 钢正火态相当，而低于 45 钢调质状态，因此，在使用上受到限制；另一方面，在铸造工艺上常会出现各种缺陷，尤其是一些显微缺陷，如显微缩松、二次夹渣、沿共晶团分布的脆性相、夹杂物、偏析等难以通过无损检测显示。这些缺陷造成应力集中，往往会使性能下降，从而易形成疲劳源，导致曲轴的早期失效。

（3）化学成分分析　断裂曲轴的化学成分见表 4-12。可见，Si 含量偏于上限，而 Mg 含量超过上限。Mg 含量过高，将降低铁水的共晶过冷度，阻止石墨化，因而依靠石墨来补缩的作用较弱，故易形成显微缩松。

表 4-12　失效曲轴的化学成分与技术要求

元素含量/%	C	Si	Mn	S	P	Mg
失效曲轴	3.81	2.00	0.65	0.018	0.037	0.061
技术要求	3.70～3.90	1.70～2.00	0.90～1.20	≤0.03	≤0.10	0.035～0.055

（4）力学性能测试　在断裂的曲轴上取样进行拉伸及硬度试验，结果见表 4-13。

表 4-13　失效曲轴的力学性能与技术要求

力学性能	R_m/MPa	$A/\%$	$A_K/(J/cm^2)$	硬度/HB
失效曲轴	590①	2.5	35～39	248
技术要求	750～850	2.5～4.0	15～45	240～249

① 断口处 1/4 为灰斑。

（5）断口扫描电镜观察　从断口起源部位可看到大小不等而密集的显微缩松，处于表面和表层的显微缩松、夹渣等铸造缺陷，在使用应力的作用下，形成应力集中，导致微裂纹的萌生和扩展。断口形貌呈放射状（图 4-85 和图 4-86），扩展区有明显的疲劳条带（图 4-87）。

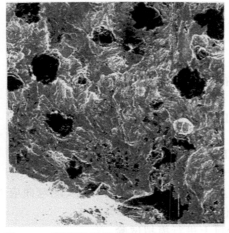

图 4-85　裂源处密集状的显微缩松　300×

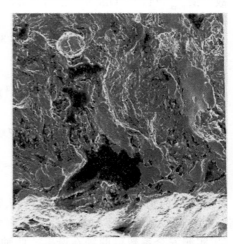

图 4-86　裂源区的显微缩松和放射状形貌　300×

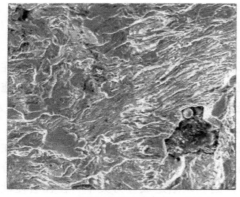

图 4-87　扩展区的疲劳条带　800×

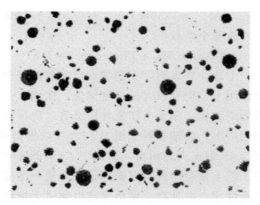

图 4-88　石墨形态和大小　100×

（6）显微组织检查

① 石墨形态与大小　球状形态级别为 2.5 级（图 4-88），石墨大小为 6～7 级。石墨的形态和大小对球墨铸铁的力学性能，特别是对铸态性能有明显的影响。此曲轴的球化级别及石墨大小均较好，但曲轴表面层尤其是断裂源处有较多的硫化镁和氧化夹渣和密集的显微疏松，经侵蚀后在有的夹渣周围有较严重的脱碳（图 4-89～图 4-91），夹杂（渣）的存在将严重降低曲轴的强度，并成为断裂源。

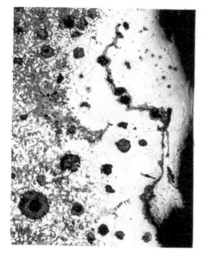

图 4-89　裂源附近的表层夹杂与脱碳　200×

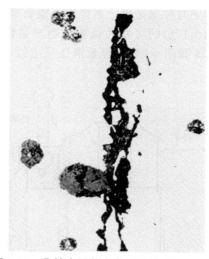

图 4-90　曲轴表层的夹杂（抛光态）　400×

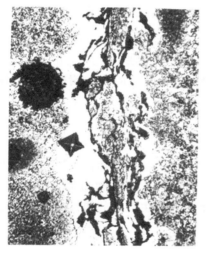

图 4-91　夹渣两边的脱碳形态　400×

图 4-92　中频感应淬火后的组织　400×

② 基体组织　心部组织为球状石墨＋珠光体（75%）＋铁素体，渗碳体小于 1%。而表面中频淬火硬化层深度为 1.2～1.4mm，组织为球状石墨＋回火马氏体＋屈氏体（图 4-92）。

4.2.4.3　结论

球墨铸铁曲轴的断裂是由于轴颈部位的表面和内部存在较密集的显微缩松和非金属夹杂（渣），在高的弯曲应力的交变作用下，形成应力集中萌生裂纹并逐步扩展导致低周疲劳断裂。

4.2.4.4　改进意见

① 提高铸件质量，特别注意浇注质量和降低残余镁量，以防止显微缺陷的产生。

② 加强探伤，杜绝漏检，以免重蹈覆辙。

4.2.5　转子与柱塞卡死问题的分析

4.2.5.1　概况

液压马达是利用九个柱塞在转子孔内往复运动产生液流变化，以达到所需的功能。因此，转子与柱塞是整个系统中的重要部位。为确保产品的使用性和安全性，根据规范要求，必须做出厂前的可靠性试验，当产品做负压试验仅 1h 左右，即发生柱塞在转子孔内卡死（图 4-93 和图 4-94），导致液压马达的早期失效。

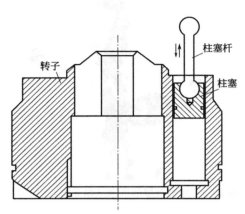

图 4-93　转子与柱塞组装示意图　　　　图 4-94　解剖后柱塞与卡死的柱塞头（箭头处）

转子材料为 QT600-2 球墨铸铁，经调质处理后的硬度要求为 229～302HBW，和转子相匹配的柱塞材料为 15CrA 钢，在转子孔内往复摩擦部位要求渗碳 0.75～1.05mm，经最终热处理后的渗层表面硬度要求为 59～65HRC，中心硬度 20～35HRC。润滑介质为滑油、工作温度为 60℃±5℃。

4.2.5.2　检查结果

(1) 宏观形貌

① 转子　柱塞孔内的摩擦损伤部位主要处于柱塞孔的上部分，和柱塞成咬合状态，解剖后柱塞仍不易取出。柱塞孔表面严重摩擦损伤部位呈条带状和鱼鳞状（图 4-94 和图 4-95），在扫描电镜下观察，柱塞孔内摩擦部位表面金属发生严重的塑性变形和咬合黏着引起撕裂碎片呈堆积状（图 4-96）。

图 4-95　柱塞孔内摩擦损伤形貌　　　　图 4-96　柱塞孔黏着磨损放大后形貌

② 柱塞　从转子解剖后的孔中取出，其表面磨损特征如图 4-97 所示。严重的磨损部位在柱塞和柱塞杆组装收口处的前端约 1.5mm 的圆周内，其余表面除局部较严重外，一般都较轻微。严重咬合磨损部位产生严重的塑性变形，呈叠皱、沟槽和撕裂状（图 4-98 和图 4-99）。

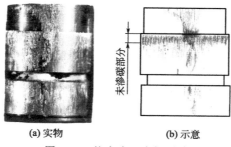

(a) 实物　　　　　　　　(b) 示意

图 4-97　柱塞表面磨损形貌

图 4-98　柱塞收口前端部位摩擦引起金属变形

图 4-99　摩擦咬合引起变形叠皱和撕裂形貌

（2）硬度检查　转子与柱塞的实测硬度及技术要求见表 4-14。可见，柱塞表面硬度不符合技术要求。

表 4-14　转子与柱塞硬度与技术要求

硬度检测部位	转子硬度/HBW	柱塞硬度/HRC	
		渗碳层表面	中　心
测定结果	229～251	56～58	29～31
技术要求	227～302	60～65	20～35

（3）化学成分分析　该转子与柱塞的化学成分见表 4-15，均符合相应的技术标准要求。

表 4-15　转子与柱塞的化学成分　　　　　　　　　　单位：%

元　素	C	Si	Mn	S	P	Cr	Mg	Re
转子	3.78	2.10～2.40	0.62	0.021	0.071	—	0.042	0.043
QT600-2 技术要求	3.60～3.80	2.00～2.40	0.50～0.70	≤0.025	≤0.08	—	0.035～0.05	0.025～0.045
柱塞	0.151	0.28	0.53	0.022	0.018	0.92	—	—
15CrA 技术要求	0.12～0.17	0.17～0.37	0.40～0.70	≤0.025	≤0.025	0.70～1.00	—	—

（4）显微组织观察　从转子柱塞孔部位取样，其组织为球状石墨＋铁素体＋回火索氏体（图 4-100），组织中铁素体较多，经 XQF-3 和 TA5 图像分析仪测定，铁素体达 32.8%～34%，局部区域有密集状小颗粒碳化物（图 4-101）。

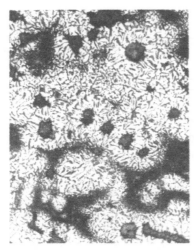

图 4-100　转子柱塞孔部位组织

较多的铁素体＋回火索氏体＋球状石墨　100×

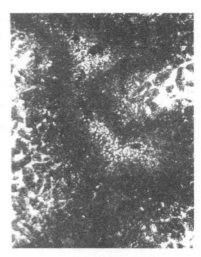

图 4-101　转子组织中局部区域有

密集状小颗粒状碳化物　500×

4.2.5.3　分析与讨论

(1) 转子和柱塞表面损伤的性质问题　摩擦损伤的性质随着摩擦副的材料、硬度、摩擦运动方式、润滑条件、运动速度和温度等因素的不同，其磨损形式和损伤特征不同。因此，正确地判别表面磨损擦伤的性质，就可较容易地寻找其产生的原因和采取有效的防治措施。转子和柱塞之间的运动方式是相对的滑动摩擦。根据摩擦表面的高倍观察，滑动表面形成严重变形条带、沟槽和撕裂状，这是黏着磨损严重发展的结果和危险阶段的特征。因此，转子和柱塞之间的磨损可认为是黏着磨损形式之一。即在滑动摩擦面之间，由于形成焊合而导致表面大量的拉伤和撕裂，随着拉伤和撕裂的发展，摩擦生热，以至负载更加集中在局部接触区域，促使拉伤带进一步的发展，最后由于局部的严重焊合使转子和柱塞运动停止，导致整个液压马达的早期失效。

(2) 转子的组织对摩擦损伤的影响　形成转子孔内壁拉伤、黏着的因素很多，若排除柱塞和柱塞孔两摩擦面间的润滑、光洁度、精度和润滑油中的外来颗粒等因素，仅从转子和柱塞两个摩擦面的损伤部位、形貌和显微组织特征有着密切关系。众所周知，球墨铸铁中的球状石墨起减磨和保存润滑油的作用，有效地防止卡粘，但铸铁中的铁素体含量对耐磨性有着重要的影响。经磨损试验证明，当基体中铁素体含量在 30％以上时，耐磨性大为降低，而且磨耗量将随组织中铁素体含量的增加而增加（图 4-102）。这和球墨铸铁中铁素体的增加、硬度下降有关，尤其是铁素体区域硬度较低，塑性较好，抗黏能力较差。球墨铸铁转子的显微组织企标规定，经调质处理后以索氏体为基，只允许有少量的铁素体存在，而失效转子的显微组织中存在 32.8％～34％的铁素体。因此，转子与柱塞间往复滑动摩擦过程中，就可能引起接触部位硬度较低的铁素体区域产生塑性变形。从图 4-103 中可清晰地看到，柱塞孔表面损伤处铁素体产生大量的塑性变形，而索氏体部位变形不明显。因此，铸件中铁素体过多是引起黏着磨损，导致转子和柱塞卡死的主要原因。

(3) 柱塞表面渗碳层问题　柱塞头表面和转子相摩擦的部位设计要求渗碳层深度为 0.75～1.05mm，失效柱塞渗碳层分布和深度如示意图 4-104，渗碳层深度为 1.01～1.05mm，表面硬度仅为 56～58HRC，摩擦表面有 1.3～1.5mm 左右未渗碳，此处硬度较低（30HRC 左右），成为柱塞摩擦表面的软带。一般脆性材料比塑性材料抗黏着能力高，所以柱塞未渗碳区域的塑性较好，耐磨性较差，而且和转子硬度相差不大，转子的显微组织中铁素体过多，更易产生黏着（或咬合）磨损。所以，有可能首先在柱塞的非渗碳部位和球墨铸铁中铁素体优先磨损，随着滑动的继续，使转子与柱塞间的磨损面积迅速扩大至整个柱塞，在柱塞孔中咬死。

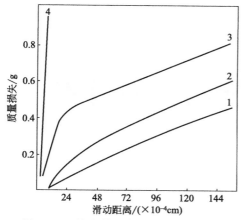

图 4-102　铁素体对灰铸铁磨损的影响

铁素体含量：1—0%，2—10%，3—60%，4—100%

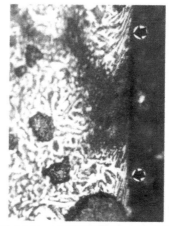

图 4-103　表面损伤部位，铁素体产生大量变形（箭头处）　500×

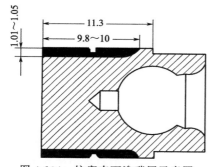

图 4-104　柱塞表面渗碳层示意图

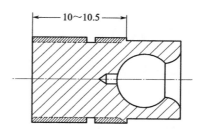

图 4-105　柱塞几何形状更改示意图

4.2.5.4　结论

① 球墨铸铁中铁素体数量过多，使转子耐磨性下降，是造成失效原因之一。

② 柱塞的摩擦表面有一部分未渗碳，成为摩擦面的薄弱环节，是造成黏着磨损中不可忽视的重要因素。

以上两个不利因素的同时存在，是导致在短时间的运行就卡死的原因。

4.2.5.5　改进意见

① 提高铸造质量是提高转子耐磨性的基础。即在提高球化率的基础上，保证以珠光体为基，减少铁素体和碳化物，然后通过调质处理，以获得良好的显微组织。若铸造组织中铁素体过多时，必须通过 900℃ 以上扩散，然后正火来增加珠光体数量，减少铁素体，以保证最终热处理后获得良好的索氏体为基的显微组织，确保转子具有良好的耐磨性。

② 柱塞摩擦面消除未渗碳部分，考虑到延长渗碳面长度，对收口不利，容易产生开裂。因此，在不影响使用受力状态和使用性能的情况下，按示意图 4-105 更改柱塞几何形状，适当减少摩擦面，去除非渗碳部分。

做了上述改进后，在长期使用中，转子与柱塞未再发生类似失效。

金属构件缺陷、失效分析与实例

JINSHU GOUJIAN
QUEXIAN SHIXIAO FENXI YU SHILI

· 第5章 ·

锻造缺陷与失效分析

将钢加热至重结晶温度以上（1100～1200℃），使其具有高的塑性变形能力，通过锻压等各种热工艺来获得成形毛坯。对于机械制造工业中的主要受力件的毛坯，大都采用锻造来生产，以达到减少加工成本和提高力学性能的目的。各种不同的锻造工艺（自由锻、模锻及各种特种锻造等）各有优点，但都会由于原材料冶金质量问题或锻造操作不当等原因，产生各种锻造缺陷，危及产品的安全使用。

5.1 锻造缺陷的常见形式

5.1.1 过热和过烧

金属在热锻压等加工过程中，由于控温和操作等因素超出了正常的加热温度，使组织出现过热和过烧，严重降低材质的力学性能。过热和过烧的区别在于过热温度超过正常加热温度而引起粗大晶粒，可通过热处理（如退火）或二次锻造消除过热组织，但过烧组织却无法补救。

5.1.1.1 过热

锻造成品的过热组织主要是终锻温度过高，或变形量不够造成的。终锻温度过高，而剩余变形量又小，这时引起晶粒长大，不能由剩余锻造比对晶粒的破碎所抵消，则形成粗大晶粒的过热特征，使钢的韧性下降。轻度过热出现晶粒粗大、魏氏组织和伪共析组织时，可通过正火和退火消除。锻造温度过高，钢中硫化物夹杂溶解于奥氏体中，冷却时以细小的形态优先析出在高温奥氏体晶界，一般光学显微镜下不能直接观察出来，往往被忽视。由于晶粒粗大，晶界总面积减少，从而使晶界杂质（硫化物）相对集中，把奥氏体晶界稳定化了。不能通过再次加热到锻造温度或再度变形来改善硫化物分布状态，所以这种过热区别于一般过热，称之为稳定过热或锻造过热。以后即使经过多次正火，形态上虽细化了晶粒，但对原粗大奥氏体晶界上的硫化物分布不产生影响，性能不能改善。在受力时仍沿原粗大奥氏体晶界断裂，所以，调质处理后零件折断时，沿原奥氏体晶界首先开裂，形成石板状断口。另外，粗大的晶粒也可使穿晶断裂无阻碍地通过很大距离，所以断口往往出现沿晶和穿晶断裂的混合断口。

例如，一批行星轮和联轴节毛坯锻件，由于终锻温度过高，在退火后经过930℃±10℃油淬、650℃回火后塑性均不合格，如表5-1，断口可见小剖面和石板状，无明显塑性变形（图5-1），扫描电镜下可见冰晶状沿晶和穿晶断裂，形似碎石状（图5-2），还可看到少量的韧窝和准解理混合断口（图 5-3），石板棱面细小韧窝与两个晶粒交界处的韧窝呈扁圆形（图 5-4）。显微组织为粗大索氏体（图 5-5）。这种过热组织遗留在机械零件中，在受到使用应力的作用下，易产生脆性断裂。

表 5-1　锻件过热对力学性能的影响

名　称	热处理状态	R_m/MPa	$A/\%$	$Z/\%$	$A_{KV}/(J/cm^2)$
行星轮	930℃±10℃ 油淬、650℃×3h 空冷	1090	12.5	40	55
		1055	12	39	35
		1080	12.5	34.5	40
	930℃±10℃ 油淬、650℃×3h 空冷、690℃×5h 补充回火	920	11	22.5	95
		920	14	45	45
		895	13.5	34.5	45
联轴节	940℃ 正火、930℃±10℃ 油淬、650℃×3h 空冷	925	10	24.5	52
		915	10.5	22.5	68
技术要求	930℃±10℃ 油淬、650℃回火	≥950	≥14	≥50	≥80

(a) 冲击断口　　　　　　　　　　　　　　　　(b) 拉伸断口

图 5-1　石板状断口

(a) 冲击断口　　　　　　　　　　　　　　　　(b) 拉伸断口

图 5-2　沿晶和穿晶碎石状断口

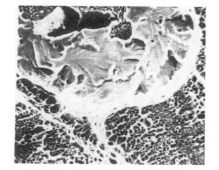 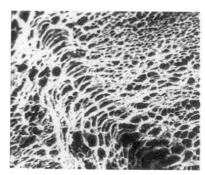

图 5-3　韧窝和准解理混合断口　　　　　　　图 5-4　石板棱面及两个晶粒交界处韧窝形貌

对于粗大的锻件，为了破碎粗大的树枝状和柱状结晶组织，使之细化，将铸锭中的疏松、气孔、缩孔等缺陷锻造焊合而使组织致密，一般采用较高加热温度（1200℃）锻造，锻造比较大。如终锻温度过高，锻造比不足，就可能使钢晶粒粗大。另外，在奥氏体状态下进行锻造时，必定会产生大量变形热，由于钢的表面散热速度比其心部要快，该变形热使钢材心部温度升高的可能性比表面大，当锻造速度快时，使金属内聚热大于散失热量，造成锻件温升，致使锻件心部温度升高。当热加工前的加热温度偏高时，两者共同作用，就极易造成钢材心部过热。

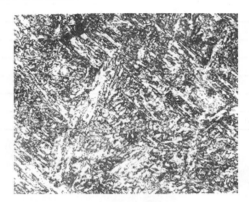

图 5-5　锻件粗大索氏体组织　400×

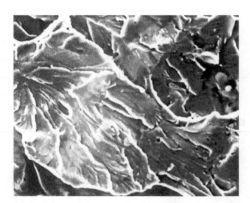

图 5-6　轴销断口解理花样

例如，工程机械中的轴销由 40Cr 钢锻造后加工而成，直径为 90mm，毛坯经 850～870℃ 正火处理，硬度要求为 180～229HBW。轴销在冬季施工过程中突然发生断裂，断口无明显塑性变形，呈脆性形态。微观断口呈解理花样（图 5-6），显微组织晶粒粗大（1 级），铁素体呈网络状分布，并出现魏氏组织形貌（图 5-7）。实测强度和硬度较高，而塑性和韧性均低于正火后的标准要求，见表 5-2。这是由于终锻温度过高，锻造比不足造成晶粒粗大的魏氏组织，经正火未能改善，所以在冬季低温下使其塑性和韧性进一步降低，在使用应力作用下造成轴销的脆性断裂。

表 5-2　断裂轴销的力学性能

试样号	R_m/MPa	A/%	Z/%	A_{KV}/(J/cm^2)	硬度/HBW
1	861	14.5	38.2	37	259
2	863	16.1	40.1	35	255
3	860.8	15.8	37.5	41	249
40Cr 正火	≥739.4	≥21	≥56.9	≥76.5	179～229

对于 4Cr14Ni14W2Mo 类耐热钢，锻造温度过高，不仅使晶粒长大，而且使钢中碳化物全部溶于奥氏体中，锻造后空冷时，碳化物在过饱和固溶体中沉淀不出来，形成单相奥氏体组织，在以后的稳定化等再加热保温过程中，碳化物从过饱和奥氏体中沿晶界、孪晶界析出，形成连续的网络状分布，氮化后形成断裂源，导致剥落。例如，排气门锻造成形分两次加热，第一次加热自由锻拔长杆部，第二次加热模锻端部，如图 5-8 所示，而杆部没有变形，相当于进行一次高温（1150℃）固溶处理，使大部分碳化物溶解，增加奥氏体的过饱和程度，并形成粗大的晶粒，在随后的稳定化处理时，促使碳化物沿晶界析出，造成氮化层剥落。若将第二次模锻加热温度适当降至 1050～1120℃ 或采用局部加热的方法，可改善和消除氮化剥落的危险。

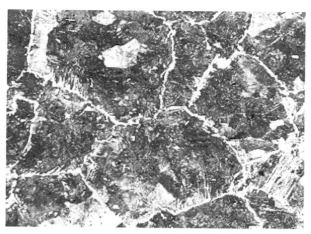

图 5-7　珠光体＋网状铁素体和针状铁素体魏氏组织　100×

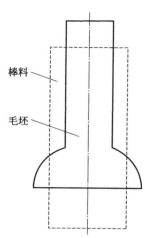

图 5-8　排气门锻造示意图

5.1.1.2　过烧

　　锻造加热温度过高，或在氧化性气氛的高温炉中长时间保温，不仅使奥氏体晶粒长大，而且炉中氧以分子状态渗透至晶界，使 Fe、S 等氧化成低熔点的氧化物或氧化物共晶体，造成晶界早期熔化，降低晶间结合力，使金属塑性变形能力降低。尤其是铝合金锻造温度范围较窄，炉温控制不好，或炉温不均匀，很易发生组织的过烧。图 5-9 为 2A12 (LY12) 合金在锻造加热过程引起晶界的严重复熔（过烧）。对于高合金钢晶界熔化后则会出现沿晶分布的莱氏体组织（图 5-10），严重时出现晶界氧化（图 5-11），组织过烧后的钢材在锻造变形时会出现沿晶开裂。过烧裂纹多半分布在锻件转角边缘特别是锻造时受拉应力部位，裂纹呈短的裂口状（图 5-12），中间有氧化物，两侧脱碳，晶粒粗大，亚共析钢出现魏氏组织。

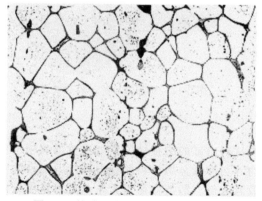

图 5-9　锻造温度太高引起 2A12 合金
严重过烧　100×

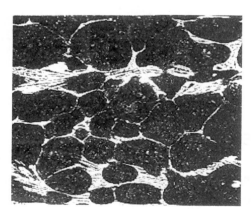

图 5-10　Cr12MoV 钢过烧引起沿
晶莱氏体组织　400×

　　在显微组织中，钢过烧的主要特征见表 5-3。

表 5-3　钢的过烧组织主要特征

序号	过烧形态	主　要　特　征
1	晶粒粗大	奥氏体晶粒大于 3 级

序号	过烧形态	主要特征
2	马氏体组织粗大	板条状或针状马氏体长度达7~8级
3	残余奥氏体过多	钢中碳含量和合金元素多的钢材,在淬火后组织中残余奥氏体多
4	魏氏组织	亚共析钢的铁素体在奥氏体晶界及解理面呈针状析出,并向晶内生长。过共析钢析出针状渗碳体
5	网状碳化物	过共析钢出现沿晶分布碳化物
6	石墨化(黑脆)	高碳钢退火或终锻温度过高,组织中出现石墨碳
7	共晶组织	高速工具钢过热出现共晶莱氏体组织
8	萘状断口	断口有许多取向不同、比较光滑的小平面,像萘晶体一样闪闪发光
9	石状断口	在纤维状断口上呈不同取向无金属光泽灰白色的粒状断口
10	δ铁素体过多	Cr13型不锈钢的组织中有大量的δ铁素体

为防止锻件的过热和过烧,获得细晶粒,除严格控制锻造加热温度外,还必须控制每次加热后的变形量,保持一定的锻压比。终锻温度的选择对锻件的晶粒度影响很大,终锻温度过高,使钢的晶粒粗大,甚至产生魏氏组织,但最后锻造温度也不能太低,否则会使锻件开裂或使锻件局部出现临界变形而在再结晶时晶粒急剧长大。一般在确定最后一火加热温度时宁低勿高,以保证合适的终锻温度。

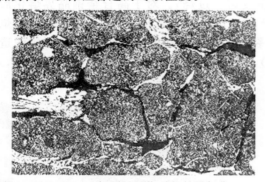

图 5-11 Cr12MoV 钢严重过烧引起晶界氧化 400×

图 5-12 短的裂口状过烧裂纹形貌

5.1.2 锻造裂纹

金属在锻造过程中产生裂纹的原因,可能是原材料内部的冶金缺陷,如严重的疏松、偏析和夹杂物、残余缩孔和严重的网状、带状碳化物等均降低金属材料的高温塑性;也可能是由于锻造工艺或操作不当,如锻造温度太高或终锻温度低、锻造变形量大于金属材料固有的变形能力或锻后冷却不良等都可导致锻件的开裂。

5.1.2.1 原材料缺陷引起的锻造裂纹

锻件坯料表面存在缺陷,在锻造过程中使缺陷扩展形成裂纹,如 Cr17Ni2 钢在正常工艺下锻造墩粗过程中有的少部分表面出现裂纹(图 5-13)。经检查同批未锻材料的毛坯,结果发现有的表面存在未打磨掉的裂纹残留(图 5-14)。实践证明,墩粗表面裂纹由原材料残留裂纹所致。

图 5-13 Cr17Ni2 钢锻造镦粗表面裂纹

图 5-14 坯料表面未打磨掉的裂纹残留

图 5-15 20CrMnMo 锻造裂纹 1∶3

图 5-16 集中性大块夹杂物 400×

　　钢中非金属夹杂物较多时，在锻造过程中由于夹杂物变形量与基体变形量不一致，引起夹杂物开裂，并随金属变形量的增加而扩展。图 5-15 为 20CrMnMo 钢锻造发生开裂，经取样检查，在裂纹下端有大块集中性和断续条状夹杂（图 5-16 和图 5-17）。经侵蚀后有的夹杂物周围有脱碳现象（图 5-18），从夹杂形态和脱碳现象来看，有些块状夹杂物可能是外来所致。有些夹杂物与锻件变形方向一致时，并未形成张开状裂纹，在表面氧化皮的掩盖下不易被发现，在以后机加工过程中才暴露。如 38CrMoAlA 钢锻件在加工中暴露出的不规则的裂纹状缺陷（图 5-19），取样显微检查可看到似夹渣状的铝酸钙类非金属夹杂物（图 5-20）。有些高温合金在锻造裂纹处有 Al、Ti、Cr 等合金元素偏聚，往往被误解为是成分偏析引起的锻造裂纹，实验证明是由于锻造不当形成裂纹，随后由于氧化的关系，使 Al、Ti、Cr 等合金元素向裂纹处聚集所致。

　　有些夹杂物是由于浇注钢锭时卷入的氧化膜等外来夹杂，成形后往往不易发现，残留在机械零件中，导致零件在使用应力作用下的早期断裂。例如图 5-21 为摩托车右曲轴由 40Cr 钢经锻造成形后加工而成，在安装使用过程中发生突然断裂。曲轴的生产工艺流程为：棒材下料→锻造→正火→初加工→高频淬火→精加工。正火后的硬度要求为低于 242HBW，轴颈高频淬火后表面硬度要求为 52～60HRC，硬化层深度在 1～2mm 之间。右曲轴折断部位处于高频淬火的硬化区域，断口呈结晶状的脆性特征，并有大小不等的灰色氧化膜存在，无明显塑性变形（图 5-22），断口附近的外表面有细小的氧化膜夹杂，形成细小裂纹（图 5-23）。垂直于断口取样显微观察，断口表面局部有较严重的脱碳，断口次表层存在较大的条状夹杂物，其周围

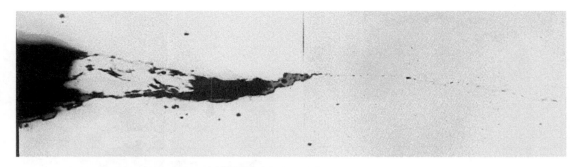

(a) 锻造裂纹沿条状夹杂物扩展　100×

(b) 图 (a)裂纹下面分散性块状夹杂物　100×

图 5-17　夹杂物

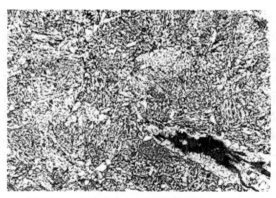

图 5-18　大块夹杂物周围脱碳现象　100×

图 5-19　锻件加工中发现的裂纹状缺陷

也有脱碳现象，脱碳层内都有颗粒状氧化物（图 5-24 和图 5-25）。这种氧化膜夹杂在锻造和正火的加热过程中分解出小颗粒状的氧化铁（$3FeO \longrightarrow Fe + Fe_2O_3$），其残留在钢中是非常有害的。

　　如果钢坯中有缩孔、夹层、白点及严重的树枝状偏析等缺陷，则在加热和锻造时易产生裂纹。为避免锻造加工产生裂纹，在钢材投入生产前，应首先对锻坯进行一次低倍的酸蚀检查，对有较严重碳化物偏析的钢材，可以通过增加总的锻造比或增加镦粗与拉伸次数来改善碳化物不均匀性，从而减少模具钢锻造与热处理开裂倾向。

图 5-20 图 5-19 中裂纹处的夹杂物 100×

图 5-21 摩托右曲轴折断全貌

图 5-22 曲轴断口形貌
箭头处为大片状灰色氧化膜

(a) 断口前外圆

(b) 断口后外圆

图 5-23 图 5-22 中断口附近外圆的条状氧化膜

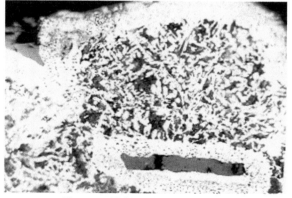

图 5-24 沿断口和夹杂物周围的
脱碳层和颗粒状氧化物 100×

图 5-25 断口处小裂纹周围的
脱碳层和颗粒状氧化物 100×

对于大型锻件，还可能在其中心出现所谓"鸟巢"缺陷（图 5-26），这主要是由于钢锭截面大，浇注后脱锭早，缓冷条件差，使钢锭产生很大的热应力。它的分布是表面受压，心部受拉，其拉应力最大峰值在中心附近，使心部薄弱部位（如疏松等缺陷）产生开裂，形成内裂。在工件经高温（1200℃）加热锻打时，由于锤头与锤座之间摩擦力的作用，心部金属较表面金属容易向两边变形流动，使原中心横向裂纹开口张大，形成"鸟巢"状裂纹（图 5-27）。所以，大锻件内部"鸟巢"状裂纹出现在锻后，但形成原因主要是钢锭内部开裂。若大锻件内部裂纹未能被发现，在使用中会引起中心裂纹向表面扩展，使受力面积减小，导致最后的突然断裂。金属材料中存在较严重的中心疏松时，在复杂的变形和应力条件下也易形成中心裂纹。

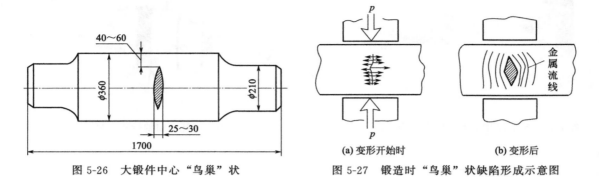

图 5-26　大锻件中心"鸟巢"状
缺陷位置与形状示意图

图 5-27　锻造时"鸟巢"状缺陷形成示意图

5.1.2.2　锻造工艺不当引起的锻造裂纹

　　锻造是在一定温度范围内进行的，正常的温度范围内晶粒发生变形后，随即会发生动态再结晶——晶粒细化并形成新晶粒。若低于再结晶温度变形，变形晶粒不会形成新晶粒并保持变形状态，若再继续变形，就可能产生裂纹。一般情况下，金属温度越高，塑性变形阻力越小，成形越容易。但锻造加热温度过高，锻造变形量小，终锻温度高，锻后冷却缓慢等不良的锻造工艺会使锻造组织不佳，且球化退火时难以消除。锻造温度过高还会引起晶粒长大、出现低熔点共晶体的早期熔化等现象，此时锻造变形时极易发生开裂。如图 5-28，HPb59-1 铅黄铜中 Pb 偏析呈带状和网状分布时，在锻造温度较高或变形量过大的情况下，易形成张开状裂纹。

图 5-28　HPb-1 铅黄铜锻造裂纹　½×

　　有些锻造裂纹是由于操作不当或加热控温仪表失效，导致锻造温度失控引起的。例如，高压油田注水泵轴套（$\phi 90mm \times 10mm \times 187mm$）为 3Cr13 钢锻造成形，经 850～870℃保温 2h 退火，在外圆车去 10mm 后发现表面有网络状裂纹（图 5-29）。经检查，裂纹沿粗大的晶界分布（图 5-30），裂纹两边有严重的脱碳（图 5-31）。现场调查由于锻造加热控温仪表失效，工人按经验肉眼观察锻件加热时颜色来确定温度，锻件未很好预热，加热速度太快，锻件受热不均匀，使锻件表面区域加热温度过高，在锻造变形时导致锻件外表面开裂。

　　对高合金钢（如高速钢、高合金工模具钢等）来说，若锻造温度过高，或始锻时重击下金属变形速度过快，因热效应而提高坯料中心区温度，将导致莱氏体共晶发生熔化或共晶碳化物集中区变得很脆弱而极易开裂。

　　对于有些马氏体不锈钢（如 2Cr13～4Cr13），锻造空冷后可分别获得马氏体＋铁素体及马氏体组织，若冷却不当或未及时软化处理（700～800℃保温 2～6 小时，空冷）而产生裂纹。如图 5-32 为 2Cr13 钢件在 1100℃ 始锻 800℃ 终锻，空冷后在 750℃ 退火，然后盐炉加热淬火、高温回火调质处理，在机加工中发现有裂纹。裂纹断面有深黑色的氧化膜（图 5-33），裂纹内充填着氧化物（图 5-34）。裂纹沿晶和穿晶扩展，裂纹两边无脱碳现象（图 5-35），这充分说明裂纹是由于锻后未及时软化所致。

图 5-29　轴套外表面裂纹形态

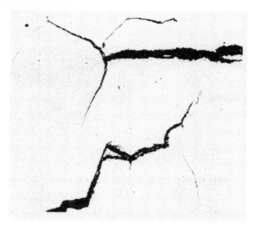

图 5-30　裂纹沿晶扩展（抛光态）　100×

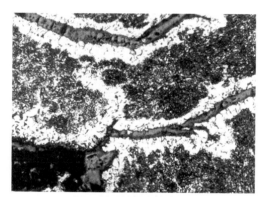

图 5-31　裂纹两边的脱碳形貌　500×

图 5-32　2Cr13 钢锻件裂纹（箭头处）

图 5-33　沿图 5-32 裂纹打开后断面黑色氧化物
白色区为打开新断口

图 5-34　裂纹尾端充填的氧化物（未侵蚀）　100×

　　锻造温度过低或终锻温度过低，仍用较大的变形量进行锻造，或金属坯料未热透，金属的塑性变形能力较小，加上内部组织变化引起的内应力，以及锤击变形而导致材料抗力的增加，出现严重硬化，都会导致锻件的开裂。图 5-36 为 2A12 合金在 450℃ 锻造后发现裂纹，断口粗糙，变形较小（图 5-37），显微组织中未发现有过烧特征，但有较多的强化相

（Al_2Cu、Mg_2Si）颗粒，α 相变形不明显（图 5-38），说明由于锻造温度过低，或坯料未热透，塑性变形抗力较大，导致锻造过程中产生裂纹。

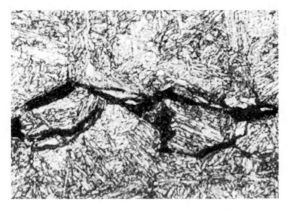

图 5-35　裂纹沿晶扩展形态，组织为索氏体　500×

图 5-36　2A12 锻件锻造裂纹

图 5-37　裂纹断裂面呈撕裂状

图 5-38　α 相＋Al_2Cu 颗粒聚集状分布　100×

5.1.3　锻造折叠

折叠是锻件中常见的一种缺陷，由于折叠引起零件的失效亦是屡见不鲜。折叠常出现在锻件表面类似于裂纹，它是坯料毛边和突出部位在锻造过程中压入（图 5-39 和图 5-40），或锻模设计不良，锻造过程中金属流动不合理所致，如连杆大头与杆身过渡处工字形断面内侧圆角处等易形成折叠。锻坯和锻锤上的氧化皮或润滑剂等未消除干净，被锻造压入热金属也能形成折叠。

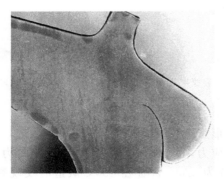

图 5-39　GX-8 轮盘锻造折叠

图 5-40　LY2 叶片锻造折叠

　　折叠的特征较明显，它与锻造裂纹的区别是无沿晶或穿晶特征，一般与表面呈一定的角度（图 5-41），开口较大，有时有分叉，折叠缝内充填氧化物，侵蚀后显微观察有比较明显的氧化脱碳现象。它和淬火加热或淬火后高温回火后形成的脱碳有明显不同。锻造折叠两边全脱碳层，其铁素体晶粒呈无规律分布的等轴晶。淬火加热形成的裂纹两边全为脱碳层，其铁素体晶粒成方向性分布，垂直于裂纹伸展。而淬火后高温回火形成的脱碳层，仍保留一定的马氏体呈方向性分布。所以，掌握脱碳层铁素体形态、分布规律，对判断裂纹的性质有帮助。

图 5-41　锻造折叠纹与表面呈一定的角度

　　当折叠细小时，经锻造有可能部分焊合而仅有氧化物夹杂形式存在。如 45 钢棒材经墩粗后模锻成形，再经正火、初加工，然后盐浴淬火、低温回火，硬度为 56～58HRC，经磁粉探伤，发现齿根下面尖角处有裂纹（图 5-42）。解剖磨抛后显微观察，裂纹与平面有一定的角度，呈弯曲状向内部伸入，表面开口较大，有的呈一定角度以断续状氧化物特征存在，经侵蚀后裂纹和氧化物周围有严重的脱碳现象（图 5-43

(a) 经磁粉探伤显现的折叠纹

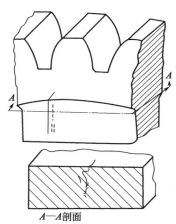

A—A剖面

(b) 折叠纹部位和形态示意图

图 5-42　有锻造折叠的齿轮

(a) 侵蚀前折叠纹形态

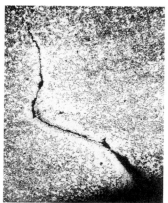

(b) 侵蚀后折叠纹两边脱碳情况

图 5-43　锻造折叠纹　100×

215

和图 5-44)。这是锻压成形过程中形成折叠，在锻后空冷和正火处理过程中形成严重脱碳。

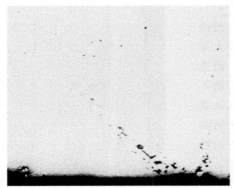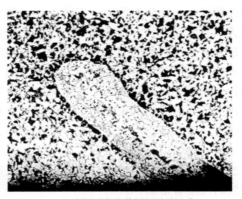

(a) 未侵蚀氧化物呈断续状分布   (b) 侵蚀后氧化物周围严重脱碳

图 5-44　折叠纹呈断续状氧化物分布　100×

对于较大的零件，高温锻造压力大、锻造次数多，易使部分折叠层和基体金属"焊合"而不易发现。例如，齿轮箱大锥齿轮由 20CrNi2MoA 钢锻造成形，粗加工过程未发现裂纹，在渗碳淬火后才发现，内孔局部边缘出现弧形裂纹（图 5-45），呈弯曲薄片状向下断续发展（图 5-46）。将裂纹部位线切割后掰开，除边缘局部连接外，中间裂纹两侧表面均有较厚的灰黑色氧化膜，有的已呈开裂和剥落状（图 5-47）。显微组织检查可见，除表面有较厚的氧化层外，在其下面有约 $0.06 \sim 0.08\,mm$ 的块状和颗粒状的氧化物（图 5-48）。这是折叠层内的氧化层，在随后的调质和渗碳过程中，使氧化膜部分还原成铁素体和颗粒状氧化物（$3FeO \longrightarrow Fe + Fe_2O_3$）。这是识别锻造折叠的重要标志之一。

图 5-45　开裂锥齿轮全貌   图 5-46　裂纹部位局部放大的形态

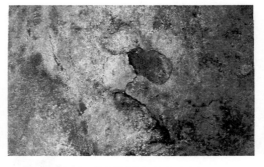

(a) 裂纹中间两边的灰黑色氧化膜   (b) 氧化膜的局部放大后形态

图 5-47　裂纹表面形态

金属在模锻过程中如坯料尺寸或形状不良、放置位置不妥、棒材下料后端面未能将大毛刺去净、模具型腔不合理、锻件分模面选择不当等，都有可能在锻件上引起各种形式的折叠缺陷。尤其是锻模设计不良导致的折叠，其特点是在同一副模具锻造后的产品，其折叠部位往往相同，形态相似。如摩托车拨叉是由 45 钢模锻成形后，经 840℃ 盐炉加热保温后在 160～180℃ 硝盐槽冷却淬火、200℃ 回火，硬度要求≥50HRC，在使用过程中，出现拨叉头部大量折断和掉块，对未使用的拨叉用磁粉探伤检查，结果在同一部位都存在相似的裂纹（图 5-49）。经解剖检查，裂纹处有连续和不连续的裂缝和氧化物，经侵蚀后裂缝周围有严重的脱碳层（图 5-50）。这种脱碳现象是在模锻折叠后空冷过程中形成的。

图 5-48　氧化膜下面块状和颗粒状氧化物

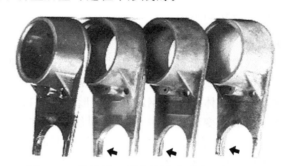

图 5-49　拨叉同一部位的锻造裂纹（箭头处）

(a) 未经侵蚀的折叠形态

(b) 侵蚀后折叠纹两边的脱碳形态

图 5-50　图 5-49 折叠纹处的显微形态　100×

5.1.4　模锻件分模面裂纹

形成分模面裂纹的因素除原材料缺陷外，还和分模面的结构、零件形状、形变方式和终锻温度等因素有关。模锻时在压力加工初期，金属沿最大主应力增大的方向流动，局部加载，整体变形，使金属充满型腔，少量金属流出桥口，形成飞边，并逐渐变薄。金属流与锻模型腔接触面发生的外摩擦与金属内部晶界和晶内滑动的发生的内摩擦，导致表面和心部的相对运动，势必汇集于分模面的流动界面形成层状结构。这种层状结构的抗撕裂能力很低。当切去飞边后，切面出现大量的纤维露头。在显微上看，每个纤维露头都是一个显微缺陷，是一个应力集中点，很容易连贯成为大裂纹，尤其是当原材料中心部位缺陷和夹杂物朝分模面和飞边汇集而密布于切边处，而引起金属在分模面处分层。上述因素导致分模面抗撕裂能力弱化，淬火时的高应力很易使分模面产生贯穿性裂纹。一般饼类分模面纤维露头较小，即使剧烈冷却淬火也不容易在分模面产生裂纹，而连杆类分模面易在杆部出现裂纹。

锻压形变方式和速度不同也影响分模面裂纹的形成，如模锻锤较热模锻压力机锻件更易产生分模面裂纹。锻压过程中，随着分模面飞边厚度的减薄和冷却，多余金属流出桥口的阻力也越大，则需要施加的压力或锤击次数增加，使分模面集中的缺陷也越严重。金属变形速度越快，变形阻力越小，就越不易产生裂纹。终锻时防止第二相的析出，提高金属塑性，就可在随后的热切边时防止纤维露头连通和扩展。

模锻件淬火后分模面裂纹起因于锻造，产生于热处理，可通过改造锻造工艺、控制锻造过程中金属流动、减少分模面处的组织缺陷和热处理时用较低的加热温度与较缓的冷却介质，来避免分模面淬火裂纹的产生。

分模面裂纹特征一般呈喇叭形，由粗逐渐变细，向深扩展，裂纹两侧无脱碳，裂纹较直，多为穿晶状。

5.1.5 热脆和铜脆

钢锻件在燃料中含硫量过高的加热炉中加热，会引起晶界渗硫，则易在钢中形成硫化铁或硫化铁和氧化亚铁组成的低熔点（约为890℃）共晶体，多以网状分布于晶界或呈带状分布在金属基体中，在钢的锻造变形区间（1200～800℃）成为熔融状，使钢的热塑性显著下降，在锻造变形过程中易产生裂纹，常称为"热裂纹"。如果钢中杂质元素Cu含量过高（＞0.2%），在强氧化性气氛中长时间加热后，由于选择性氧化，铁被强烈氧化的同时，Cu元素向工件外部富集，在氧化皮下晶界上形成富Cu相，它的熔点在1100℃以下，在锻压时使工件开裂，或是锻件坯料加热时混有Cu料，或采用加热过Cu锻件的炉子有残存铜屑和氧化铜粉，在锻造温度下，这些氧化铜被Fe还原成Cu（$Cu_2O+Fe \longrightarrow 2Cu+FeO$），被还原的自由Cu原子在高温下以很高的速度沿工件的奥氏体晶界向内扩散，在晶界上形成低熔点的富Cu相，如果工件晶界上存在硫化物（FeS），Cu与FeS形成熔点更低的共晶体，会更加剧锻造开裂。混入的Cu料可能熔化，并黏附在钢件表面，借助高温内锻件表面渗入，使钢在高温下发生选择性氧化，即在铁铜固溶体中Fe首先被氧化使Cu富集，当超过γ-Fe的溶解度时向晶界析出。由于晶界富Cu相熔点较低（＜1000℃），在锻造变形区间呈熔融状态，则锻压时工件易发生开裂。如38CrMoAlA钢制套圈在反射炉中加热至1180℃，在锻造冲孔过程中零件表面发生密集状的细小裂纹（图5-51）。其表层显微组织粗大，并有亮灰色的铜固溶体沿晶分布（图5-52），成分分析表明表层裂纹处含有0.18%～0.21%的铜元素。经调查验证，钢表层铜固溶体是由于反射炉曾加热过黄铜锻件，炉内有较多的铜屑残留所致。沿晶分布的铜固溶体未完全加工去除而残存在零件表面，当零件受力变形和在交变应力的作用下，沿晶的铜固溶体与基体力学性能的不同，导致晶界处疲劳裂纹的萌生，降低使用寿命，引起零部件的早期失效。所以，一般零件表面不允许存在沿晶分布的铜固溶体。

图 5-51　锻造开裂的 38CrMoAlA 钢制套圈

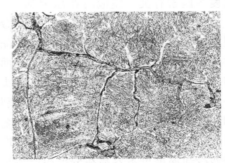

图 5-52　表层组织中沿晶分布的铜固溶体　100×

5.1.6 低合金钢高温内氧化

锻造是由毛坯处于高温状态下金属变形的过程。当金属处于高温的空气炉中加热时，会引起毛坯表面的氧化和脱碳，对于含碳量低于 0.3% 的合金钢，如 18Cr2Ni4WA、12CrNi3A 等钢，在高温（>940℃）下，不仅零件表面产生严重氧化，而且会在其表层产生"内氧化"（图 5-53）。这可能是含碳较低的合金钢在锻造温度下，除有氧化脱碳外，有部分氧溶解于钢，产生选择性氧化，在冷却过程中，使氧化物沿晶界沉淀析出网络状分布的链状和颗粒状氧化物（图 5-54），严重降低晶界的结合力。对锻件毛坯来说，这种内氧化一般均可加工去除，而对非加工面的受力件，易在"内氧化"处萌生微裂纹，导致零件的早期失效。例如，航空液压泵斜盘，由于锻件表面层"内氧化"未去除，仅使用 40.5h 就发生断裂（图 5-55）。

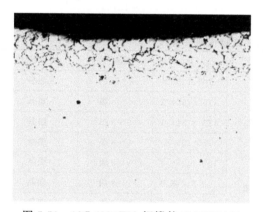

图 5-53　18Cr2Ni4WA 钢锻件 1180℃×2h
加热，表层的"内氧化"特征　100×

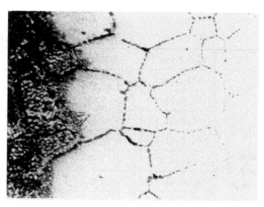

图 5-54　18Cr2Ni4WA 钢 1180℃×2h 加热，
表层"内氧化"形貌（斜面制样）　100×

5.1.7 锻后退火不充分

为了获得良好的热塑性，便于锻压成形，一般锻造加热温度较高。若终锻温度过高，变形量小，引起晶粒长大不能由剩余锻造比对晶粒的破碎作用所抵消，易形成粗大的晶粒。所以，锻后必须通过退火或正火来细化晶粒。如粗晶未能改善而遗传下来，不仅降低冲击韧性，而且会影响抗疲劳性能而降低使用寿命。例如，38CrMoAlA 钢制机车超速停车轴经锻造、退火、调质、加工、渗氮等工艺处理，由于锻造后退火不充分，未充分细化晶粒而遗传，最终形成粗大的板条马氏体位向的索氏体（图 5-56），严重降低了停车轴的力学性能。仅运行 20h 后，均在轴阶梯变化的最大的应力集中的危险截面处发生断裂。对停车轴跟踪检查结果表明，按规范退火消除过热粗晶组织的停车轴，均能安全行车，未发生断裂。

对于一次模锻成形的零件，由于其始锻温度和终锻温度几乎等同，高的终锻温度出现粗晶的概率增加，若冷却后获得粗大马氏体或贝氏体组织，不能充分退火就难以避免粗晶的遗传和力学性能的下降问题。如汽轮机叶片一般采用 2Cr13 钢制造，其成形工艺流程为坯料经高温加热后进行模锻成形，再经 600~700℃ 高温回火，然后调质处理，出现了严重的粗晶遗传，使力学性能尤其是冲击韧性下降较严重。锻后在高于奥氏体区（930~950℃）充分退火后，可获得较满意的奥氏体细晶粒，调质后使力学性能尤其是冲击韧性得到大幅度提高（表 5-4），从而大大提高了叶片的使用寿命。

图 5-55　斜盘（使用 40.5h 发生断裂）　1：2

图 5-56　粗大的保留马氏体位向的索氏体　400×

表 5-4　工艺、晶粒度与冲击韧性间关系

工艺	$\alpha_K/(\text{J/cm}^2)$	晶粒度	断口状态	工艺	$\alpha_K/(\text{J/cm}^2)$	晶粒度	断口状态
锻造＋回火＋调质	51、51.9	3～5 级	粗晶	锻造＋退火＋调质	100、123.5	7～8 级	细晶
	58.5、52.9	3～4 级	粗晶		113.3、124.2	6～8 级	细晶
	63.4、54.3	5～3 级	粗细混晶		133.3、111.1	6～8 级	细晶
	64.3、41.5	4～3 级	粗晶		110、135.8	6～8 级	细晶
	50、46.4	4～2 级	粗晶		151.1、156.3	6～8 级	细晶
	48.9、47.7	5～3 级	粗细混晶		156.3、146.9	7～8 级	细晶
	56.8、58.0	5～3 级	粗细混晶		108.8、110.6	6～5 级	细晶
	53.0、64.6	4～3 级	粗晶		123.4、125.9	6～7 级	细晶
	55.6、58.0	5～3 级	粗晶		135.8、123.5	6～7 级	细晶
	43.8、44.4	3 级	粗晶		138.7、135.8	6～8 级	细晶
技术要求	≥58.8	4～8 级		技术要求	≥58.8	4～8 级	

注：1. 叶片锻后组织为马氏体＋残余奥氏体。

2. 回火温度为 600～700℃。

3. 退火温度为 930～950℃，冷速为≤30℃/h，冷至 650℃出炉空冷。

5.1.8　锻造白点

白点是由于钢中含氢量高并伴有应力作用下产生的内部裂纹，严重降低材料的力学性能，是大锻件内部常见而不允许存在的缺陷之一。

氢在钢中是难以避免的，随着真空冶炼技术在工业上应用，使锻件内产生白点的可能受到控制。一般认为，钢中含氢量在 2～3cm³/100g 以下时，不会产生白点。但大量的大型锻件仍按常规冶炼浇注方法生产，其含氢量较高。例如，碱性平炉熔炼的钢液一般含氢量 6.75～9cm³/100g，碱性电炉熔炼的钢液含氢在 5.6～7.9cm³/100g，酸性平炉熔炼的钢液一般含氢量 4.5～6.75cm³/100g。虽在浇注、凝固和锻造时由钢中排除 1.5～2.5cm³/100g，钢中含氢量仍然很高。若在锻造后冷却速度控制不好，就可能在组织应力和热应力以及氢原子转变成氢分子的压力作用下，在较低的温度下钢的塑性降低时，就形成白点。为避免白点的形成，锻件需经长时间的去氢处理。

由于氢在 α 铁中的溶解度比在 γ 铁中溶解度小，而氢在 α 铁中的扩散速度却比在 γ 铁中的扩散速度大。因此，铁素体和珠光体就成为最有利氢扩散的组织。为了尽快获得这种组织，过冷奥氏体应在最易于分解为铁素体和珠光体的温度下进行长时间等温。结构钢一般选择 650℃ 左右长时间等温扩氢，而对于高合金钢（如 18Cr2Ni4W 马氏体钢）锻件，大都选择在贝氏体转变温度扩氢，避免高应力的马氏体转变，以防止在过冷阶段就产生白点。

有些钢如 18Cr2Ni4WA 的白点在低温乃至室温下形成，因此，等温扩氢后应缓冷至较低温度后出炉。

5.1.9 锻造流线缺陷

金属在锻造过程中由于剧烈的热形变，将使晶粒结晶重新定向排列，非金属夹杂物、枝晶偏析、第二相质点等沿热加工金属流动方向形变延伸呈带状分布，形成机械纤维状结构，俗称流线。一般经热变形加工（如热轧、锻造、挤压等）型材都有宏观的纤维组织（流线）和微观的平行于流线的带状组织。锻造不能消除流线，而只能改变流线的分布，而对于带状组织可用锻造及随后的热处理得到较大的改善，甚至可以消除。

流线的存在，使金属的力学性能和物理性能具有强烈的方向性，沿流线方向的力学性能远高于垂直流线方向。因此，一般锻件都要求流线沿零件外部轮廓连续分布，使之与零件工作时所受最大拉应力方向平行，与剪切应力或冲击应力方向垂直。所以重要零件锻后都要求进行流线形态检查，按零件毛坯图要求评定是否合格。

钢锻件的流线缺陷一般是不沿零件受力轮廓外形分布（图 5-57），降低零件的力学性能和使用寿命。

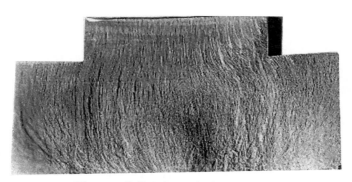

图 5-57　锻件流线不沿轮廓分布　1∶2

5.2　锻造缺陷案例

5.2.1　大型输出轴齿轮开裂分析

某厂生产的六件大型输出轴在组装后的试运行过程中，发现部分齿部有裂纹，裂纹部位和形态基本相似。齿轮材料要求为 20CrMnTi 钢，锻造成形后加工而成。

齿部要求渗碳 $1.6 \sim 2.0 \text{mm}$，经淬、回火后表面硬度为 58～62HRC，心部硬度为 30～38HRC。

生产工艺流程为：锻造→正火→粗加工→渗碳→淬、回火→精加工→组装。

热处理工艺

① 渗碳　870℃ 进炉升温至 920℃±5℃，保温 5.5h 渗碳，炉冷至 550℃ 出炉空冷。

② 淬、回火　840℃ 保温 2.5h 油淬，210℃±10℃ 保温 5～6h 回火。

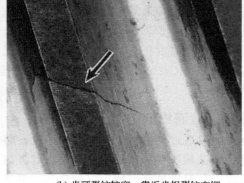

(a) 两个齿部都有裂纹   (b) 齿顶裂纹较宽，靠近齿根裂纹变细

图 5-58　输出轴齿轮齿部开裂裂纹形态

5.2.1.1　理化检验

(1) 宏观检查　所有齿部开裂均从齿顶向齿根扩展，齿顶裂纹较宽，近齿根较细小，如图 5-58 所示。取样打开裂纹后，裂纹表面有一层较厚的黑色氧化膜，氧化膜表面较光滑，似高温熔融状态下形成（图 5-59）。按图 5-60 垂直于裂纹从齿顶剖开，磨制后热酸蚀低倍组织检查，可见裂纹的发展方向和钢材枝晶变形方向基本一致，齿顶裂纹较宽，裂纹前端两侧均有黑色的渗碳层，并随着裂纹向内深入变得细小，裂纹两边渗碳层逐渐减少（图 5-61）。

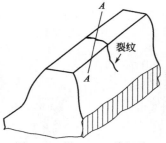

图 5-59　裂纹表面氧化膜（箭头 1），　　图 5-60　沿 A—A 线切取　　图 5-61　热酸蚀后的裂
亮灰色为新打开断裂面（箭头 2）　　　低倍试样示意图　　　　纹和枝晶形态

(2) 硬度测定　齿顶表面硬度为 60～61HRC，齿节圆处的心部硬度为 28～29HRC，低于设计要求。

(3) 材质成分分析　齿轮材料成分分析结果除含碳量略高外，其他合金成分均符合20CrMnTi 牌号要求。由于含碳量较高，所以实际齿轮为 30CrMnTi（表 5-5）。

表 5-5　齿轮成分分析结果和标准要求　　　　　单位：%

化学成分	C	Si	Mn	P	S	Cr	Ti
开裂齿轮	0.31	0.24	1.00	0.024	0.015	1.14	0.07
GB/T 3077—1999 20CrMnTi	0.17～0.23	0.17～0.37	0.80～1.10	≤0.035	≤0.035	1.00～1.30	0.04～0.10
GB/T 3077—1999 30CrMnTi	0.24～0.32	0.17～0.37	0.80～1.10	≤0.035	≤0.035	1.00～1.30	0.04～0.10

(4) 显微组织检查

① 非金属夹杂物检查　从裂纹部位取样磨制抛光后观察，钢中非金属夹杂物，按 GB/T10561—2005 标准评级图 A、B 类夹杂物均为 1 级，C 类夹杂物小于 1 级，而 D 类夹杂物为 1.5～2 级。

② 裂纹形态　裂纹前端较宽，向里深入逐渐变窄呈分叉状，裂纹边缘有颗粒状氧化物，有的呈不连续的条状分布。主裂纹较宽，氧化物已脱落。支裂纹内氧化物呈不规则形态，裂纹边缘有较多的微裂纹和氧化物（图 5-62）。周边支裂纹在高倍下呈断续状条带状分布，其周围有密集的颗粒和网络状氧化物（图 5-63），裂纹尾端充填着氧化物，在高倍下可清晰地看到深褐色 FeO 和亮灰色 Fe_3O_4 以及暗灰色的 Fe_2O_3（图 5-64）。

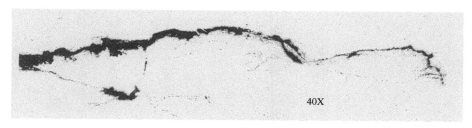

图 5-62　裂纹中间部分的微裂纹和氧化物形态

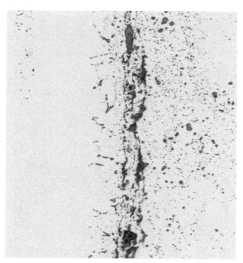

图 5-63　小裂纹处氧化物形态　500×

图 5-64　裂纹尾部氧化物形态　500×

③ 渗碳层深度和组织　经侵蚀后齿部渗碳层深度为 1.59～2.00mm，裂纹前端两边渗碳层深度达 1.45mm，裂纹尾端区域有较严重的脱碳层（图 5-65），高倍下脱碳层内有颗粒状氧化物，半脱碳区组织为回火马氏体＋上贝氏体＋屈氏体（图 5-66）。渗碳层组织为回火针状马氏体＋少量颗粒状碳化物＋残余奥氏体。齿部节圆中心区铁素体分布不均匀（图 5-67），放大后组织为低碳马氏体＋铁素体＋珠光体（图 5-68）。

5.2.1.2　结果分析

(1) 材料的化学成分问题　根据设计要求，输出轴齿轮材料应力 20CrMnTi 钢，对开裂件成分分析表明含碳量略高，不符合 20CrMnTi 钢牌号要求，而符合 30CrMnTi 钢。含碳量的提高对渗碳工艺和渗碳层组织及淬火工艺等影响不大，不会因此而产生裂纹。对锻造工艺,两种材料的始锻温度均为 1200℃,而终锻温度由于含碳量较高的 30CrMnTi 钢为 800℃,而 20CrMnTi 钢为 900℃,也就是说,终锻温度按 30CrMnTi 钢来说高了 100℃,除了增加表面氧化和组织有所变化外,并不会导致裂纹的形成。

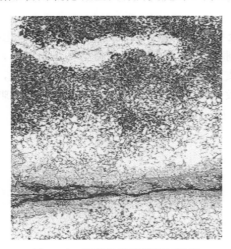

图 5-65 近裂纹尾部裂纹两边的
脱碳形貌 100×

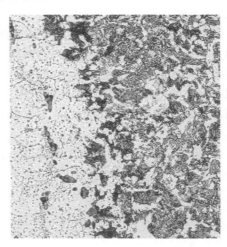

图 5-66 图 5-65 中局部放大后的脱碳区的氧化
物和半脱碳区的组织形貌 500×

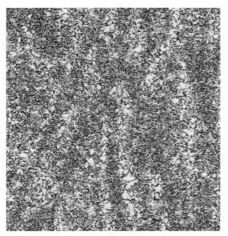

图 5-67 齿部节圆中心区铁素体
分布不均匀 100×

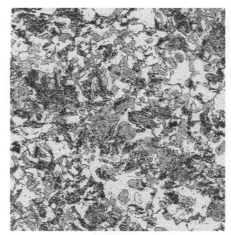

图 5-68 图 5-67 局部放大后的组织为低碳
马氏体+铁素体+珠光体 500×

(2) 裂纹性质 采用宏观和微观检查结果可知,裂纹存在着以下共同特点。

① 裂纹都是从齿顶向齿根方向扩展,说明裂纹是由表面向内深入的。

② 裂纹内有严重的氧化和不均匀的脱碳,局部氧化膜表面较光滑,呈现半熔融状态特征,这种现象只有在 1200℃以上的高温下才能形成。

③ 裂纹上部分两边均有渗碳层,说明裂纹在渗碳以前就存在,裂纹下部分由于裂纹较窄,不易渗碳,所以仍保留着脱碳状态。

④ 根据热处理工艺,在 870℃入炉、920℃保温渗碳,然后炉冷至 550℃出炉空冷的渗碳过程中,一般是不会产生裂纹的。即使在高温进炉,由于温差热应力造成开裂,引起裂纹内渗碳,但不会有严重的氧化,更不会在裂纹两边产生脱碳和氧化膜呈半熔融特征。若裂纹

是在以后的淬火组织转变过程形成，则裂纹内不会有渗碳和严重的氧化脱碳现象。因此，裂纹只能是锻造过程中产生折叠所致。

（3）中心硬度偏低和组织不均匀问题　中心硬度测定结果仅为 28～29HRC，比设计要求（30～38HRC）低。由于零件直径较大，锻造变形量不足（锻造比小），铸态枝晶组织未完全消除，导致成分不均匀，形成组织的不均匀，使中心组织铁素体呈条带状。所以，中心硬度偏低与中心组织中铁素体过多以及存在少量珠光体有关。硬度偏低和组织的不均匀对性能有一定的影响，但不是导致齿轮开裂的直接原因。

5.2.1.3　结论

① 输出轴齿轮材料设计要求为 20CrMnTi 钢，检查结果为 30CrMnTi 钢，对生产工艺和使用性能有一定的影响，但不是导致齿轮开裂的原因。

② 从断裂位置、断口形貌和组织特征分析，输出轴齿轮齿部的开裂是由于锻造毛坯过程中，由于锻造工艺不当引起的折叠所致。

③ 中心硬度偏低和组织不均匀对使用性能有一定的影响，但不是引起齿轮开裂的原因。

5.2.1.4　改进意见

① 原材料在投产前应加强材料复验，防止混料和质量不符合技术要求的材料用于生产。

② 加强锻造和热处理后的无损检测，及时发现生产过程中出现的缺陷，防止不合格产品流入成品和使用过程中。

5.2.2　航空液压泵斜盘断裂失效分析

斜盘是航空液压泵中调节液流压力的重要零件，在使用中连续发生两起支承轴中间部位断裂，造成轴尾断裂，垫板、柱塞座等部件的严重损坏。累计使用寿命仅为额定寿命的7%～20%，严重威胁着航空飞行的安全。为此，涉及使用单位的产品更换排故，造成很大的经济损失。

5.2.2.1　斜盘的生产概况

斜盘的材料为 18Cr2Ni4WA 钢，零件硬度设计要求为 34～38HRC，由锻件加工而成，其生产流程为：棒材下料→锻造→酸洗→退火→初加工→调质处理→精加工。

锻造工艺：1150～1180℃始锻，850℃终锻，模锻成形。

调质工艺：箱式电阻炉中加热 860℃保温后油冷淬火，540℃回火。

5.2.2.2　理化检验

（1）宏观检查　两只断裂斜盘均属同一锻造批次，断裂部位均从斜盘内径 40mm 对称中心圆孔的边缘开始（图 5-69）。断面有明显的疲劳弧线特征，疲劳源位于斜盘的非加工面，靠近内孔尖角的"R"部位（图 5-70）。断裂源处放大后可清晰地看到有较多的放射状的台阶和疲劳弧线（图 5-71）。

（2）显微组织检查　从断裂处取样磨抛后金相观察，在整个未加工的锻造表面有一层深约 0.15～0.19mm 的灰黑色网状物（图 5-72），在高倍镜下网状物呈灰色氧化物，较大的块状灰色氧化物局部脱落呈深黑色凹坑（图 5-73）。经侵蚀后组织为索氏体，锻造表面有较严重的脱碳现象（图 5-74）。

（3）硬度测定　斜盘加工面硬度测定结果为 37.5HRC。

（4）化学成分分析　斜盘的化学成分测定结果见表 5-6，符合设计技术要求。

(a) 使用 14.5h断裂

(b) 使用 40.5h断裂

图 5-69　断裂斜盘宏观形貌

图 5-70　斜盘断裂面形貌

图 5-71　图 5-70 中断裂面的疲劳弧线形态

图 5-72　未加工面灰黑色网状物　100×

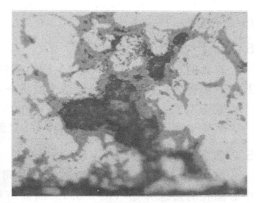

图 5-73　图 5-72 中局部放大后的氧化物　600×

表 5-6　失效斜盘成分分析结果

化学成分/%	C	Si	Mn	S	P	Cr	Ni	W
失效斜盘	0.15	0.41	0.21	0.018	0.021	1.52	4.35	0.97
GB/T 3077—1999 18Cr2Ni4WA 钢	0.13~0.19	0.25~0.55	0.17~0.37	≤0.025	≤0.025	1.35~1.65	4.00~4.50	0.80~1.20

图 5-74　索氏体组织和锻造表面脱碳层　100×

（5）斜盘工作的受力状态　液压泵在工作过程中斜盘的受力状态和断面应力分布如图 5-75 和图 5-76 所示。根据斜盘强度计算结果，斜盘最大弯矩为 337～451N·m，最大弯矩中心偏离零件中心 1.78cm，最大正应力为 177.5～237MPa，按抗拉强度计算，安全系数为 5.06～6.76。按抗疲劳强度极限 $(\sigma_{-1})_w = 500$MPa（尺寸应力集中系数为 0.8），安全系数为 1.69～2.26（大于规定安全系数 1.5 倍）。

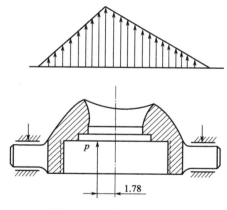

图 5-75　最大弯矩应力图

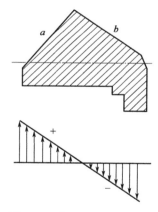

图 5-76　断面的应力分布图

液压泵工作时斜盘所受的弯矩使斜盘背面（锻后未加工面）受拉应力、正面受压应力，抗变形最大应力处于图 5-76 中的 a、b 面的相交拐角处（即断裂面的疲劳起源点）。

5.2.2.3　结果分析

① 斜盘的失效属于疲劳断裂，疲劳源处于锻造毛坯的未加工面和中心孔交接处的表面网状氧化物区。由于此氧化物沿晶成网状分布，削弱了晶间的结合强度，并有较高的应力集中系数。同时存在脱碳，致使抗疲劳强度显著下降。因此，液压泵在工作过程中，使斜盘受力最大的薄弱部位"择优"生核和裂源的萌生与扩展，最终导致斜盘的疲劳断裂。

② 根据初加工后热处理的表面没有网状氧化物和锻造毛坯表面氧化层内脱碳等特征可知，表层网状氧化物可能是热处理之前的高温锻造过程中形成的。

5.2.2.4 试验验证

锻件毛坯表层网状氧化物的存在是否是锻造加热过程中形成？是正常锻造温度下不可避免的，还是锻造过程中异常情况下形成的？酸洗能否去除？为此，进行了如下的试验和验证。

(1) 加热温度的影响 采用和斜盘相同的材料 18Cr2Ni4WA 钢加热 900℃ 长时间（＞4h）加热后检查，未发现表层有"内氧化"存在。为此，采用 900～1180℃ 范围内分级加热，保温 1h。结果在 940℃ 以下，即使长时间保温，除表面氧化层加厚外，并不产生"内氧化"，而 950℃ 出现明显的"内氧化"层。随着温度的升高，"内氧化"层迅速增加。这主要是随着温度的提高，氧在钢中的溶解度和钢中合金元素扩散系数的增加，促使氧和活泼的合金元素发生反应生成合金氧化物。而在 1150℃ 以后，"内氧化"层的增加速度逐渐缓慢，趋于稳定（图 5-77）。一般"内氧化"层保持在 0.2mm 以下，这是由于随温度的升高，表面氧化层迅速增加，使氧向金属内部扩散逐渐降低，同时，由于温度过高（＞1150℃），表面氧化层处于半熔融状态，阻碍氧的进入的结果。

(2) 高温停留时间的影响 在最高锻造温度 1180℃ 下停留不同时间，观察其"内氧化"深度的变化。经实验可知，短时间保温"内氧化"形成非常迅速，随着停留时间的延长，"内氧化"深度的增加并不显著（图 5-78）。这是氧开始无阻碍地迅速溶入，随着表面氧化层的熔融状态的形成，阻碍氧的溶入，"内氧化"的形成减弱所致。

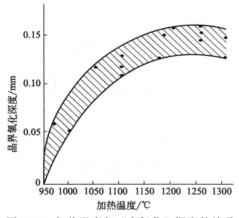

图 5-77 加热温度与"内氧化"深度的关系

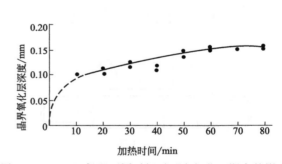

图 5-78 1180℃保温不同时间对"内氧化"深度的影响

(3) 不同材料对高温"内氧化"的影响 对不同成分的电工纯铁、T12、1Cr13、12CrNi3A、38CrA、18Cr2Ni4WA、30CrMnSiA、38CrMoAlA 等八种材料，同时放在 1180℃ 箱式电阻炉中加热 1h 后空冷，然后检查各材料试片的"内氧化"情况，结果仅 12CrNi3A 和 18Cr2Ni4WA 两种材料有"内氧化"，电工纯铁与 1Cr13 钢表层仅产生严重的氧化和晶粒长大，其余钢种除了只有表面氧化和严重的脱碳外，均未产生"内氧化"特征（图 5-79）。

(4) 高温"内氧化"的酸洗去除试验 经 1180℃ 高温氧化的 18Cr2Ni4WA 试片，放在 70℃ 的 50％盐酸水溶液中酸洗不同时间，结果如图 5-80。酸洗 10min 仅能去除表面氧化皮，不能去除"内氧化"层，必须超过 30min 才能基本去除。酸液温度降至 50℃，酸洗时间需增加一倍多。若采用 35％盐酸水溶液 70℃ 下酸洗，去除"内氧化"层的速度更加缓慢。由此可知，锻件毛坯表面层出现"内氧化"后，在一般的酸洗条件下是很难去除的。

(5) 对高温"内氧化"的认识 金属的氧化是金属腐蚀的一种形式，属于化学腐蚀的范

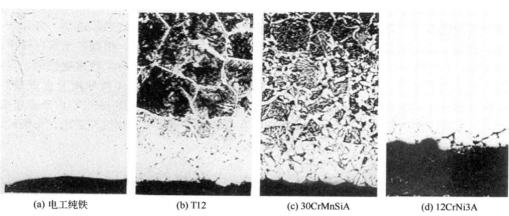

| (a) 电工纯铁 | (b) T12 | (c) 30CrMnSiA | (d) 12CrNi3A |

图 5-79　不同钢种在 1180℃保温 1h 后表面形态

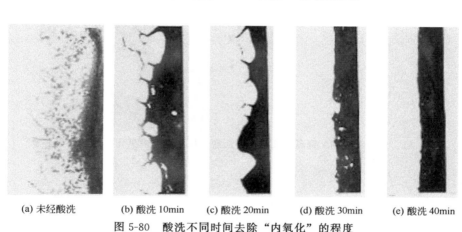

| (a) 未经酸洗 | (b) 酸洗 10min | (c) 酸洗 20min | (d) 酸洗 30min | (e) 酸洗 40min |

图 5-80　酸洗不同时间去除"内氧化"的程度

畴。在高温下的氧化特征，决定于合金组成的成分。纯铁在高温氧化时，氧和铁的结合，将伴随着发生自由能的降低，因此，反应可以自发地进行。由于氧从铁取得电子，使金属铁带正电而产生电场，促使阴离子的移动。同时，铁离子比氧离子要小得多，则有利于铁离子的向外扩散。然而这种向外运动，使氧化膜的底部产生空穴，这就减小铁向外扩散时可以利用的有效截面，而同时，多孔性的氧化层为氧的向内运动提供了方便条件。这里氧向内运动既可以通过氧化物的离解以及气体的扩散进行，也可以依靠离子的扩散通过氧化物结构中的晶格缺陷而进行。最后形成一种稳定状态，即铁和氧原子将以相等的数量朝相反方向运动。日本森冈进等把这个过程描写如下。

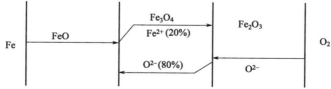

　　由此可知，Fe_3O_4 是依靠阴离子向外运动而成长的。工业纯铁在高温下随时间的延长，表面氧化层逐渐增厚，而氧并没有向金属内部扩散致"内氧化"的形成。而合金钢在高温下的氧化和纯铁不同，其氧化过程复杂得多，这是由于合金钢内各元素和氧的亲和力存在差异而产生选择性氧化的关系。当某一合金元素在高温下扩散迅速，则在表面形成某一元素氧化

物较多的氧化层。如铬合金钢的氧化层中含 Cr_2O_3 达 1％左右，而镍合金钢其氧化层中 NiO 的含量仅万分之几。反之，如氧的扩散速率高于合金元素在基体中的扩散速率，则和亲和力大的某一合金元素的氧化发生在合金钢的内部，形成"内氧化"层。根据各元素在铁中的扩散系数可知，T12 和 30CrMnSiA 等钢由于含碳量较高，在高温下碳的扩散速度较快，且和氧的亲和力大于其它元素，所以产生脱碳。而 18Cr2Ni4WA、12CrNi3A 两种钢其含碳量较低，氧的扩散速率大于其它合金元素，氧除和碳结合（$2Fe_3C + O_2 \rightleftharpoons 6Fe + 2CO$）形成脱碳外，部分氧向内扩散，使部分氧化发生在合金内部，在冷却的过程中氧化物沉淀析出，呈颗粒状沿晶界分布（图 5-81）。

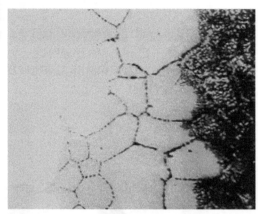

图 5-81　18Cr2Ni4WA 钢高温氧化后斜面磨制抛光后"内氧化"沿晶分布形态

5.2.2.5　结论

① 斜盘的断裂是由于锻件表面层晶界内氧化层未去除，削弱了晶粒间的结合力，并使之具有较高的应力集中系数。同时存在脱碳现象，使表层强度降低，疲劳裂纹易在此薄弱部位萌生和扩展，最终导致疲劳断裂。

② 锻造表层"内氧化"的形成，是毛坯锻造时高温加热所致。对于 18Cr2Ni4WA 钢来说，当温度超过 950℃时，"内氧化"是很难避免的。

③ 18Cr2Ni4WA 钢经锻造后的不加工面，为确保受力件的使用安全，锻造表面必须采用打磨或酸洗的方法彻底去除表层"内氧化"。

5.2.3　内齿轮淬火断裂分析

由 42CrMo 钢锻造成形的大型内齿轮（外径 1080mm、内径 864mm、高为 254mm）经粗加工后，在调质淬火处理（840℃保温 4h、油冷淬火）时发生内齿轮全部断裂（图 5-82）。

5.2.3.1　检验结果

(1) 宏观检查　整个断口除外圈有小部分为灰黄色外，其余均呈黑色油膜覆盖。说明内齿轮油淬过程中油渗入断面，可能零件出油温度较高，使油形成黑色油膜覆盖在断口表面，淡黄色区为最后断裂区。断裂是由内齿轮的齿顶和齿面部位向外圆扩展致断。

(2) 酸蚀低倍组织检查　从断裂面下取一片磨平、热酸蚀后，靠近齿部的中间区域出现呈聚集状的白色斑点（图 5-83），中心区域枝晶粗大，说明该内齿轮材料成分分布不均和铸态组织通过锻造未完全消除。

(3) 硬度测定　从断裂面的齿根向外圆顺序测定硬度结果，齿根白色斑点区域硬度为

39～42HRC，而靠近外圆区域为 36～36.5HRC。

（4）化学成分分析　从齿根高硬度区和低硬度区分别取样，结果如表 5-7。靠近齿部高硬度区域含碳量已超过技术要求，Cr、Mo 也处于要求的上限。

图 5-82　内齿轮淬火断裂后的形态

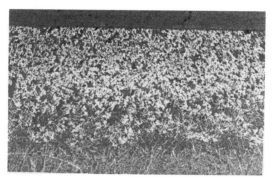

图 5-83　齿根区域白色斑点形态

表 5-7　内齿轮化学成分测定结果与标准要求

化学成分/%		C	Si	Mn	P	S	Cr	Mo
断裂件	靠近齿部	0.50	0.28	0.74	0.018	0.006	1.19	0.23
	靠近外圆	0.41	0.27	0.68	0.016	0.006	1.18	0.22
GB/T 3077—1999 42CrMo		0.38～0.45	0.17～0.37	0.50～0.80	≤0.025	≤0.025	0.90～1.20	0.15～0.25

（5）钢中非金属夹杂物检查　从断裂部位取样，按 GB/T 10561—2005 标准评定，A 类（粗）、B 类和 D 类均为 1 级。

（6）显微组织检查　从断口淡黄色区和黑色区分别垂直断面取样观察，淡黄色区断口表面和中心组织相同，无氧化和增、脱碳现象。而黑色区断口表面有一薄层灰色氧化层，并有较多的微裂纹向中心深入，微裂纹周围均有密集细小的氧化物（图 5-84）。局部区域有黑色空洞、微裂纹和较多的网络状的氧化物（图 5-85）。经侵蚀后断口表层灰色氧化物腐蚀掉形成黑色条状空洞，未见有脱碳现象。从图 5-83 白色区纵横向取样观察，横向白色块状区域为粗针状马氏体＋贝氏体（图 5-86），呈条带状纵向分布，其周围为回火索氏体＋少量贝氏体和铁素体（图 5-87）。显微硬度测定粗针状马氏体和贝氏体区域硬度为 595～626HV$_{0.2}$，其它区域为 352～374HV$_{0.2}$，这是成分偏析所致。白色区域以外的组织均为回火索氏体和少量铁素体。

5.2.3.2　结果分析

（1）断口表面和裂纹周围存在氧化物问题　一般淬火裂纹产生原因较多，除淬火工艺不当、设备失控等因素外，材料冶金质量、零件尺寸和结构等都会影响裂纹的形成。但淬火裂纹均在淬火冷却至 M_s 点以下，在组织转变的应力作用下产生，其断裂面一般无严重的氧化物而呈灰白色较清洁的断口。而内齿轮断口表面有一层氧化膜，断口向中心扩展的裂纹周围也有颗粒状的氧化层，断口下还有较多的微裂纹和颗粒状氧化物，说明是淬火前的锻造裂纹形成的氧化层，在以后调质时的高温加热过程中氧化物分解所致。另外断裂起源于齿顶和齿面而不是在应力集中较大的齿根，只有当齿面和齿根部位存在裂纹等缺陷时，才可能形成裂纹源。所以，内齿轮断口及其附近存在锻造裂纹和氧化物时，在淬火过程中进一步发展，导致内齿轮的断裂。

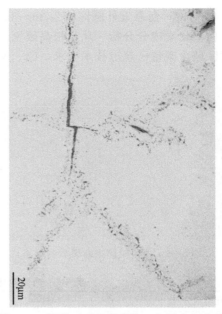

图 5-84　断裂表面和微裂纹周围的氧化物　　　图 5-85　断裂面下的微裂纹、空洞和氧化物

图 5-86　横截面粗针状马氏体和贝氏体形貌　100×　图 5-87　回火索氏体＋少量贝氏体和铁素体形貌　100×

（2）成分偏析问题　从酸蚀低倍组织、显微组织和成分分析结果可知，内齿轮近齿部含碳量较高（已超标），而内齿轮近外圆却符合技术要求。断面不同区域成分的差异，导致淬火时马氏体转变点不同。一般来说，含碳量高的区域 M_s 点低，形成孪晶马氏体的倾向大，容易出现显微裂纹而脆性增大。由于含碳量高的区域冷却转变和断面其它部位的不一致，容易导致形成拉应力，促进了裂纹的形成和扩展。

5.2.3.3　结论

① 内齿轮材料成分不均匀，靠近齿部区域含碳量较高，超出了技术要求。

② 内齿轮的断裂是由于热处理之前断口及其附近存在锻造裂纹和较多的氧化物所致。

焊接缺陷与失效

焊接是两个结构件通过加热—熔化—冶金反应—结晶（凝固—固态相变）形成连接，其所经历的过程十分复杂，它是同时含有铸造和热处理过程（图 6-1）的一种热加工工艺。这种工艺具有连接强度高、工艺简单，成本低等优点，因此焊接已成为近代工业生产中不可缺少的重要工艺。随着工业生产的高速发展，焊接技术也得到了很快的发展，工艺方法也名目繁多，同时也给这种工艺带来了各种不同特点的缺陷。在焊接过程中，只要其中某一步骤稍有疏忽，就可能产生类似于铸造过程中的偏析、夹杂、气孔、热裂纹、冷裂纹和热处理中的过热、脆化等缺陷，这些都会给产品的使用带来早期失效的隐患。焊接缺陷的产生除焊接工艺外，还和设计、选材及操作有着重要的关系。所以，要求设计人员在设计和选材时充分考虑焊接工艺的特点，焊接过程必须严格按工艺要求操作，减少和避免焊接过程中缺陷的形成，确保产品结构在使用中的安全运行，防止结构件的早期失效。

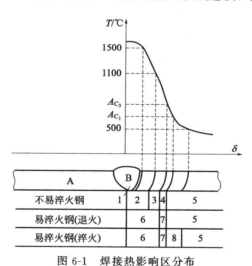

图 6-1　焊接热影响区分布

A—母材；B—焊缝熔化区

1—熔合区；2—过热区；3—正火区；4—不完全重结晶区；
5—基体金属；6—淬火区；7—部分淬火区；8—回火区

6.1　常见的焊接缺陷

熔化焊是通过金属间局部熔融后凝固的方式将两种金属联结在一起的一种焊接方法。由于熔化焊本身是一种快速熔化与凝固的过程，因此，它具有吸气、造渣等冶金过程的特点。快速熔化与凝固，必然在熔焊部位产生不同程度的物理与化学状态的不均匀性和热影响区组织的不均匀，导致该区域具有复杂的应力状态，往往促使焊缝及其附近区域产生偏析、夹渣、气孔、裂纹和脆化等各种缺陷。

6.1.1 焊接裂纹

焊接裂纹是指在焊接、去应力退火或构件在使用过程中、在焊接区域或热影响区产生的各种裂纹。裂纹的存在破坏了金属的连续性和完整性，降低了焊接头的使用强度。此外，在裂纹尖端引起应力集中，促进构件在低应力下发生脆性破坏，给工程造成极大危害。

焊接裂纹一般可分为热裂纹和冷裂纹两种，根据裂纹的部位又分为焊缝裂纹和热影响区裂纹，或分为焊道裂纹、根部裂纹和焊边裂纹（焊趾裂纹），其中根部裂纹可在焊缝金属中，也可在近焊缝区。焊缝的收弧处产生裂纹的概率较大，故专有弧坑裂纹（或称火山裂纹）之称。根据焊缝裂纹的形态，还可分为与焊缝方向平行的纵向裂纹和与焊缝方向垂直的横向裂纹，焊接头热影响的根部裂纹又叫作踵部裂纹，如示意图 6-2。

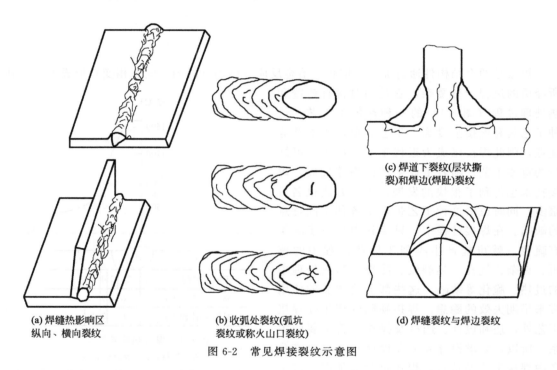

(a) 焊缝热影响区
纵向、横向裂纹

(b) 收弧处裂纹(弧坑
裂纹或称火山口裂纹)

(c) 焊道下裂纹(层状撕
裂)和焊边(焊趾)裂纹

(d) 焊缝裂纹与焊边裂纹

图 6-2　常见焊接裂纹示意图

6.1.1.1 热裂纹

热裂纹是指在稍低于凝固温度，焊缝已基本凝固又未完全凝固阶段所发生的裂纹。所以热裂纹几乎都是沿着奥氏体晶界开裂，裂纹断面有氧化色。随着各种材料的广泛应用，热裂纹的形态、产生机理和温度区间等也各有不同。因此，热裂纹又可分为结晶裂纹、液化裂纹和多边化裂纹三种。

(1) 结晶裂纹　焊缝在凝固过程中处于固-液状态下，由于凝固的金属发生收缩、残余液态金属补充不足而造成的沿晶裂纹（图 6-3）。在结晶温度下形成沿晶裂纹后，在随后的冷却过程中一般均有较大的扩展，所以，热裂纹往往比冷裂纹大，在宏观下即可发现（图 6-4），结晶裂纹主要出现在焊缝中间。如摩托车变挡轴是由 45 钢和 20 钢焊接而成，焊接后发现焊缝中有裂纹。垂直裂纹的横截面经侵蚀后发现，裂纹处于焊缝中间。由于焊接温度在各部位的差异，热影响区的组织特征和性能也不同，侵蚀后的颜色也不同。在金

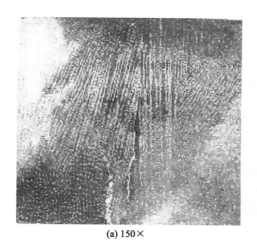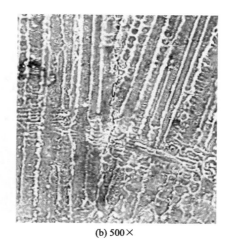

(a) 150×　　　　　　　　　　　　　(b) 500×

图 6-3　1Cr18Ni9Ti 不锈钢焊接显微热裂纹

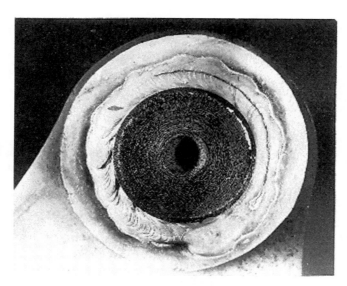

图 6-4　焊缝中间宏观可见的热裂纹

相组织中，靠近焊缝高温区的 45 钢形成粗晶索氏体加铁素体，硬度为 262HV，随后出现较细索氏体加铁素体，而硬度下降至 219HV，接着为细小索氏体＋少量铁素体，硬度也提高至 262HV（图 6-5）。

结晶裂纹主要产生于含杂质元素 S、P、Si 和 C 较多的碳钢、单相奥氏体钢、镍基合金和铝合金焊缝中。在高温阶段形成的结晶裂纹，裂纹断口两边受到氧化而呈蓝棕色等氧化色，往往可作为判定裂纹的重要辅助依据。

（2）液化裂纹　在焊接的高温作用下，基体金属近焊缝区或多层焊缝的层间金属中的低熔点共晶组成物（表 6-1），在焊接加热的过程中会出现晶间被重新熔化，在随后的冷却过程中，由于收缩等焊接应力的作用，使之沿奥氏体晶界开裂（图 6-6）。在焊接时，焊接接头热影响区晶间处于液化状态的时间越长，形成高温液化裂纹的倾向就越大。

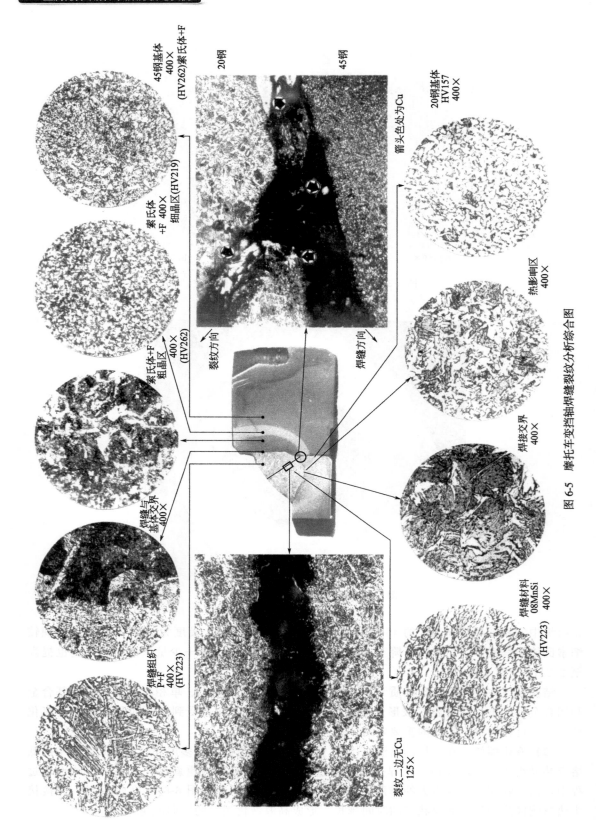

图 6-5 摩托车变挡轴焊缝裂纹分析综合图

表 6-1　Fe 二元和 Ni 二元共晶成分和共晶温度

项目	合金系	共晶成分/%（质量分数,原子分数）	共晶温度/℃
铁二元共晶	Fe-S	Fe,FeS(S31,44)	988
	Fe-P	Fe,Fe₃P(P10.5,17.5)	1050
		Fe₃P,FeP(P27,40)	1260
	Fe-Si	Fe₅Si,FeSi(Si20.5,34)	1200
	Fe-Sn	Fe,FeSn(Fe₂Sn₂,FeSn)(Sn48.9,9.31)	1120
	Fe-Ti	Fe,TiFe₂(Ti16,14)	1340
镍二元共晶	Ni-S	Ni,Ni₃S₂(S21.5,33.4)	645
	Ni-B	Ni,Ni₂B(B4,18.5)	1140
		Ni₃B₂,NiB(B12,14)	990
	Ni-P	Ni,Ni₃P(P11,19)	880
		Ni₃P,Ni₂P(P20,32.2)	1106
	Ni-Al	Ni₃Al(Ni80,78)	1385
	Ni-Zr	Zr,Zr₂Ni(Ni17,24)	961
	Ni-Mg	Ni,Ni₂Mg(Ni11,23)	1095

高 Cr、Ni 不锈钢、Ni 基耐热钢在多层焊时，不仅会产生液化裂纹，还会沿晶析出金属间化合物，从而增加焊缝脆性，降低零件使用寿命。例如，化工设备零件由 12Ni19 钢（C≤0.15%、Si≤0.35%、Ni4.75%～5.25%、Mo0.3%～0.8%、V≤0.45%）、焊条为 TN-110（C≤0.1%、Si≤1.0%、Mn2.0%～4.0%、Mo5.0%～9.0%、Nb0.5%～2.0%、Cu≤0.5%、Fe≤10%、Cr12.0%～17.0%、W1.0%～2.0%、Ni≥55%）镍基合金条焊接而成，在使用中受到弯曲应力导致焊缝处开裂而失效。为此，做了如下试验和检查。采用 10mm×30mm 的 12Ni19 钢板，进行 X 形坡口多层焊接，焊条为 TN-110，焊前经 100℃预热，焊后返修两次，未经热处理，弯曲试验后发现焊缝处出现裂纹（图 6-7）。将裂纹掰

图 6-6　奥氏体不锈钢热影响区的液化裂纹　20×

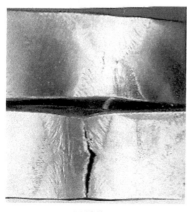

(a) 试件

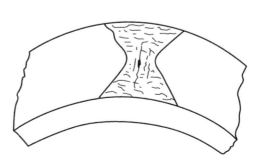

(b) 弯曲开裂示意图

图 6-7　焊缝弯曲开裂形态

237

开后，断口呈高低不平的层状朽木形态（图 6-8）。断后试件焊缝处经热酸蚀低倍检查，多层堆积状的组织特征明显。在焊缝弯曲应力最大的 X 形坡口底部，细小裂纹显得更为明显（图 6-9）。断口在扫描电镜下观察，开裂是从坡口底部沿焊缝柱状晶体两边扩展，扩展区形貌似朽木状（图 6-10），局部柱状晶间呈开裂形态（图 6-11）。高倍下断口为准解理、韧窝和沿晶开裂的混合断裂特征，并有较多的二次裂纹。从焊缝和热影响区硬度测定结果可知，焊缝底部（X 形坡口中间）硬度最高（图 6-12）。显微组织中可见沿晶裂纹（图 6-13）和裂纹沿晶液膜形成和扩展形态（图 6-14）。在扫描电镜下可见沿晶析出的金属间化合物（图 6-15、图 6-16 和表 6-2）。由于焊缝底部在晶间开裂前已成固态，只是在焊接过程中重复受热，才使金属间化合物沿晶析出，从而增加脆性，同时使局部晶界重新液化，形成薄膜，在张应力的作用下导致开裂。

图 6-8 裂纹掰开后的断口形貌

图 6-9 断后一半低倍组织形貌

箭头处为断面

图 6-10 断口扩展区低倍朽木状形态

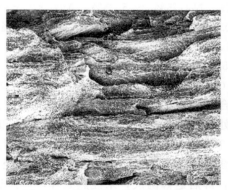

图 6-11 柱状晶和其间的裂缝形态

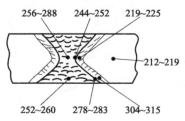

图 6-12 焊缝和热影响区硬度（HV）分布

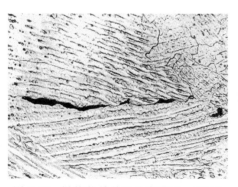

图 6-13 沿柱状晶晶界处微裂缝 200×

10% 草酸水溶液电解侵蚀

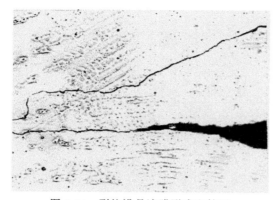

图 6-14 裂纹沿晶液膜形成和扩展

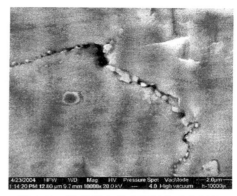

图 6-15 沿晶析出的金属间化合物颗粒

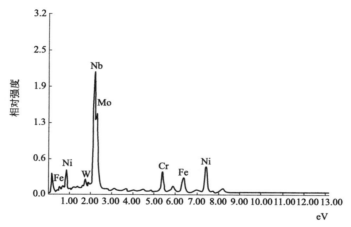

图 6-16 能谱成分图

表 6-2 能谱成分分析结果

元　　素	含量/%	含量(原子分数)/%	元　　素	含量/%	含量(原子分数)/%
W M	02.66	01.07	Cr Kα	08.58	12.27
Nb L	40.34	32.27	Fe Kα	08.60	11.44
Mo L	15.19	11.77	Ni Kα	24.63	31.18

（3）多边化裂纹　多边化裂纹又称为高温低塑性裂纹。焊缝凝固后的金属及高温下的近焊缝区金属（包括下层焊道）均处于一种复杂的应力-应变状态，使金属发生形变，产生位错、空位等缺陷，同时金属产生强化效果。另一方面，由于高温下的原子活动性足以引起空位的扩散、聚集和位错的攀移，从而形成二次边界，又称为"多边化边界"，但不与一次晶界重合。在焊后的冷却过程中，由于热塑性的降低，导致多边化边界产生裂纹（图 6-17）。

总之，焊缝或近焊缝区处于固相线温度以下的高温区间时，由于刚凝固的金属存在着许多晶格缺陷及严重的物理及化学的不均匀性，在一定的温度及应力作用下，晶格缺陷运动聚集便形成了二次边界（即多边化）。在这个边界上堆集了大量缺陷，所以它的组织疏松。当承受拉应力时，就会沿着二次边界开裂，形成多边化裂纹。实践证明，在形成多边化的温度区间内，温度越高，原子的活动能力越强，晶格缺陷的移动和聚集就比较容易，就使得完成

图 6-17　焊缝中多边化裂纹　100×

多边化过程所需的时间越短，所以容易产生多边化裂纹。

这种高温下的多边化裂纹主要发生于单相奥氏体合金和镍基合金的焊缝内。由于裂纹处于焊缝区，一般较难发现，所以危害性较大。

上述三种裂纹的基本特征、裂纹产生的温度、材质和部位归纳于表 6-3。

表 6-3　热裂纹的分类及特征

分类	基本特征	敏感的温度区间	被焊材料	位置	裂纹走向
结晶裂纹	在结晶后期，由于低熔点共晶形成的液态薄膜削弱了晶粒间的联结，在拉伸应力作用下发生开裂	在固相线温度以上稍高的温度（固液状态）	杂质较多的碳钢、低中合金钢、奥氏体钢、镍基合金及铝	焊缝上，少量在热影响区	沿奥氏体晶界
液化裂纹	在焊接热循环峰值温度的作用下，在热影响区和多层焊的层间发生重熔，在应力作用下产生的裂纹	固相线以下稍低温度	含 S、P、C 较多的镍铬高强钢、奥氏体钢、镍基合金	热影响区及多层焊的层间	沿晶界开裂
多边化裂纹	已凝固的结晶前沿，在高温和应力的作用下，晶格缺陷发生移动和聚集，形成二次边界，它在高温时为低塑性状态，在应力作用下产生的裂纹	固相线以下再结晶温度	纯金属及单相奥氏体合金	焊缝上，少量在热影响区	沿奥氏体晶界

6.1.1.2　冷裂纹

冷裂纹是焊接后的冷却过程中，在 M_s 点附近或 $200 \sim 300℃$ 以下区间产生的，其起源多发生在具有缺口效应的应力集中处的焊接热影响区，或有物理化学性能不均匀的氢聚集的局部地区。冷裂纹可以在焊后立即出现，也有时要经过一段时间（几小时、几天、甚至更长时间）才出现。对于焊后还不是立即出现的冷裂纹称为延迟裂纹。由于焊后不能立即出现，需要延迟一段时间，甚至在使用过程中出现，其危害性比其它类型的裂纹更为严重。

促进冷裂纹形成的因素主要决定于以下三个方面。

（1）拉伸应力应变　焊接的焊缝及其热影响区在冷却收缩时，将发生拉伸塑性应变，产生并将残留着横向和纵向的拉伸内应力。如果焊接件足够厚，则厚度方向的拉伸应变也是不可忽视的，即可出现三向应力状态，特别是出现立体交叉焊缝时，更是如此。同时与结构自身拘束条件所造成的应力与结构的刚度、焊缝位置、受热部位与冷却过程、焊接的顺序、构件自重以及夹持部位的松紧程度等都会使焊接接头承受的应力不可忽视。当拘束拉伸应力过大或与组织相变应力和氢脆等因素相互叠加时，就可能产生裂纹。

(2) 钢种淬硬倾向与冷却条件　焊缝冷却处于奥氏体高温区，冷却缓慢，发生 γ（奥氏体)→α（铁素体)＋P（珠光体）转变，其产物有较好的塑性，焊缝中氢也易逸出，所以，一般不会有冷裂纹的问题。若焊接头的钢淬硬倾向较大，厚度较薄，尤其是近焊缝区的奥氏体晶粒粗大区，当快速冷却时，粗大奥氏体将转变成脆硬的粗大马氏体，在一定应力作用下，会发生脆性开裂。有的焊后氢含量较少，并未开裂，而在使用应力的作用下发生断裂。例如，汽车刹车泵附件由 10 钢和 45 钢焊接加工而成，未经回火处理就安装使用，仅运行 58km，就发生焊接热影响区脆性断裂（图 6-18）。从同批次未断零件的焊接部位取样进行硬度和金相组织检查，

图 6-18　汽车刹车泵附件断裂实物　1:2

结果显示，焊缝不同部位的组织和硬度不同，靠近焊缝热影响区（45 钢）硬度达54HRC，组织为淬火马氏体（图 6-19）。这是由于焊接件壁较薄，焊接后的热影响区在快速冷却下得到粗大的高硬度的马氏体组织，脆性较大，在运行时，受到使用应力的作用，导致零件的脆性断裂。

为了防止一些低合金高强度钢焊接热影响区产生根部延迟裂纹，有些国家规定：

HT60——马氏体在 60% 以下，$HV_{max}400$ 以下；

HT70——马氏体在 75% 以下，$HV_{max}410$ 以下；

HT80——马氏体在 90% 以下，$HV_{max}415$ 以下。

作为延迟裂纹在金相组织方面的判断依据。为了避免焊接件在使用中导致失效的危害，焊后应立即进行回火处理，以降低硬度、消除应力。

(3) 焊缝中的氢含量　焊接时，焊接材料中水分、焊件坡口表面的油污、氧化皮以及空气湿度等都会增加焊缝中的含氢量。随着焊缝的冷却和凝固，焊缝中氢的溶解度急剧降低，一部分向外逸出，有一部分留在焊缝内，使焊缝中的氢处于过饱和状态，并向母材扩散。但氢在焊缝内的分布是不均匀的，晶界比晶内含氢量多，显微的点阵缺陷（空位和位错）处也集中较多的氢。过饱和的氢在金属内部显微空隙中，可能产生很高的氢压（P_{H_2}），导致裂源。所以，氢是引起高强度焊接冷裂纹的重要因素之一。但有些裂纹并不是焊后立即出现，却有延迟开裂的特征。焊后钢中氢的浓度并不高，低于在开裂部位发生裂纹所需的临界浓度，但在应力作用下，氢向缺陷前沿或高应变区扩散并聚集到临界氢浓度之后，即可形成微裂纹。在这个潜伏过程中，氢浓度的变化，是在一定温度范围内（-100~100℃）发生的。温度过高，则氢易逸出；温度太低，则氢的扩散受到抑制，因此，都不会产生延迟裂纹。各种钢产生延迟裂纹的临界含氢量是不同的，它与母材成分、预热温度、刚度和冷却条件等有关。

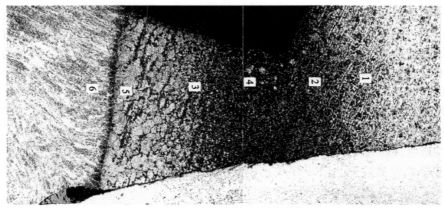

（a）焊缝及热影响区组织整体形貌

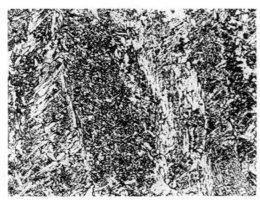

（b）焊缝 6 区组织：大体垂直
母材的羽毛状贝氏体 250×

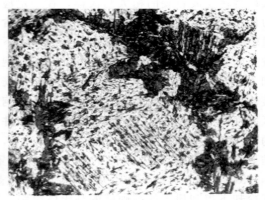

（c）近焊缝热影响 5 区组织：低碳马氏体＋
托氏体（54HRC） 500×3 区硬度为 49HRC

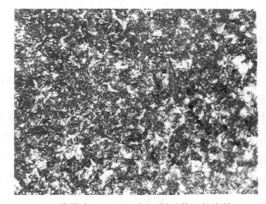

（d）热影响（4）区组织：托氏体＋铁素体
（41HRC） 500× 5 区硬度为 31HRC

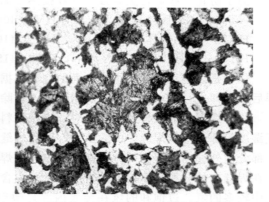

（e）近母材（1）区组织：片状珠光体＋块状
和条带状铁素体（21HRC） 500×

图 6-19 焊缝及热影响区组织形貌

上述三个因素都可能形成冷裂纹，尤其是当焊缝冷却至 M_s 点附近，在三个因素的协同作用下，更易促成焊接冷裂纹的形成。

由于焊后的应力状态和含氢量的不同，可在焊接接头的不同部位产生不同形态的裂纹，常见的有以下三种形态。

① 焊趾裂纹　焊趾裂纹源起于焊缝与基体金属的交界处、并有明显的应力集中的部位（如咬边处等），裂纹取向经常与焊缝平行（图6-20）。

图6-20　焊缝与基体交界处的裂纹（经盐酸水溶液侵蚀）　1:1

② 焊道下裂纹　此裂纹常发生在淬硬倾向较大，含氢量较高的焊接热影响区，裂纹取向一般与熔合线平行（有时垂直于熔合线）（图6-21）。

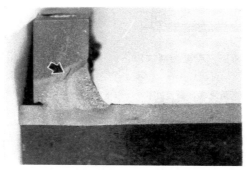

图6-21　焊道下的裂纹（经10％过硫酸铵水溶液与10％硝酸水溶液双重侵蚀）　1:1

③ 焊根裂纹　这是常见的焊接裂纹形态，主要发生在使用含氢量较高的焊条和预热温度不足的情况下，这种裂纹与焊趾裂纹相似，起源于焊缝根部的最大应力集中处，也可能发生在热影响（粗晶区）或焊缝上（图6-22）。

焊前未预热、焊接工艺不规范，导致在焊缝处存在较大残余拉应力和不良显微组织，焊后又未采取必要措施消除上述缺陷，则在使用过程中，易在焊缝收弧区的不良形态缺陷或焊趾等应力集中处和高硬度的热影响区产生裂纹，从而导致失效。如机车制动配件中 L-B 型组合制动梁在机车运行过程中承受着较大的交变载荷及冲击力，制动时又承受制动力及车轮对闸瓦的反

(a) 经10％硝酸水溶液侵蚀 1:1 　　　　(b) 焊根部位裂纹低倍形貌(未经侵蚀)

图 6-22　焊根处裂纹

作用力，因此受力状态较恶劣，其结构如图 6-23 所示。在较短的使用时间内，部分梁安全链吊座（Q235 钢）与梁翼板（Q460E 钢）连接焊缝处产生裂纹（图 6-24）。检查发现，裂纹均处于竖焊缝翼板焊趾处，断面可看到贝壳状疲劳条带和垂直于贝纹线的放射状条纹（图 6-25）。制动梁翼板裂纹源处焊缝热影响区显微组织为板条状马氏体（图 6-26），显微硬度高达 400～470HV$_{0.1}$，增加了热影响区的脆性。对安全链吊焊缝处进行残余应力测试结果，失效件和新制造梁的安全链吊座处的大部分焊缝以拉应力为主，最大拉应力达 255MPa，如此高的残余拉应力将极大地降低该处的疲劳强度。由于上述因素的存在，导致制动梁焊缝热影响处的早期开裂失效。

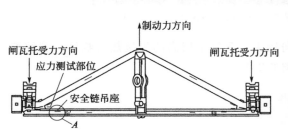

图 6-23　L-B 型组合制动梁示意图（A 处为裂纹）

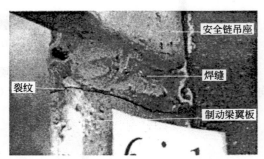

图 6-24　制动梁安全链吊座与梁翼板裂纹

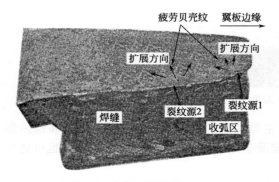

图 6-25　裂纹梁断口宏观形貌

图 6-26　裂纹梁翼板热影响区的马氏体　400×

采用合适的焊接规范及前后的热处理工艺，消除上述缺陷，加强探伤，避免制动梁带伤服役，才能消除制动梁焊缝热影响区在服役过程中裂纹的萌生和发展。

6.1.1.3　再热裂纹

焊接后残余应力是不可避免的，也是造成结构几何形状变形、低应力脆性断裂和应力腐蚀裂纹等破坏的主要原因之一。所以，焊后消除应力热处理的工艺程序是不可缺少的。但对含有 Mo、V、Cr、Ti 和 Nb 等沉淀强化元素的低合金高强钢，如珠光体耐热钢、沉淀硬化高温合金和一些奥氏体钢，在消除应力热处理过程中，会析出沉淀硬化相而造成回火强化，当塑性不足以适应附加变形时就会在焊接热影响的粗晶区产生裂纹。有些容器或结构在焊后消除应力热处理过程中不产生裂纹，而在 500～600℃ 敏感区间长期工作也会产生裂纹。上述两种情况下产生的裂纹通称为"再热裂纹"。

有人认为，再热裂纹的产生与金属晶内强化及晶界强化有关。在去应力热处理过程中，那些能引起二次硬化的碳化物在晶内和晶界发生沉淀，使金属发生强化，强度升高。而晶界的碳化物沉淀，需要吸收其附近的合金元素，因而使晶界两侧有一低合金软化层（很薄），以致晶界处软化。而再热去应力是依靠接头的脆弱部位（近缝过热区）发生集中性的塑性应变而释放，若此应变超过了该部位金属的塑性，则发生开裂。

再热裂纹的特点如下。

① 再热裂纹一般只存在于具有一定沉淀强化的金属材料，对普通碳素钢和固溶强化的金属材料一般都不会产生。

② 焊接后的接头部位存在较大的残余应力，并有不同程度的应力集中时，才有可能产生再热裂纹。

③ 再热裂纹一般均产生在焊缝热影响区的过热粗晶区，裂纹的走向是沿着熔合线的奥氏体粗晶边界扩展，有些裂纹不连续呈断续状。当裂纹扩展至细晶区就停止，并具有晶间开裂的特征。而焊缝和热影响细晶区是不会产生再热裂纹的。

6.1.1.4 层状撕裂

焊接结构件中使用厚板的丁字接头或 L 形接头时，当焊后的焊缝在厚度方向承受结构拘束应力过大时，会在板材轧制方向上出现一种台阶形的层状开裂（图 6-27），称之为层状撕裂。

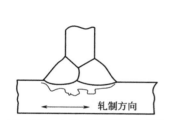

图 6-27　台阶状撕裂纹示意图

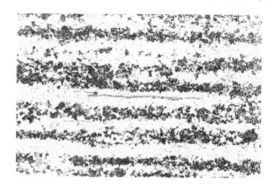

图 6-28　条带状珠光体＋嵌在铁素体间的硫化物　100×

层状撕裂纹的形成主要是与板材轧制方向组织不均匀，成方向性的条带状组织，尤其是条片状的硫化物和 Al、Si 等氧化物夹杂（图 6-28），在其垂直应力的作用下，沿低强度的条带组织和夹杂物与金属界面形成的断裂台阶，不同高度的断裂平台之间扩展时形成台阶状撕裂纹。层状撕裂的断口宏观看有木纹状特征（图 6-29），微观 SEM 二次电子图像能清晰地看到夹杂物片镶嵌在塑性断口之间（图 6-30）。

图 6-29　层状撕裂的木纹状断口　20×

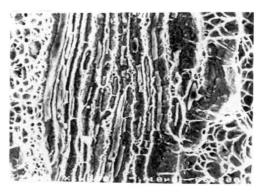

图 6-30　木纹状断口的 SEM 图像
灰色条带为硫化物群

层状撕裂属低温开裂，是一种内部裂纹，一般裂纹不会暴露到表面上来，在结构上很不易被发现，在使用应力的作用下会逐步扩展，导致零部件的失效，所以危害较大。

6.1.2 焊缝中夹渣、气孔和缩孔

6.1.2.1 夹渣

在焊接时焊剂生成的熔渣与焊缝金属、焊接气氛三者间，在高温短时间的冶炼过程中会形成许多外部与内部的一些熔渣，这些熔渣若清除不净，会造成夹渣残留在焊缝中。即使在不用焊剂的 CO_2 保护气氛中焊接时，也存在由于焊丝中合金元素的脱氧形成夹杂物残留在焊缝中。另外，焊接操作不良、坡口设计不当、坡口不清洁、在熔化金属内混入熔渣，或多层焊时前层熔渣残留到下道的焊缝等都会产生夹渣，这些夹渣形状不规则，尺寸较大（图 6-31）。有的夹渣随熔融金属的流动，形成不规则的条带状和聚集状（图 6-32），这些夹渣留在焊缝中危害性较大。有些夹杂由于弧柱气氛中氧化性气体或空气与熔化金属中 Fe、Mn、Al、Ti 等反应形成微小氧化物或氮化物，在熔化金属凝固较快的情况下，来不及浮出而残留在焊缝中，形成夹杂。这种夹杂危害性相对较小。若低熔点夹杂沿晶分布（图 6-33），破坏了金属晶粒间的结合，从而降低焊缝强度，会严重降低结构件的使用寿命。

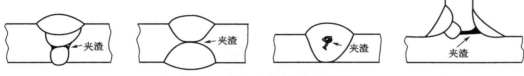

图 6-31 焊缝中夹渣部位示意图

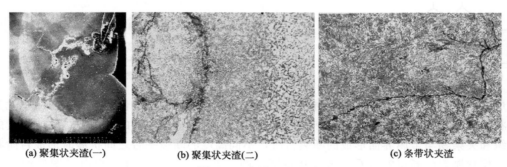

(a) 聚集状夹渣(一)　　　　(b) 聚集状夹渣(二)　　　　(c) 条带状夹渣

图 6-32 夹渣 100×

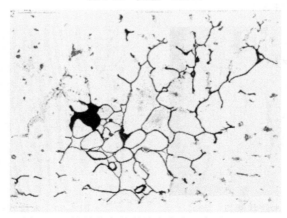

图 6-33 沿晶分布的低熔点夹杂和气孔 100×

6.1.2.2 气孔和缩孔

焊条或焊剂受潮后未按要求烘干、焊芯或焊丝生锈和不洁等都会增加焊接熔池中的气体。焊接规范和操作不当使焊接过程中溶解在熔池中的气体不能及时逸出，随着焊缝的冷却，固溶在焊缝金属中的气体随金属温度的下降而析出形成气孔。形成气孔的气体主要有 H_2 和 CO，其分布形态有单个气孔和连续气孔。残留在焊缝中密集性的气孔和低熔点夹杂，不仅减小了焊缝的有效承载面积，而且会造成应力集中，尤其是在动载荷和交变应力下工作的焊接结构，这会显著降低焊缝的疲劳强度。

例如，摩托车在行驶仅 93km 就发生车架焊接部位断裂（图 6-34）。宏观断口可看到断裂源从焊缝的末端表面向钢管内壁扩展致断（图 6-35），在未断裂的焊缝部位均有不同程度的裂纹存在（图 6-36）。金相显微检查可看到焊缝处有大小不等的圆形和条虫状气孔存在（图 6-37），严重地削弱了车架的承载能力，导致在使用很短的时间后就发生快速断裂，造成重大安全事故。

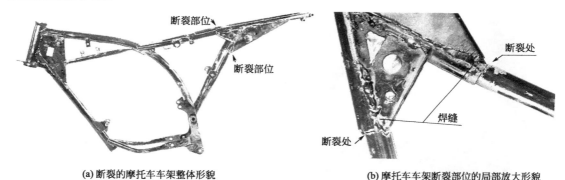

(a) 断裂的摩托车车架整体形貌   (b) 摩托车车架断裂部位的局部放大形貌

图 6-34 断裂形貌

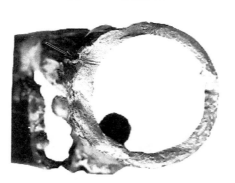

图 6-35 焊缝部位的裂源处形貌

又如，电力设备中的连接管是焊接而成，在使用过程中发生断裂。断口较平坦，与钢管轴线相垂直，宏观无明显的塑性变形，有明显的弧形疲劳条带形貌。裂源处于钢管两边对称的焊接部位，呈多源特征，见图 6-38。其中，部位"1"疲劳断裂扩展区较大，说明该处先形成裂纹，扩展时间较长。当裂纹扩展至一定程度时，使部位"2"处应力水平增加，导致该处裂纹的形成和扩展。对裂源部位作扫描电镜观察，"1"处裂源部位除有未焊透和微裂纹外，还存在较多的缩孔和夹杂（图 6-39），在它的扩展区有明显的疲劳条带（图 6-40）。而"2"处裂纹由表面开始呈放射状快速形成和扩展，然后呈周期性逐步向中心扩展（图 6-41）。焊接部位金相检查可看到较多的缩孔和夹杂（图 6-42）。

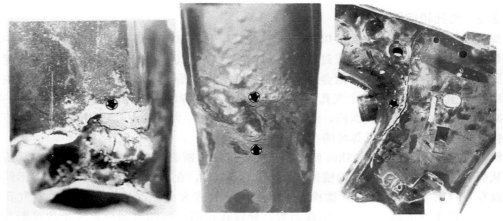

图 6-36　不同焊缝处的裂纹形态

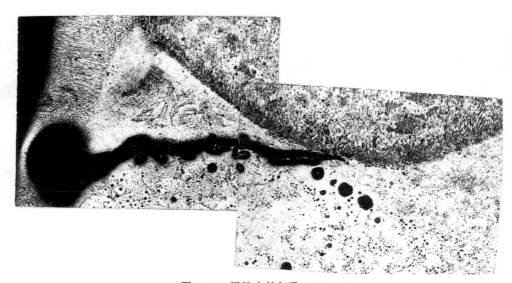

图 6-37　焊缝内的气孔　50×

图 6-38　钢管断口宏观形貌

图 6-39　图 6-38 中"1"疲劳源处的气孔、微裂纹和断裂形貌

图 6-40 断口扩展区有明显的疲劳条带

图 6-41 图 6-38 中"2"处放射状放大形貌

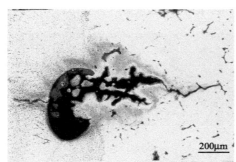

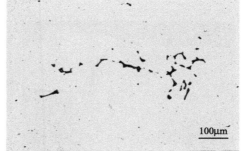

图 6-42 焊接部位的缩孔和夹杂

6.1.3 未焊透和未熔合

在焊接后的检查和失效分析过程中，常发现焊缝处出现未焊透和焊缝未熔合的现象，其部位往往在焊缝底部、两面焊中间或焊缝与母材之间等（图 6-43），给使用埋下了隐患，严重地降低使用寿命和造成重大损失。

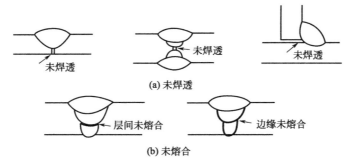

(a) 未焊透

(b) 未熔合

图 6-43 未焊透和未熔合示意图

6.1.3.1 未焊透

焊接坡口角度小、间隙小或钝边过大，双面焊时背面清根不彻底或焊接工艺及操作不当等，都可能形成焊缝金属与基体金属或焊缝金属之间未熔合而留下空隙（未焊透熔合）。例如，工程机械焊接附件，在使用过程中发生焊接部位开裂，导致部件的变形、位移而失效（图 6-44）。对焊接件解剖后作金相检查，发现未焊透，存在较大的空隙（图 6-45）。未焊透的特点是缝隙较大，头部较钝（图 6-46）。

图 6-44　工程机械附件使用中在焊接部位开裂

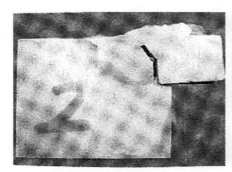

(a) 不同焊接部位未焊透宏观缝隙(一)

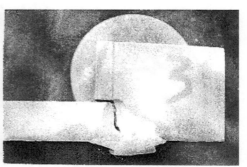

(b) 不同焊接部位未焊透宏观缝隙(二)

图 6-45　未焊透缝隙

图 6-46　未焊透处的微观低倍形貌　50×

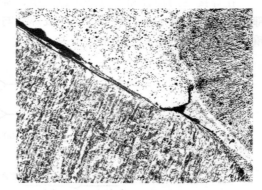

图 6-47　未熔合出现的缝隙　50×

6.1.3.2　未熔合

工艺和操作不当，坡口上或前一层焊缝表面有油污、氧化物和熔渣等脏物阻碍了金属间的熔合而出现细小缝隙（图6-47），由于多数存在于金属内部而不易被发现，在使用应力的作用下成为应力集中处而扩展成宏观裂缝，引起气体和液体的泄漏，甚至使管道或容器失效。例如，化工设备中的1Cr18Ni9Ti不锈钢焊接管道，在5.8MPa压力下使用中发生液体泄漏，经检查发现是焊缝和母材未熔合所致（图6-48）。这在压力容器和管道中是不允许存在的缺陷。

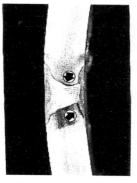
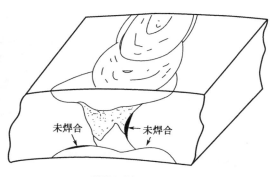

(a) 焊缝横截面，箭头处未熔合　　　　(b) 焊缝和未焊合示意图

图 6-48　1Cr18Ni9Ti 钢管焊缝未焊合

6.1.4　咬边

焊接操作不当，导致焊缝金属与基体金属交界处被电弧烧熔后形成凹槽和焊趾处产生不规则缺口，若缺口较浅而圆滑时，对使用性能影响较小。当出现不规则咬边或不规则咬边和熔合不良同时存在时，都会导致使用应力的集中而出现裂纹（图 6-49 和图 6-50）。尤其是大型设备出现焊接咬边时，即使缺口较浅而尖锐，在使用过程中也极易萌生裂纹，导致设备的失效。例如，某化纤厂进口的大型通风设备仅使用一个月左右，就发生叶片根部焊接处出现裂纹和断裂（图 6-51）。叶片材料为 14Mn4（0.12%～0.13%C、0.35%Si、1.27%Mn），硬度为 169～172HV，焊缝和近焊缝热影响区（断裂部位）硬度分别为 256HV 和 225HV。叶片断口上有较多的台阶，呈河流状的快速脆性断裂形貌（图 6-52）。从焊接叶片裂纹处取样作显微检查，可看到焊缝热影响区出现粗晶和细晶两个明显的区域。在焊缝及其根部表面有脱碳特征并出现较小的缺口和微裂纹（图 6-53）。熔合线表面附近脱碳层使强度和硬度降低，焊趾处又存在咬边缺口，在使用受力状态下形成应力集中，易形成三向应力状态，导致叶片的脆性断裂的起源，并逐渐扩展，最终导致叶片的断裂。

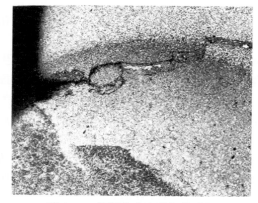

图 6-49　使用中咬边引起的裂纹

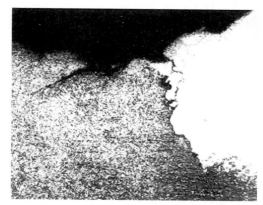

图 6-50　咬边引起的裂纹和焊合不良

6.1.5　焊接预热不当形成的缺陷

对于较大的零件焊接时，为了避免焊接时因热应力过大产生裂纹，一般需在一定温度下预热后焊接。若焊接工艺或操作不当，还会引起母材的开裂和渗异金属的缺陷，一般不易发

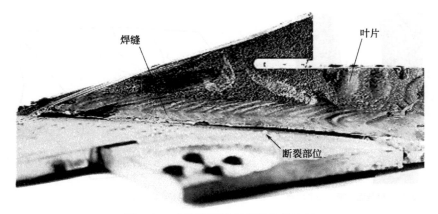

图 6-51　叶片断裂后局部残骸拼凑图

图 6-52　叶片断口形貌
裂纹是从焊缝根部向母材扩展

现而漏检，会导致整个机械的失效。例如，采油井口装置的油管挂的封环，在焊接后加工组装阶段发现裂纹（图 6-54）。油管挂材料为 35CrMo 钢，经调质后的硬度为 269～302HB，密封环材料为 T3 冷轧铜条，硬度为 250～257HB。焊接前，油管挂预热温度为 200～250℃。从裂纹部位取样显微观察，焊缝中铜向母材呈条状渗入（图 6-55～图 6-57），从铜渗入特征和其尾部的细小裂纹可知，由于焊接前的预热温度和保温时间不够，在焊接时快速的加热过程中，由于功率控制不当，热应力过大，导致油管挂出现微裂纹，使液体铜沿微裂纹渗入。这种缺陷若存在产品中，易在使用应力的作用下造成开裂损坏，所以是不允许存在的缺陷。

　　焊接操作未按规范进行，稍有不慎就可导致不良后果。如汽车支架已生产 10 年未发生过断裂，但有两周内连续发生 5 起断裂事故。支架材料为直径 22mm 的热轧 35 钢，经冷拔至直径 20mm，然后弯曲成形，在 CO_2 气体保护下点焊固定垫圈和斜板（焊丝材料为 YT50-6，ϕ0.8mm）。所有断裂部位和形态相似（图 6-58），断裂起源均在支架的右上角点焊部位，断口较平坦，呈灰白色放射状结晶形态（图 6-59），未发现有夹杂、孔洞等材料和焊接缺陷。垫圈处的点焊共三点，但分布不均，有两点紧靠在一起。右上角的点焊焊缝已超过垫圈和大直径杆进入经车加工的小直径处（图 6-60）。在扫描电镜下，断口起始和扩展区呈解理脆性形貌（图 6-61），而扩展区的后部分和瞬时断裂区为韧窝形貌（图 6-62）。裂源处由于焊接熔深至加工直径处，使小直径表层显微组织形成马氏体（图 6-63），硬度高达 $515～540HV_{0.2}$，焊缝处硬度也达 $381～397HV_{0.2}$，所以该区域的脆性较大，当受到较大的弯曲应力时，就会导致小直径处的断裂。所以，要防止类似失效的再现，垫圈部位的点焊应避免受弯曲应力较大的部位，同时点焊时间也不宜过长，防止熔透至加工小直径处，避免小直径表面淬火马氏体的形成，保持弯曲部位有良好的塑性和韧性。

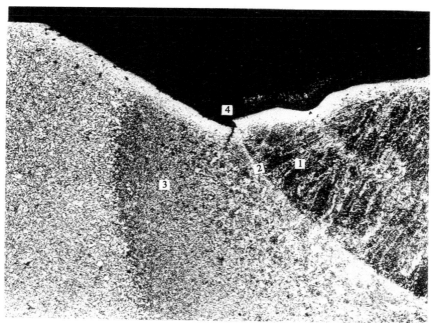

(a) 焊趾处咬边和微裂纹表面白色区为脱碳层 50×

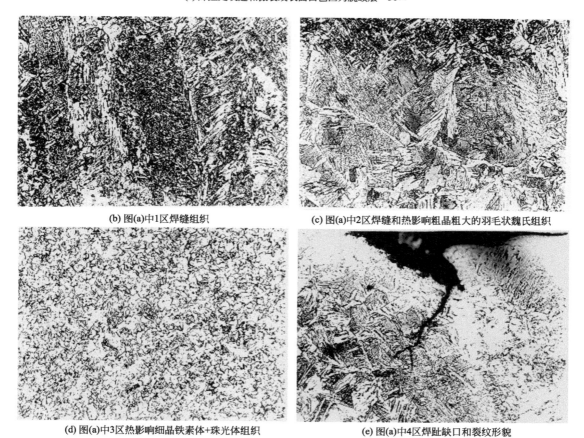

(b) 图(a)中1区焊缝组织

(c) 图(a)中2区焊缝和热影响粗晶粗大的羽毛状魏氏组织

(d) 图(a)中3区热影响细晶铁素体+珠光体组织

(e) 图(a)中4区焊趾缺口和裂纹形貌

图 6-53 焊趾处咬边和微裂纹及高倍形貌 250×

图 6-54 密封环焊接部位的裂纹形态

中间灰白色为铜焊缝，1 为油管挂，2 为 T3 铜密封环

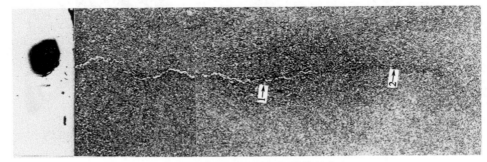

图 6-55 油管挂焊接部位渗入的铜熔体呈白色 32×

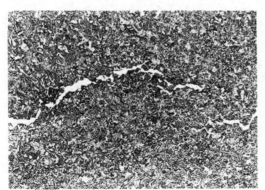

图 6-56 图 6-55 中"1"处铜渗入部位局部放大
形貌，基体组织为索氏体 200×

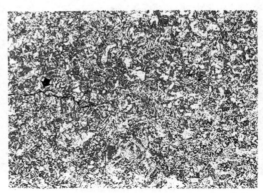

图 6-57 图 6-55 中箭头"2"处局部放大后的
裂纹形态 200×

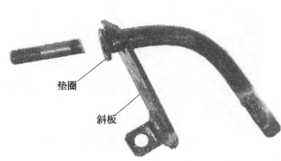

垫圈

斜板

图 6-58 断裂支架形态

图 6-59 断裂面呈平坦放射状

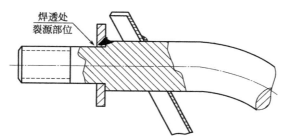

图 6-60 断裂处垫圈点焊形态示意图

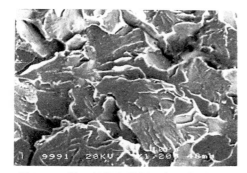

图 6-61 断口起始和扩展区解理断裂形貌

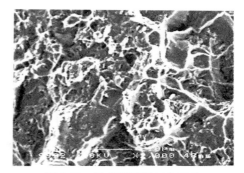

图 6-62 瞬时断裂区韧窝形貌

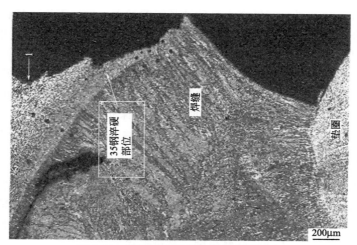

图 6-63 断裂源处钢件与焊缝组织形态

箭头 1 处为断裂面

6.1.6 钎焊缺陷

钎焊是把材料加热至适当温度，使低熔点（液相线高于 450℃，低于基体固相线）钎料熔化，依靠毛细吸引作用流布于接头紧密配合面之间，使工件产生结合的一种焊接方法。钎焊时由于接头间隙不合适、钎焊前表面清理不充分、操作不当、钎料与钎剂的种类及数量选择不合适、焊条的焊剂失效等因素会产生各种缺陷，常见的如下。

6.1.6.1 间隙未填满

钎焊结束后，在零件表面即可看到焊缝局部区域钎料未填满。如空调器压缩机中的消音器，材料为 20 钢，用纯铜作钎料，在真空炉中真空钎焊时，在消音器上、下壳之间有部分区域钎料未填满（图6-64）。从钎焊未填满处切取试样检查，钎料呈断续存在（图6-65）。焊接钎料未填满在使用中造成漏气、泄漏，甚至造成断裂。例如，电磁铁芯组件是由DT3电工纯铁与中间端紫铜管T2-Y之间用0.5mm圆形银铜钎焊H1AgCu40～25各两片、焊剂102#进行高频钎焊焊接而成，在使用中发生断裂。从断口上可看到，断口上只有局部区域熔融焊合，而大部分焊片均未熔化。主要原因是钎焊时加热控制不当，加热不足，焊片未熔和102#焊剂年久失效，失去保护作用，使焊片未能熔融焊合所致。

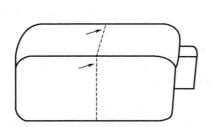

图6-64　消音器钎料未填满（箭头处）示意图

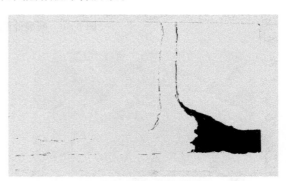

图6-65　未填满处的钎料形态　40×

6.1.6.2　钎焊裂纹

钎焊中的裂纹，往往是由于钎料本身的结晶间隙过大，加热不均，母材导热不良，或钎焊介质气氛中有氢的存在，引起铜的氢脆，以及镍基合金中在含硫的介质里加热形成硫脆，即在晶界上形成低熔点的脆而弱的硫化镍，于应力作用下产生裂纹。对于一些高镍合金、不锈钢等高强度时效硬化材料与熔融钎料接触时，容易应力开裂。有时，特殊合金在冷却时发生相变，引起体积变化而产生裂纹等。这些裂纹有的在钎缝中产生，有的在母材中产生。例如，钢管与HT25-47灰铸铁在装配定位时用CO_2保护焊，然后采用H1AgCu40～35，102#焊剂进行火焰钎焊时，由于加热温度过高，铸铁导热性差，而在母材中产生裂纹。

6.1.6.3　气孔与夹渣

钎焊时钎料温度过高（过热），间隙不均，小间隙处先填满，使较大间隙处封闭而产生气孔，钎焊或母材中析出气体，甚至含有水分的氧化膜进入钎焊金属而熔剂不够等，都可在钎焊缝中形成不规则的小气孔。若钎焊时焊剂过多，而焊料不足，间隙大小不合适，钎料从焊缝两面同时填缝，熔剂被流动的钎料包围，都可形成夹渣。

6.1.6.4　钎焊渗氮缺陷

钎焊气氛保护有时采用液态氨分解气体保护，若操作过程中，时间和冷却等控制不当，致使炉内产生活性氮原子，引起渗氮作用，出炉后不及时冷却，就可能使形成的氮化物析出，致使零件表面脆性增加，而导致使用开裂。

例如，发动机电磁器是由电工纯铁与钢件钎焊和铝合金组合而成，当电工纯铁和钢件在氨气保护钎焊后，在和铝件收口组装时，发现收口的纯铁圆角部位有微细裂纹（图6-66）。经解剖金相组织检查，发现圆角处表面有细针状γ'氮化相分布在晶粒内（图6-67）。说明钎焊过程中工业纯铁表面有渗氮现象，在以后的冷却过程中沉淀析出针状氮化相（Fe_4N），降低了表面塑性，导致收口变形时出现裂纹。按钎焊工艺要求，焊料为312镉银钎料，在700℃液态氨分解气体保护下，保温15～20min，再转入冷却室30min后出炉。但实际操作中钎焊温度、时间及冷却速度均未按工艺要求进行，导致液氮分解出的活性氮原子未完全生成氮分子（N_2）逸出，使部分活性氮原子渗入零件表面以固溶体形态存在，随后的缓慢冷却时以 γ'（Fe_4N）相呈针状氮化物形态析出。当收口金属变形时，针状氮化物形成应力集中处导致裂纹的产生。

(a) 箭头部位为圆角开裂处　2∶3　　　　　(b) 收口圆角处放大后的裂纹形态　8×

图 6-66　电磁器组装开裂形貌

1—铝合金；2—工业纯铁；3—钢件

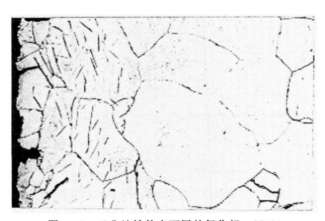

图 6-67　工业纯铁件表面层的氮化相　250×

一般认为，焊接期间炉内液态氨分解（$2NH_3 \longrightarrow 6H + 2N$）出的 N_2、H_2 含量大于 90%，焊后快速冷却，就可避免针状 γ' 相的出现，消除收口裂纹的产生。

6.1.7　接触焊常见缺陷

对薄壁板材结构件，往往采用接触焊（点焊、滚焊）的方式连接，随着工业的迅速发展，焊接构件越来越多，由于焊接缺陷的存在，构件的失效随之增多。从质量检验和失效件的分析中可见常见的缺陷有以下几种。

6.1.7.1　裂纹

焊接接头的裂纹按其分布的位置不同，可分为三种类型。

（1）结合线裂纹　在接触焊的过程中，由于焊接规范选择不当，使焊接接头热应力过大，易在结合线伸入端应力集中的部位拉裂，或在焊前板材表面残存硬而脆的氧化物，在焊接时由于应力作用，在焊缝铸态金属与氧化物相接界面上裂开，形成铸造核心的结合线端头呈分叉状裂纹和结合线弯曲状裂纹（图 6-68 和图 6-69）。

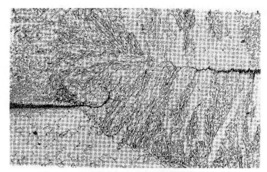

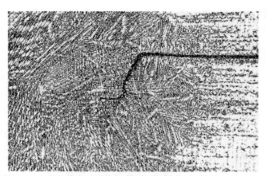

图 6-68　XH60BT 板材滚焊缝结合线　　　　图 6-69　耐热钢板滚焊结合线弯曲状裂纹　100×
　　　　分叉状裂纹　100×

结合线裂纹对焊接接头和零件的使用寿命影响极大。如 XH60BT 板材经滚焊后在振动应力的作用下，焊缝结合线处应力集中而扩展形成的疲劳裂纹，如图 6-70 所示。所以，结合线裂纹是不允许存在的缺陷。要消除结合线裂纹，必须在焊前对板材表面清洗干净，对耐热钢、不锈钢可采用化学腐蚀的方法去除表面影响焊后裂纹的因素，并且还要选择合适的工艺参数。

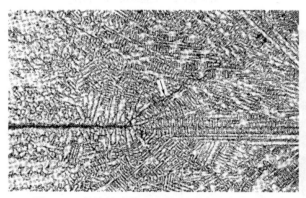

图 6-70　焊缝结合线裂纹扩展形成的疲劳裂纹

（2）热影响区裂纹　在焊接点的铸造核心周围热影响区的某些晶界存在低熔点组分，在应力作用下使之开裂（图 6-71），或是热影响区的胡须尾端未填满铸态金属而留有空洞（图 6-72），一般均以裂纹处理。这种裂纹虽少见，但是是不允许存在的。

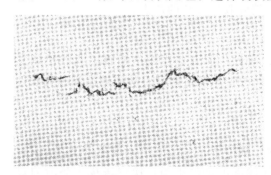

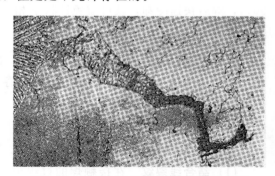

图 6-71　焊接点热影响区裂纹　200×　　　　图 6-72　热影响区胡须尾端未填满的空洞

（3）核心内部裂纹　一般是指分布在铸造核心中晶粒边界、枝晶之间以及缩孔边缘的裂纹（图 6-73 和图 6-74）。焊接耐热合金时，规范若选择不当，或板材较厚，则易产生枝晶裂纹。而焊接马氏体不锈钢、时效耐热合金以及铝合金时，易产生缩孔边缘裂纹。

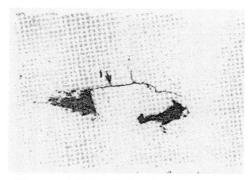
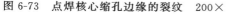

图 6-73　点焊核心缩孔边缘的裂纹　200×

图 6-74　XH60BT 板材滚焊缝核心内缩孔及裂纹　100×

焊接裂纹的存在，易在使用应力作用下形成应力集中而扩展，导致零件的早期失效，所以是不允许存在的缺陷。

在实践分析中有两种组织形态在低倍下观察易和裂纹相混淆，误判为裂纹。如变形高温合金、某些不锈钢和铝合金点焊或滚焊的接头，易在铸造核心周围的热影响区中出现许多须状物（图 6-75），其形态是铸造核心沿着热影响区晶粒边界伸向基体金属，组织与铸造核心基本相同。这是由于焊缝热影响区的某些晶界在焊接热的作用下，首先出现局部熔化，在电极压力下焊缝液体金属顺着已产生晶界局部熔化的部位挤入，使晶界局部熔化区域逐渐扩大，以致达到互相连接并与周围的基体变形组织熔合在一起。经实践和使用过的零件分解分析，未发现胡须组织对焊接接头强度和零件的使用性能有什么影响，但对未填满铸态金属的胡须组织，应按裂纹处理，是不允许存在的。

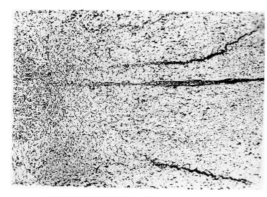

(a) LF2板材滚焊热影响区的胡须组织　100×　　(b) 耐热钢板滚焊后的胡须组织　100×

图 6-75　不同形态的胡须状组织

有些高温合金、不锈钢和铝合金的焊接铸造核心中，在枝晶对接处、晶粒边界或枝晶之间常会出现较粗的黑色线条（晶间加粗），主要是由于在焊缝中枝晶对接处，铸造晶粒边界和枝晶之间有连续状分布的某些析出相、杂质或低熔点相等，经侵蚀后晶界和枝晶间的这些组分溶解或脱落，因而出现晶间加粗（图 6-76）。这除了与材料本身特点有关外，还与焊接时间、电流大小有关。焊缝金属处于熔化或半熔化状态的时间越长，则晶间加粗越明显。晶间加粗不是裂纹。如果腐蚀显现组织不当，则易将晶间加粗误判为裂纹（图 6-77）。

晶间加粗对力学性能的影响一般较小。但晶间加粗严重时，在使用应力作用下，易导致裂纹的形成，降低使用寿命。

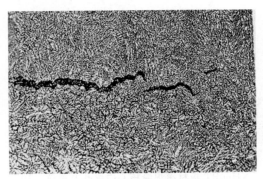

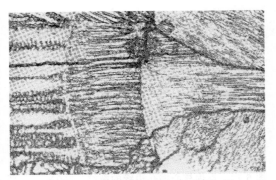

图 6-76　LF2 板材滚焊缝中的晶间
加粗形态　100×

图 6-77　滚焊铸造晶界腐蚀过深加粗
易误为裂纹　500×

6.1.7.2　层状组织

在异种高温合金或不锈钢组合点焊和滚焊的焊缝中，常在铸造核心中发现有呈漩涡状的层状组织（图 6-78）。层状组织的产生，主要与组合板材的化学成分和焊接规范等因素有关。组合板材的化学成分相差越大，或焊接时通电时间越短，则形成漩涡状的层状组织越明显。这是由于焊缝的熔化金属凝固以前在电极压力和电磁场的作用下，引起强烈的漩涡运动所致。当组合板材成分相差较大时，若焊接工艺选择不当，焊缝的熔化金属来不及进行充分的扩散和相互掺和，使铸造核心存在区域偏析，从而出现层状组织。只有改变焊接规范，使焊缝熔化金属处于液态或高温下的时间增长，使其合金元素相互掺和扩散充分，便可减少或消除层状组织。这种层状组织未破坏金属的连续性，所以对力学性能和使用寿命影响较小。

(a) 30×　　　　　　　　　　　　　　　　(b) 100×

图 6-78　滚焊铸造核心中漩涡层状纹

6.1.7.3　结合线伸入

有些高温合金、不锈钢和铝合金经点焊或滚焊后，常发生在焊缝铸造核心范围内长轴方向两端，有呈直线伸入到铸造核心内部的未熔合的两板之间的缝隙，或呈细线状夹杂物，称为结合线伸入。

结合线伸入一般以两种形式存在。

① 被焊两板之间的缝隙呈直线状伸入铸造核心（图 6-79）。

② 伸入铸造核心的两板之间的缝隙端头有呈拐弯状分布的细线状夹杂物，也称为"夹杂物拐弯的结合线伸入"（图 6-80）。当夹杂物严重时，易在使用过程中形成裂纹，严重降低使用寿命，如图 6-81 为 GH140 板制加力筒体，仅使用 447h 后在夹杂物拐弯的结合线伸入部位产生裂纹。

图 6-79 LY12 铝合金点焊核心中的结合线
伸入（混合酸侵蚀） 100×

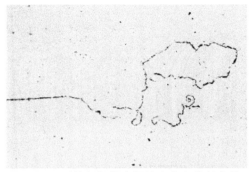

图 6-80 耐热钢板材滚焊缝中夹杂物拐弯的
结合线伸入 100×

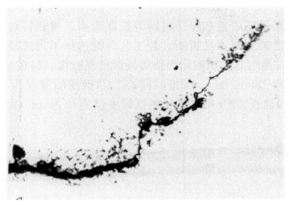

图 6-81 滚焊接头的结合线裂纹 500×

结合线伸入与合金成分、焊前板材的表面状态、焊接工艺以及板材的加工工艺等因素有关，尤其是当焊前板材表面有残存的氧化物未清除干净时，易引起夹杂物拐弯的结合线伸入。有包铝层的铝合金，由于包铝层熔点较高，导热性较好，使其不易熔化，在电极压力下未被压合而出现结合线伸入。

有结合线伸入的零件，在使用中易从铸造核心结合线伸入的端头产生裂纹，并随使用应力的作用逐渐扩展，导致零件的断裂失效。所以，在不影响核心尺寸的情况下，不允许有每边长度超过 0.2mm 的尖头和分叉式拐弯的结合线存在，以确保焊接件的使用质量。

6.1.8 摩擦焊的缺陷与失效

摩擦焊是压焊的常用方法之一，它利用摩擦热至金属塑性状态下施加压力，使两种金属材料紧密接触，以原子或分子的结合、扩散形成永久连接。这种摩擦焊广泛应用于刀、量具以降低成本以及柴油机、内燃机排气阀等特殊要求的零部件。

  摩擦焊接不同材料，由于物理和力学性能的不同，焊后的热影响区的深度和组织特征各异。例如，排气阀的阀盘承受高温冲刷，要求阀盘有良好的耐热抗氧化性，而阀杆要求耐磨、导热，所以，一般阀盘采用4Cr14Ni14W2Mo耐热钢、阀杆采用导热与耐磨性较好的40Cr钢，两者通过摩擦焊接工艺焊接而成。一般40Cr钢导热性好、热影响区较宽，而4Cr14Ni14W2Mo钢导热性差、热影响区较窄（图6-82），这是常见的一种正常组织形态。

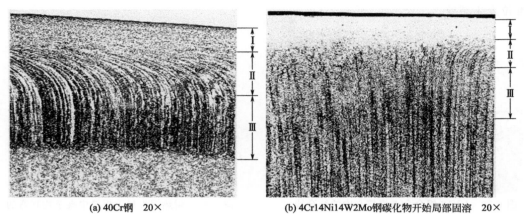

(a) 40Cr钢 20×   (b) 4Cr14Ni14W2Mo钢碳化物开始局部固溶 20×

图 6-82 两种不同钢摩擦焊后的组织形态

Ⅰ—温度＞A_{C_3}重结晶区；Ⅱ—变形及晶粒长大区；Ⅲ—无变形区

  摩擦转速、时间、顶锻压缩量和保持时间等控制恰当，可获得较好的焊接深度和较小晶粒的重结晶区，有良好的塑性而不易折断。若工艺参数选择不当或操作不当，导致焊接热影响区过窄，或摩擦温度过高引起组织粗化而使焊接区出现脆化，易在加工和使用中产生脆性断裂。如图6-83中气阀采用1500r/min、摩擦时间2s、顶锻压缩量仅为4.9mm，焊后在使用中发生焊接处脆性断裂。经检查40Cr钢端热影响区深度仅为0.8mm（图6-84）。将摩擦时间延

图 6-83 排气阀焊接部位断裂形态（箭头所指处）

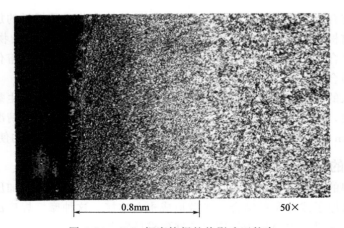

0.8mm   50×

图 6-84 40Cr钢摩擦焊的热影响区较窄

长至 8s，顶锻压缩量增至 9.8～10.3mm，由于摩擦温度较高，热影响区出现较粗大的条状马氏体（8μm 左右）（图 6-85），而耐热钢（4Cr14Ni14W2Mo）重结晶区晶粒直径增至 6～14μm（图 6-86），导致加工时发生焊接马氏体区断裂。若将摩擦时间控制在 6～8s，压缩量为 8～10mm，可获得较细小的组织形态（图 6-87）和较高的冲击韧性（90～100J/cm²）。实践证明，排气阀摩擦焊转速 1250r/min、摩擦压力为 200MPa、摩擦时间 6～8s、顶锻时间 2～3s、顶锻压缩量 8～10mm，经 600℃ 回火后，可获得良好的塑性和韧性，使用寿命较好。

图 6-85　40Cr 钢热影响区较粗的条状马氏体　500×

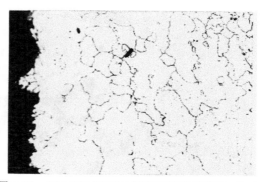

图 6-86　4Cr14Ni14W2Mo 钢重结晶粗晶形态　500×

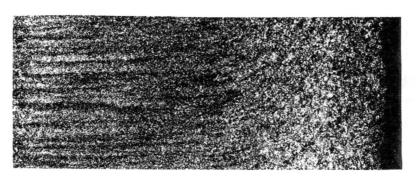

图 6-87　40Cr 钢摩擦焊热影响区较细晶粒组织形貌

40Cr 钢热影响区 2.8mm

6.2　奥氏体钢焊接件的晶间腐蚀破坏

机械零件在各种介质作用下出现腐蚀和腐蚀失效是经常发生的。而焊接件除发生一般的均匀腐蚀、局部腐蚀和腐蚀疲劳外，不锈钢还会发生晶间腐蚀和刀状腐蚀而显得更为突出。

6.2.1　晶间腐蚀

晶间腐蚀是沿晶向纵深发展，表面腐蚀破坏却很少，一般不易发觉，所以是一种危险的破坏形式。晶界腐蚀在母材热影响区和焊缝金属内均可发生，如图 6-88 所示。

对 18-8 型不锈钢经固溶处理后在 450～850℃（敏化温度区间）加热并停留一段时间后就会丧失抗晶界腐蚀的能力。这是由于在固溶状态下碳以过饱和状态固溶于奥氏体中，处于不稳定状态，在 450～850℃ 下保温，过饱和的碳就会优先在晶界处与铬形成碳化铬，由于碳扩展较快，可得到补充，而铬扩散较慢，来不及补充，形成奥氏体晶界贫铬层，使晶界处电极电位急

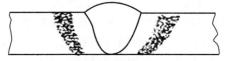 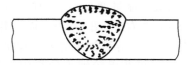

(a) 母材晶间腐蚀   (b) 焊缝晶间腐蚀

图 6-88   焊接接头晶间腐蚀形态

剧下降，在腐蚀介质下贫铬层遭受不断溶解而形成晶间腐蚀（图 6-89）。严重的晶间腐蚀会引起泄漏和断裂。晶间腐蚀断裂的断口在高倍下可看到沿晶断裂和受腐蚀形貌（图 6-90）。

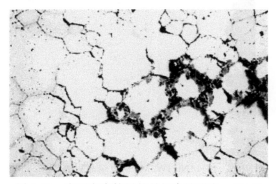 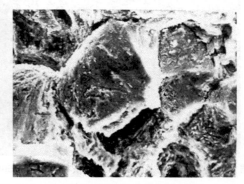

图 6-89   表面向内扩展的晶间腐蚀形态   100×   图 6-90   晶间腐蚀断裂和晶面腐蚀形貌   1000×

奥氏体钢在焊接时，对于母材的某些热影响区和焊缝金属部位，相当于进行敏化处理，因此，在焊后状态，这些部位就会丧失抗晶间腐蚀能力。

6.2.2   刀状腐蚀

为防止奥氏体不锈钢的晶间腐蚀，在钢中加入 Ti、Nb 等稳定化元素和降低含碳量能起到良好的作用，若钢中含碳量过高，或 Ti、Nb 含量不足时，在焊接时母材被加热至 1300℃以上而后又受到敏化温度区间的二次热作用，或在敏化温度区间工作时，就会在靠近焊合线的母材热影响区形成深而窄的刀刃状腐蚀区，如图 6-91 所示。

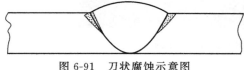

图 6-91   刀状腐蚀示意图

刀状腐蚀的实质是晶间腐蚀的一种特殊形式。奥氏体钢中大部分碳与 Ti、Nb 等稳定化元素形成碳化物，在焊接过程中，由于熔合线附近的母材受到 1300℃以上的加热，碳化物发生分解并溶入奥氏体中，冷却时，过饱和的碳迅速向晶界扩散，而 Ti、Nb 因扩散缓慢而滞留在奥氏体内，晶界的碳便迅速夺取铬而形成贫铬层，就易造成刀状腐蚀破坏。只有当含足够多的 Ti、Nb 时或超低碳奥氏体不锈钢与单道焊缝不受敏化温度区二次加热时，才有可能防止刀状腐蚀的产生。

6.2.3   应力腐蚀

应力腐蚀是材料、介质和应力三个因素同时作用所引起的。而焊接过程不可避免地会产生残余应力，所以，对焊接构件来说，未经去应力退火处理，即使无载放置，只要存在适当的腐蚀介质，就可能产生应力腐蚀。经去应力退火，在组装和使用条件下，也是不可避免地存在不同程度的残余应力，则零件在一定的腐蚀介质的环境下工作，就可形成应力腐蚀破坏的必要条件。

据日本钢铁协会对不锈钢构件产生应力腐蚀裂纹事故进行调查，发现焊接残余应力所引起的事故占 SCC 事故总数的 24.8％左右。所以，在许多重要的焊接结构件制造规范中明确规定，凡是在有腐蚀介质条件下工作的焊接结构件，必须进行去应力退火处理。

从宏观上看，焊接件的应力腐蚀主要特征为裂纹分布呈网状或龟裂形式，断口呈脆性形态。微观断口在一般情况下，低碳钢、低合金高强度钢、铝合金、α黄铜以及镍基合金等均呈沿晶开裂（图 6-92），而 β 黄铜和在氯化物介质中工作的奥氏体不锈钢多属于穿晶开裂。但奥氏体不锈钢随腐蚀介质的不同，开裂性质会发生变化，既可能出现沿晶开裂，也可能出现穿晶与沿晶的混合开裂，在显微结构中裂纹

图 6-92　应力腐蚀开裂沿晶断口形貌

形态如同树根状由表面向纵深方向发展，在扫描电镜下观察呈穿晶断口、河流状特征。

6.3 焊接缺陷引起的失效案例

6.3.1 汽车转向器断裂失效分析

汽车转向器是由 08Al 钢和 45 钢在 CO_2 气体保护下焊接而成，在使用过程中发生断裂，断裂部位于焊趾处（图 6-93）。

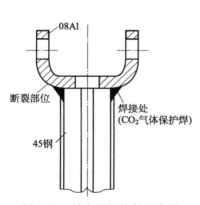

图 6-93　转向器焊接件示意图

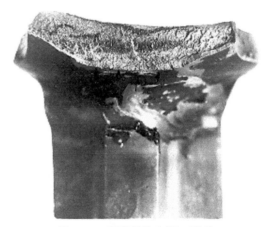

图 6-94　断裂部位和断口形貌

6.3.1.1 检查结果

（1）断口检查　断裂起始于焊趾处，断口裂源处呈放射状的快速开裂，后出现亮灰色撕裂状形貌，未见有疲劳弧线特征和陈旧性裂痕（图 6-94）。

（2）化学成分分析　断裂件的化学成分测定结果见表 6-4，可见其 Al 含量极低，相当于 08F 钢。

表 6-4　断裂件实测的化学成分和标准要求

化学成分/%	C	Si	Mn	S	P	Al
转向器断裂件	0.08	0.029	0.36	0.01	0.02	＜0.001

续表

| GB/T 699 08Al | ≤0.12 | ≤0.03 | ≤0.65 | ≤0.035 | ≤0.035 | 0.015~0.065 |
| GB/T 699—1999 08F | 0.05~0.11 | ≤0.03 | 0.25~0.50 | ≤0.035 | ≤0.035 | — |

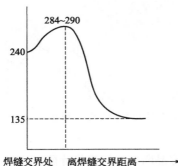

图 6-95　热影响区硬度变化示意图

（3）硬度测定　从断裂的焊缝处向母材中心方向测定硬度，其硬度变化如图 6-95 所示。在近焊缝热影响区硬度为 240HV，粗晶区硬度高达 284～290HV，而母材仅为 135HV。

（4）金相组织检查　从焊缝处垂直断口方向取样作金相观察，组织随焊缝热影响的变化而不同。靠近焊缝处为铁素体＋索氏体，随着离焊缝区的距离增加，组织依次为铁素体＋托氏体＋少量未熔三次渗碳体、铁素体＋三次渗碳体＋少量托氏体以及中心的铁素体＋沿晶三次渗碳体＋少量珠光体（图 6-96）。

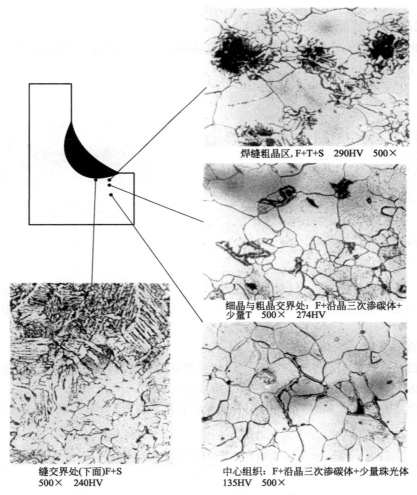

焊缝粗晶区，F+T+S　290HV　500×

细晶与粗晶交界处：F+沿晶三次渗碳体+少量T　500×　274HV

缝交界处(下面)F+S
500×　240HV

中心组织：F+沿晶三次渗碳体+少量珠光体
135HV　500×

图 6-96　热影响区不同部位的组织特征

6.3.1.2　结果分析与结论

设计要求断裂件材料为08Al，成分分析结果显示Al含量极低，相当于08F。由于微量的Al对钢的组织和性能影响较微，因此，钢中无Al不是引起零件断裂的原因。08F钢在平衡状态下的组织应为铁素体＋少量珠光体，而失效件珠光体极少，却存在较多沿晶分布的三次渗碳体，不仅增加母材晶界脆性，而且降低合金力学性能。经焊接后高温热影响区不仅晶粒粗大，而且使沿晶三次渗碳体溶解。由于加热时间较短，碳扩散不均匀，在原三次渗碳体区域或其周围形成相对高碳区，在较快的冷却条件下形成托氏体（或托氏体＋低碳马氏体）。因此，使热影响粗晶区既有强度较高的沿晶分布的托氏体，又存在未完全溶解的沿晶分布的三次渗碳体，形成了焊接热影响区的薄弱部位。当汽车在运行过程中，受到较大的外加应力时，极易在该区域形成裂源，导致零件的断裂。

6.3.1.3　改进意见

① 加强检查，防止有三次渗碳体沿晶分布的钢材作为焊接母材。

② 焊接后增加去应力退火处理。

经采用优质的08Al钢材焊接和焊后经200℃去应力退火后，在使用中未见有断裂失效的情况再现。

6.3.2　水环真空泵叶片断裂分析

水环真空泵叶片是由ZG0Cr18Ni9奥氏体不锈钢铸造而成。经加工后和叶体焊接成整体结构。水环真空泵在安装后运行一年左右，发现局部叶片在叶根处折断（图6-97），并在多个叶片根部焊接处也发现有裂纹（图6-98）。

图6-97　真空泵的断裂叶片实物（箭头所指）　　　图6-98　叶根焊接部位的裂纹（箭头所指）

在正常情况下，真空泵内循环水温度为22～25℃，真空度为0.097～0.088MPa，真空泵单边间隙为0.33～0.38mm，最小剩余间隙为0.1mm，总间隙为0.65～0.75mm。

6.3.2.1　检查结果

(1) 宏观检查　从失效件的断口可看出，断裂都是从叶根焊接部位开始向叶尖扩展至断（图6-99）。叶根断裂处形貌可知，裂源是从两边呈放射状向焊接中心处的大小不等的缩孔处扩展至断（图6-100），说明真空泵在启动和运行中叶片有一定的晃动。在断裂叶片端部有较严重的摩擦损伤，使金属向一边变形呈毛刺状（图6-101）。这可能是真空泵在高速运行过程中，当叶根焊缝处出现裂纹后使叶片拉长，由于叶尖面和壳体内圆间隙较小，产生相互摩擦，致使叶片增加附加应力，促进叶片的断裂。

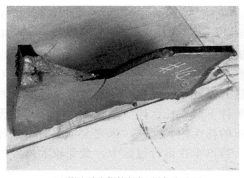

(a) 箭头处为焊接部位，黑色为孔洞　　　　　(b) 焊接部位开始开裂的断口和孔洞

图 6-99　裂纹从叶根焊接处开始扩展

图 6-100　叶根焊接部位的断口形貌
中间黑色为孔洞

图 6-101　叶片尖端的摩擦损伤
下端为取样时气焊割断受热所致

未断的叶片根部焊接处多次出现裂纹，其形态大致相同，如图 6-102 所示。

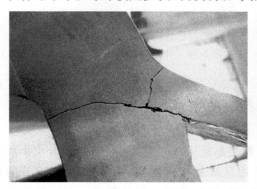

图 6-102　叶根焊接部位的裂纹

将断裂叶片焊接部位磨平后进行酸侵蚀宏观组织检查，在焊缝底部和母材的熔合处有裂

纹并沿枝晶扩展。靠近焊缝熔合处的铸钢件内和焊缝底部有较大的缩孔和密集的疏松，说明叶根部在铸造后的冷却凝固过程中，未得到液体的充分补充，铸钢叶片部分的晶粒呈柱状晶，由边缘向中心生长，呈"人"字形分布（图6-103）。

图6-103 叶根断裂处的裂纹、缩孔和疏松
1、2为焊缝；3为叶片基体；4为裂纹；
黑色为叶片根部的缩孔和疏松

（2）断口扫描电镜检查 叶根断口处可看到大小不等的缩孔和缩孔内的颗粒状结晶形貌（图6-104），断口边缘放射状的裂源起始形貌（图6-105），在扩展区存在明显的疲劳条带（图6-106），叶片部分由图6-99（b）箭头1边缘向另一边快速扩展时，呈现出河流形貌（图6-107），而瞬时断裂区为韧窝形貌（图6-108）。

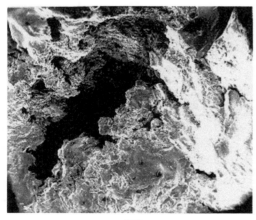

(a) 缩孔   (b) 缩孔内颗粒状结晶

图6-104 缩孔和缩孔内的颗粒状结晶形貌

说明叶根焊缝处有较多的大小缩孔，降低了强度，在使用应力的作用下，导致焊缝边缘微裂纹的形成，并向叶片部分延伸，直至断裂。

（3）叶片硬度测定 靠近叶根断裂部位取样，硬度测定结果为$159HV_{0.2}$。

（4）叶片化学成分分析 靠近断口处的叶片上取样，成分分析结果见表6-5。按GB/T

12230—2005《通用阀门奥氏体钢铸件》标准中 ZG0Cr18Ni9Ti（代号 304）要求，除碳稍高和有少量 Mo、Cu 外，其余均符合技术要求。

图 6-105　缩孔和边缘裂源起始形貌

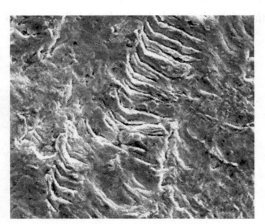

图 6-106　扩展区的疲劳条带特征

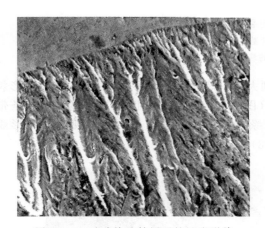

图 6-107　叶片快速扩展区的河流形貌

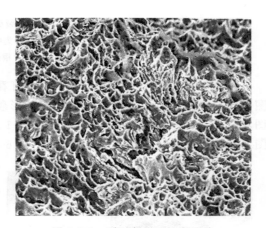

图 6-108　瞬时断裂区韧窝形貌

表 6-5　失效叶片成分和标准要求

化学成分/%	C	Si	Mn	P	S	Cr	Ni	Mo	Ti	Cu
失效叶片	0.084	0.67	1.17	0.022	0.012	17.62	8.88	0.31	0.01	0.27
GB/T 12230—2005 ZG0Cr18Ni9Ti	≤0.08	≤1.50	0.80～2.00	≤0.040	≤0.030	17.0～20.0	8.00～11.00	—	—	—

(5) 金相组织检查　从焊缝处取样磨制金相观察，铸件中有较多的缩孔、显微疏松和密集性的非金属夹杂物（图 6-109），有的非金属夹杂沿柱状晶粒边界呈网络状分布（图 6-110），经侵蚀后可看到焊接熔合线附近存在缩孔和夹杂，熔合线的两侧均有沿柱状晶界分布的焊接裂纹（图 6-111），在焊缝内双层熔合处沿柱状晶还存在凝固收缩裂纹（图 6-112）。说明叶片根部存在铸造缺陷外，在叶根处焊接后的焊缝内和熔合线等区域均存在沿晶分布的微裂纹缺陷，对使用过程中应力集中较敏感，严重影响着叶片的使用寿命。

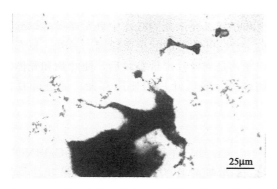

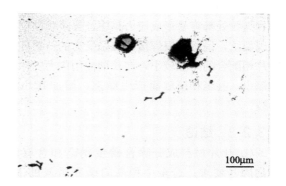

图 6-109　未经侵蚀下的缩孔、疏松和非金属夹杂物　　图 6-110　疏松和沿晶分布的非金属夹杂物（抛光态）

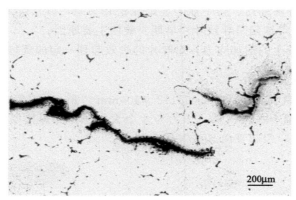

图 6-111　沿晶分布的焊接裂纹

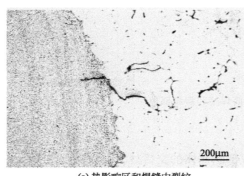

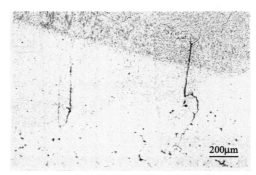

(a) 热影响区和焊缝中裂纹　　　　　　　　(b) 热影响区和焊缝中的沿晶裂纹

图 6-112　裂纹

6.3.2.2　结果分析

(1) 合金成分的影响　失效叶片的合金成分中含碳量稍高（0.004%），并有微量的 Mo（0.31%）和 Cu（0.27%）元素。对 ZG0Cr18Ni9Ti 钢而言，碳的增加虽可提高合金强度，促进奥氏体的形成，但会降低钢的抗蚀性，特别是耐晶界腐蚀性能。而 Mo 在钢中可提高钢在弱氧化性介质及非氧化性介质中的抗蚀性。当 Mo 和 Cu 同时存在时，可进一步提高钢在硫酸中的抗蚀性。所以，碳稍高和微量的 Mo、Cu 元素的存在，不会影响该叶片的使用性能。

(2) 铸造叶片和焊接质量问题　铸造叶片根部（断裂部位）存在较大的缩孔、疏松和密集状的夹杂，在焊接的焊缝内和焊缝与基体的熔合线附近也均存在缩孔、夹杂和沿柱状晶界的焊缝裂纹，这些缺陷严重地降低了叶片的力学性能。在叶片运行过程中的使用应力作用下，缩孔、疏松和裂纹处都容易形成应力集中，导致微裂纹的萌生和扩展。在未断的叶片中也发现很多焊缝处出现裂纹，说明叶根焊接部位是受力的薄弱环节，也是造成叶片断裂的主要原因。另外，泵壳和叶片相配合的间隙较小，在长期使用应力的作用下，尤其是当叶片出现裂纹后，使叶片和壳体间隙缩小，甚至相接触而产生摩擦，增加叶片的附加应力，降低叶片的使用寿命，促进叶片的断裂。

6.3.2.3 结论

① 叶片材料成分除含碳量稍高和含有微量 Mo、Cu 外，主要成分符合 ZG0Cr18Ni9Ti 钢的牌号要求。合金中稍高的碳和微量的 Mo、Cu 不影响叶片的使用性能，不是叶片早期失效的主要因素。

② 铸造叶片根部存在缩孔、集中性的显微疏松和夹杂，以及焊缝内与熔合线附近存在缩孔、夹杂和焊接裂纹等缺陷是导致叶片早期失效的主要原因。

③ 叶片端部摩擦产生的附加应力，对叶片的失效起到一定的促进作用。

6.3.3 开关铝筒失效分析

电力系统的开关铝筒是由 6005AH112 $\phi406mm \times 8mm$ 铝管和铝架焊接而成，如图 6-113。使用时管内通有 SF6 气体，压力为 4 个大气压。经焊接安装后仅使用 10 天左右就发生焊接缝根部开裂，引起管内 SF6 气体泄漏。

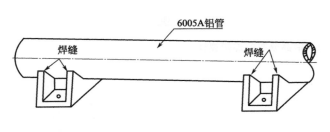

(a) 开关筒体示意图   (b) 焊接部位的裂纹(箭头所示)

图 6-113 铝制开关铝筒焊接和裂纹部位

6.3.3.1 检查结果

（1）宏观检查 裂纹均处于焊缝端的焊缝根部和基体的交接处。裂纹部位放大后，裂纹呈不规则曲折状。经去除表面涂料后裂纹更为清晰可见，有的呈断续分布（图 6-114）。有的裂纹已穿透管壁，在着色探伤剂下观察，裂纹更为明显（图 6-115）。有的裂纹未穿透，仅有变形突起，有的引起内表面少量的涂料剥落。说明每个焊缝根部的裂纹深浅不同。把未穿透的焊缝根部裂纹掰开，可见裂纹深度仅为管壁的 1/3 左右，裂纹断面呈深褐色沿表面呈脆性撕裂状（图 6-116）。垂直裂纹解剖磨平侵蚀后，可清晰地看到裂纹沿焊缝根部和管基体的交接处开裂，向管材基体内部深入（图 6-117）。

（2）裂纹断面扫描电镜检查 将裂纹掰开后在扫描电镜下观察，裂纹断面靠近表面呈灰白色混合区的涂层并有较多的细小裂纹（图 6-118），涂层下面扩展区呈疲劳条带形貌（图 6-119）。用去漆剂清洗后裂纹断面呈冰糖状沿晶和穿晶状开裂（图 6-120）。说明裂纹在焊接后形成，表面涂装时，涂料底层渗入裂纹，在使用过程中产生的振动应力的交变作用下，导致焊缝根部微裂纹的逐步扩展，最终形成粗大的宏观裂纹。

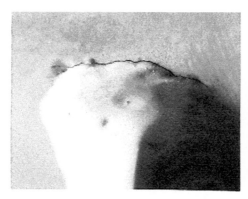
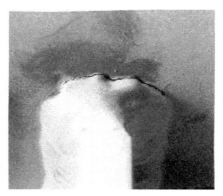

图 6-114 放大后的焊根处的裂纹形态

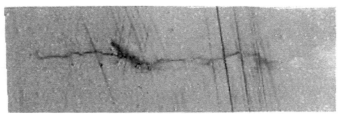

图 6-115 管内壁着色探伤剂显示下裂纹形态

图 6-116 裂纹掰开后的断口形貌

深褐色区域为原裂纹断面

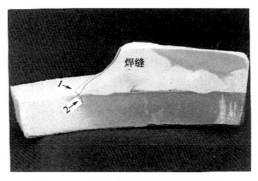

图 6-117 裂纹部位解剖后裂纹形态

箭头 1 为表面裂纹，箭头 2 为管壁横截面处裂纹

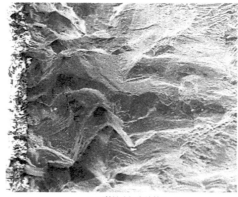

(a) 裂纹断面形貌(一)

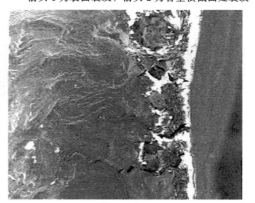

(b) 裂纹断面形貌(二)

图 6-118 不同部位裂纹掰开后的断面形貌

表面深褐色区为原裂纹面

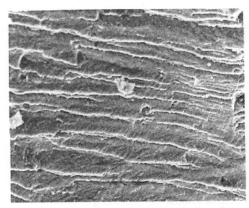

图 6-119　裂纹扩展区的疲劳条带形貌

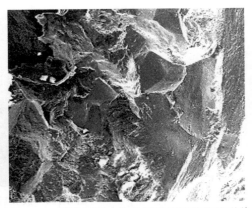

图 6-120　裂纹断面去除涂层后呈冰糖块状形貌

（3）化学成分分析　铝管和铝架的化学成分分析结果见表 6-6，符合相关技术要求。

表 6-6　铝管与铝架化学成分和技术要求　　　　　　　　　　　单位：%

化学成分	Si	Fe	Cu	Mn	Zn	Mg	Cr	Ti	Al
铝管	0.50	0.21	≤0.02	≤0.02	≤0.02	0.49	≤0.02	0.025	余量
铝架	0.51	0.19	≤0.02	≤0.02	≤0.02	0.47	≤0.02	0.021	余量
GB/T 3190—2008 6005A	0.50~0.90	≤0.35	≤0.30	≤0.50	≤0.20	0.40~0.70	≤0.30	≤0.10	余量

（4）力学性能测定　失效铝管的力学性能测定结果见表 6-7，符合技术要求。

表 6-7　失效铝管的力学性能与技术要求

失效件与标准 ＼ 力学性能	抗拉强度/MPa	延伸率/%	硬度/HBS
失效铝管	160.8、158.5、156.9	22.25、20.25、20.0	46.7、47.0
技术要求	≥130	≥20	≥40

（5）显微组织检查　垂直于裂纹取样进行显微组织观察，在宏观裂纹旁边的母材上有较多的细小裂纹（图 6-121），高倍下可看到表层涂层下面的裂纹内有底漆渗入（图 6-122），

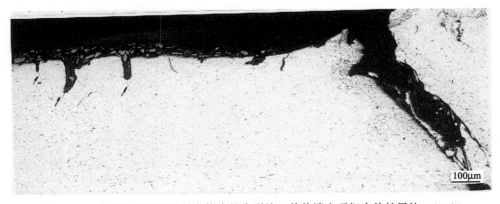

100μm

图 6-121　表面涂层下面基材有较多的小裂缝，其前端出现细小的扩展纹　100×

在裂纹的焊缝处呈高温复熔形态（图6-123）。

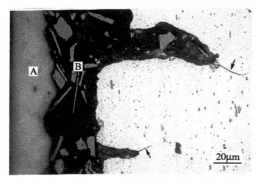

图6-122　图6-121局部放大后的裂纹形貌

A区为涂层，B区为底漆，箭头处为小裂纹

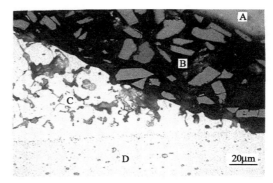

图6-123　焊缝裂纹处组织形貌

A为面漆，B为底漆，C为焊缝处过烧组织，D为铝管母材

6.3.3.2　结果分析

6005A铝合金的主要合金元素为Si与Mg，属Al-Si-Mg系合金，其主要强化相为Mg_2Si，可通过热处理强化。同时，该合金具有较好的焊接性能，对失效件检查结果可见，Si、Mg含量均处于要求的下限，但力学性能均在合格范围内，显微组织除焊缝处有过烧外，未发现异常现象。所以，铝管材料质量符合相关技术要求，不是引起焊接裂纹的因素。

裂纹部位均处于焊缝尾端、焊缝与母材的交接处，裂纹呈曲折、断续状，未发现焊缝中有严重的不符合质量要求的焊接缺陷。裂纹断面扫描电镜观察，在裂纹起始部位断面呈沿晶和穿晶状断裂特征，并有涂层存在。在扩展区有密集的疲劳条纹。在金相检查中，发现在主裂纹的母材侧有较多的微裂纹，并有涂料渗入，说明裂纹在焊接之后涂装之前就已存在。

裂纹的形成是由于较长的焊缝采用的焊接顺序不恰当，使焊接结束后的冷却过程中，收缩应力过大，导致焊缝与母材交接处产生过大的拉伸应力，形成大小不等的裂纹。在使用过程中受到振动等交变应力的作用，使裂纹前端应力集中，导致微裂纹逐步扩展成大小不等的宏观疲劳裂纹，甚至穿透管壁引起泄漏。

6.3.3.3　结论

① 开关铝筒管和管架均符合6005A牌号相关技术要求。

② 裂纹均处于焊缝尾端、焊缝与母材交接处，焊缝中未发现不符合技术要求的焊接缺陷。

③ 开关铝筒管焊缝与母材交接处的裂纹是由于焊接不恰当，焊后冷却收缩应力过大，形成微裂纹，在使用应力的作用下逐步扩展，导致焊缝根部开裂，引起管内SF6气体泄漏。

6.3.3.4　改进意见

适当调整焊接顺序，降低焊接尾端冷却速度和收缩应力，防止裂纹的形成。

6.3.4　闸阀焊接件断裂分析

IPS/BCC项目中使用的闸阀组装时，一端通过螺纹连接，另一端采用氩弧焊与管道连接。焊接后经蒸汽吹扫10天，就发生闸阀在焊接端的焊缝处断裂，如图6-124所示。

断裂阀门材料为A105钢（美ASTM标准），焊接材料为ER703-3，$\phi=2.00mm$。

6.3.4.1　检查结果

(1) 宏观检查　断裂部位处于焊缝的熔合处，管材断口（图6-124中"2"处）被气焊

图 6-124　阀门断裂后形态

切割已遭破坏，阀门端（图 6-124 中"1"处）断口良好，但断口表面有灰黑色氧化膜覆盖。经清洗后，断口较平坦，呈银灰色。断裂起源于内表面，该区域有较多的放射状撕裂棱，无明显的塑性变形，瞬时断裂区呈 45°向焊缝区撕裂（图 6-125）。在断裂起源区域内表面有较多的缺陷和小气孔（图 6-126）。

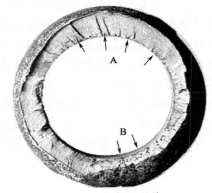

图 6-125　断口形貌

A 区域为起始断裂区，B 区域为瞬时断裂区

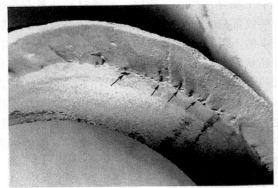

图 6-126　经清洗后断口内表面缺陷与小气孔

（2）**断口扫描电镜观察**　图 6-125 中 A 区域有较多的气孔，缩松等缺陷（图 6-127），缺陷处可看到结晶状形貌，在断口内表面的其它局部区域也存在少量类似缺陷。断口呈准解理和韧窝混合型断口形貌，并有较多的微裂纹存在。瞬时断裂区为韧窝形貌。

（3）**硬度测定**　闸阀端焊缝区为 $225 \sim 236HV_{0.2}$，熔合线处 $229 \sim 248HV_{0.2}$，过热区 $233 \sim 240HV_{0.2}$，相变重结晶区为 $194HV_{0.2}$，母材（闸阀基体）为 $184HV_{0.2}$。

（4）**化学成分分析**　从断裂阀门断口附近取样进行化学成分分析，结果见表 6-8，符合技术要求。

表 6-8　断裂阀门化学成分测定结果与技术要求　　　　单位：%

化学成分	C	Si	Mn	P	S	Cr	Mo	Ni	Cu
失效阀门	0.28	0.24	0.60	0.006	0.013	0.10	0.08	0.09	0.07
ASTM标准 A105 钢	≤0.35	≤0.35	0.60～1.05	≤0.040	≤0.050	≤0.30	≤0.12	≤0.40	≤0.40

（5）**金相组织检查** 从裂源区域采用平行断面和垂直断面两个方向分别取样磨制抛光观察结果：①平行于断面可看到氧化夹杂、气孔、不规则凹坑和微裂纹等缺陷（图6-128），在过热区也存在微裂纹（图6-129）；②垂直于断口可见熔接处的椭圆形气孔、微裂纹和脱碳特征（图6-130），微裂纹中充填着氧化物，焊缝区组织为粒状贝氏体＋珠光体＋沿粗大晶界析出的铁素体＋魏氏组织，过热区为粗晶粒状的魏氏组织，母材组织为条带状分布的珠光体＋铁素体。

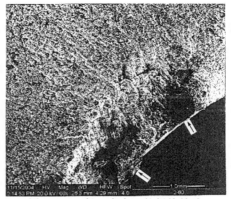

图6-127 断口内表面的焊接缺陷

(a) 氧化夹杂 500×　　(b) 气孔和不规则凹坑 50×　　(c) 夹杂和微裂纹 500×

图6-128 平行于断口裂源处的焊接缺陷形态

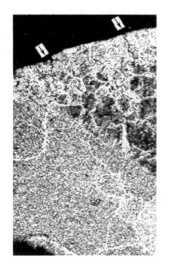
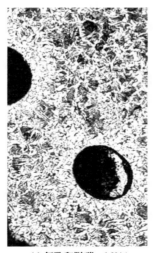
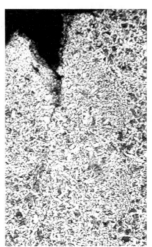

图6-129 过热区的微裂纹 80×

(a) 气孔和脱碳 160×　　(b) 熔合处的微裂纹 80×

图6-130 焊接缺陷形态

6.3.4.2 结果分析

（1）**焊接后的缺陷和受力问题** 从上述宏观和微观检查结果可知，闸阀焊接部位的断面和断口附近的内表面熔合区存在氧化夹杂，不规则凹坑、裂纹和气孔等焊接缺陷，这些缺陷对焊缝区的塑性和强度的降低有很大影响，尤其当存在拉伸应力时，缺陷部位就容易产生应力集中而形成裂源。由于焊接本身的特点是工件上会产生不均匀的温度场，温度高的部位膨胀会受到周围温度低、膨胀小的金属约束而产生内应力，当内应力超过材料屈服极限时，就产生塑性变形，冷却后就产生残余拉应力。由于焊接后未经去应力处理，所以闸阀的焊接部位存在较大的残余拉应力。与此同时，闸阀在安装过程中，受到闸阀另一端螺纹拧紧时的拉伸作用，使得焊接部位增加一个外加拉伸应力。上述应力的叠加，就可能导致焊接缺陷部位应力集中处裂源的形成和扩展。由于低碳焊接部位硬度较低，塑性相对较好，所以裂纹扩展速率较小，这也是吹扫前未发生断裂的原因。

（2）中压蒸汽吹扫时的应力和氧化问题 由于焊后采用中压蒸汽吹扫，使得蒸汽中的水以及可能存在的 CO_2、O_2 等也可与金属进行电化学反应，使断裂面产生 FeO、Fe_3O_4、Fe_2O_3 等腐蚀产物（还可能有其它产物）。吹扫时由于中压蒸汽作用，再加上焊接和安装应力，使缺陷和裂纹处的氧化膜不断破裂和形成，从而促进了裂纹的扩展，造成断面塑性的降低而出现准解理形貌。

综上所述，焊接缺陷的存在所导致应力集中对断裂的影响最大，是导致闸阀焊接部件断裂的主要因素。

6.3.4.3 结论

① 闸阀基体材料符合设计规定的 A105 钢的技术要求。

② 焊接件的焊缝区存在氧化夹杂、裂纹、气孔和不规则凹坑等缺陷，以及焊接后存在的残余拉应力和安装外加应力，是造成闸阀焊接件应力集中产生断裂的原因，其中焊缝区存在的焊接缺陷是产生断裂的主要原因。

③ 中压蒸汽长时间的吹扫过程，促进了闸阀焊接部位缺陷处裂纹的扩展和断裂。

6.3.4.4 改进意见

① 改进焊接工艺，防止焊接缺陷的形成，焊后进行去应力处理，降低和消除残余拉伸应力的存在。

② 安装时螺纹拧紧力不宜过大，防止过载状态的存在。

图 6-131 摆臂支撑板断裂形态
箭头 1、2 分别为裂源区和最后
瞬时断裂区，3 为缓冲橡皮球

6.3.5 摆臂支撑板断裂分析

汽车摆臂支撑板是汽车中重要零件之一，安装后需进行道路试验。按技术要求应在 2500km 道路磨合试验后再进行 10000km 较恶劣条件下道路试验。当试验至 6700km 时，发现摆臂支撑板断裂，如图 6-131 所示。支撑板材料为宝钢 B510L 钢板和 SAPH440 钢板壳体焊接而成。

6.3.5.1 检查结果

（1）宏观检查 摆臂支撑板断裂于摆臂板材和壳体连接的焊接部位（图 6-131 箭头 1），裂源处已受到摩擦损伤，但在断裂面的扩展区仍可见明显的贝壳状疲劳弧线（图 6-132）。摆臂支撑板的另一端（图 6-131 箭头 2）呈撕裂状（图 6-133）。

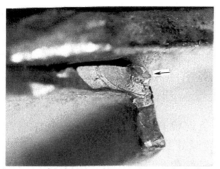

图 6-132 断裂源处和扩展区宏观疲劳条带形貌　　　　图 6-133 摆臂支撑板的最后断裂区形态

（2）断口扫描电镜检查　将摆臂支撑板两端断口切下清洗后在扫描电镜下观察，疲劳源区已摩擦损伤，但在其源区周围可见撕裂状微裂纹以及扩展区的弧线疲劳条带（图 6-134），高倍下可见密集的疲劳条带和其间的二次裂纹（图 6-135）。最后断裂区呈撕裂状的韧窝形貌（图 6-136）。

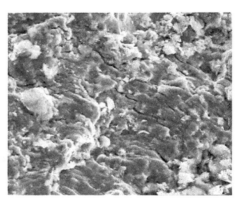

图 6-134 裂源处的损伤形态和微裂缝与弧线条带　　　图 6-135 图 6-134 高倍下的疲劳条带和二次裂纹

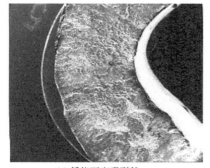

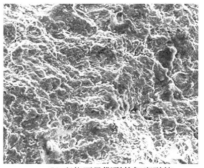

(a) 低倍下宏观形貌　　　　　　　　　　(b) 高倍下呈撕裂状韧窝形貌

图 6-136 最后断裂区的形貌

（3）化学成分分析　断裂摆臂支撑板材料的化学成分测定结果见表 6-9，均符合宝钢技术条件中 B510L 和 SAPH440 两种牌号要求。

表 6-9　断裂摆臂支撑板化学成分测定结果与技术要求　　　　　单位：%

化学成分	C	Si	Mn	S	P	Al
断裂摆臂支撑板	0.10	≤0.15	1.36	0.004	0.009	0.032
宝钢 SAPH440 标准	≤0.21	≤0.30	≤1.50	≤0.025	≤0.030	≥0.010
宝钢 B510L 标准	≤0.16	≤0.50	≤1.60	≤0.025	≤0.030	≥0.010

（4）金相组织检查与硬度测定　经钢中非金属夹杂物检查，A、B 两类夹杂物均为 0.5 级。裂源处组织形貌如图 6-137 和图 6-138 所示。断裂源处靠近焊缝的热影响区（B）为低碳马氏体组织，其硬度较高，硬度为 $352\sim381HV_{0.2}$（相当于 $37.5\sim40HRC$），焊缝处（A）硬度为 $298\sim315HV_{0.2}$（相当于 $31.7\sim33.6HRC$），热影响区与母材之间（C）硬度为 $222\sim229HV_{0.2}$，而母材硬度为 $189\sim197HV_{0.2}$。裂源焊缝区表面有较多的微裂纹（图 6-138），局部放大后大小不等的裂纹与组织形貌更为清晰（图 6-139）。

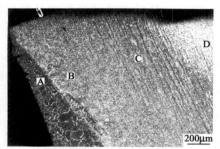

图 6-137　裂源区焊缝和熔合形貌
箭头所指为断裂面

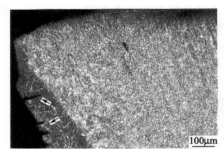

图 6-138　图 6-137 靠近断裂面处的微裂纹
和热影响区组织形貌

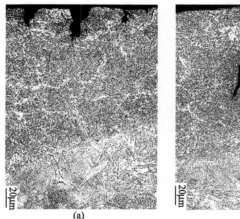

(a)　　　　　　　　　　　(b)
图 6-139　焊缝处的大小不等的裂缝

6.3.5.2　结果分析

摆臂支撑板（B510L 钢）和壳体（SAPH440 钢）焊接连接，通过对断口及裂源区域的高低倍检查，未发现有影响使用寿命的焊接缺陷存在，焊缝质量良好。由于摆臂支撑板厚度较薄，仅为 5mm 左右，焊后冷却较快，导致靠近焊缝的温度较高的区域形成 $0.3\sim0.4mm$ 的低碳马氏体，硬度较高。而母材含碳量较低，以铁素体为基，仅有少量珠光体，硬度较低。当汽车在路况恶劣的条件下试验时，如图 6-131 所示，橡皮球处受到一个支承压力，使该部件承受一定的弯曲应力，而图 6-131 箭头 1 的焊缝区为最大弯曲应力处，则随着汽车运行过程中的弯曲应力和振动应力的周期变化，易在薄层硬化的焊缝和低碳马氏体区域萌生微裂纹，并随路试的继续进行和交变应力的不断作用下，微裂纹逐渐扩展，最后导致摆臂支撑板的断裂。

6.3.5.3　结论

摆臂支撑板的断裂主要是由于焊后冷却较快，热影响区形成硬度较高的低碳马氏体，其塑性较低。当受到弯曲和振动应力的作用时，使表面薄层高硬度的焊缝和热影响区萌生微裂纹，随应力的周期变化而扩展致摆臂支撑板的整体断裂。

6.3.5.4　改进措施

焊接后缓慢冷却或焊后及时回火处理，防止低碳马氏体的形成，提高支撑板焊缝区的塑性，消除焊缝区微裂纹的萌生，提高使用寿命。

6.3.6　供热管道开裂失效分析

建材供热管道是由 $\phi325mm \times 8mm$ 的 20 钢管制造，在 2008 年 10 月安装投入使用，仅一年零四个月就发生管道开裂，裂缝长达 800mm 左右，如图 6-140 所示。

供热管的服役条件：设计压力参数为 2.0MPa，工作温度为 300℃。

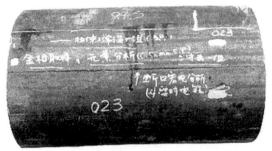

图 6-140　供热管道上截取的裂纹段的裂纹形态　1∶6.5

6.3.6.1　检查结果

(1) 宏观检查　裂纹沿管的纵轴方向呈直线状，内表面裂纹两边有明显的打磨痕迹（图 6-141）。从裂纹中间取 500mm 左右长度做理化分析。取下后的裂纹断口形貌呈现两种形态，中间段断裂面呈较为平坦的灰白色结晶状，其余部位断裂面较粗糙，呈暗灰色。所有断裂面两边（靠内外表面）均呈较粗糙灰黑色（图 6-142）。

图 6-141　管道内表面裂纹处的打磨形态

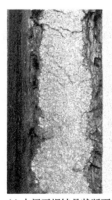

(a) 中间平坦结晶状断面　(b) 裂纹两端断面较粗糙

图 6-142　裂纹局部断面形态

(2) 断口扫描电镜检查　从断口中间灰白色平坦区和较粗糙的暗灰色区各取两件样品进行扫描电镜观察。较平坦的灰白色区的断面两边（供热管内外壁）呈现出纤维状的韧性断口，而中间为脆性状的解理形貌（图 6-143～图 6-145）。较粗糙的暗灰色区断口两边形貌和平坦区边缘形态相似，但中间除有解理和准解理外，还出现少量的韧窝形貌（图 6-146）。

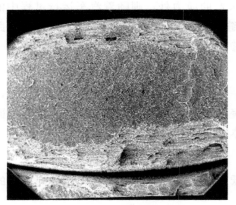

图 6-143　中间呈平坦灰白色区
两边较粗糙的低倍形态

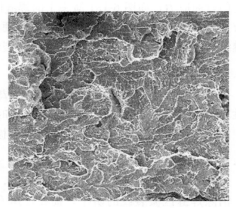

图 6-144　中间灰白色区的解理状形貌

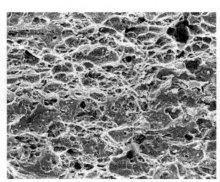

图 6-145　断口两边粗糙区的韧窝形貌

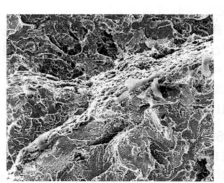

图 6-146　较粗糙断口中间暗灰色区
呈解理和韧窝形貌

（3）化学成分分析　失效管的化学成分测定结果见表 6-10，可见，含碳量稍低，不符合 20 钢技术要求。

表 6-10　失效供热管化学成分测定结果与技术要求　　　　　　　单位：%

化学成分		C	Si	Mn	S	P
失效供热管		0.16	0.22	0.40	0.017	0.010
GB/T 699—1999	15	0.12～0.18	0.17～0.37	0.35～0.65	≤0.035	≤0.035
	20	0.17～0.23	0.17～0.37	0.35～0.65	≤0.035	≤0.035

（4）力学性能测试　从失效供热管纵向取样作力学性能测试，结果见表 6-11。

表 6-11　失效供热管力学性能测试结果与技术要求

力学性能		R_{el}/MPa	R_m/MPa	$A/\%$	A_{KV_2}/J
失效供热管（三件）		300、300、305	440、440、440	35.5、35、36	61、62、55
GB/T 699—1999	15	≥225	≥375	≥27	—
	20	≥245	≥410	≥25	—

（5）钢中非金属夹杂物检查　从断口部位纵向取样，按 GB/T10561—2005 标准评定结果，A、D 两类夹杂为 1 级，B 类夹杂为 0.5 级，而 C 类夹杂较严重，高达 3 级，如图 6-147。

图 6-147　钢中非金属夹杂物

图 6-148　管内外壁脱碳形态

（6）显微组织检查　供热管内外壁表层均有 0.2～0.3mm 的脱碳层（图 6-148）。裂纹两边热影响区有一层极细小晶粒区（晶粒度 12 级左右），热影响区宽度仅为 0.9～1.2mm（图 6-149），其它部位晶粒度为 10 级左右，显微组织为等轴状铁素体和少量珠光体。

6.3.6.2　结果分析

（1）供热管的材质问题　设计要求供热管材料为 20 钢，而失效供热管成分分析结果，其含碳量仅为 0.16%，不符合 20 钢的要求，相当于 15 钢。由于含碳量较低，组织中的珠光体较少，但从失效供热管上取样力学性能试验结果仍较高，符合 20 钢的要

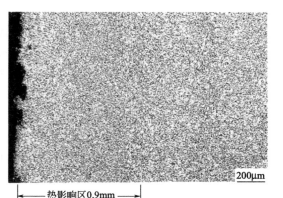

图 6-149　断裂面两边热影响区
（左边 0.9mm 范围内）50×

求，这与钢中晶粒较细小有关。钢中长条状 C 类夹杂物达 3 级（最严重级别）和裂缝方向平行，对纵向拉伸强度等力学性能影响不明显，但对横向力学性能影响较大，即使钢管内外壁存在 0.2～0.3mm 的脱碳层，由于管内使用压力仅为 2.0MPa，所以含碳量较低和 C 类夹杂物严重不是引起供热管纵向开裂的原因。

（2）供热管的成形焊接问题　从宏观检查结果可知，裂缝是沿供热管纵向成直线状，裂纹两边有明显的打磨痕迹，酸洗低倍组织中可看到断口两边均有 0.9～1.2mm 的热影响区。在显微组织检查中可看到热影响区呈等轴状的正火细晶状态，但未看到典型的焊接组织形态。所以，该钢管是采用直缝高频电阻焊的方法焊接、再经打磨后的焊管。

焊接是高温熔合的过程，熔化层的范围与熔化时间有关。由于直缝高频电阻焊的焊接方法具有加热速度快、时间短、冷却快的特点，所以熔合层较浅。如操作不当，其熔合面仅限于很浅的表面层，熔接层范围过小。从断口检查可看到，断面中间呈解理和准解理形貌，这是典型的脆性断口形态。而对于含碳量仅为 0.16%（质量分数）的钢管，按理以铁素体为主的低碳钢在正火状态下的韧性和塑性较好，不应该出现脆性断裂形态。这充分说明高频电阻焊工艺控制不当，焊接熔合层较浅，冷却较快，结合力较差。在长

期使用的特定条件下，就易在焊缝处萌生裂纹，一旦裂纹形成，则会产生快速的脆性状开裂，导致供热管的失效。

6.3.6.3 结论

① 供热管材料不符合设计要求的 20 钢，而是 15 钢。钢中存在较严重的非金属夹杂物，并有少量的脱碳层存在。但力学性能较高，裂纹处于焊缝处，所以材质不是造成供热管失效的主要因素。

② 供热管是焊接钢管制造，由于焊接工艺控制不当，使得熔合区过窄，结合力较差，易在长期的使用中在焊接熔合不良处萌生裂纹，并沿直线焊缝迅速扩展，导致供热管的失效。

6.3.7 污水泵叶片断裂分析

用于污水处理和工业流程中搅拌含有悬浮物、固杂物液体的 QJB10/2 型混合搅拌机，

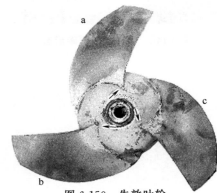

图 6-150 失效叶轮
箭头处为裂纹

在使用过程中发生开裂失效（图 6-150）。叶轮（半球体和叶片组成）材料均由 304（0Cr18Ni9Ti）奥氏体不锈钢板冲压成形后焊接而成。叶轮直径为 615mm，半球体壁厚为 3mm，叶片厚度为 4mm。

焊接工艺为焊接电流为 130～140A，电压为 18～20V，氩气流量为 8～10m/min，焊丝直径为 2.0mm。

叶轮可在 40℃温度下的弱碱性、弱酸性（pH 值 5～9），介质密度不超过 1150kg/m^3，深度不超过 20m，长期潜水运行。

6.3.7.1 检查结果

(1) 宏观检查 开裂部位处于叶片根部焊接处、叶轮运转时受力最大的部位。裂纹是从焊缝与母材（球体）的交接处沿焊缝延伸、并向母材扩展，有的裂纹呈分叉状（图 6-151）。将裂纹掰开后，断口表面较光洁，呈灰白色，无锈蚀和腐蚀产物。断口结晶细小，无宏观塑性变形特征。靠近焊缝边有密集的撕裂台阶，如图 6-152 所示。

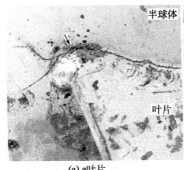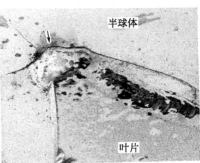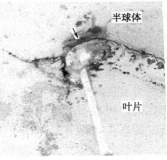

(a) a叶片　　　　　　　　(b) b叶片　　　　　　　　(c) c叶片

图 6-151 图 6-150 中三个叶片根部焊接处的裂纹形态

(2) 断口扫描电镜观察 将裂纹打开后置于扫描电镜下观察，裂源部位（上图箭头处）靠近焊缝一侧出现密集状的细小的撕裂台阶。这是在较大的应力下，在不同高度上同时出现

微裂纹的扩展过程中形成的撕裂棱、呈放射状细小的台阶，少量大的撕裂台阶贯穿整个半球体壁厚（图6-153）。有些微裂纹起源于表面的细小缺陷处（图6-154）。裂源的两边扩展区呈斜向撕裂形态，还能看到细小密集的疲劳条带（图6-155）。

图6-152　裂纹掰开后的断口形态

图6-153　裂纹起始区的断口形貌

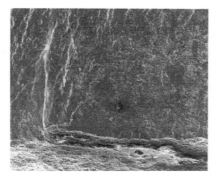

图6-154　裂源处的微裂纹起源于表面缺陷处

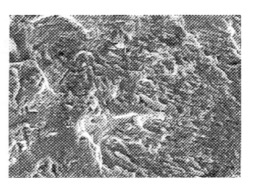

图6-155　裂纹扩展区的疲劳条带

（3）硬度测定　半球体（母材）硬度为$352HV_{0.2}$，焊缝热影响区硬度为$229HV_{0.2}$，而焊缝部位硬度为$260HV_{0.2}$。

（4）化学成分分析　失效叶轮的化学成分测定结果见表6-12，符合ASTM·A276中304牌号标准。

表6-12　失效叶轮化学成分测定结果与标准要求　　　　　　　　　　单位：%

化学成分	C	Si	Mn	S	P	Cr	Ni
失效叶轮	0.043	0.41	1.17	0.013	0.027	18.01	8.13
ASTM·A276 304	≤0.08	≤1.00	≤2.00	≤0.030	≤0.045	18.0~20.0	8.0~12.0

（5）金相组织检查　从叶片根部取样纵横向磨制后观察，钢中非金属夹杂A、B、C三类均为小于0.5级，D类夹杂为1级。侵蚀后的横断面晶粒度母材为7级，而热影响区为6级。垂直于裂纹磨制抛光侵蚀后观察，裂纹从焊缝边缘向母材扩展（图6-156），裂纹边缘热影响区表层有沿晶分布的黑色网络状组织（图6-157）。在热影响区的部分区域除有变形滑移线外，也有沿晶分布的不连续黑色物（图6-158）。而远离热影响区的母材组织为奥氏体和密集滑移线。经扫描电镜观察，沿晶黑色网络中存在不连续的颗粒物。经能谱成分分析，网络分布的颗粒均为碳化物（图6-159～图6-162、表6-13和表6-14）。说明在焊接过程

中，由于受到高温影响，沿晶析出了碳化物。

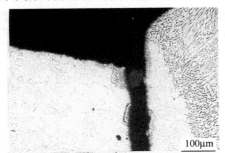

图 6-156　焊缝边缘的裂纹　100×

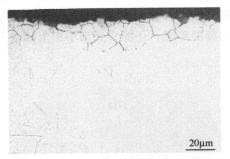

图 6-157　裂纹起始区域母材黑色网络

表 6-13　能谱成分分析结果（1）

元素	含量/%	含量（原子分数）/%	元素	含量/%	含量（原子分数）/%
C　Kα	00.50	02.26	Fe　Kα	72.75	70.72
Cr　Kα	19.04	19.88	Ni　Kα	07.71	07.13

表 6-14　能谱成分分析结果（2）

元素	含量/%	含量（原子分数）/%	元素	含量/%	含量（原子分数）/%
C　Kα	00.23	01.07	Fe　Kα	73.13	71.81
Cr　Kα	18.59	19.61	Ni　Kα	08.05	07.51

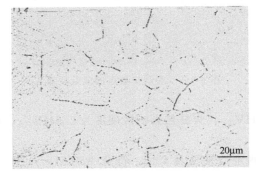

图 6-158　热影响区中的滑移线和断续状黑色网络

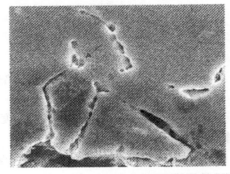

图 6-159　靠近表面沿晶分布的颗粒能谱测定部位

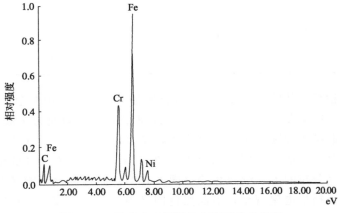

图 6-160　沿晶分布颗粒的能谱成分分析图

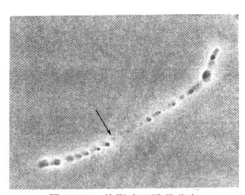

图 6-161　热影响区沿晶分布
颗粒能谱成分分析部位

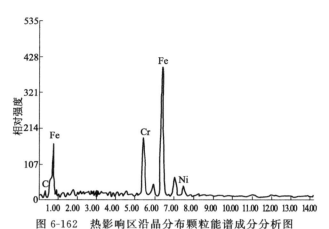

图 6-162　热影响区沿晶分布颗粒能谱成分分析图

6.3.7.2　结果分析

304（0Cr18Ni9Ti）不锈钢是含碳较低的奥氏体不锈钢，在固溶处理后呈单相奥氏体组织，具备较好的塑性、韧性和抗应力腐蚀性能。经轧制冷作硬化后，强度和硬度有很大的提高。但在退火状态下，硬度仅为 $201HV_{0.2}$ 以下（ASTM·A666），而失效的叶轮半球体硬度较高（$352HV_{0.2}$），组织中有较多的滑移线，说明半球体材质处于冷作硬化状态。当与叶片焊接时，其热影响区的冷作硬化程度得到很大的消除，使其硬度降至 $229HV_{0.2}$，使不锈钢的塑性和韧性得到很大的提高。但 $450\sim850℃$ 为奥氏体的敏化温度区间，在缓冷情况下，易使奥氏体中的铬碳化合物 $[(CrFe)_{23}C_6]$ 沿晶界析出，使不锈钢性能恶化。而焊接时的热影响区必然有一部分区域的温度处于 $450\sim850℃$ 敏化温度范围内，当冷却缓慢时，就可能使铬碳化合物沿晶界析出，形成不连续的网络分布。叶轮焊缝边缘热影响区出现沿晶连续性的铬碳化合物，对半球体的塑性、韧性和抗疲劳性能影响较大。当叶轮在运转过程中受振动、液流大小以及污水、废水与污泥水的浓度和水中悬浮物、固杂物等影响，叶片的受力状态处于不稳定状态，则叶片根部应力最大的焊接部位的应力也随之发生变化。长期处于这种使用状态下，导致叶轮表面连续网状碳化物处萌生微裂纹，并随叶轮运转时间的延长而逐渐扩展，最后致使叶片运行的不稳定和整个叶轮的失效。

6.3.7.3　结论

① 叶片与叶轮半球体材料符合 304（0Cr18Ni9Ti）不锈钢牌号要求。

② 叶片根部焊接边缘裂纹的形成主要是由于焊件热影响区形成连续的网络状碳化物，在叶轮运行过程中导致叶片根部应力最大部位的网状碳化物处萌生微裂纹，并随叶轮运行时间的延长而逐渐扩展，最后导致叶轮的失效。

6.3.7.4　改进意见

① 改进焊接操作工艺，使叶片根部工作应力最大部位缩短焊接热影响的时间和使之快速冷却，防止碳化物的析出。

② 在不影响叶轮变形情况下，增加去应力退火工序，减少和消除焊后残余应力，提高钢的韧性和塑性，防止微裂纹的形成的和降低微裂纹的扩展速率，有利于提高叶轮的使用寿命。

6.3.8 汽车驱动桥壳带套管断裂分析

汽车驱动桥壳带套管组装后必须做垂直弯曲疲劳寿命试验，要求大于 80 万次。当试验至 40 万次时，桥壳带套管靠近法兰盘处发生断裂，如图 6-163 所示。

图 6-163　桥壳带套管断裂部位（箭头处）

图 6-164　裂纹焊缝和法兰盘之间位置
箭头 1 为裂纹，2 和 3 为焊接
起始和终焊点，4 为切割缝

台架试验主要参数：轮距 1670mm，簧距 10000mm，满载载荷为 2900kg。施加于桥壳两端的两个垂直力的合力为 0.05×驱动桥的最小名义载荷（作用于地面上最大允许静载荷）和 2 倍的驱动桥最大名义载荷成正弦变化，频率不超过 10Hz。

驱动桥壳体材料为 25MnCr 无缝钢管，经调质处理后的硬度要求为 273～300HBW。

6.3.8.1 检查结果

(1) 宏观检查　断裂部位处于法兰盘焊接与非焊接处，两焊缝头部（起始和终焊点）和法兰平行面距离不等（图 6-164）。将裂纹打开后可看到两个裂纹源（图 6-165）。裂纹源 1 为主裂源，较平坦，其扩展区较大。2 为次裂源，由裂源 1 扩展后引起 2 处应力水平的提高而开裂，其扩展区较小。主裂源处放大后可见焊缝终点未完全熔合（图 6-166）。

图 6-165　断裂面形貌
箭头 1、2 为裂纹源

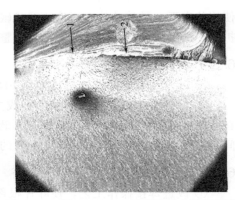

图 6-166　图 6-165 中 1 处裂源放大后的形貌

(2) 断口微观检查　从断口主裂源区取样观察，从钢管表面裂源处向中心呈放射状快速扩展（图 6-167），扩展区在高倍下呈逐步扩展的疲劳条带形态（图 6-168）。在裂源（钢管）内表面呈现出韧窝形貌（图 6-169）。

图 6-167　钢管表面裂源处向中心呈放射状扩展

图 6-168　扩展区的疲劳条带

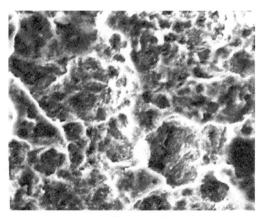

图 6-169　钢管内表面的韧窝形貌

（3）硬度测定　钢管焊接热影响区硬度为 $422 \sim 455 HV_{0.2}$，钢管中心硬度为 285HBW。

（4）化学成分分析　失效套管实测的化学成分见表 6-15，结果符合 25MnCr 钢技术要求。

表 6-15　失效套管实测化学成分和技术要求　　　　　　　　单位：%

化学成分	C	Si	Mn	S	P	Cr
失效套管	0.25	0.19	1.43	0.015	0.012	0.41
GB 3077-1999 25MnCr	$0.20 \sim 0.28$	$0.15 \sim 0.35$	$1.20 \sim 1.70$	$\leqslant 0.035$	$\leqslant 0.035$	$0.30 \sim 0.60$

（5）钢中非金属夹杂检查　按 GB/T 10561—2005 标准评定，A 类夹杂物为 1.5 级，D 类为 1 级。

（6）显微组织检查　从主裂源处取样，焊缝端部与钢管基体未熔合。焊缝组织呈柱状晶，硬度仅为 $203 HV_{0.2}$。而钢管表层受到焊接时的热影响，已呈淬火状态，硬度达 $422 \sim 455 HV_{0.2}$（图 6-170）。淬火层下面形成高温回火状态，出现较多的小块状铁素体（图 6-171）硬度仅为 $309HV_{0.2}$ 的软化带。而钢管中心和内表层组织为回火索氏体（图 6-172）。

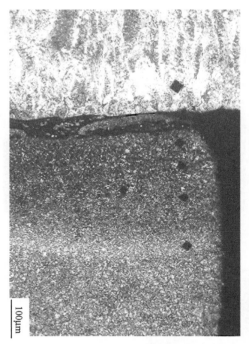

图 6-170　裂源附近未焊合和钢管表层淬硬形态

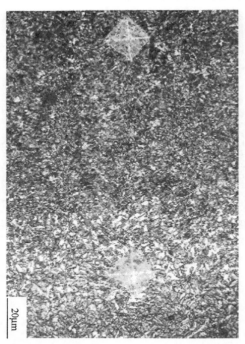

图 6-171　热影响淬硬层与中心过渡区的组织形态

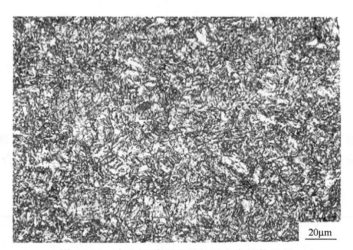

图 6-172　中心调质处理后的回火索氏体组织

6.3.8.2　结果分析

根据以上检查，套管（无缝钢管）断裂位于驱动桥壳法兰盘和钢管焊缝的端部处，该处是台架疲劳试验时受到弯曲拉伸应力最大的部位。为了避免焊接时钢管表层受焊接温度影响形成的高硬度低碳马氏体组织在受弯曲应力的作用时产生脆性开裂，设计规定弯曲拉伸面的 70°范围内不焊接（图 6-173），以保持套管原有的回火索氏体组织。这种调质组织除有较好的强度外，还有良好的塑性和韧性，以满足台架试验振动而引起钢管产生一定弯曲的要求。但断裂件焊接部位偏离了设计要求，焊接的一端与法兰盘的平面相距仅为 2.5mm，而另一端离法兰盘平行面有 12mm（图 6-174）。说明 70°范围内不焊接的部位和原设计要求偏离了一定距离。当台架试验载荷较大使钢管弯曲时，靠近法兰盘平行面较近的焊接端会受到更大的弯曲应力，易使钢管表层受焊接引起的高硬度、脆性较大的低碳马氏体组织部位萌生裂纹。随着台架试验的继续进行，在弯曲应力的反复作用下，使裂纹逐渐扩展，导致套管的整体断裂。

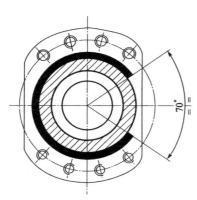

图 6-173　设计要求的焊接部位

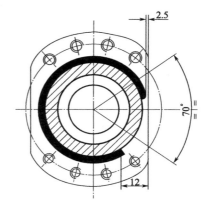

图 6-174　失效件焊接部位偏离 70°的形态

6.3.8.3　结论

法兰盘与套管的焊接未按设计要求进行，使不需要焊接的 70°部位的位置偏离，导致台架试验套管受弯曲时，在靠近法兰盘平行面的焊接端承受弯曲应力较大，而引起早期开裂失效。

6.3.8.4　改进措施

① 焊接时严格按设计要求，保持靠近法兰盘平行面 70°范围内不焊接。

② 焊后进行低温退火，去除焊接应力和改善钢管表层热影响区的组织状态，增加塑性和韧性。

6.3.9　苏思龙电机焊接支架断裂分析

6.3.9.1　概况

风扇罩焊接支架和苏思龙电机焊接组装后，通过陆、海路运至印度安装时，发现风扇罩在组装架上的焊接支架中两个焊接点断裂，如图 6-175 所示。

断裂部位的母材为 Q235B，焊条材料为 ER5006，焊接时未经预热，焊后也未经回火处理。

6.3.9.2　检查结果

(1) 宏观检查　图 6-175 中箭头 1 断裂处于焊接部位（图 6-176），断裂起源于焊缝的尖角处（图 6-177），断口虽已被摩擦损伤，但仍可看到由尖角处向中心扩展的放射状和弧形疲劳条带形貌。断口的另一端也有类似的断裂形貌，其起源于端部和钢丝接触处，有较严重的摩擦磨损（图 6-178 和图 6-179）。说明当主断裂区扩展至一定程度时，使次断裂区顶部和钢丝产生剧烈的摩擦损伤，形成次生断裂，并逐步扩展直至和主断裂区相距一定间距，引起最后瞬时断裂。瞬时断裂区较小，说明焊接断裂区所受的应力较小。图 6-175 中箭头 2 处断裂部位和断口形貌与图 6-175 中箭头 1 处的断裂部位和断口形貌基本相似（图 6-180、

图 6-181），但主断裂源处摩擦损伤更为严重。

图 6-175　断裂风扇罩全貌（箭头 1、2 处为断裂部位）

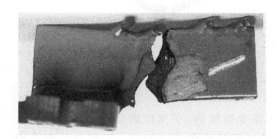

图 6-176　图 6-175 箭头 1 处的断裂形态

图 6-177　图 6-176 断口形貌，箭头处为主裂源部位

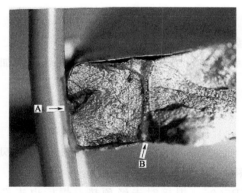

图 6-178　断裂端部（箭头 A 处）为次断裂
源区，箭头 B 区为瞬时断裂区

图 6-179　次断裂源处和焊接
钢丝摩擦损伤形态

图 6-180　图 6-175 箭头 2 处的断裂形态

图 6-181　图 6-180 中的断裂面放射状和弧形条带形貌
箭头 1 和 2 处分别为主次断裂源区

（2）**化学成分分析**　分别取断裂和未断裂支架进行成分分析，结果见表 6-16，符合相关技术要求。

表 6-16　断裂和未断裂支架化学成分与技术要求　　　　　　　　单位：%

元素含量	C	Si	Mn	P	S
断裂支架	0.016	0.030	0.23	0.013	0.010
未断裂支架	0.15	0.17	0.19	0.012	0.010
GB/T 700—2006 Q235B	≤0.20	≤0.35	≤1.40	≤0.045	≤0.045

（3）**显微组织检查**　从两个断裂件的主裂源附近垂直断口切取试样，经磨抛侵蚀后观察，肉眼均可看到焊缝处有明显的未焊透和未熔合现象（图 6-182 和图 6-183），在显微镜下可见裂源附近及其他部位均有未焊透、未熔合现象，并有较多的熔渣和气孔等缺陷（图 6-184～图 6-186）。这些焊接缺陷的存在，很易在振动等外力作用下形成疲劳裂纹源，并随外应力的周期变化而不断扩展，最终导致支架的断裂。

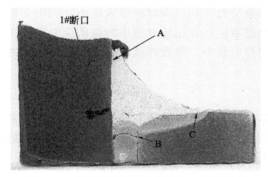

图 6-182　箭头 A 焊缝结合不良，箭头 B 焊缝未熔合，箭头 C 焊合较好　4×

图 6-183　图 6-182 箭头 A 处放大后焊缝形态，箭头 1、2 处未焊合和向基体扩展形态　40×

图 6-184　图 6-183 箭头 1 处局部放大后焊缝结合面的缝隙和夹渣　400×

图 6-185　图 6-183 箭头 2 处呈裂缝状深入基体　400×

6.3.9.3　结果分析

由于两个支架断裂后裂源部位均受到严重的摩擦损伤，已无法观察分析，但从断裂面的放射状形貌和疲劳弧线收敛部位推测，其裂源均处于断裂面的尖角部位，即支架焊接上端的

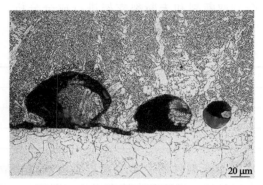

图 6-186　未焊透和孔洞形态　400×

焊缝处。通过从裂源附近切取试样，经磨抛侵蚀后检查，可清晰地看到焊缝处有较多的部位未焊透和熔合不良，并有较多的熔渣状夹杂和气孔等焊接缺陷。由于这些焊接缺陷的存在严重地降低了焊接强度，并易形成应力集中，导致断裂源的形成和扩展。另外，支架焊接前未预热和焊后回火，使支架焊后存在一定的焊接残余应力。断口瞬时断裂区较小，说明支架所受力较小。由此可见，当苏思龙电机和焊接支架组装后，在运输过程中的振动应力和焊接残余应力的共同作用下，就可能在焊接缺陷处形成应力集中，导致焊缝缺陷处疲劳裂纹源的形成并逐步扩展，最终导致支架焊接处断裂。

6.3.9.4　结论

支架焊缝处的断裂，主要是由于焊接质量不好，焊缝处未焊透和熔合不良，并有较多的夹渣和气孔等缺陷存在，在运输过程中的振动应力和焊接应力的共同作用下，在焊接缺陷处产生应力集中，导致疲劳裂纹的形成和扩展致断。

第7章

热处理缺陷与失效

金属机械零件一般都需经过热处理来获得较好的加工性能、充分发挥材料的优良特性以获得安全可靠的使用性能。由于热处理工艺的复杂性和特殊性，往往在热处理过程中会产生各种缺陷。这些缺陷一般可通过相应的检查方法及时发现，但也不可避免地会遗留至产品的使用过程中，给机械设备的安全运行带来潜在的危害，甚至造成重大的安全事故和经济损失。

热处理缺陷产生的原因是多方面的，有材料本身成分、组织缺陷和构件几何形状引起的，也有热处理工艺和操作不当或炉子、仪表等设备问题引起的。所以，必须分析热处理缺陷和机械零件失效的原因，才能加以改进和防止。

7.1 常见的热处理缺陷

7.1.1 淬火裂纹

金属材料在淬火过程中，由于温度和组织的变化引起体积的改变，会同时形成较大的热应力和组织应力，当淬火应力在工件内超过材料的强度极限时，在应力集中处将导致开裂。淬火裂纹的影响因素有以下几个方面。

7.1.1.1 合金元素的影响

合金元素除 Co、Al 外，均降低马氏体开始转变点 (M_s)，同时也提高钢的淬透性。一般来说，淬透性好的钢淬裂倾向大。合金元素对 M_s 点的影响可用下式来描述：

$$M_s(℃)=550-350\times C\%-40\times Mn\%-$$
$$35\times V\%-20\times Cr\%-17\times$$
$$Ni\%-10\times Cu\%-10\times Mo\%-$$
$$5\times W\%+15\times Co\%+30\times Al\%$$

其中，含碳量影响最大，所以含碳量越高，越容易淬裂。含碳量与 M_s 点对淬裂的关系的实验结果如图 7-1，淬火开裂均发生在 0.4%C

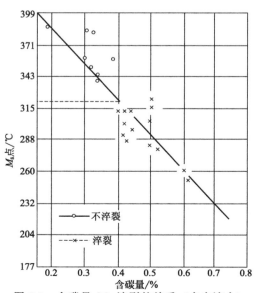

图 7-1 含碳量-M_s-淬裂的关系（水中淬火）

（质量分数）以上，0.4%C（质量分数）以下 M_s 点在 330℃ 以上不发生淬裂。因此，为了防止淬火开裂，在满足使用要求的条件下，应尽可能采用 0.4%C（质量分数）以下的钢。其次是 Mn 的影响，所以，要特别注意碳和锰对淬裂的影响。此外，含有 Cr、Mo、V、Cu 等合金元素的钢也比较容易淬裂。对 45 钢而言，若 Cr、Cu、Mo 等微量元素同时存在时，由于综合作用的结果，表现有良好的淬透性。表 7-1 是 45 钢残存元素对淬透性的影响试验比较结果，试样的外形尺寸及硬度测定部位如图 7-2 所示。表中 1 号成分的 45 钢经锻造、正火后制成 $\phi180mm$、$M=2.5$ 的齿轮，采用高频淬火后，几乎 100% 出现如图 7-3 所示的弧形裂纹。经实验表明 $\sum(Cr、Cu、Mo)>0.2\%$（质量分数）时，淬火最易开裂，$\sum(Cr、Cu、Mo)=0.1\%\sim0.2\%$（质量分数）时，产生部分开裂，只有当 $\sum(Cr、Cu、Mo)<0.1\%$（质量分数），才能防止淬火开裂，所以当微量元素（Cr、Cu、Mo）高时，采用适当的工艺，如亚温淬火等工艺来防止淬火裂纹的产生。

表 7-1　45 钢残存元素对淬透性的影响试验比较

序号	化学成分/%					840℃油冷后硬度/HRC			$\sum(Cr、Cu、Mo)/\%$
	C	Mn	Cr	Cu	Mo	A	B	C	
1	0.47	0.695	0.045	0.118	0.070	58	53	50	0.233
2	0.45	0.62	0.035	0.072	0.066	53	37.5	31.5	0.173
3	0.47	0.66	0.085	0.079	0.03	57.5	31	31	0.167
4	0.49	0.68	0.03	0.045	0.02	47.5	34	25.5	0.095
5	0.44	0.67	<0.01	0.06	<0.01	30	27	27	<0.06
6	0.45	0.61	<0.01	0.042	<0.01	31	26.5	24.5	<0.062
7	0.44	0.66	<0.01	0.076	<0.01	34.6	31.5	30.5	<0.096
8	0.46	0.66	<0.01	0.052	<0.01	34	33.5	31.5	<0.072

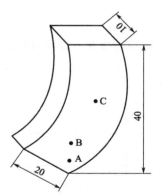

图 7-2　淬火试块（840℃油冷）硬度测量点
距边缘 A—5mm；B—10mm；C—试片中部

图 7-3　齿面弧形裂纹

对 $\sum(Cr、Cu、Mo)<0.1\%$ 质量分数淬透碳素钢工件，含碳量不高（如 0.45% 质量分数）时，一般不会引起弧形裂纹。含碳量在 0.7% 质量分数以上时，随含碳量的增加，产生弧形裂纹的危险性也随之增加。截面尺寸较大的 T10 等碳素工、模具钢最易产生这类裂纹。因为这时淬不透的心部硬度为 45HRC 左右，正好是产生内部弧形裂纹的最危险条件，例如 T10 钢（或低合金工具钢）模具，如果淬火后中心硬度为 36～45HRC，则容易形成内部弧形裂纹；当中心硬度高于 46HRC 或低于 35HRC 时，则不容易形成裂纹；当中心硬度接近

表面硬度时，则容易形成纵向裂纹。

7.1.1.2　淬火前材料组织状态的影响

钢的原始组织状态，对淬火变形和开裂有很大的影响。原始珠光体细小，加热转变时获得的奥氏体晶粒细小、均匀，则淬火后可获得细小马氏体，残余应力小，基体强度高，开裂倾向小。粗片状珠光体、马氏体和贝氏体等非平衡组织，不均匀和网状（带状）碳化物，非金属夹杂物，锻造过热组织等均可导致或诱发淬火裂纹。

原始组织不同，淬火开裂的倾向不同，这是由于奥氏体中合金元素的饱和度不同所致。原始珠光体加热到 Ac_1 以上转变成奥氏体时，片状珠光体转变得最快，因此在正常淬火温度下便可得到饱和固溶体。原始珠光体细小，则转变初期获得细小、均匀的奥氏体晶粒，淬火后可获得细小的马氏体和较小的残余应力，基体强度高，开裂倾向小。但与球状珠光体相比，片状珠光体易在加热温度偏高时引起晶粒粗化，因此应严格控制其淬火温度与保温时间，否则将会因过热而导致工件淬火开裂。

原始组织为细球状珠光体时，不仅有好的加工性能，加热时比较稳定，在向奥氏体转变时碳化物溶解较缓慢，因此能够阻碍奥氏体晶粒的成长，即在正常淬火温度下，可以保持较细小的奥氏体晶粒，淬火后保证获得细密的马氏体组织，使内应力降低，对避免淬火开裂十分有利。同时，球状珠光体比体积变化较小。因此，原组织为均匀的球状珠光体是防止淬火开裂的最佳组织。试验证明，淬火温度不高时，粗球状珠光体比细球状珠光体形成裂纹的敏感性更高，如淬火温度在 845℃ 以上，粗球状珠光体比细球状珠光体容易过热而产生裂纹。

热处理淬火前的非平衡组织，如淬火马氏体、回火马氏体、贝氏体和魏氏组织等在加热淬火时，由于没有阻碍奥氏体晶粒长大的碳化物，就可能发生组织的"遗传"，即旧的相（奥氏体）晶粒粗大时，新形成的奥氏体晶粒也会变得很大，这不仅不能校正过热组织，反而会更加倾向于过热。因此，需要对工件重复淬火时，应经充分地中间退火处理（或高温回火、正火），否则易形成淬火裂纹。

亚共析钢经高温锻压或热轧后，先共析铁素体和珠光体沿着压延方向伸长而形成严重的带状组织和条状非金属夹杂物时，在淬火急冷过程中产生的热应力和组织应力的作用下，易沿带状组织产生纵向裂纹。如 30 钢制成的销紧螺栓有严重的条带状组织和长条状的硫化物存在（图 7-4），在 870℃ 盐炉中加热、水淬后出现纵向裂纹（图 7-5）。

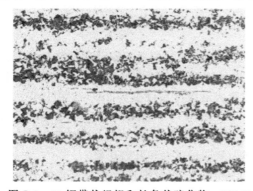

图 7-4　30 钢带状组织和长条状硫化物　100×

图 7-5　销紧螺栓淬火开裂

高碳钢、高碳合金钢和高速钢中存在连续网状或带状脆性碳化物时，对钢的淬火开裂是非常敏感的，即使钢经受住了热处理应力没有开裂，对使用应力也是非常敏感的，易形成脆性断裂。如 Cr12MoV 钢制的冷冲模，显微组织中存在网络状共晶碳化物（图 7-6），在加热 1020℃油淬过程中发生模具开裂，将裂纹打开后，其断口呈脆性撕裂状（图 7-7）。组织中存在较严重的带状碳化物，淬火开裂的危险性虽比网状碳化物略有降低，但高硬度的模具在冲击应力的作用下，易在脆性的带状碳化物处形成裂纹，进而导致整个模子的开裂，严重降低使用寿命。Cr12MoV 钢制的冷镦模，经短时间的使用后就发生整个模具的开裂（图 7-8），检查其硬度符合技术要求，但显微组织中有较严重的不均匀条带状共晶碳化物存在（图 7-9），因此增加了脆性，在冲击应力的作用下，导致模具的开裂。

图 7-6　网络状分布的共晶碳化物　100×

图 7-7　冷冲模淬火开裂后的断口形貌　1/3×

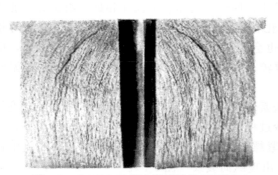

图 7-8　Cr12MoV 钢冷镦模脆性开裂断面

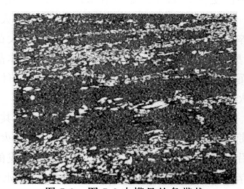

图 7-9　图 7-8 中模具的条带状
共晶碳化物　100×

对于一般高碳工具钢锻造后淬火前需经退火或正火处理，其目的是消除网状和严重的带状碳化物，并使之成为球粒状，不仅有利于加工，对淬火处理防止变形和开裂也有良好的作用。例如，轴承钢（GCr15）制环形定子圈（图 7-10），锻造成形缓冷后硬度为 218～229HBW，符合工艺要求（经锻造、球化退火后的硬度要求为 207～229HBW）。而实际未经球化处理，显微组织呈不连续网状碳化物加片状珠光体。零件在 850℃油淬后严重变形，超过了加工余量，开裂件的所占比例高达 21%。后经球化退火后消除了淬火变形量过大和开裂现象。

锻造过热后的粗大晶粒、出现魏氏组织未经热处理消除，以及锻造流线最密集的分模线处也是杂质最集中的地方，切除锻造飞边后流线在该处中断露头，是工件的薄弱环节，在淬火急冷过程中易于开裂。例如，一批 30CrMnSi 钢模锻成形的卡子，在切边退火后加工，然后加热至 860℃油淬，经吹砂后检查发现有 46% 工件在切边后的分模线上产生裂纹（图 7-11）。显微裂纹呈曲折状，在主裂纹的旁边还有曲折细小裂纹，表面裂纹较宽，向中心扩展尖端较细（图7-12），经侵蚀后表面及裂纹周围无脱碳现象（图7-13）。另外，经冷加工的零件未经消除残余应力退火和重复淬火前未经中间退火的零件，成分中含硫＞0.02%（质量分数）时易出现带状组织，进行淬火均会产生较大的变形和易沿带状组织产生裂纹。所以，淬火前需消除带状组织，其方法可通过二次正火来消除，即在900℃±10℃保温2～2.5h空冷，消除带状组织。由于保温温度较高，奥氏体均匀化程度增大，晶粒较粗，使S曲线右移，空冷后珠光体数量较多，硬度较高，所以，再在850℃正火以细化晶粒，降低硬度，改善加工性能，降低和消除淬火变形和开裂倾向。

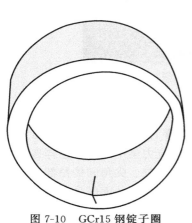

图7-10 GCr15钢锭子圈
淬火开裂示意图

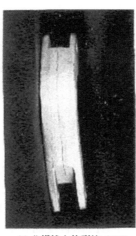

(a) 分模线上的裂纹 0.5×

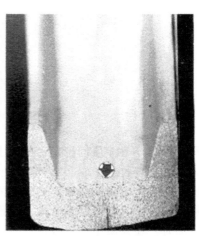

(b) 分模线纤维露头集中处的裂纹
图7-11 卡子锻件分模线处的裂纹

(a) 垂直于分模线的裂纹形态 50×

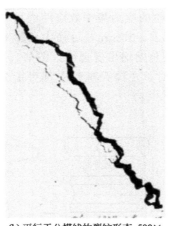

(b) 平行于分模线的裂纹形态 500×
图7-12 裂纹形态

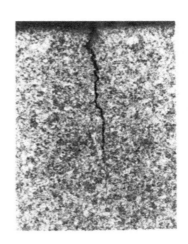

图7-13 图7-11经侵蚀后裂纹
周围无脱碳特征 500×

对于淬透性较好的结构钢、高碳钢、渗碳零件和工模具钢等，热处理工艺控制不当引起脱碳，由于表面和中心含碳量的差异，淬火后的组织形态不同而引起的体积差异，造成表面很大的拉应力。如图7-14为50CrV弹簧钢加热保温不当引起表面脱碳，淬火后成分差异引起较大的组织应力而开裂。

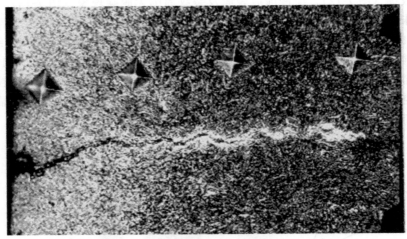

图 7-14   50CrV 弹簧钢因表面脱碳引起的淬火裂纹

7.1.1.3   零件几何形状和尺寸影响

淬火裂纹的形成与零件的几何形状和尺寸有密切的关系，零件表面的缺口、尖角、沟槽、孔穴、棱角和截面急剧变化的部位都会在淬火后造成很大的应力集中，是发生淬裂的危险部位，这与设计特点有关。零件截面出现不均匀变化，壁薄的部位、尖角和棱角部位淬火冷却时，在介质中很快被冷却，先进行马氏体转变而得到硬化，而厚的截面部分、尖角和棱角心部后冷却发生马氏体转变，体积膨胀，使薄壁部位产生拉应力，则和厚壁相连接处产生应力集中，易出现淬火裂纹，如图 7-15 所示。尤其是尖角、棱角部位形成很大的三向拉应力，难以产生塑性畸变而变脆。加上应力集中的因素，可使尖角部位的应力达到平滑部位应力的 10 倍，故易产生裂纹。尖角部位的应力集中效应随圆角 "R" 的增大而减弱。据试验，$R=5\text{mm}$，可使尖角应力减少一半，$R=15\text{mm}$，可使尖角影响基本消失。如 T10 钢制的卡规在 800℃ 盐浴中加热淬火后，在尖角处均出现裂纹（图 7-16）。有些零件表面需滚压加工，或加工表面较粗糙、加工痕迹较深时，在淬火过程中都可能会在加工痕迹底部引起应力集中，导致裂纹的产生（图 7-17 和图 7-18）。

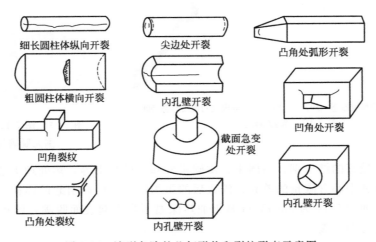

图 7-15   淬裂危险的几何形状和裂纹形态示意图

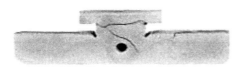

图 7-16 T10 钢卡规淬火后在尖角开裂 2/3×

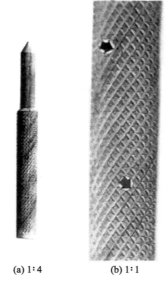

(a) 1∶4 　　 (b) 1∶1

图 7-17 T10 钢深度规表面滚花
底部淬火裂纹

图 7-18 零件表面较深的加工
痕迹引起的淬火裂纹

由于加热与冷却的不均匀性所产生的热应力和组织转变引起的拉伸应力，对钢的开裂有很大的影响。淬火应力的大小和钢的膨胀系数、加热温度、加热和冷却速度、钢件断面尺寸等因素有关。一般随含碳量的增加，淬火后体积随之增加（表 7-2）。在含碳量相同、不同温度下淬火对硬度变化影响并不明显，但在体积的增值上都有较大的差距（表 7-3），这反映出低温淬火的效果。过共析钢提高淬火温度后，由于残余奥氏体增加，体积的变化和普通的正常淬火后相似。但由于破断强度显著地降低，故裂纹敏感性仍然是增大的。所以，加热温度越高，断面尺寸与内外温差越大，加热和冷却速度越快，则产生的应力越大，就越易产生裂纹。尤其是热导率小的高碳钢、高碳合金钢，随含碳量的增加，使组织应力加强，而热应力分布减弱，拉伸应力极大值也在靠近表面处表现出来，形成裂纹的可能性增大。

淬火急冷情况下，表面和中心冷速不同，金属的收缩和组织转变的先后不同而形成的热应力和组织应力是相反的，最终的应力状态也是相反的，两者的应力大小是不同的，合成后统称为"淬火应力"，淬火应力的大小和工件尺寸有关。如 22CrMo44 钢（合金元素质量分数为 $0.19\%\sim0.26\%$C、$0.9\%\sim1.2\%$Cr、$0.40\%\sim0.50\%$Mo）圆柱试样水淬试验可知，小而能淬透（ϕ10mm）的试样，得到组织应力型残余应力。大而中心基本未淬透（ϕ100mm）的试样得到热应力型残余应力。而尺寸稍大（ϕ30mm）中心未完全淬硬的试样得到过渡型的残余应力（图 7-19）。

表 7-2　马氏体转变形成的体积变化和含碳量关系

含碳量/%	0.10	0.30	0.60	0.85	1.00	1.30	1.70
体积变化/%	＋0.113	＋0.404	＋0.923	＋1.227	＋1.557	＋2.376	＋3.781

表 7-3　碳钢在淬火后的体积增值

含碳量/%	淬火温度/℃	体积变化/%	硬度/HRC	含碳量/%	淬火温度/℃	体积变化/%	硬度/HRC
0.19	900	0.028	42.5	1.06	770	0.848	64.8
	950	0.102	42.5		800	1.170	64.2
0.52	800	0.875	61.4	1.06	830	0.996	63.5
	850	0.926	61.5		860	1.020	62.5
0.92	800	0.947	61.4	1.06	900	0.862	62
	850	1.274	63.8		950	0.894	62

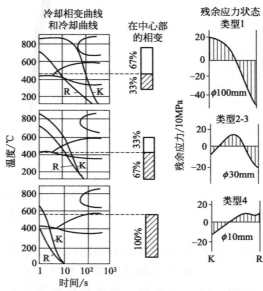

图 7-19　22CrMo44 钢圆柱试样的淬火残余应力的类型与试样直径的关系

中间图的阴影线表示心部马氏体量，R 和 K 分别表示外表和心部

　　一般过细和较粗的零件不易淬裂。细工件淬火硬化到心部，内外马氏体化不等时性小，即内外几乎同时硬化不易淬裂。对于合金钢油淬来说，发生淬裂的危险尺寸大致为直径 20～25mm，而碳钢水淬为直径 8～12mm。水中淬火心部得到 50％马氏体的直径大小称为淬火临界直径，淬火临界直径正好是淬裂的危险尺寸。当零件尺寸落在"危险尺寸"范围内时，由于组织应力和热应力的综合作用而产生的最大拉伸应力将处于零件表面附近而容易产生淬火裂纹。例如，直径为 12mm 的 45 钢销轴，在 840℃±10℃ 盐炉中加热后水淬，表面硬度为 58～59HRC，心部硬度为 55～57HRC，经 500℃ 回火后，表面硬度为 30～33HRC，在加工时发现有 46％ 的毛坯轴开裂（图 7-20）。改用 800℃ 亚温淬火或 50～60℃ 的 15％ NaOH 水溶液淬火后，消除了淬火裂纹的产生。

　　当截面尺寸较大时，中心未完全淬硬或未淬硬的零件，使零件表面出现压应力，则离表面一定距离处变为轴向拉伸应力，在淬硬和未淬硬的交界处形成峰值而出现皮下裂纹。随着轴类零件直径的增大，中心未淬硬区的扩大，淬火残余应力由组织应力为主转变为热应力为

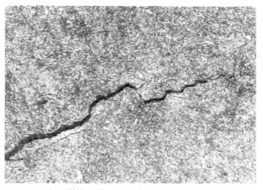

(a) 淬火开裂轴　　　　　　(b) 淬火裂纹尾端形态和索氏体组织　　400×

图 7-20　45 钢销轴淬火开裂形貌和显微组织

主，称为残余应力的尺寸效应现象。而且随直径和中心未淬硬区的增大，中心拉伸应力随之增大（图 7-21）。所以，大直径轴类零件淬裂的基本特点是最大拉伸应力存在和作用于截面中心位置。由于大型工件中心区域往往冶金缺陷较多，如缩孔、疏松、夹杂和成分偏析等，形成横截面的薄弱环节，是诱发和促进裂纹的因素。所以，当淬火出现中心纵向拉伸应力时，往往裂源不一定在中心，而是在缺陷处，因此，裂源可能为一个也可能为两个甚至更多。中心裂纹往往未裂至表面（图 7-22）而不易被发现，在使用过程中随工作应力的周期变化而迅速向外扩展，当外力超过剩余截面的强度时，就发生突然断裂。例如，回转窑凸轮轴为 45 钢经调质后加工而成，它承受着总质量为 180t 的回转轮筒的旋转，转速仅为 2～3r/min。安装后仅使用 100h 左右就在轴颈处发生突然折断（图 7-23）。断口上可清晰地看到裂源由中心向外扩展至断裂（图 7-24）。对未使用的同批生产的轴超声检查，发现有内裂现象，经解剖后可见轴中心的横裂纹类似于图 7-22 的形态。

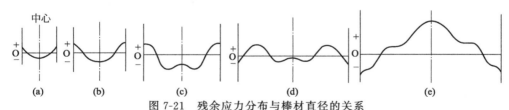

图 7-21　残余应力分布与棒材直径的关系
(a)～(e) 分别是直径从小到大的棒材淬火残余应力分布情况
（a）小直径淬火残余应力分布情况；（b）直径稍大淬火残余应力分布情况；（c）直径更大时淬火后的残余应力分布情况；
（d）直径再大时淬火残余拉应力离表面分布情况；（e）大直径棒材淬火后残余拉应力处于中心情况

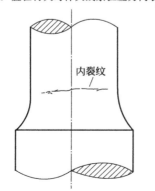

图 7-22　热应力内裂纹特征示意图

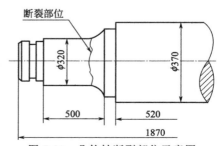

图 7-23　凸轮轴断裂部位示意图

303

零件截面尺寸处于"危险尺寸"时，淬火过程中的组织应力引起的开裂，总是从表面上某一处首先形成，随后沿纵向扩展成比较直的单条深裂纹，这是由于组织应力的切向应力较大所致。而有些棒材往往存在沿轧制方向的带状组织，使其横向力学性能相对较低，在切向应力的作用下促进了纵向裂纹的形成。裂纹沿纵向扩展的同时，垂直表面向截面内部扩展，并形成外阔内尖的裂口，最后终止于截面中心附近，如图7-25所示。

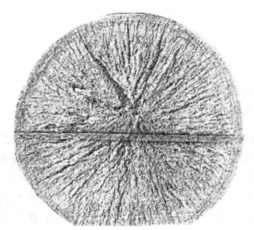

图7-24　凸轮轴断口形貌

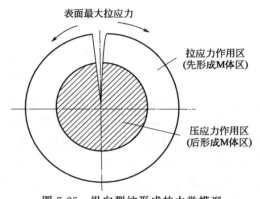

图7-25　纵向裂纹形成的力学模型
和横截面裂纹形态示意图

7.1.1.4　加热温度和冷却条件的影响

(1) 加热温度的影响　淬火加热过程中往往由于工艺不当或热工仪表、热电偶失灵等因素引起加热温度太低或加热温度过高，这都会引起淬火裂纹和组织不良而降低工件的使用寿命。

淬火加热温度过高或高温下停留时间过长，都会使钢的奥氏体晶粒迅速长大，在淬火冷却过程中就有可能引起淬火裂纹。当采用急剧的冷却介质时尤为显著，这是在工业生产中常见的一种淬火裂纹形式。

淬火开裂的敏感性在于淬火后所得到的马氏体是板条状马氏体还是片状马氏体。板条状马氏体含碳量低（<0.5%），低碳马氏体塑性、韧性好。当含碳量较高时或淬火温度高、保温时间长，溶入奥氏体中碳化物多，淬火形成马氏体时容易碰撞而产生微裂纹，所以高碳马氏体脆性大，淬火开裂敏感性大。另外，为了追求高硬度，采用提高淬火温度或在淬火温度下延长保温时间来提高奥氏体饱和度而引起奥氏体晶粒长大，形成过热状态，使淬火后马氏体粗化，组织强度降低，脆性增大，增加了工件开裂的概率。当温度过高，使工件发生过烧时，则产生淬火裂纹是不可避免的。温度过高引起奥氏体粗化，淬火后的显微组织有明显特征。如低碳钢和低碳合金钢淬火后的组织呈有序排列的板条状马氏体，过热马氏体排列方向明显而粗化；中碳钢和中碳合金钢淬火后为板条状马氏体及少量片状马氏体，过热后的马氏体粗化，同时呈条束状分布，如表7-4所示。

表7-4　45钢马氏体针长度与淬火温度的对应关系

淬火加热温度/℃	马氏体针的长度/μm		组织特征
	一般长度	最大长度	
765～770	<7	<7	细针马氏体＋30%铁素体
800～810	7～11	12	细针马氏体

续表

淬火加热温度/℃	马氏体针的长度/μm		组织特征
	一般长度	最大长度	
830～840	11～14	18～21	少量马氏体呈条束状分布
860～865	11～15	18～21	少量马氏体呈条束状分布
890～900	18～28	52～56	约1/3马氏体呈条束状分布(过热组织)
950	32～48	70～105	马氏体显著呈条束状分布(严重过热)
980	40～70	70～105	马氏体显著呈条束状分布(严重过热)

在结构钢中因淬火加热温度过高引起的淬火裂纹，都有一个共同特征，即裂纹均沿晶界分布，晶粒粗大，淬火马氏体针呈粗针状（图7-26）。例如，摩托车曲轴是由45钢经锻造成形，经正火、加工后，对连接的花键处进行高频淬火，要求硬度为52～62HRC。由于高频淬火难以正确控温和测温，工艺控制不当，造成加热温度过高，水冷淬火后，在连接的花键处产生裂纹（图7-27）。经检查，曲轴淬火层显微组织中低碳马氏体针叶粗大，裂纹沿晶扩展（图7-28）。

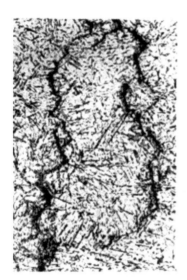

(a) 有裂纹的曲轴(箭头处为裂纹)2/3×

(b) 裂纹深度和形态 100×

图 7-26 45钢860℃加热淬火引起的沿晶开裂 500×

图 7-27 曲轴裂纹和裂纹形态

有一些高温引起过热淬火后不一定开裂，但由于过热奥氏体晶粒粗大，组织强度低而脆性大，当使用时受力较大或受到撞击时，易引起开裂和断裂，降低使用寿命。尤其是一些工件形状不对称，厚薄不均，个别部位存在棱角、键槽、孔洞、边缘等，在感应加热时热量更容易在这些部位产生使温度过高而过热，晶粒长大，在冷却时出现较大热应力和相变应力的综合作用而造成淬火裂纹。例如，煤矿使用的电动葫芦的锥形转子电动机轴（图7-29），设计材料为40Cr钢，经调质处理后的硬度为235～269HBW，两端花键部位需经高频淬火，淬火后表面硬度为45～50HRC。该轴安装后仅使用600h左右，就发生花键部位断裂（图7-30），断口呈细瓷状晶粒结构组成的脆性断裂形貌（图7-31）。材料成分分析符合40Cr钢的技术要求（0.43%C、0.3%Si、0.65%Mn、0.94%Cr、S和P均小于0.015%）。测定花键表

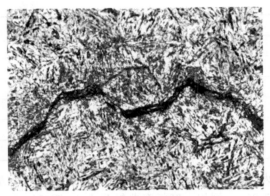

图 7-28　淬火裂纹沿粗大奥氏体晶界分布　400×

面硬度为 678HV（相当于 59.1HRC），心部硬度为 640HV（相当于 57.3HRC），均高于技术要求。从断裂处取样进行显微组织检查，其表面层和中心均呈过热态的粗大条带状马氏体（图 7-32 和图 7-33），而花键以外未经高频淬火部位的显微组织均为网络状铁素体＋珠光体，呈正火形态组织（图 7-34）。说明整个电动机轴在高频淬火前未经调质处理，硬度和强度较低。由于高频淬火采用的电流频率等工艺参数不当，导致花键槽部位加热温度过高，使键槽部位整个热透，处于过热状态。淬火后，整个键槽部位都已淬透，形成粗大的过热组织，严重地降低了键槽部位的力学性能。加上键槽加工比较粗糙，电动机服役过程中常出现过载和刹车、停车、反转等瞬间加载状态，对整个轴虽有一定影响，但对过热状态的键槽底部加工痕迹处的薄弱部位，易产生脆性微裂纹，并随使用应力的反复作用而迅速扩展致断。

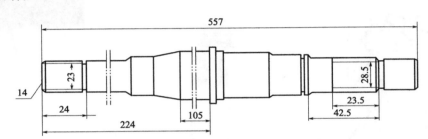

图 7-29　锥形转子电动机轴的尺寸和要求

图 7-30　花键断裂后形态

图 7-31　断口形貌

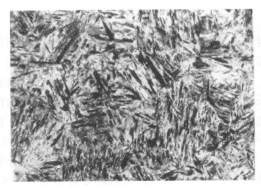

图 7-32　花键表面层组织　500×

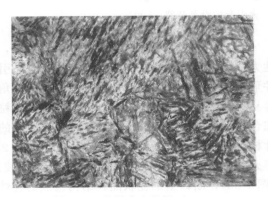

图 7-33　花键中心组织　500×

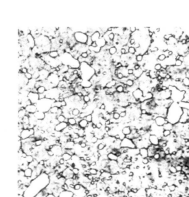

图 7-34　正火组织形态　　　　　　图 7-35　W18Cr4V 钢过热组织　500×

　　工件在加热时，其截面上有较大的温差，因而将产生较大的瞬时热应力，当加热速度过快，热应力超过其强度极限时，就可能导致加热开裂。尤其是对于形状复杂、截面厚薄不均、合金元素含量较高的高合金钢，其导热性较差，容易引起较大的热应力而开裂。所以，对形状复杂的高合金钢要随炉升温或分段预热，以便降低加热速度，减小温差，以防开裂。

　　对高合金工具钢淬火温度过高使显微组织中除隐针状淬火马氏体和残余奥氏体外，合金碳化物呈圆整、粗化形态，显示出过热特征（图 7-35），甚至出现过烧现象。例如，高速钢（W18Cr4V）铣刀，在盐炉中加热淬火时，由于仪表失灵，导致加热温度过高，引起刀刃呈圆弧状（图 7-36），显微组织中出现粗大针状马氏体和蜘蛛网状莱氏体与较多的残余奥氏体，显示出过烧的组织特征（图 7-37），使刀具脆性增加，使用时导致刃口崩裂失效。当高速钢、模具钢等高合金工模具钢中碳化物分布不均匀时，由于碳化物集中处碳和合金元素较多，在热处理过程中过热敏感性较大，易在碳化物集中处出现过热。如 W18Cr4V 钢制滚刀，在盐炉中加热至 1275℃±10℃ 淬火经 560℃ 三次回火后，在使用中出现滚刀刃口严重崩落，显微组织中出现严重的过热组织（图 7-38）。当带状和网状碳化物严重时，淬火加热过程不能完全溶解和扩散均匀，淬火时易沿碳化物集中处产生裂纹。如 W18Cr4V 钢制立铣刀，在盐炉中 850℃ 预热，然后升温至 1270℃ 保温后在 450℃ 和 300℃ 两次等温退火，然后空冷，在 560℃ 两次回火、吹砂后发现铣刀表面存在纵向裂纹（图 7-39）。取样显微观察，裂纹呈不规则和断续状分布（图 7-40），侵蚀后可看到裂纹沿条带状碳化物分布（图 7-41）。

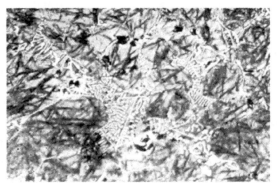

图 7-36　加热过烧的铣刀　3/5×　　　图 7-37　粗大针状马氏体＋莱氏体＋残余奥氏体　500×

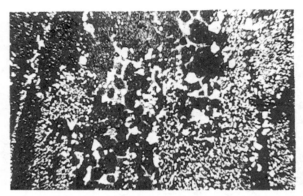

图 7-38 碳化物偏析处的严重过热组织 200×

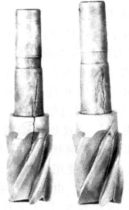

图 7-39 主铣刀纵向
淬火裂纹 2/3×

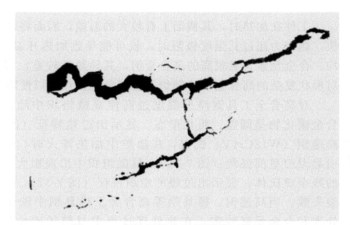

图 7-40 主铣刀裂纹显微形貌 (抛光态)

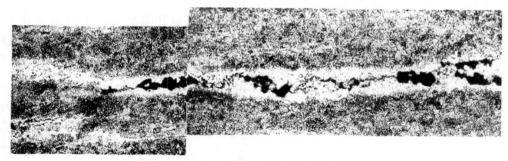

图 7-41 裂纹沿条带状偏析碳化物分布 100×

常用的轴承钢在 820～840℃淬火后可得到良好的隐晶状马氏体和细小颗粒状碳化物与少量残余奥氏体，获得良好的综合性能。若淬火温度高，由于碳化物溶解较多，奥氏体中碳和合金元素含量增加，淬火后针状马氏体（白区）过多，使零件的脆性增加，降低抗疲劳性能而缩短零件的使用寿命。例如，从德国进口的建筑用吊车，在使用一年多后发生传动固定销折断，断口呈现出明显的疲劳弧线特征（图 7-42）。其材料为 1.3505（质量分数为 0.90%～1.05%C、0.15%～0.35%Si、0.25%～0.40%Mn、1.4%～1.65%Cr）相当于我国的

GCr15 钢，硬度为 60～61HRC，显微组织为隐晶状、针状马氏体＋少量残余奥氏体＋颗粒状碳化物（图 7-43）。更换 GCr15 钢制固定销（850℃加热淬火，150℃回火，硬度为 61.5～62HRC），使用仅 15 天就发生断裂，断口平整，呈现出快速断裂形貌（图 7-44）。显微组织中有较多的针状马氏体（白区）和颗粒状碳化物与残余奥氏体（图 7-45），与原固定销显微组织有明显的差别。所以，淬火加热温度过高时会导致零件的脆性增加，而缩短使用寿命。

图 7-42　固定销断口形貌

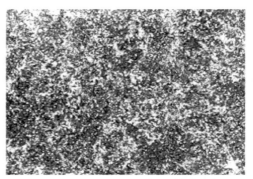

图 7-43　隐晶状、针状马氏体＋残余奥氏体＋颗粒状碳化物　500×

图 7-44　配制固定销断口形貌

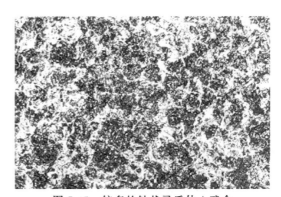

图 7-45　较多的针状马氏体＋残余奥氏体＋颗粒状碳化物　500×

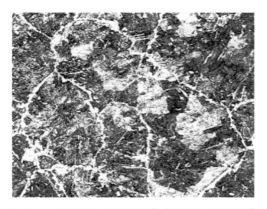

图 7-46　25CrMn 钢热处理仪表失灵，温度过高引起晶粒粗大，铁素体沿晶分布，并出现魏氏组织　100×

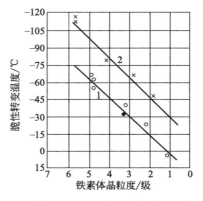

图 7-47　晶粒大小对钢的脆性转变温度的影响
1—$w(C)=0.02\%$、$w(Ni)=0.03\%$；
2—$w(C)=0.02\%$、$w(Ni)=3.64\%$

对于亚共析钢和低碳合金钢，加热温度过高或高温下停留时间过长以及锻造时终锻温度过高，使奥氏体晶粒迅速长大（图7-46），会降低钢的屈服强度、塑性、冲击韧性和抗疲劳强度，提高钢的脆性转变温度（图7-47）。

淬火加热温度过低或保温时间不够，奥氏体化不充分，淬火后硬度偏低，不能充分发挥材质作用，使用中引起零件早期失效的情况也时有发生。如45钢制的摩托车电动机轴，设计要求经调质后的硬度为229～269HBW，使用额定寿命为1000h，而实际仅使用200h左右，就发生花键槽处撕裂（图7-48）。从破裂处取样测定硬度仅为222～227HBW，显微组织为回火索氏体＋网络状与块状铁素体（图7-49），由于沿晶铁素体未完全溶解，使硬度和强度降低，促进键槽底部应力集中处疲劳裂纹的形成和扩展，导致电机轴的早期失效。

图7-48 电机轴失效形态
箭头处为断裂源

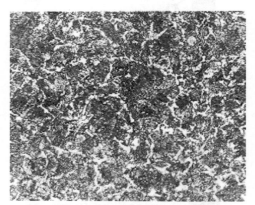

图7-49 回火索氏体＋网络
状与块状的铁素体 500×

钢件加热保温奥氏体化后，若淬火冷却速度不够，奥氏体中析出碳化物或铁素体，淬火后硬度较低而降低耐磨性，强度和硬度大幅度下降而导致零件的早期失效。

例如，载重自卸汽车后桥驱动全浮式40Cr钢制的半轴，由于淬火转移缓慢，在奥氏体中析出大量网络状游离铁素体，造成硬度和强度大幅下降，导致汽车运行过程中在花键轴外侧产生裂源，随着运行过程中应力变化而逐渐扩展至断裂，仅运行2000～4000km，连续出现类似失效事故。有的采用正火来改善组织，提高性能，若冷速不够快，不能获得良好的组织而降低使用寿命的情况也时有发生。ZG230-45低碳铸钢（质量分数为0.2%C、0.4%Si、0.63%Mn）制造的机车摇枕（轮廓尺寸约300mm×25mm×2000mm），在880℃±20℃保温后空冷时，由于20余个零件堆放在一起，未经风冷和疏散冷却，造成三次渗碳体沿晶析出，严重降低塑性和韧性，导致在冬季低温下发生脆性断裂。尤其低碳钢热处理不当引起晶粒长大，会迅速提高脆性转变温度（图7-47），致使冬季使用时发生脆性断裂。

（2）淬火冷却速度的影响 淬火裂纹的形成与淬火冷却速度有密切关系。工件经奥氏体化后的冷却过程中，有两种应力状态存在。一是当冷却至相变前的温度区间，由于工件外部冷却较快，内部冷却速度慢，导致工件内外温差很大而产生热应力，使表面产生拉应力，内部产生压应力。由于仍保持奥氏体（过冷奥氏体）状态，具有低的屈服强度和高的塑性与韧性，因此一般不会产生裂纹。二是当温度冷却至 M_s 点以下，除了因内外冷却不一致所形成的热应力外，还有因相变进行的不等时性而产生的组织应力，即工件表面最先达到 M_s 点，开始形成马氏体，体积膨胀。此时心部还未冷至 M_s 点，体积继续收缩，表面承受压应力，心部承受拉应力。当心部继续冷却，达到 M_s 点，过冷奥氏体向马氏体转变时，工件由急冷收缩状态转向组织转变的膨胀状态，大体在 $120 \sim 150 \text{℃}$ 发生约 50% 马氏体转变时形成较大的相变组织应力，这种现象对尺寸较大或壁厚不均的工件尤为明显。所以，在冷却至马氏体转变范围内（即 $M_s \sim M_f$）时冷却过快，尤其是采用冷却烈度较大的淬火介质，使热应力和组织应力达到最大值时，工件易产生裂纹。工件淬火开裂过程见图 7-50。

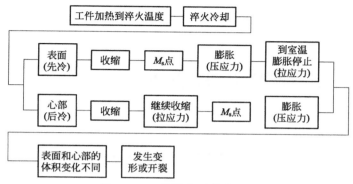

图 7-50　工件淬火开裂过程图

对一些量具或精密零件，为了确保尺寸的稳定性，减少内部残余奥氏体的含量，采用在 $-80 \sim -60 \text{℃}$ 的条件下进行冷处理。此时残余奥氏体转变为马氏体产生相变应力和比体积变化，如处理不当，易产生裂纹，其形态和淬火裂纹相同。高速钢工具和零件经淬、回火后组织中仍有 $10\% \sim 30\%$ 的残余奥氏体，因此要进行冷处理，使部分残余奥氏体转变为马氏体，导致组织应力增大，在低温下脆性明显提高，处理不当也易形成脆性开裂。

有的零件即使淬火后未裂，而未及时回火或回火不充分，长时间放置，或放置在寒冷的低温环境下，也会产生裂纹，尤其是高合金工、模具钢更易产生裂纹。4Cr5MoV1Si 钢在 1030℃ 盐浴中加热后油淬时，由于零件较大，冷却时间较长，产生的相变应力较大，未及时回火，导致零件开裂（图 7-51）。从断口观察可知，开裂起源于尖角处（图 7-52）。

图 7-51　模具开裂形态

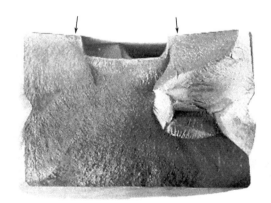

图 7-52　开裂断口形貌

在工业生产中，有许多淬火零件的开裂不是在淬火冷却过程中或冷却后立即发生，而是淬火后经过一定时间后出现。这是由于钢的马氏体转变温度较低，而淬火介质的温度一般均高于室温，当零件淬火冷却到介质温度时，尚有一部分奥氏体未转变成马氏体，淬火结束后放置在室温下，继续发生奥氏体向马氏体转变，相应的零件组织应力不断增加，就有可能引起零件的开裂。例如，2Cr13 钢在 1000℃下加热，保温 90min 后油淬，未及时回火，经一天多时间后，经 680～700℃保温 2h 回火，在加工时发现零件表面龟裂（图 7-53），裂纹沿晶发展，最深可达 1.5mm 左右（图 7-54）。形成龟裂的主要原因为淬火加热温度较高，未及时回火所致。零件表层存在网状裂纹，当加工未完全去除，有残留微裂纹时，就给设备的使用带来很大的隐患。此外，2Cr13 钢有回火脆性倾向，该材料经 980℃油淬、670℃回火，采用空冷和油冷的性能比较见表 7-5，可知，回火后缓慢冷却，会降低钢的塑性和韧性。所以，淬火后必须及时回火，快速冷却，防止钢的性能降低。

图 7-53   2Cr13 钢淬火后未及时回火引起的表面龟裂

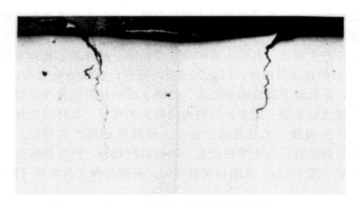

图 7-54   图 7-53 中横截面裂纹深度和形态   25×

表 7-5   2Cr13 钢经 980℃油淬、670℃回火以不同冷却方式后性能比较

冷却方式	$R_{p0.2}$/MPa	R_m/MPa	A/%	Z/%	硬度/HBW	A_K/(J/cm^2)
油冷	65.7	81.2	21	71.5	233	18～21
空冷	67.5	84.3	20.4	59	230	4.3～4.8

常见淬火裂纹种类、特征和影响因素见表 7-6。

表 7-6   常见淬火裂纹种类、特征和影响因素

类型	特征	影响因素
纵向裂纹即轴向裂纹	裂纹沿纵向分布，由工件表面向中心扩展，深度不等，在工件上有一条或数条裂纹，随工件变化而改变，或受内部缺陷的影响，裂纹走向也会改变	1. 含碳量，含碳量增加，开裂倾向增加； 2. 钢中非金属夹杂物，成分不均，严重的带状组织； 3. 钢件尺寸，工件尺寸小或过大，不易淬裂，处于危险尺寸易裂； 4. 工件形状复杂，截面尺寸相差大； 5. 随淬火温度升高，奥氏体晶粒长大，断裂抗力降低，淬裂倾向增大

续表

类型	特征	影响因素
横向裂纹	断口与工件轴线垂直,裂纹产生于内部,呈放射状向周围扩展	1. 截面较大工件未淬透时,淬硬区与非淬硬区之间的过渡区有一个最大轴向拉应力,易产生横向裂纹; 2. 冶金缺陷,存在白点、夹杂、疏松、缩孔等冶金缺陷时,更易形成横向裂纹; 3. 工件直径越大,中心拉应力越大,易产生横向裂纹; 4. 空心圆柱体内表面冷却不良,易产生拉应力开裂; 5. 钢的成分,高碳钢比低碳钢更易产生横向裂纹
弧形裂纹	1. 裂纹处于工件槽、中心孔或销孔部位; 2. 表面淬火件和淬火软点周围易形成弧形裂纹	1. 工件凹槽、中心孔处冷却较慢,淬硬层薄,过渡区易形成弧形裂纹,棱角、截面突变处也易形成弧形裂纹; 2. 表面淬火时硬化区与非硬化区之间过渡区易形成裂纹向表面扩展,形成弧形裂纹。软点周围也有一个过渡区易形成弧形裂纹
网状裂纹	一种表面裂纹,其深度较浅,一般在 0.01~2mm 范围内。裂纹走向具有任意方向性,与工件外形无关,裂纹分布面积较大,当裂纹较深时,网状特征逐渐消失	表面脱碳的高碳钢和高频淬火时的工件易形成网状裂纹
剥落裂纹	淬火后裂纹发生在工件次表面,裂纹与工件表面平行,多发生在表面淬火或渗碳、碳氮共渗、渗氮和渗硼等化学热处理工件的过渡区	1. 硬化层或硬化层与心部过渡区组织不均匀有关; 2. 渗碳淬火时,马氏体相变体积膨胀,受内部牵制,呈受压状态,在接近马氏体区极薄层中具有径向拉应力,裂纹产生在应力剧烈变化处的平行于表面的次表层; 3. 高频淬火和其他表面淬火时,工件表面过热,沿硬化层组织不均匀,易形成剥离裂纹
过热淬火裂纹	裂纹分布没有规律,显微观察,裂纹沿晶界分布	淬火加热温度过高或淬火加热保温时间过长,引起奥氏体晶粒长大,淬火快速冷却易产生裂纹

7.1.2 回火裂纹

工件淬火后为了降低内应力、稳定尺寸,获得所需的组织、硬度和其他力学性能,必须通过回火处理,使淬火马氏体中碳化物析出,降低晶格的扭曲程度,提高松弛内应力的能力,增加韧性和塑性。如 GCr15 钢经 860℃淬火、180℃回火后,其内应力由 300MPa 降到 120MPa(图 7-55)。对未淬透的工件,通过组织转变,减小了心部和淬硬层间的比容差,从而降低内应力。另外,在淬火过程中由于片状马氏体互相碰撞而产生的显微裂纹,通过回火可使部分显微裂纹得到熔合,从而提高钢的抗破断能力。

淬火内应力由于受到各种因素的影响,如几何形状、表面状态和冷却介质等,其分布往往是不对称、不均匀的,平均应力小于钢的破断应力。但在某些部位(如尖角、缺口等应力集中处)应力值仍超过破断抗力而导致开裂。若工件在淬火槽中未冷透即取出,如不及时回火,心部继续冷却,马氏体转变继续进行,表面应力仍在增加,当超过破断抗力时就会开裂。淬火后的模具最好在其冷至 70~80℃时再进行回火,以防开裂。回火不充分(如温度低、保温时间短),组织转变不充分,在放置过程中,使一部分尚

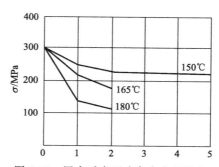

图 7-55 回火对表面残余应力的影响

未转变的残余奥氏体继续向马氏体转变,工件内部组织应力增加和重新分布,不仅工件尺寸

稳定性难以保障，还可能造成变形和开裂。实验证明，碳素工具钢在200℃回火1h和2h，应力分别消除50%和75%～80%左右，在500～600℃回火1h，应力消除90%左右。由此可见，回火温度和时间对消除淬火内应力有重要的作用。只有充分的回火，才能防止热处理和随后的磨削加工过程中裂纹的产生，尤其是高合金钢复杂模具在回火过程中，残余奥氏体向马氏体转变，出现二次淬火现象，此时，回火冷却速度不宜过快，防止开裂，而且一般需回火2～3次，才能消除大部分残余应力，得到所需的组织和性能。

回火加热过快，工件表层淬火马氏体中的碳逐渐析出，使表层产生体积收缩而出现拉应力，导致工件开裂。此类裂纹深度较浅，形状与磨削裂纹相似，往往被忽略而遗留至成品中，其危害较大。若表面存在脱碳，淬火后形成低碳马氏体，回火时表面收缩，而中心残余奥氏体向马氏体转变而膨胀，会使表层产生拉应力而出现网状裂纹。

7.1.3　机械加工的影响

工件经切削加工后表面的状态，对热处理裂纹的形成有重要的影响，主要有两个方面。

(1) 表面粗糙度的影响　切削加工后工件表面存在不同程度的加工刀痕，加工刀具越尖锐，加工刀痕越深，就可能形成无数个的应力集中场，这些应力集中场往往是工件在淬火后形成裂纹的发源地。

(2) 残余应力的影响　工件在切削加工时表层发生金属变形和受到切削热等的影响，使工件表层形成不同程度的残余应力，而且残余应力随切削量的增加和刀具刃口的钝化而增大。如淬火加热前不去应力处理，则在淬火加热过程中，特别是对于几何形状复杂的工件，就可能与由于加热速度过快产生的应力发生叠加，从而导致工件变形，甚至开裂。

7.1.4　钢的表层脱碳

钢在空气电阻炉或脱氧不良的盐浴炉等氧化性气氛中加热时，会引起表面氧化和脱碳。

$$Fe_3C + 1/2O_2 \rightleftharpoons 3Fe + CO$$
$$Fe_3C + 2H_2 \rightleftharpoons 3Fe + CH_4$$
$$Fe + CO_2 \rightleftharpoons FeO + CO$$
$$Fe_3C + CO_2 \rightleftharpoons 3Fe + 2CO$$

在大多数的情况下，脱碳与氧化是同时出现的。脱碳层的存在会降低钢的淬火硬度、耐磨性和抗疲劳性能。例如，中型载重车连杆，仅运行2000余千米就发生疲劳断裂（图7-56），经金相检查，连杆心部组织为正常的索氏体，未发现有其它冶金缺陷，而表层却有0.5mm左右严重的脱碳层（图7-57）。由于脱碳处抗疲劳性能很低，在使用过程中很快在脱碳表层应力集中处萌生疲劳裂纹源，并迅速向内扩展导致整个的早

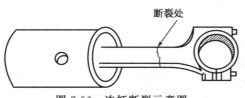

断裂处

图 7-56　连杆断裂示意图

期失效。由于钢表层的脱碳，淬火时形成马氏体的含碳量低于内部马氏体的含碳量，故形成内外马氏体体积差和淬火时马氏体转变的不同时，造成很大的拉应力，尤其是高碳钢以及渗碳零件在淬火时极易形成裂纹。

一批45钢螺栓在未充分脱氧的盐浴炉中加热至840℃调质处理后，经短期使用即发生断裂，断口上有严重氧化的黑色斑块，经清洗去除氧化膜后呈现平整亮灰色脆性断口形貌

（图 7-58）。经金相组织检查，中心为均匀细小的索氏体（图 7-59），而表层却有较严重的脱碳层（图 7-60）。说明螺栓的断裂是由于脱碳引起淬火裂纹所致。

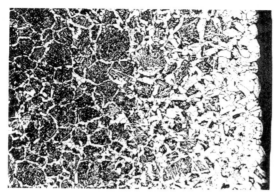

图 7-57 连杆断裂部位的表层脱碳 100×

图 7-58 断口形貌
箭头处为黑色氧化区

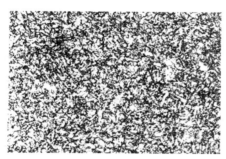

图 7-59 螺栓中心回火索氏体组织 500×

图 7-60 螺栓断裂部位脱碳层

渗碳处理出炉温度过高，在空气中停留时间长引起的轻微氧化脱碳，在以后的加工中可去除。脱碳层较深时，尤其是大件或小零件堆放在一起，冷却较慢，脱碳较严重，在以后的加工中不能完全去除，或渗碳处理后期碳势过低或加热保护不当引起脱碳。另外，在盐浴炉中加热时，盐浴老化或未能很好地进行脱氧处理，都会使工件表面氧化脱碳，这是因为盐浴用盐加入浴槽前含有结晶水，或长期在仓库中放置从空气中吸收水分，加热成熔盐后会发生化学反应。同时，盐浴表面与空气接触，空气中的氧溶入盐浴也会与熔盐作用生成氧化物。另外，有些盐浴中含有少量的如 Na_2CO_3、Ba_2CO_3 及 Na_2SO_4 等带入盐浴后发生化学反应，生成 BaO、Na_2O 导致工件表面脱碳。这些都会影响最终淬火过程，一是易产生开裂，二是淬火后硬度仍可在合格范围内而被忽视，使其耐磨性和抗疲劳性能大大降低，从而缩短使用寿命。

7.1.5 校正裂纹

工件在热处理过程中，尽管采用各种方法来控制工件的淬火变形，但变形仍不可完全避免地发生。对于一些细长、薄片状或形状复杂的工件，产生的变形尤为显著。当变形量超过一定范围，机械加工无法消除时，必须采用校正的方法来减少和消除工件变形和尺寸变化。所以，工件校正也是热处理过程中一道重要的工序。由于机械校正较简单易行，对轴和板类工件往往采用冷压方法来消除变形。对于高硬度、渗碳、碳氮共渗淬火类工件，脆性较大，在冷压校正过程中，掌握不当，易在工件尖角、凹槽等应力集中部位产生微裂纹而被忽视，导致零件在使用中发生快速断裂。例如，42Mn2V2 钢制的传动轴在热处理变形的校正过程中，在花键轴的凹槽处产生微裂纹而未发现。安装后仅使用 37h 就发生突然断裂（图 7-61）。又如，20CrMnMo 钢制成的摩托车中间轴，经碳氮共渗淬火后，表面硬度为 61～61.5HRC，中心硬度为 42.5～43.5HRC。由于变形，经冷压校正，在花键槽底部尖角处产生微裂纹未发现，安装后仅运转 10min 就发生突然断裂（图 7-62）。从断口上可看到两个大小不等的断裂源（图 7-63），由于两个断裂源不在同一平面上，在各自扩展的交接处形成明显的撕裂棱。

图 7-61　传动轴断裂形貌

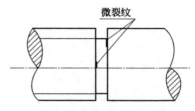

(a) 中间轴断裂实物形貌　0.5×　　　　　　　　(b) 校正微裂纹部位示意图

图 7-62　中间轴断裂形貌和校正微裂纹部位示意图

有的采用焊枪局部加热的方法，使不工作的部位表层马氏体组织发生转变，导致局部表层体积收缩产生拉伸应力，使弯曲的轴等零件获得矫直。此法不易掌握，加热温度过高，形成淬火马氏体和周围大面积组织转变为回火索氏体或回火托氏体，使轴获得矫直的同时，也引起和周围未加热处回火马氏体间产生很大的残余拉伸应力和硬度降低，使抗疲劳强度下降而导致早期疲劳断裂。

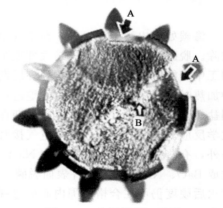

图 7-63　中间轴断口形貌
A—断裂源；B—撕裂棱

7.1.6　感应淬火缺陷

感应淬火是利用法拉第电磁感应定律，在工件表面产生感应电流，再利用感应电流的磁滞、涡流作用，产生表面趋肤效应加热原理，使工件表面快速加热，一般只需几秒至几十秒，即可使工件达到相变点以上感应淬火温度 $[A_{c_3}+(80\sim150)℃]$。感应淬火加热温度比普通淬火加热高几十摄氏度，使奥氏体的形核率大大增加，得到细小而均匀的奥氏体晶粒，然后迅速冷却淬火，表面层获得极细的马氏体或隐晶马氏体，使工件表层具有更高的强度、硬度、耐磨性和抗疲劳性能，而心部具有足够的塑性和韧性，以满足承受弯曲、扭转和冲击等动载荷零件的要求。但由于感应淬火加热速度快，时间短，加热温度难以精确控制，加上表面局部淬火，所以常会产生淬火裂纹等缺陷，如表7-7所示。尤其当工件形状复杂，尺寸突变或表面粗糙度大时，由于感应加热速度快，冷却剧烈，容易引起淬火裂纹。在感应淬火区域中如存在有台阶、端头、尖角、键槽、孔洞等结构，感应加热时能够导致感应电流集中，使该部位产生过热、硬化层过深而产生淬火裂纹。尤其是感应淬火工艺或操作不当，使感应淬火温度过高，温度不均匀，时间过长，局部（齿端面、齿顶）过热，导致裂纹的形成。

表 7-7 感应淬火缺陷类型、产生原因与改进措施

缺陷	产生原因	改进措施
裂纹	零件形状、尺寸、结构设计不合理，形状复杂，尺寸突变，淬火表面粗糙度差，或有凹槽、孔、台阶、尖角等	改进工件结构，淬火前各部位不允许有毛刺、严重的划痕，将孔洞用铜塞住
	加热温度不均匀，如感应设备频率选择不当，感应器设计不合理，操作程序不合理，预热温度不适宜，质量不良等	合理选择加热规范，如选择合适的感应设备、频率、功率、加热方式和加热顺序等
	回火不及时，重新淬火时操作不当	感应淬火后及时回火，重新淬火前先进行正火或退火处理
	原材料质量缺陷（组织不均匀、成分偏析、严重的非金属夹杂物、内部裂纹等），材料淬硬性过高，钢的含碳量高于上限的要求	加强原材料检验，严格控制钢材质量
	淬火前机械加工应力大，未进行预热处理，表面粗糙度差，存在较深的刀痕	感应淬火前进行去应力处理，降低表面粗糙度
	加热温度高，冷却过快，或操作不规范，淬火介质选择不当，冷却器设计不良，冷却不均匀	严格执行工艺规范，加强硬度和金相组织检查，选择合适的淬火冷却介质，改进冷却器设计，使喷水孔布置合理
淬硬层或尖角脱落	原始组织粗大	采用正火、调质处理等预热处理方法来改进原始组织
	尖角过热	设计零件时尽可能将尖角变圆角
	淬硬层硬度梯度太陡	改进感应器设计
局部烧熔、麻点或烧坑	感应器结构不合适，感应加热时间过长	选择合适的感应器，严格控制加热时间
	零件带有尖角、槽和孔等	对易造成缺陷的部位采取屏蔽或保护措施
	零件表面有缺陷	消除表面缺陷
	感应设备性能与零件的技术要求不匹配	根据零件的硬度要求和淬硬层深度的要求，选用合适的频率、功率以及感应淬火加热和冷却工艺
	感应器未固定好，与零件接触	严格控制感应器与零件的间隙，并加以固定

如江阴某公司生产的斜齿轮是由40Cr钢经锻造成型→粗加工→调质处理→半精车→铣、钻孔、攻丝、滚齿→齿部感应淬火。淬火后齿部硬度要求48～52HRC。感应淬火结束后，发现局部齿顶端有横向细小裂纹（图7-64）。裂纹呈平行状分布于齿顶中间，和齿面相垂直。齿顶硬度测定结果为50～51HRC，钢中非金属夹杂物除D类为1级外，A类和D_s类均为0.5级。从有裂纹齿起顺序取三个齿检查感应淬火后齿部的宏观晶粒长大形态（图7-65），有裂纹齿顶粗晶区域最大，如图7-65(a)所示，随后逐渐减小。

从齿轮端不同部位的裂纹处取样作金相观察，裂纹形态基本相同，从齿顶向中心沿粗大晶粒呈曲折状沿晶分布，裂纹长达3.5～4.3mm，晶粒度2～3级（图7-66）。高倍下显微组

织为粗大马氏体，裂纹从表面开始较宽，然后沿晶向中心扩展，组织为粗大的马氏体（图7-67～图7-69）。中心组织为珠光体＋分散状和沿晶分布的铁素体（图7-70）。材料符合40Cr钢牌号。

(a) 裂纹部位　　　　　　　　　　　　(b) 齿顶部局部放大后裂纹形态

图 7-64　齿端部裂纹形态

图 7-65　齿部宏观粗晶区大小变化形态

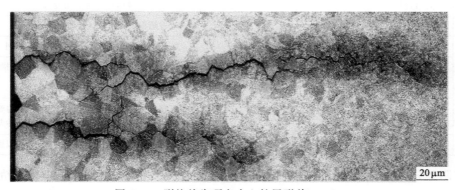

图 7-66　裂纹从齿顶向中心扩展形貌　40×

对有裂纹的齿及其相邻的齿进行解剖，横截面低倍组织有两个明显的特征：一是裂纹齿顶淬硬区的晶粒粗大，达到2～3级，随着离裂纹齿的距离增大［图7-65(b)、(c)］，粗晶逐渐减小；二是有裂纹的齿顶粗晶区最大，随着离开裂齿的距离增大，粗晶区逐渐减小。说明有裂纹的齿在感应淬火的加热过程中温度最高，形成过热，加热区域较大，晶粒迅速长大，随着离裂纹齿的距离增大，高温区域逐渐减小，晶粒长大区域也随之缩小，尤其是图7-65

（c）齿的粗晶区主要偏于裂纹齿的一侧，说明这一侧温度较高，另一侧温度较低而晶粒相对较小。形成这种现象，可能是在感应淬火的加热过程中，齿轮与感应圈的距离不等，偏于一侧，使齿轮和感应圈距离较近，引起局部齿温度较高，形成过热，导致淬火应力过大，晶粒和马氏体针粗大，使断裂抗力降低而形成淬火裂纹。

图 7-67　裂纹起源于表面和组织形貌　500×

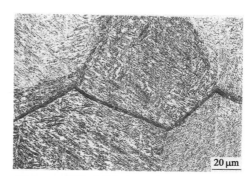

图 7-68　裂纹中部组织和裂纹形貌　500×

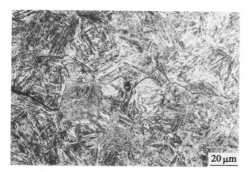

图 7-69　裂纹尾部组织和裂纹形貌　500×

图 7-70　齿中心珠光体＋分散及网络状铁素体　100×

7.1.7　渗碳、碳氮共渗缺陷

7.1.7.1　含碳量与碳化物形态的影响

渗碳过程中炉内可控气氛碳势过高、采用滴注法渗碳时滴量过大或碳势控制系统失控造成表层碳浓度过高，渗碳后冷却速度过慢，采用一次淬火时温度太低等都可造成渗碳件表层出现大块状和粗大网状碳化物，使工件表层脆性增加，易在使用过程中发生崩裂损坏，疲劳寿命降低。汽车行业中推荐表层含碳量为 0.70%～1.0%（质量分数）为宜，但从不同渗碳层含碳量的齿轮弯曲疲劳试验结果（图 7-71）可知，渗层含碳量在 1.03%（质量分数）时疲劳强度最高，渗碳层含碳量在 0.6%（质量分数）时疲劳强度最低，渗层含碳量在 1.13%（质量分数）时疲劳强度介于两者之间。

对于 20CrMnTi 等低碳合金钢渗碳时，容易形成粗大的碳化物，尤其是工艺不当，使渗层中的碳化物呈爪状、不规则角状、断续或连续网状（图 7-72 和图 7-73），破坏了金属的连续性，在运行过程中会造成应力集中，就可能成为裂纹源而发生崩裂剥落，降低使用寿命。20CrMnTi 钢制减速器传动轴经渗碳、淬火、回火后，表面硬度为 61HRC，心部硬度为 39～40HRC。经 30h 运行后，在齿表面出现麻点剥落和压痕（图 7-74），对剥落处作金相检查，可见碳化物呈爪状和多角状（图 7-75）。碳氮共渗气氛浓度过高，温度偏低时，化合物

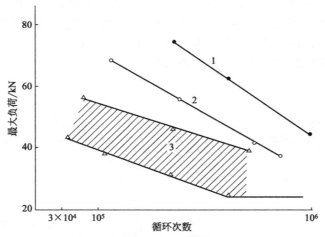

图 7-71 不同面层含碳量的齿轮齿部弯曲疲劳试验结果

1—1.03% C；2—1.13% C；3—0.61% C

易形成网络状，而共析区出现大量的残余奥氏体（图 7-76），甚至出现白色壳状化合物（图 7-77）。存在这类缺陷的齿轮不仅脆性增加，降低渗层的抗冲击破坏能力，而且降低渗层弯曲疲劳性能，容易出现崩齿或疲劳断裂。

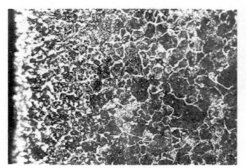

图 7-72 渗碳层表面为颗粒状碳化物

和过共析区的网状碳化物 100×

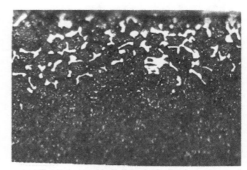

图 7-73 渗碳表面层不规则的大块状、

角状碳化物 400×

图 7-74 减速器传动轴齿面麻点状剥落

图 7-75 齿面麻点状剥落处的爪状和

多角状碳化物 400×

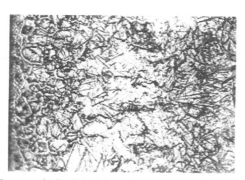

图 7-76 氰化后表层出现白色网状化合物 500×

图 7-77 氰化后表层白色壳状碳氮化合物 500×

7.1.7.2 马氏体粗大与残余奥氏体过多

渗碳淬、回火的表层正常组织为均匀细小的针状马氏体＋均匀分布的颗粒状碳化物和少量残余奥氏体。渗碳温度过高，引起奥氏体晶粒长大，渗碳直接淬火或渗碳后缓慢冷却和重新加热时温度过高，引起淬火后马氏体粗化（图 7-78），使力学性能下降。随着马氏体针状组织的粗化，伴随着残余奥氏体数量的增多。一般认为，残余奥氏体是一种软而不稳定的相。在马氏体中有适当的残余奥氏体可以改善其耐磨性、弯曲和接触疲劳性能。但如果残余奥氏体数量过多，会降低表面硬度（图 7-79）。当残余奥氏体大于 30％时，可使表面硬度降低至 600HV 左右，会影响齿轮的耐磨性。过多的残余奥氏体还会降低齿轮的静弯曲强度和疲劳强度，产生剥落和齿轮的早期疲劳断裂。对不同残余奥氏体含量的齿轮进行台架试验后表明（表 7-8），按照 QC/T 262—1999《汽车渗碳齿轮金相检验》中残余奥氏体 8 级标准，当残余奥氏体大于 4 级时，其寿命为 2～4 级时的 1/2，而 6 级为 2 级的 1/4。所以，残余奥氏体数量应严格控制在小于 30％为好。而碳氮共渗层中，由于氮的渗入，在渗层组织中比渗碳层中有较多的残余奥氏体。经磨损试验表明，随着残余奥氏体含量的增多，磨损量随之增大，如图 7-80 所示。残余奥氏体对齿轮强度的影响，通过对渗碳处理件的对比试验，在相同条件下，进行静弯曲试验，测定的断裂负荷、挠度及吸收能量等性能指标，碳氮共渗件均优于渗碳件。因此，碳氮共渗后的残余奥氏体可比渗碳处理的适当放宽些，一般控制在 35％以下。

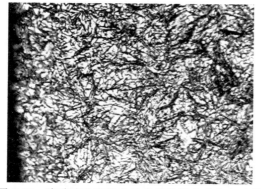

图 7-78 渗碳淬火后粗大针状马氏体＋残余奥氏体
200×

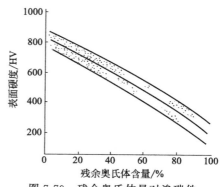

图 7-79 残余奥氏体量对渗碳件
表面硬度的影响

表 7-8   残余奥氏体含量对疲劳寿命的影响

残余奥氏体级别	≤2	2~4	4~6	≥6
平均疲劳寿命/万次	70.9	104.8	51.3	24.5

7.1.7.3   渗碳裂纹

低合金钢在渗碳后的冷却或淬火过程中常因为热应力和组织应力的综合作用力超过材料强度极限而出现裂纹。除零件几何形状等因素外，主要与渗碳层中碳和合金元素的分布有关。表面过共析层由于过多的碳渗入，首先形成含有 Cr、V 等元素的合金碳化物，使奥氏体中合金元素含量下降，故合金钢渗碳的奥氏体中最大含碳和合金元素量的部位不在表层过共析区，而是在离表面一定距离的共析区。当渗碳后空冷时，表层由于析出大量的碳化物致使奥氏体中合金元素贫乏，而使 C 曲线左移，因此，只能形成珠光体。共析区合金元素全部固溶于奥氏体中，这就提高了奥氏体的稳定性，使 C 曲线右移。所以，一般小直径零件渗碳后在空冷的条件下，该区域奥氏体易转变成马氏

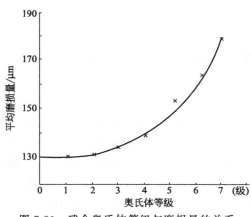

图 7-80   残余奥氏体等级与磨损量的关系

体或马氏体＋贝氏体或托氏体组织。由于马氏体转变体积的膨胀，使表面产生很大的拉应力，当应力超过材料的强度极限时，就发生垂直于表面的开裂。当表面裂纹发展至白色淬火马氏体区时，使这层产生两条反方向沿晶扩展并与表面等距离的裂纹。例如，16CrMnTi 钢制的偏心杆渗碳后在空冷过程中产生纵向裂纹（图 7-81），其横截面宏观裂纹呈"T"形（图 7-82）。通过低倍显微观察，裂纹从表面向中心扩展至白色马氏体区，然后向两边扩展（图 7-83）。在高倍镜下，过共析区组织为托氏体＋索氏体，并有较多的不规则碳化物（图 7-84），而共析区裂纹尾端为粗针状淬火马氏体＋残余奥氏体，裂纹沿奥氏体晶界和粗针状马氏体方向扩展（图 7-85）。

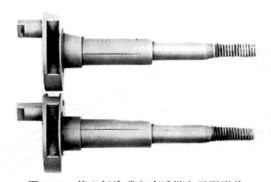

图 7-81   偏心杆渗碳空冷后纵向开裂形貌

图 7-82   偏心杆开裂部横截面形态

渗碳后缓慢冷却，以保证整个渗碳层内奥氏体均得到共析转变，使其基体获得均匀的珠光体组织，或采用渗碳后快速冷却，使渗碳层基体得到马氏体＋残余奥氏体组织并及时回火，均可有效地防止渗碳冷却过程中出现开裂。

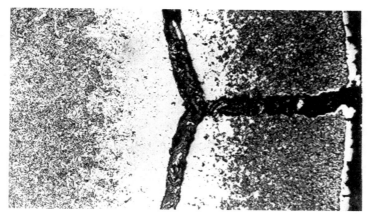

图 7-83 裂纹从黑色区（托氏体＋索氏体＋碳化物）向白色淬火马氏体和两边扩展
渗层表面和裂纹口的白色组织为保护表面的化学镀镍层 100×

渗碳强渗阶段碳势过高，强渗时间长，扩散时间短，渗碳速度过快，远大于扩散速度时，使渗碳过渡区太陡（图 7-86）。在淬火过程中由于共析区和中心区组织转变的强烈变化，导致产生很大的组织应力，易引起亚共析区发生开裂。即使淬火时未发生开裂，由于表层和中心区组织变化的过渡区太陡，也易在接触应力的作用下发生早期剥落失效。

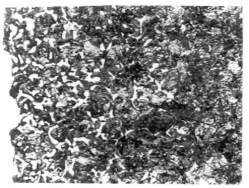

图 7-84 过共析层组织：托氏体＋索氏体＋
不规则碳化物 400×

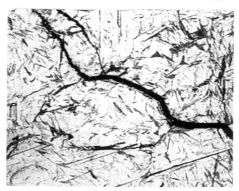

图 7-85 共析区粗大的淬火马氏体＋残余奥
氏体组织，裂纹沿奥氏体晶界扩展 500×

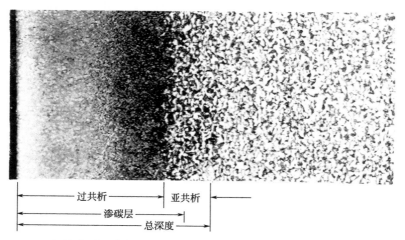

图 7-86 20钢渗碳后亚共析区示意（亚共析区不到总渗碳层深度的 25％） 100×

323

7.1.7.4 表面层贫碳

渗碳后零部件表层有较高的含碳量，可提高表面硬度和耐磨性。如渗碳时炉内碳势不足、装炉过多过密或炉子密封不严（漏气），会造成渗碳表层无过共析区，甚至连共析区也很少（图7-87）。经淬火后表面硬度或可达到所需要求，但由于缺乏过共析层中高硬度的碳化物和硬化层过浅，使抗磨和抗疲劳破坏的性能下降，严重降低零部件的使用寿命。

7.1.7.5 表面脱碳

渗碳后的降温过程中碳势控制不当或渗碳后出炉温度过高，在空气中引起氧化和脱碳，或渗碳后出现多次加热等因素，使渗碳层表面出现脱碳层（图7-88）。一般经加工可去除，若加工余量少，未完全去除脱碳层，淬火后虽然有时能获得较高的硬度，但抗磨性大大降低，而且淬火时也易产生开裂。

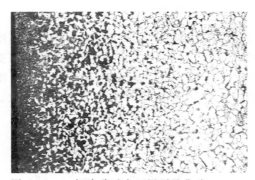

图7-87 15钢渗碳后表面层严重贫碳 100×

图7-88 渗碳表层脱碳，次表层为索氏体＋网状碳化物 100×

7.1.7.6 针状渗碳体

渗碳温度过高，使奥氏体晶粒急剧长大，同时加快了渗碳速度，致使渗碳层内的碳浓度激增，在随后的冷却过程中，将在过共析层中的粗晶内率先析出针状渗碳体，然后沿晶析出二次渗碳体，形成过热魏氏组织。一般可通过正火和一次或二次淬火来消除。若渗碳后热处理方法不合理，未消除针状渗碳体和粗大晶粒，使渗碳层脆性增加，甚至在过渡区出现裂纹，造成加工和使用过程中脆性渗碳层的剥落。例如，12CrNi3A钢制的活塞杆，经渗碳和淬、回火后，在精加工结束后磁粉检查中发现活塞杆表面出现"梅花状"剥落（图7-89）。经解剖金相观察发现，表面渗碳层呈1～6级的大小不均的晶粒，过共析区的碳化物呈细针状魏氏组织，在共析区有沿晶裂纹存在（图7-90）。经适当降低渗碳温度（920℃）和控制炉内碳势后，消除了针、网状碳化物和共析区沿晶裂纹的出现。

图7-89 活塞杆渗碳、淬火、回火及精加工后经磁粉检查，发现表面有"梅花斑"状缺陷

图 7-90　针状和网状碳化物及
共析区的沿晶裂纹　100×

图 7-91　带状组织引起渗碳层
的不均匀　100×

7.1.7.7　硬度和组织不均匀

　　渗碳或碳氮共渗经淬火后表面硬度不均匀的影响因素较多，如零件表面不清洁，或被黑炭、氧化皮、污物覆盖等影响渗速的均匀性，也可能是由于淬火冷却不均匀等因素。但因材料成分的不均匀形成的带状组织，工件渗碳（氮）装炉不当，工件之间距离太近，无气流通道，或搅拌不良，局部有死角等，使渗速和碳（氮）浓度的不均匀引起的组织的差异，导致硬度不均匀的情况也时有发生。例如，18Cr2Ni4WA 钢原材料存在较严重的带状组织，导致组织和渗层深度的严重不均匀（图 7-91 和图 7-92）。渗层各部位的力学性能存在很大差异，导致在使用中会严重影响耐磨性和抗疲劳性能。

图 7-92　图 7-91 中的局部放大后的不均匀组织形态　500×

7.1.7.8　中心硬度过高

　　零件经渗碳或碳氮共渗、淬火、回火后的表面得到高的硬度，具有良好的抗磨和抗疲劳性能，而中心有较高的强度和韧性，以获得良好的综合力学性能。若渗碳或碳氮共渗后的热处理工艺不当，使中心硬度过高或过低，都会影响其使用寿命。如 18Cr2Ni4WA 钢制造的靶机曲轴轴颈等工作部位，经渗碳、淬火、回火后精加工而成，安装使用仅数小时就发生轴颈部位断裂（图 7-93），断口呈高应力低周疲劳特征（图 7-94）。检查材料和渗碳层深度均符合设计要求，表面渗碳层组织为回火马氏体＋少量颗粒状碳化物和残余奥氏体，表面硬度为 59～60HRC，而中心组织为低碳马氏体，中心硬度高达 49～50HRC。断裂部位处于轴颈的"R"处，经计量"R"较小（仅 0.3mm）而且不规则，较大的也仅有 0.5mm。则在使用应力的作用下，使"R"处应力高度集中，易形成微裂纹，加上硬度高、脆性大，使微裂纹迅速扩展，导致靶机曲轴的早期失效。所以，零件早期的失效，往往是由一个或两个以上因素的综合作用下所致。

图 7-93　失效靶机曲轴的全貌

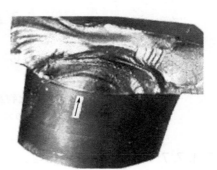

图 7-94　断口放大后的形貌　2×

7.1.7.9　黑色组织

黑色组织是指试样抛光后未经侵蚀的情况下，在试样表层有黑色点状、网状和带状三种形态的黑色组织，如图 7-95。其形成原因和组织本质有许多种解释，最常见的认为碳氮共渗的渗剂中有少量的 O_2、CO_2、H_2O 等气体，在高温下氧吸附在零件表面并向奥氏体晶粒边界扩散，引起晶界氧化，或和钢中 Ti、Si、Mn、Cr、Al 等亲和力较强的合金元素氧化后，形成内氧化。由图 7-96 可知，Ti、Si、Mn 和 Cr 易被氧化，而 W、Mo、Ni 和 Cu 则不易被氧化。一般认为，当 Mo 与 Cr 的质量比在 0.4 以下时，易出现内氧化；当 Mo 与 Cr 的质量比为 1 时，就不易观察到内氧化现象。有的认为黑色组织是孔洞，其形成机理有两种说法。其一为渗剂和氨的分解析出的 H 扩散到钢中，在共渗后的冷却过程中使表面溶解的 H 析出而形成密集的孔洞；另一种说法为共渗过程中当 N 势过高或高 C 高 N 的条件下（尤其

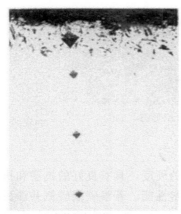

(a) 点状黑色组织　400×

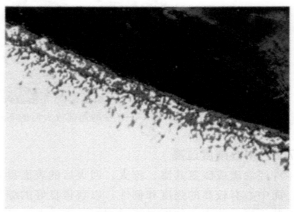

(b) 带状和网状黑色组织　500×

图 7-95　碳氮共渗后表层的黑色组织

是当共渗温度低时），C、N 同时向奥氏体渗入，达到过饱和后，N 变得不稳定，形成分子 N 析出形成孔洞。有人对三乙醇胺和尿素的渗剂配比从正常的 4∶1 改为 2∶1，来增加［N］和 H 的相对量对表层黑色组织的影响做了研究，结果认为 N 分子析出引起孔洞是产生黑色组织的主要因素。也有的认为高浓度的不稳定 N 从固溶体中析出形成孔洞后，在其周围的过饱和奥氏体中的 C 向孔洞中析出自由碳原子，进而形成石墨。

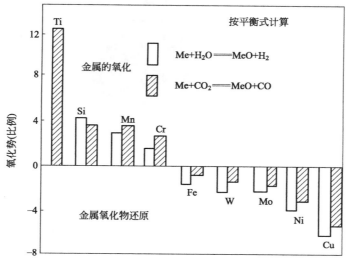

图 7-96　常用渗碳钢合金元素的氧化趋势

炉气中的平均成分（质量分数）H_2 40％，CO 20％，CH_4 1.5％ CO_2 0.5％ H_2O 0.28％，N_2 37.72％

黑色组织的存在，显著地降低零件表面硬度、弯曲疲劳强度和接触疲劳强度，严重地影响零件的使用寿命。这在国内外有着不少的研究，例如 20Cr2Ni4WA 钢碳氮共渗后有 0.013mm 的黑色组织，会使钢的疲劳寿命降低 20％～25％。18Cr2Ni4WA 钢制的齿轮存在黑色组织时，使齿的疲劳强度下降 35％。20CrMnTi 钢制的齿轮有 0.08mm 的黑色组织，其弯曲疲劳强度下降 50％；有 0.04～0.05mm 的黑色组织可使接触疲劳强度降低 5/6。由 18Cr2Ni4WA 钢制的绞盘车传动轴，经碳氮共渗后在使用过程中发生齿的断裂（图 7-97），使用寿命仅为额定寿命的 20％～25％。将未折断的齿从裂纹处掰开，可以看到断裂面的疲劳条带（图 7-98）。在齿根处的显微组织中可看到较严重的黑色组织，裂纹从齿根的黑色组织处形成并向内扩展（图 7-99）。

所以，渗层中黑色组织的存在对钢的使用性能是极其有害的，是不允许存在的缺陷。

(a) 齿部断裂擦伤形态

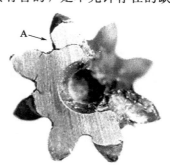

(b) 齿部未断的裂纹形态

图 7-97　传动轴齿部断裂形貌

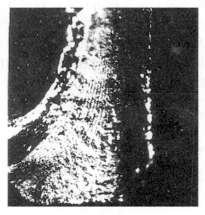

图 7-98　宏观疲劳弧线　3.5×

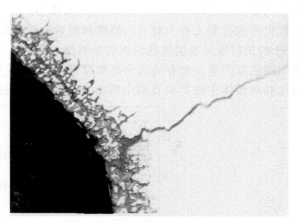

图 7-99　齿根部位的黑色组织和裂纹　500×

7.1.7.10　非马氏体组织

碳氮共渗零件经淬、回火后表层出现黑色网络状或带状的非马氏体组织，其硬度仅为 312～362HV。经电子显微镜观察和成分测定，在黑色区域往往有沿晶断续分布的富 Ti、Mn、Si、Cr 和 N 等化合物存在。由于碳氮共渗过程中 Ti、Mn、Si、Cr 等合金元素极易形成合金氧化物，造成合金元素的局部富集而使附近基体合金元素贫化，奥氏体稳定性下降，在冷却速度不够大的条件下分解为托氏体，所以托氏体组织往往和黑色组织（内氧化）相伴出现。

另外，渗碳、碳氮共渗后的过共析区合金渗碳体过多，使奥氏体基体内合金元素减少或有脱碳时，使奥氏体稳定性下降，淬火冷却条件不良时，也往往使表层出现贝氏体、托氏体等非马氏体组织。渗层中有少量非马氏体组织的存在，对弯曲强度和冲击韧性无害，但对耐磨性不利，一般是不允许存在的缺陷。

7.1.7.11　氢脆

渗碳与碳氮共渗过程中，三乙醇氨、煤油、甲烷和氨等渗剂会分解析出 H 原子，一般都形成氢分子而排出。但零件表面瞬间产生的氢原子有可能被吸收，零件吸氢量的多少，主要取决于炉气中的氢势，即炉内可被零件吸附的活性氢原子数量的多少。碳氮共渗前期和后期氢势高，（碳氮共渗比渗碳的氢势要高几倍至几十倍，这说明残余氨是影响氢势的主要因素），主要受低温排气的影响，所以低温排气时零件吸氢量达到高峰，碳氮共渗后直接淬火可使零件产生氢脆而降低零件的使用寿命。如 20Cr2Ni4A 钢碳氮共渗后直接淬火氢脆现象就十分严重，以＜0.1mm/min 的拉伸速度拉伸时，延伸率（A）≈0，抗拉强度（R_m）降低30%。若出炉淬火前停供煤油和氨气，并向炉内通入 10L/min 的中性气体氮，只要换气两次后再淬火，或碳氮共渗后空冷再加热淬火，氢脆即可消失。

7.1.7.12　渗层浅和中心硬度低

渗碳、碳氮共渗层深度的确定，是根据零件的使用条件和所受接触应力的大小而定，而且应具有一定的中心硬度，以确保零件有足够的强度，防止在较大的接触应力下出现早期疲劳剥落和齿弯曲强度的降低，导致齿轮轮齿的断裂。如 20CrMnTi 钢制的绞盘车太阳齿轮经碳氮共渗、淬火、回火后，在短期的使用中就发生齿的断裂（图 7-100）。断口呈多源的脆性快速开裂、然后出现塑性较好的韧性断裂形貌（图 7-101），在未断裂齿的齿根部均出现微裂纹（图 7-102）。渗层表面硬度为 688～739HV（相当于 59～61HRC），中心硬度仅为

209HB。垂直齿根裂纹解剖后可看到齿根处有长短不一的多条裂纹（图 7-103），侵蚀后碳氮共渗层的深度仅为 0.15mm，中心组织为铁素体＋索氏体（图 7-104）。由于碳氮共渗层过浅，中心硬度太低，齿轮的齿抗弯强度不够，齿轮在运行过程中导致受弯曲应力最大的齿根部位出现渗层脆性开裂和齿的断裂。又如，滚针轴承座在使用 187h 后，发生轴承座内表面剥落（图 7-105）和密集的微裂纹（图 7-106）。其表面硬度为 713～739HV（相当于 60～61HRC），中心硬度仅为 212HB，材质成分分析结果（质量分数 0.17% C、0.78% Mn、0.21% Si、0.04%P、0.09%S），为 Y20 易切削钢。碳氮共渗层深度为 0.20mm，中心组织为铁素体＋低碳马氏体＋颗粒状硫化物（图 7-107）。由此可知，滚针轴承座内表面的剥落和微裂纹的出现，是

图 7-100 太阳齿轮断齿实物

由于碳氮共渗层过浅和中心硬度过低，对滚针运行过程中的支承强度不够，导致轴承座内表面碳氮共渗层开裂和剥落。啮合运转的齿轮中，只要有一个齿轮硬度偏低，就可导致齿轮的全部早期失效。如被动齿轮心部组织不佳，硬度偏低，表面硬度与心部硬度相差太大，当齿轮在很大的动负荷下，硬化层下面的过渡区金属在高接触应力作用下产生塑性变形，进而在长期脉动接触负荷作用后造成齿面局部压塌，硬化层开裂。齿轮工作时裂纹不断扩展，导致硬化层与心部交接处剥落。主动齿轮的失效是由于被动齿轮失效后造成不正常的啮合，引起冲击使其硬化层与心部交接处及齿根产生裂纹，从而导致失效。

图 7-101 齿断口形貌

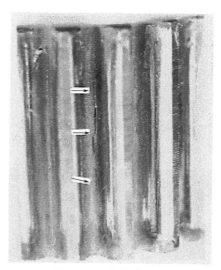

图 7-102 齿根微裂纹

7.1.7.13 防渗保护不当

对机械零件的摩擦件一般采用渗碳、碳氮共渗等方法来提高表面硬度和耐磨性。而非摩

擦部位如螺纹、键槽等，主要起拧紧、固定作用，在使用过程中无相对运动而引起摩擦。所以，为了保持有良好的塑性和韧性，一般采用电镀或防渗涂料等方法来保护，防止碳、氮原子的渗入。在工业生产中，由于管理或操作不当，使非摩擦面受到渗碳或碳氮共渗的现象也时有发生，这导致在使用应力的作用下引起脆性断裂。例如，汽车转向器伞齿轮是由 20CrMnTi

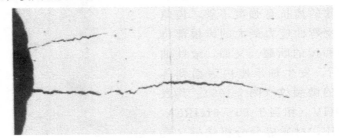

图 7-103　齿根部位的裂纹（抛光态）　100×

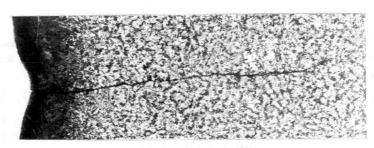

图 7-104　齿根部位的组织和裂纹　100×

(a) 滚针轴承内表面剥落实物

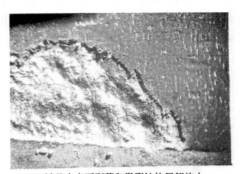

(b) 轴承内表面剥落和微裂纹的局部放大

图 7-105　表面剥落

图 7-106　轴承内表面碳氮共渗层内的微裂纹　50×

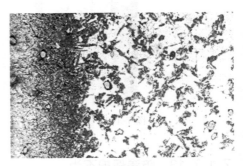

图 7-107　碳氮共渗层和中心组织

钢制造，齿部表面要求渗碳，深度为 $0.80\sim1.30mm$，淬火、回火后表面硬度为 $58\sim64HRC$，螺纹部位采用防渗涂料保护，不允许有渗层存在。但组装后在涂装时发现多件伞齿轮轴螺纹处断裂（图 7-108），裂源处于螺纹底部圆角处，呈快速扩展状（图 7-109），断口表面呈结晶状（图 7-110）。金相检查中螺纹部分有 $0.33\sim0.34mm$ 的渗碳层，显微组织为高碳马氏体＋颗粒状碳化物＋残余奥氏体（图 7-111），表面硬度高达 $58\sim59HRC$。说明渗碳时螺纹部分未保护或防渗碳涂料不好，螺纹部分已渗碳，经淬火、回火后硬度较高，组装时在螺母拧紧力的作用下，在螺纹底部产生应力集中，导致螺纹部分发生脆性断裂。

 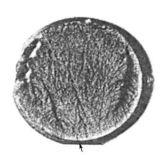

图 7-108　伞齿轴断裂实物　　　　图 7-109　断口形貌
箭头处为裂源

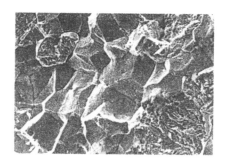 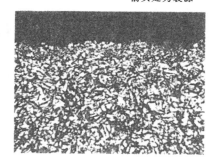

图 7-110　表层沿晶和穿晶状断裂形貌　300×　　图 7-111　高碳马氏体＋颗粒状碳化物＋残余奥氏体　500×

7.1.8　渗氮缺陷

7.1.8.1　网状和脉状氮化物

钢在渗氮过程中，一般氮原子沿晶界扩散较快，渗氮温度过高，液氨中含水量过多，调质淬火温度过高引起晶粒粗大，尤其是当零件尖角、锐边等处氮化层扩散区或在白色 ε 相的次表层出现连续的网状或脉状白色氮化物（图 7-112 和图 7-113），使渗氮件脆性增加，耐磨性和疲劳强度下降，极易剥落。如航空发动机柱塞泵转子在使用过程中发生转子摩擦端面严重磨损，出现沟痕和片状、颗粒状剥落（图 7-114）。解剖后金相观察，摩擦表面白色氮化物呈网状和脉状，在摩擦应力的作用下，使网状白色氮化物剥落（图 7-115），形成磨粒磨损，使磨面形成较严重的沟痕和剥落磨损，导致转子的早期失效。对于受力较大的齿轮，在齿根部位即使有少量连续的白色脆性氮化物层和不严重的网络状 γ′ 相存在，也易导致裂纹的形成，而使零部件早期失效。飞机发动机内齿圈在飞行 500h 后发现内齿圈开裂（图 7-116），裂纹产生于齿根，断口呈脆性特征。解剖后作金相检查，发现裂纹起源部位有连续的白色氮化层和少量网络状 γ′ 相存在（图 7-117），导致齿根部脆性增加。

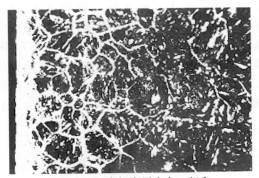

图 7-112　渗氮表层白色 ε 相和
次表层网状氮化物　500×

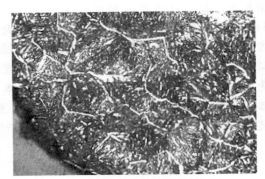

图 7-113　渗氮扩散层脉状氮化物　500×

图 7-114　转子摩擦面沟槽和剥落形貌

(a) 剥落坑

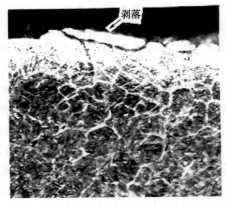

(b) 白色氮化物开裂剥落

图 7-115　氮化表层剥落　500×

(a) 组件形貌，箭头为裂纹部位　　　(b) 开裂的内齿圈　　　(c) 断口形貌1:1

图 7-116　飞机发动机失效内齿圈裂纹部位和裂纹断面形态

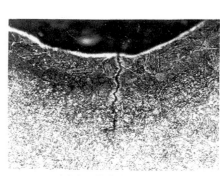
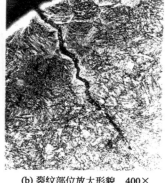

(a) 齿根部分的裂纹形态　100×　　　(b) 裂纹部位放大形貌　400×

图 7-117　齿根部位的裂纹和氮化层组织

7.1.8.2　针状和鱼骨状氮化物

氮化前的调质处理不当，组织中存在粗大的块状铁素体或氮化前表面脱碳层未完全去除，以及氮化时液氨含水量过高，致使零件表面脱碳，都可使氮化时形成粗针状氮化物沿铁素体晶界成一定角度平行生长。氮化层表面出现针状和鱼骨状氮化物，使氮化层变得很脆，极易剥落。38CrMoAlA 钢制的发动机转子，由于调质后的脱碳层未完全消除，在氮化后的加工和使用过程中工作端面出现密集的黑色点和转子棱角处脆性剥落（图 7-118）。解剖后作金相检查，发现零件表面有较严重的脱碳，脱碳表层出现针状和鱼骨状氮化物（图 7-119）。

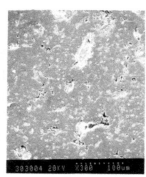
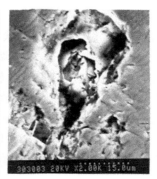

(a) 转子棱角和端面脆性剥落　　　(b) 转子平面剥落小孔洞　　　(c) 剥落小黑点的高倍形貌

图 7-118　转子氮化表面和棱角剥落

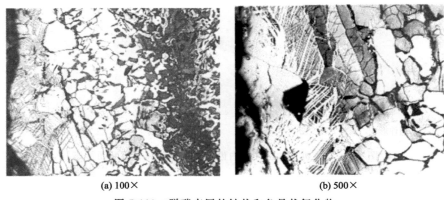

(a) 100×　　　　　　　　　　　　(b) 500×

图 7-119　脱碳表层的针状和鱼骨状氮化物

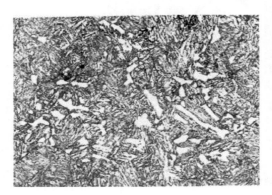

图 7-120　38CrMoAlA 钢调质处理后
有较多的残留铁素体　500×

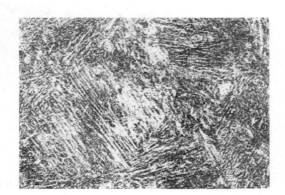

图 7-121　38CrMoAlA 钢锻造后未正火，
调质后得到粗大索氏体组织　500×

7.1.8.3　渗氮前的组织缺陷

零部件在氮化前必须进行调质处理，改善组织，获得合适的组织与性能，为氮化做好组织准备。调质后的理想组织应呈均匀细小的回火索氏体，要严格控制铁素体的存在，一般只允许有少量（<15%）分散细小的游离铁素体存在。调质淬火加热温度过低或保温时间不够，调质后有较多的残留块状铁素体（图 7-120），或调质淬火加热温度过高，奥氏体晶粒粗大，回火后的索氏体组织粗大（图 7-121），不仅会降低心部的力学性能，渗氮时氮化物还会优先沿晶界扩展，易形成网状氮化物，均会使渗氮层的脆性增加。若锻造后未经细化晶粒处理以改善组织，甚至未经调质处理就氮化，都会引起氮化表面的剥落。例如，38CrMoAlA 钢制的船用高速齿轮轴，经三段氮化（图 7-122）后，表面出现密集状的剥落麻坑（图 7-123）。解剖后金相观察可知，该轴经锻造后未经正火和调质处理，晶粒粗大，氮原子沿晶界扩展（图 7-124）。氮化扩散温度较高，分解率过大，导致氮化后表面氮浓度较低，齿轮轴硬度仅为 890～923HV。氮化前组织状态不良和晶粒粗大，导致氮化后的表面脆性剥落和不良氮化组织而成为废品。

7.1.8.4　氮化裂纹

氮化温度和氨的分解率等工艺控制不当，活性氮原子过多，渗氮零件的锐角部位易

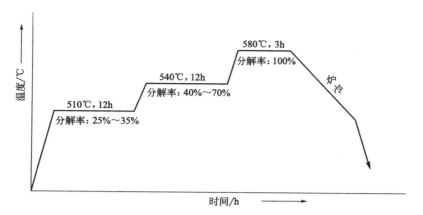

图 7-122　高速齿轮轴氮化工艺图

(a) 高速齿轮轴氮化表面密集麻坑全貌1:5

(b) 氮化表面局部放大后的剥落麻坑形貌

图 7-123　密集麻坑

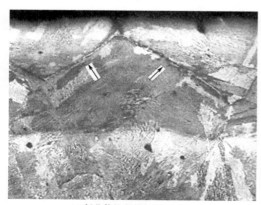

(a) 氮化物沿晶界扩展　500×

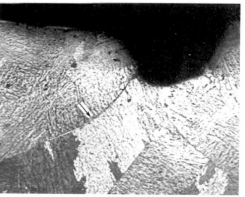

(b) 氮化物沿晶界扩展和剥落坑　500×

图 7-124　氮化物

形成脆性白色化合物层过厚和网状、脉状分布，甚至出现"牛尾巴"状氮化物（图 7-125）而引起开裂，有的在磨加工过程中在尖角部位出现裂纹。例如，38CrMoAlA 钢制的传动齿轮，氮化后在磨加工的齿端面棱角处出现细小曲折的裂纹（图 7-126）。垂直裂纹解剖后可看到裂纹呈不规则形态向中心扩展，深度仅为 $0.06 \sim 0.10$ mm（图 7-127）。从棱角部位取样观察，可看到"牛尾巴"状氮化物从表面白色氮化物向扩散层内渗入（图 7-128）。这种氮化物和微裂纹遗留于成品，在使用过程中易产生脆性剥落而导致整个零件的失效。

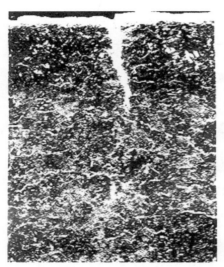

图 7-125　氮化件尖角处形成的"牛尾巴"状白色脆性氮化物相　500×

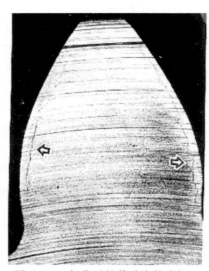

图 7-126　氮化后的传动齿轮磨加工后棱角处出现的裂纹

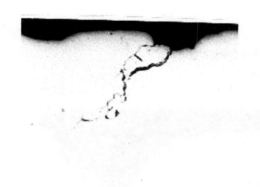

图 7-127　未经侵蚀的裂纹形态

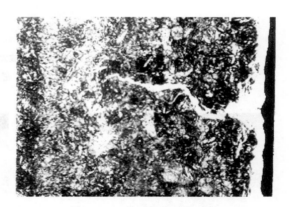

图 7-128　传动齿轮棱角处的"牛尾巴"状氮化物　500×

对于不锈钢零件氮化时，若工艺控制不当，在棱角和齿面也会产生裂纹。1Cr17Ni2 不锈钢制成的小模数齿轮，在 560℃、分解率为 45%～50% 的气氛下氮化后，齿顶和尖角处出现条形裂纹（图 7-129），裂纹贯穿整个渗层深度（图 7-130）。通过改进工艺，缩短氮化时间，适当降低氨分解率后，消除了裂纹的再次出现。

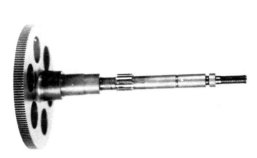
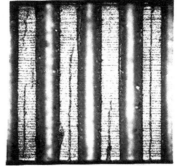

(a) 有裂纹的1Cr17Ni2钢齿轮全貌　　　(b) 图(a)中齿部裂纹的局部放大　10×

图 7-129　有裂纹的齿轮

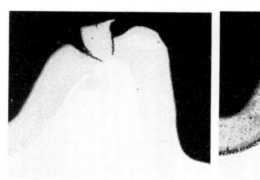

(a) 抛光态　　　　　　　　　(b) 侵蚀后

图 7-130　齿横截面裂纹形貌　40×

7.1.9　氮碳共渗（软氮化）缺陷

7.1.9.1　渗层过浅与无化合物层

氮碳共渗一般渗层较浅，厚度均在 0.3～0.4mm 以下，表面较薄的氮碳化合物层具有耐磨、耐蚀、抗擦伤、抗咬合等优良性能。如氮碳共渗温度、氨分解率、氨气的干燥状况等控制不当，就可能引起氮碳共渗层的各种缺陷，最常见的有表面无氮碳化合物层或渗层过浅、硬度不够和表面层疏松等，导致耐磨性下降。材料存在较严重的带状组织，软氮化后渗层不均匀（图 7-131），均会大大降低零件的使用寿命。例如，摩托车发动机初级从动齿轮（ϕ108mm），由 QT450-10 球墨铸铁表面氮碳共渗后和 20Cr 钢渗碳淬火的小齿轮啮合，转速为 2400r/min。在装车后仅行驶 1860km，齿面就出现麻坑剥落（图 7-132），麻坑深度达 0.05～0.13mm。设计要求 QT450-10 铁素体球墨铸铁硬度为 80～95HRB，齿表面氮碳共渗后的化合物层厚度应大于 0.005mm，表面硬度≥510HV。对失效件齿表面和齿端面硬度和成分分析结果见表 7-9，可见，表面硬度较低。显微组织中仅有扩散层，而没有白色氮碳化合物层，甚至有的区域表层有脱碳、氮的现象（图 7-133 和图 7-134），使表面硬度、抗磨性和疲劳强度大大降低，从而引起从动齿轮的齿表面接触部位的早期剥落失效。而抗磨性较好的日本产从动齿轮齿表面有较完整的白色氮碳化合物层（图 7-135），其层深为 0.002～0.008mm，故表面硬度较高，使用寿命较长。

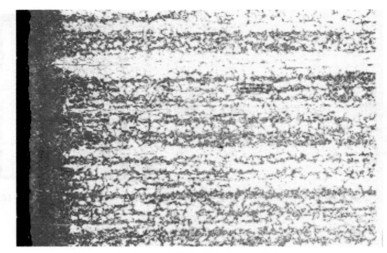

图 7-131　表面无化合物层和渗层不均匀　100×

(a) 磨损齿轮实物　　　(b) 齿表面点状和片状剥落形态　　　(c) 齿表面剥落麻坑形态

图 7-132　齿表面点状和片状剥落形貌

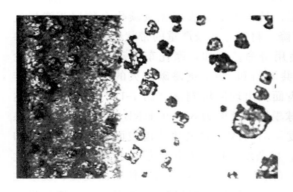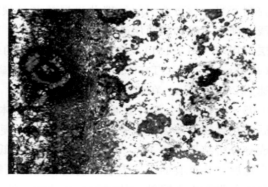

图 7-133　氮化表面无白色化合物层　　　　　图 7-134　扩散层表面有脱碳、氮现象
　　　　硒酸溶液侵蚀　100×　　　　　　　　　　　　硒酸溶液侵蚀　100×

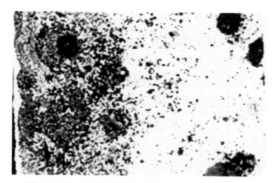

图 7-135　日本产从动齿轮表面白色化合物
层和扩散层　100×

图 7-136　液体氮化后的疏松层
抛光态　500×

表 7-9　成分与硬度检查结果

| 检查项目 | 化学成分/% | | | 硬　度 | |
零件	C	Si	Mn	中心/HRB	表面/HV$_{0.1}$
磨损件	3.41	2.30	0.50	82～83	350～446
未使用件	3.40	2.78	0.51	82～83.5	380～446
日本进口零件	3.43	2.30	0.27	85～87	524～560
技术要求	3.4～4.2	2.3～3.40	0.2～0.50	80～95	≥510

7.1.9.2　化合物层疏松

氮碳共渗后在白色化合物层内常会出现黑色点状疏松，尤其是采用液体氮碳共渗时，由于氮势高，渗速快，特别是新配制的盐浴刚开始使用时，疏松较为明显（图 7-136），而且，疏松程度随着盐浴内所产生的亚铁氰酸盐含量的增加而增大。随着盐浴使用时间的延长，氮势降低，疏松程度相应降低。气体氮碳共渗后化合物层内的疏松，一般认为是由于亚稳定的高氮 ε 相在渗氮过程中发生分解，析出氮分子而留下气孔。形成的主要原因与渗氮气氛性质、工艺参数和钢材成分等有关。当氮势高时，ε 相中氮含量高，最易引起疏松。渗氮温度越高（如＞600℃），渗氮时间越长（＞2h），疏松越明显。疏松程度还随钢中含碳量的增加而增加，随合金元素含量的增加而减小。

化合物层内少量的轻微疏松的存在，可以储存润滑油，对提高零件的抗咬合性和磨合性有利。如果出现大量的疏松性孔洞，甚至出现分层的现象，就会严重地降低硬度和耐磨性，在使用中易产生剥落、磨损而导致零件的早期失效。

GB/T 11354—2005 中，根据表面化合物层内疏松大小、数量和密集程度将疏松分为五级，一般允许 3 级，4～5 级是不允许存在的缺陷。

7.1.10　淬火裂纹与非淬火裂纹的鉴别

淬火裂纹一般是由于淬火温度过高、冷却不均或过快、工件形状复杂、截面厚薄不均、有尖角、拐角和加工刀痕等应力集中因素产生的，断口较清洁，呈灰白色，一般呈脆性断裂形貌。裂纹显微形态刚健曲折，头部较尖。淬火温度过高引起的淬火裂纹一般为沿晶分布，而冷却过快引起的淬火裂纹一般为穿晶的，有时也沿晶，在其周围还可能出现沿晶分布的小裂纹，裂纹两侧的显微组织与其他组织无明显差别，裂纹两边无氧化、脱碳现象。

非淬火裂纹与工件几何形状无关联，如工件原材料表面和内部存在冶金和前道工序残存的表面和内部裂纹与缺陷，在淬火前未暴露和发现，淬火冷却时，由于内应力的作用扩大而呈现出来。一般断口呈黑色，其显微形态软弱无力，尾部粗而圆钝，裂纹两侧显微组织和其他部位显微组织有明显不同，有不同程度的脱碳现象。因夹杂物引起的裂纹，其两侧和尾部有夹杂物分布，但无脱碳现象。

7.2 热处理缺陷引起的失效实例

7.2.1 摩托车 100124-1 骨架开裂分析

100124-1 骨架材料为 10 钢，厚度为 0.3mm，经冲压成形后进行再结晶退火，然后镀锌、钝化，在和石棉组装过程中产生开裂，如图 7-137 所示。

图 7-137　骨架组装时开裂形态

骨架生产流程：落料→冲压拉深成形→车去底盖→退火→镀锌钝化→组装　石棉。

退火工艺　在气氛保护炉内加热至 700℃，保温 30min 后空冷，再结晶退火。

镀锌工艺　酸洗→镀锌→180～210℃保温 2h 去氢。

对组装开裂和不开裂的零件分别取样作金相检查，组织分别如图 7-138 和图 7-139，开裂零件晶粒呈长条状和纤维状的变形组织，而不开裂的零件其晶粒呈等轴状，说明开裂的骨架材料未经再结晶退火或退火不良，塑性较差，导致组装翻边时产生开裂。为了提高骨架的塑性和韧性，将零件进行 700℃补充再结晶退火，退火后组装时产生严重脆断，断口呈结晶状（图 7-140）。表面层显微组织呈严重沿晶腐蚀状，其余均有沿晶分布的颗粒状组织（图 7-141），经能谱成分分析均为 Zn 元素。这主要是骨架在补充退火前未采用盐酸水溶液去除镀锌层，在 700℃补充退火时，使表面 Zn 层呈熔融状态（Zn 的熔点为 419.4℃），向钢内沿晶扩散，引起锌脆，断口呈结晶状。

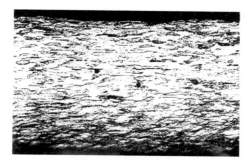

图 7-138　组装开裂骨架晶粒呈纤维状　100×

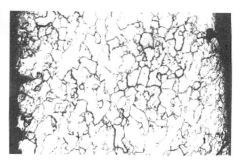

图 7-139　不开裂骨架晶粒呈等轴状　100×

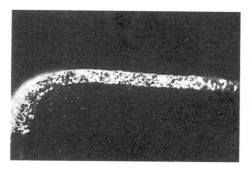

图 7-140　骨架结晶状脆性断口

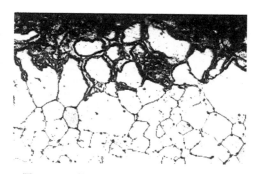

图 7-141　锌从表面沿晶向内扩展　200×

7.2.2　柱塞帽组装收口开裂

柱塞帽材料为 15CrA 钢，要求收口段不渗碳，最终热处理后硬度要求为 20～25HRC，其余表面要求渗碳，渗碳层深度为 0.75～1.05mm，淬火、回火后表面硬度为 59～64HRC。当柱塞帽和柱塞杆按图 7-142 进行组装收口时，靠近柱塞帽收口部位产生裂纹（图 7-143）。裂纹断面表层呈结晶状脆性断口，中心和内表层呈韧性断口（图 7-144）。解剖磨光后经酸蚀可看到收口部分已有渗碳层存在（图 7-145），裂纹沿晶扩展（图 7-146）。中心组织为珠光体＋沿晶分布的铁素体（图 7-147）。由此可知，柱塞收口时引起开裂的原因，主要是热处理操作人员在渗碳前未按设计要求在柱塞收口部分采取有效的防渗碳保护措施，使柱塞帽收口段有部分已渗碳。当收口金属变形时，由于渗碳部分脆性大，导致开裂。

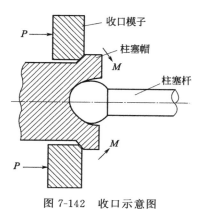

图 7-142　收口示意图

图 7-143　收口开裂的柱塞（箭头处为裂纹）

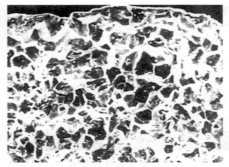

(a) 断裂面上部分呈脆性特征，下部分为韧性断口　　(b) 渗碳脆性区沿晶开裂形态

图 7-144　柱塞裂纹断面形貌

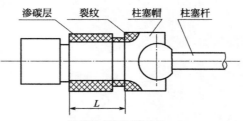

(a) 宏观剖面，黑色区为渗碳层，　　(b) 渗碳层区域和裂纹部位
　　箭头处为裂纹　　　　　　　　　（L段为规定的渗碳区）

图 7-145　渗碳层区域和裂纹部位示意图

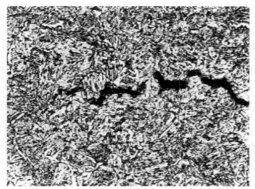
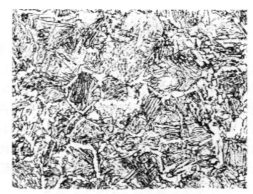

图 7-146　裂纹沿晶扩展形貌　500×　　　　图 7-147　中心区细珠光体和
　　　　　　　　　　　　　　　　　　　　　沿晶分布的铁素体　500×

7.2.3　绞盘车传动轴齿部断裂分析

7.2.3.1　概况

　　运输中装卸用的绞盘车是利用转速为 835r/min 的电机，通过二级减速达到转速比为 1∶96，即最后转速为 6r/min 左右，来达到起重的目的。传动轴是一级减速轴，直接由电机带动，和三个行星齿轮连接，达到一级减速的目的。该轴较小（图 7-148），齿轮所受扭矩 151N·m，受力较大（$m=1.75$，齿数为 8，压力角 20°，相配齿数为 39）。该轴按设计要求无使用寿命期，而齿面疲劳剥落必须在使用 80h 以后产生。但该轴在绞盘车鉴定试验中，仅工作 19.3h 就发生齿断裂，最后造成整机卡死。

图 7-148　传动轴损坏全貌　1∶2

传动轴设计要求，材料为 18Cr2Ni4WA 钢，齿表面氰化处理，深度为 0.30～0.60mm，表面硬度≥80HRA，中心硬度 36～45HRC。

该轴由某齿轮厂生产，采用盐液碳氮共渗，按工艺要求应经常调整盐液成分比例，但该厂盐液长期使用未予调整。

7.2.3.2　试验检查

(1) 几何形状　对齿部尺寸的计量结果，中心孔的实际尺寸已超出设计要求（图 7-149，超差尺寸注在括号内）。由于中心孔直径的加大，齿根至中心孔之间的壁厚减薄，抗弯强度降低。同时，由于齿和中心孔两边的氰化，导致中心韧性部分减少，这对齿部的使用寿命是有害的。

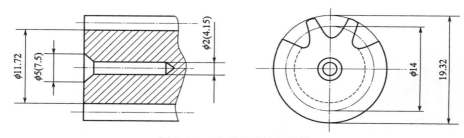

图 7-149　齿部尺寸计量结果

(2) 宏观检查　齿断裂部位主要是和形星齿轮相配合处，而靠近定位中心孔的一端。其中两个齿从中心孔的扩口处向上发展，断裂较多，而另两齿断裂较少。

由于齿断裂后的碎块在继续运转中和齿面相碰与挤压，所有齿面都遭到不同程度的损伤（图 7-150），且每个齿的根部都有不同程度的微裂纹存在（图 7-151）。由于碎块在断口处的滚动和挤压，断面形貌遭到破坏，无法分析，只能在裂纹处打开观察。从打开的裂面形貌中可清晰地看到裂纹在氰化层内发展较快，呈脆性断口。然后裂纹随应力的周期性变化缓慢扩展，呈现出贝壳状的疲劳弧线特征，最后出现瞬时断裂区（图 7-152）。

图 7-150　断裂齿部的局部放大　2×

图 7-151　齿根裂纹　3×

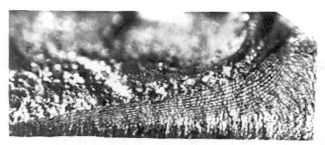

图 7-152　齿根部开裂处断面形貌　20×

(3) 金相微观检查　从断裂齿的端部制样，抛光后未经腐蚀观察，在齿表层（主要在齿根部分）有一层深度为 0.04～0.06mm 的黑色组织，呈带状和网状分布（图 7-153）。所有齿根部分都存在微裂纹，裂纹起源于黑色组织，向齿内部扩展（图 7-154）。经 4% 硝酸酒精侵蚀后，碳氮共渗层组织为小颗粒状碳氮化合物＋马氏体＋较多的残余奥氏体（图 7-155 和图 7-156），中心组织为低碳马氏体（图 7-157），氰化层深度为 0.45～0.50mm。

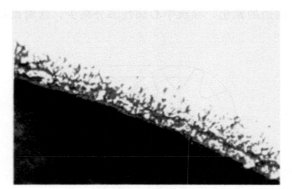

图 7-153　齿表层表面黑色组织　500×

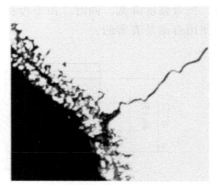

图 7-154　裂纹沿黑色组织发展　500×

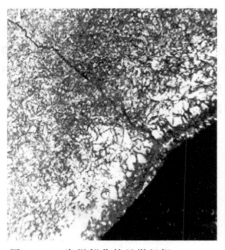

图 7-155　齿根部分的显微组织　300×

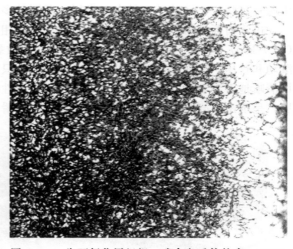

图 7-156　齿面氰化层组织，残余奥氏体较多　500×

(4) 硬度检查　该传动轴的表面硬度为 80HRA，中心硬度为 43HRC，符合设计要求。

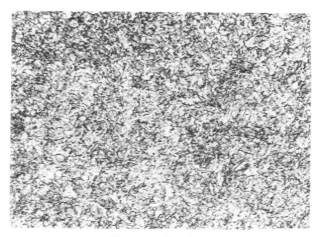

图 7-157 中心组织

低碳回火马氏体 500×

（5）化学成分分析 断裂件的化学成分见表 7-10，符合设计图纸要求。

表 7-10 断裂传动轴的化学成分和 18Cr2Ni4WA 钢技术要求 单位：%

化学成分	C	Si	Mn	S	P	Cr	Ni	W
开裂件	0.16	0.31	0.32	0.021	0.026	1.42	4.31	1.12
GB/T 3077—1999 18Cr2Ni4WA	0.13～0.18	0.17～0.37	0.25～0.55	≤0.030	≤0.030	1.35～1.65	4.0～4.50	0.8～1.20

7.2.3.3 分析与讨论

（1）黑色组织的性质和性能的影响问题 传动轴齿根部存在较严重的一层黑色组织，由边缘向中心深入。由于黑色组织在共渗层中是严重影响使用性能的缺陷之一，因此，国内外对黑色组织的形成原因进行了大量的研究。炉气中氧浓度过高引起晶界氧化和合金元素的内氧化一说较早。以后又认为在氰化过程中的高氮势或高氮高碳的条件下（尤其是当共渗温度低时），碳、氮同时向奥氏体中渗入，达到过饱和后使氮变得不稳定，形成分子氮析出而造成孔隙（孔洞）。而有的则认为孔洞的形成是碳氢化合物和氨分解析出的氢扩散到钢中，在共渗后的冷却过程中，使表面溶解的氢逃逸，沿晶界和夹杂或组织缺陷处析出气体，而造成密集孔洞。有的认为是高浓度氮的不稳定，从固溶体中析出分子氮，导致孔洞后，在其周围奥氏体中碳呈过饱和向孔洞中析出自由碳原子，进而形成石墨化。也有人认为由于碳、氮共渗过程中合金元素极易生成合金氧化物和碳氮化合物，造成合金元素的局部富集，而使附近基体贫化，使奥氏体稳定性下降，在冷却速度不够大的情况下，分解为托氏体和贝氏体。从传动轴齿轮根部经抛光未经侵蚀所观察到的黑色组织，可以认为不是屈氏体或贝氏体类奥氏体分解产物。根据其分布、形状特性及光学性质和扫描电镜组织（图 7-158）来看，此黑色组织的形成，主要是由于共渗过程中盐液长期使用未予调整，使盐液中含氧量增多或碳、氮浓度过高引起的内氧化和孔洞。

黑色组织对不同钢种形成情况不同，但碳氮共渗有黑色组织存在，会降低工件的表面硬度、接触疲劳强度和弯曲疲劳强度，严重地影响工件的使用寿命。如 18Cr2Ni4WA 钢齿轮氰化层内黑色组织使齿轮疲劳极限降低 35%，疲劳寿命降低 10 倍，由此可见黑色组织存在

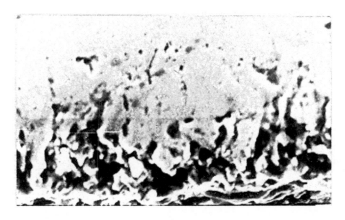

图 7-158　黑色组织处的扫描电镜图像

的危害性。传动轴在运转过程中的最大弯曲应力在齿根处，同时齿根部分的黑色组织较严重，在氰化层最表面几乎已形成带状，然后沿晶界呈网络状向内扩展，当受到反复弯曲应力的作用下，裂纹首先在黑色组织的薄弱处产生（图 7-154），然后随应力的周期性变化向中心逐渐发展，最后导致齿的折断。

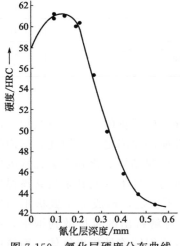

图 7-159　氰化层硬度分布曲线

（2）残余奥氏体对齿轮断裂的影响　残余奥氏体的存在，对硬度、强度是有害的。但对于齿轮来说，有适当的残余奥氏体对共渗层的韧性、耐磨性和磨合是有利的，并能延长发生点蚀的时间，提高寿命。一般认为，$30\% \sim 35\%$ 的残余奥氏体较好，但工作表面残余奥氏体较多，则因比容变化产生组织应力的影响减弱，表面残余压应力减小，因此降低弯曲疲劳强度。从断裂部位的显微组织中可以看到残余奥氏体多达 50% 以上，因此，致使强度、硬度降低（图 7-159），影响到齿轮弯曲疲劳强度，降低使用寿命。

（3）传动轴尺寸的影响　根据一般机床传动系统的设计规定，齿轮的齿槽到孔壁槽的壁厚 $a \geqslant 2m$（m 为模数），以保证有足够的强度，避免出现断裂。传动轴的齿模数 m 为 1.75，则 $a \geqslant 2m$，壁厚 a 应大于 3.5mm，原设计壁厚为 4.86mm，有足够的安全系数。由于加工中心孔时超大，实际壁厚尺寸为 3.795mm，因此，传动轴中心孔的扩大，使齿槽至孔的孔壁厚度减薄，不是造成断齿的主要因素。

7.2.3.4　结论

①　传动轴齿的断裂主要是由于共渗层内的黑色组织的存在，严重地降低了弯曲疲劳强度，在运转过程中，首先在黑色组织中形成疲劳裂纹源，然后逐渐扩展，最后导致齿的折断。而过多的残余奥氏体，使渗层内压应力减弱和强度的降低，促使裂纹形成与加速扩展。

②　尺寸的超小，使零件截面积减小，减弱了承受抗弯曲应力的能力，对使用寿命是不利的，但从强度计算，若无冶金缺陷存在是安全的。因此，不是造成断裂的因素。

7.2.3.5 改进措施

① 碳氮共渗表层产生的黑色组织，主要是共渗盐液成分未经常调整和操作工艺不当所引起。因此，要避免黑色组织的产生，必须定期调整盐液成分或改进工艺，比如采用气体碳氮共渗，防止和消除黑色组织的产生。

② 适当调整工艺，防止残余奥氏体过多的存在。

③ 严格按设计要求加工，防止尺寸超差，降低抗弯强度，影响使用寿命。

7.2.4 电机主轴断裂失效分析

电机主轴安装后仅运行两天，就发现电机轴承温度升高，停机检查发现主轴断裂，如图 7-160 所示。

图 7-160　主轴断裂后的形态

设计要求：主轴材料为 40Cr 钢，经锻造、正火、调质处理后的硬度为 250～280HBW。

7.2.4.1 检查结果

(1) 宏观检查　主轴断裂部位处于轴内孔的尖角处，见图 7-161。断裂面上可看到明显的三个区域（图 7-162），第一个区域（A）为呈深灰色和黄褐色的氧化膜区，两个较小的 B 区域呈海滩形的逐步扩展特征（图 7-163），C 区域为呈灰白色而不平整的瞬时断裂区。经清洗去除 A 区氧化膜后，可看出断裂起源于轴内孔底部尖角处，呈向外扩展的特征。

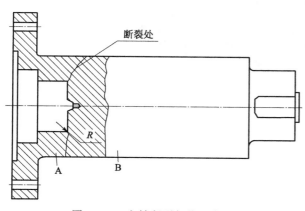

图 7-161　主轴断裂部位示意图

图 7-162　断面形貌

图 7-163　图 7-162 中两个 B 区的海滩状疲劳弧线形貌

(2) 低倍组织检查　靠近断裂面的实心端取样热酸蚀作低倍检查，结果为一般中心疏松 2 级。

(3) 硬度测定　断裂轴的 A 端（有孔）硬度为 278HBW，处于设计要求的上限。B 端（无孔端）硬度为 252HBW，处于设计要求的下限。

(4) 化学成分分析　断裂主轴的化学成分分析结果见表 7-11，符合技术要求。

表 7-11　断裂主轴的实测化学成分及标准要求

失效件与标准	化学成分/%					
	C	Si	Mn	Cr	P	S
断裂主轴	0.42	0.24	0.71	1.00	0.009	0.011
GB/T 3077—1999 40Cr 钢	0.37～0.44	0.17～0.37	0.50～0.80	0.80～1.10	≤0.035	≤0.035

(5) 钢的非金属夹杂物检查　从断裂部位纵向取样、磨制抛光后观察，按 GB/T10561—2005 评定，A、D 类夹杂物均为 1 级，B 类夹杂物 0.5 级。

(6) 断裂部位内孔圆角形态检查　从断裂的台阶处取样，对其"R"大小和形态检查，如图 7-164 所示，台阶连接"R"较小，仅为 0.13mm，表面加工痕迹较粗糙。热处理淬火和安装后的使用过程中，易在应力作用下形成应力集中，导致零件的开裂。

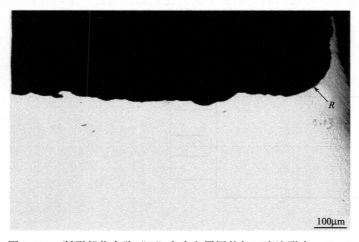

图 7-164　断裂部位台阶"R"大小和周围的加工痕迹形态　100×

（7）**显微组织检查** 从断口 A 区取样观察，断口表面有明显的灰色氧化物（图 7-165），而无脱碳现象，说明该区域的断裂面氧化不是在使用过程中形成，而是在使用之前的热处理淬火后的高温回火过程中形成的。在断口附近的加工孔部位显微组织多为较均匀的回火索氏体（图 7-166），而断口无孔端组织呈不均匀的条带状回火索氏体和较多的块状和网络状铁素体（图 7-167）。说明不同尺寸的截面加热和冷却对组织转变有一定的影响。

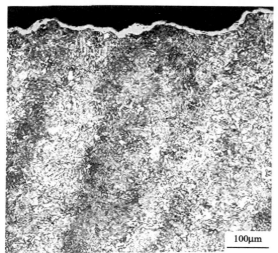

图 7-165 图 7-162 中 A 区断口表面灰色氧化层和组织形态

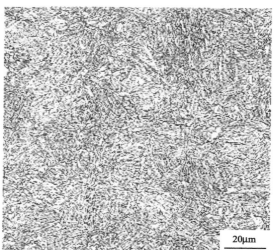

图 7-166 较均匀的回火索氏体

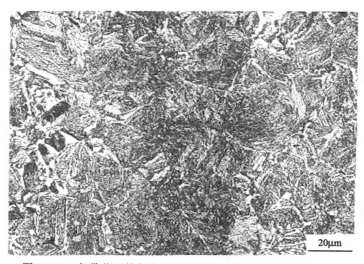

图 7-167 条带状不均匀的回火索氏体和块状与网络状铁素体

7.2.4.2 结果分析

（1）**主轴断裂的原因** 主轴材料成分和显微组织等冶金质量均符合相关技术要求。轴的断口形貌与断口局部表面存在灰色氧化膜以及断口扩展形貌，均表明主轴在安装之前，轴的内表面底部已存在较大的裂纹，安装后在运行过程中，在使用应力的作用下，裂纹逐渐向外表面扩展致断。

（2）轴内孔底部裂纹的形成　轴断裂面 A 区存在较厚的氧化膜，而无脱碳现象，说明裂纹是在热处理淬火过程中形成的，高温回火过程中在裂纹表面形成氧化膜。

主轴断裂部位处于轴的盲孔底部转接的尖角处（"R"仅为 0.13mm），这是由于盲孔底部横截面面积的突变，对防止热处理淬火裂纹的形成是极为不利的。热处理过程中未采用适当的措施防止淬火应力过大，则当热应力和组织应力叠加，超过材料的强度极限时，就会导致零件的开裂。尤其是在零件盲孔底部存在尖角（"R"为 0.13mm）和粗糙的加工痕迹处，应力集中现象更大，极易形成淬火裂纹，这是主轴盲孔底部裂纹产生的主要原因。

7.2.4.3　结论

① 主轴的材料及其质量符合相关技术要求。

② 主轴的断裂是由于盲孔底部尖角处存在热处理淬火裂纹未被发现，在使用应力作用下，使裂纹逐步扩展所致。

7.2.4.4　改进意见

① 主轴横截面突变的过渡处如盲孔底部，在不影响安装和使用的前提下，增大突变过渡圆角，防止应力集中。

② 热处理时，对盲孔进行填塞，防止淬火应力过大。或在不影响使用的条件下，采用贯通孔，改善和降低热处理应力。

③ 改善内孔加工粗糙度，降低应力集中效应，防止裂纹产生。

7.2.5　太阳轮失效分析

水泥生产中滚筒转动装置中的太阳轮安装后仅使用半年左右，齿面就出现严重麻点和剥落而失效，如图 7-168 所示。

(a) 太阳轮全貌　　　　　　　　　　　(b) 齿根剥落局部放大

图 7-168　太阳轮齿面根部剥落形态

技术要求　太阳轮材料为 20CrNi2MoA 钢，经锻造毛坯后粗加工，然后渗碳、淬火、回火处理。硬化层深度为 3.10～3.90mm，精加工后硬化层深度为 2.60～3.40mm，齿部硬度 58.0～62.0HRC，心部硬度为 33.0～42.0HRC。

7.2.5.1 检查结果

（1）宏观检查 齿面剥落部位主要处于齿面下部分靠近齿根处，大块剥落的断面可看到逐步扩展、形成贝壳状的疲劳弧线形貌，其它齿面剥落较少而小。

（2）硬度测定 齿面硬度不均匀，齿顶硬度为 57～58HRC，靠近齿根处硬度仅为 50HRC 左右，心部硬度为 207HBW，不符合设计要求。

（3）钢中非金属夹杂物测定 从齿部取样，按 GB/T 10561—2005 观察评定，A、B 和 D_s 三类夹杂物均为 1 级，B 类夹杂为 0.5 级。

（4）化学成分分析 该太阳齿的化学成分分析结果见表 7-12，符合相关技术要求。

表 7-12 失效太阳轮的实测化学成分与标准要求

失效件与标准	化学成分/%							
	C	Si	Mn	P	S	Cr	Ni	Mo
失效太阳轮	0.19	0.21	0.50	0.006	0.003	0.43	1.62	0.20
JB/T 6395—2010 20CrNi2MoA 钢	0.17～ 0.23	0.15～ 0.35	0.40～ 0.70	≤0.030	≤0.030	0.40～ 0.65	1.60～ 2.00	0.15～ 0.30

（5）硬化层深度测定 从齿部取样，测定齿面上部分的表面至中心硬度变化曲线，结果如图 7-169 所示。硬化层深度为 1.70mm 左右，表面硬度仅为 627～630HV$_{0.2}$（相当于 56.5HRC），不符合设计要求。

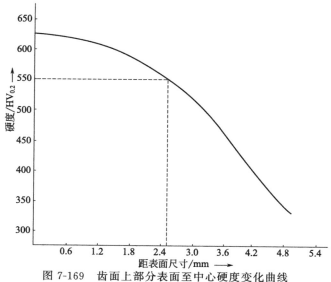

图 7-169 齿面上部分表面至中心硬度变化曲线

（6）显微组织检查 齿部组织不均匀，靠近齿顶处的组织为细小的回火马氏体，未见有碳化物，碳浓度较低（图 7-170）。随齿面向齿根移动，组织中逐渐出现非马氏体组织，齿节圆以下至齿根，非马氏体组织逐渐增多（图 7-171），齿面剥落也逐渐严重。

对回火马氏体和非马氏体组织分别进行显微硬度测定，回火马氏体硬度为 526～642HV$_{0.2}$（相当于 56.5～57HRC），而非马氏体组织硬度仅为 492～503HV$_{0.2}$（相当于 49～49.5HRC）（图 7-172）。说明齿节圆以下靠近齿根处淬火冷却条件较差，出现非马氏体组织，降低了该处齿表面的硬度，使耐磨性和抗接触疲劳性能大为下降，导致早期出现麻点、剥落。

图 7-170　靠近齿顶处回火马氏体　500×

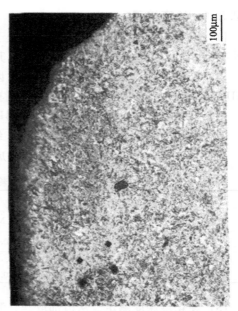

图 7-171　靠近齿根严重剥落处
的非马氏体组织　100×

图 7-172　齿面非马氏体和
马氏体硬度比较　500×

图 7-173　心部铁素体＋珠光体＋
粒状贝氏体　500×

　　心部组织不均匀，有的区域出现粒状贝氏体，有的区域为铁素体＋珠光体＋粒状贝氏体（图 7-173），这与材料成分偏析与淬火固溶均匀性不良有关。

7.2.5.2　结果分析

　　根据宏观与微观检查结果，太阳轮齿轮表面剥落主要处于齿节圆以下靠近齿根区域，该区域出现不同程度的非马氏体组织，而且随非马氏体组织的增加，出现的麻点和剥落趋严重。齿节圆上部分非马氏体组织较少，尤其是齿顶处未见有非马氏体组织存在，这与上部分齿厚度较小，加热和冷却条件较好有关。由于渗层中碳浓度较低，回火马氏体硬度较低。齿心部组织出现区域性的小块状铁素体和珠光体，硬度仅为207HBW，不符合设计要求（33.0～42.0HRC）。说明热处理时未充分奥氏体化和扩散均匀，再加上齿根部淬火冷却条件相对较差，导致心部出现铁素体、珠光体和近齿根表层组织中形成非马氏体组织。

由于渗碳表层碳浓度较低和显微组织中出现非马氏体组织，降低了表面硬度、耐磨性和抗接触疲劳性能，同时，渗碳硬化层深度较浅，不符合技术要求，因此在较长时间的运行过程中，在较大的接触应力的作用下，导致齿表面产生不同程度的麻点、剥落失效。

7.2.5.3 结论

① 太阳轮材料符合相关技术条件规定的20CrNi2MoA钢的要求。

② 太阳轮表面出现麻点和剥落，是由于渗碳层表面碳浓度较低和淬火冷却不良，硬化层中出现较多的非马氏体组织，硬度较低，同时硬化层深度较浅，不符合设计要求，降低了零件的耐磨性和抗接触疲劳性能所致。

7.2.6 风力发电机高速轴失效分析

风力发电机高速轴在安装后仅使用两个半月，就发生离输出端约570mm处断裂，如图7-174和图7-175。高速轴的转速受风速的影响，所以随风叶的变化而变化，一般均值在1500r/min左右。

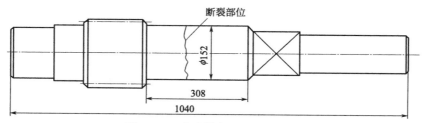

图7-174 高速轴断裂部位示意图

图7-175 断裂后的高速轴和轴承形态

高速轴的设计要求 材料为 18CrNiMo7-6 钢，齿部渗碳、淬火、回火后的有效硬化层深度为 1.6～2.1mm（成品为 1.3～1.8mm），表面硬度为 59.0～63.0HRC，心部硬度为 33.0～42.0HRC。

渗碳与淬火、回火工艺

分级加热渗碳工艺 650℃/2h→880℃/2h→930℃/12h→930℃/5h→860℃/2h→氮气＋甲醇气氛中保护冷却，然后 660℃/2h 回火。

淬火、回火工艺 650℃/2h→820℃/2h→820℃/4h→油冷不少于 1h，淬火后在 3h 内 200℃保温 16h 回火。

7.2.6.1 检查结果

（1）宏观断口检查 由于高速轴断裂后，轴的一端仍在旋转，使断口形貌遭到一定程度的摩擦损伤和高温氧化，但仍可看出疲劳断裂的形貌（图 7-176）。裂源位于 A 处，在裂源处有一个较小的斜面，然后有一个较快的粗糙发展区即呈较大平坦的弧形发展区（图 7-177）。扩展区（图 7-176B 区）面积较大，瞬时断裂区（图 7-176C 区）位于裂源对面边缘，大部分遭到擦伤，但从残留部分和疲劳弧线形貌可看出瞬时断裂区较小，约占整个断口的 1/7 左右，说明轴在工作状态下受到的应力较小。瞬时断裂区偏离裂源区对应面 10°～15°角的边缘，表明高速轴的工作状态处于旋转弯曲状态下。

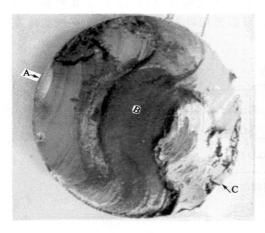 

图 7-176 高速轴断口形貌　　　　　　　　　　图 7-177 断裂源处形态

（2）断口扫描电镜观察 从裂源区取样观察，裂源区除有部分碰伤外，还可看到裂源区边缘有一狭长区域和断口呈一斜面（图 7-178），斜断面附近的加工表面较粗糙（图 7-179），扩展区较平坦，在高倍镜下可看到疲劳条带特征（图 7-180）。

（3）低倍组织检查 靠近断口附近切取横截面试样，磨平后进行热酸蚀检查，结果显示中心疏松和一般疏松均为 1 级。但在外圆靠近裂源处有两个黑圆弧形，其深度为 1～2mm，根据轴的热处理工艺，该处为热处理后校正时采用火焰加热的部位。

（4）硬度测定

① 外表面低倍酸蚀黑色区硬度为 60～61HRC，其周围为 37～47HRC，而非校正区的外表面硬度为 56.5～57.0HRC（图 7-181）。

② 横截面 1/2R 处硬度为 34.0～36.0HRC，中心区硬度为 33.0～34.0HRC。

图 7-178 裂源区形貌

A 为断裂斜面；B 为加工表面；C 为粗糙断面

图 7-179 图 7-178 中 B 表面的加工痕迹

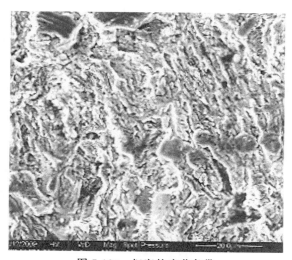

图 7-180 细密的疲劳条带

（5）化学成分分析 断裂高速轴的化学成分分析结果见表 7-13，符合设计规定的 18CrNiMo7-6 钢要求。

表 7-13 断裂高速轴的实测化学成分和标准要求

失效件与标准	化学成分/%							
	C	Si	Mn	P	S	Cr	Ni	Mo
失效高速轴	0.19	0.25	0.82	0.019	0.010	1.70	1.52	0.30
18CrNiMo7-6	0.15～0.19	≤0.40	0.50～0.90	≤0.020	≤0.010	1.50～1.80	1.40～1.70	0.25～0.35

（6）显微组织检查

① 钢中非金属夹杂 从断裂源区取样，按 GB/T 10561—2005 检查评定，A、D、D_s 三类夹杂物均为 1 级，B 类夹杂为 0.5 级。

② 显微组织 轴外圆渗碳硬化层深度为 0.85mm，组织为回火马氏体＋碳化物和少量残余奥氏体。火焰加热（校正）区表层为淬火马氏体，其下面为回火索氏体和托氏体

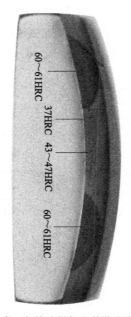
(a) 校正加热区(黑色)和其附近硬度

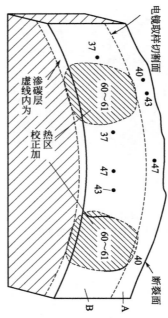
(b) 校正热影响区硬度和其部位示意图

图 7-181 校正时焊枪加热区及其附近的硬度测定结果

（图 7-182 和图 7-183），中心组织为粒状贝氏体。

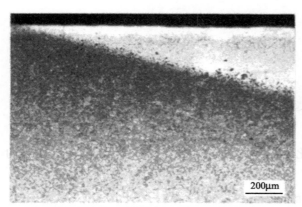

图 7-182 校正火焰加热区，白色区为淬火马氏体，深灰色区为回火索氏体和托氏体

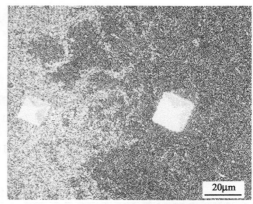

图 7-183 图 7-182 淬火区与回火区交界部位不同组织硬度比较

7.2.6.2 结果分析

（1）焊枪加热校正对组织和性能的影响 工件在热处理过程中受到热应力和组织应力的影响，有一定程度变形是很难避免的，尤其是对于薄壁、长轴和复杂形状的零件，出现一定程度的弯曲变形，可采用机械或热处理等方法来进行校正。制造单位对高速轴弯曲的中间凸边采用焊枪局部加热的方法，使表层马氏体产生高温转变，导致局部表层体积收缩产生拉伸应力，使弯曲的轴矫直。由于焊枪加热温度不易掌握，加热温度过高，引起淬火马氏体的产生和周围大面积组织转变为回火托氏体和索氏体，引起体积收缩，使轴获得矫直的同时和周

围未加热金属间产生很大的残余拉伸应力。与此同时，由于周围回火而硬度下降过多，也会导致疲劳强度的迅速下降，其降幅约为 46%（参照 GB/T 1172—1999 和相关资料，57HRC 相当于 σ_{-1}1068MPa，37HRC 相当于 σ_{-1}576.5MPa），使高速轴的使用寿命大幅降低。

（2）高速轴运行过程不同心的影响 正常情况下，高速轴在运行过程中仅受单向扭转应力的作用，其外表面受到最大的剪应力，且外表面各部位应力相等。因此，当轴在运行过程中过载或产生疲劳断裂时，其瞬时断裂区应在中心。当轴在安装后受到侧向应力等作用，导致轴在运行过程中产生旋转弯曲应力时，会严重影响轴的使用寿命，瞬时断裂区就会偏离中心，往往和裂源相对应点偏离一定角度。从高速轴的断口形貌可知，高速轴在运行过程中受到了旋转弯曲应力，导致轴外表面校正时加热点的低硬度和残余拉伸应力处产生裂纹，随着旋转应力的反复作用，使微裂纹不断扩展，最后导致整个高速轴的疲劳断裂。

（3）加工表面粗糙度的影响 零件表面的加工粗糙度的好坏直接影响零件的使用寿命，零件粗糙度差、切屑加工痕迹深，在受力状态下应力集中系数大，易萌生裂纹。从高速轴裂源处可看到裂纹起源于加工痕迹处，说明高速轴表面加工痕迹对裂纹的形成有一定影响。如果高速轴运行时处于同心度较好的情况下，表面的剪切应力和加工痕迹方向相同，则应力集中系数影响较小。当高速轴受到一个旋转弯曲应力时，使加工痕迹应力集中系数加大，促进微裂纹的产生和扩展。

7.2.6.3 结论

① 高速轴的材质和热处理质量均符合相关技术要求。

② 高速轴早期断裂失效，主要是轴表面加热校正时，组织转变引起较大的残余拉应力以及硬度的降低对疲劳寿命的影响，加上轴安装同心度不良产生旋转弯曲应力和加工粗糙度较差，使加工痕迹处微裂纹萌生和扩展，导致轴的早期断裂。

③ 轴表面加工痕迹不是造成轴断裂的主要因素，但在较大的残余应力和旋转弯曲应力的作用下，促进了裂纹的形成和扩展。

7.2.6.4 改进意见

① 将热处理时轴横向平放装炉改为轴垂直吊装在井式炉中加热，以减小热处理变形。

② 提高轴表面粗糙度等级，降低应力集中系数。提高安装精度，保持轴的同心平衡运行。

7.2.6.5 改进效果

经上述改进，尤其是热处理装炉方法采用吊装热处理后轴的变形量很小，均在加工余量范围内，取消了校正工艺，因而提高了高速轴的质量和使用寿命。

7.2.7 真空泵驱动接头断裂分析

汽车发动机中真空泵驱动接头组装后在整机跑合试验中，仅 2h 就发生断裂，拆卸后断裂形态如图 7-184 所示。

驱动接头材料为 20CrNiMo 钢，渗碳、淬火、回火处理，表面硬度要求为 50～57HRC，有效硬化层深度为 0.2～0.4mm。

7.2.7.1 断裂件检查结果

（1）硬度测定 磨削表面硬度为 63～63.5HRC。

图 7-184 驱动接头断裂形态

（2）化学成分分析　断裂件实测的化学成分结果见表 7-14，不符合设计的 20CrNiMo 钢要求，实际是 20CrMo 钢。

表 7-14　断裂驱动接头的实测化学成分和标准要求

失效件与标准	化学成分/%							
	C	Si	Mn	P	S	Cr	Ni	Mo
断裂驱动接头	0.21	0.27	0.54	0.010	0.007	0.99	—	0.16
GB/T 3077—1999 20CrNiMo	0.17～0.23	0.17～0.37	0.60～0.95	≤0.035	≤0.035	0.40～0.70	0.35～0.75	0.20～0.30
GB/T 3077—1999 20CrMo	0.17～0.24	0.17～0.37	0.40～0.70	≤0.035	≤0.035	0.80～1.10	—	0.15～0.25

（3）宏观断口　所有断裂部位的断口均较平整，外圈呈绸缎状，较光泽致密，类似细瓷碎片断面的亮灰色脆性断口。中心区域较小，呈暗灰色绒毯状，具有较明显的塑性变形。

（4）断口扫描电镜观察　断口边缘呈颗粒状沿晶开裂，少量呈穿晶断裂，并有较多二次裂纹（图 7-185），呈现出脆性快速断裂特征，中心区显示出韧性较好的韧窝形貌（图 7-186）。

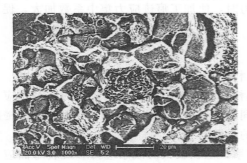

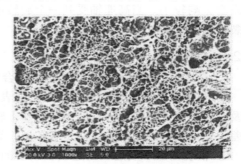

<table>
<tr><td align="center">图 7-185　断口边缘沿晶和少量穿晶断裂形貌</td><td align="center">图 7-186　中心区的韧窝形貌</td></tr>
</table>

（5）金相组织检查

① 钢中非金属夹杂物　A 类为 1.5 级，B、C 两类均为 1 级，而 C 类夹杂小于 1 级，符合技术要求。

② 渗碳层组织　未经磨削的表层有粗大针状马氏体和较多的残余奥氏体（图 7-187），磨削后的次表面为针状马氏体＋少量残余奥氏体＋不规则的大块状的碳化物（图 7-188），中心组织为低碳马氏体和少量上贝氏体（图 7-189）。直接在磨削表面抛光侵蚀后，可看到黑色条带状磨削烧伤特征以及网络状分布的裂纹（图 7-190）。

（6）有效硬化层深度测定　磨削加工后的有效硬化层深度为 1.35mm，未经磨削加工部位渗碳层表面有效硬化层深度为 1.58mm。

7.2.7.2　结果分析

（1）驱动接头的材料问题　设计要求驱动接头材料为 20CrNiMo 钢，实测断裂件为 20CrMo 钢，不符合要求。从化学成分上可以看出，两种材料主要差别在于 20CrMo 钢无镍而铬较高。镍在钢中使碳在奥氏体中的扩散激活能降低，扩散系数增加而降低表面渗碳浓度。镍和碳不形成碳化物，但与铁以互溶的形式存在于钢的 α 相和 γ 相中使之强化，细化晶粒，改善钢的韧性，减少磨削裂纹的形成。而铬在钢中使扩散激活能提高，扩散系数减小，渗碳时增加表面碳浓度，与碳形成碳化物。对 20CrMo 钢而言，渗碳工艺控制不当，容易形成块状和网状碳化物，增加脆性，促进磨削裂纹的形成。以上情况虽对组织和使用有一定的影响，但不是形成驱动接头断裂的主要因素。

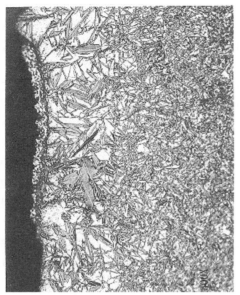

图 7-187　渗碳层表面粗大针状马氏体和较多
的残余奥氏体　500×

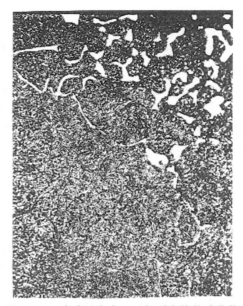

图 7-188　渗碳层次表面不规则大块状碳化物
500×

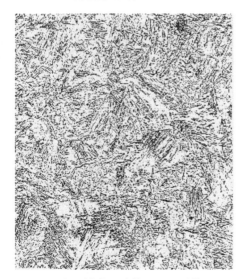

图 7-189　中心低碳马氏体＋上贝氏体　500×

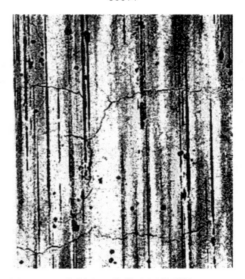

图 7-190　磨削表面烧伤和网状裂纹　100×

（2）渗碳层深度、组织和硬度过高的问题　驱动接头设计要求渗碳淬火有效硬化层深度为 $0.2\sim0.4$mm，而失效件检查结果，磨削表面有效硬化层深度达 1.35mm，表面硬度为 $63\sim63.5$HRC，均大大超过了原设计要求。在正常情况下，渗碳、淬火、回火后的组织为隐针或细针状马氏体加少量残余奥氏体和细小均匀分布的碳化物颗粒。当渗碳温度过高，渗碳剂活性过强，渗碳时间过长等渗碳工艺掌握不当时，将会导致渗碳层过深，并伴随渗碳层含碳量增加，和钢中 Cr、Mo 等强碳化物形成元素形成大块状和网状碳化物。经淬火、回火后表层会出现粗大马氏体和大量残余奥氏体，同时仍保留着大量不规则块状和网络状碳化物。粗大马氏体和不规则块状与网状碳化物的存在，使渗碳件脆性增加而强度则显著降低。

与此同时，由于驱动接头渗碳层过深，使中心韧性部分材料大为减少，导致零件脆性大大增加而降低使用寿命。

总之，驱动接头渗碳层过深，淬火、回火后出现粗大马氏体和大量残余奥氏体以及大块状不规则和网状碳化物，表面硬度过高，都使驱动接头强度和韧性大为降低，这是造成零件断裂的重要因素之一。

(3) 磨削烧伤和磨削裂纹的问题　对断裂的驱动接头磨削表面检查结果可知，磨削表面存在较严重的烧伤和裂纹。这主要是磨削工艺不当，引起磨削热的增加，使得磨削表面温度升高，导致磨削表面烧伤和裂纹的形成。零件表层本身存在粗大的马氏体和较多的残余奥氏体，使热导率减小，磨削热增加，加大磨削热应力的形成。同时，由于零件表面残余奥氏体较多，磨削后的残余拉伸应力也随之增大，加上高碳马氏体本身存在较多的微裂纹，则更加促进了宏观磨削裂纹的形成。另外，渗碳层表面还存在不规则的块状和网络状碳化物，也严重影响磨削热的传导而增加热应力。所以，碳化物集中区域，不仅本身断裂强度低，而且磨削应力也大，容易形成沿碳化物开裂。

由于驱动接头存在磨削裂纹，当发动机整机跑合试验时，在作用力的影响下，易在磨削裂纹处引起应力集中，导致脆性零件裂纹的快速扩展至完全断裂。所以，磨削裂纹的存在是造成驱动接头断裂的另一重要因素。

7.2.7.3 结论

① 驱动接头材料不符合设计要求的 20CrNiMo 钢，而是 20CrMo 钢，但这不是造成零件断裂的主要因素。

② 驱动接头表面渗碳层过深，碳浓度过高，硬度高，脆性大，组织中存在粗大马氏体、大量的残余奥氏体和较严重的不规则大块状和网状碳化物，以及磨削不当，表面存在网状和条状磨削裂纹，是造成零件断裂失效的主要原因。

7.2.7.4 改进意见

① 加强材质检验，防止材料混用，确保材质符合设计要求。

② 从渗碳工艺上保证渗碳、淬火、回火后硬化层深度和硬度符合设计要求，消除大块状和网状碳化物组织的存在。使零件表面既有良好的耐磨性，中心又有良好的韧性，以提高零件的使用寿命。

③ 适当改进磨削工艺，防止零件表面产生磨削烧伤和裂纹。

7.2.8　机油泵主动齿轮断齿原因分析

汽车发动机试验台进行 600h 全速满负荷强化试验过程中，当试验至 460h 时，感觉有异常现象。随即停机检查发现机油泵主动齿轮有一个齿折断，其余齿面都呈麻坑状（图 7-191）。

设计要求　毛坯锻件，材料为 45 钢，经调质后硬度为 207～255HBW。加工完成后表面氮碳共渗，共渗后的表面硬度 $\geqslant 480HV_{0.1}$，化合物层深度为 0.008～0.025mm，氮碳共渗层总深度 $\geqslant 0.20mm$。

掉齿

图 7-191　失效主动齿轮形貌

7.2.8.1 检查结果

（1）宏观检查 齿轮 12 个齿受力接触面均有严重的压痕和麻坑（图 7-192），非接触面良好。齿的断裂是从齿受力一边根部向非受力面呈弯曲断裂，断齿表面有较大而明显的压痕，齿根部除有明显的加工痕迹外未发现有微裂纹。断面呈纤维状，未见有明显的疲劳特征。

图 7-192　齿表面损伤形貌

图 7-193　断裂起始部位加工刀痕

（2）扫描电镜观察 齿断裂是从齿根加工刀痕处开始（图 7-193），断面似朽木状，低倍镜下未见有疲劳弧线特征。高倍镜下有密集的条状非金属夹杂物（图 7-194），经 X 射线对条状非金属夹杂物能谱成分分析结果为 MnS（图 7-195 和表 7-15）。齿表面呈密集状的麻坑和微裂纹（图 7-196），在麻坑底部断面呈明显的疲劳形貌（图 7-197）。

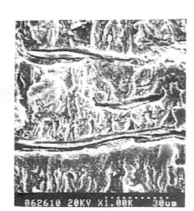

图 7-194　密集条状 MnS

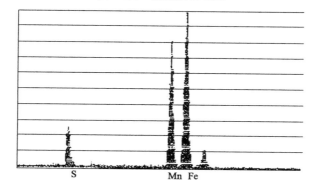

图 7-195　X 射线成分能谱图

表 7-15　能谱成分测定结果

元　素	相对强度	含量/%
S　Kα	17.0416	6.30
Mn　Kα	59.2187	39.00
Fe　Kα	75.2208	54.70

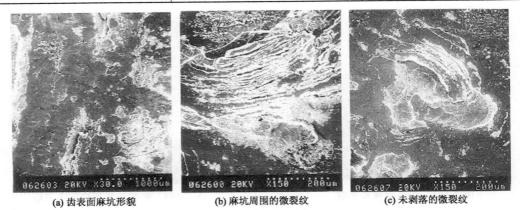

(a) 齿表面麻坑形貌　　　(b) 麻坑周围的微裂纹　　　(c) 未剥落的微裂纹

图 7-196　齿表面的麻坑和未剥落的微裂纹

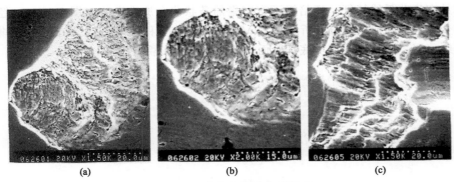

(a)　　　　　　　　(b)　　　　　　　　(c)

图 7-197　麻坑底部的疲劳形貌

(3) 硬度测定　齿表面硬度为 437～465HV$_{0.1}$，心部硬度为 230～234HBW。氮碳共渗表面硬度梯度见图 7-198，由图可知，高硬度区主要是化合物层，其扩散层硬度迅速下降。

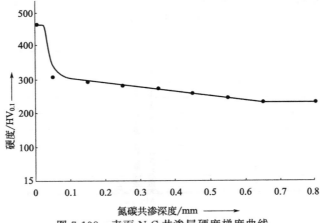

图 7-198　表面 N-C 共渗层硬度梯度曲线

（4）金相检查 检查断裂齿中非金属夹杂物，结果 A 类为 2.5 级、B 类为 2 级。

经侵蚀后检查其显微组织为回火索氏体＋少量铁素体。

表面氮碳化合物层深度为 0.025～0.026mm，渗层总深度为 0.35～0.40mm。化合物层疏松等级按 GB/T 11354 评定为 3 级（图 7-199）。垂直麻坑的齿表面化合层已完全剥落，并有较多的微裂纹，裂纹几乎均平行于齿表面（图 7-200），裂纹离齿表面约 0.1mm（图 7-201）。

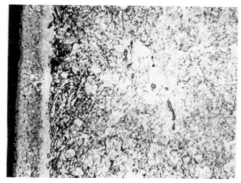

图 7-199 氮碳共渗层组织
表面灰黑色（疏松区）和白色为化合物层 500×

图 7-200 表面剥落麻坑和微裂纹 400×

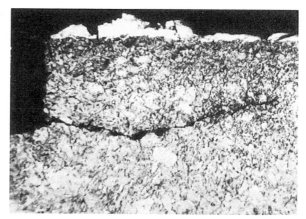

图 7-201 表面未剥落的微裂纹 400×

7.2.8.2 结果分析

（1）齿表面剥落麻点的形成和性质 齿面出现麻点是齿轮常见的失效形式之一。当齿轮工作时，齿面的接触处产生接触应力，氮碳共渗层的化合物层内疏松较严重，硬度较低，则在高的接触应力下长期反复作用，使表面出现微小的疲劳裂纹，并逐渐扩展、剥落下来形成许多麻点，有的剥落坑较深，呈"贝壳状"，一般把这种疲劳坑称为麻点或疲劳点蚀。这种麻坑随工作时间的延长，麻坑剥落会不断增多和扩大。齿轮最大的接触应力是在表面下一定的深度范围内，它决定于接触应力的大小，一般在 0.1～1.0mm 之间，在此深度处产生横向疲劳裂纹，然后呈颗粒状崩落出现麻点。

影响接触疲劳寿命的因素，首先取决于加载条件，特别是载荷的大小，接触应力大，出现麻点的时间就短；其次是表面硬度和中心硬度之差，表面硬度高，而心部硬度低，硬度梯度太大，易产生接触疲劳剥落。对于氮碳共渗中化合物层，因具有较高的硬度和较好的韧性，是耐磨、耐蚀的主要渗层。但化合物层出现疏松是氮碳共渗缺陷之一，也使表层易于疲劳剥落。另外，钢中非金属夹杂尤其是氧化物等脆性夹杂，其数量越多，接触疲劳寿命下降也越大。该齿轮中的非金属夹杂较多，这也有一定的影响。

（2）齿折断问题　造成齿折断的主要原因是齿轮在工作过程中受到较大的弯曲应力和齿根部加工粗糙造成应力集中所致。从断口形貌可知，断裂是受到较大的弯曲应力后的快速断裂。断齿表面较大的压痕说明，由于齿面接触疲劳引起的较大剥落碎块崩入两齿的啮合处，导致齿间的弯曲应力增大，是导致齿断裂的主要原因。从断齿根部电镜观察（图 7-193 和图 7-194）可知，断裂起源于较深的加工痕迹处，条状夹杂物也较多，都使应力集中系数提高，促进了齿的断裂。

7.2.8.3　结论

① 齿轮表面氮碳共渗化合物层中疏松较严重，硬度较低，齿面受到接触应力的反复作用，导致麻点状疲劳剥落，较大的剥落金属块在啮合处增加了齿间的弯曲应力是导致齿折断的主要原因。

② 齿根部较粗糙的加工痕迹和硫化物等非金属夹杂，促进了齿的早期折断。

7.2.9　内齿圈齿面氮化层剥落分析

7.2.9.1　概况

内齿圈经氮化处理后，在使用前的试车结束时发现齿表面严重剥落，如图 7-202 和图 7-203 所示。

(a) 齿面剥落的内齿圈实物　　　　　　(b) 齿面剥落分布形态(白色线条处为取样部位)

图 7-202　内齿圈齿面剥落形态

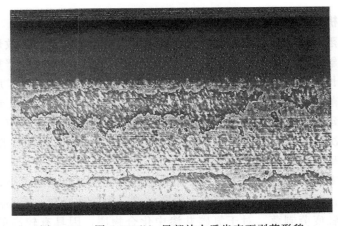

图 7-203　图 7-202(b) 局部放大后齿表面剥落形貌

内齿圈技术要求：材料为 42CrMo 钢，经调质处理后的硬度为 280～320HBW。齿面氮化处理后的渗氮层深度≥0.80mm（界限硬度为 400HV），氮化表面硬度要求≥550HV，渗氮层疏松≤2 级，渗氮层脆性≤2 级。

7.2.9.2 检查结果

（1）宏观检查 内齿圈所有齿面剥落特征基本相似，均是靠近齿顶和齿根部位出现表面剥落，而齿面的中间部位未见有明显的剥落，基本保留原始状态，疑似存在接触不均匀现象。

（2）硬度测定 靠近齿根的中心硬度为 295HBW，齿表面硬度为 657～673HV_{10}，氮化层经轻微打磨后的硬度为 528$HV_{0.05}$，经较多打磨后硬度高达 735$HV_{0.05}$。

（3）扫描电镜检查 从齿表面剥落部位切取试样置于扫描电镜观察，齿面接触部位呈大片状剥落，有的部位仅局部剥落呈凹面，未剥落处有较多的微裂纹存在（图 7-204）。

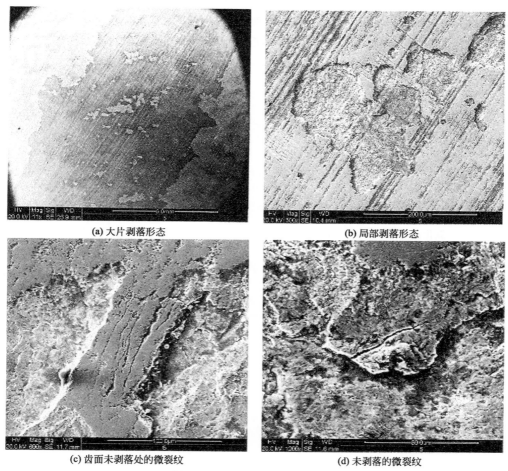

(a) 大片剥落形态   (b) 局部剥落形态

(c) 齿面未剥落处的微裂纹   (d) 未剥落的微裂纹

图 7-204　内齿圈齿面剥落形貌

（4）齿面氮化层脆性检查 按 GB/T 11354—2000 标准检查，评定结果脆性为 1 级。

（5）钢中非金属夹杂物检查 从齿部切取，按 GB/T 10561—2005 标准检查，评定结果为 A、B、C 三类夹杂物均为 1 级。

（6）化学成分分析 从齿部取样成分分析结果见表 7-16，符合 GB/T 3077—2015 中42CrMo 的技术要求。

表 7-16　开裂铜管的化学成分与技术要求

化学成分/%	C	Si	Mn	P	S	Cr	Mo
开裂铜管	0.42	0.21	0.71	0.008	0.005	1.02	0.21
GB/T 3077—2015 42CrMo	0.38～0.45	0.17～0.37	0.50～0.80	≤0.035	≤0.035	0.90～1.20	0.15～0.25

（7）氮化层深度测定　在非啮合面处取样测定渗氮层深度为 0.69mm（以 $400HV_{0.2}$ 为界），低于图纸的要求（≥0.80mm）。

（8）显微组织检查　从齿面剥落部位、剥落不明显部位和未啮合齿面分别切取金相试样。检查结果显示，剥落部位的氮化白亮层仅剩少部分（图 7-205），未剥落处有明显的裂纹存在（图 7-206），靠近啮合部位有少数剥落并有较严重的疏松和微裂纹存在（图 7-207），未啮合部位氮化白亮层较完整，但疏松较严重，有的呈小条状微裂纹形态存在（图 7-208），按 GB/T 11354—2000 标准评定疏松为 4～5 级。疏松层硬度测定仅为 $528HV_{0.05}$，靠近内层无明显疏松处白亮层硬度为 $735HV_{0.05}$。靠近齿根处的中心组织为回火索氏体。

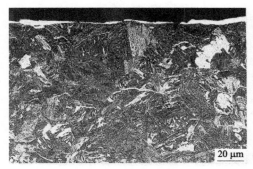

图 7-205　氮化白亮层已基本剥落　500×

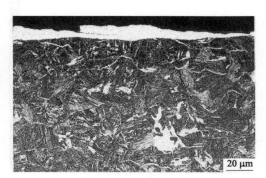

图 7-206　氮化层剥落和微裂纹　500×

图 7-207　氮化白亮层部分剥落和疏松层
微裂纹　500×

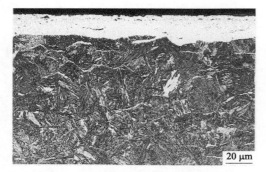

图 7-208　未啮合部位氮化白亮层内的
疏松形态　500×

7.2.9.3　结果分析

（1）氮化层较浅的问题　一般氮化层的深度是根据齿轮啮合时的接触应力大小来确定。接触应力较大而层深较浅时，往往在使用过程中会引起氮化层的疲劳剥落。内齿圈设计要求氮化层深度≥0.8mm，实测结果仅为 0.69mm，在试车后发生氮化层表面剥落，但氮化层剥落仅局限于氮化的化合物层，并非因氮化层浅受到齿轮啮合时的接触应力大而导致整个氮化层的剥落，所以该内齿圈齿面的剥落并不是因氮化层较浅所致。

（2）氮化层疏松的影响　氮化处理时，若工艺控制不当，如渗氮温度偏高、炉内氮势过高或氨气中含水分等，使化合物层内出现黑色点状疏松现象，实际上是化合物中存在大小不等的孔洞。随着疏松孔洞的大小、数量和分布的不同，对性能的影响也不同。GB/T 11354—2000 标准将氮化化合物层疏松分为 5 级，4～5 级为不合格。对内齿圈齿面检查，氮化化合层内有密集点状和与表面平行的条状形态的疏松，达到 4～5 级，呈不合格状态。由于齿轮在运行过程的啮合接触处往往呈滚动和滑动形式存在，则最大切应力（τ_{max}）靠近齿轮表面处。所以接触疲劳仅在近表面一定深度范围内产生，尤其是当摩擦系数较大时，裂纹发生趋于表面，加上齿啮合接触不均匀时，则局部接触应力较大，在表层最大切应力（τ_{max}）作用下，促进密集点状和条状分布的疏松处形成微裂纹，裂纹逐步扩展导致白亮层的剥落。

7.2.9.4　结论

① 内齿圈齿面氮化层较浅，不符合技术要求，但不是引起表面化合物层剥落的主要因素。

② 内齿圈齿面化合物层的剥落主要是由于氮化化合物层内疏松较严重，且分布形态不好，齿轮啮合处的接触应力较大，在最大切应力（τ_{max}）的作用下，导致氮化白亮层的剥落。

7.2.9.5　改进意见

① 进一步检查氮化操作工艺及炉内气氛等实际情况，找出氮化化合物层疏松的形成因素，并有针对性地适当加以改进，防止形成超标疏松缺陷。

② 防止齿轮啮合接触不均匀，避免局部接触应力过大，防止裂纹的形成，提高使用寿命。

7.2.10　汽车半轴台架试验开裂失效分析

7.2.10.1　概况

半轴是汽车重要部件之一，某汽车零部件制造有限公司生产的三根半轴在做台架疲劳寿命试验时发生开裂失效。疲劳寿命试验装置如图 7-209 所示。台架试验载荷按技术要求 1.1 倍的 90%，一端固定，另一端单方向扭转 17°，频率 3 赫兹加载，疲劳寿命要求应大于 30 万次。试验结果，三根半轴分别在 24.2 万次、29.3 万次和 22.2 万次即在花键端开裂，均未达标。

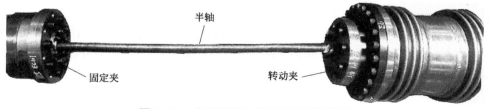

固定夹　　　半轴　　　转动夹

图 7-209　汽车半轴台架疲劳试验装置图

后桥半轴技术要求：材料为 42CrMo 钢，经锻造成毛坯、正火处理再经调质处理后中心硬度为 24.0～30.0HRC，杆部感应淬火后硬化层深度为 4～6mm，花键部分允许降低 3 个 HRC 硬度单位。

7.2.10.2 检查结果

（1）宏观检查 半轴开裂均处于扭转端的花键部位，形态相似，总体呈45°左右向杆部扩展（图7-210和图7-211）。

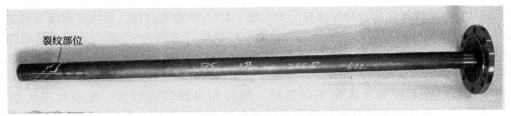

图 7-210　半轴开裂全貌，花键部位白色框中间为裂纹

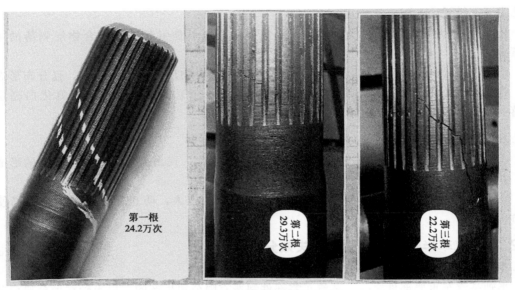

图 7-211　三根半轴开裂形态

（2）断口形貌 将在24.2万次和22.2万次后开裂的两根半轴的裂纹打开观察开裂断口形貌，断裂源均处于花键外圆，向中心迅速扩展，有明显细密的放射性硬化层，硬化层下面中心区放射状的河流花样较粗，并隐约可见弧形疲劳扩展形貌（图7-212）。

（3）扫描电镜检查 将上述两个断口清洗后置于扫描电镜下观察，断裂源处于花键槽底部的尖角处，呈放射状扩展（图7-213）。扩展区呈准解理和韧窝形貌，并有二次裂纹存在（图7-214），裂纹尾端为韧窝形貌（图7-215）。24.2万次开裂半轴裂源处能谱成分分析结果有少量的O、S、Ca等元素存在，而22.2万次开裂半轴裂源处未发现除基体材料以外的其它有害元素。

（4）硬度测定 开裂半轴的硬度测定结果见表7-17，均符合技术要求。

表 7-17　开裂半轴的硬度测定结果

测定部位	杆部表面硬度/HRC	花键顶部硬度/HRC	心部硬度/HRC
24.2万次开裂半轴	52.0,52.0,52.5	49.5,49.5,50.0	26.0,26.5,26.5
29.3万次开裂半轴	53.5,53.5,54.0	49.5,49.5,50.0	24.5,24.5,25.0
22.2万次开裂半轴	52.5,53.0,53.0	49.5,50.0,51.0	25.0,25.0,25.5

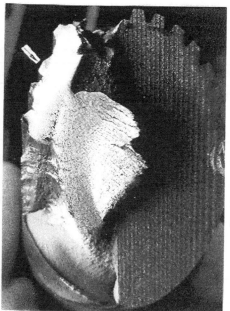

(a) 24.2万次断裂半轴断口形貌　　　　　　　(b) 22.2万次断裂半轴断口形貌

图 7-212　断口形貌

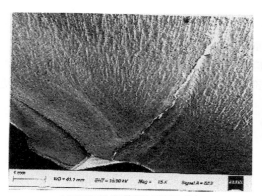

(a) 24.2万次断裂半轴裂源处形态　　　　　　(b) 22.2万次断裂半轴裂源处形态

图 7-213　裂源处放射状断口形貌

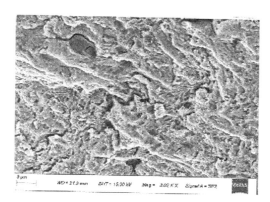
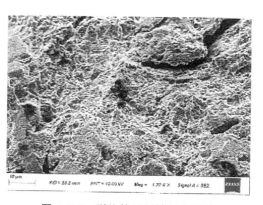

图 7-214　准解理和韧窝与二次裂纹形貌　　　　图 7-215　裂纹扩展尾端韧窝形貌

(5) 化学成分分析 从开裂半轴上取样分析化学成分见表 7-18，符合 GB/T 3077—2015 中 42CrMo 的技术要求。

表 7-18 开裂半轴的化学成分与技术要求 单位：%

化学成分	C	Si	Mn	P	S	Cr	Mo
开裂半轴	0.40	0.18	0.66	0.004	0.009	1.04	0.15
GB/T 3077—2015 42CrMo	0.38~0.45	0.17~0.37	0.50~0.80	≤0.030	≤0.030	0.90~1.20	0.15~0.25

(6) 钢中非金属夹杂物检查 从裂源处切取试样纵向磨制抛光后，按 GB/T 10561—2005 标准 A 法检查，评定结果 A、B 两类夹杂物均为 1 级，D 类和 Ds 类夹杂为 0.5 级。

(7) 感应淬火有效硬化层深度测定 按 GB/T 5617—2005 标准测定硬化层深度（Ds/0.8）结果见表 7-19，均不符合技术要求。从表 3 中可见，硬化层深度越浅，试验疲劳寿命越低。

表 7-19 开裂半轴表面感应淬火硬化层深度测定结果

测定部位	杆部/mm	花键部位/mm
29.3 万次开裂半轴	3.54	3.35
24.2 万次开裂半轴	3.21	3.10
22.2 万次开裂半轴	3.11	2.93

(8) 显微组织检查 从开裂的键槽部位切取试样，金相观察表面组织为细密的回火马氏体（图 7-216），按 JB/T 9204—2008《钢件感应淬火金相检验》标准评定为 6 级，有的表层有轻微的不均匀条带状分布的组织形貌。中心部位由于成分不均匀，使条带状组织特征更为明显（图 7-217）。

图 7-216 花键表层回火马氏体组织形貌 400×

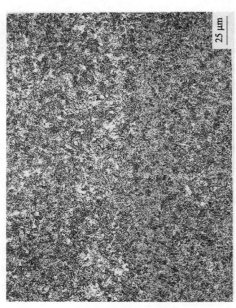

图 7-217 中心不均匀组织形貌 400×

7.2.10.3 结果分析

半轴材料成分、感应淬火后的硬度和组织均符合相关技术要求，未见有严重影响疲劳试验寿命的冶金质量问题。虽有一件裂源处有少量分散性的 O、S、Ca 等有害元素，但另一件半轴疲劳试验仅 22.2 万次就开裂，该件却并未有任何有害元素，说明少量细小分散的有害元素，不是造成疲劳试验早期失效的主要因素。半轴疲劳试验时受到一个扭转应力，其最大扭转应力处于轴和花键的外表面，因此感应淬火硬化层深度、硬度、组织等质量问题，直接影响疲劳试验的寿命。对三件开裂半轴的裂源花键部位及杆部硬化层测定结果，其深度均较浅，不符合技术要求（表 7-19）。随着有效硬化层深度的下降，单向扭转疲劳试验寿命随之下降，说明有效硬化层深度对扭转疲劳寿命有着重要作用。有关文献也指出，感应淬火层深度越大，在表面淬火层的影响下，扭转比例极限增高的程度也越大（图 7-218）。由此可知，半轴的开裂导致早期失效的主要因素是由于感应淬火层深度未达到设计技术要求。

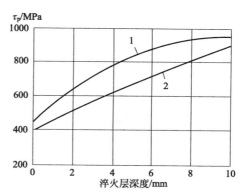

图 7-218 感应淬火层深度对扭转比例极限的影响
1—40Cr 钢；2—40 钢

7.2.10.4 结论

① 半轴材料的化学成分、钢中非金属夹杂物、热处理后的硬度和组织等均符合相关设计要求。

② 半轴花键部位感应淬火硬化层深度过浅，不符合技术要求，是半轴花键部位开裂造成早期失效的主要原因。

7.2.11 后桥半轴断裂失效分析

7.2.11.1 概况

某型号汽车仅行驶 4433 公里，后桥半轴就发生断裂（图 7-219）。设计要求：后桥半轴材料为 42CrMo 钢，经调质处理后加工成型，表面感应淬火。调质后的硬度要求为 320～360HBW（相当于 34～38HRC），感应淬火后表面硬度 ≥50.0HRC，有效硬化层深度为 6.5～8.0mm（界限硬度为 400HV$_{10}$）。距花键端 7～8mm 区域不允许感应淬火。半轴中间杆直径为 28mm，花键部分最大直径为 34.75mm。

图 7-219 后桥半轴断裂后的形态

7.2.11.2 检查结果

（1）宏观检查 断裂部位主要处于花键槽下面的半轴处（图 7-220），裂源在花键部位的裂纹处（图 7-221），断口呈放射状脆性螺旋形扩展，断裂面呈灰白色（图 7-222）。花键处的裂纹从裂源处一直延伸至花键端部，贯穿花键半径（图 7-223）。花键端部外表面裂纹较宽，靠近轴中心裂纹较细，说明裂纹是受到一个表面张应力所致。从断裂形态可知，半轴脆性较大。当受到一个较大的扭转应力时，花键的裂纹处形成应力集中，导致裂纹迅速扩展至断。

图 7-220　断裂部位的形态

图 7-221　断裂起源于花键裂纹处（箭头所指）

图 7-222　断口螺旋形放射状扩展形貌

图 7-223　花键端部裂纹形态

（2）硬度测定　半轴光杆部位表面和花键端面硬度为 54～54.5HRC，杆心部硬度为47.5～48HRC，花键中心硬度为 45～47HRC。

（3）低倍组织检查　沿后桥半轴横截面切取低倍组织试样，磨平后酸蚀检查，未发现有冶金缺陷，但外表面感应淬火层和中心界限模糊，和表层不易区分。将花键部分纵向切开后磨平并酸蚀检查，表面和中心也无明显变化，说明中心也受到淬火影响。

（4）化学成分分析　从断裂后桥半轴上取样分析化学成分见表 7-20，符合 GB/T 3077—2015 中 42CrMo 的技术要求。

表 7-20　断裂后桥半轴的化学成分与技术要求　　　　　　　　　　　单位：%

化学成分	C	Si	Mn	P	S	Cr	Mo
断裂后桥半轴	0.39	0.22	0.69	0.018	0.005	1.06	0.16
GB/T 3077—2015 42CrMo	0.38～0.45	0.17～0.37	0.50～0.80	≤0.035	≤0.035	0.90～1.20	0.15～0.25

（5）钢中非金属夹杂物检查　从断裂部位取样，按 GB/T 10561—2005 检查，评定结果 A、B 两类夹杂物为 0.5 级，D 类和 Ds 类夹杂为 1 级。

（6）感应淬火有效硬化层深度测定　由于中心硬度较高（47.5～48HRC），已大大超出了技术要求（34～38HRC）和有效硬化层界限硬度（400HV$_{10}$），心部已基本淬透，所以无法测定有效硬化层深度。

（7）显微组织检查　从花键的中部沿横截面切取金相试样，磨平后观察，裂纹深度接近半径中心处，表面裂纹较宽，中心较细，裂纹呈曲折状，裂纹内无氧化物，呈淬火裂纹形态，经侵蚀后，裂纹两侧基体无氧化和脱碳现象，尾部呈曲折状，在其周围有细小裂纹（图 7-224），说明该裂纹是在感应淬火过程中形成。其组织为细针状马氏体，按 JB/T 9204—2008《钢件感应淬火金相检验》评定为 5～6 级，心部组织为马氏体＋条带状托氏体＋少量铁素体（图 7-225 和图 7-226）。

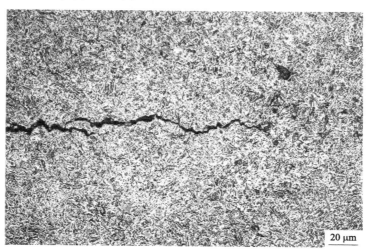

图 7-224　裂纹尾部形态

图 7-225　心部低碳马氏体＋条带状托氏体
＋少量铁素体组织　100×

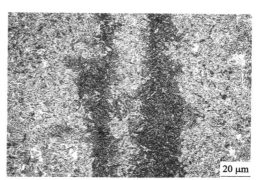

图 7-226　图 7-225 局部放大后的
组织形貌　400×

7.2.11.3　结果分析

① 花键部位裂纹的形成。一般在感应淬火时的冷却过程中，表层奥氏体向马氏体转变时，由于表面比容的增大，使外表层产生压应力，随冷却的继续，处于较深层的金属组织发生马氏体转变而体积增加，使压应力的最大值由表面移向工件深处。一般感应淬火状态下的应力分布如图 7-227 所示，通常表面层不会产生拉应力。但若感应淬火工艺控制不当，淬火层很深时，不仅可能完全消除表面层的压应力，甚至会产生拉应力。从后桥半轴完全淬透及花键部位裂纹扩展形态，无氧化和脱碳，断裂面呈光洁的灰白色等特征，说明该裂纹是由于感应加热过深，冷却淬火过程中组织转变不同时性，造成半轴花键部位表面拉应力较大，导致花键部位的开裂。

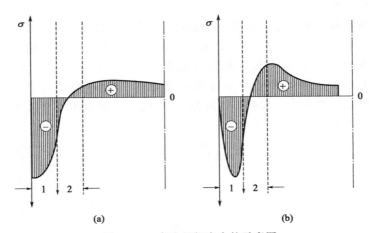

图 7-227　产生组织应力的示意图
(a) 转变开始；(b) 转变终止；1,2—加热的区域

② 后桥半轴材料成分符合技术要求，但半轴中心硬度高达 47.5～48HRC，大大超出了技术要求（34～38HRC）。另外，半轴花键端部 7～8mm 范围内不允许感应淬火，实际已完全淬硬，说明感应淬火工艺控制不当，导致花键端部及整个半轴都已淬透。由于半轴中心硬度过高，脆性较大，汽车在运行过程中，当半轴受到一个较大的扭转力矩时，在半轴花键表面裂纹处形成应力集中，导致半轴沿着与最大拉应力垂直的方向（也即与轴向呈 45°）发生早期断裂，形成螺旋状断口。

7.2.11.4　结论

① 后桥半轴化学成分符合 GB/T 3077—2015 中 42CrMo 钢牌号要求，但中心硬度过高，花键槽端部 7～8mm 范围内也受到感应淬火，不符合设计要求。

② 后桥半轴的断裂是由于花键部位存在淬火裂纹，同时中心硬度过高，脆性较大，当半轴受到较大的扭转力矩时，在花键和轴的交接处的裂纹部位形成应力集中，导致半轴呈脆性的螺旋状断裂。

7.2.12　传动齿轮断裂失效分析

7.2.12.1　概况

直径 1900.77mm，厚 430mm 的轧钢机传动齿轮，安装在轧钢机上仅使用约三个月左右就发生断裂，断裂形貌见图 7-228。

图 7-228 断裂后的传动大齿轮
1—断裂面；2—割开面；3—吊装孔

生产程序和技术要求：齿轮材料为 20CrMnMo 钢，经锻造—机加工—热处理—磨加工成型。经渗碳、淬回火后齿面硬化层深度为 3.50～4.50mm，渗碳表面硬度为 58.0～62.0HRC，其余硬度为 33.0～42.0HRC。热处理渗碳时，内孔和螺纹孔均采用防渗剂保护。

7.2.12.2 检查结果

（1）宏观检查 断裂部位位于齿轮的吊装螺纹孔处，其周围较平整、细致，裂源在吊装孔靠近底部的螺纹处，向中心和周边扩展，远离吊装孔的断裂面较粗糙，并已遭到严重的摩擦损伤（图 7-229 和图 7-230）。整个断裂面未见有停歇线和冶金缺陷，呈快速脆性开裂特征。

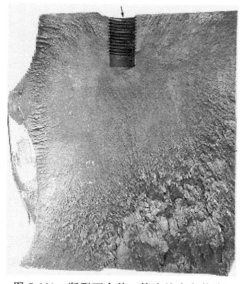

图 7-229 断裂面全貌（箭头处为安装孔）

图 7-230 吊装近底部螺纹处裂源形貌

（2）扫描电镜检查 从断裂源处和远离裂源未擦伤的粗糙部位分别切取试样，经清洗后置于扫描电镜下观察，裂源处呈粗糙的放射状（图 7-231），高倍下呈解理形貌，并有较多的二次裂纹，撕裂棱处有细密的韧窝形貌（图 7-232）。在断裂源的外侧螺纹部位，可看到螺纹底部两侧尖角处有沿螺纹圆周延伸的微裂纹存在（图 7-233）。螺纹底部存在切削加工引起的金属变形和撕裂缝，裂源从撕裂缝处开始向中心扩展（图 7-234）。

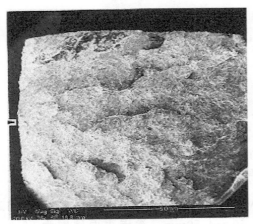

图 7-231　裂源部位放射状形貌

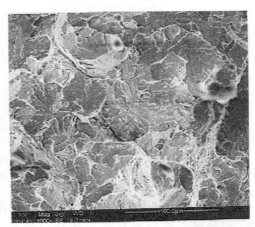

图 7-232　解理形貌和二次裂纹、撕裂棱处细密韧窝形貌

图 7-233　螺纹底部尖角处的微裂纹

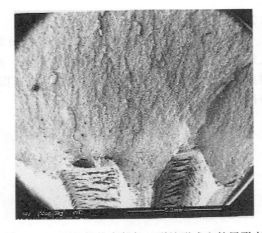

图 7-234　裂纹螺纹底部加工裂缝形成和扩展形态

(3) 硬度测定　螺纹附近和靠近裂源处硬度为 $333HV_{0.2}$（相当于 35.3HRC），远离裂源中心部位硬度为 29.5～31.0HRC，不符合设计要求（33.0～42.0HRC）。

(4) 钢中非金属夹杂物检查　从断裂面取样，纵向磨制抛光后，按 GB/T 10561—2005 标准检查评定，A 类夹杂物为 0.5 级，D 类和 Ds 类夹杂物为 1 级。

(5) 低倍组织检查　从断裂面下面切取试样做热酸蚀低倍检查，除局部成分不均导致受侵蚀程度不同引起的色彩不同和较粗大的枝晶外，未见有其它冶金缺陷。平行于吊装孔断面磨制抛光，侵蚀后可见螺纹部分有渗碳层（图 7-235），说明渗碳过程中吊装孔处防渗碳效果不良，有碳原子渗入，使吊装孔螺纹部分组织和性能发生了变化。

(6) 化学成分分析　对断裂件进行成分分析，结果见表 7-21，符合技术要求。

图 7-235　吊装孔螺纹部位的渗碳层形态

表 7-21　失效传动齿轮化学成分与技术要求　　　　　　　　单位：%

化学成分	C	Si	Mn	P	S	Cr	Mo
失效传动齿轮	0.23	0.28	0.97	0.008	0.004	1.19	0.21
GB/T 3077—2015 20CrMnMo 钢	0.17~0.23	0.17~0.37	0.90~1.20	≤0.035	≤0.035	1.10~1.40	0.20~0.30

（7）显微组织检查　从裂源区切取试样磨制抛光后观察，在吊装孔靠底部螺纹处表面呈锯齿状，且有氧化层覆盖，在周围基体内有网络状和颗粒状内氧化（图 7-236 和图 7-237）。经侵蚀后表面有一层渗碳层，在其表面有少量脱碳，尤其是锯齿形的底部脱碳更为明显，在脱碳层下面的渗碳层内碳化物呈网络状分布（图 7-238）。

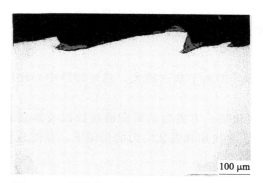

图 7-236　吊装孔近底部螺纹加工表面锯齿形
缺陷和表面氧化物　100×

图 7-237　锯齿形缺陷局部放大后的表面氧化
物和内氧化形态　400×

　　中心局部区域由于成分的不均匀呈现出条带状组织形态，合金元素较多的条带组织为粒状贝氏体＋低碳马氏体，硬度可达 389$HV_{0.2}$（相当于 40.7HRC），而其它部位为回火索氏体＋粒状贝氏体（图 7-239），硬度仅为 293 $HV_{0.2}$（相当于 30.6HRC）。

7.2.12.3　结果分析

　　从宏观和微观检查结果可知，裂源处于吊装孔的螺纹底部，断口主要呈快速解理断裂形貌，其形成主要存在两个问题。

图 7-238　表面脱碳和渗碳层内网络状
碳化物形貌　400×

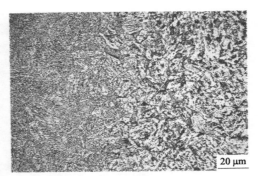

图 7-239　中心条带状组织的
交界处组织形貌　400×

（1）吊装孔的渗碳问题　按要求齿轮在渗碳时吊装孔采用防渗剂保护，防止渗碳，由于防渗碳保护不当，使吊装孔内受到渗碳，渗碳后的热处理过程中虽有少量脱碳，但渗碳层内存在沿晶分布的网络状碳化物，降低了吊装孔表面层的塑性和韧性，使脆性增加。螺纹底部尖角处沿圆周分布的微裂纹（图 7-233）深度较浅，都未超过渗碳层，这可能是齿轮在吊装过程中渗碳层塑性较差所致，由于裂纹分布方向和断口相垂直，与受力方向平行，所以不是造成齿轮开裂的主要因素。

（2）吊装孔螺纹底部密集状的横向裂纹问题　检查结果可知，螺纹底部较粗糙，金属受到加工刀具的挤压而变形和开裂，并在热处理过程中形成渗碳和脱碳及其裂缝周围存在内氧化，相当于微裂纹的存在。由于裂缝和受力方向相垂直，易形成应力集中。另外，齿轮和轴的组装是采用 170～180℃加热，使齿轮内孔膨胀扩大套入轴，然后利用冷却收缩，使齿轮紧箍在轴上。因此，齿轮受到一个较大的张应力，在齿轮运行过程中的使用应力的共同作用下，易在加工中形成的横向裂缝处因应力集中而产生裂源，加上吊装孔表面渗碳层塑性差和内氧化的存在，中心硬度又较低，使裂纹迅速扩展，导致齿轮的断裂。

7.2.12.4　结论

① 齿轮材料成分符合 20CrMnMo 钢技术要求，但由于截面较大，热处理后中心硬度较低，不符合设计要求。

② 齿轮断裂主要是由于吊装孔螺纹底部加工粗糙，有密集的横向微裂纹以及渗碳时防渗保护不当，存在渗碳层、网状碳化物和内氧化，在使用和安装应力的作用下，在微裂纹应力集中处形成裂源，并迅速扩展，导致齿轮断裂。

·第8章·

冷加工成形缺陷与失效

冷加工不当导致零件表面缺陷，如内、外尖角、粗糙的切削刀痕、磨削烧伤、裂纹、机械碰伤和表面织构的改变等，都是造成局部应力集中，降低疲劳强度的因素，也是决定零部件使用寿命的又一重要原因。随着现代工业的迅速发展，机械构件所受的应力、温度等环境条件愈加苛刻，零部件表面的完整性对其性能的影响则更趋显著。对航空辅机零件失效原因调研结果表明，由零件表面加工损伤、尖角、截面突变的台阶圆角过小和毛刺等导致的零件早期失效占整个失效的 60% 左右。由此可见，零件表面的完整性和几何形状对其性能和使用寿命显得非常重要。

机械零件所用的材料品种繁多、工艺复杂，冷加工形成缺陷与损伤的原因、性质和形态特征，随加工工艺的不同而各不相同，影响程度各异。

8.1　常见的磨削缺陷

磨削加工导致表面损伤，主要指磨削烧伤和磨削裂纹。磨削应力、变形对一般厚大的零件影响不明显和不直观而被忽视。

对渗碳、氮化等表层硬化的零件以及淬硬轴承钢、高碳钢和高碳合金钢等所制造的零件、工模具在磨加工时较容易产生磨削烧伤和磨削裂纹。这些缺陷一般肉眼不易发现，需经无损探伤和特殊侵蚀方法来显现，若漏检遗留至成品零件内，则严重影响其使用寿命和设备的安全。

8.1.1　磨削烧伤及其特征

磨削烧伤是指在磨削过程中砂轮与工件接触区产生大量的磨削热部分被冷却液带走，大部分瞬时集中在工件表层，以极快的速度将表层金属加热到一定温度，造成表层组织的改变。由磨削产生的烧伤按相变所得的组织，一般可分为二次淬火烧伤和回火烧伤两类。

当磨削温度超过零件回火温度而低于相变临界温度迅速冷却（湿磨），或金属表面局部高温达到或超过 A_{c_1} 而缓慢冷却（干磨）时，表面的回火马氏体和残余奥氏体转变为托氏体或索氏体。这两种组织的形成，在烧伤检查时，抗蚀能力较回火马氏体差，呈现出灰黑色，通称为回火烧伤（亦称为软点或黑区），如图 8-1 和图 8-2 所示。当表面温度达到或超过相变临界温度 A_{c_1} 后迅速冷却，将重新获得淬火马氏体。

图 8-1　零件台阶端面磨削烧伤形态

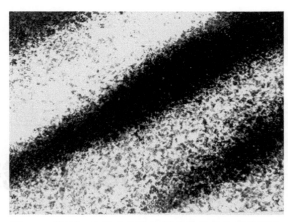

图 8-2　端面二次淬火烧伤和回火烧伤显微组织形态

图 8-3　轴承夹圈表面两种不同磨削烧伤形态

在烧伤检查时，其抗蚀能力较回火马氏体强，呈现出白亮色，通称为二次淬火烧伤区（亦称重硬、白斑、白点）。在二次淬火烧伤区的周围和亚表层伴随着托氏体或索氏体的回火烧伤组织。随着表层烧伤的组织不同，其硬度由表面至中心分布也随之改变。例如，材料为 GCr15 钢的轴承夹圈，经 840℃ 油淬、150℃ 低温回火，硬度为 60～62HRC。经外圆磨削后酸蚀检查发现局部有白色和灰黑色两种块状烧伤（图 8-3）。从白色块状处取样作金相检查，表层为淬火马氏体即二次淬火烧伤区，深度达 0.06～0.07mm，次表层为索氏体和托氏体，即回火烧伤区，整个磨削烧伤深度达 0.4mm 左右（图 8-4）。从表面至中心硬度测定结果如图 8-5 所示，可见，二次淬火烧伤区硬度高达 65HRC 左右。

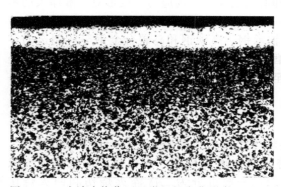

图 8-4　二次淬火烧伤区显微组织变化形态　100×

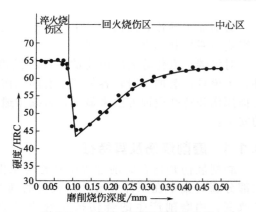

图 8-5　二次烧伤区硬度变化曲线

不同的磨削条件而产生的烧伤在形态特征上也是多样的。例如，砂轮选择不当或使用中砂轮未及时修整，砂粒变钝，使磨削阻抗增加，磨削热骤升引起烧伤。机床的跳动造成砂轮与工件相互撞击也会引起烧伤。操作不当使工件承受垂直压力过大、零件形状不同、乳化液冷却不够等，都会促使工件局部温度急剧升高，造成磨削烧伤。因此，由于材料、零件形状和磨削砂轮的选择和磨削条件的不同，所反映的烧伤的外观形态也各不相同。例如，游星齿轮在磨削内孔时，由于砂轮选择不当，引起条带状分布的回火烧伤（图 8-6）。16CrMnTi 钢制活门经氰化后在磨削过程中由于振动而引起小麻点状的回火烧伤和裂纹（图 8-7）。

图 8-6　齿轮内孔磨削
条带状回火烧伤

图 8-7　小麻点状烧伤和裂纹

8.1.2　磨削裂纹

8.1.2.1　磨削裂纹的特征

磨削裂纹的形成，不仅与磨削条件与工艺有关，和材质、热处理不良等因素也有密切关系。不同因素引起的磨削裂纹其特征各异，但必须与淬火裂纹区分开来。淬火裂纹在磨削前已存在，有时因淬、回火后表面氧化或油污存在而覆盖不易被发现，磨削后才显露出来，其裂纹较深而粗大，裂纹走向与砂轮磨痕无特定关系，裂纹断面往往有氧化色或油污等。而磨削不当形成的裂纹，其深度较浅而细小，呈密集、较规则分布，一般裂纹与砂轮磨痕相垂直，如液压泵转子氰化后磨削裂纹呈密集细小状（图 8-8）。有些磨削裂纹周围往往存在回火烧伤特征。轴和齿轮类零件的转角台阶处，由于磨削过程中冷却液不易进入而引起"热积聚"现象，磨削温度较高，散热条件较差，易引起磨削烧伤和磨削裂纹，裂纹常呈放射状和圆弧状（图 8-9 和图 8-10）。热处理后残余拉应力较大或组织不良（粗大马氏体等），在随后的磨削过程中，即使采用良好的磨削工艺，磨削应力并不是太大，也易形成磨削裂纹，其裂纹比淬火残余应力较小而磨削不当所产生的裂纹较粗大而深，往往呈不规则网络状分布（图 8-11），和砂轮磨痕无一定联系，有时几乎延长至整个工件表面。酸蚀烧伤检查，裂纹周围往往无烧伤现象，易和淬火裂纹混淆。

图 8-8　转子氰化后平面磨削引起密
集细小的裂纹

图 8-9　渗碳淬硬齿轮端面磨削后磁粉
探伤发现的放射状裂纹

磨削裂纹断面一般比较清洁而无氧化色，通常呈脆性形态的断口形貌。显微观察磨削裂纹深度较浅而沿晶发展，尾部较尖细（图 8-12 和图 8-13）。

图 8-10　渗碳曲轴磨削后磁粉
探伤发现的圆弧形裂纹

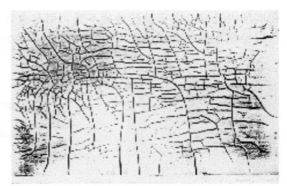

图 8-11　热处理后残余应力
较大引起的磨削裂纹

工件可能在磨削后不立即显示出磨削裂纹，而是在齿轮磨合过程中或是在使用过程中才出现开裂现象，其原因是在磨削加工时，工件表层内所产生的磨削应力比材料强度极限要小，此磨削应力与工件在磨合或使用过程中因摩擦所产生的拉伸应力之和达到材料强度极限值时，就可能使工件表层产生裂纹。

图 8-12　GCr15 钢定子磨削裂纹深度　100×

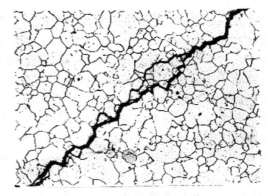

图 8-13　定子圈磨削裂纹沿晶扩展形态　400×

一般结构钢经调质处理后硬度较低，不易产生磨削裂纹，但磨削热引起的高温超过钢的临界温度，随后迅速冷却形成二次淬火和较高残余应力，但并不立即开裂，停留一段时间或在使用过程中形成裂纹，这种迟后效应现象对零部件构成潜在危险。例如，40CrNiMoA 钢

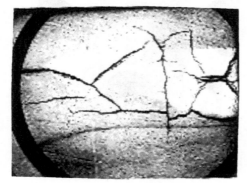

图 8-14　40CrNiMoA 钢零件磨削二次
淬火（白色）和网络状裂纹

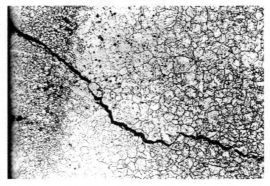

图 8-15　40CrNiMoA 钢零件垂直二次淬火裂纹切取
截面的晶粒和裂纹形态　250×

制航空零件在磨削深槽时，由于纵向进给量过大，零件表面短时间温度迅速升高至临界温度 A_{c_1} 以上，在冷却液的作用下迅速冷却，使磨削局部表面形成二次淬火烧伤和较大的组织应力，但未形成裂纹而被忽略，在装机后的使用过程中形成网络状裂纹而失效。经酸蚀烧伤检查，可见白色二次淬火烧伤（图 8-14）。显微组织呈细小淬火马氏体。淬硬区晶粒细小，裂纹沿晶分布（图 8-15）。

8.1.2.2 磨削裂纹检查

磨削过程中形成裂纹后的检查方法较多。当裂纹较粗大时，肉眼或借助放大镜就能发现。有时裂纹较细小，往往不易发现，此时就必须借助于其它方法来检查。工业生产中常用的方法有磁粉探伤法和荧光检查法。磁力探伤法简便准确，但对于硬质合金磨削裂纹较细小，磁性较弱，不易显露裂纹。而荧光检查法较繁琐，周期较长。故一般在磁粉法检查有可疑的情况下，采用酸蚀法较简单可靠，但如酸蚀方法不当，易形成假象。如采用盐酸或硫酸水溶液侵蚀时，由于在盐酸和硫酸水溶液侵蚀时会产生游离氢。

$$Fe + 2HCl \longrightarrow FeCl_2 + 2H$$
$$Fe + H_2SO_4 \longrightarrow FeSO_4 + 2H$$

游离氢渗入到金属中，使存在较大残余拉应力的部位变得非常脆弱，呈现出细小裂纹。例如，GCr15 钢制的淬硬垫片，在磨削后磁粉探伤时发现一条细小疑似磨削裂纹（图 8-16）。经盐酸水溶液侵蚀后，在原裂纹区域的磨面上出现和磨痕相垂直的密集状呈条带分布的细小裂纹（图 8-17），在裂纹区域均有磨削烧伤存在。说明磨削烧伤区域的残余拉应力较大，在酸蚀时游离氢的渗入，促进了该区域裂纹的形成，此裂纹被误认为磨削裂纹。

图 8-16　磁粉检查发现的
磨削裂纹　$1/2\times$

图 8-17　盐酸水溶液侵蚀后的
细小密集的侵蚀裂纹

磨削烧伤和磨削裂纹的检查，必须采用强氧化性的硝酸作为侵蚀剂，因为侵蚀析出的游离氢立即被氧化为水。

$$3Fe + 8HNO_3 \longrightarrow 3Fe(NO_3)_2 + 2NO\uparrow + 4H_2O$$
$$2Fe + 8HNO_3 \longrightarrow 2Fe(NO_3)_3 + 2NO\uparrow + 4H_2O$$

所以，侵蚀时析出的氢不易被金属吸收而避免了高应力区裂纹的形成。

硝酸水溶液侵蚀方法　将除油清洗干净的零件浸于 5% 硝酸酒精溶液中，为避免裂纹扩大，侵蚀时间可在数秒至一分钟左右，仅使裂纹显露，金属表面变色，并不使金属腐蚀过多。亦可用一份硝酸加二份水的溶液，但腐蚀较强烈，金属腐蚀较多，同时使裂纹扩大。所以腐蚀液浓度可根据不同成分的钢种而定。

8.1.3 磨削应力的形成

8.1.3.1 切削应力

砂轮的切削是利用砂轮中的许多多角形的砂粒形成很多小刀刃，和工件接触时进行摩擦切削。切削过程中刀刃（砂粒）前面的金属受到挤压和撕裂，刀刃后面的金属与砂轮的剧烈摩擦使晶粒受拉和滑移，因而引起金属的弹性与塑性变形。当切削作用停止后，金属表层在弹性变形力的作用下，力求恢复原位，因此出现平行于磨削轨迹的拉伸应力，这对磨削裂纹的产生是不利的。

8.1.3.2 切削热应力

磨削时金属的塑性变形以及砂轮与工件的剧烈摩擦，使磨削所消耗的功几乎80％变成热量，尽管一部分热量被切屑、冷却介质等带走，但大部分的热量导入工件表面，可以使表面瞬时温度达到800～1000℃，严重时甚至可使表面呈金属熔化状态（图8-18）。这种高温势必引起工件表面层组织和性能的改变。

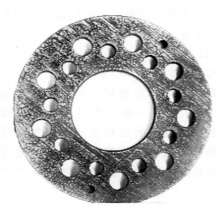

图 8-18　GCr15 钢淬硬件严重磨削烧伤

磨削受热的特点是瞬时（约0.01s）的快速升温，形成很陡的温度梯度，随即又以800～1000℃/s的速度冷却。受热后表层金属体积膨胀，但受到内层冷金属的制约，引起塑性变形。当急剧冷却时，表层金属体积收缩，又受到内层金属的制约。由于此时温度已降低，不能以塑性变形方式缓解，因此产生残余拉应力。温升愈高，金属导热性愈差，温度梯度愈陡，则热应力愈大。

8.1.3.3 组织应力

在磨削过程中产生的磨削热使工件表面温度升高，组织也伴随着发生转变，常出现二次淬火及高温回火现象，严重时会产生磨削裂纹。当表面温度低于工件材料的 A_{c_1} 温度时，工件表面组织被高温回火而发生体积收缩，使表层产生附加拉应力。当磨削温升高于 A_{c_1} 时，工件表层出现二次淬火层和高温回火层。当二次淬火层中残留奥氏体体积分数大于50％时，表面都为残余拉应力，若残留奥氏体体积分数小于50％时，拉应力移向次表层的高温回火层。二次淬火组织表层硬度上升而次表层硬度急剧下降，显然对接触疲劳是不利的。

8.1.4 影响磨削烧伤和磨削裂纹的因素

8.1.4.1 材质的影响

材料加工性能与其化学成分和组织有密切关系。钢中碳的含量从0.1％（质量分数）增加到0.8％（质量分数）时，磨削的单位效率可提高4倍，且零件的表面质量指标可获得最佳的数值。如果钢中加入 Cr、Mo、Ni、W 和 V 等合金元素，生成 $Cr_{23}C_6$、Fe_3Mo_3C、Fe_3W_3C、和 MoC、VC、WC、TiC 等碳化物。WC、TiC 和 VC 等碳化物稳定性好，在奥氏体中的溶解度低，同时具有高硬度和熔化温度。这些残留碳化物会使砂轮磨粒迅速磨损，从而使磨削区的摩擦热增加和温度急剧上升，不仅使加工效率降低，还会引起工件表层内较深的组织变化和裂纹的形成。

工件材料内部组织分布不均匀，呈网络状或条带状时，易在磨削后沿脆性组织分布方向出现磨削裂纹。这是由于不同显微组织其热导率不同，如钢中的铁素体、马氏体、奥氏体和渗碳体的热导率分别为 0.184、0.070、0.035 和 0.017cal/(cm·s·K)●。而且各个组织的热导率随着含碳量和合金元素含量的增加而降低。因此当钢中存在较多的碳化物和残余奥氏体时，将严重影响磨削热的传导和温度的升高，而且增加热应力。这说明高碳高合金钢中存在不均匀的碳化物和残余奥氏体对磨削开裂是有害的。实践证明，钢的断裂韧性 K_{IC} 和碳化物颗粒的体积分数 f 有如下关系。

$$K_{IC} = \alpha \sigma_r^{1/2} f^{-1/4}$$

式中　α——系数；

　　　σ_r——钢的屈服强度。

可见，晶界上（晶内）碳化物尺寸愈大、数量愈多，则晶界断裂强度愈低，愈容易沿晶界碳化物断裂。所以，碳化物集中的区域，不仅断裂强度低，磨削应力也最大。如 Cr12MoV 钢制的螺纹块规，经淬火、回火后硬度为 61～63HRC。由于碳化物呈带状分布，在磨两端面时，并没有发现磨削裂纹，当磨削外圆时，出现纵轴方向的磨削裂纹（图 8-19）。裂纹沿条状碳化物分布（图 8-20）。渗碳零件如果渗碳不当，渗层中碳浓度过高，产生网状碳化物围绕在马氏体或珠光体周围或成块、粒状留于晶粒之间，也增加磨削裂纹出现的可能性（图 8-21 和图 8-22）。同样，渗氮零件在渗氮前脱碳层未完全去除或渗氮不当，使渗氮层氮浓度过高或形成脆性 ξ 相，也往往在磨削过程中产生裂纹和剥落。所以，对于表面硬化处理后的零件，在磨削加工时，必须十分注意。

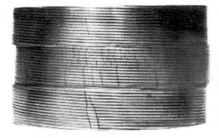

图 8-19　螺纹块规磨削裂纹

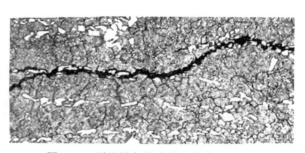

图 8-20　裂纹沿条状碳化物分布　100×

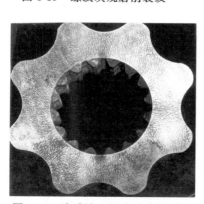

图 8-21　渗碳淬、回火后磨削裂纹

图 8-22　图 8-21 中渗碳件表层网状碳化物

● 1cal/(cm·s·K)=418.68W/(m·K)

磨削裂纹和材料之间的关系与预防措施见表 8-1。

表 8-1 磨削裂纹和材料之间的关系与预防措施

影响因素	对磨削裂纹的影响	预防措施
碳化物的分布形态	如果表层网状、带状碳化物较多,其本身导热性差,该区域达到较高的温度时,热膨胀使碳化物形成较大的位移,造成微裂纹并扩展	控制好原材料锻造终锻温度,防止碳化物沿晶界析出;反复锻造改善碳化物分布形态和扩散退火;热处理之前进行高温正火处理
残余奥氏体含量	热处理后工件中存在较多的残余奥氏体,会在磨削过程中发生应力诱发相变,造成体积剧变,组织应力变大,导致工件表面开裂	采用合理的热处理工艺,控制残余奥氏体数量;采用多次回火或进行冷处理
残余应力	若热处理淬火后,回火不充分等因素使工件存在较大的残余拉应力,当磨削时又产生较大的拉应力,两者叠加,容易形成磨削裂纹	冷却时采用等温淬火、分级淬火、预冷等措施;加热过程中采用预热或分段加热;改进回火工艺和方法来减小残余应力
表面脱碳	脱碳层的硬度低,塑性、韧性好,造成工件和砂轮之间的摩擦力加大,增加磨削热量,促使磨削开裂	采用保护气氛、可控气氛、真空以及进行充分脱氧的盐浴中加热
晶粒粗大	晶粒粗大,材料脆性增加,断裂强度降低,增加磨削开裂倾向	确定合理的热处理工艺参数,在加热温度和保温时间上严格控制,避免出现过热和过烧现象

8.1.4.2 热处理工艺的影响

(1) 淬火工艺的影响 热处理工艺对磨削裂纹的产生的影响是不可忽视的,尤其是当热处理不恰当时,造成零件非常脆弱。如 GCr15 钢制零件淬火处理时,随着淬火加热温度的提高,合金碳化物溶解逐渐增多,残余奥氏体和针状马氏体(白区)不断增加,甚至出现粗针状马氏体与微裂纹(图 8-23)。则磨削裂纹产生的危险性也就随着淬火温度的提高而逐步增加(图 8-24 和图 8-25)。

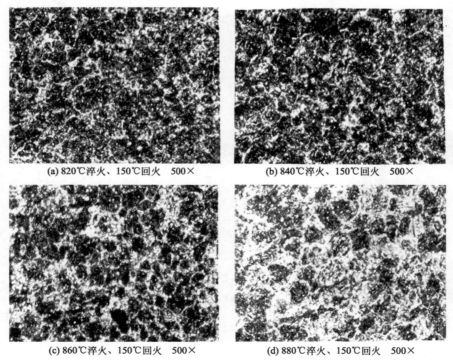

(a) 820℃淬火、150℃回火　500×　　(b) 840℃淬火、150℃回火　500×

(c) 860℃淬火、150℃回火　500×　　(d) 880℃淬火、150℃回火　500×

图 8-23 不同温度淬火的隐针状和针状马氏体+颗粒状碳化物和残余奥氏体

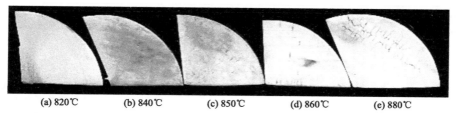

(a) 820℃   (b) 840℃   (c) 850℃   (d) 860℃   (e) 880℃

图 8-24　在相同磨削条件下不同淬火温度（回火相同）对磨削裂纹的影响

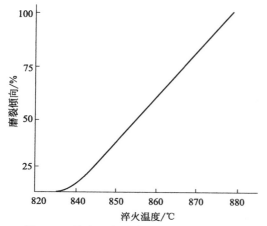

图 8-25　淬火温度对磨削裂纹倾向的影响

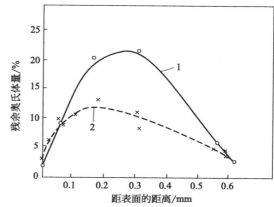

图 8-26　20CrMnTi 钢齿轮 930℃渗碳预冷到
不同温度淬火，200℃回火后节圆处沿层深
残余奥氏体的分布
1—860℃淬火（磨裂）；2—830℃淬火（未磨裂）；
1、2 均为 200℃回火 3h

对渗碳件来说出现磨削裂纹倾向也随渗碳后淬火温度的提高而增加。如 20CrMnTi 钢经 930℃渗碳后分别预冷到 860℃和 830℃淬火、再经 200℃回火处理后，磨裂倾向的比较见表 8-2。可见，淬火温度高，磨裂倾向大。这是由于高温引起晶粒长大而形成的粗针状马氏体中含碳量的增多和残余奥氏体的增加（图 8-26），使热导率减小，摩擦热增加，因而也增加了热应力。残余奥氏体可在磨削应力的作用下转变为脆性的高应力状态的淬火马氏体，在组织应力、磨削应力和脆性状态的综合作用下产生磨削裂纹。另一方面，由于高碳马氏体存在许多微裂纹，这些被认为是高碳马氏体断裂强度降低的主要原因。当显微裂纹分布的方向有利于向脆弱的晶界扩展时，在磨削应力作用下，就可能成为沿晶断裂的磨削裂纹源。实践证明，粗大马氏体和大量残余奥氏体的存在，即使谨慎的轻微磨削也极易产生磨削裂纹。渗碳层碳浓度过高或碳化物形成网络状分布，淬火后组织应力、热应力增大，磨削时也易产生应力集中而开裂。

表 8-2　渗碳后直接淬火温度和磨裂倾向的关系（200℃×3h 回火）

淬火温度/℃	试样号	有无磨削裂纹	磨裂倾向/%	备　注
830	3		0	
	4			
	5			

续表

淬火温度/℃	试样号	有无磨削裂纹	磨裂倾向/%	备 注
830	9		14	200℃×2h 回火两次 11 号齿轮所有被磨削的齿牙上,只有一条裂纹
	10			
	11	有		
	29			
	30			
	31			
	32			
860	123		67	磨裂情况严重
	132	有		
	312	有		

对于高合金钢和低碳合金钢渗碳工件,淬火后为了稳定尺寸,减少残余奥氏体量,提高硬度,往往采用冷处理。由于冷处理温度低,马氏体脆性大,在残余奥氏体转变成马氏体时的冲击下,使原马氏体微裂纹扩展和增多,因而增加工件的脆性和磨裂倾向。为了避免磨裂,工件在冷处理前增加一道低温回火,冷处理后缓慢回升至室温后再进行回火,可改善磨裂倾向。

(2) 回火工艺的影响 淬火后的回火温度、保温时间和回火次数对磨裂倾向有很大的影响。回火温度低,保温时间短,回火不充分,则硬度较高,马氏体中微裂纹多而脆性大,极易产生磨削裂纹。如 Cr12 钢制冷作模具经 980℃ 加热淬火后,硬度为 61～63HRC,经 160℃ 保温 2h 回火、磨削后出现不规则分布的细小裂纹(图 8-27)。显微组织中除共晶碳化物、颗粒状和点状残留碳化物外,基体隐针状马氏体和残余奥氏体分辨不清,但可清晰地看到黑色网络状晶界,呈现出回火不充分特征,磨削裂纹沿晶分布(图 8-28)。经 200℃ 保温 2h 二次回火后,由于回火温度的升高和回火次数的增加,零件得到充分回火,马氏体中的微裂纹减少(图 8-29),可有效地降低磨削裂纹产生的倾向。例如,20CrMnTi 钢渗碳淬火后磨削全部出现磨裂,经 180℃ 回火后磨裂比例降至 60%～70%;当在 200℃ 保温 3h 回火或 200℃ 保温 2h 二次回火后,磨裂倾向已趋于零(图 8-30 和图 8-31)。不同的渗碳钢种渗碳淬火后的碳化物和残余奥氏体的含量有一定的差异,回火工艺各有不同,只要得到充分回火,降低磨裂倾向,都能得到良好的效果(表 8-3)。

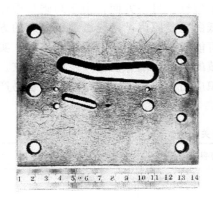

图 8-27　Cr12 钢不规则而
细小的磨削裂纹

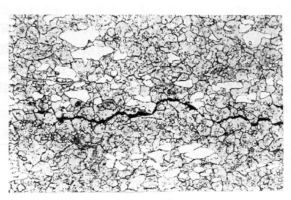

图 8-28　Cr12 钢淬火后回火
不足引起的磨削裂纹形态　400×

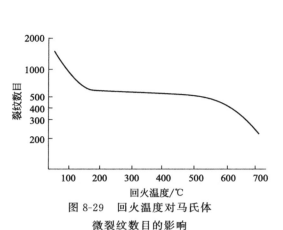

图 8-29 回火温度对马氏体
微裂纹数目的影响

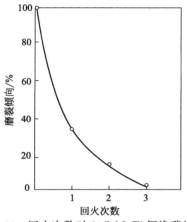

图 8-30 回火次数对 20CrMnTi 钢渗碳齿轮
磨裂倾向的影响（200℃回火每次 2h）

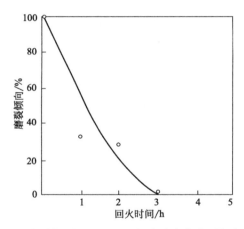

图 8-31 回火时间对 20CrMnTi 钢渗碳齿轮磨裂倾向的影响
930℃渗碳后预冷到 830℃油中淬火，200℃回火

表 8-3 不同回火工艺对四种材料磨削裂纹的影响

钢号	热处理数量/件	各状态数量/件	渗碳淬火后一次回火工艺		二次回火工艺		三次回火工艺		磨后裂纹数	裂纹情况	裂纹率/%
			℃	h	℃	h	℃	h			
18Cr2Ni4WA 钢	148	21	160	4					21	裂纹深度>0.3mm	100
		10	160	4	150	5			0		0
		15	160	4	150	3			0		0
		50	160	4	120	3			2	裂纹深度<0.05mm	4
		52	160	4	120	2	160	3	0		0
12Cr2Ni4A	39	19	160	4					15		79
		20	160	4	150	2			0		0

续表

钢号	热处理数量/件	各状态数量/件	渗碳淬火后一次回火工艺		二次回火工艺		三次回火工艺		磨后裂纹数	裂纹情况	裂纹率/%
			℃	h	℃	h	℃	h			
20CrMnTi钢(大型零件)	36	17	160	4					17	裂纹严重	100
		8	180	4					7		87.5
		3	200	10	200	2	200	2	0		0
		8	160	4	200	3	200	3	0		0
20CrMnMo	6	3	180						3		100
		3	180	4	160	4			0		0

8.1.4.3 热处理变形的影响

工件几何形状复杂，薄壁件和大件在热处理时往往会产生一定的变形量。磨削加工时的进给量必须注意变形量的影响，否则局部进给量过大就会引起磨削烧伤和磨削裂纹。较轻的磨削烧伤和细小的磨削裂纹不易被发现而往往被忽视，严重地降低工件的使用寿命。出现严重的烧伤和裂纹虽易被发现，但会造成较大的经济损失。例如，直径 2.6m 齿宽 500mm 的二级齿圈（图 8-32），经渗碳、淬火后，由于磨削时未重视热处理变形的影响，造成局部齿面磨削进给量过大而出现严重的磨削裂纹（图 8-33），造成较大的经济损失。

图 8-32　磨削裂纹的二级齿圈　　　　　　　　图 8-33　二级齿圈齿面磨削裂纹的形态

8.1.4.4 磨削工艺的影响

磨削加工的工艺参数的改变，对磨削烧伤和裂纹的产生起着重要作用。

磨削深度（进刀量）的增加，单颗粒的切屑厚度增大，同时参与切削的磨粒数也增多了，因此，在磨削过程中磨削力增大和产生热量增多，导致磨削表面及表层内的温度增加，受到回火作用的程度与深度也增加。因此，磨削深度的增大加大了工件被烧伤的程度和裂纹的形成。所以，磨削深度必须严格控制，尤其是对硬度较高的工件，磨削深度控制得当，显得更为重要。

提高砂轮切削速度（或增大砂轮直径），使砂粒的切屑厚度随着砂轮圆周速度增加而减少，砂粒的切削圆半径与切屑之间比例失调，砂粒的切削刃后面的材料受挤压而产生塑性变形，引起摩擦，使摩擦热增加和磨削区温度的急骤升高（图 8-34）。工件内孔磨削时，砂轮直径的选择要与孔径保持一定良好的比例。若砂轮直径与工件孔径之比（$d_{砂轮}/D_{工件}$）过大时，砂轮与工件的接触弧线增大，切屑量增大，磨削热迅速增加，且不易散失，致使磨削区域温度急速上升，最终使工件烧伤和产生磨削裂纹。若工件转动速度增大时，虽单颗粒的切削厚度增大，磨削热也增加，但工件转速增大，意味着热源在工件表面的移动速度加快，因此，磨削区的热作用时间缩短，单位时间内单位磨削面积上传入工件的热量减少。其结果是随工件转速的增大，工件最表面的峰值温度有所增加，次表层的峰值温度却有降低（图 8-35）。工件移动速度越快，表面层内的温度下降梯度也越大，因而，回火层深度反而减少（图 8-36）。由此可见，适当增大工件转速有利于减轻烧伤。

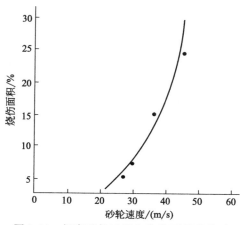

图 8-34 提高砂轮速度和烧伤面积的关系

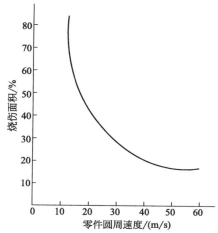

图 8-35 零件圆周速度对烧伤面积的影响

$V_{砂} = 35\text{m/s}$，$S_{横} = 0.6\text{mm/s}$

磨削发热量的大小和砂轮也有密切的关系，砂轮过硬，粒度过细，由于砂粒间的黏合力较强，磨削过程中参与切削砂粒的增加，磨钝的砂粒不易脱落。另外，砂轮粒度小，砂粒间空隙小，既不利于冷却、润滑，又易被磨屑所堵塞，使砂轮与工件间形成挤压摩擦，导致磨削区产生大量的热而引起工件的烧伤。如游星齿轮磨削内圆时，选用 80 粒的铬刚玉砂轮，切削深度为 0.04mm，即引起内表面的烧伤。后来改变了砂轮粒度和减小切削深度，烧伤现象就消失了。所以磨削深度不宜过大，应根据工件硬度和粗糙度要求选择不同特性的砂轮，对减小和消除磨削烧伤和裂纹是很重要的。

磨削过程中的磨削液的选用，对避免淬硬钢件表面的烧伤是很重要的。它起冷却作用，同时对冲洗切屑、防止砂轮孔隙堵塞等清洁作用和减少磨粒与工件间的摩擦、防止零件温度上升、保持零件尺寸精度和避免磨削损伤等作用。必须根据工件钢种加以选择，常用以矿物油作为基油的乳化型水溶液，对于磨削条件较差的，则采用冷却条件

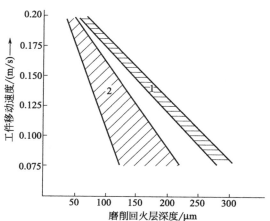

图 8-36 工件移动速度与磨削回火层深度之间的关系

1 冷却液—7#锭子油；2 冷却液—油＋含 S、Cl、P 极压添加剂

较好的、含有大量的表面活性剂、富有润滑性和冷却性的乳化型水溶性磨削液较好。但也有亚硝酸钠等无机盐类作为主体添加防锈剂而形成的溶解型水溶性磨削液。对于成形磨削、端面磨削和内孔磨，削接触面较大，冷却条件差，砂轮又不能充分清洗易堵变钝，更要加以注意。

磨削裂纹和磨削工艺之间的关系与预防措施见表8-4。

表8-4 磨削裂纹和磨削工艺之间的关系与预防措施

产生磨削裂纹因素	对磨削裂纹的影响	预防措施
砂轮粒度	砂轮粒度越细,越容易产生磨削裂纹	更换适当粒度的砂轮
砂轮硬度	砂轮硬度越高,砂粒黏结越牢,磨削时越易被磨削物粘着,使磨削阻力加大,工件越容易开裂	降低砂轮硬度,改用中软或软砂轮
砂轮锋利度	磨削时产生的金属屑堵塞砂轮的间隙,造成锋利度差,磨削性能降低,摩擦力增加,产生热量增大,容易产生磨削裂纹	定期用金刚石笔修整砂轮的切削面,以形成新的锋利的刃口
冷却状态	砂轮磨削时冷却效果不佳,冷却液的性能低,流动性少,造成磨削热急剧上升,易产生磨削裂纹	选用冷却性能好,流动性好的冷却液,加大冷却流量,将油质改为水质,以提高冷却性能
磨削加工面积	砂轮磨削时,接触面积越大,冷却性能越差,热量增大,并在短时间内温度迅速上升,造成工件表面产生裂纹	根据工件具体要求,尽可能减少磨削的接触面积
砂轮的进给量	磨削进给量越大,则产生的热量越高,越容易造成表面出现磨削裂纹	适当减少砂轮的进给量;减小热处理变形量
相对线速度	在同样切削用量的情况下,相对线速度越小,越容易产生磨削裂纹	在确保工件的精度和表面粗糙度的前提下,提高砂轮线速度与工件的转速

8.1.4.5 磨削损伤对性能的影响

机械零件经磨削加工后出现磨削烧伤和磨削裂纹一般不易被发现，需经化学侵蚀和无损检测的方法来检查，防止流入成品和使用过程中，但仍时有漏检的工件流入使用中。由于烧伤处的组织和性能不同，作为摩擦件，易在烧伤处产生咬合、剥落，以致零件损坏。如液压泵上的随动活塞，材料为GCr15钢，淬硬后磨削时形成回火烧伤未发现，形成软点，使用时和配合件产生滑动摩擦，导致该点和配合件相咬合而损坏（图8-37）。由于烧伤处的性能与整体性能的差异，零件承受工作载荷时，尤其是承受较大的交变负荷时，局部的应力集中，导致微裂纹的萌生，并发展至零件整体的损坏。对于受力较大的高速齿轮，若齿面磨削时出现回火烧伤，使表面的耐磨性和抗疲劳性能显著降低。例如，风电用高速传动轴在使用两年左右发现齿轮轴的齿面出现严重的剥落（图8-38）。从局部未剥落处显微组织检查，可见齿面有严重的二次淬火磨削烧伤和回火烧伤，裂纹从回火烧伤与基体的交界处形成和扩展至剥落（图8-39和图8-40）。这是由于二次淬火层硬度高而脆性大，在较大的接触应力下易形成碎裂和剥落，最后导致齿面的整个损伤失效。根据齿轮和辊子的烧伤对使用性能的影响试验结果（表8-5），表明磨削烧伤对受接触、弯曲载荷的渗碳齿轮和辊子的疲劳强度都有较大的影响，而耐

图8-37 随动活塞磨削
软点引起咬合损伤

用度决定于烧伤程度。

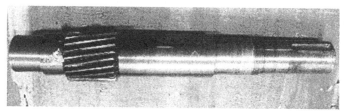

(a) 高速传动轴全貌

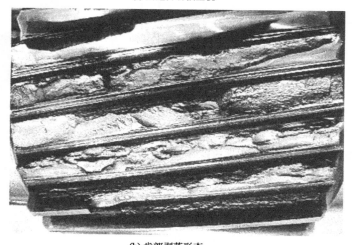

(b) 齿部剥落形态

图 8-38 损坏的高速传动轴

图 8-39 表面白色区为二次淬火层，
次表层为回火烧伤层

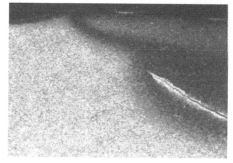

图 8-40 裂纹沿回火烧伤下的过渡区
形成和扩展至剥落

表 8-5 齿轮与辊子烧伤接触和弯曲强度试验结果 单位：h

辊子和齿轮的磨削情况	齿轮弯曲强度的寿命($\times 10^6$)	齿面接触强度的寿命($\times 10^6$)		辊子接触载荷循环数($\times 10^6$)
		初期剥落出现小坑	发展性麻点出现	
无烧伤	13.9	6.9	11.7	12
轻微烧伤	11.6	5.1	9.1	7
严重烧伤	10.79	4.3	8.3	2.6
无烧伤,经酸洗	12.17	5.6	8.5	8.4

对 12Cr2Ni4 钢制的直径为 30mm 宽为 15mm 滚轮，经渗碳淬火、低温回火后表面硬度为 60～61HRC，在滑动率为 6％、100℃±5℃润滑油的条件下试验，结果也表明有烧伤时，其接触疲劳强度有明显的下降（图 8-41）。

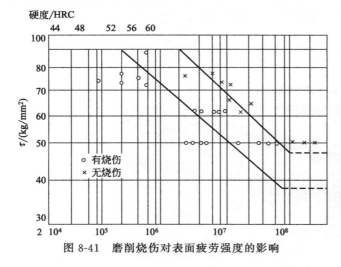

图 8-41　磨削烧伤对表面疲劳强度的影响

图 8-42　分油盘磨削裂纹扩展
后的粗大宏观裂纹

零件表面存在磨削微裂纹时，在使用过程中的工作应力作用下，在微裂纹处形成应力集中而迅速扩展至失效。例如，液压泵中分油盘材料为 CrWMn 钢，由于热处理后硬度较高（62～64HRC），具有较大的磨裂的敏感性。在磨削时形成的微裂纹未发现，安装后在磨合试车过程中，微裂纹在摩擦应力作用下逐渐扩展（图 8-42），造成液压泵试车失效。将裂纹掰开后断面呈结晶状的脆性形貌，有明显的从微裂纹逐渐向中心扩展的特征（图 8-43）。所以，磨削烧伤和磨削裂纹的存在，严重降低使用寿命，是不允许存在的缺陷。

图 8-43　裂纹掰开的断口形貌　2.5×

8.2　表面强化缺陷与失效

承受交变弯曲或交变扭转载荷的机械零件，其表面应力最大，断裂源均处于表面。因此，采用表面强化处理是提高零件疲劳极限的有效途径。常用的表面冷变形方法有零件表面喷丸、滚压、锤击、内孔挤压等，使零件表面金属层发生塑性变形，形成一定厚度的强化层。强化层形成了较高的残余压应力，在零件承受交变应力时，可抵消一部分交变应力中的拉应力，从而提高了零件的疲劳强度。其中喷丸和滚压强化应用最为广泛。

喷丸强化具有成本低、能耗低、设备和操作简单、生产效率高、适应性广、强化效果显著等一系列优点，能有效提高零件的高周疲劳强度、腐蚀疲劳强度和接触疲劳强度，在汽车工业中的各类弹簧、板簧和航空工业中得到广泛应用。表面喷丸处理不仅是提高疲劳极限的有效手段，由于零件在制造过程中难免出现划痕、压伤、微裂纹和腐蚀坑等各种表面缺陷，通过喷丸强化处理还可以消除或减小零件表面缺陷对抗疲劳性的不利影响。一般热成型弹簧表面往往存在约 0.1～0.3mm 深度的合金元素的贫化和脱碳层，喷丸强化后，强化层可达 0.5～0.6mm，硬度可达 40～50HRC，这种强化层可以消除或减小脱碳层缺陷的不利影响。但各种材料和不同规格的零件都存在一个最佳的喷丸强化的范围，从而得到最佳的喷丸效果。如喷丸不当，喷丸强度不足或过度，均会导致提高疲劳强度效果不佳或反而引起疲

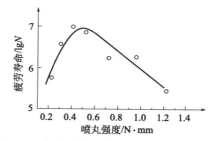

图 8-44　各种喷丸强度与疲劳寿命关系曲线

劳强度的下降（图 8-44），有时甚至使表面产生折叠和横向裂纹，从而导致零件早期失效。如汽车左后钢板弹簧由于受力面喷丸过度，使喷丸面出现较多而密集的折叠纹和横向裂纹，导致早期疲劳断裂（图 8-45～图 8-49）。

断裂面

图 8-45　左后钢板弹簧断裂后的一端

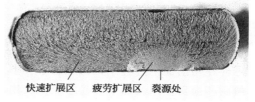

快速扩展区　　疲劳扩展区　　裂源处

图 8-46　断口形貌

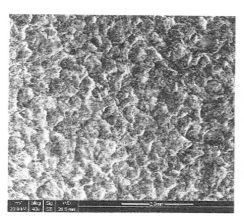

图 8-47　左后钢板弹簧断裂源表面喷丸形貌

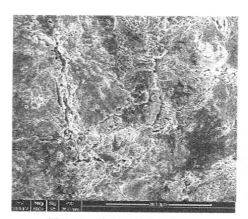

图 8-48　喷丸面的微裂纹形态

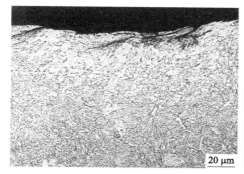

20 μm　　　　　　20 μm

图 8-49　喷丸表面的微裂纹和变形形貌

　　表面滚压强化适用于轴类及圆形零件各种沟槽和圆角根部，其疲劳极限随滚压力的增加而提高（图 8-50），与喷丸强化效果基本相同。但过高的滚压力同样会使表面产生微裂纹，如 8.9.10 案例中图 8-246 所示曲轴，由于轴颈根部 R 处滚压力过大，出现微裂纹，导致汽车发动机曲轴的早期断裂失效。所以，只有合理地控制滚压力，才能获得最佳的强化效果。

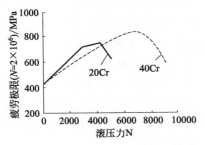

图 8-50　滚压力对 20Cr 和 40Cr 钢棒材三点弯曲疲劳极限（$N=2\times10^6$）的影响

8.3　切削加工缺陷与失效

　　零件在切削加工过程中，因操作、刀具刃口形态、机床精度等导致加工表面粗糙的刀痕、鳞刺和损伤，以及加工引起的冷作硬化与残余应力等，均会引起应力集中，恶化性能，影响使用寿命。特别是铣切加工，由于刀刃过钝、进刀量过大或切削速度过快，有时会把刀刃烧坏。与此同时，被加工零件表面有可能局部加热到临界温度以上而被淬硬，甚至受刀具挤压破碎（图 8-51）。该缺陷未及时发现，成为早期失效的根源。

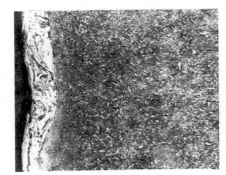

图 8-51　40CrMo 调质后铣加工
表面淬硬和破碎形态

图 8-52　GCr15 钢淬硬斜盘圆角处开裂致断实物

　　零件沟槽、台阶连接半径 "R" 的大小，严重影响使用应力的集中程度，因零件的受力状态不同而各异（表 8-6），还和其硬度、强度有密切关系，高硬度、脆性大的零件台阶连接 "R" 过小，应力集中敏感性较大，很容易发生脆性断裂。如 GCr15 钢制斜盘，硬度达 63HRC，台阶连接半径仅为 0.41mm，在台架试验过程中，在 "R" 处发生断裂（图 8-52）。又如，调质后的 40CrNiMoA 钢制的液压泵斜盘，在磨合试验 3h 后进行台架试验仅 4h 左右，就发生摆臂断裂。断口呈典型的疲劳形貌（图 8-53），裂源处于台阶交接部位，该处无圆角过渡呈直角状（图 8-54），当工作应力（最大载荷达 22600N 左右），使直角处形成很大的应力集中，导致微裂纹的萌生和扩展致断。将台阶交接的直角改为圆角过渡（$R=0.3\sim0.5$mm）后，再未发生断裂。

表 8-6 圆角半径 R 对应力集中系数 K_t 的影响

圆角半径(R) R_{in}/mm	应力集中系数 K_t		
	拉伸	扭转	弯曲
0.015(0.381)	8.0	2.0	5
0.062(1.651)	3.7	2.0	2.7
0.125(3.175)	2.3	1.6	2.2
0.250(6.35)	1.8	1.4	1.7

图 8-53 断裂斜盘全貌

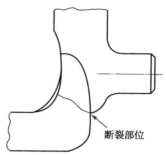

图 8-54 断裂部位几何形态

有些零件的失效不是单一因素，往往有两种甚至数种因素综合影响所致。18Cr2Ni4WA 钢制的发动机液压泵斜盘在使用一段时间后返修时发现斜盘内螺纹底部退刀槽处有 60～70mm 的裂纹两条，其中一条已贯穿整个壁厚（图 8-55）。裂纹断面有明显的疲劳扩展的条带形貌（图 8-56）。断裂起源于加工刀痕处，在切削刀痕和折皱处有较多的微裂纹存在（图 8-57）。在裂源处的转接 "R" 仅为 0.028mm，加上加工粗糙，刀痕较深，应力集中系数较高，促进了疲劳裂纹的萌生和扩展，使用寿命降低了 80% 左右。

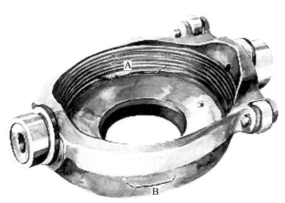

图 8-55 18Cr2Ni4WA 钢制斜盘
内螺纹底部圆角处开裂

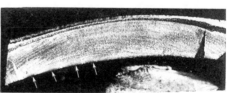

(a) 图8-55中B裂纹断口

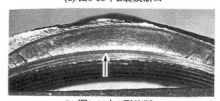

(b) 图8-55中A裂纹断口

图 8-56 裂纹断面疲劳扩展条带形貌

零件表面粗糙的刀痕和毛刺，尤其是当刀刃不锋利、几何形状不好，引起零件表面产生折皱和撕裂纹的情况是常见的。一般情况下，表面粗糙度越差，冷作硬化现象和残余应力越大，疲劳强度就越低。低碳钢粗糙度为 R_a 6.3～1.6 时，其疲劳强度为 R_a 0.25～0.01 时的 90%，而碳钢热轧毛坯的疲劳强度为 R_a 0.25～0.01 时的 30%～50%。从拉伸和拉压低周疲劳试验中

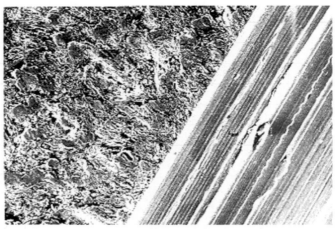

图 8-57　断裂沿刀痕开始形成、扩展和刀痕间的微裂纹

可清楚地看到，疲劳裂纹首先在表面的加工痕迹处形成和扩展（图 8-58 和图 8-59）。

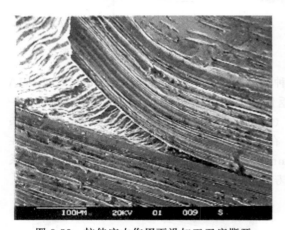

图 8-58　拉伸应力作用下沿加工刀痕撕开

图 8-59　拉压疲劳试验下裂源从加工刀痕萌生扩展

　　加工粗糙和台阶连接处"R"过小，在有振动的工况下，对使用寿命的影响更为明显。如铁路上的安装螺栓，由于加工粗糙和螺栓头与杆的交接"R"过小（仅为 0.34mm），因此，在振动应力的作用下，使用两个月左右就发生疲劳断裂（图 8-60）。

(a)螺栓全貌

(b)疲劳断口形貌

图 8-60　螺栓断裂形态

对铸件类塑性较低的工件，切削不当易产生微裂纹，降低使用寿命。例如，汽车用汽油机曲轴，在全速全负荷（6000r/min）可靠性台架试验时，当试验至156h就发生曲轴断裂（图8-61）。断裂部位处于第Ⅲ和第Ⅳ主轴颈之间的连杆颈的油孔处，断面和连杆颈轴向约成30°，断面较平坦细致，未发现宏观冶金缺陷。在油孔口下面裂源处呈放射状（图8-62），在扫描电镜下观察，裂源和扩口处有密集状的加工引起的微裂纹（图8-63），在显微组织检查中，可看到裂源处的表层有较多的微裂纹和变形组织（图8-64和图8-65）。加工时的切削过程是工件表面层在剪切应力作用下的断裂过程，因此，剪切断裂的两边都有塑性变形，所以，具有一定程度的塑性变形是已加工表面的一个普遍现象。加工表面的应变量及其深度取决于被切削的材料、刀具的几何形状和切削条件（包括是否采用冷却及润滑液等）。曲轴系调质处理后的球墨铸铁，塑性较差。当刀具形状不良、刃磨质量不高或切削量过大，在切削断屑时的塑性变形过程中，使油孔附近出现微裂纹。当曲轴在全速全负荷的工作载荷下，轴颈处受到扭转和弯曲等复杂应力作用，使油孔附近微裂纹处应力集中，导致微裂纹扩展至断裂。

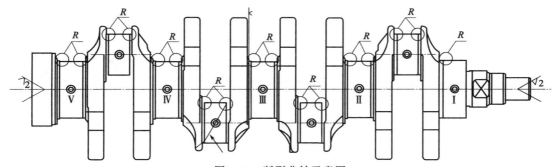

图 8-61　断裂曲轴示意图
箭头处为断裂部位

图 8-62　断口形貌
箭头处为断裂源部位

图 8-63　裂源部位的撕裂形貌和微裂纹

汽车发动机排气门在行驶过程中发生颈部断裂（图8-66），造成缸体和缸盖等部件损坏。设计要求，盘面至杆50mm±3mm，材料为5Cr21Mn9Ni4N钢，其余为4Cr9Si2钢，由两种钢材焊接而成。盘至杆的20mm长度范围内粗糙度为 $R_a1.6\mu m$。热处理后要求硬度为30～37HRC，杆端面硬度≥50HRC。断裂处于颈部离盘端面13.3mm左右，位于加工刀痕粗糙处，断裂面如示意图8-67所示。外圆有大小不等的撕裂台阶，呈现出快速撕裂形貌。扩展区（B）虽有一些擦伤，但扫描电镜下仍可看出疲劳条带形貌（图8-68）。瞬时断裂区

（C）较小稍偏于一边。经检查，材料符合要求，但硬度达 45～47HRC。排气门颈部断裂区域粗糙度为 $R_a 6.3\mu m$，均不符合设计要求，在扫描电镜下可看到刀痕处的微裂纹（图 8-69）。由于加工粗糙，硬度高，塑性较低，刀痕底部呈不规则尖角、应力集中较大，在使用过程中的交变应力作用下，易在刀痕处萌生微裂纹并扩展至断裂（图 8-70）。

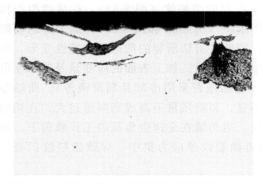

图 8-64　油孔口附近变形石墨和微裂纹　400×

图 8-65　油孔口裂源附近表面变形组织　400×

图 8-66　断裂的排气门实物形貌

图 8-67　断裂面特征示意图

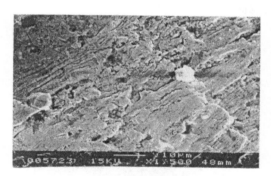

图 8-68　扩展区疲劳条带和擦伤形貌

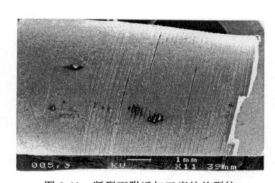

图 8-69　断裂面附近加工痕处的裂纹

图 8-70　断裂处的裂纹和断开形貌

8.4 电火花线切割加工缺陷与失效

电火花线切割是通过电极（钼丝等）与工件间的火花放电，使金属局部表面瞬时达到很高的温度（1500℃左右），使其熔化、气化为很小的颗粒，被流动的工作液带走，从而达到切割的目的。线切割工艺已广泛应用于工业生产加工模具、硬质合金等较难加工的硬化工件。电火花切割加工时的高温会引起金属表面产生变质层，导致表层组织和性能的改变，如工艺参数选择不当，会严重影响工件质量和使用寿命。

8.4.1 变质层组织特征与微裂纹

电火花加工后的金属表面变质层的结构非常复杂，而且影响因素较多，大致可分为熔融再凝固层、再淬火硬化层和回火软化层三个区域。

熔融再凝固层是由电火花加工时熔融金属再凝固黏附在金属表面而成，其厚度仅为 $10\sim20\mu m$。由于极薄的金属熔融后，瞬时急冷凝固来不及发生共晶转变，使合金元素及碳来不及再分布。因此，碳和合金元素大部分固溶在激冷层中，使马氏体开始转变点（M_s）降得很低而不易发生马氏体转变，所以，此层主要为奥氏体组织，硬度较低。变质层厚度与电流和脉宽大小成正比。在正常的工艺条件下，一般不存在裂纹，若在大电流电火花加工或工作电极采用正极进行电火花加工时，都会在熔融再凝固层表层产生大量裂纹。在熔融再凝固层下面是由电火花放电产生的高温区到相变点（A_{c_3}）以上范围快速冷却形成的再淬火马氏体层，与基体相比，该层硬度高、塑性差和裂纹敏感性高。由于淬火马氏体抗蚀性较好，侵蚀后和再凝固层都呈白亮色不易区分。白亮层下面受电火花加工热的影响而达到的温度在相变点（A_{c_1}）以下，超过正常的回火温度，使该区域硬度低于基体，易被侵蚀，在显微镜下呈黑色（图 8-71）。

图 8-71 CrWMn 钢线切割后
表层白色变质层 500×

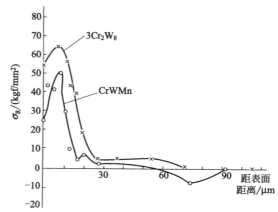

图 8-72 变质层的应力分布状态

对 Cr12MoV 钢经 $1000\mu s$ 电火花加工后的变质层用透射电镜分析，在再凝固层与再淬火硬化层之间还有极薄（$<2\mu m$）的一层过烧带和 $10\mu m$ 厚度的过热层。瞬间加热和急冷的非常态过烧带，由断续分布的细针状组织组成。过热层由奥氏体和未完全固溶的残余一次碳化物组成。电火花加工后的组织变化使表层呈现出拉伸应力状态，且应力值的变化较大。从沿截面的残余应力分布（图 8-72）可以看出，残余应力值随距表面距离的增加而加大，约

距表面 $8\mu m$ 处为最大拉应力，距表面距离进一步增加，残余应力迅速下降。应力变化规律与硬度变化相对应。残余应力的大小与材料和工艺参数有关，一般随材料抗拉强度的提高而增加（图 8-73）。

放电加工变质层的存在，在使用过程中疲劳裂纹易在变质层最大拉应力处萌生形核，降低疲劳强度（图 8-74）。特别是脉宽为 $1050\mu s$ 时，其疲劳强度仅为原机加工表面的 1/6 左右。例如，机芯冲切模经放电线切割后，装机冲制机芯零件仅 3000 余件，就发生冲切孔两端尖角处开裂而失效（图 8-75）。从裂纹处取样作金相检查，发现线切割表面变质层很不均匀，并有较多的微裂纹（图 8-76）。微裂纹的存在，在冲切应力的不断作用下，形成应力集中，导致微裂纹发展而开裂。

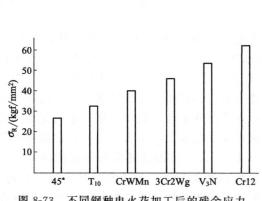

图 8-73　不同钢种电火花加工后的残余应力

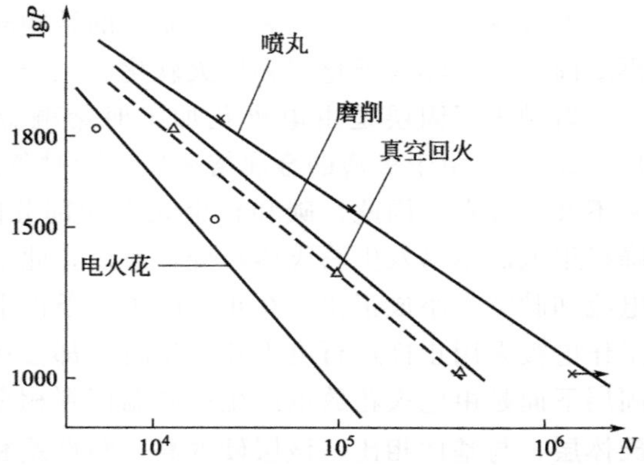

图 8-74　3Cr2W8V 钢不同加工方式的疲劳寿命

图 8-75　机芯冲凸模开裂失效件

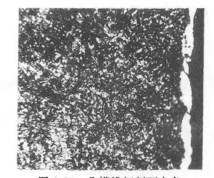

图 8-76　凸模线切割面白色
变质层和微裂纹

当采用高脉宽和大电流加工或工作电极接正极时，在白亮层产生大量微裂纹，还会明显地降低耐磨性。如 ERS 钢经脉宽 $50\mu s$ 电火花加工时，白亮层表面无裂纹，与机加工表面相比，可提高耐磨性 2.5 倍以上。当脉宽提高至 $1000\mu s$ 电火花加工后白亮层表面有很多微裂纹，使耐磨性降低至 40%。所以，放电加工变质层的存在，易在最大拉应力区域产生疲劳裂纹的形核、萌生，大大缩短了疲劳裂纹的形核时间，尤其是当变质层内产生微裂纹时，不仅降低耐磨性，而且在使用应力的作用下，形成应力集中而迅速扩展失效。

8.4.2　线切割变形与开裂

一些工件在电火花线切割过程中，经常发生在模腔的尖角、螺孔、销孔、薄壁等处沿切割方向崩裂或产生变形，使钼丝不能回到原点（图 8-77）。发生变形与开裂的原因是多方面的，涉及工件结构形状、材质、热处理、粗加工后线切割余量和线切割工艺等因素，其中，热处理后的硬度和残余应力过高及线切割工艺参数选择不当是重要因素。

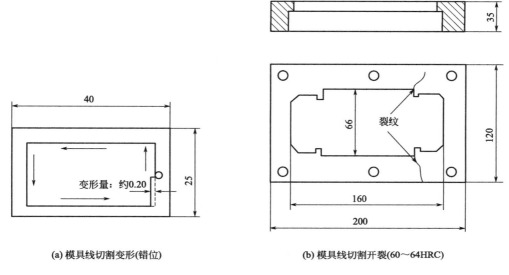

(a) 模具线切割变形(错位)　　　　　　(b) 模具线切割开裂(60～64HRC)

图 8-77　线切割开裂

模具进行线切割加工时，由于大量材料被去除和切断，工件各个区域平衡应力场受到破坏，局部应力集中，当局部应力集中与电火花加工时产生的表面拉应力叠加，当超过该材料的抗拉强度时，引起工件开裂。若叠加应力值尚未达到工件抗拉强度时，可能引起工件变形、造成钼丝运动轨迹不回原点。此外，热处理工件内存在的残余奥氏体，在电火花加工过程中附加应力的作用下，可以诱发转变为马氏体，也会引起工件发生变形。电火花线切割时，在高脉宽和大电流的加工条件下，变形层中出现高的拉伸应力和较多的微裂纹，引起应力集中，导致微裂纹扩展开裂。

防止电火花线切割变形和开裂，除设计合理的工件结构，以圆角代替锐角，截面均匀，合理的硬度要求和减小线切割余量外，防止淬火过热，充分回火降低残余应力，采用合理的线切割方法，防止线切割进给速度与放电能量过大，以减少变质层和微裂纹的形成，可得到良好的效果。另外，电火花加工后在工件表面产生很大的拉应力，且变质层内有一个高硬度的再淬火区，组织很不稳定。因此，在电火花加工后补充一次回火处理，对改善工件表面的应力状态和稳定变质层组织，都是十分有益的。

8.5　冷镦缺陷与失效

冷镦锻的螺栓、螺钉等紧固件，在生产试验和使用中常发生加工困难和不正常的断头现象。其原因是多方面的，但主要是由于冷镦锻产品是在镦锻力的作用下，镦粗头部，按其预定设计的模具几何形状成形，产生塑性变形的金属内部沿其晶内滑移面或晶界产生大量位错，晶粒发生扭曲，随着位错的急剧增加，在滑移方向的切应力相应增加，使晶粒内积存了较高的应力。所以，冷镦成形后的螺栓和螺钉头内部，始终存在着保持平衡状态的残余应力。同时，随着头部压缩比的增加，金属应变硬化效应也越显著，对产品性能发生很大的影响。

8.5.1 冷镦硬化

冷镦硬化效应，硬度显著提高，恶化加工性能时有发生。如冷拉状态的 ML45 钢硬度为 23～24HRC，冷镦销钉后在镦粗头部铣槽（一次进刀成形）时（图 8-78），发生铣刀严重磨损和崩刃现象。测定镦粗部位表面硬度达 34～35HRC，显微组织由纤维状的粒状珠光体成为细小点状珠光体（图 8-79）。经 500～550℃退火后，显微组织呈粒状珠光体（图 8-80），硬度降至 130～

图 8-78　铣槽后的销钉　1：1

134HBW，消除了表面镦锻应变硬化现象，恢复了良好的加工性能。

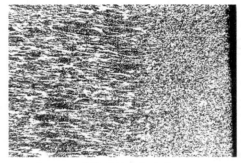

图 8-79　冷镦后的组织变化　120×

图 8-80　冷镦并经退火后的显微组织　120×

8.5.2 冷镦折叠

冷镦坯料表面状态不好，截取过长或存在较大的毛刺等，镦粗后易产生折叠，给使用带来隐患。例如，ML10 钢冷镦成形铆钉一批，发现头部折叠（图 8-81）。折叠处的显微组织严重变形成纤维状（图 8-82），折叠裂纹随变形纤维向内扩展（图 8-83）。其原因是冲裁落料刃口变钝未经修磨，落料时形成挤压，使其端面出现不规则毛刺和尖角现象。在冷镦时，这部分金属受强迫变形，未经镦合而受二次硬化，使折叠根部出现裂纹。经修磨剪切刃口和调整剪切间隙后消除了毛刺的出现和冷镦折叠纹的产生。

图 8-81　冷镦折叠铆钉

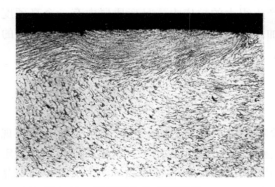

图 8-82　折叠部位的变形组织　50×

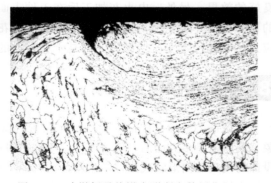

图 8-83　冷镦折叠纹沿变形方向扩展　200×

8.5.3 冷镦螺栓头部断裂

在工业生产和使用中常发生螺栓掉头而蒙受较大的经济损失和影响设备的安全运行,但螺栓头部断裂的原因是多方面的,这些因素都不同程度地在螺栓头部形成叠加应力状态,在一定的外载荷作用下易导致头部不同的脆化断裂,如图 8-84 所示。其中,冷镦工艺是重要因素。如螺栓头部冷镦前用料高度和直径比值较大,导致螺栓头部金属形成双弯曲的不均匀变形。如 A3 钢 ϕ10.55mm 冷镦螺栓,沿其头部纵向剖开,测定硬度分布情况(图 8-85),显示出螺栓头部最严重的应变硬化区域多处于金属纤维流线的第二个弯曲部位,硬度高达 337HV,使其具有较高的强度极限和屈服极限,从而大大降低钢材应有的韧性和塑性。这种极不均匀的塑性变形,头部与杆部的强度相差悬殊,在螺栓支撑面与杆部过渡部分形成一个脆性断裂的敏感区域。为避免出现螺栓掉头,应采取合理的冷镦成形工艺,以保证头部材料变形均匀。如小变形的加工工艺,减少螺栓部位与杆部的硬度差别,同时,在标准允许范围内在头杆结合处,尽量取大的圆角半径,提高头杆间的结合强度,都是防止螺栓掉头的有效措施。

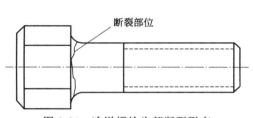

图 8-84　冷镦螺栓头部断裂形态

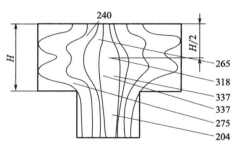

图 8-85　A3 钢 GB30 M12 螺栓硬度分布情况

8.5.4 十字槽和内六角螺钉掉头

冲封闭的内孔时,不仅模具冲头有很大的冲击应力,而且金属在封闭状态下形成激烈流动,使零件内孔底部周围形成很大的残余应力。采用盐酸水溶液热浸,渗氢后的微裂纹可清晰地显示出内应力的存在(图 8-86)。所以,对镦冲内六角孔和十字槽等螺钉时,模具设计和工艺控制不当,使孔底金属激烈变形(图 8-87),金属组织成纤维状,积聚较大的残余应力,在安装和使用应力的作用下,易产生掉头现象。如发动机油泵上的 40CrNiMo 钢制的六角螺钉在台架试验时,仅 134h 就发生掉头现象(图 8-88)。螺钉杆部硬度为 37~38HRC,而头杆结合区域最高达 45~48HRC,断口呈细瓷状脆性断裂特征。十字槽平圆头螺钉冲槽

图 8-86　热酸蚀后冲孔底部的微裂纹

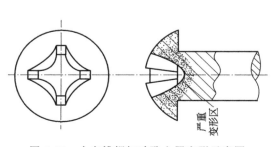

图 8-87　十字槽螺钉冲孔金属变形示意图

较深，在安装拧紧时就发生大量断裂现象。断裂部位均处于槽底和螺杆连接处（图 8-89），断口平滑光洁，断裂处的显微组织呈纤维状（图 8-90）。裂纹沿纤维方向扩展，在金属变形激烈的部位呈现出较多的显微裂纹（图 8-91 和图 8-92）。这可能和金属激烈的塑变过程中由于组织差异，导致塑性变形能力的不同而引起较大的残余应力，在外力作用下沿切应力较大处引起开裂所致。

图 8-88　内六角螺钉台架试验断裂后形态

(a)断裂后实物形态　　(b)螺钉纵剖面形态

图 8-89　断裂螺钉形态

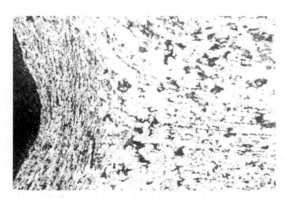

图 8-90　图 8-89 中箭头 1 处组织变形形貌　100×

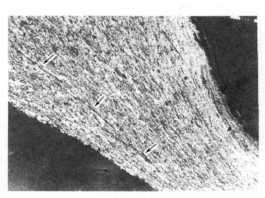

图 8-91　图 8-89 中箭头 2 处显微组织和微裂纹形态　100×

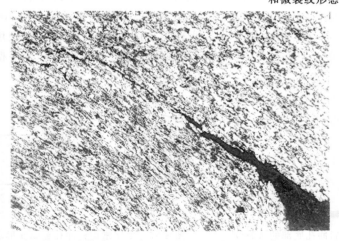

图 8-92　图 8-89 中箭头 3 处裂纹沿纤维组织变形方向扩展形貌　100×

8.6 滚丝不当产生的缺陷与失效

螺栓、螺钉等通常采用搓丝或滚丝方法加工螺纹，在滚丝或搓丝过程中，往往会由于工艺参数选择不当或调整失当，使螺纹处产生折叠纹、空洞、局部受压而破碎等缺陷，造成重大损失，如果工艺质量检验不严，使有严重工艺缺陷的紧固件混入成品中，则会造成使用中的潜在危险。如 MT 螺栓滚丝成形后在装配过程中发生大量断裂（图 8-93），金相检查后发现，经滚压后的螺纹根部出现微裂纹（图 8-94）。螺栓材料要求为中碳钢（碳质量分数为 $0.25\%\sim0.50\%$），经淬、回火后硬度要求为 22～25HRC。实际为低碳钢（碳质量分数为 0.12%），硬度仅为 190HB，组织为铁素体＋珠光体。所以，在组装时拧紧力的作用下，使螺纹根部微裂纹应力集中处扩展致断。又如 45 钢棒滚丝制成的螺栓，在装配和使用过程中断裂，其断口中心有不规则向外呈散射状的空腔（图 8-95），显微组织中有明显的螺旋状变形流线（图 8-96）。对未装配的同批成品螺栓进行 X 射线探伤检查，结果有 17％的螺栓在螺纹部位的轴心存在空腔（图 8-97），有空腔的部位呈腰鼓形胀大。

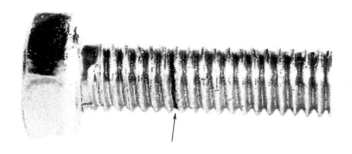

图 8-93 滚丝后装配时断裂螺栓

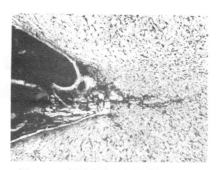

图 8-94 螺纹根部的变形和微裂纹

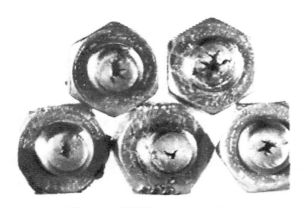

图 8-95 断裂螺栓中心空腔形貌

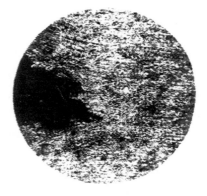

图 8-96 断裂螺栓显微组织形态 35×

螺栓类紧固件在滚丝过程中所产生的各种应力是不同的。根据应力分析可知（图 8-98），毛坯在滚丝轮径向压力（P）和扭转力矩（M）的作用下，径向正应力 σ 在钢棒截面上的分布，仅在与滚轮受压力处的很小区域是压应力（$-\sigma$），切向和轴向正应力在棒的截面上的分布也仅在边缘区域是压应力，而大部分的中心区域都处于拉应力状态，并且，拉应力（$+\sigma$）的峰值处于零件中心整个截面上。当滚丝轮调整不当或毛坯杆部尺寸过大，引起滚轮压力过大，其中心拉应力（σ）值超过材料的强度极限（R_m）时，中心区域必然首先破坏，形成裂纹，并在滚轮旋转加压过程中形成空腔。只有通过调整滚丝轮压力和进给量，避免毛坯直径过大，才能得到良好的效果。

图 8-97　X 射线透视螺纹处空腔（白色）

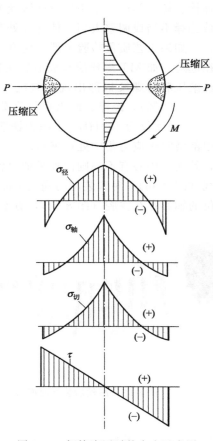

图 8-98　钢棒滚压时的应力示意图

　　滚丝变形速度过大时，螺纹底部承受滚轮齿顶的正压力和很大的摩擦力，使金属塑性变形不均匀，金属流受阻，不能向两侧流动，只能沿径向流动，造成变形能力差的如 HPb59-1 黄铜 α 相激烈变形和 β 相晶粒破碎细化，并伴随着加工硬化，当形变速度达到一定程度时，就会造成齿顶的破碎（图 8-99）。在保证螺纹成形的前提下，尽量采用低应力、低转速，使滚丝形变速度不能过大，防止冷塑性变形能力差的金属在滚丝时产生缺陷。

　　有些滚丝过程中产生的破碎、掉块现象，与材料内部存在严重的夹杂或缩孔残余等缺陷有关外，还与材料状态和工艺程序有密切关系。毛坯材料过硬，滚丝时螺纹根部容易因冷作硬化效应而产生微细裂纹，引起螺纹根部应力集中，其危害较大。一般滚丝材料硬度应低于37HRC 为好。当硬度过低时，可通过调质处理和利用滚丝冷作硬化提高齿部硬度来解决。例如，40Cr 钢制曲轴螺纹部位要求硬度为 30～45HRC，采用滚丝后高频淬、回火提高齿部硬度，然后采用扳牙校正螺纹。由于硬度较高以及校正时的冷作硬化效应，使螺纹部位出现裂纹、变形、崩牙而产生大量废品并漏留隐患，同时造成大量扳牙的损耗。后改为先调质成硬度为25～32HRC 的毛坯料进行滚丝，利用变形冷作硬化效应，提高齿部硬度（图 8-100），而不需要经高频淬火和扳牙校正螺纹，保证了滚丝后螺纹的精度和表面质量，满足了设计要求。

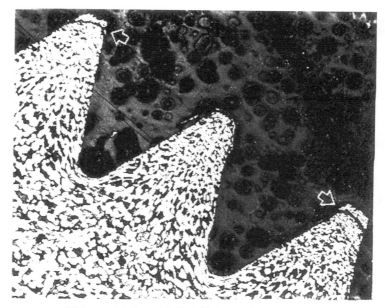

图 8-99 HPb59-1 黄铜齿轮滚丝后齿顶破碎形貌

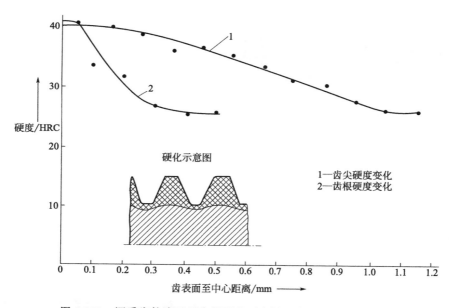

图 8-100 调质齿轮滚丝后齿部硬化示意图及表层硬度变化曲线

滚丝后表层冷作硬化，硬度的提高对受弯曲应力的工件，易引起螺纹底部产生微裂纹，尤其是当螺纹根部加工质量较差，载荷在螺纹上分配不均匀，因而导致螺杆的早期失效。如燃气热电的冷却塔风机 U 形螺栓吊杆，呈悬臂梁状的弯曲应力状态，使用约六年后发生断裂，断裂部位处于螺纹根部，如图 8-101。

螺栓吊杆材料为 304 不锈钢，经滚丝后表面层约有 0.20～0.25mm 的变形层（图 8-102），硬度达 450～460HV$_{0.2}$，而中心仅为 209～215HV$_{0.2}$。断口呈典型的疲劳断裂形貌（图 8-103），瞬时断裂区（C）很小，说明承载负荷较小。由于螺纹部位加工的偏移，

图 8-101　U 形螺栓吊杆断裂部位和形态

使半边螺纹较浅（图 8-104），导致螺纹根部受力不均匀性增加，在长期的振动应力的作用下，在应力最大的变形高硬度区萌生微裂纹，并随振动应力的周期变化而不断扩展，导致最后的断裂。

对于用变形能力差的黄铜制造螺钉、螺塞、套管时，在滚丝过程中，常会发生破裂"掉渣"等问题。除退火不当产生脱锌和晶间氧化在滚丝金属变形过程中发生晶间破裂外，退火不充分，塑性差，使滚丝时金属不能按变形流线分布，而三角形螺牙的形成，在很大程度上是呈切削状形成，使螺纹底部碎裂和"掉渣"（图 8-105），造成使用中的隐患。

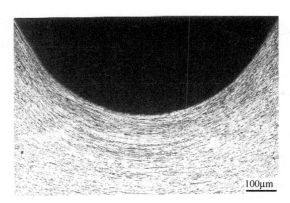

图 8-102　滚丝后螺纹底部变形形态

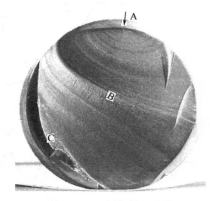

图 8-103　疲劳断口形貌
A 为裂源；B 为扩展区；C 为瞬时断裂区

图 8-104　加工偏移导致半边螺纹较浅

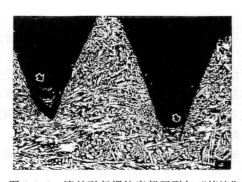

图 8-105　滚丝引起螺纹底部开裂与"掉渣"

对于滚压成形的零件，滚压时速度、压力调整不当，会使滚压端产生裂纹。如图 8-106 钢钎两端锥头滚压成形时，由一次滚压成形，因变形量过大而引起滚压两端中心均出现裂纹，只有采用小变形量才能避免裂纹的产生。

图 8-106 钢钎两端滚压成形不当引起开裂

8.7 冲、挤和拉伸成形缺陷

冲压、拉伸或冷挤等工艺是一种无切削的加工方法，它们是利用模具在压力下使金属在模腔内产生塑性变形，从而获得所需形状的工艺过程。此类工艺形成的缺陷和废品因素较多、特征各异，常见的有工件表面起皱、开裂、表面擦伤或拉伸、挤压件底部与壁间的圆角处由于拉伸变形过烈而变薄造成隐患和废品。例如，厚度为 1.5mm 的 08F 板材经拉伸—退火—拉伸等工序，检查发现拉伸底部变薄（图 8-107），剖面缩颈形貌更为明显（图 8-108），显微观察缩颈部位中心已出现微裂纹（图 8-109）。出现拉伸缩颈未发现，在使用应力的作用下，微裂纹就成为疲劳源，引起零件的早期失效。

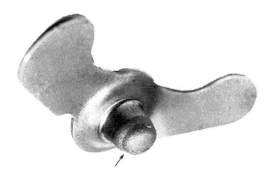

图 8-107 拉伸变薄零件形貌

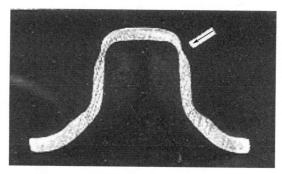

图 8-108 缩颈处横向截面宏观特征 1×

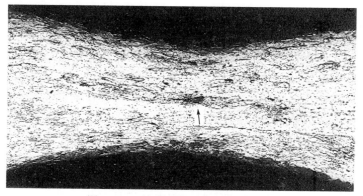

图 8-109 缩颈处的显微组织 50×

拉伸变薄缺陷的产生一般由于材料、模具制造、工艺安排和操作不当引起。凹凸模的间隙过大，冷挤压截面过渡过于剧烈，圆角半径太小等，不利于金属流动而引起工件转角处材料变薄。合理的调整间隙，加大圆角半径，减小变形量等方法，可防止拉伸局部变薄的形成。

冲压、拉伸和冷挤压表面出现折皱、凹坑、鳞状裂纹，其原因主要是挤压时工件与模具之间存在较大的摩擦力，在摩擦力的作用下，金属中心层流动速度大于表层，因而使外表面金属产生附加拉应力。当此应力足够大时，使工件表面出现折皱、凹坑、鳞状裂纹等缺陷。当这些缺陷未被发现，尤其是在深孔的内表面时更不易发现，则在使用中因应力集中形成疲劳源而引起零件的早期失效。如高压燃油管头部内孔壁，冲压台阶时挤出凹坑未被发现，仅服役两个多月就发现油管头部出现裂纹（图8-110）而漏油。将裂纹打开后断口上有明显的贝纹状疲劳弧线，裂纹源在内孔边缘损伤处（图8-111）。断口微观检查，可清晰地看到加工后残留在燃油管内壁冷冲压时挤出的残留在燃油管头内壁的凹坑。在凹坑处可见变形、折皱和裂纹（图8-112），金相检查显示出凹坑处水波状变形形态（图8-113）。由于冷冲压台阶附近受到机械损伤，晶粒严重扭曲，可能导致存在较大的内应力，而且易引起应力集中，成为裂源，在使用应力的作用下裂纹不断扩展，直到穿透管壁而发生漏油。

图 8-110　高压油管头裂纹形态

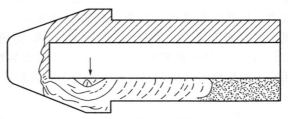

图 8-111　断口宏观形态

图 8-112　内孔表面裂源处的凹坑形态

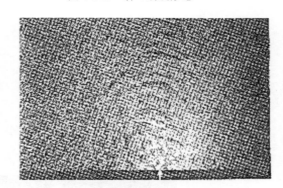

图 8-113　裂源区变形晶粒和水波状花样

有些零部件的早期失效是加工缺陷和使用操作不当综合作用的结果。如锅炉水冷壁上集箱连通管设计材料为20钢，规格为133mm×6mm，工作压力为5.8MPa，工作介质为汽-水混合物，工作温度为280℃。在正常情况下，即使工作温度升至500℃，结构仍处于弹性状态，不会发生塑性变形。由于制造过程中造成内壁划伤，划伤沟槽深达1.3mm。若工作温度保持在280℃，即使有1.3mm沟槽，结构也仍处于弹性状态，不会发生塑性变形。但由于操作不当引起超温，使得管道出现短时过热，温度和缺陷同时作用，使得结构发生塑性变形，并最终导致爆管事故的发生。

在对板材、棒材的冲压成形、剪切下料过程中，模具安装、调试不当，剪切刃口不锋利或中间处理不合理都能引起变形、开裂等缺陷和给使用带来隐患。例如，平台后罩材料为H62M黄铜板材，厚度1.5mm，原拉深工艺为：落料→600～650℃退火90min→拉深。后为保证凸出部位的椭圆度，改为二次拉深，即第一次拉深后经 270℃ 去应力退火 90min，再拉深。结果在二次拉深翻边时，有 25% 左右零件开裂（图 8-114）。检查材质符合要求，硬度为 104～112HBS，金相组织为沿变形方向拉长的 α+β（图 8-115），晶粒尺寸为 0.035～0.04mm。开裂原因主要是拉深过程中工艺不合理，两次拉深之间的 270℃ 去应力退火时，由于锌原子通过扩散偏聚，使该区域锌浓度增高，合金硬化，因而再次拉深时易形成裂纹，将温度提高至 350～400℃，即可避免开裂。

图 8-114 平台后罩拉深成形开裂形态

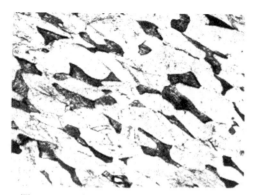

图 8-115 裂源处变形的 α 和 β 相 200×

8.8 其它加工缺陷与失效

8.8.1 剪切缺陷

剪切加工是工业生产中普遍使用的快速成型的方法之一，有的是为加工零件的毛坯做准备。剪切时上下模具调整不当产生偏移，刃口间隙过大或剪切刃口不锋利，剪切后的金属端面发生强烈变形甚至开裂，给下道工序甚至给使用带来隐患。如煤气阀体锻件毛坯是由黄铜棒材剪切下料，由于刀片间隙过大，使棒材剪切端出现撕裂（图 8-116），锻造过程未焊合，加工未完全去除，在使用应力的作用下，逐渐扩展成宏观裂纹（图 8-117）。对板材下料引起的撕裂纹，在精加工后往往遗留有细小的微裂纹。如铝板材冲切时由于刀刃较钝，下料时引起切口处撕裂纹（图 8-118）。其裂纹尖端较细小（图 8-119），加工后不易发现而遗留至成品中，给使用带来隐患。

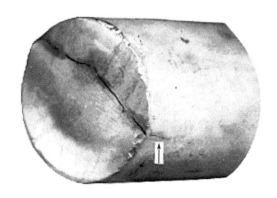

图 8-116 棒材剪切下料的剪切撕裂纹

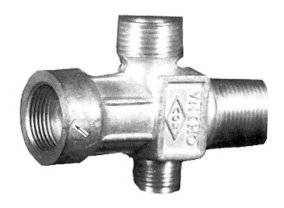

图 8-117 煤气阀体遗留的剪切裂纹

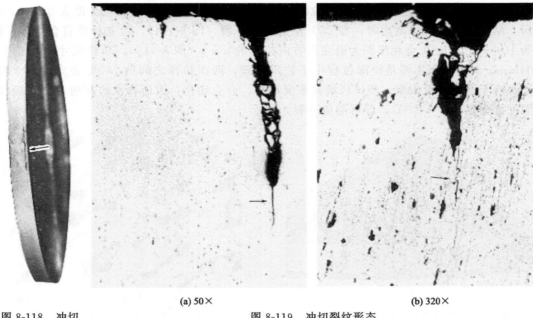

(a) 50×　　　　　　　　　　　　　　　　　(b) 320×

图 8-118　冲切　　　　　　　图 8-119　冲切裂纹形态
后的裂纹

　　对于强度较高的弹簧钢、铆钉等材料剪切后，剪切端面变形引起冷作硬化和残余应力，尤其是需经表面镀锌等表面处理的零件，严重影响性能、质量和使用寿命。如直径为 2mm 的 70 冷拉钢丝制成的 3000 余只铆钉铆接时发现大量开裂（图 8-120），对钢丝材质和表面形态检查，结果均符合技术要求。裂纹沿冷拉后的纤维状组织扩展（图 8-121）。铆钉生产流程为：剪切落料→去毛刺→镀锌→检验入库。剪切落料时，由于上下模的偏心，使落料后的端部金属严重变形（图 8-122），酸洗后开裂（图 8-123），冷作硬化和残余应力与镀锌时的渗氢是造成开裂的原因。为避免铆钉开裂，调整模具，减小剪切端金属变形和增加 230℃ 保温 1h 去应力退火和适当提高去氢温度，可避免铆钉开裂（表 8-7）。

图 8-120　铆钉开裂形态

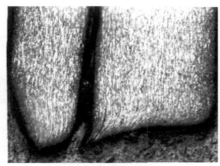

(a) 开裂头部形貌　30×　　　　　　　　(b) 裂纹尾端形貌　250×

图 8-121　裂纹沿纤维状组织扩展

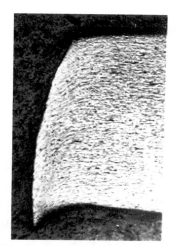

图 8-122 落料后的变形组织 20×

图 8-123 落料后酸洗开裂（未腐蚀） 80×

表 8-7 下料后不同处理方式对铆钉开裂的影响

序号	件数	去应力退火 230℃×1h	1：1 HCl 水溶液侵蚀 1h	镀锌	去氢处理	开裂件数	图号
1	50		√			50	图 8-123
2	50	√	√			0	
3	50			√		50	图 8-124
4	50			√	180℃保温 1h	18	图 8-125
5	50	√		√	180℃保温 1h	2	
6	50	√		√	220℃保温 2h	0	

图 8-124 未去应力退火镀锌开裂 100×

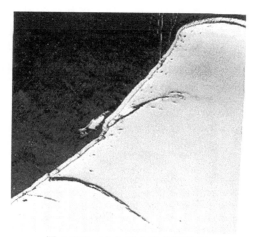

图 8-125 未去应力退火镀锌后
180℃去氢后开裂 80×

对一些锻件分模毛边的剪切去除时，剪切模具间隙调试不当或刃口不锋利，引起微小的撕裂不易被发现。有些在随后的加工应力的作用下，使裂纹扩展而被发现（图 8-126）。有些细小裂纹遗留至安装拧紧时才扩展或在使用应力作用下逐步扩展，导致零件的早期失效。

图 8-126　剪切锻件毛边时撕裂细裂纹（加工后发现）

8.8.2　加工毛刺与失效

在机械加工时，金属受到挤压变形，在金属边缘会形成毛刺，尤其是切削刀刃不锐利，又以较低或中等速度切削塑性金属时，金属晶粒受到拉伸和滑移，因而引起金属变形、硬化和撕裂。尤其是采用挤压、拉削内孔、冲切板材时易出现毛刺。若毛刺未予去除，将成为使用中应力集中的根源。例如，采用 ZQSn10-2-3 锡青铜离心铸造后加工制造的液压泵转子，在装配试验阶段仅数分钟就发生了漏油、压力下降现象。经分解检查，发现转子开裂（图 8-127），而转子材质、性能、几何形状经检查均符合技术要求。裂纹源位于柱塞孔台阶处的毛刺裂口处（图 8-128）。由于转子在装配过程中有一柱塞孔过小，采用挤压方法扩孔，金属受到强烈的挤压而产生塑性变形引起冷作硬化现象和残余应力较大，在使用中易在毛刺的小裂缝处优先形成裂纹源，并在使用应力的作用下迅速扩展，导致转子的早期失效。又如，汽车驱动盘装车后仅行驶 7000km，便发出较大噪声，检查发现，驱动盘卡爪断裂（图 8-129）。驱动盘材料为 SAPH440 钢（质量分数为 ≤0.21%C、≤0.30%Si、≤1.50% Mn、≤0.030%P、≤0.025%S、≥0.010%Al），表面碳氮共渗层深度要求为 0.05～0.25mm，表面硬度大于 595HV。驱动盘生产流程为：冲压→清洗→热处理→清洗→定形回火。断裂部位处于卡爪成形弯曲的挤压部位，宏观断口较平整，呈周边脆性、中间韧性形态（图 8-130）。断口两端的冲切毛刺均有较多的微小裂纹向内扩展（图 8-131），表层断口沿晶开裂呈脆性状态，而中心为韧窝形态（图 8-132）。驱动盘材料符合技术要求，表面层碳氮共渗层深度为 0.18mm，马氏体和残余奥氏体按 JB/T 7710—2007 标准评定为 2 级，而断裂部位硬化层深度为 0.25mm，马氏体为 3 级（图 8-133），比未弯曲部位马氏体针要长，说明冲压和弯曲使金属变形，在碳氮共渗温度下，使晶粒长大和渗速较快所致。也增加了该部位的脆性，在汽车行驶过程中的使用应力和振动应力的作用下，使未去除的冲切毛刺的微裂纹逐步扩展至爪卡断裂失效。

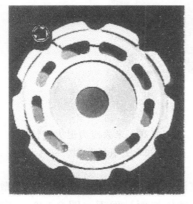

图 8-127　转子开裂部位（箭头所指）

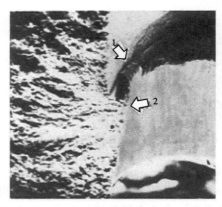

图 8-128　裂纹起源于内孔毛刺处（箭头所指）
箭头 1 为毛刺裂口处，箭头 2 为毛刺

(a) 驱动盘卡爪断裂部位

(b) 驱动盘卡爪断口形态

图 8-129　驱动盘卡爪断裂部位与断口形态

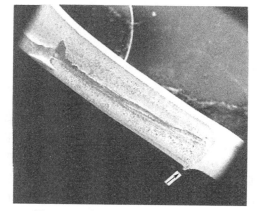

图 8-130　断口形貌（箭头处为毛刺）

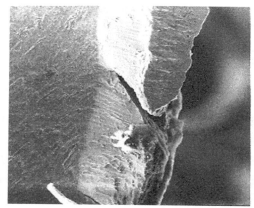

图 8-131　断裂部位毛刺开裂形态

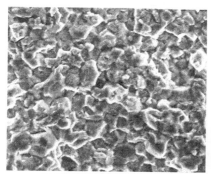

(a) 碳氮共渗区沿晶断裂形貌

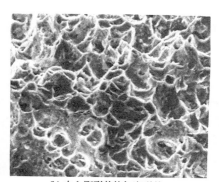

(b) 中心撕裂状的韧窝形貌

图 8-132　断裂形貌

机械加工后的边角毛刺往往不被人们重视，由于毛刺的冷作硬化、开裂和加工应力的存在，易在使用状态下形成应力集中，成为裂源，降低使用寿命。所以，机加工后的毛刺必须进行修整去除，降低应力集中系数，防止边角的脆性开裂。

8.8.3　电解加工的缺陷

电解加工过程中，由于工件材料存在成分、组织、晶粒度、晶间、晶格的畸变、夹杂物等不均匀和电流密度、工作电压、电解液等工艺参数的选择不恰当，会产生多种表面缺陷，例如

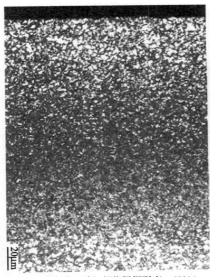
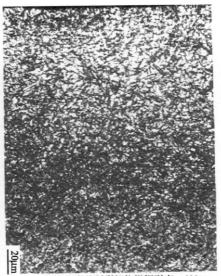

(a) 未弯曲、冲切部位组织形态　400×　　　　(b) 冲切、弯曲断裂部位组织形态　400×

图 8-133　不同部位的渗层深度与马氏体针的形态

表面不平度、流纹、瘤子和局部凸起以及晶间腐蚀、斑点腐蚀、裂纹、渗氢等现象。这些缺陷的形成，大多是电解加工时表面产生不均匀性阳极溶解的结果。如 30CrMnSiNi2 钢在电压 18V、电流 50A、时间 40～60min、电解液为 16%NaCl 1∶1 的水溶液中电解加工后，未见有严重的腐蚀，但表面出现螺旋状花纹（图 8-134）。尤其是当电压不稳定时，表面缺陷更为严重。如加工 30CrMnSiNi2A 高强度钢制的挂钩，将原用直流发电机供电改为硅整流器供电后，加工表面出现花纹状缺陷（图 8-135）。由于硅整流器供的直流电源有脉动电流和电压不稳定现象，直接影响着加工间隙的大小，使加工进给速度不均匀，引起电化学腐蚀速度的变化，使加工表面形成"横向条纹"。经更换直流发电机供电后，消除了"花纹"缺陷。

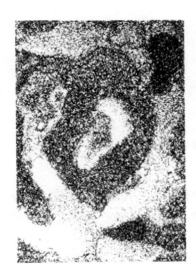

(a) 电解加工部位和缺陷　　　(b) 电解加工部位缺陷的放大形貌

图 8-134　电解加工后表面
螺旋状花纹形态

图 8-135　挂钩电解加工后的表面缺陷

电解加工中显微组织、硬度的不同将对表面加工后的表面光洁度有所影响。在硬度不高的情况下，一般表面光洁度随硬度的提高而提高。如 45 钢硬度为 45HRC、组织为回火托氏体时，表面光洁度最佳，当进一步提高硬度，表面光洁度有所下降。材料组织的均匀性，可避免晶粒粗大，尽可能消除残余应力，晶格的严重畸变和晶间杂质，影响电解加工的工件表面锈蚀、油污等必须清除干净，同时应根据不同工件材料选用合适的电解液成分、浓度、温度和各种工艺参数，使工件得到均匀溶解，才能获得优良的加工精度和表面质量。

8.8.4 机械损伤与变形

机械零件在加工、安装和运输等各个环节中，对于操作不当造成的零部件表面损伤，往往不予注意，在使用中因应力集中导致早期失效的情况时有发生。如汽车刹车踏杆由 20 钢，直径 20mm 冷拉棒材经弯曲 90°左右制成产品，在装配试验阶段，发生弯曲部位断裂（图 8-136），断裂起源区域有明显的弯曲成形时挤压损伤（图 8-137），裂源处放大后挤压损伤形态更为明显（图 8-138）。由于弯曲挤压金属变形引起冷作硬化，使该区域硬度高达 258HV（未变形部位硬度为 227HV）。刹车时加载速度快，裂源处脆性大，微观断口呈解理断裂形貌（图 8-139）。

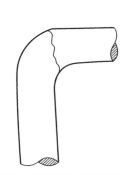

图 8-136 踏杆弯曲部位断裂示意图

图 8-137 断裂起源部位挤压损伤和断口形貌

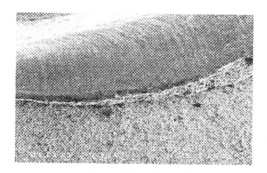

图 8-138 裂源处的压痕形态

图 8-139 裂源区断口的解理形貌

高硬度脆性较大的零件受到机械碰撞易受损碎裂，如渗碳淬、回火后的齿轮尖角等处易崩裂，尤其是硬度较低的零件表面喷镀高硬度的覆盖层受碰撞后易破损，导致使用过程中意想不到的事故，对安全形成极大的威胁。例如，发电厂吸风机在运行过程中，发现风机"轴承温度/振动高"字牌报警，吸风机 3A 电动机电流开始上升和晃动，停机检查发现吸风机 3A 叶片断裂和撞击变形（图 8-140）。吸风机叶片材料为 16Mn 钢，硬度为 176HBW，叶片表面喷镀有 Cr、Ni、Si 等元素的镀层，硬度达 715～778HV。叶片断口有明显的疲劳弧线（图 8-141），疲劳源点外表面镀层呈破裂形态（图 8-142），在其对应的断裂面可看出，裂源正处于表面镀层的破裂处（图 8-143），疲劳条带明显（图 8-144）。这充分说明，由于受到机械损伤，在使用应力的作用下，破裂处形成应力集中，使表面裂纹向基体扩展，随着工作应力的周期变化而不断呈缓慢扩展，最后导致叶片的断裂。

图 8-140　叶片断裂和变形形态，箭头所指为断裂处

(a) 实物断口形貌

(b) 断口形貌示意图

图 8-141　叶片断口疲劳弧线形貌

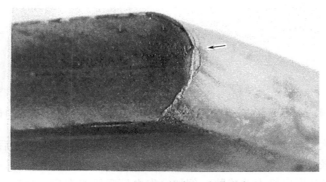

图 8-142　裂源处外表面破裂形态

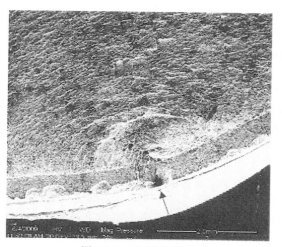

图 8-143 裂源处形貌

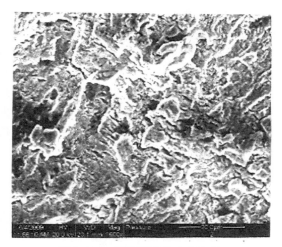

图 8-144 裂源附近的疲劳条带

(a)断裂弹簧形貌

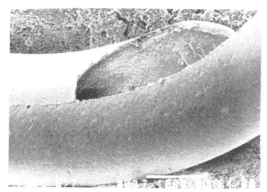

(b)弹簧断裂处局部放大形貌

图 8-145 弹簧表面拉痕引起早期断裂

对于一些高强度的材料，表面损伤对使用性能的影响是明显的。如 $\phi2mm$ 的 Cr12Mn5Ni4Mo3Al 制压缩弹簧表面有拉痕缺陷，仅使用 18h 就发生断裂（图 8-145），$\phi2.5mm$ 的 65Si2MnW 钢丝外表面有较严重的擦伤，在绕制时就发生断裂（图 8-146）。有

(a)断裂弹簧实物

(b)局部放大后的表面擦伤形态

图 8-146 表面擦伤导致绕制断裂

421

些表面缺陷较细小，不易被人们注意，当这些细小缺陷处于螺旋弹簧内径的最大切应力部位时，就可引起应力集中成为疲劳源。如 50CrV 和 Cr12Mn5Ni4Mo3Al 等高强度弹簧，由于弹簧内表面有微小的机械损伤和麻点而引起疲劳断裂（图 8-147 和图 8-148），其寿命仅 9h 和 11.5h。为了消除弹簧表面微小缺陷，增加弹簧表面压应力，往往采用喷丸处理，使表面形成一定厚度的强化层，此强化层有较高的残余压应力，当弹簧承受交变载荷时，可抵消一部分交变载荷中的拉应力。所以，在一定的喷丸强度范围内，随喷丸后的残余应力的提高，疲劳强度也随之提高，从疲劳断裂后的断口形貌来看也有明显的不同，随表面压应力的增加，疲劳源由表面向中心迁移（图 8-149）。

图 8-147　50CrV 弹簧内表面凹坑
麻点引起的疲劳断裂

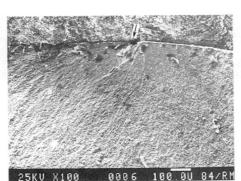

图 8-148　Cr12Mn5Ni4Mo3Al 弹簧内表面
麻点导致疲劳断裂

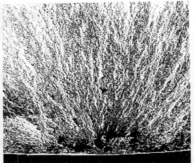

(a) 表面无压应力，疲劳源产生在表面　(b) 表面压应力较小，疲劳源于表层下形成　(c) 表面压应力较大，疲劳源离表面较深

图 8-149　表面压应力对疲劳源部位的影响

弹簧安装或使用不当，引起表面摩擦损伤，会严重影响其使用寿命。如摩托车后减振簧，材料为 50CrV 钢丝，经绕制、淬火、回火后镀 Cr 而成，硬度为 47.5～48HRC，组织为托氏体。组装后仅运行两个半月左右，弹簧就断裂成三段。断裂部位均在弹簧外表面和保护套筒之间摩擦损伤处（图 8-150），其断口均呈疲劳断裂形貌（图 8-151）。

对于受交变载荷的零部件，表面的各种损伤均可成为应力集中和疲劳源而降低使用寿命。所以，保持零部件表面的完整性是非常重要的，必须引起重视。

冷弯曲成形的零件，由于金属变形冷作硬化和尖角应力集中等因素，易引起尖角开裂，如图 8-152。板材冲压弯曲时尖角处开裂是常见的缺陷之一，只有将弯曲半径大小控制恰当、增加材料塑性和去除毛刺与尖角形态，才能防止尖角开裂，消除隐患。

(a) 断裂减振弹簧的全貌 1:2.5

(b) 断裂部位的局部放大

图 8-150 断裂弹簧的形态（箭头处为断裂和损伤部位）

图 8-151 断口疲劳断裂形貌

(a) 弯曲半径小引起的裂纹

(b) 尖角无圆弧，引起应力集中开裂

图 8-152 不同形态的弯曲裂纹

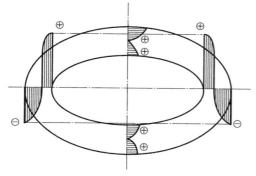

图 8-153 在内压力和烟气、温度共同作用下，管壁中应力集中示意图

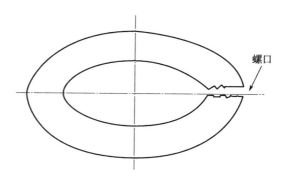

图 8-154 弯头爆口横截面示意图

对于一些锅炉过热器管等弯头弯曲不当，使弯头形成较大椭圆形，则在运行状态下，使椭圆形长轴端内壁上承受较大的应力集中（图 8-153）。而且随椭圆度的增加，应力集中度

423

随之加大，因而易使该处产生微量的弹性或塑性变形，导致该处内表面氧化膜（Fe_3O_4）破裂，其下面的金属表面再度受到蒸汽强烈的集中腐蚀而成为更高的应力集中点和腐蚀疲劳的根源，直至发生爆口（图 8-154）。所以，弯管时应减少弯头处管径的椭圆度，防止应力过度集中而引起弯管的早期失效。

8.8.5 电镀氢脆断裂

电镀是工业上广泛采用的一种表面防腐工艺，它能有效地提高零件的抗腐蚀能力。但工艺或

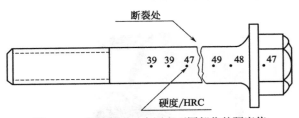

图 8-155 螺栓断裂示意图和不同部位的硬度值

镀后处理不当，会引起零件的滞后脆性断裂。如摩托车发动机螺栓，材料为 45 钢，经调质后要求硬度为 26～35HRC，表面镀锌后在 180℃保温 1.5h 去氢处理。装配后的第二天发生大量螺栓断裂，断裂部位有的在螺纹处，有的在螺杆处（图 8-155）。硬度测定为 39～49HRC，硬度过高且不均匀。断口较平整，呈结晶状的脆性断裂

形貌，经 SEM 断口微观检查，断口呈沿晶断裂的岩石状形貌，为典型的氢脆断裂特征（图 8-156）。裂源处氢含量测定达 11.78mg/kg。显微组织为回火低碳马氏体＋托氏体（图 8-157）。氢脆断裂除零件含有较高的氢外，还必须有外加拉伸恒载荷或低速拉伸载荷才能发生脆性断裂，所以，往往在装配后的静置状态下发生延迟脆性断裂。外载速度≥10mm/min时，由于氢原子来不及扩散和聚焦，氢脆敏感性急剧降低，甚至使氢不起脆性作用。对同批生产的未装螺栓，经 200℃保温 6～8h 补充去氢处理后，装配和使用中均未发现螺栓断裂现象。说明螺栓的断裂是由于原去氢温度较低，保温时间较短，去氢效果不好。

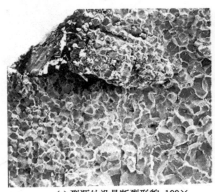
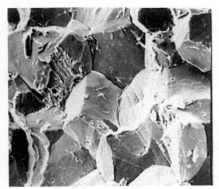

(a) 裂源处沿晶断裂形貌 100×　　　(b) 氢脆断裂放大形貌 1000×

图 8-156 螺栓氢脆沿晶断裂形貌

影响氢脆的因素，除酸洗、电镀工艺外，还有零件的原始含氢量、所处的介质、表面状态和组织形态等因素。

氢脆时所需的氢来源于原始钢材和环境介质中的吸氢量，钢材原始含氢量高的零件，即使在环境介质中吸氢量低，也会产生氢脆。零件原始含氢量愈低，在有氢的环境介质中吸氢的倾向就愈大，吸氢表面的氢浓度和平均含氢量将迅速增高。则含氢量愈高的零件产生氢脆所需的临界应力也愈小。氢脆断裂时的孕育期也愈短。

化学成分相同的钢，在各种含氢环境介质中的吸氢量是各不相同的。试验表明，高强度

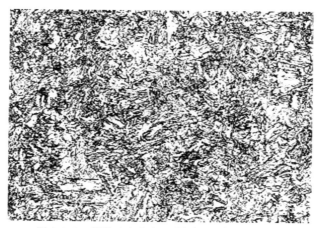

图 8-157　螺栓金相组织：低碳马氏体＋托氏体

钢介质敏感性是按大气、水、HCl（pH＝5）、0.1％NaCl、HCl（pH＝3）、0.1mol/L HCl 和 H_2S 水溶液的顺序逐次升高的。造成吸氢的介质有气体和液体两种类型，常见的含氢环境介质列于表8-8。水溶液中存在着 V 和 VI 族元素（硫、磷、砷、硒、碲、铋）时，由于催化作用将使零件的吸氢量急剧增加，因此，这类介质的氢脆敏感性很高。

表 8-8　常见的含氢环境介质

气体介质	大气、潮湿的大气、工业大气、常压的纯氢、H_2S 气体、HCl 气体、HBr 气体、海雾、H_2S-H_2O 气体
液体介质	纯水；天然水；海水；含碱的水溶液；含卤素离子的水溶液；含 As、Sb、Bi 离子的水溶液；含酸溶液；含微量水的有机溶剂

　　无论哪种介质，如果介质与钢表面接触时分解出的活性氢原子愈多，那么零件的吸氢量也愈高。因此，吸氢量不仅与介质浓度成正比，也跟溶液的 pH 值有密切关系。溶液处在碱性和中性时的吸氢量最小，当 pH＝10 时，几乎不吸氢。而酸性溶液的吸氢量较大，当 pH＝2～4 时，吸氢量最严重。

　　如果零件是从气态与液态中吸氢致脆的话，那么氢脆还与零件的表面状态有密切关系。因为吸氢是氢分子吸附于零件表面、氢分子分解为原子氢然后再进入零件的过程。这种吸附作用与环境温度有关。如果环境温度过低（＜－100℃），氢的扩散能力很小，若要通过扩散使局部区域中的氢含量达到氢脆时的临界值，所需的时间已超过零件的使用寿命。环境温度过高（＞150℃），分子运动剧烈，撞击到零件表面的动能较大，表面不易吸住氢分子而逸出。而在－20～＋30℃的温度范围内，环境氢脆的敏感性最高。零件设计时外形的应力集中系数愈大，表面愈粗糙，如有滑移台阶或加工沟槽，那么氢分子就愈容易被吸附，在受拉时的聚集量也愈高，因而氢脆裂纹通常都在应力集中部位萌生。

　　当零件表面存在缺口时，由于缺口根部的尖端处于三向应力状态，将使缺口处的应力升高而成为应力集中区，缺口可以是裂纹、刀痕等表面缺陷，也可以是设计时的槽沟、切口、尖角或变截面部位，缺口半径愈小的部位应力集中系数愈大，发生氢脆断裂所需的临界含氢量愈低，延迟断裂的孕育期也愈短。

　　钢的化学成分和热处理工艺方法不同，因而具有不同类型的组织，而氢在各类组织中的扩散系数有很大的差异，因此，强度、含氢量和拉应力相同的条件下，各类组织的氢脆敏感性有着显著的差别。图 8-158 是奥氏体转变产物及硬度对氢脆敏感性的影响，图中氢脆敏感

指数 $i=(R_m-充氢后的强度)/R_m\times100\%$。由图可见，高碳马氏体组织的 i 值最高，而贝氏体组织的 i 值波动范围较宽，说明贝氏体的类型对 i 值有很大的影响。

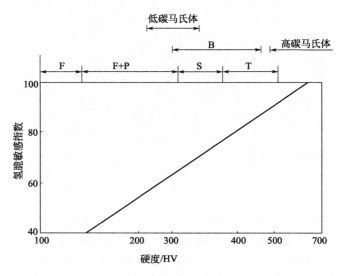

图 8-158　奥氏体转变产物及硬度对氢脆敏感性的影响

由此可知，防止零件产生氢脆，不仅要考虑酸浸、电镀等加工工艺，还必须要考虑零件表面的完整性（表面粗糙度、刀痕、塑性变形、残余应力、沟槽、台阶转角半径大小等）和组织、硬度的影响。

8.9　冷加工不当引起的失效

8.9.1　FD 齿轮失效分析

FD 齿轮在组装后仅使用一年左右就发生齿面开裂、剥落和断齿现象，如图 8-159 所示。该齿轮由 20CrNi2Mo 钢，经粗加工后渗碳、淬火、回火，表面硬度要求 58～64HRC，心部硬度为 25～45HRC，表面有效硬化层深度为 1.30～1.80mm。

图 8-159　失效齿轮形貌

8.9.1.1　检查结果

（1）宏观检查　断齿、剥落和裂纹均出现在齿轮的一边，而另一边完整无损。剥落和裂纹都处在齿面的接触部位，齿的断裂不是从齿根开始，而是从齿面接触部位断裂，如图 8-160 所示，局部放大可看到贝壳状断裂形貌（图 8-161）。

图 8-160　齿表面开裂、剥落和断齿的局部形态

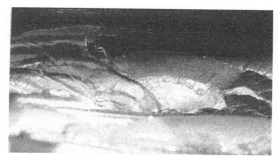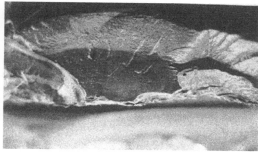

图 8-161　断齿不同部位的贝壳状断裂形貌

（2）磨削烧伤检查　由于齿轮直径较大，从损坏部位和相应面的未损坏齿分别取样进行酸浸烧伤检查，结果有剥落、裂纹和断齿部位均有严重的二次淬火烧伤和回火烧伤（图 8-162），而未损坏的齿面却无烧伤特征。

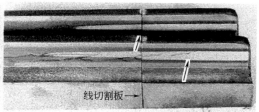

线切割板→

图 8-162　白亮色的二次淬火烧伤和深灰色的回火烧伤

（3）硬度测定　无烧伤的齿顶表面硬度为 59～61HRC，心部硬度为 42～43HRC，二次淬火烧伤处硬度为 825～858$HV_{0.2}$（相当于 64～65HRC）。

（4）化学成分分析　失效齿轮的化学成分测定结果见表 8-9，符合技术要求。

表 8-9　失效齿轮的化学成分测定结果和标准要求

化学成分/%	C	Si	Mn	S	P	Cr	Ni	Mo
失效齿轮	0.19	0.30	0.48	0.007	0.015	0.48	1.71	0.21
JB/T 6395—2010 中 20CrNi2Mo	0.17～0.23	0.15～0.35	0.40～0.70	≤0.030	≤0.030	0.40～0.65	1.60～2.00	0.15～0.30

(5) 有效硬化层深度 图 8-162 烧伤部位 1/2 齿高处有效硬化层深度（DC1.96/550）为 1.51mm，无磨削烧伤部位 1/2 齿高处有效硬化层深度（DC1.96/550）为 1.72mm，说明齿轮磨削量不等。

(6) 钢中非金属夹杂物和晶粒度检查 钢中非金属夹杂物按 GB/T10561—2005 要求和标准评定 A 类为 1 级，B、C 类均小于 1 级。钢的晶粒度按 GB/T6394—2002 标准评定为 7～8 级。

(7) 显微组织检查 从磨削烧伤处不同部位取样，表面均有不同程度的白色二次淬火马氏体和其下面较多的回火索氏体和托氏体（图 8-163），有的在烧伤区下面存在微裂纹（图 8-164）。无烧伤部位的表层为细小的回火马氏体＋少量细颗粒状碳化物和残余奥氏体（图 8-165）。

图 8-163　表面二次淬火马氏体和
回火索氏体及托氏体　500×

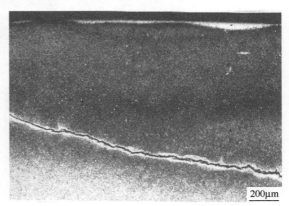

图 8-164　表面二次淬火马氏体＋回火索
氏体和托氏体与微裂纹　50×

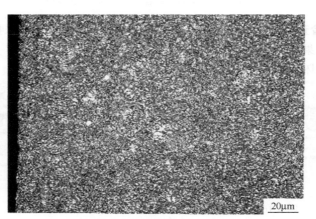

图 8-165　回火马氏体＋少量细颗粒状碳化物和残余奥氏体　500×

8.9.1.2　结果分析

FD 齿轮经渗碳、淬火、回火后的硬化层深度在正常条件下是较均匀的，但从检查结果可知，失效齿轮的磨削烧伤部位有效硬化层深度比无磨削烧伤处浅 0.21mm 左右，说明磨削烧伤部位磨削量较多，产生此现象的原因可能是由于齿轮在渗碳淬火后产生变形、或磨削时齿轮产生偏移，导致局部磨削量过多。由于局部磨削量的增加而产生大量的热，使齿表面瞬时温度超过临界温度 A_{c_3}，则在冷却液的作用下，使齿表面形成二次淬火马氏体和回火托氏体。由于齿表面局部组织和体积的变化，使烧伤表面产生较大的残余应力，虽未形成裂纹，但齿轮在长期受较大的接触应力下运行的过程中，使磨削烧伤部位出现微裂纹，随着接触应力的周期变化，微裂纹逐渐扩展，导致齿表面的开裂、剥落和齿的断裂。

8.9.1.3 结论

① FD齿轮材料及热处理质量均符合相关技术要求。

② 齿轮表面产生裂纹、剥落和齿的断裂是由于局部齿面磨削烧伤，降低了抗接触疲劳强度。

8.9.2 齿轮轴齿面裂纹分析

齿轮轴在经过渗碳、淬火、回火热处理、磨削加工后，发现齿面有较多的裂纹，要求分析裂纹的性质及产生原因。

齿轮轴的技术要求和加工流程，材料为20CrMnMo钢，经粗加工→滚齿→热处理→喷丸→精车→磨齿（单边磨量约0.20mm）。

渗碳淬火工艺为930℃渗碳、840～850℃淬火、低温回火，有效硬化层深度DC 2.20～2.75mm，硬度58～62HRC，心部硬度33～42HRC。金相组织要求：碳化物、马氏体、残余奥氏体、铁素体按JB/T 6141.3—1992为4、3、3级。

图 8-166　齿轮轴全貌和裂纹部位（手指处）

8.9.2.1 检查结果

(1) 宏观检查 磨加工后的齿面仅在齿的一面（图8-166手指处）有较多的大小和长度不等的裂纹，裂纹无方向性，有的在齿端的尖角处（图8-167和图8-168）。在局部严重裂纹处呈薄壳状翘起，经剥开后其断面呈灰白色脆性特征，晶粒较细而清洁。

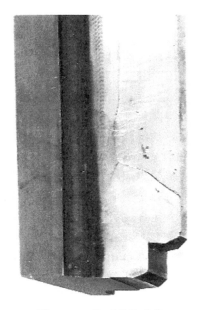

图 8-167　齿面裂纹形貌

图 8-168　齿面尖角处的裂纹（箭头处）

（2）磨削表面烧伤检查　对部分有裂纹齿面酸蚀烧伤检查发现，有裂纹的齿面有严重的磨削引起的二次淬火和回火烧伤，且大部分裂纹沿烧伤部位分布（图 8-169），而另一侧无裂纹的齿面，未发现有烧伤特征。

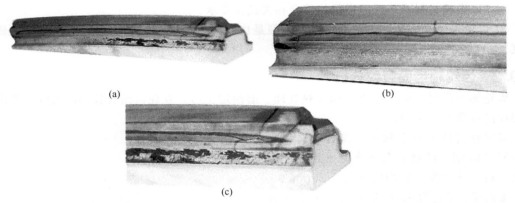

(a)

(b)

(c)

图 8-169　磨削烧伤特征

（3）硬度测定　齿顶硬度为 56～57HRC，低于技术要求，心部硬度为 37～38HRC。磨削引起二次淬火烧伤处硬度为 735～762HV$_{0.2}$（相当于 61～62HRC），而回火烧伤处硬度为 450～460HV$_{0.2}$（相当于 46～47HRC）。

（4）渗碳有效硬化层深度测定　从齿部切取样品，分别在有裂纹和无裂纹的齿面 1/2 齿高处测定有效硬化层深度，结果齿面有裂纹的一侧为 DC1.96/550＝2.03mm，齿面无裂纹一侧 DC1.96/550＝2.45mm。有裂纹的一侧齿面有效硬化层较浅，低于技术要求，说明有裂纹面的磨削量大，而无裂纹齿面有效硬化层较深，说明磨削量较小。

（5）化学成分分析　齿轮轴的化学成分分析结果见表 8-10，符合技术要求。

表 8-10　齿轮轴化学成分测定结果和标准要求

化学成分/%	C	Si	Mn	S	P	Cr	Mo
开裂齿轮轴	0.20	0.30	1.03	0.011	0.016	1.23	0.23
JB/T 6395—2010 20CrMnMo	0.17～0.23	0.17～0.37	0.90～1.20	≤0.030	≤0.030	1.10～1.40	0.20～0.30

（6）钢中非金属夹杂物检查　按 GB/T 10561—2005 评定，A、B、C 三类夹杂物均小于 1 级，而 D 类夹杂物为 1.5 级。

（7）钢的晶粒度检查　按 YB/T 5148—1993 标准评定结果为 9 级。

（8）显微组织检查　从齿面有裂纹部位和无烧伤部位分别取样检查，裂纹从齿面向下扩展至一定深度后趋向于和齿表面平行方向发展，裂纹垂直于齿表面的距离深浅不一，浅处为 1.72mm，深处可达 2.06mm。经侵蚀后回火烧伤层组织为屈氏体，有的其下面还存在裂纹，局部最表面有少量二次淬火马氏体（图 8-170）。严重烧伤处表面形成

图 8-170　淬火烧伤、回火烧伤及裂纹形态　50×

了完整的二次淬火层，淬火马氏体层深达 0.12～0.3mm，在其下面的回火烧伤层深度在 0.7mm 左右（图 8-171）。未烧伤的齿面显微组织为细粒状碳化物＋回火马氏体＋少量残余奥氏体（图 8-172）。齿的中心组织为低碳马氏体＋贝氏体＋少量铁素体（图 8-173）。按 JB/T 6141.3—1992（载重齿轮渗碳金相检验）标准评级，碳化物为 1 级，马氏体为 2 级、残余奥氏体为 1 级，心部铁素体为 3 级，均符合技术条件要求。

(a) 图8-170局部放大后的淬火和回火烧伤形貌　100×

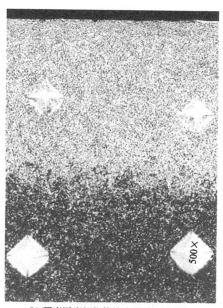

(b) 硬度压痕部位的放大形貌　500×

图 8-171　淬火烧伤和回火烧伤硬度比较

图 8-172　未烧伤齿面　细粒状碳化物＋回火
马氏体＋少量残余奥氏体　500×

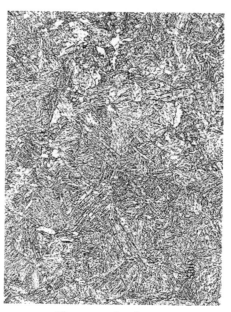

图 8-173　中心部组织
低碳马氏体＋贝氏体＋少量铁素体　500×

8.9.2.2 结果分析

(1) 磨削烧伤与磨削裂纹问题 裂纹处于齿的一侧齿面，并分布在整个齿的烧伤区域内，裂纹深度仅为 1.72～2.06mm，裂纹断面较光洁，无氧化现象。钢中非金属夹杂物较少，组织良好，晶粒较细，这些特征说明裂纹的形成和材质无关，而是因磨削工艺不当所致。磨削过程引起大量的磨削热使磨削区内的温度升高，当温度超过渗碳齿轮轴的回火温度而小于 A_{c_1} 时，使表面回火马氏体转变为回火托氏体或回火索氏体；当磨削区内温度超过 A_{c_1} 后迅速冷却就会形成淬火马氏体。磨削烧伤的产生，不仅会引起很大的热应力和组织应力，而且会导致磨削裂纹的形成。由于磨削烧伤和裂纹的存在会大大降低使用寿命，所以，磨削后的表面磨削烧伤是不允许存在的磨削缺陷。

(2) 渗碳表面有效硬化层深度问题 齿轮轴渗碳后其表面的淬火有效硬化层深度应基本相同，但从实际检查结果可以看出，磨削成形后齿的两侧齿面硬化层深度不一致，有裂纹一侧齿面仅为 2.03mm，无裂纹和烧伤的齿面为 2.45mm，说明有裂纹的齿面磨削量较大。磨削径向进给量过大而引起温度大幅度升高，导致组织应力、热应力和切削应力过大，是造成严重烧伤和磨削裂纹的主要原因。

8.9.2.3 结论

① 齿轮轴材料符合技术要求。渗碳淬火、回火后晶粒度较细小，显微组织正常。

② 齿轮轴磨削工艺不当，造成的切削应力、热应力和组织应力过大，是齿轮轴产生严重磨削烧伤和磨削裂纹的主要原因。

8.9.2.4 改进意见

① 改进磨削工艺和操作方法，防止齿面的单位磨削量过大和减小切削深度，避免由于磨削热应力过大和组织应力的产生所导致的磨削烧伤和磨削裂纹的形成。

② 磨削砂轮不能过硬、粒度过细，并应经常抽样打磨、修整，保持锐利，防止砂轮表面被磨屑堵塞，减小砂轮和齿面间的挤压和摩擦，降低磨削热的形成。

③ 磨削时冷却液应保持良好的冷却和冲洗切屑的作用，防止砂轮孔的堵塞。

8.9.3 镀锌水管断裂分析

喷淋系统在试压后，在进行系统整改过程中受到轻微碰撞就发现 $DN25$ 镀锌水管变径接头丝口处断裂，如图 8-174 所示。

图 8-174 镀锌水管断裂后的形态

水压试验介质为水，最大压力为 1.2MPa，保持压力为 0.8MPa，时间为 24h。

8.9.3.1 检查结果

（1）宏观检查 断裂面的断口厚度不均匀，断裂是从壁较薄的一边开始向较厚的一边扩展，后断的一边有明显的向外变形形貌（图 8-175）。由于管壁一边较薄，在安装时受到螺扣的挤压变形，使管内孔薄壁处呈螺纹状鼓起（图 8-176）。

（2）螺纹底部壁厚测量 从薄壁处开始，沿管的直径剖开，可看到两边的壁厚有明显的差异，测量结果显示，靠近断裂处的螺纹底的壁厚两边相差达 0.51mm（图 8-177）。

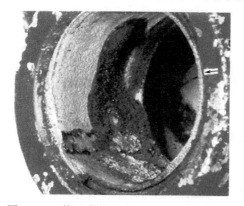

图 8-175 管壁薄部位为裂源处（箭头所指）

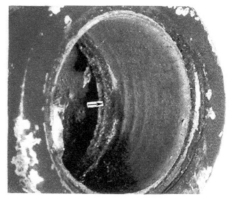

图 8-176 壁薄侧管内壁鼓起螺纹形态

图 8-177 螺纹底部壁厚的测量尺寸

（3）管外径和壁厚测量 管外径除漆后测量结果平均为 33.04mm，壁厚平均为 2.42mm，比 GB/T 3091—2008 技术要求壁厚 3.2mm 薄 0.78mm。

（4）断口扫描电镜观察 整个断口呈韧窝形貌，断裂处的螺纹底部加工粗糙（图 8-178），裂源附近表面加工痕处可看到撕裂棱。在韧窝断口形貌内有较多的非金属夹杂及夹杂脱落后的空洞（图 8-179），大的空洞内壁还可看到塑性变形形貌。

（5）化学成分分析 失效件的化学成分测定结果见表 8-11，符合 GB/T 700—2006 中 Q195 牌号的要求。

表 8-11 断裂管子的化学成分测定结果和标准要求 单位：%

化学成分	C	Si	Mn	P	S
断裂管子	0.07	0.18	0.44	0.010	0.022
GB/T 700—2006 Q195	0.06～0.12	≤0.30	0.25～0.50	≤0.045	≤0.050

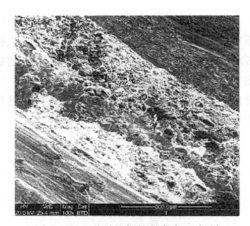

图 8-178　裂源处螺纹根部加工粗糙

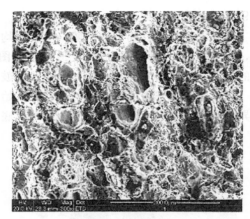

图 8-179　韧窝内的非金属夹杂和夹杂脱落空洞

(6) 钢中非金属夹杂物检查　钢中 C 类夹杂物较多，按 GB/T 10561—2005 标准评定为 3 级（图 8-180）。

图 8-180　钢中非金属夹杂物

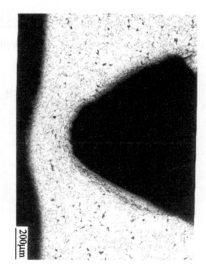

图 8-181　管薄壁内孔变形处的形态　50×

(7) 显微组织检查　管子组织为铁素体＋少量珠光体。靠近断裂面两边第一牙（图 8-177 左 9 右 8）底部壁厚有明显差别，尤其是图 8-177 两边 1 的牙底更为明显（图 8-181）。螺纹底部除有变形外，有的螺纹底部形态不规则，并有微裂纹存在（图 8-182），这是加工表面较粗糙、金属变形导致折皱、鳞刺等表面缺陷所致。

(8) 力学性能测定　断裂管的力学性能测定结果见表 8-12，符合技术要求。

表 8-12　断裂管的力学性能测定结果与标准要求

力 学 性 能	R_{el}/MPa	R_m/MPa	A/%
断裂管子	375	430	22.5
GB/T 3091—2008	≥195	≥315	≥15

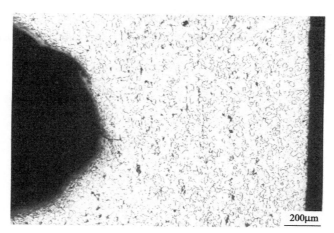

图 8-182　螺纹底部的微裂纹形态　50×

8.9.3.2　结果分析

（1）管壁厚度的影响　对断裂镀锌管测量平均外径为 33.04mm，查 GB/T 3091—2008 标准附录 DN25 管可知，对应其规格管壁厚度应为 3.2mm，而实测管壁厚度平均仅为 2.42mm。由于管壁厚度的减薄和承受应力的面积的减小，当安装拧紧力较大时，则在使用应力的作用下，易在螺纹底部的薄弱部位引起较大的应力集中而成为产生裂纹的薄弱环节。

（2）加工螺纹偏离中心的问题　对断裂管的螺纹部位解剖后的宏观、微观观察及测量结果，螺纹丝扣偏向一边，使螺纹底部的壁厚一边为 1.32mm，而另一边仅为 0.83mm，螺纹和中心线距离不等而偏离。使螺纹底部薄的部位在安装拧紧后所承受的单位面积拉伸应力较大，成为整个管子螺纹部分的薄弱部位。当水管试压后保持过程中或受外力作用时，薄壁应力集中处就易发生变形和形成微裂纹。

上述两种因素导致局部水管螺纹底部过薄而造成应力集中，当管子受力较大或意外外力作用时，就可导致水管螺纹薄壁处开裂，并迅速扩展至整个管子的断裂。

（3）钢中非金属夹杂物和表面状态的影响　钢中非金属夹杂物的存在割裂了基体的连续性，降低了钢的强度、塑性和韧性，但夹杂物的类型、分布和数量不同，其影响也不同。断裂水管中有较多且长的 C 类（硅酸盐）夹杂，达 3 级左右，由于其延展性较好，沿轧制方向呈条状分布，对管材横向力学性能影响较大，但对纵向力学性能影响相对较小。如果较大的夹杂物处于螺纹底部的表面时，就可成为不利因素，尤其是加工螺纹底部粗糙，出现折皱、鳞刺和微裂纹等缺陷时，就可能形成应力集中，促进宏观裂纹的形成和扩展。

8.9.3.3　结论

① 断裂镀锌水管材料成分和力学性能均符合 GB/T 3091—2008 技术要求。

② 水管管壁较薄，不符合 GB/T 3091—2008 标准中 DN25 尺寸要求，加工螺纹偏离管中心线，造成局部螺纹底部壁厚过薄，当受到外力作用时易发生断裂，这是导致水管断裂的主要原因。

③ 钢中非金属夹杂物较多和螺纹底部加工粗糙、微裂纹易形成应力集中，促进裂纹的形成和扩展。

8.9.4 ZD51-4 和 ZD41-4 电机轴断裂分析

起重电机厂生产的 ZD51-4 型 13kW 和 ZD41-4 型 7.5kW 电动机轴在使用不久先后发生在花键部位折断（图 8-183）。

(a) ZD41-4 7.5kW(小轴)　　　　　　　　(b) ZD51-4 13kW(大轴)

图 8-183　两种不同规格的断裂电机轴

设计图纸要求：材料为 40Cr 钢，经锻造、调质处理后硬度为 235～265HBW，花键部分感应淬火，硬度要求 43.0～48.0HRC。

8.9.4.1 检查结果

(1) 宏观检查　两件电机轴断裂部位均处于螺纹端的花键处，断裂形貌基本相同。由于断裂后仍有相对运动，使断口遭到较大的损伤，尤其是断裂源处均遭到不同程度的破坏。但仍有部分区域可看出裂源处于花键槽内圆角的应力集中处，沿与最大拉伸应力相垂直的方向扩展，并在花键轴中心汇合，形成星形断面（图 8-184），裂源处于凹槽圆角处向外扩展，形成扇形疲劳特征（图 8-185）。花键槽内表面加工粗糙，尤其是倒角的圆角部位加工痕迹较深。

 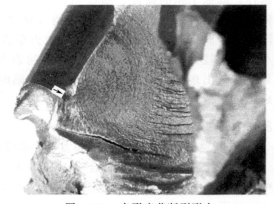

图 8-184　花键轴星形断裂形貌　　　　　　图 8-185　扇形疲劳断裂形态

(2) 扫描电镜检查　从图 8-185 箭头处取样观察，可看到断裂处于键槽底部圆角的加工痕迹处，呈弧形放射状扩展（图8-186），槽底表面加工痕迹呈鱼鳞状撕裂和折叠状，并有微裂纹存在（图8-187），扩展区有明显的疲劳条带（图8-188），擦伤部位仍可看到塑性变形特征。

（3）硬度测定 ①花键a齿顶表面硬度为48.0HRC，心部为243HBW，裂纹附近表面硬度为315～339$HV_{0.2}$（相当于33.7～36HRC）；②花键b齿顶表面为47.0～47.5HRC，心部为241HBW，裂纹附近表面硬度为352～381$HV_{0.2}$（相当于37.0～40.0HRC）。

（4）化学成分分析 断裂花键轴的化学成分测定结果见表8-13，a、b两件均符合GB/T 3077—1999中40Cr的要求。

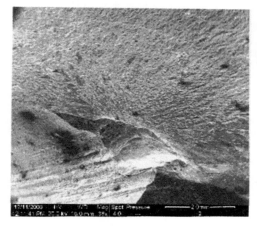

图8-186 键槽底部加工痕迹裂源和扇形扩展形貌

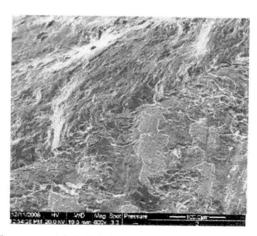

图8-187 下半部分为加工面呈鱼鳞状折叠和微裂纹

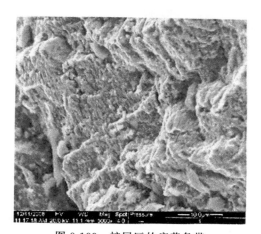

图8-188 扩展区的疲劳条带

表8-13 断裂花键轴化学成分测定结果与标准要求

化学成分/%	C	Si	Mn	P	S	Cr
花键轴 a	0.41	0.20	0.59	0.021	0.024	0.87
花键轴 b	0.40	0.22	0.60	0.023	0.020	0.88
GB/T 3077—1999 40Cr	0.37～0.44	0.17～0.37	0.50～0.80	≤0.035	≤0.035	0.80～1.10

（5）显微组织检查 从大小轴的断裂部位分别取样检查，结果如下。

① 大轴 钢中非金属夹杂物 A 类为 2.5 级，B 和 D 类均为 1 级。从断裂部位横截面磨制检查，花键槽底两边倒角半径都仅为 1.4mm 左右，且不规则，加工粗糙度较差，在加工痕迹底部 "R" 仅为 0.128～0.130mm，使花键轴在运行过程中应力集中而出现较多的细小裂纹（图 8-189）。齿顶部的硬化层较浅，仅为 0.20mm，组织为细小的回火托氏体，中心为回火索氏体＋铁素体。

② 小轴 非金属夹杂 A、B 两类均为 2 级，D 类为 1 级。花键槽底两边倒角半径均为 1.2mm 左右，而且加工痕迹更为尖锐，裂纹均处于加工痕迹底部，感应淬火硬化层仅为 0.12～0.20mm（图 8-190），有的裂纹处于 "R" 部位硬化层的边缘（图 8-191）。键槽顶部硬化层组织为回火托氏体，而中心组织为回火索氏体＋托氏体＋少量铁素体（图 8-192）。

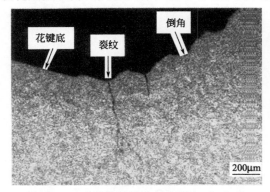

图 8-189　大轴花键槽底两边倒角 "R" 处
的加工痕及细裂纹　50×

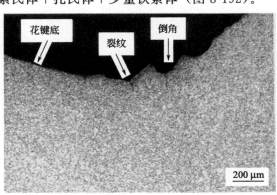

图 8-190　小轴花键槽底两边倒角 "R" 处
的形态与细小裂纹

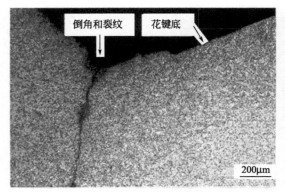

图 8-191　键槽底 "R" 处的加工痕迹
及裂纹和硬化层　50×

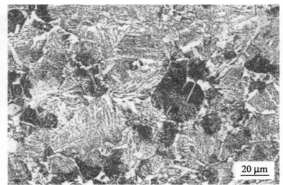

图 8-192　中心组织
回火索氏体＋托氏体＋铁素体　500×

8.9.4.2　结果分析

(1) 加工粗糙度对花键轴的影响　零件的疲劳破坏一般总是从零件的表面开始，所以零件加工后的表面状态是决定零件使用寿命的重要因素。零件在加工过程中若表面产生金属塑性变形、粗糙的刀痕以及由于刀痕引起的表面撕裂、折皱或加工倒角过小等都会在这些地方引起应力集中，降低疲劳性能。两个花键轴的断裂都起始于键槽倒角 "R" 的刀痕处，这与加工粗糙、加工刀痕较深、倒角 "R" 过小、槽底呈鱼鳞状和折皱等有直接关系。因而在使用过程中造成严重的应力集中而产生较多的微裂纹，并随着使用应力的周期变化，使键槽倒角 "R" 部位的微裂纹逐渐扩展，最后导致花键轴的断裂。所以，花键轴加工质量不好是导致断裂的主要因素。

（2）感应硬化层较浅、硬度较低对使用性能的影响 设计要求花键槽部位需进行感应淬火，以获得一定的硬化层深度和较高的硬度，以提高抗扭疲劳强度和使用寿命。对大小花键轴断裂部位硬度测定结果，大轴仅为 $315\sim339HV_{0.2}$（相当于 $33.7\sim36HRC$），小轴为 $352\sim381HV_{0.2}$（相当于 $37.0\sim40.0HRC$），均低于设计要求。根据 GB/T 1172—1999 和相关经验公式计算，大、小轴疲劳强度分别降低 $17.5\%\sim22.5\%$ 和 $8.2\%\sim15.3\%$。从金相组织检查，其硬化层深度均较浅，这对抗疲劳性能不利，而影响大、小轴的使用寿命。所以，大、小轴的硬化层浅和硬度较低，在应力集中部位促进了微裂纹的产生和花键轴的断裂。

（3）非金属夹杂物的影响 大、小轴中 A、B 两类非金属夹杂物均在 $2\sim2.5$ 级以下，但夹杂物呈条带状较密集分布，当非金属夹杂物处于应力集中区的表面时，易促进微裂纹的形成，若不处于表面应力集中区，一般对零件使用性能影响较小。

8.9.4.3 结论

① 两件花键轴的断裂均处于花键部位，其断裂源于槽底小的倒角半径和粗糙的加工痕迹处。花键轴在使用应力作用下，过小的倒角半径和粗糙的加工痕迹形成应力集中，是导致花键轴断裂的主要原因。

② 轴的花键部位感应淬火硬化层过浅，硬度低，降低了花键的抗疲劳性能，促进了疲劳裂纹的形成和扩展。

8.9.4.4 改进意见

① 改进加工工艺，提高花键槽底和圆角部位的精度和粗糙度，降低加工痕迹的应力集中系数，防止使用中微裂纹的形成。

② 适当增加键槽部位的感应淬火硬化层深度（满足设计要求），提高键槽部位的抗疲劳性能。

8.9.5 输入齿轮轴断裂失效分析

输入齿轮轴在安装使用仅一个月左右就发生在键槽处断裂，断裂部位如图 8-193 所示。

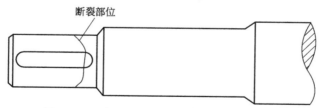

图 8-193 输入齿轮轴键槽处断裂部位示意图

设计要求 材料为 20CrNi2Mo 钢，齿部渗碳热处理，有效硬化层深度为 $0.80\sim1.30mm$，渗碳表面硬度为 $58.0\sim62.0HRC$，其余硬度为 $33.0\sim42.0HRC$。心部铁素体组织按 JB/ZQ 4039—1988 标准≤4 级。

8.9.5.1 检查结果

（1）宏观检查 断裂部位处于键槽长度和头部圆弧交接处，从键槽处呈 $30°$ 左右向轴端面方向扩展（图 8-194）。断口呈明显的两部分，裂源起始于键槽底部两尖角处，向两边呈 $30°$ 左右放射状扩展，然后又垂直于轴向发展，瞬时断裂区汇合成撕裂棱（图 8-195），垂直扩展区已大部分碰撞损伤。

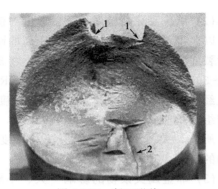

图 8-194　断裂沿箭头方向呈 30°
扩展的实物形态

图 8-195　断口形貌
箭头 1 为裂源处；箭头 2 为撕裂棱

（2）扫描电镜检查　从键槽裂源处取样检查裂源处断口，低倍镜下可看到弧形放射状扩展形态（图 8-196），高倍镜下键槽根部呈弧形放射状扩展，有较多的撕裂状二次裂纹（图 8-197），扩展区疲劳扩展形貌明显（图 8-198），瞬时断裂形貌已遭损伤无法观察。

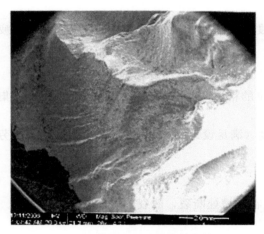

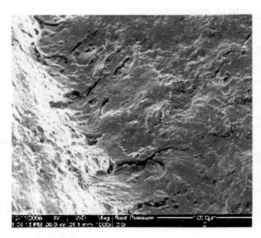

图 8-196　裂源处呈弧形放射状扩展

图 8-197　裂源处的撕裂状二次裂纹

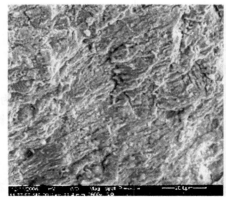

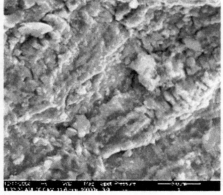

图 8-198　扩展区不同部位的疲劳条带

（3）硬度测定　从断裂部位取样，轴外圆处为 32.0～34.0HRC，键槽底部为 29.0～

30.0HRC，轴的中心部位为 27.0～29.0HRC。除轴的表面硬度处于设计要求的下限外，键槽处和中心硬度均不符合技术要求。

（4）化学成分分析 断裂齿轮轴的化学成分测定结果见表 8-14，符合标准要求。

表 8-14　断裂齿轮轴的化学成分与标准要求　　　　　　　　　　　　单位：%

化学成分	C	Si	Mn	S	P	Cr	Ni	Mo
失效齿轮轴	0.23	0.36	0.70	0.025	0.020	0.62	1.91	0.27
JB/T 6395—2010 20CrNi2Mo	0.17～0.23	0.15～0.35	0.40～0.70	≤0.030	≤0.030	0.40～0.65	1.60～2.00	0.15～0.30

（5）金相组织检查

① 钢中非金属夹杂物　按 GB/T 10561—2005 标准评定，A 类夹杂为 2 级，B 类为 1.5 级，C、D 两类均小于 1 级。

② 钢的晶粒度　按 GB/T 6394—2002 标准评定，结果为 8～9 级。

③ 显微组织　从键槽部位取样，横向磨制、抛光后观察，键槽内壁较粗糙，尤其是槽底及两边尖角处呈不规则形态，并有细小裂纹存在（图 8-199），有的微裂纹前端圆钝，其周围有变形形态，有的较尖锐（图 8-200 和图 8-201）。键槽底部组织为索氏体＋铁素体。轴的表层组织由于成分不均而形成条带状的低碳马氏体（图 8-202），轴中心部位条带状低碳马氏体较少，大部分为回火索氏体＋铁素体（图 8-203）。

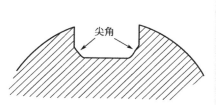

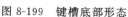

(a) 键槽底部粗糙度示意图　　　　(b) 槽底及尖角处高倍镜下的加工形态和微裂纹

图 8-199　键槽底部形态

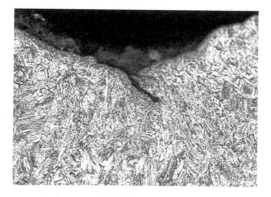

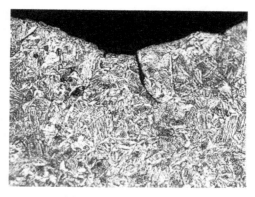

图 8-200　键槽角处微裂纹较圆钝　　　　　　图 8-201　微裂纹较尖锐

 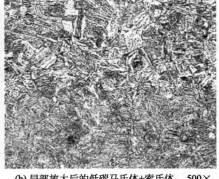

(a) 条带状低碳马氏体+索氏体　　100×　　　　(b) 局部放大后的低碳马氏体+索氏体　　500×

图 8-202　条带状低碳马氏体＋索氏体

8.9.5.2　结果分析

（1）键槽几何形状的影响　设计对键槽内尖角和粗糙度无明确要求。对失效件检查可知，键槽内表面较粗糙，尤其是键槽侧面与底部交接的尖角处"R"形态很不规则。对图 8-199 最大"R"处测量结果仅为 0.14mm 左右，根据键槽底内圆角半径与轴直径之比和理论应力集中系数 α_τ 之关系（图 8-204）可知，应力集中系数相当大。因此，当齿轮轴在运行过程中的受力状态下，槽底的尖角和折叠小裂纹处应力高度集中，极易形成疲劳源，出现与最大张应力相垂直的裂纹，并沿着最大张应力波动的方向扩展，直至整个齿轮轴的断裂。

 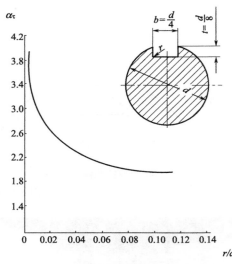

图 8-203　轴中心条带状低碳马　　　　　图 8-204　键槽底内圆角半径 r 与轴直径 d

氏体＋回火索氏体＋铁素体　500×　　　　　之比与理论应力集中系数 α_τ 之关系

（2）组织与硬度的影响　技术要求输入齿轮轴硬度除渗碳齿部外，其它部分（包括键槽和中心部位）要求为 33.0～42.0HRC，心部组织要求为低碳马氏体＋少量游离铁素体，铁素体≤4 级。而失效件中心组织铁素体较多，按 JB/ZQ 4039—1988 标准评定为 5～6 级，不符合技术要求。齿轮轴表面硬度为设计要求的下限，键槽底部仅为 29～30HRC 和 27～29HRC。由于硬度较低，相应的强度也较低，按 GB/T 1172—1999《黑色金属硬度及强度换算值》标准换算，设计要求的硬度值相当于强度 1027～1348MPa，而槽底和中心的实际硬度相当于强度

923～947MPa，平均强度降低了 21.3％和 24.1％，严重地降低了齿轮轴的使用寿命。

8.9.5.3 结论

① 输入齿轮轴材料符合 20CrNi2Mo 的设计要求。

② 键槽底部和尖角"R"小而粗糙，形态较差，存在加工引起的金属折叠，因而在工作状态下容易引起应力的高度集中，使疲劳裂纹萌生和扩展，加上显微组织不良，铁素体较多，硬度和强度偏低，是导致输入齿轮轴的早期失效的主要因素。

8.9.5.4 改进意见

① 在不影响安装的条件下，适当提高键槽内"R"尺寸，并能圆滑过渡，防止显微裂纹的形成。

② 适当改进热处理工艺，保证中心组织和硬度符合设计技术要求。

8.9.6 收缩盘外环断裂分析

8.9.6.1 概述

收缩盘是利用收缩盘外环和收缩盘内环两个锥面，通过螺栓拧紧，形成紧密配合，如图 8-205 所示。在组装过程中，当螺栓拧紧即将结束时，发生收缩外环突然断裂，有的组装结束后，放置几天后发生外环断裂。

图 8-205 断裂后经线切割去除一块的形态，大箭头处为锥面 1:12

收缩盘外环材料为 42CrMo 钢，经调质处理（860℃保温 3h，油冷淬火，550℃保温 4h 回火），硬度要求为 310～340HBW。

8.9.6.2 理化检验

（1）宏观断口观察 整个断面较平坦，呈灰白色，裂源均处于螺纹孔底部尖端处，呈放射状向四周扩展，扩展区呈粗糙而高低不平的脆性断裂特征，断口外缘呈粗大枝晶状的河流花样，未见有塑性剪切唇特征（图 8-206）。螺纹前端孔内加工面非常粗糙，可看到切削面金属挤压塑性变形和撕裂的小裂纹。

（2）断口扫描电镜检查 从裂源处取样观察，螺纹下面的内孔壁表面粗糙，并可看到切削加工时金属受到挤压变形和撕裂纹（图 8-207）。说明切削加工刀具刃口不锋利，切削量过大。裂源处和扩展区均呈解理和准解理形貌，有的区域呈准解理＋撕裂棱的韧窝形貌（图 8-208）。不同区域断裂形貌不同与不同区域的成分偏析和组织特征有关。

（3）酸蚀低倍检查 从断口下面切割一片试样作热酸蚀低倍检查，未发现有严重的疏松、夹杂等缺陷，但中心和边缘间成分稍有不同，使其耐蚀性差异呈现出色泽不同。

(a) 断面全貌   (b) 裂源处螺纹内孔加工粗糙和撕裂纹

图 8-206 　断裂面的扩展形貌

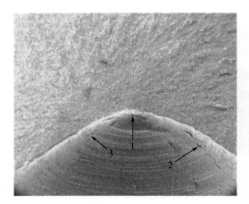
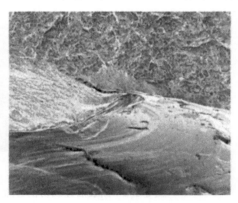

(a) 内孔底部形貌   (b) 图(a)箭头1处的开裂形态

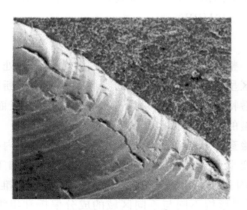

(c) 螺纹底部加工表面的微裂纹

图 8-207 　螺纹底部加工表面的微裂纹

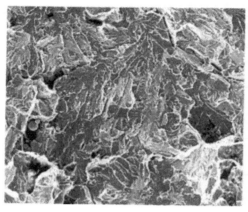 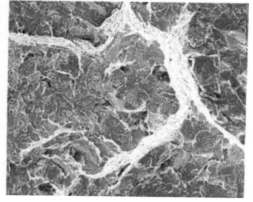

(a) 裂源处和扩展区解理形貌　　　　　　　(b) 扩展区准解理+撕裂棱韧窝形貌

图 8-208　裂源和扩展区断口形貌

（4）硬度测定　图 8-206（a）中 A 处（靠近裂源区域）为 325HBW，B 区域为 292～320HBW，C 处（边缘区域）为 309HBW，有的区域略低于设计要求，说明材料有不均匀现象。

（5）化学成分分析　从断裂外环分别取样分析化学成分，结果见表 8-15，均符合技术要求。

表 8-15　断裂外环化学成分测定结果和标准要求

化学成分/%		C	Si	Mn	S	P	Cr	Mo
断裂外环	边缘	0.43	0.22	0.72	0.009	0.018	1.02	0.18
	中心	0.42	0.26	0.80	0.009	0.020	1.02	0.21
JB/T 6396—2006 42CrMo 钢		0.38～0.45	0.17～0.35	0.50～0.80	≤0.035	≤0.035	0.90～1.20	0.15～0.25

（6）力学性能试验　从断口附近按示意图 8-209 切取拉伸和冲击试样，试验结果见表 8-16。可见，拉伸强度超过技术要求较多，而延伸率（A）和断面收缩率（Z）都低于技术要求，尤其是冲击韧性太低，说明收缩盘经调质处理后，强度过高，塑性和韧性较低，脆性较大。

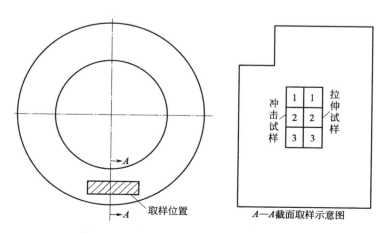

图 8-209　拉伸和冲击试样取样部位示意图

445

表 8-16　断口附近力学性能测定结果与标准要求

试样编号	拉伸试验				冲击试验
	R_m/MPa	$R_{P_{0.2}}/\text{MPa}$	$A/\%$	$Z/\%$	A_{KV}/J
1	1107.1	908	12.6	41.6	7.5
2	1108.5	907.9	12.0	40.7	8.5
3	1084.5	888.2	12.0	42.1	14
JB/T 6396—2006 42CrMo 钢	750～900	≥500	≥14	≥55	≥35

(7) 金相检查

① 钢中非金属夹杂物检查　沿收缩盘变形纤维方向取样，按 GB/T 10561—2005 标准评定，A 类和 B 类夹杂为 1 级，B 类和 Ds 类夹杂为 1.5 级。

② 显微组织检查　从收缩盘厚度方向的表面、1/4 处和 1/2（中心）处及螺纹孔加工表面处分别取样进行显微组织检查，结果组织中除有索氏体和铁素体外，还有较多的条带状分布的马氏体（图 8-210），其硬度高达 $492\sim527\text{HV}_{0.2}$，而马氏体外的基体硬度仅为 $288\sim304\text{HV}_{0.2}$。对试样进行 550℃ 保温 1h 补充回火后，条带状马氏体硬度下降至 $413\sim450\text{HV}_{0.2}$，而基体硬度未变，说明回火不够充分。收缩盘内螺纹孔加工表面粗糙，在显微组织中可看到较厚的加工挤压变形层和微裂纹（图 8-211）。由于加工变形而引起的加工硬化，使变形层硬度增加，尤其是条带状的回火马氏体，变形层硬度高达 $660\text{HV}_{0.2}$（相当于 58HRC 左右），因而大大增加加工表面的脆性和加工残余应力，则易在外力作用下，在变形层和微裂纹处产生裂源而促进断裂（图 8-212）。

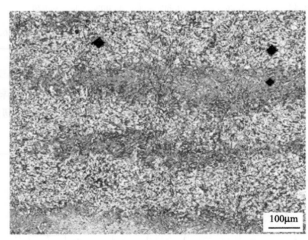

图 8-210　回火索氏体＋铁素体＋条带状马氏体　100×

8.9.6.3　结果分析

(1) 表面加工质量的影响　零件在切削加工过程中，往往会使加工表面层产生塑性变形，使加工表面以下一定深度范围内出现冷作硬化现象。当加工不当时，冷硬现象往往是与表面残余拉应力和微裂纹同时出现，使零件表层材料性能下降和影响使用寿命。尤其是当刀具的切削刃口不良时，零件表面层变形、折皱和微裂纹以及冷作硬化现象更为

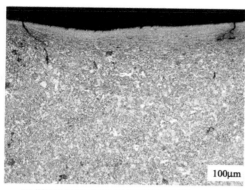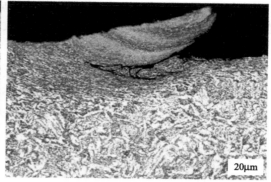

(a) 螺纹孔尖端侧面金属变形层和微裂纹 100×　　(b) 螺纹孔内表面加工变形层和微裂纹 400×

图 8-211　螺纹孔加工表面缺陷

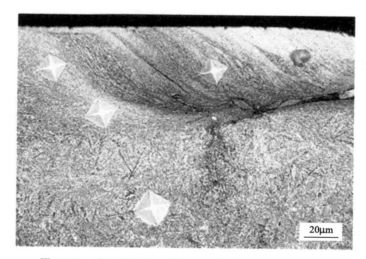

图 8-212　表层马氏体条带处加工变形和微裂纹　400×

严重，残余拉应力也更大，使表层性能下降更为明显。收缩盘螺纹孔加工表面存在较严重的刀痕、变形、折皱和微裂纹，变形层内硬度高达 $696HV_{0.2}$，说明加工螺纹孔的刀刃不锋利，加工时对金属的挤压和撕裂作用很大。组装时在螺栓拧紧过程中收缩盘外环受到向外膨胀时的侧向弯曲应力，使得加工表面微裂纹尖端应力集中程度增大，加上变形硬化硬度较高，塑性、韧性较差，导致微裂纹的迅速扩展，这是收缩盘外环断裂的重要原因。

(2) 组织不均匀与回火不足的影响　由于收缩盘外环材料内部成分分布不均，导致回火索氏体中出现条带状马氏体，中心区域由于淬透性不足，出现细珠光体+铁素体，以及条带状分布的回火索氏体。由于组织不同，造成硬度等性能各异，使切削性能下降，容易使加工切削刀具寿命降低，恶化表面加工质量。

42CrMo 钢经淬火、550℃回火调质处理后，应得到较好的回火索氏体组织，即使成分不均匀也不应出现马氏体组织，只有当回火时间过短或回火温度过低，才可能出现此现象。通过550℃保温 1h 补充回火后，原马氏体的硬度下降至 $366\sim396HV_{0.2}$，证实了断裂件的回火不足。由于回火不足和高硬度的马氏体组织的存在，导致材质强度过高，塑性、韧性过低（不符合技术要求），因此，在组装时的拉伸应力作用下，加速了微裂纹的扩展。所以收缩盘外环的组织不均匀和回火不足，也是促进收缩盘外环断裂的因素。

8.9.6.4　结论

① 收缩盘外环螺纹加工表面有严重的刀痕、变形硬化层、折皱和较多的微裂纹，在组装应力作用下使微裂纹迅速扩展，是收缩盘外环断裂的重要因素。

② 收缩盘外环组织不均匀和热处理调质回火不足，降低了塑性、韧性和加工性能，恶化加工表面质量，促进了收缩盘外环的断裂。

8.9.7　低温过热器管裂纹分析

8.9.7.1　概况

热电厂 1~3 号炉低温过热器炉外部分，经检修换管后仅运行 4 个月左右，就发生在过热器弯管处开裂泄漏。弯管材料为 12Cr1MoV 钢。管内通 280~340℃ 水蒸气，压力为 1.8~2.2MPa。在正常的使用范围内运行，未见异常现象。

8.9.7.2　检查结果

(1) 宏观检查　两弯管开裂部位均在最大弯曲处的两侧，除 327 号管一侧裂纹呈纵向分叉外，其余均为长条状纵向分布（图 8-213），管外表面呈黄褐色锈蚀状，内表面有较厚而致密的黄褐色锈蚀状附着物。断口呈灰白色，但呈不平整和不光滑的扩展形态，裂源处于最大弯曲的内表面，并向外表面和两端呈放射状扩展，未见断口处有塑性变形和管壁减薄现象，呈脆性开裂形貌（图 8-214）。经清洗去除内表面锈蚀附着物后，在靠近开裂处的内表面有较多而长短不一的细小裂纹（图 8-215）。

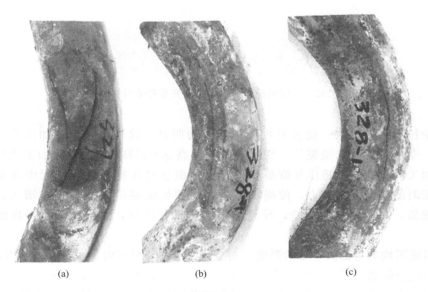

(a)　　　　　　(b)　　　　　　(c)

图 8-213　弯管裂纹形态

(2) 断口扫描电镜检查　断口低倍镜下呈内表面向外放射状扩展，在断口附近有较多的裂纹（图 8-216），高倍镜下断口呈准解理形貌（图 8-217）。对内表面黄褐色附着物进行能谱成分分析，结果除有 Fe、Si、P 等元素外，还有较多的 O、Ca、Mg 和少量的 S 等元素

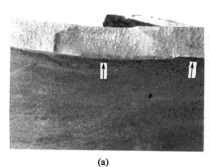

(a) (b)

图 8-214　裂纹由内表面向外扩展形态

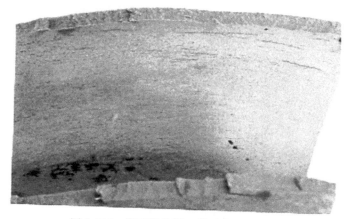

图 8-215　靠近裂纹断口附近的细小裂纹

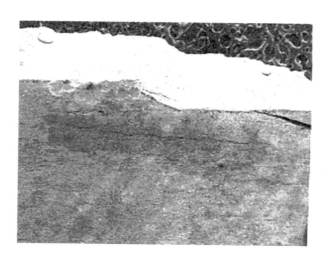

图 8-216　断口附近的裂纹

（图 8-218、图 8-219 和表 8-17）。

（3）最大弯曲处裂纹部位几何形状测定　管子横截面呈椭圆形，长轴和短轴之差为 3～3.5mm。弯管的凸弯部分由于受拉伸变形壁厚仅为 3.1～3.2mm，而弯曲的内凹部位壁厚为 4.0～4.1mm，长轴两端壁厚为 3.5～3.7mm（图 8-220）。

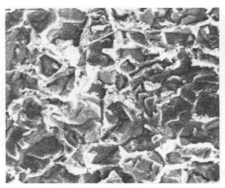

(a) 靠近内表面裂源处　　　　　　　(b) 断口中间部位

图 8-217　断口不同部位的准解理形貌

图 8-218　管内黄褐色附着
物能谱成分测定部位

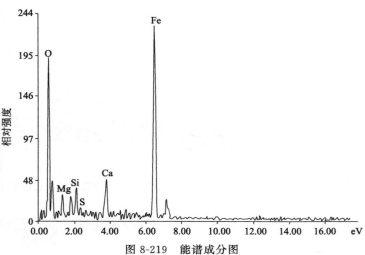

图 8-219　能谱成分图

表 8-17　能谱成分测定结果

元素	含量(质量)/%	含量(原子分数)/%
O Kα	27.66	53.91
Mg Kα	03.87	04.96
Si Kα	01.43	01.58
P Kα	02.17	02.19
S Kα	00.71	00.69
Ca Kα	03.82	02.97
Fe Kα	60.35	33.70

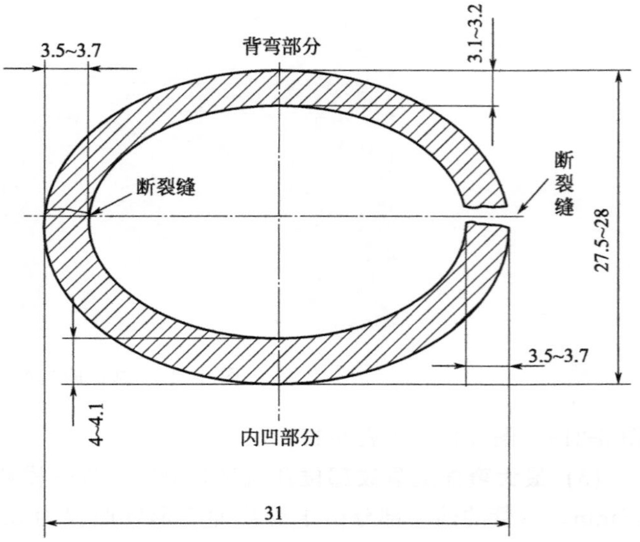

图 8-220　断口各部位几何尺寸

(4) 化学成分分析 开裂过热器管的化学成分测定结果见表 8-18，符合 12Cr1MoV 钢要求。

表 8-18 开裂过热器管化学成分测定结果与标准要求 单位：%

化学成分	C	Si	Mn	S	P	Cr	Mo	V
开裂过热器管	0.11	0.25	0.55	0.004	0.012	0.96	0.25	0.16
GB/T 3077—1999 12Cr1MoV 钢	0.08～0.15	0.17～0.37	0.40～0.70	≤0.035	≤0.035	0.90～1.20	0.25～0.35	0.15～0.30

(5) 硬度测定 在最大弯曲处裂纹部位测定硬度结果为：327 号管 236～240HV，328 号管为 233～236HV。

(6) 金相分析

① 钢中非金属夹杂物检查 按 GB/T 10561—2005 标准评定，A、B 两类夹杂物为 0.5 级，D 类夹杂物为 1 级（两根均相同）。

② 显微组织检查 靠近断口附近取样，垂直管内壁抛光观察，内表面有一层 0.03～0.05mm 的灰色腐蚀产物，并有不规则圆弧状凹坑和腐蚀产物沿晶渗入特征（图 8-221）。侵蚀后表面有 0.10～0.50mm 的脱碳层，有的凹坑底部有细小裂纹和沿晶分布的灰色腐蚀产物（图 8-222），有的裂纹较长，达 0.5～0.6mm（图 8-223）。所有小裂纹的表面起始端均较宽呈张开状，这可能与拉制钢管时的划痕有关。这种划痕状的小缺口，在受力状态下可成为应力集中部位。中心组织为铁素体＋少量珠光体。

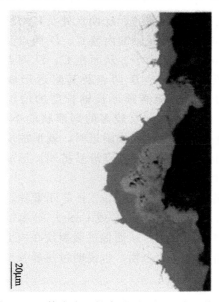

图 8-221 管内表面的腐蚀层和沿晶渗入特征

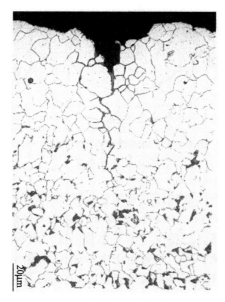

图 8-222 脱碳层内的微裂纹

8.9.7.3 结果分析

经上述检查结果可知，过热器管开裂是由内表面萌生并垂直向外呈放射状扩展所致。开裂部位均处于弯曲最大的椭圆形长轴端，开裂处管壁无明显的减薄和塑性变形。断口较平整而粗糙，呈现出脆性破断特征，导致上述现象，主要有以下两个方面原因。

(1) 应力腐蚀问题 应力腐蚀的产生和发展须具有两个基本条件，一是管壁受到一定的应力作用；二是有腐蚀介质的侵蚀，两者缺一不可。过热器管开裂均处于管弯曲最大

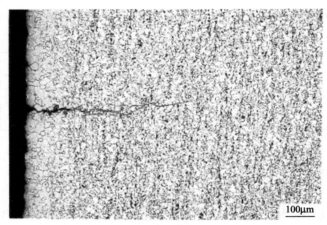

图 8-223 较大的微裂纹穿过脱碳层深入内部

的椭圆形长轴端附近，裂纹起源于管内壁，说明裂纹的产生与管子弯曲不当形成的椭圆形有关。

该过热器管为低碳合金钢，在平衡条件下，硬度、强度较低。弯曲时管的截面形成椭圆

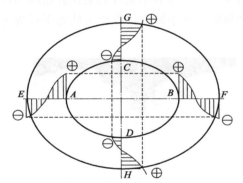

图 8-224 椭圆管在内压力作用
下的应力分布示意图

形，在管内高温蒸汽的压力作用下（有时会出现超压现象），会使椭圆管发生弹性和塑性变圆的过程。虽然这一过程极其微弱和缓慢，仍会引起图 8-224 中椭圆管径长轴端内壁 A、B 两点处及其附近的曲率半径由小变大，而短轴端内壁 C、D 两点及其附近的曲率半径则由大变小。从而在 C、D 两点及其附近形成压应力，A、B 两点及其附近形成张应力。张应力的大小随椭圆形长轴长度的增加而增加。另外，由于管内壁有较多的划痕状的小裂缝，这些小裂缝处于 A、B 两端附近时，就形成应力集中，导致划痕状小裂纹成平直沿晶扩展，形成了裂纹发展的初级阶段。

管内壁较厚的黄褐色附着物经能谱成分分析，除含有 Fe、Si、Mg、P 等元素外，还有较多的 O、S 和 Ca 等成分，说明通过管内的热蒸汽含有少量的 H_2S 或 $CaSO_4$ 等腐蚀性介质，其含量虽少，但易在管内壁划痕状的小裂缝内停留和浓缩，从而促进微裂纹在应力状态下逐渐扩展。显微组织中沿晶扩展的小裂缝内填充着灰色腐蚀产物，也说明过热器管弯曲部位的开裂与应力腐蚀有着密切关系。

（2）应变时效脆化问题 低温过热器管冷弯变形后，经长时间自然时效，会使金属内固溶小尺寸半径元素，如 C、N 等原子就逐渐扩散到位错周围，对位错的运动产生一定的钉扎固定作用，使变形部位出现强度、硬度的提高，塑性、韧性下降。在 100～300℃ 温度区间，随温度的提高，可加快时效脆化，温度再提高，时效现象有所减弱，只有当温度升到再结晶温度（640℃）以上时，才能消除加工硬化和时效脆化现象。有关试验表明，经 10%～15% 变形量的 20G 钢在 350℃ 下时效的冲击韧性比未变形室温状态下下降 23.8%～40%。由于时效脆化现象的出现，裂纹和缺口敏感性增大，造成过热器钢管弯曲长轴内表面应力集中处裂纹的迅速扩展，致使整个管壁的脆性破裂。

8.9.7.4 结论

① 低温过热器钢管的开裂，是由于弯曲变形使钢管形成椭圆形，运行过程中由于管内高温蒸汽压力的作用，使椭圆形长轴内表面产生拉应力，在表面划痕等缺陷处应力集中和腐蚀介质的共同作用下，形成应力腐蚀破裂。

② 运行过程中，在过热器钢管弯曲变形处，引起应力时效脆化，促进了弯曲处裂纹的形成和扩展。

8.9.8 绞盘车 YTJ12 提升机构失效分析

8.9.8.1 概况

YTJ12 提升机构是吊装机械中重要的装置，在外场使用过程中发生严重损坏。当提升第 12000 次时二级太阳轮、惰轮和轴等发生折断和严重磨损（图 8-225），仅为设计要求寿命的 80%。

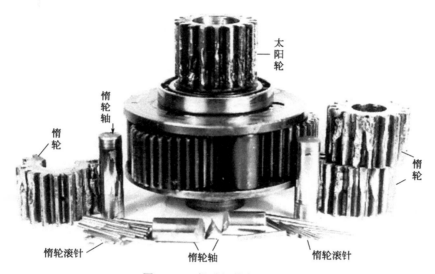

图 8-225 提升机构损坏形态

8.9.8.2 组合件的损坏情况

① 三个惰轮共 54 个齿，除 13 个尚完整外，其余都遭到不同程度的挤压变形、开裂、掉块和折断。从齿根折断的只有一个惰轮上的两个齿，其断口均为受到大载荷而引起的一次性的塑性断口，其余都是在齿根以上的局部性折断和损伤。

② 太阳轮损坏最为严重，除齿变形、开裂、掉块和个别齿槽底部有裂纹外，所有的齿单向啮合面都存在严重的麻点和剥落（图 8-226）。经扫描电镜观察，齿面啮合处除剥落成麻点坑外，存在着较多的裂纹和尚未剥落的鳞片状碎块。这些缺陷的产生是由于使用中引起接触

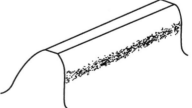

图 8-226 啮合面麻点与剥落示意图

疲劳的结果（图 8-227）。二级齿圈的部分内齿也由于惰轮和太阳轮掉下的碎块而形成挤压和碰击损坏（图 8-228）。

(a) 剥落和裂纹

(b) 图(a)局部放大

图 8-227　啮合齿面的剥落和裂纹

图 8-228　二级齿圈的齿掉块形态　1∶4

图 8-229　惰轮轴磨损和折断形态

③ 三个惰轮轴都受到不同程度的单边磨损，最大磨损量深度 0.22mm（图 8-229），一根在磨损部位折断，呈瓷状脆性断口（图 8-230）。从三根轴的磨损痕迹可知，在使用过程中都向支架端面移动约 3～6mm，使轴端面和支架相碰而产生严重的擦伤和磨损（图 8-231）。惰轮安装架上轴孔严重磨损（图 8-232）。

图 8-230　惰轮轴断口形貌

④ 三个惰轮滚针仅收集到 15 根，其中 7 根有局部磨损，1 根折断，其余 7 根都完好无损。

图 8-231 支架端面和惰轮轴端面相碰 而产生的摩擦痕迹

图 8-232 惰轮安装架上轴孔磨损形态

8.9.8.3 检查结果

（1）**硬度测定** 损坏零件的表面和中心硬度测定结果见表 8-19。

表 8-19 损坏零件的硬度测定结果

零件	硬度/HRC	
	表面	中心
太阳轮	齿表面 61～62	齿部 41～42
惰轮	齿表面 60～61	齿部 36～37
惰轮轴与滚针	60～61	—

（2）**化学成分分析** 损坏零件的化学成分测定结果见表 8-20，均符合技术要求。

表 8-20 损坏零件的化学成分测定结果和标准要求

化学成分/%	C	Si	Mn	S	P	Cr	Ti
太阳轮	0.20	0.19	1.05	0.012	0.019	1.30	0.07
惰轮	0.22	0.21	1.02	0.020	0.021	1.25	0.10
GB/T 3077—1999 20CrMnTi	0.17～0.23	0.17～0.37	0.80～1.10	≤0.035	≤0.035	1.00～1.30	0.04～0.10
滚针与惰轮轴	0.97	0.21	0.32	0.013	0.020	1.21	—
GB/T 18254—2002 GCr15	0.95～1.05	0.15～0.35	0.25～0.45	≤0.025	≤0.025	1.40～1.65	—

（3）**显微组织检查** 惰轮轴和滚针的组织均为回火马氏体＋小颗粒状碳化物和少量残余奥氏体。太阳轮和惰轮氰化层深度为 0.30～0.35mm，符合设计要求，组织为回火马氏体＋少量碳化物（图 8-233），太阳轮齿面剥落部位可见各种形态的微裂纹（图 8-234）。

（4）**几何形状测量** 对提升机构的主要部件的几何形状进行测量结果和设计要求有明显的差异（表 8-21）。

(a) 碳氮共渗层深度　100×

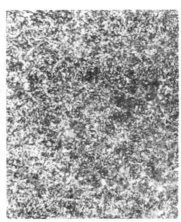
(b) 碳氮共渗层组织：回火马氏体+少量碳氮化合物及残余奥氏体　500×

图 8-233　碳氮共渗层深度和组织

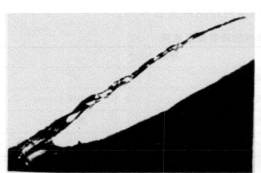

图 8-234　太阳轮齿面剥落部位的微裂纹

表 8-21　主要零件几何形状测定

零　件	设计要求/mm	测量结果/mm
二级齿圈	$\phi 150^{+0.04}$	$\phi 150.13$
惰轮内径	$\phi 25D^{+0.025}$	$1^{\#}\phi 25.02\sim\phi 25.1,2^{\#}\phi 25.03\sim\phi 25.2,3^{\#}\phi 25.05\sim\phi 25.1$
右行星架惰轮轴孔[①]	$\phi 17D^{+0.019}$	$1^{\#}\phi_{上}17.08\sim\phi_{上}17.12$、$\phi_{下}17.12\sim\phi_{下}17.39$，$2^{\#}\phi_{上}17.03\sim\phi_{上}17.10$、$\phi_{下}17.40\sim\phi_{下}17.80,3^{\#}$ 和 $2^{\#}$ 基本相同

① $\phi_{上}$、$\phi_{下}$ 分别表示同一轴孔的上、下两部分尺寸。

8.9.8.4　结果分析

太阳轮和惰轮的损坏，惰轮轴、滚针和惰轮架的严重磨损，根据上述损坏件的断裂和磨损特征以及受力状态加以分析。

（1）太阳轮齿面接触疲劳问题　太阳轮和三个惰轮的齿部都遭到较严重的损伤和变形，有两个齿折断，断面呈一次性的快速断裂，断口呈韧性形貌。三个惰轮的齿面除有碰伤和磨损外，未发现啮合面有疲劳剥落现象。材质和热处理均未发现任何疵病，因此，三个惰轮的损伤主要由外来因素所致。太阳轮齿的单向啮合上有严重的接触疲劳剥落，说明提升机构在运行过程中，几何形状的偏差受力不均匀，导致齿啮合面单向受力较大。另外，齿表层氰化层深度和硬度虽都符合要求，但设计抗接触应力的安全系数较低（$S_H=0.79\sim1.02$），所以在单向接触应力较大的情况下，易形成变形和疲劳剥落。剥落碎块掉落后在其它齿间就可能导致齿的损伤和折断。

（2）惰轮轴、滚针和惰轮固定架的磨损问题

① 惰轮固定架是承受提升机构工作时通过轴承传递单绳拉力和安装惰轮等部件的装置，从设计结构可知，惰轮轴安装在固定架上，一端由四个冲孔使金属变形膨胀而固定，惰轮架端面和惰轮轴间有 3～4mm 的间隙，不应有摩擦现象。轴和惰轮之间有滚针减摩转动，但轴和滚针接触的痕迹与惰轮架上轴孔磨损台阶吻合，说明提升机构在运行一定时间后，惰轮轴受到某种不正常的推力，克服惰轮轴端面冲孔变形阻力而向惰轮固定架左端面滑动，导致惰轮轴端面和固定架相碰而摩擦损伤（图 8-235）。

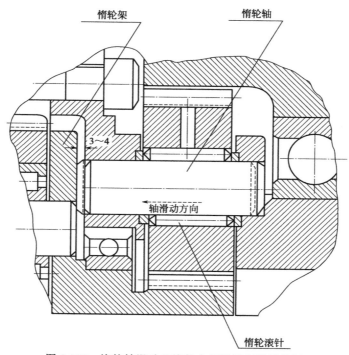

图 8-235　惰轮轴滑动和惰轮支架接触摩擦结构图

② 从表 8-21 可知，惰轮固定架轴孔磨损尺寸误差较大，而且固定架轴孔磨损方向偏于一边（图 8-232 和示意图 8-236），使提升机构在运行过程中传动系统的受力状态和原设计有很大的差异。从理论上推导，第二级定轴轮系扭矩传递时在惰轮上分别产生切向力 f_{t2}、f_{t1} 和径向力 f_{r1}、f_{r2}，而 $f_{r1}=-f_{r2}$，方向相反而平衡，f_{t2} 和 f_{t1} 的合力作用在惰轮轴上（图 8-237）。从惰轮固定架上轴孔磨损情况看，固定轴孔不仅存在很大的切向力，而且还存在很大的径向力而形成合力 f'。对二级齿圈轴承孔计量结果超差 0.13mm，考虑到形位公差和轴承公差，它与轴承产生最大间隙有可能达 0.22mm 左右，而要消除齿轮侧隙（约 0.09mm）而产生径向移动 $0.09/\tan20°\approx0.24$mm，这就可能使轴承产生不完全约束，使二级惰轮承受超额外的支撑约束作用，承担部分单绳拉力，从而使惰轮轴和滚针之间形成不均匀的合力 f'，最后导致惰轮轴的移动和不正常的磨损及齿轮的损伤和轴的折断。

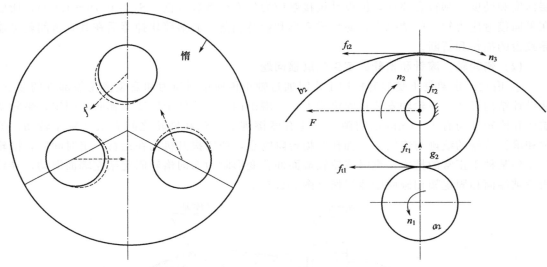

图 8-236　固定架轴孔磨损部位（虚线）　　　　图 8-237　惰轮轴上的受力状态

　　③ 滚针在工作状态和惰轮轴呈线接触，受力是均匀的。但失效提升机构中三个惰轮轴和滚针接触部位都有不同程度的磨损与一个轴的折断，说明由于惰轮轴的滑动和支架端面发生摩擦，使惰轮轴和滚针之间的受力状态的改变所致。

8.9.8.5　结论

　　① 提升机构损坏件的材质检查结果均符合相关技术要求。

　　② 造成这次早期失效的原因，主要是齿圈轴承孔等部件几何尺寸超差，引起提升机构运转过程产生受力状态的改变，使部分零件的早期损坏而导致整个机构的失效。

8.9.8.6　改进意见

　　① 严格按设计要求加工，防止尺寸超差和安装不当，尤其是惰轮轴端面冲孔位置不宜离轴孔边缘太远，固定不当。

　　② 适当提高太阳轮齿的抗弯强度和接触疲劳强度的安全系数，确保齿轮的使用寿命。

　　经上述改进后，使绞盘车 YTJ12 提升机构使用寿命远超过了设计寿命。

8.9.9　75kW 齿轮变速箱中间轴断裂分析

8.9.9.1　概述

　　某机械厂生产的一台塑料挤压机齿轮变速箱 ϕ105mm 中间轴在使用三个月内连续断了两根，其中一根（图 8-238）使用不到一个月就断了，根据厂方的要求，对断裂轴进行了失效分析。

　　轴的工艺要求：材料为 42CrMo 钢，经锻造、粗加工、调质处理、精加工。调质硬度为 248～286HBW。表面粗糙度 $R_a=6.3\mu m$，装轴承处为 $R_a=3.2\mu m$。中间轴工作时的受力状态主

图 8-238　断裂的中间轴形貌

要是扭转力，另外还有一个齿轮转动时的侧向力。所以，中间轴是在旋转弯曲应力状态下工作的。

8.9.9.2　检查结果

（1）宏观检查

① 断口形貌　断裂部位在退刀槽根部，断口与主轴成直角，断口较平整，呈现出疲劳断裂三个区域特征，断口外圆 a 边出现较多的光亮的小平台和撕裂棱，呈线性多源形态，并以不同速度向另一边扩展，扩展区（b）有明显的疲劳条带，瞬时断裂区较小，且偏离中心（图 8-239）。

② 低倍组织　在断裂部位横截面取样，经磨制后热酸侵蚀检查一般疏松为 1 级，方形偏析为 1 级，存在较严重的枝晶偏析。

（2）断裂部位的几何形状和表面粗糙度检查　断口位于轴的退刀槽根部过渡圆角"R"处（图 8-240），圆角半径 R 仅为 0.3mm，退刀槽底部粗糙度 R_a 大于 12.5μm。而图纸要求粗糙度 R_a=6.3μm，圆角半径 R=1mm。退刀槽表面还存在大量的由于加工不良而形成的刀痕和鱼鳞状撕裂绞（图 8-241）。

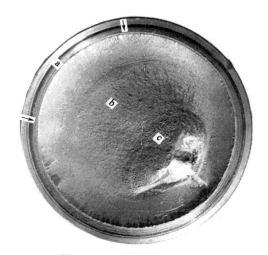

图 8-239　中间轴断口形貌

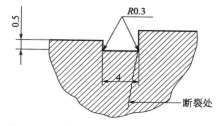

图 8-240　断裂位置与退刀槽的几何形状

图 8-241　退刀槽底部粗糙的刀痕
和鱼鳞状撕裂纹

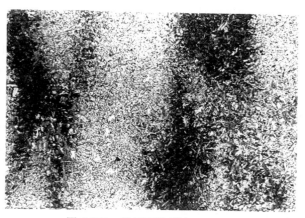

图 8-242　组织不均形态　100×

(3) 硬度测定 断裂部位近外圆处硬度测定结果为 260HBW，半径的 1/2 处为 249HBW，而心部为 243HBW。

(4) 化学成分分析 断裂中间轴的化学成分测定结果见表 8-22，符合技术要求。

表 8-22 断裂中间轴的化学成分测定结果与标准要求

化学成分/%	C	Si	Mn	S	P	Cr	Mo
断裂中间轴	0.43	0.31	0.65	0.014	0.016	1.06	0.17
GB/T 3077—1999 42CrMo	0.38~0.45	0.17~0.37	0.50~0.80	≤0.035	≤0.035	0.90~1.20	0.15~0.25

(5) 金相分析

① 钢中非金属夹杂物 A、B 两类均为 1~2 级。

② 钢的晶粒度测定结果为 7~8 级。

③ 显微组织 组织不均匀（图 8-242），晶轴部分为较粗大的回火索氏体＋少量铁素体，局部呈魏氏体形态（图 8-243）。晶轴部分的显微硬度为 $231\sim236HV_{0.2}$，在晶轴之间的回火索氏体的显微硬度为 $310\sim360HV_{0.2}$（图 8-244）。

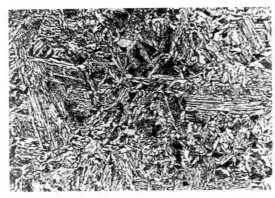

图 8-243 较粗大的回火索氏体＋少量铁素体，局部呈魏氏组织形貌 500×

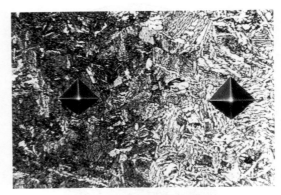

图 8-244 晶轴与晶轴之间的显微硬度差别

(6) 强度核算

断裂部位的直径 $D=84.2mm$。

设计扭矩 $M_k=5052818N \cdot mm$。

抗扭截面矩量 $W_p=\pi D^3/16=\pi \times 84.2^3/16=117210.4mm^3$。

$\tau_{max}=M_k/W_p=5052818/117210.4=43.1MPa$

根据 GB/T 1172—1999（黑色金属硬度及强度对照表）取表面硬度 260HB，查表得 $R_m=866.3MPa$

则 $[\sigma]=R_m/K_n=866.3/2.5=346.5MPa$（$K_n$ 一般取 2.5~3.0）

$[\tau]=(0.5\sim0.6)\times[\sigma]=0.5\times346.5=173.2MPa$

可见 $[\tau]=173.2MPa \gg \tau_{max}=43.1MPa$

根据上述强度核算，工作时轴所受到的剪切强度较小，所以，中间轴的断裂不是过载所致。

8.9.9.3 结果分析

宏观断口特征表明，中间轴是在交变的旋转弯曲应力作用下发生的疲劳断裂。瞬时断裂区较小，说明中间轴在运行过程中所受载荷较小，断裂不是过载引起，这与强度核算结论是一致的。

断裂发生在退刀槽根部应力集中区，轴退刀槽的过渡圆角仅为图纸要求的 1/3，根据图 8-245 所示，应力集中系数 K_t 和圆角半径成反比。根部最大应力 $\sigma_{max} = K_t \cdot \sigma$（$\sigma$ 为横截面上的均匀应力），则当圆角半径是设计值的 1/3 时，σ_{max} 的增加值要远大于 3 倍，造成了圆角处过大的应力集中。再由于退刀槽部分表面粗糙度差，加工痕迹多而较尖，并存在着大量的鳞片状折皱和加工刀痕，这些缺陷使得疲劳源萌生部位增多，在集中的应力作用下形成了多个线状裂纹源，随着轴的弯曲旋转，裂纹不断扩展，最后导致断裂。

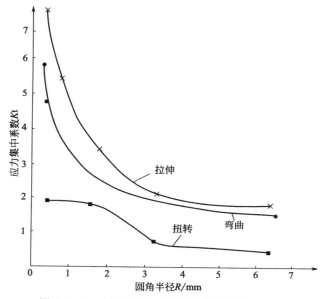

图 8-245 应力集中系数圆角半径与性能的关系

轴原材料存在着较严重的枝状偏析，在锻造过程中也未能予以消除，使材料在热处理后存在着组织和硬度的不均匀，造成材料屈服强度的差异，屈服强度低的区域疲劳寿命低。特别是组织粗大的魏氏组织形态的存在，对材料性能有一定的影响，使材料的塑性和韧性大大降低，加速了裂纹的扩展，导致中间轴的早期断裂。

8.9.9.4 结论

① 中间轴断裂的主要原因是退刀槽根部过渡圆角太小和表面加工不良，引起应力集中而造成疲劳断裂。

② 材料中存在枝晶状偏析而造成组织和硬度不均匀，促进了中间轴早期断裂。

8.9.9.5 改进意见

① 把"凹"形退刀槽改成圆弧形，增加表面加工精度，消除和降低应力集中因素。

② 控制原材料质量，尽可能消除树枝状偏析，以提高材料的力学性能。

8.9.10 汽车发动机曲轴断裂失效分析

8.9.10.1 概况

汽车发动机曲轴的断裂时有发生，有的在强化寿命试验约 135h 发生断裂，有的在 500 万次疲劳试验至 300 万次左右时发生第 4 连杆颈和第 4 主轴颈之间断裂。对行驶约 2652km

就出现异响的发动机进行分解检查，发现曲轴断裂（图 8-246），连杆颈处的轴瓦严重变形，轴颈表面严重摩擦损伤，与其配合的轴瓦内表面变形、磨损严重。断裂曲轴材料都是球墨铸铁，其裂源均处于曲颈与曲臂连接的圆角处，断裂特征基本相同，为此，我们对图 8-246 曲轴进行了失效分析。

图 8-246　曲轴断裂后的形态

该曲轴的设计要求：发动机使用寿命应大于 10 万千米。曲轴材料为 QT800-5，轴颈表面中频淬火，硬化层深度为 2mm ± 0.5mm，表面硬度 ≥48HRC，心部硬度为 250 ～ 300HBW。轴颈与曲轴臂连接的过渡圆角（R）部分采用滚压强化，以提高疲劳强度。发动机最高转速为 3800r/min。

图 8-247　断裂面的宏观形貌

8.9.10.2　检查结果

（1）宏观检查　断裂部位处于曲颈与轴臂连接处，整个断裂面大部分呈深黑色而无光泽。经清洗后，近曲颈断面边缘较粗糙，轴臂两侧断面呈光亮的摩擦面，少部分断面似细瓷状的金属光泽（图 8-247），断面多处有红铜色的黏结物。未发现明显的宏观疲劳特征。

（2）断口扫描电镜观察　靠近轴颈断裂边缘有较多的石墨脱落的空洞和微裂纹，裂源从微裂纹处形成和扩展（图 8-248 和图 8-249），滚压表面金属存在严重叠皱和裂纹（图 8-250）。在靠近轴臂断口的边缘有明显的疲劳条带（图 8-251），近瞬时断裂区可见准解理形貌和二次裂纹（图 8-252）。断口红铜色经能谱成分分析表明为铜铅轴瓦合金黏附在断口所致。

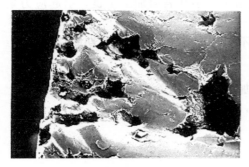

图 8-248　靠近断裂部位滚压处的空洞和微裂纹

图 8-249　裂源边缘的空洞和微裂纹

图 8-250　滚压表面的叠皱和微裂纹

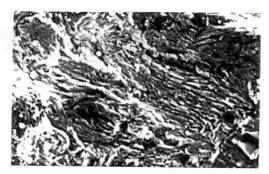

图 8-251　裂源附近的疲劳条带

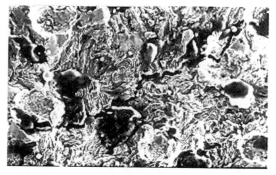

图 8-252　瞬时断裂区附近的准解理和二次裂纹形貌

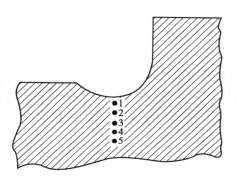

图 8-253　滚压槽硬度测定部位示意图

（3）硬度测定　断裂轴颈中频淬火部位的表面硬度为 56.0～56.5HRC，中心部位硬度为 260～266HBW。圆角滚压部位距表面不同深度处的硬度测定结果见示意图 8-253 和表 8-23，可见，滚压表面硬度较高。

表 8-23　滚压部位距表面不同深度处的硬度测定结果

序号	1	2	3	4	5
离表面距离/mm	0.07	0.14	0.21	0.30	0.40
硬度/$HV_{0.1}$	437	424	406	370	367

（4）化学成分分析　断裂曲轴的化学成分测定结果见表 8-24，符合 Q/NJ 152006—2000 球墨铸铁 QT800-5 技术要求。

表 8-24　断裂曲轴化学成分测定结果与标准要求　　　　　　单位：%

化学成分	C	Si	Mn	S	P	Cu	Mg	Re
断裂曲轴	3.74	2.28	0.34	0.015	0.04	0.68	0.035	0.022
Q/NJ 152006—2000 QT800-5	3.60～3.90	2.10～2.60	≤0.40	≤0.015	≤0.06	0.50～1.20	0.025～0.07	0.010～0.04

（5）显微组织检查　断裂部位取样检查，球化分级为 2 级，石墨大小为 5～6 级，在滚压的圆角部位表面有较多的微裂纹（图 8-254），断裂部位有较多的裂纹和灰色夹杂物（图 8-255），侵蚀后滚压部位存在变形层和微裂纹（图 8-256）。中心组织为细片状珠光体＋分散的铁素体和颗粒状石墨，局部区域存在少量牛眼状铁素体，铁素体数量约为 20%，磷

463

共晶数量和渗碳体均小于 1 级。

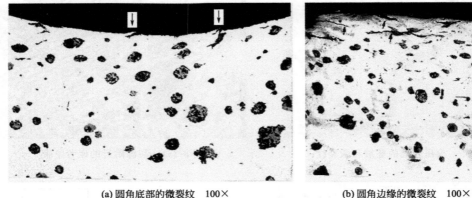
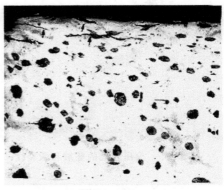

(a) 圆角底部的微裂纹　100×　　　　　　　　(b) 圆角边缘的微裂纹　100×

图 8-254　滚压表面的微裂纹

图 8-255　裂源部位断裂面的
微裂纹和灰色夹杂物　100×

图 8-256　"R"滚压部位的变形
组织和微裂纹　400×

8.9.10.3　结果分析

（1）轴颈"R"滚压缺陷问题　从金属疲劳过程的分析中可知，交变载荷作用下金属的不均匀滑移主要集中在金属表面，疲劳裂纹核心常常产生在表面上，所以零件表面状态对疲劳极限的影响是很大的。表面损伤可作为表面缺口来看待，都会产生应力集中，使疲劳寿命下降。采用滚压的方法来减少和消除表面缺陷，增加表面压应力，使疲劳缺陷应力集中系数下降，减小缺口敏感性，增加表层压应力，从而提高零件的疲劳极限。从失效曲轴断裂起源部位"R"滚压处的扫描电镜和金相检查可知，由于滚压工艺不当和轴颈处有较多的夹杂存在，使滚压的"R"表面形成鳞片状的迭裂和孔洞等缺陷，恶化了曲轴的抗疲劳性能，当曲轴在运行时促进了裂纹的萌生和扩展。滚压表面由于冷作硬化的效果，使表层硬度提高（$437HV_{0.1}$），塑性降低，当裂纹形成后，随工作应力的周期变化，促进了裂纹的扩展和曲轴的早期失效。

（2）铁素体数量的影响　零件铸造后进行正火处理的目的之一，是增加金属基体中的珠光体数量，从而提高球墨铸铁的强度、硬度和耐磨性。而该轴显微组织中铁素体数量较多，达 20% 左右，硬度也处于设计要求（250～300HBW）的下限。由于铁素体数量较多，其强度也随之下降，对曲轴的使用性能有一定的影响。此曲轴的断裂虽不是铁素体数量较多所致，但也必须引起充分重视，需提高珠光体数量，以保证曲轴有较高的强度和使用寿命。

8.9.10.4 结论

① 曲轴在使用前轴颈"R"处存在滚压引起的鳞片状迭裂和微裂纹与夹杂等缺陷，在使用过程中随应力的周期变化，使缺陷处产生应力集中，导致裂纹的形成和扩展，造成曲轴的早期失效。

② 铸件经正火后组织中铁素体数量较多，对曲轴强度和使用性能有一定的影响，但不是造成曲轴断裂的主要因素。

8.9.11 双头螺栓断裂分析

高速齿轮箱小齿轮与平行级箱体连接的 M30×280mm 双头螺栓共有 22 根，安装后运行一年多后就发现有 9 根双头螺栓断裂，断裂部位及形态基本相同，如图 8-257 所示。

图 8-257 双头螺栓断裂后形态

螺栓材料为 35CrMo 钢，经调质处理后性能等级为 10.9 级，安装螺栓规定拧紧力矩为 14.7N·m。

8.9.11.1 检查结果

(1) 宏观检查 所有螺栓断裂部位均处在一端的螺纹根部，从断口形貌中可看到所有断口的瞬时断裂区大小不一，说明其受力大小和开始开裂的时间不同，但都可看到断裂扩展区有明显的弧状疲劳条带（图 8-258）。在断裂源区有明显的加工痕迹和金属折皱和破碎形态（图 8-259）。为了便于分析，选择瞬时断裂区最小的螺栓进行检查。

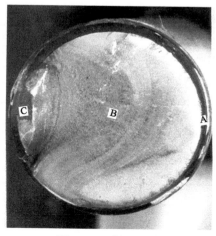

图 8-258 断口形貌
A—疲劳裂源区；B—扩展区；C—瞬时断裂区

图 8-259 断裂源区的加工痕迹

(2) 断口扫描电镜观察 断裂起源区呈放射状，由于断裂起始微裂纹不在同一平面，随着裂纹的扩展形成了较多的撕裂棱，在其裂源外表面有明显的加工痕迹，并有较多的折皱和微裂纹存在（图 8-260 和图 8-261）。断口扩展区均有疲劳条带存在（图 8-262），断口中心区有较多的黑色孔洞，可能是非金属夹杂脱落所致，瞬时断裂区为典型的韧窝形貌。

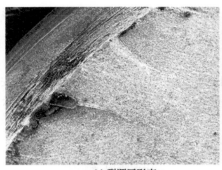

(a) 裂源区形态　　　　　　　　(b) 裂源区放大后的表面形态

图 8-260　裂源区的放射状撕裂棱和外表面加工痕迹

图 8-261　螺纹底部的微裂纹和折皱

图 8-262　扩展区的疲劳条带

(3) 化学成分分析 断裂双头螺栓的化学成分测定结果见表 8-25，符合 35CrMo 的要求。

表 8-25　断裂双头螺栓的化学成分测定结果与标准要求

化学成分/%	C	Si	Mn	S	P	Cr	Mo
断裂双头螺栓	0.35	0.22	0.50	0.006	0.012	0.90	0.17
GB/T 3077—1999 35CrMo	0.32~0.40	0.17~0.37	0.40~0.70	≤0.035	≤0.035	0.80~1.10	0.15~0.25

(4) 力学性能测试 断裂双头螺栓的力学性能测试结果见表 8-26，符合 GB/T 3098.1—2000 的要求。

表 8-26　断裂双头螺栓力学性能测试结果与标准要求

力学性能		R_m/MPa	$R_{p0.2}$/MPa	A/%	Z/%	A_{KU_2}/J	硬度/HRC
断裂双头螺栓	1	1150	1030	16	59.0	36.5	34~35
	2	1170	1050	15.5	58.5	33、36	34~35
GB/T 3098.1—2000		≥1040	≥940	≥9	≥48	≥20	32~39

(5) 金相分析

① 钢中非金属夹杂物检查　从断裂件纵向取样，按 GB/T 10561—2005 标准检查和评定结果，A、B 两类夹杂均为 1.5 级，D 类夹杂为 1 级。

② 显微组织　从断裂部位取样，裂源区纵向磨制观察，裂源区螺纹根部圆角处有折叠、微裂纹，并有脱碳现象（图 8-263 和图 8-264）。离裂源较远的螺纹根部圆角形态较好，但也有脱碳现象。螺栓外表层为较细的回火索氏体（图 8-265），而中心区域带状组织较多而明显。

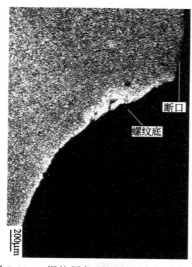

图 8-263　螺纹尾部裂源区圆角部位折叠
　　　　　和脱碳形态　　50×

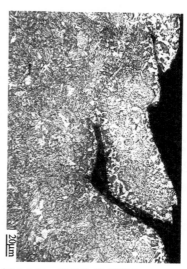

图 8-264　折叠和脱碳形态　　500×

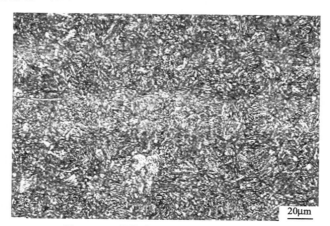

图 8-265　螺栓表层回火索氏体　　500×

8.9.11.2　结果分析

(1) 裂源处加工痕迹和脱碳层的影响　断裂源处于螺栓一端的螺纹尾部，表面质量较差，从显微观察螺纹底部金属折叠和微裂纹的存在，破坏了金属表面的完整性，在安装时的拧紧力和使用应力的作用下，易形成应力集中。另外，螺栓经滚压后，在热处理时由于保护不当，使螺栓的螺纹部位产生一定程度的脱碳，使螺纹底部圆角处的表面层强度降低，促进微裂纹的扩展，易形成宏观裂纹。当宏观裂纹形成后，在使用应力的作用下，缓慢地向中心扩展，成为螺栓断裂的主要因素。

（2）断裂螺栓瞬时断裂区大小问题　从所有断裂螺栓的断口形貌可见，其瞬时断裂区有明显的差别，说明螺栓开裂的先后次序不同，瞬时断裂区小，说明受力较小，裂纹扩展时间相对较长。若安装时 22 个螺栓紧度不同，则拧紧力相对较大的螺栓，其螺纹根部所受的应力较大。螺栓尾部加工缺陷相对较大的，则应力集中系数也较大，易形成微裂纹，并随应力变化而扩展。随裂纹的扩展，使得螺栓的有效承载截面不断缩小，加大了其它螺栓的承载应力，从而引起其它紧度的螺栓或螺纹尾部相对缺陷较大者产生应力集中而出现裂纹，引起其它螺栓的先后断裂。由于最后断裂的承载负荷最大，裂纹扩展速度较快，瞬时断裂区也最大。

8.9.11.3　结论

① 双头螺栓材料和性能等级符合 35CrMo 钢和 10.9 级标准要求。

② 螺纹尾部加工粗糙，螺纹底部出现折叠、微裂纹是造成应力集中、导致螺栓断裂失效的主要因素。

③ 螺纹底部圆角处脱碳，使表层强度降低，促进了螺栓的早期失效。

8.9.12　低速级齿轮断裂分析

8.9.12.1　概述

高速齿轮箱中的低速级齿轮是由齿圈和轴组装而成，组装时利用齿圈加热（箱式炉中加热至 180℃），使齿圈内孔膨胀套入带有键的轴上，待齿圈冷却收缩紧箍在轴上，形成紧密的组合件。安装后的齿轮箱在空载啮合运转的过程中出现响声，停机检查发现齿圈已开裂（图 8-266）。

图 8-266　齿圈断裂部位

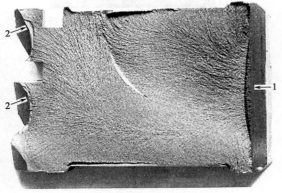

图 8-267　断口形貌

箭头 1 为裂源，箭头 2 为裂纹打开时新断区

技术要求：齿圈材料为 18CrNiMo7-6，经渗碳淬火、回火后齿部表面硬度要求 58~62HRC，齿圈内孔和心部硬度为 28~45HRC。

8.9.12.2　检查结果

（1）宏观检查　从齿圈开裂部位可以看出裂纹起源于齿圈的键槽底部，齿圈横截面大部分已开裂，打开后开裂面积已达 98％以上，断面呈清洁的淡灰色，裂源区有明显的深浅不一的黑色区，并呈一定角度倾斜。裂纹扩展区呈河流花样（图 8-267）。键槽侧面和裂源部位较粗糙，加工痕迹较深。

（2）断口扫描电镜检查　从键槽底部的断裂源处可看到裂纹是沿加工痕迹起始，并迅速扩展，在其周围仍可看到加工痕迹处的微裂纹（图 8-268）。这是由于在高应力作用下，加工痕迹成为应力集中所致。断裂起源区呈沿晶断裂和解理形貌（图 8-269），说明该处应力大，裂纹扩展速度快。整个断口形貌基本无变化，都呈解理和准解理特征。裂源起始的浅黑色区域，经能谱成分分析，含碳量（质量分数）高达 10％～11.49％（图 8-270、图 8-271 和表 8-27），说明该区域主要是由油膜所致。

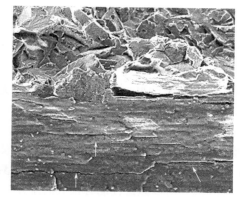

图 8-268　裂源始于表面加工痕和加工痕处微裂纹

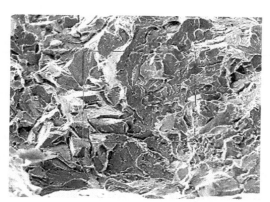

图 8-269　沿晶断裂和解理形貌

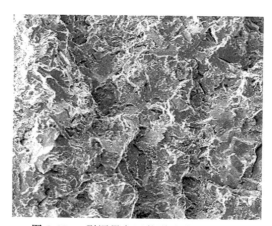

图 8-270　裂源黑色区能谱成分测定部位

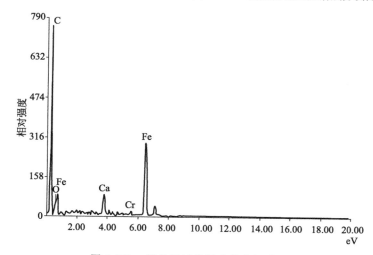

图 8-271　黑色区域能谱成分分析谱图

表 8-27　能谱成分测定结果

元素	含量（质量）/％	含量（原子分数）/％
C Kα	10.18	29.44
O Kα	08.41	18.26
Ca Kα	06.36	05.51
Cr Kα	02.03	01.35
Fe Kα	73.03	45.44

（3）断裂处键槽底部"R"测定 垂直键槽断裂部位切开后，测定开裂和未开裂的槽底转角"R"的大小，结果"R"仅为1.4mm，而且表面较粗糙。

（4）化学成分分析 开裂齿圈的化学成分测定结果见表8-28，符合技术要求。

表8-28 开裂齿圈化学成分测定结果与标准要求

化学成分/%	C	Si	Mn	S	P	Cr	Ni	Mo
开裂齿圈	0.18	0.21	0.77	0.007	0.018	1.65	1.44	0.26
18CrNiMo7-6	0.15～0.19	≤0.40	0.50～0.90	≤0.010	≤0.020	1.50～1.80	1.40～1.70	0.25～0.35

（5）金相组织检查

① 钢中非金属夹杂物检查 按GB/T 10561—2005标准评定结果，A、D两类夹杂均为1级，B、C两类为0.5级。

② 钢的晶粒度测定 按GB/T 6394—2002标准评定，晶粒度为7级。

③ 显微组织分析 垂直断口取样（和钢中纤维组织方向一致），组织为粒状贝氏体（图8-272）。由于成分的不均匀，在粒状贝氏体间存在低碳马氏体（图8-273）。经显微硬度测定，低碳马氏体区为$422HV_{0.2}$，而粒状贝氏体区为$304HV_{0.2}$，所以微区性能有很大的差异。

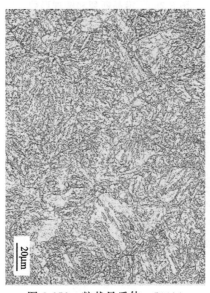

图8-272 粒状贝氏体 500×

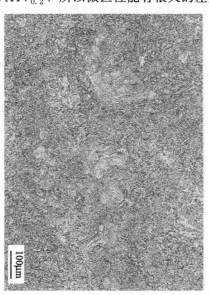

图8-273 粒状贝氏体＋低碳马氏体 100×

8.9.12.3 结果分析

（1）裂源处不同深浅的黑色条带问题 当低速级齿轮裂纹打开后，在裂源处出现深浅不同的黑色区（图8-267），难以清洗去掉，经能谱成分分析，含碳量较高。这说明齿圈和轴加热组装时，齿圈键槽处有润滑油等油脂存在，当齿圈和轴组装后由于齿圈冷却收缩时受到很大的张应力，键槽较小的圆角处和粗糙的加工痕迹处应力集中而形成斜向的微小裂纹，如图8-274所示，使少量油沿微小裂纹渗入，则在一定温度下使油呈干涸的油膜并且碳化较少而显得颜色较浅。这也说明，深黑色区是组装时形成的裂纹区域，较清洁的淡灰色区是最后扩展区。

（2）低速级齿轮开裂原因 低速级齿轮是由齿圈和轴利用齿圈加热膨胀组装而成，由于齿圈冷却收缩紧箍在轴上，使齿圈受到很大的张应力。如果齿圈的内孔和轴的外径尺寸配合不当，使齿圈受到的张应力过大，若键槽底部的"R"过小，表面加工较粗糙，则易在

"R"处造成很大的应力集中而形成微裂纹，微裂纹的大小和张应力大小有关。齿圈初始裂纹（断口黑色区）仅5～6mm，因此，微裂纹的形成主要以"R"小和粗糙度差为主要原因。当低速级齿轮安装后，在运转应力的叠加作用下，促使应力集中处的微裂纹迅速扩展，导致整个齿圈横截面大部分开裂。

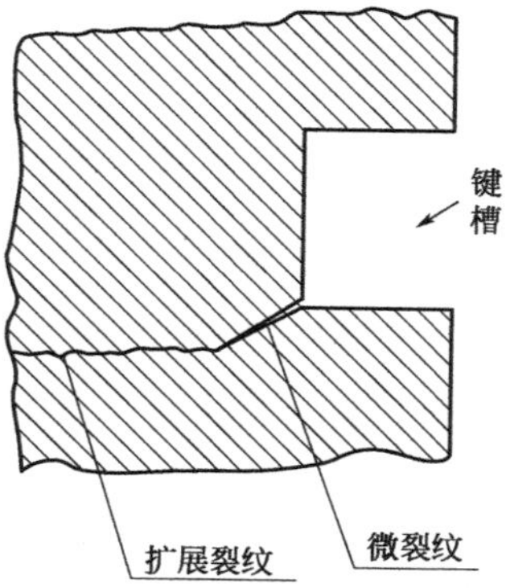

8.9.12.4 结论

① 齿轮圈成分符合技术要求。对粗大的齿圈而言，材料成分和组织不均匀是很难避免的，而且断裂面和条带状的不均匀组织相垂直，裂源处也未发现低碳马氏体，所以不是引起齿圈开裂的主要因素。

② 引起齿圈开裂的主要原因是，齿圈加热组装后冷却收缩应力，造成齿圈键槽的较小"R"和粗糙的加工痕迹处应力集中形成较小的裂纹，在运行应力的叠加作用下，使小裂纹扩展致断。

③ 裂源处的黑色条带是由裂纹中渗入油脂经干涸和碳化后所致，不是材料缺陷。

8.9.12.5 改进意见

① 齿圈内孔和轴外径的配合尺寸要选择恰当，防止加热齿圈组装后冷却收缩所受的张应力过大。

② 在不影响装配的前提下，尽可能加大键槽内的"R"尺寸，并降低粗糙度，以减小应力集中系数。

图 8-274　键槽微裂纹和积油示意图

8.9.13 电力设备中的中温再热器冷却管爆管分析

电力设备中的中温再热器冷却管于2005年安装，在电厂投入运行约五年左右，就发生炉后第七根冷却管爆裂，如图8-275所示。

图 8-275　♯114为爆裂管，♯115为离爆裂处约1.1m处取样

冷却管材料为15CrMo钢，规格为$\phi 60mm \times 4mm$。管进口蒸汽温度378℃，管外烟气温度为500～600℃，管内压力为3.64MPa。

8.9.13.1 检查结果

（1）宏观检查 爆裂管内外壁均有较厚的深黑色氧化层，裂口呈纺锤形，其两端及周围表面沿管纵轴方向有密集分布的条形裂纹。爆裂处两端壁厚不均匀，经测量爆裂面壁厚仅为2.8mm，而爆裂的对面壁厚为4.1mm（均包括表面氧化层，如图8-276所示），说明爆裂面管壁减薄了 1.3mm。

图 8-276 ♯114 端面壁厚形态

箭头 1 为薄壁处

(2) 化学成分分析 爆裂管的化学成分测定结果见表 8-29，符合相关技术要求。

表 8-29 爆裂管化学成分测定结果与标准要求

化学成分/%	C	Si	Mn	S	P	Cr	Mo
爆裂管	0.13	0.18	0.50	0.007	0.008	0.88	0.41
DL/T 787—2001 (GB 5310)15CrMo	0.12~0.18	0.17~0.37	0.40~0.70	≤0.030	≤0.030	0.80~1.10	0.40~0.55

(3) 力学性能测定 从♯114 爆口面纵向和爆口面对称面各取一根试样，以及离爆裂口约 1.1m 处（即♯115）沿纵向各取一根试样，分别测定抗拉强度和延伸率，结果见表 8-30，爆裂管♯114 和♯115 的纵向抗拉强度均低于技术标准要求。

表 8-30 爆裂管力学性能测定结果与标准要求

试验件与标准	抗拉强度 R_m/MPa	伸长率 A/%
♯114 爆口段	388.0(爆口面)	28
	439.1(爆口对面)	35.14
♯115(离爆口 1.1m 处)	417.5	36.28
	421.4	34.28
DL/T 787—2001　GB 5310	440~640	≥21

(4) 显微组织检查 从管爆裂处和其对面厚壁处以及离爆裂口 1.1mm 处各取样进行显微组织检查，结果如下。

① ♯114 管爆裂处的外表面有严重的脱碳，脱碳层达 0.8mm 左右，并有较多的沿晶扩展的微裂纹和氧化物（图 8-277），断裂处组织已变形。♯114 爆口处内表面无脱碳现象，组织为细小的铁素体和沿晶分布的珠光体（图 8-278），按 DL/T 787—2001 珠光体球化评级为 1~2 级。

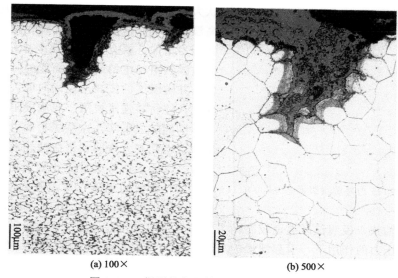

(a) 100×   (b) 500×

图 8-277   爆裂部位和外表面脱碳和微裂纹

② ♯114 爆管处的对面，内外表面显微组织均为铁素体＋珠光体，且珠光体区域内的碳化物呈细颗粒状（图 8-279），球化级别为 4～4.5 级。

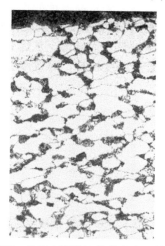 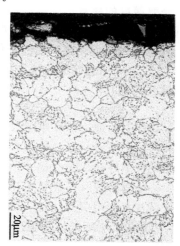

图 8-278   ♯114 管爆口处的内表面铁素体   图 8-279   爆口对面内外管壁组织形态   500×
＋沿晶分布的珠光体   500×

③ ♯115（离爆口 1.1m 处）的内外壁均呈铁素体＋珠光体，且珠光体区域内的碳化物呈颗粒状（图 8-280），球化级别为 3～3.5 级。

(5) 钢中非金属夹杂物检查   从爆口处取纵向试样，按 GB/T 10561—2005 评定，A 类为 0.5 级，B、D 两类均为 1 级。

8.9.13.2   结果分析

(1) 显微组织的影响   ♯114 管爆裂的对面和 ♯115 管（离爆裂处 1.1m 处）的显微组织中珠光体均不同程度球化，尤其是爆裂处的对面碳化物呈分散状的中度球化（4～4.5级），而 ♯115 碳化物虽已呈细小颗粒状，但仍保持在原珠光体区域内，说明该处比爆裂处温度稍低。这是由于珠光体是一种不稳定的组织状态，因为相同体积的表面积，片状要比球

473

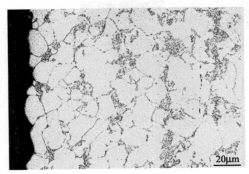

图 8-280　♯115 内外壁组织形态　500×

状大得多，即具有较高的表面能，因此在长期的高温作用下，这种高能量的碳化物由于原子的活动能力增加，就有力图减少其表面能的趋势，从而过渡到更稳定的最小表面能的倾向，即趋于球化，并随温度的提高球化倾向增大。这种组织的变化，使材料强度极限、屈服极限和蠕变强度等力学性能随之下降，这从爆管的力学性能测试结果中也得到充分说明。组织球化后的抗拉强度不符合技术要求，势必易导致管子的破裂。

（2）管壁的脱碳　对爆管处的外表面检查，存在严重的脱碳，达 0.8mm 左右，脱碳区的铁素体晶粒呈等轴状，说明该区温度较高。由于管外长期受高温和烟气氧化脱碳的影响，强度降低，在工作压力的作用下，引起缓慢的高温蠕变，导致表面产生较多而细小密集的裂纹。由图 8-270 中可看到氧化和裂纹沿晶扩展，随着管壁的进一步减薄和脱碳层的加深，使局部强度低于工作压力时，就会引起管子的爆裂失效。

由于爆裂部位的温度较高，处于 A_{c_1} 以上的奥氏体状态，在爆裂后的冷却过程中，奥氏体中析出碳化物形成沿晶分布的珠光体和其它不同的组织形态。

（3）管壁厚度的核算　中温冷却器运行过程中，内外壁均受到较高温度的作用（内壁为 378℃进口蒸汽，外壁为 500～600℃烟气），导致内外壁的较严重氧化，特别是外壁烟气温度较高，氧化较为严重。在长期的工作过程中，使管壁逐渐被氧化而减薄，从爆管的一端测量壁厚仅为 2.8mm（包括氧化层在内）。根据有关文献对管壁厚度核算，导致爆管的理论计算最小壁厚公式为

$$S = P \cdot D_w / (2\phi \cdot [\sigma]) + P$$

式中　S——管子的理论计算厚度；

　　　P——工作压力，3.6MPa；

　　　D_w——管子外径，60mm；

　　　ϕ——减弱系数（一般采用 0.9）；

　　　$[\sigma]$——基本许用应力，$[\sigma] = \eta[\sigma]_J$，$[\sigma]_J = \sigma'_D / \eta_D$。

σ'_D 为 500～600℃下的持久强度，按 DL/T 787—2001 中 550℃持久强度为 61MPa，η_D 为安全系数取 1.5，所以，$[\sigma] = 61/1.5 = 40.7$MPa。

将上述数据代入 $S = PD_w / (2\phi[\sigma]) + P = 218.4/76.9 = 2.84$（理论最小厚度），管子实测最薄处的厚度（$S'$）仅为 2.80mm，故 $S > S'$。所以，管子局部厚度小于理论最小厚度，再加上表面脱碳的影响，必然会引起管子的爆裂。

8.9.13.3　结论

① 中温再热器冷却管爆裂件材料符合 DL/T 787—2001 技术条件中 15CrMo 钢要求。

② 冷却管长期处于高温下工作，使管内外壁氧化严重和珠光体球化，尤其是局部温度较高引起严重的氧化脱碳，使管壁严重减薄，强度降低，是造成爆管的主要因素。

8.9.14　拔叉锻模断裂失效分析

8.9.14.1　概况

摩托车拔叉锻模长期以来使用寿命不高，一般锻造 2000～3000 件，有的仅数百件就损

坏失效，形成模具早期失效，失效的形式有摩擦损伤和热疲劳、模腔塌陷等，尤其是脆性开裂使使用寿命最短，显得更为突出。为了弄清造成脆性开裂的原因，以便采取相应措施加以改进，对锻造仅 400 件左右就开裂（图 8-281）的锻模进行了分析。

锻模材料为 3Cr2W8V 钢，经锻压成形、退火、粗加工、最终热处理后精加工而成。

热处理工艺　加热 1040℃经保温后油淬、600~620℃回火，硬度要求为 42~48HRC。

锻件材料为 45 钢，锻造工艺为：加热至 1200℃始锻，850℃终锻，锻造期间无任何冷却介质和润滑条件，约 400 件一炉锻造完毕后等模具空冷至室温然后再锻第二炉零件。

8.9.14.2　检查结果

（1）硬度测定　模具非工作面的中心硬度为 463HV$_5$（相当于 47HRC），模腔内表面硬度为 405~411HV$_5$（相当于 42.5~43HRC），硬度变化曲线见图 8-282。

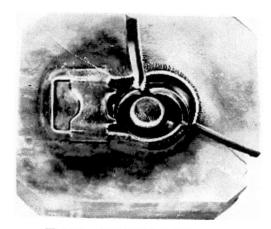

图 8-281　模具断裂实物形貌　1:5

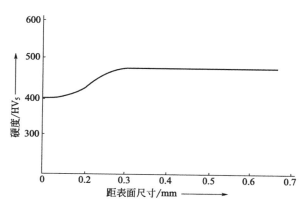

图 8-282　模腔表面至中心硬度分布

图 8-283　模具断裂面形貌

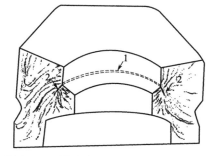

图 8-284　模腔内"R"处微裂纹示意图
1—"R"微裂纹；2—断裂源

（2）断口宏观观察　断面平坦，呈浅灰色脆性状，断裂源位于模腔内"R"处，呈放射状扩展，有明显的撕裂台阶分布整个断面（图 8-283 和图 8-284）。在模腔内"R"处出现密集细小裂纹，断裂源与微裂纹相连接（图 8-285）。

（3）几何尺寸测量　模腔内"R"设计要求为大于 2mm，经测量结果为 0.95~1.1mm，而且圆角处表面光洁度较差。

（4）微观检查　从模腔断裂部位的"R"处取样，经磨抛后不经侵蚀高倍镜下观察结果见图 8-278。经 4%硝酸酒精溶液侵蚀后的基体组织为回火托氏体＋粒状碳化物和少量残余奥氏体。由于成分分布不均匀，碳化物局部集中呈堆集状和带状，在碳化物集中的区域残余奥氏体较多（图8-286和图8-287），在模腔内条带状碳化物颗粒较粗大（图8-288）。

图8-285　模腔内"R"处的
微裂纹　100×

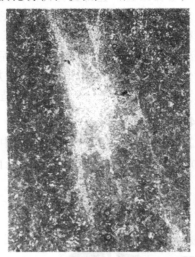

图8-286　碳化物集中处残余奥氏体较多
（白色处）　100×

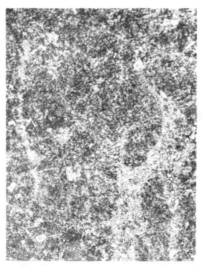

图8-287　马氏体＋集中的颗粒状碳化物＋
残余奥氏体　500×

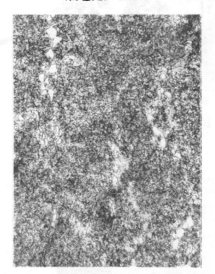

图8-288　模腔内表层局部碳化物颗粒较大
呈条状分布　500×

8.9.14.3　结论

锻造过程中模腔内承受强大的压力而使"R"部位产生拉伸应力，"R"过小，应力集中系数较大，同时受到高温坯料的热影响和塑变时的摩擦作用，导致"R"部位热疲劳裂纹的形成。模具内部组织不均匀，碳化物呈条带和堆集状的局部集中，使材质性能恶化而促进热疲劳裂纹的产生，随着锻造次数的增加，微裂纹处应力进一步集中并迅速扩展，导致模具的早期失效。

8.9.14.4　改进措施

要避免锻模脆性断裂的产生，必须改善模具内部组织结构，消除碳化物和成分偏析，增加模具韧性。同时，模具的制造必须按设计要求，增加模腔内"R"的尺寸，防止应力集中。锻造过程中增加润滑剂，减小模具与坯料的摩擦作用，改善模腔内的应力状态，从而提高模具的使用寿命。实践证明，以上改进措施是行之有效的。

8.9.15　滚丝轮崩齿问题分析

8.9.15.1　概况

滚丝轮长期使用寿命不高，崩齿是主要失效形式，少量由于硬度偏低产生变形而失效。

滚丝轮材料为Cr12MoV钢，硬度要求59～62HRC。

制造工艺流程：棒材下料→锻造→退火→粗加工→热处理→磨齿成形。

热处理工艺：真空炉加热至1020～1040℃，经保温后油冷淬火，180～220℃回火2～3h。

滚制的螺椿材料为45钢。

8.9.15.2　检查结果

(1) 化学成分与硬度测定　失效滚丝轮的硬度和成分分析结果见表8-31，2#件硬度偏高，其余均符合要求。

表8-31　失效滚丝轮的化学成分与硬度测定结果和标准要求

失效件与标准	化学成分/%						硬度/HRC
	C	Si	Mn	Cr	Mo	V	
1#滚丝轮	1.68	0.28	<0.40	12.1	0.53	0.25	59～60
2#滚丝轮	1.52	0.30	<0.40	11.90	0.48	0.27	62～64
GB/T 1299—2000 Cr12MoV	1.45～1.70	≤0.40	≤0.40	11.00～12.50	0.40～0.60	0.15～0.30	

图8-289　失效件的崩齿部位　1/3×

(2) 宏观检查　两件滚丝轮崩齿的部位都处于中部，即螺椿滚丝时螺纹端部，呈间断式崩齿，其间隔距离和螺椿直径的周长相等（图8-289），断裂方向相同，并有较多的裂纹存在（图8-290和图8-291），断面呈脆性形态。两只滚丝轮硬度不同，其断裂特征相同，说明崩齿原因相同。

图8-290　1#滚丝轮的齿部裂纹

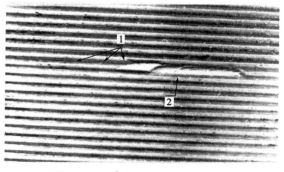

图8-291　2#滚丝轮的崩齿和裂纹
1—裂纹；2—崩齿部位

(3) 高倍检查 从滚丝轮的崩齿部位取样抛制后高倍显微观察，未经侵蚀的裂纹特征如图 8-292 和图 8-293 所示。经 4% 硝酸酒精溶液侵蚀后，$1^{\#}$ **滚丝轮组织为回火马氏体＋严重的分叉状和网络状共晶碳化物及少量残余奥氏体**（图 8-294）。$2^{\#}$ **滚丝轮组织为回火马氏体＋分散颗粒状的共晶碳化物和少量残余奥氏体，并存在黑色晶界**（图 8-295）。

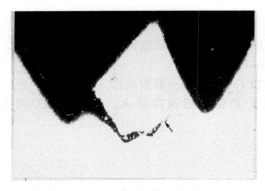

图 8-292 $2^{\#}$ 滚丝轮崩齿特征

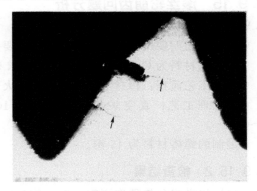

图 8-293 $1^{\#}$ 滚丝轮齿部特征

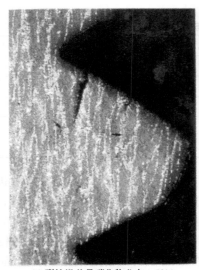

(a) 裂纹沿共晶碳化物分布 50×

(b) 共晶碳化物呈分叉和网络状分布
并有黑色网络存在 500×

图 8-294 $1^{\#}$ 滚丝轮显微组织

8.9.15.3 结果分析

(1) 材质的影响 材质的好坏，主要是钢中非金属夹杂物、基体组织和共晶碳化物的均匀性，对滚丝轮有很大的影响。Cr12 型钢中存在共晶碳化物对提高耐磨性是有利的，若共晶碳化物形成偏聚、分叉和网络状分布，使钢的性能恶化，易产生脆裂，降低使用寿命。$1^{\#}$ 滚丝轮的共晶碳化物严重不均匀，呈分叉和网络状分布，因此，当滚丝过程中螺扣受侧向弯曲应力时，易在碳化物处产生脆裂，并沿碳化物方向发展（图 8-294）。$2^{\#}$ 滚丝轮共晶碳化物分布较好，但螺扣断裂特征和 $1^{\#}$ 滚丝轮相同，说明共晶碳化物不均匀不是产生螺扣断裂的主要原因。热处理后的基体组织决定于材料的原始组织状态和热处理制度，两个滚丝轮基体组织基本相同，但 $2^{\#}$ 滚丝轮硬度较高，组织中都出现黑色网络晶界（图 8-295）。经有关研究指出，黑色晶界可能是由于 P、As 等微量杂质元素在回火过程中向晶界偏聚的结

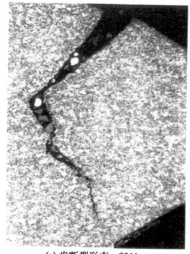

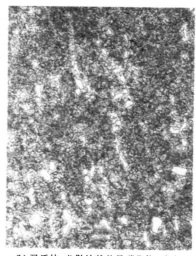

(a) 齿断裂形态　80×　　　　(b) 马氏体+分散块状共晶碳化物+残余
奥氏体及黑色晶界　500×

图 8-295　2# 滚丝轮显微组织

果，黑色晶界的出现增加了钢的脆性，易形成裂纹和崩齿。但从滚丝轮损伤规律，滚丝轮的硬度偏高和黑色晶界的形成，不是崩齿的重要因素。

（2）滚压螺椿坯料的影响　坯料的硬度和直径对滚丝轮的使用寿命都有很大的影响，硬度过高或直径过大，都会使滚丝轮的寿命急速下降。滚丝轮的损坏都位于螺椿的顶端处，说明螺椿螺纹末端处给滚丝轮的侧向应力较大。滚丝轮齿侧向应力的大小和坯料的倒角 β 有关（图 8-296 和图 8-297）。由图 8-297 可知 （a） 毛坯端部无倒角，在滚丝过程中滚丝轮第一齿仅受到单向侧力 P，因此，易受侧向应力过大而引起崩齿。（b） 坯料 β 角过大，滚丝轮第一齿虽有部分嵌入被滚压零件体内，但齿嵌入不深，减小侧向应力不多。而（c）坯料 β 角较小，因此，单向侧应力要小得多。侧向应力越小，越不易产生崩齿，但坯料 β 角的大小，并不是固定不变的，它的确定和倒棱宽度的大小，应根据坯料的强度（硬度）来选择（图 8-298）。根据图 8-298 坯料为 45 钢，按 GB 699—1999 其强度应大于 600MPa。坯料 β 角应采用15°。失效滚丝轮滚压的 45 钢螺椿毛坯 β 角为30°，因而滚压时使螺椿末端第一齿对滚丝轮的齿侧向应力较大，这是导致滚丝轮崩齿的主要因素。

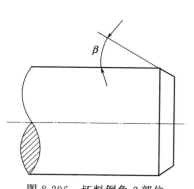

图 8-296　坯料倒角 β 部位

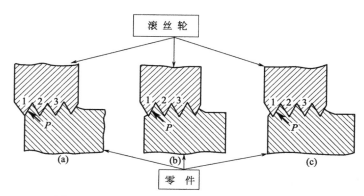

图 8-297　坯料端部与滚丝轮齿部受力状态示意图

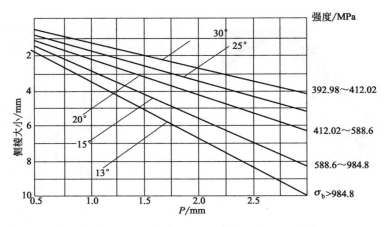

图 8-298 选择倒角 (β) 和侧棱尺寸的列线图

8.9.15.4 结论

① 滚丝轮显微组织中出现黑色网络，碳化物分布不均匀，呈带状、分叉状和网状，及最终热处理后硬度过高，使材料脆性增加，在滚丝过程中滚丝分界线齿扣受到过大的侧向应力时，极易产生开裂和崩齿。这是滚丝轮产生早期失效的原因之一。

② 滚丝螺椿的坯料倒角 β 采用统一的 $30°$，对 45 钢抗拉强度大于 600MPa 的螺椿坯料倒角过大，使滚压过程中滚丝轮齿扣的侧向应力过大，是造成滚丝轮崩齿的主要因素。

8.9.15.5 改进措施

① 首先对原材料按技术文件控制共晶碳化物的均匀性。其次，锻造时必须有严格的工艺规范来控制，以保证锻造和退火质量。

② 为了保证滚丝轮既有高的硬度，又具有一定的韧性，以防止崩齿，必须要有良好的热处理工艺和恰当的硬度保证，防止黑色晶界的出现。

③ 螺椿坯料倒角 (β) 由 $30°$ 减小至 $15°$，以减小滚丝轮齿扣的侧向应力，防止齿扣的折断。

经上述改进，滚丝轮使用寿命提高了一倍多，基本上避免了间断性的崩齿现象。

8.9.16 显像管包箍断裂失效分析

8.9.16.1 概况

包箍是显像管夹紧后固定在仪器机箱上的受力结构件，紧固后的包箍工作状态如图 8-299 所示。其工作应力为一恒定值，且远小于该材料的屈服强度。整机在装配包箍后陆续出现批量性断裂，断裂部位多数位于包箍直角处圆弧过渡的铆钉处（图 8-300）。经了解，包箍的断裂并未发生在紧固装配时，而是在装配完放置一段时间后突然发生的。

8.9.16.2 工艺调查

包箍由 65Mn 弹簧钢带（$S=1$mm）制成。工艺流程为：下料→退火→钻孔及折弯→淬火、回火→镀锌→铆接挂钩→装配。

(1) 退火 采用再结晶退火（材料为冷轧态），在箱式炉内加热至 $600℃$ 保温 1h，空冷，因退火时直接入炉，使退火后材料表面有较严重的氧化层。

(2) 淬火、回火 淬火温度为 $830℃$，保温 $3\sim5$min，油冷，$420℃$ 回火 40min。

(3) 电镀 镀前采用 $80℃$ 盐酸水溶液去除表面氧化膜，电镀后未经去氢处理。

(4) 装配 将包箍与挂钩铆接后再与显像管紧固组装，晶体管与包箍间的周边垫有六块

3.5mm 厚的橡胶，由 ϕ3mm 的连接螺栓将两只包箍夹紧后固定在仪器机箱上。

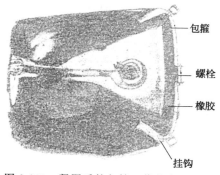

图 8-299　紧固后的包箍工作状态　1：4

图 8-300　包箍断裂实物及断裂部位　1：2

8.9.16.3　包箍的工作应力核算

紧固后的包箍在靠近螺栓的直角根部及位于圆弧过渡连接挂钩附近应力较大，在连接挂钩的铆钉孔处由于铆钉的铆压作用，孔的周边还受到一个向外的拉应力，为了讨论方便，以直角根部为例求出其最大应力值 σ_{max}。图 8-301 为包箍直角部位简图及经螺栓紧固后的弯矩图。经实测，夹紧后包箍连接螺栓螺母的扭矩 $T=0.0624\text{N}\cdot\text{m}$。连接螺栓的拉力 F 可由下式求得：

$$F = T/(C \cdot D_0) \tag{8-1}$$

式中，T 为扭矩；C 为系数（钢件为 0.2）；D_0 为螺栓的外径，$D_0 = 0.003\text{m}$。由此得：

$$F = 0.0624/(0.2 \times 0.003) = 104\text{N}$$

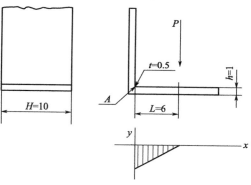

图 8-301　包箍直角部位简图及弯矩图

由于螺栓的拉力 F 与短直角边所受压力 P 是相等的，即 $F = P$，且短直角边可视为一悬臂梁，因此 P 对直角根部 A 点的弯矩为：

$$M = PL \tag{8-2}$$

而 A 点处的最大应力为：

$$\sigma_{max} = K\sigma \tag{8-3}$$

∵
$$\sigma = MY/l_z$$

∴
$$\sigma_{max} = K(MY/l_z) \tag{8-4}$$

式中，σ 为研究点的应力值；Y 为中心层至边缘的距离，即 $Y = h/2$；l_z 为惯性矩，$l_z = Hh^3/12$；K 为应力集中系数，对于本试样 $K = (0.35h/Y + 0.85)^{1/2} + 0.08$。

将式（8-2）代入式（8-4）并整理得：

$$\sigma_{max} = [(0.35h/Y + 0.85)^{1/2} + 0.08](6PL)/Hh^2 \tag{8-5}$$

故 $\sigma_{max} = [(0.35 \times 1/0.5 + 0.85)^{1/2} + 0.08] \times 6 \times 104 \times 6/10 = 496\text{N/mm}^2 = 496\text{MPa}$

即包箍直角处的最大应力 σ_{max} 为 496MPa。

8.9.16.4　断裂件的检查

（1）化学成分分析　断裂包箍的化学成分测定结果见表 8-32，符合 65Mn 钢的标准要求。

（2）力学性能测试

① 硬度　实测断裂件的硬度为43HRC，符合图纸要求（40～46HRC）。

表 8-32　断裂包箍化学成分测定结果与标准要求

化学成分/%	C	Si	Mn	S	P
断裂包箍	0.65	0.24	1.06	0.010	0.024
GB/T 699—1999 65Mn	0.62～0.70	0.17～0.37	0.90～1.20	≤0.035	≤0.035

② 强度　按包箍相同的热处理工艺制成板材状试样，经拉伸试验结果：$R_{el}=$ 1274.9MPa，$R_m=1392.59$MPa，$A=7.2\%$。

（3）显微组织检查　断裂包箍的组织为正常的回火托氏体（图 8-302）。

（4）断口分析

① 宏观检查　铆钉孔处断裂的试样在孔的一侧断口平整，另一侧断面上有一处小的起伏 [图 8-303(a)]，直角部位断裂的断口较平坦 [图 8-303(b)]。两个断口均呈灰白色，无剪切唇。

图 8-302　断裂件的显微组织

回火托氏体　500×

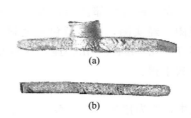

(a)

(b)

图 8-303　断裂件的宏观断口　1:4

(a)、(b) 分别为铆钉孔和直角部位断口形貌

② 微观形貌　在扫描电镜下观察，铆钉孔附近和直角部位形貌相似，均为沿晶断裂，显示出明显的冰糖状花样（图 8-304），稍远处为沿晶＋撕裂的混合断口，有些晶界分离面上呈撕裂棱和显微孔洞（图 8-305）。

8.9.16.5　分析与讨论

根据以下三点：①包箍受力后持续一段时间才断裂；②包箍的最大工作应力 σ_{max} 远小于材料的 R_{el} 和 R_m；③断裂形貌主要为沿晶断裂特征，可知该断裂属于一种静载延滞性断裂（即与时间有关的低应力脆断）。又根据工艺调查，包箍在镀锌前采用长时间热酸洗，零件镀后又未去氢处理，因此，氢脆断裂的可能性很大。大量实验证明，酸洗时随温度的升高和时间的延长，都会使钢中的氢含量增加。对本批包箍而言，钢中氢的来源是由于材料在电解质溶液中酸洗和电镀时，化学或电化学反应析出的氢从钢的表面渗入，为氢脆的产生提供了条件。但氢脆的敏感性还与材料本身的强度水平和所承受的应力（或应力强度因子 K_1）密切相关，当材料所受的应力值及氢含量达到临界值时，就在材料的薄弱环节开始萌生裂纹，在氢的作用下裂纹有一个亚临界扩展过程。由于氢在钢中的扩散需要一定的时间，裂纹的扩展也有一定的速率，因此，氢脆断裂存在着潜伏期。根据 $K_1=Y\sigma a^{1/2}$ 可知，当裂纹 a 增加时，K_1 也随之增大。当裂纹 a 扩展到临界尺寸 a_c 时，K_1 达到 K_{1c}。此时，材料中的裂纹将产生失稳扩展而发生断裂。有关文献指出，高强度钢氢脆断裂的断口形貌取决于裂纹尖端附近的应力场强度因子 K_1，在较低的 K_1 下，断口为沿晶断裂特征，随着 K_1 的增大，断口形态逐渐向穿晶微坑型转化。对铆钉断口的 SEM 观察结果也可看出，孔附近为单一的沿晶断裂，是裂纹的首先萌生处，随着裂纹 a 的扩展，K_1 值也随之增大，故离孔稍远处出现沿晶＋撕裂的混合断口特征。由此可推断出包箍在断裂前裂纹的亚临界扩展时期其尖端附近的 K_1 值是不高的。实践证明，具有氢脆的材料其常规力学性能及组织与正常的材料无差别，因此，本批断裂件的力学性能与组织均正常是完全可能的。

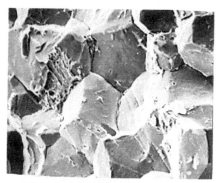

图 8-304　沿晶开裂形貌　2000×

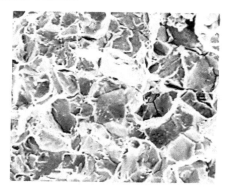

图 8-305　离孔稍远处的断口形貌　1000×

8.9.16.6　工艺对比试验

为了验证包箍是氢脆断裂的推论，并考察 65Mn 钢电镀后的氢脆敏感性及去氢后的效果，特进行了如下试验：（1）反复弯曲试验；（2）恒静载挠度弯曲试验；（3）氢脆断口与过载断口的 SEM 形貌观察对比。

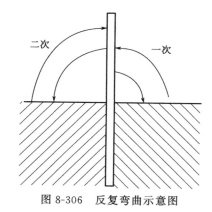

图 8-306　反复弯曲示意图

（1）反复弯曲试验

材料状态　冷轧供应状态。

试样尺寸　110mm×10mm×1mm 条形试样。

试验方法　按图 8-306 进行缓慢弯曲至完全断裂的总次数，检验其脆化程度。

求得氢脆系数 $a = (n_0 - n_H)/n_0$。

式中，n_0 为不含氢试样的弯曲断裂次数；n_H 为含氢试样的弯曲断裂次数。试验结果见表 8-33。

由表 8-33 可见，材料经电镀后不去氢的弯曲次数明显低于原材料。不去氢材料的 a 值远大于去氢的。

表 8-33　不同工艺状态试样的反复弯曲试验结果

组　　别	件　　号	$n_0(n_H)$	平　　均	$a = (n_0 - n_H)/n_0$
原材料（未镀）	1	37.5	38.3	—
	2	38.5		
	3	39		
镀锌不去氢	4	(16)	16.2	0.58
	5	(17)		
	6	(15.5)		

续表

组 别	件 号	$n_0(n_H)$	平 均	$a=(n_0-n_H)/n_0$
镀锌去氢 230℃×4h	7	(37.5)	37.5	0.02
	8	(36)		
	9	(39)		

（2）恒静载挠度弯曲试验

试样尺寸　110mm×10mm×1mm 带 V 形缺口的条形试样，缺口张角 60°，深 2mm，顶角 $r=0.4$mm ［图 8-307(a)］。

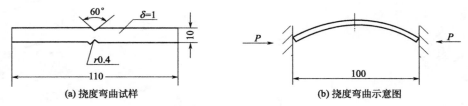

(a) 挠度弯曲试样　　　　　　(b) 挠度弯曲示意图

图 8-307　挠度弯曲试验

试样状态　经过与包箍相同的淬火、回火工艺，硬度为 40～45HRC，再分为下述五种状态：Ⅰ.镀锌不去氢；Ⅱ.镀锌后经 180℃×4h 去氢；Ⅲ.镀锌后经 200℃×4h 去氢；Ⅳ.镀锌后经 240℃×4h 去氢；Ⅴ.不电镀。

试验方法　将五组不同状态的试样装上平口虎钳并将钳口收紧到预定尺寸，此时试样将产生弹性变形成拱形［图 8-307(b)］，要求试样受载后的最大应力应小于其屈服强度，即卸载后试样仍能恢复到原来状态，至此，开始记录试样从加载完到断裂的时间间隔，结果见表 8-34。

表 8-34　不同工艺状态试样的恒静载挠度弯曲试验结果

组 别	序 号	断裂孕育期	状 态
Ⅰ	1	1h 20min	不去氢
	2	1h 35min	
Ⅱ	3	6h 35min	180℃×4h 去氢
	4	9h 50min	
Ⅲ	5	14h	200℃×4h 去氢
	6	17h	
Ⅳ	7	未断	240℃×4h 去氢
	8	未断	
Ⅴ	9	未断	不电镀
	10	未断	

注：Ⅳ、Ⅴ两组经 1080h 后卸载。

由此可见，具有相同强度水平（40～45HRC）的材料在同等的应力作用下，经电镀后不去氢的试样断裂孕育期很短，不电镀的试样由于不存在氢脆故始终未断。对于去氢的试样则随去氢温度的升高其氢脆敏感性随之降低（在保温时间相同的情况下），到 240℃时氢脆现象已基本去除，因而不发生延滞性断裂。

（3）断口形貌对比　将Ⅰ组试样断口和Ⅳ组断口对比发现，Ⅰ组宏观断口呈平坦、无剪

切唇的脆性形态，SEM下呈冰糖状结晶形貌和包箍断口形貌基本相同；而Ⅳ组断口呈灰色绒毯状纤维断口，SEM下呈典型的韧窝形貌，从而进一步证明了包箍的断裂是氢脆所致。

8.9.16.7　结论

① 包箍的断裂是氢脆所致。

② 钢中的氢来自酸洗及电镀工序，镀后未去氢为产生氢脆创造了条件。

③ 镀后采用适当的去氢工艺可消除氢脆现象。

8.9.17　同轴泵齿轮轴断裂分析

8.9.17.1　概述

同轴泵是和飞机液压系统配套，为收放起落架操纵主桨和尾桨助力器提供液压能源，是一种较先进的齿轮泵。该泵在"三防"（防湿热、防菌、防雾）试验后，在鉴定试验至494h出现油压、油量降低。停机分解检查，发现在第一级主动齿轮轴平键槽处发生断裂（图8-308）。

技术要求　主动齿轮轴材料为18Cr2Ni4WA钢，经碳氮共渗渗层深度为0.3～0.5mm，热处理后表面硬度为80～84HRA，心部硬度为43～47HRC。其工作额定转速为6000r/min，最大转速为8000r/min，额定压力为14MPa，最大压力为20MPa，首返期鉴定试验要求1200h。

图8-308　主动齿轮轴断裂形貌　0.75×

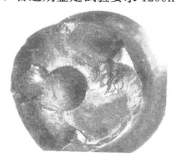

图8-309　断口脆性特征

8.9.17.2　检查结果

（1）宏观检查　主动齿轮轴断裂于平键槽传动部位，断成数块。断口平坦，未见明显的塑性变形区，呈脆性断裂形态（图8-309）。断裂部位的外表面有腐蚀坑，其圆周方向有裂纹存在。由于断裂后未及时停止运转，导致断口原貌遭到摩擦损伤和氧化，给失效分析造成了一定的困难。

（2）材料化学成分分析　断裂齿轮轴的化学成分测定结果见表8-35，符合18Cr2Ni4WA钢要求。

（3）硬度测定　轴表面碳氮共渗层硬度为82HRA，中心硬度为46HRC，均符合设计要求。

表8-35　断裂齿轮轴的化学成分测定结果与标准要求　　　　　单位：%

化学成分	C	Si	Mn	S	P	Cr	Ni	W
断裂齿轮轴	0.145	0.28	0.41	0.008	0.013	1.51	4.21	0.92
GB/T 3077—1999 18Cr2Ni4WA	0.13～0.19	0.17～0.37	0.30～0.60	≤0.025	≤0.025	1.35～1.65	4.00～4.50	0.80～1.20

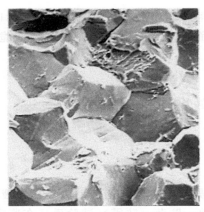

图 8-310　沿晶二次裂纹和氢脆特征

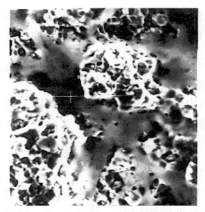

图 8-311　腐蚀坑处断口晶面腐蚀特征

（4）断口分析　断口经清洗后在 SEM 下观察，断裂呈沿晶发展，并有沿晶二次裂纹，晶面有明显的变形线痕的氢脆特征（图 8-310），腐蚀坑附近表面的晶面上有明显的受腐蚀特征（图 8-311）。

（5）含氢量测定　用 LH-3 氢含量测查仪对断裂轴进行含氢量测定，结果为主动齿轮轴平键槽附近腐蚀处及其它部位受腐蚀表面含氢量均为 12.32mL/100g 左右，而未受腐蚀的碳氮共渗表面含氢量为 3.36mL/100g。

（6）金相检验　在断裂部位取样，抛光后未经侵蚀观察，断裂附近存在沿晶二次裂纹。经 4％硝酸酒精溶液侵蚀后测量，碳氮共渗层为 0.5～0.55mm。表层组织为回火马氏体＋细粒状碳化物和少量残余奥氏体（图 8-312），心部组织为回火低碳马氏体和（M-A）组织。

图 8-312　碳氮共渗层组织　300×

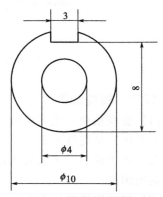

图 8-313　断裂部位截面尺寸

8.9.17.3　抗扭转剪切强度核算

齿轮轴断裂部位截面几何形状见图 8-313。

图中，$D=10\text{mm}$，$d=4$。

抗扭截面模量为：

$W_n=\pi D^3[1-(d/D)^4]/16=\pi\times10^3\times[1-(4/10)^4]/16=191.3\text{mm}^3$。

运转过程中齿轮轴所受的最大扭矩为：

$$M_{n\ max}=13.7\text{N}\cdot\text{m}=13.7\times10^3\text{N}\cdot\text{mm}$$

则最大工作应力：

$$\tau = M_{\mathrm{nmax}}/W_{\mathrm{n}} = 13.7 \times 10^3 / 191.3 = 71.6 \mathrm{N/mm^2} = 71.6 \mathrm{MPa}。$$

轴中心硬度 46HRC 换算：

$$\sigma_{\mathrm{s}} = 786 \mathrm{MPa}$$

则许用应力：

$[\sigma] = \sigma_{\mathrm{s}}/n_{\mathrm{s}} = 524 \mathrm{MPa}$（$n_{\mathrm{s}} = 1.5$ 为安全系数）。

扭转许用剪应力：

$[\tau] = 0.5[\sigma] = 262 \mathrm{MPa}$。

扭转许用剪应力是最大工作应力的 3.7 倍左右，所以：

$$[\tau] \gg \tau_{\max}$$

以上未考虑键槽对抗扭应力的影响，也未考虑碳氮共渗层增加抗扭应力的作用。

8.9.17.4　结果讨论

（1）氢的来源及其影响　近年来，有许多资料报道了零件在碳氮共渗过程中，由于炉中的含氢气氛而引起的氢脆问题。由于三乙醇胺、氨气、甲醇等分解气体含有甲烷和一氧化碳来提供活性炭和氮，而分解形成的氢分子若工艺控制不当，有可能形成活性氢原子扩散到钢中而引起氢脆。因此，齿轮轴的氢脆是碳氮共渗过程中形成的还是电化学腐蚀过程中的渗氢，其原因需进一步讨论。

一般认为碳氮共渗过程中分解形成的氢原子，以每秒高达 10^{10} 次的速度互相碰撞迅速形成氢分子。所以在反应中的氢原子很难被零件吸附，只有当碳氮共渗时的甲烷和 CO_2、甲烷和 H_2O 同时被零件吸附，或氢氰酸（HCN）被零件表面吸附后，在反应的瞬间才有可能起渗氢作用，所以，碳氮共渗后直接淬火往往会引起氢脆。若碳氮共渗零件在出炉前停供煤油、三乙醇胺和氨气，则氢脆现象即可消除。在碳氮共渗空冷后再加热淬火，可使钢中已吸收的氢发生反向扩散而起到去氢、降低脆性的作用。

另外，对断裂齿轮轴含氢量测定发现，含氢量较高（12.32mL/100g）的部位是在受腐蚀处，而未腐蚀的碳氮共渗表面含氢量仅为 3.36mL/100g，说明含氢量的增加与腐蚀有关。

齿轮轴的腐蚀部位仅在装配后暴露在泵体外面的平键槽处，说明短期内形成的严重腐蚀与装配后的"三防"试验有关。为此，检查了"三防"试验后的尚未鉴定试验的其它泵，结果证实了"三防"试验后确有腐蚀坑存在。

根据电化学原理，当零件表面形成腐蚀后，其腐蚀坑形成阳极，而其周围的金属起阴极作用。由于腐蚀坑和金属表面积之比很大，因此，电化学作用而形成微电池的同时产生氢离子在腐蚀坑周围集聚，并向钢内部扩散，腐蚀坑处也就成了氢脆裂源。SEM 检查结果也充分说明了这点。

由于氢在钢中随强度的提高而氢脆敏感性增加，齿轮轴为 18Cr2Ni4WA 高强度马氏体钢，表面又经碳氮共渗形成高硬度的表面层，当含氢量提高时，其氢脆敏感性很大，在工作应力作用下，易在腐蚀坑处产生脆性开裂，最后导致零件的失效。

（2）键和键槽的配合问题　同轴泵在运转过程中键和键槽是传动的关键部位，处于受力集中状态，若配合不当，受力不均匀会导致零部件的早期失效。在检查断裂件时发现，键和键槽的接触压痕不均匀，如图 8-314 所示。在键的 A 和 B 两点压痕较大，说明在键槽尖角处 A 受力较大。由于尖角 A 处较薄弱，又经碳氮共渗后硬度较高，脆性较大，受电化学作用而产生渗氢的结果，使 A 部位处于极脆弱的状态，因此裂纹首先在 A 处产生，这和断裂

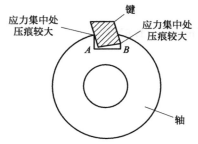

图 8-314　键和键槽配合不良示意图

零件的碎裂与裂纹分布相吻合。由此可见，机械零件的配合必须引起充分的重视。

8.9.17.5　结论

① 同轴泵在"三防"试验过程中，齿轮轴平键槽传动部分产生电化学腐蚀而导致渗氢，使碳氮共渗层脆性敏感性增加，是引起齿轮轴断裂的主要原因。

② 键和键槽的配合不良，造成键槽口部分应力集中过大，起到促进脆裂和早期失效的作用。

8.9.17.6　改进意见

齿轮轴在运转过程中主要承受剪切强度，经核算可知，该轴未经碳氮共渗处理就足以保证运转中安全使用。因此，建议平键槽传动部分及内孔不需碳氮共渗，以确保传动部分有足够的韧性，避免脆性断裂。另外，避免"三防"试验及电化学腐蚀而产生渗氢现象和键与键槽之间的不良配合，降低氢脆和应力集中。

经改进后的主动齿轮轴在鉴定试验达 1373h 后分解检查，主动齿轮轴平键槽传动部分完好无损，取得了良好效果。

8.9.18　汽车变速箱三挡主动齿轮断齿分析

8.9.18.1　概况

汽车变速箱在台架试验的过程中，按技术要求，三挡齿轮正常运行为 273 小时，实际运行仅为 163 小时就发生三挡主动齿轮有两齿发生断裂（图 8-315 和图 8-316），使用寿命仅为设计要求的 59.7%。

图 8-315　变速齿轮与三挡主动齿轮的组合全貌

图 8-316　三挡主动齿轮断齿形态

三挡主、被动齿轮技术要求：齿轮材料均为 20MnCr5 钢，齿部经渗碳、淬回火后技术要求见表 8-36。

表 8-36　三挡主、被动齿轮渗碳、淬回火后齿轮技术要求

零件	三挡主动齿轮	三挡被动齿轮
齿表面硬度/HRC	59～63	59～63
心部硬度/HRC	35～42	35～44
有效硬化层深度/mm	0.4～0.7	0.4～1.0

8.9.18.2 检查结果

(1) 宏观检查 三挡主动齿轮齿面有明显的啮合不均,尤其是齿根部有较严重的干涉摩擦损伤(图8-317),而和其啮合的三挡被动齿轮的齿顶部位呈严重的摩擦损伤(图8-318)。断齿断口从干涉严重的一端齿根处向另一边迅速扩展至断,呈放射状形貌,断面未见有宏观冶金缺陷(图8-319)。

图8-317 三挡主动齿轮齿根干涉摩擦损伤形态

图8-318 三挡被动齿轮齿顶摩擦损伤形态

三挡主动齿轮两侧(分别与六挡齿轮及内花键侧端面接触)端面有严重的摩擦损伤,六挡齿轮的侧端面已摩擦呈凹槽形态(图8-320),三挡主动齿轮与六挡齿轮接触的摩擦损伤面不仅局部有高温氧化色,而且有裂纹,断齿根部裂纹较大而长(图8-321和图8-322)。将裂纹打开后断裂面较平整,未见有宏观冶金缺陷,裂源起始于摩擦端面,呈放

图8-319 三挡主动齿轮断口形貌

射状向内扩展,靠近摩擦端面的断裂面有高温氧化色(图8-323),说明此裂纹是由摩擦所致。

图8-320 六挡齿轮摩擦损伤和凹槽形态

图8-321 三挡主动齿轮侧面摩擦损伤和裂纹形态

(2) 硬度测定 三挡主动齿轮和被动齿轮受力面硬度分别为62.5HRC和63.3HRC,心部硬度分别为39.5~40HRC和42.5~43HRC。

(3) 化学成分分析 从三挡主动齿轮取样进行化学成分分析,结果见表8-37,符合技术要求。

(4) 钢中非金属夹杂物检查 按GB/T 10561—2005检查以A法评定,结果三挡主动齿轮A、D两类夹杂物均为1级,三挡被动齿轮A类夹杂物为2级,D类夹杂物为1级。

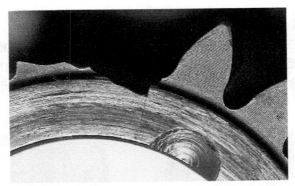

图 8-322　主动齿轮断齿处的裂纹和摩擦损伤形貌

(a) 整个断裂面形态

(b) 裂源处放大后的放射状扩展和高温氧化形貌

图 8-323　三挡主动齿轮裂纹掰开后的断面形貌

表 8-37　三挡主动齿轮的化学成分与技术要求

化学成分/%	C	Si	Mn	P	S	Cr	Al
三挡主动齿轮	0.19	0.10	1.18	0.011	0.020	1.27	0.023
15N2407 20MnCr5 钢	0.17～0.22	≤0.12	1.10～1.50	≤0.030	0.020～0.035	1.00～1.30	0.010～0.045

（5）齿部有效硬化层深度测定　三挡主、被动齿轮分别为 $CHD610HV_{0.2}=0.75mm$ 和 $CHD610HV_{0.2}=1.00mm$，主动齿轮有效硬化层深度略高于技术要求 0.05mm。

（6）显微组织检查　从三挡主动齿轮的齿根摩擦损伤部位和三挡被动齿轮的齿顶摩擦损伤部位分别取样检查，可看到摩擦处不仅有高温回火烧伤组织，最外层还有少量淬火马氏体组织。由于齿顶接触部位较小，接触应力较大，不仅回火烧伤区较深，而且引起了组织变形（图 8-324 和图 8-325）。

图 8-324　三挡主动齿轮齿根磨损处的高温
回火组织（表面黑色层）　400×

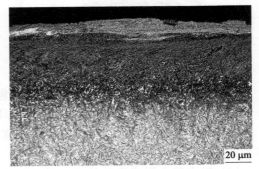

图 8-325　三挡被动齿轮齿顶磨损处表层
高温回火组织　400×

从三挡主动齿轮端面裂纹处取样进行显微组织观察，发现摩擦面有较厚的淬火马氏体层，裂纹从白色淬火马氏体区开始垂直表面扩展，而后趋向和表面平行扩展（图 8-326）。和三挡主动齿轮相接触的六挡齿轮端面摩擦部位也产生了较严重的淬火马氏体和过回火组织，尤其是其与相邻的内花键（粉末冶金制品）的接触面形成表面马氏体和金属严重变形，使内花键形成凹槽（深达 0.6mm 左右）（图 8-327 和图 8-328）。说明摩擦过程接触应力较大，温度较高。未摩擦损伤的主、被动齿表面组织为细针状回火马氏体＋少量细颗粒状碳化物和残余奥氏体，齿中心线与齿根圆相交区域的心部组织为低碳马氏体。

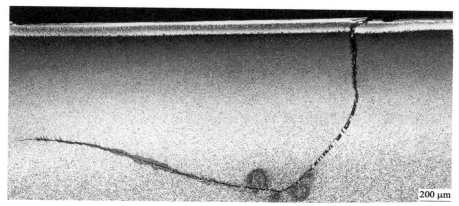

图 8-326　三挡主动齿轮端部摩擦面组织和裂纹扩展形态　40×

图 8-327　三挡主动齿轮内花键侧接触摩擦面
的淬火和回火组织形貌　400×

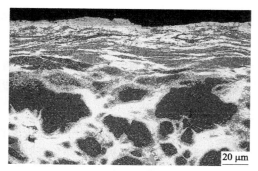

图 8-328　内花键摩擦磨损表面变形和
淬火马氏体　400×

（7）失效件几何尺寸测量　对失效件按图纸尺寸要求进行逐个测量，结果发现三挡主动齿轮中间轴实际尺寸仅为直径 41.16mm，较设计尺寸偏小 0.84mm，导致各部件间的间隙发生变化而引起不正常的运转。

8.9.18.3　结果讨论

（1）三挡主动齿轮有效硬化层过深的问题　渗碳层深度一般是根据接触应力大小确定，以提高表面强度，确保齿表面的抗磨损，并使其具有足够的支撑能力。但渗碳层过厚，会减少齿中心的韧性区域，增加齿的脆性。三挡主动齿轮齿部有效硬化层深度超出设计要求 0.05mm，对降低齿中心韧性和增加齿的脆性的不利作用是有限的，在正常的运行过程中不会引起齿的断裂，所以，齿表面有效硬化层深度的微量增加不是造成三挡主动齿轮断齿的原因。

(2) 中间轴尺寸超差问题 对失效件尺寸进行测量分析，发现断齿中间轴部件尺寸为直径 41.16mm，较设计要求偏小 0.84mm，致使装配尺寸链中的中间轴三挡齿轮与六挡齿轮和三、四挡齿轮间的轴向应保持的 0.3～0.6mm 间隙完全消除，使三挡齿轮的孔口两端面与相邻两个零件的端面运转时发生摩擦。在长期的摩擦下，两个孔口端面产生高温和严重摩擦损伤，进而产生端面裂纹，其中一条裂纹位于断齿齿槽的根部，进而向孔内壁扩展，导致齿的啮合干涉和孔裂纹处的齿的断裂及之后相邻的第二个齿的断裂。

8.9.18.4 结论

① 除热处理渗碳有效硬化层稍深 0.05mm 外，三挡主动齿轮材料化学成分、组织、硬度等均符合相关技术要求。有效硬化层超深 0.05mm 不是造成断齿的因素。

② 三挡齿轮中间轴尺寸超差，偏小 0.84mm，致使三挡齿轮与六挡齿轮和三、四挡齿轮之间的间隙消失，使齿运行时端面出现严重磨损和摩擦裂纹的产生与扩展，导致齿啮合干涉和齿的断裂。所以，中间轴尺寸超差是造成三挡主动齿轮失效的根本原因。

8.9.19 前桥横置板簧断裂分析

8.9.19.1 概况

前桥横置板簧（以下简称板簧）安装在汽车后进行道路试验，试验里程要求为 5518km。当行驶至 1997km 时就发生板簧断裂，断裂部位如图 8-329 所示。

图 8-329　前桥横置板簧断裂部位示意图（箭头所指为断裂部位）

板簧设计技术要求：材料为 51CrV4 钢。经淬火及中温回火处理后，在 1/4 板簧厚度处硬度为 46～51HRC。表面脱碳层深度要求离表面 0.2mm 处的硬度值不低于离表面 2～5mm 处硬度值的 80%。晶粒度要求为 5～8 级。板簧受拉面进行喷丸处理。

8.9.19.2 检查结果

(1) 宏观检查 断裂部位处于板簧安装的固定处，即汽车运行过程中板簧承受弯曲应力较大的部位。断面垂直于板簧表面，断口较平整，呈疲劳断裂形态。断裂源位于板簧受拉面靠近中间处，在其两边有数个细小弧形的次生裂源，在疲劳源弧形中心区均能看到褐色氧化膜（图 8-330～图 8-333）。

 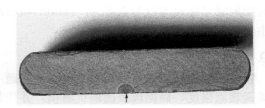

图 8-330　板簧断裂端形态（箭头处为断裂面）　　图 8-331　断裂面全貌（箭头处为裂源）

将板簧表面油漆去除后置于体视显微镜下观察，可清晰地看到喷丸后表面凹凸不平和折皱的形态（图 8-334）。

（2）扫描电镜检查　将断口清洗后置于扫描电镜下观察，裂源弧形区较平坦，有密集的弧形疲劳条带（图8-335），随后呈放射状快速断裂形态，高倍下观察，断口呈沿晶断裂和韧窝断裂形貌，并有较多的二次裂纹（图8-336）。在受拉力面边缘不同部位均有一层破碎的金属变形层，板簧受拉表面可看到喷丸后的凹凸不平和金属变形产生的褶皱和折叠纹（图8-337）。

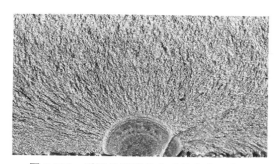

图 8-332　裂源处局部放大后的疲劳弧线和
周围放射状形貌

图 8-333　主裂源旁边的次生疲劳区形貌

图 8-334　板簧表面喷丸后的凹凸不平的形态

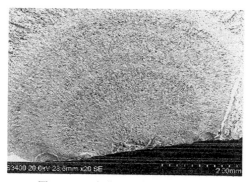

图 8-335　疲劳源处弧形疲劳形貌

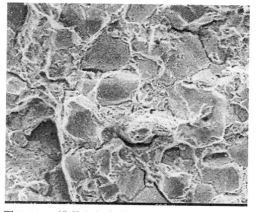

图 8-336　沿晶和韧窝断裂形貌和沿晶二次裂纹

图 8-337　喷丸表面的褶皱折叠纹形态

（3）硬度测定　在板簧1/4厚度处测定硬度为48.0～48.5HRC。

（4）化学成分分析　断裂板簧的化学成分分析结果见表8-38，符合DIN EN10089中51CrV4钢的技术要求。

表8-38　断裂板簧的化学成分与技术要求

化学成分/%	C	Si	Mn	P	S	Cr	V
断裂板簧	0.53	0.30	0.98	0.012	0.005	1.05	0.13
DIN EN10089 51CrV4 钢	0.47～0.55	≤0.40	0.70～1.10	≤0.025	≤0.025	0.80～1.20	0.10～0.25

（5）钢中非金属夹杂物检查　按GB/T 10561—2005检查，A法评定结果为，A、B两类夹杂物为1级，D类夹杂为0.5级。

（6）脱碳层检查　距表面4mm处硬度为$481HV_{0.2}$，距表面0.2mm处硬度为$470HV_{0.2}$（大于$481 HV_{0.2}×80\%＝385 HV_{0.2}$），脱碳层深度符合技术要求。

（7）钢的晶粒度检查　按GB/T 6394—2017检查和评定结果为8级（图8-338）。

（8）显微组织检查　从裂源部位附近切取金相试样，磨制抛光侵蚀后置于显微镜下观察，板簧表面约有0.15～0.20mm的脱碳层，表面喷丸变形层和凹陷处有较多的微裂纹和折叠纹（图8-339和图8-340）。心部组织为回火托氏体（图8-341）。

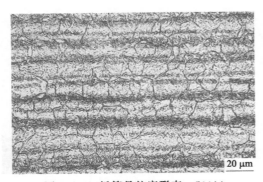

图8-338　板簧晶粒度形态　500×

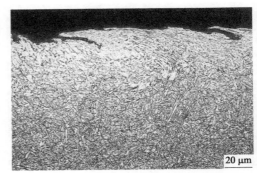

图8-339　板簧喷丸表面脱碳层和变形折叠纹形态

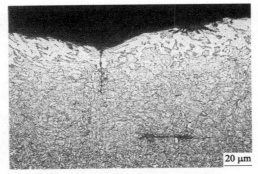

图8-340　板簧喷丸表面的微裂纹和脱碳层　400×

图8-341　中心回火托氏体形貌　400×

8.9.19.3　结果讨论

一般零件通过喷丸处理，使表面发生变形，形成一定厚度的强化层和较高的残余压应力，在零件使用中承受交变载荷时，可抵消一部分交变应力中的拉应力，使零件的疲劳强度得以提高。另外，在生产过程中难免出现划痕、斑疤、压痕和脱碳等缺陷，也可以通过喷丸处理来消除或减小这些缺陷对疲劳性能的不利影响。但如果喷丸工艺控制不当，造成喷丸过度，就可能使喷丸表面金属过度变形，产生折叠纹，引起应力集中，反而降低疲劳极限，导致零件的早期失效。

对断裂前桥横置板簧检查可知，材料化学成分、热处理后的硬度、脱碳层深度和显微组织等均符合相关技术要求。经扫描电镜和光学显微镜检查，发现在裂源处有形状各异的深褐色氧化物，而其喷丸表面变形层中有较多的大小不等的微裂纹和折叠纹等缺陷。由此可见，前桥横置板簧表面经喷丸后形成的微裂纹和折叠纹等缺陷，在道路试验过程中的反复应力作用下，形成疲劳裂纹源，并随应力的周期变化而逐步缓慢扩展。当裂纹扩展至一定程度时，板簧失稳，导致裂纹快速扩展至整个板簧断裂。

8.9.19.4 结论

① 前桥横置板簧材料和热处理后的硬度、脱碳层和显微组织等均符合相关技术要求。

② 前桥横置板簧经喷丸后的表面存在较多的微裂纹和折叠纹等缺陷，在道路试验过程中的反复应力作用下，形成应力集中，导致微裂纹等缺陷逐步扩展，最后导致整个板簧断裂。

·第9章·

安装、使用和维护不当引起的失效

优质的产品是安全使用的保证，也是保证使用寿命的先决条件。但在安装过程中若安装不当，或未按设计要求的规范安全运行，或缺乏良好的维护，就有可能使零件处于不正常的受力状态，形成过载、磨损和局部应力集中等不良状态。安装时清洁度不好，有残留污物、金属碎屑等引起摩擦损伤等都会导致机械设备的早期失效。

9.1 安装不当

9.1.1 安装紧度控制不妥

机械构件的组装，往往采用螺栓固定连接。若螺栓拧紧度掌握不好，拧紧力过大使螺栓受到的拉伸应力过大，特别是直径较小的螺栓（螺钉）很易因拧紧力过大而变形伸长，在使用应力的作用下导致螺栓（螺钉）断裂。例如，405 节风门组装螺杆为 1Cr13 钢经调质处理后硬度为 26～27HRC，显微组织为回火索氏体＋铁素体（图 9-1）。由于组装时拧紧力过大，使螺纹部位变形伸长，仅使用 78h 就在螺纹部位断裂（图 9-2）。断裂部位受拉伸变形而直径明显变小。断口呈纤维状（图 9-3）。由于一般安装螺栓无拧紧力的要求，以拧紧感觉来掌握。因此，往往发生拧紧力过大或过小的情况出现。则在使用

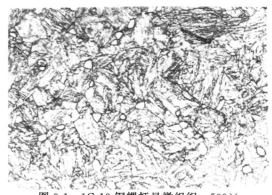

图 9-1　1Cr13 钢螺杆显微组织　500×

过程中的振动应力的作用下，易发生螺栓（螺钉）松动、断裂，引起整个机械装置的早期失效。空压泵偏心轮和曲颊间的连接，由于螺栓未完全拧紧，径向摆动间隙达 0.06～0.097mm，使偏心轮与曲颊不能紧粘，使用时导致两支点跨度之间的刚度遭到破坏，在二、三级汽缸重量点集中负荷作用下，产生很大的弯矩，比原设计作用力大 2～3 倍，引起偏心轮和曲颊轴线产生偏斜，导致输油管断裂和曲拐连杆机械不正常工作，最后引起轴尾断裂，使整个空压泵失效。由此，使 600 台空压泵全部分解检查，造成很大的经济损失。又如，高

速旋转的叶轮，一般均采用固定销的方法来防止叶轮飞出。图9-4中的液压泵仅使用78h，由于叶轮固定销安装不当，在运行过程中产生的振动应力的作用下，使固定销松动脱落，使9000转/分的高速旋转产生的拉应力和固定销脱落引起的不稳定性，导致固定螺钉折断，叶轮和叶轮盖严重损坏而失效。对配合件若组装螺钉未精确安装拧紧或配合不当，尤其是对工模具的配合不同心，易引起受力不均，产生强烈的摩擦和侧向弯曲，从而造成设备或工模具的早期失效是非常危险的。如某铝管厂420t挤压机，在挤压铝合金时，不仅压力较大，而且在较高温度下工作，条件较恶劣，挤压约30余个铝锭就发生挤压轴的折断（图9-5）。挤压轴折断飞出时将厂房房顶打穿并造成人员伤亡。断口呈纵向劈开状的脆性形貌，但头部一边有明显的挤压损伤（图9-6），说明挤压轴受力是不均匀的。3Cr2W8V钢制的挤压轴，经热处理后的硬度要求为48～51HRC，实测仅为42～43HRC，硬度偏低。显微组织为托氏体＋均匀分布的颗粒状碳化物。根据挤压机的工作状态（图9-7），当轴端面受到挤压时的压应力作用下，不应该形成弯曲折断和劈开状失效形态。在对挤压设备进行检查结果，是由于安装不良，螺钉未完全拧紧，使法兰盘松动，导致挤压轴与挤压筒同心度偏离，在挤压过程中使轴的横截面受力不均，单边局部受力过大引起塑性变形［图9-6(a)箭头所指］，使轴处于弯曲状态下，引起挤压轴呈劈开状断裂飞出。经调整中心，螺钉全部拧紧，法兰盘紧密接触，使挤压轴呈垂直状态后，消除了类似的失效。

图9-2　节风门螺杆螺纹部位断裂形态

图9-3　螺杆断口宏观形貌

图9-4　液压泵损坏形态

图9-5　挤压轴折断后的形态

装配螺栓拧紧力不足，安装件未被螺栓紧密固定，增加使用中的不稳定性，甚至使螺栓经受撞击和弯曲等复杂应力的作用而断裂。如汽车发动机连杆固定螺栓，在短时间的台阶试验中发生断裂（图9-8）。经检查，螺栓材质、性能和规格均符合设计要求。在正常情况下，

(a) 纵向劈断和端面挤压塌角   (b) 弯曲面摩擦和铝的黏附

图 9-6　挤压轴折断后的形态

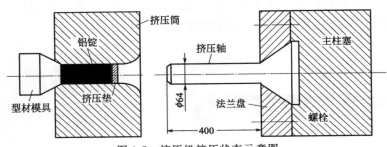

图 9-7　挤压机挤压状态示意图

挤压垫与挤压筒间隙为 0.2mm，挤压轴与挤压筒间隙

为 2mm，挤压速度为 24mm/s，挤压力为 800t

螺栓仅受拧紧力和工作状态下曲轴对连杆的拉伸作用。从宏观形貌和断裂螺栓遗留在连杆孔内的位置等几何测量结果可知，安装后的 B 螺栓有三牙螺纹的距离（L）未拧紧（图 9-9）。因此，当连杆处于工作状态时，螺栓不仅受到一个较大的冲击和拉伸应力，还受到一个弯曲应力，在此状态反复的连续作用下，造成螺栓螺纹底部应力集中处产生裂纹，并逐渐扩展至断裂和连杆的损坏。

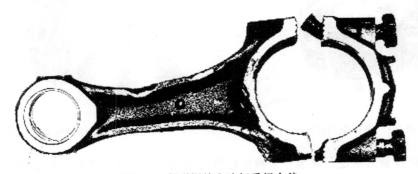

图 9-8　断裂螺栓和连杆受损全貌

安装时螺栓拧紧不均匀而引起受力不均匀，当设备运行时，在使用应力的作用下，拧紧

力过大的螺栓易引起过载断裂。如汽车发动机安装后仅行驶 4880km，发动机突然发出较大的响声，变速箱被击穿，检查发现曲轴端连接飞轮的六个螺栓断裂（图 9-10）。螺栓是由 20CrMo 钢经调质处理后制造而成，硬度要求为 34～41HRC（实测为 34～35HRC），检查均符合相关要求。但断口形貌不同，瞬时断裂区由 1～6 逐渐增大，疲劳扩展区随之减小，其中 5、6 两个已无法看到疲劳扩展区而成快速断裂形貌（图 9-11）。说明安装时拧紧力不均，拧紧力较大的螺栓在使用应力作用下，先形成裂纹而逐渐扩展，加重了其它螺栓的受力状态，而引起相对拧紧力较大的螺栓的逐渐开裂和断裂。最后两个螺栓因载荷过大而成快速断裂。

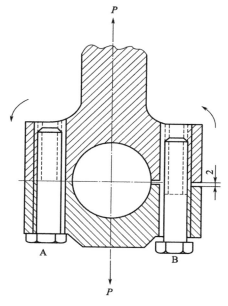

图 9-9　B 螺栓未完全拧紧形态的示意图

图 9-10　飞轮螺栓断裂后的形态

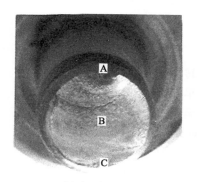

(a)瞬时断裂区最小

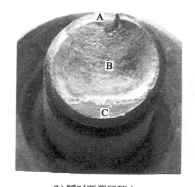

(b)瞬时断裂区稍大

(c)无疲劳断裂区

图 9-11　不同瞬时断裂区的形貌

9.1.2　安装清洁度的影响

对于一些精度较高的组合件和传动机构，组装过程中或组装结束后的清洁度不好，或润滑油不洁，有机械微粒、铁屑、砂粒等硬物质带入摩擦面、齿轮啮合区，都会使传动机构在运行过程中导致传动件的机械损伤。如液压泵中的花键轴由 ZGGCr15SiMn 轴承钢制造，硬度达 59～60.5HRC，与 16CrNi4MoA 钢渗碳齿轮啮合，仅使用 10h 左右就发生花键轴齿部掉块（图 9-12）。崩齿裂源处于齿面的压痕凹坑处，呈快速崩裂形貌（图 9-13）。在其附近还存在不同形态和大小的压痕，并有一定的黏附金属屑（图 9-14），经能谱成分分析发现，主要是轴承钢和其它异金属切屑。说明花键轴在组装前清洗不净，附有各种加工屑，在使用时啮合在齿间上部边缘，导致脆性圈套的齿崩裂。

(a) 崩齿部位　　　　　　　　　　　　　　(b) 崩齿部位局部放大

图 9-12　花键轴崩齿形态

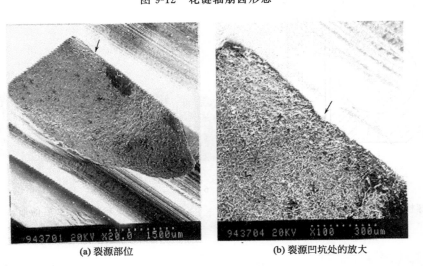

(a) 裂源部位　　　　　　　　　　　　　　(b) 裂源凹坑处的放大

图 9-13　断裂起源于齿面的凹坑处

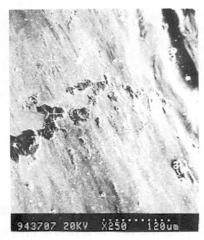

图 9-14　齿面压痕和黏附的金属屑

对于敞开的齿轮箱、转向器等机构，在运行过程中易受外来物的进入而形成早期磨损或增加啮合面间的挤压应力而损伤变形甚至造成崩齿和折断。如由 20CrMnTi 钢制的汽车转向螺杆经渗碳、淬火、回火处理，表面硬度达 58～60HRC，中心硬度为 43～48HRC。装配后在使用中发生断裂（图 9-15），断裂是由一侧向另一侧呈弯曲快速断裂形貌（图 9-16），裂源处有明显的挤压印痕，断口呈脆性的解理形貌（图 9-17）。和螺杆配合件与螺杆相对应处也有明显的挤压变形损伤特征，这充分说明转向螺杆的啮合区存在较硬的异物，使螺杆弯曲。螺杆表面组织为回火马氏体＋颗粒状碳化物＋少量残余奥氏体，硬度较高，脆性较大，螺杆的螺纹底部应力集中系数又较大，导致转向螺杆的快速折断。

图 9-15 转向螺杆断裂后的形态

有些零部件虽在较恶劣的环境下工作，其失效恰与环境无关，出现偶然失效现象。例如，汽车发动机中的排气门，经受着高温腐蚀气体的作用，所以，一般均采用热强性较好的 X50CrMnNiN21-9 等钢种制造，除有良好的热强性、抗蚀性和高温疲劳性能外，在冷热交变情况下，组织和性能较稳定。但在长期工作过程中，在摇臂与弹簧作上下运动产生剧烈的摩擦和高温燃气的影响下，容易引起燃气腐蚀和磨损等，导致排气门的腐蚀、几何形状和局部显微组织的改变而失效。但偶然有排气门在短时间内未发生腐蚀和磨损情况下产生断裂（图 9-18），但往往可看到明显的挤压损伤痕迹和断裂源对应弯曲变形的特征，断口呈一次性的快速断裂形貌（图 9-19 和图 9-20），这是由于排气门在运行过程中受到燃气中的外来物的影响，使排气门盘侧受挤压，使盘倾斜弯曲引起杆部的折断。

图 9-16 断口形貌
箭头为裂源处

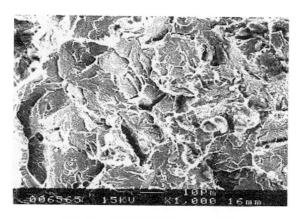

图 9-17 解理断裂形貌和二次裂纹

图 9-18 排气门弯曲折断形态

9.1.3 安装零件的混错

优质的产品不仅要靠设计、加工精度和管理来得到保证，还必须有可靠的安装精度和安装件的正确选择。但在实际安装过程中，往往由于粗心或不注意将相似零件混错或方向装反等，导致整个产品的早期失效。这类事件发生虽有偶然性，比例很小，但其危害很大。如在组装提升机构的惰轮内孔和轴之间的滚针时，将直径比正常滚针小 0.5mm 短 5mm 的滚针一根混装在一起（图 9-21），在工作状态下，不仅不起滚针作用，相反引起和周围滚针之间挤压，导致周围滚针的开裂（图 9-22），使得整个减速机构的齿轮和轴严重损坏（图 9-23）。

图 9-19　排气门端部和斜面挤压损伤形态

图 9-20　断口呈放射状一次性快速断裂形貌

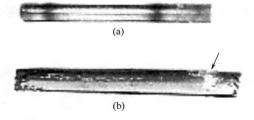

(a)

(b)

图 9-21　(a) 为混入滚针，(b) 为正常滚针

图 9-22　滚针开裂的形态

9.1.4　安装中心距偏差与受力不均

配合件中心距的偏差，使配合件受力状态发生改变而引起早期损坏，是常见的一种失效

图 9-23　惰轮和轴损坏形态

形式。如两齿轮装配中心距过大，会造成齿顶接触，使传动精度下降或产生冲击损伤。如 12t 提升机构由于安装后间隙过大，在试验提升仅 61 次就发生二级减速机构齿顶崩裂，使整个二级减速机构内各部件都遭到不同程度的损坏（图 9-24）。中心距过小，在运行中会引起齿轮接触不良或提前啮合，使载荷集中在啮入和啮出时的齿顶与齿根处，从而使齿顶边缘和齿根

图 9-24　齿顶断裂引起各部件损坏后的形态

部位发生严重的干涉（图9-25），过早地使润滑膜破裂，从而引起磨损。磨损强烈程度视干涉程度而异。有的只有轻微的条状磨痕，虽不产生严重的不良后果，但增加噪声。当严重干涉时，可使齿根产生强烈磨损，甚至在齿根面磨损形成凹陷或齿顶滚圆、磨损严重而失效。

两齿轮轴不平行，可能出现的偏斜，会引起齿轮啮合的不均匀，载荷集中在齿轮的一端，引起严重的摩擦损伤、甚至裂纹和断齿现象。例如，发动机恒速装置齿轮，由于齿轮轴不平行，齿啮合时仅在齿面的一端接触，使齿承受弯曲和扭转应力，导致齿接触端磨损和齿根部出现裂纹（图9-26）。从齿面上可清晰地看到，磨损端不仅看不到加工痕迹，还出现剥落，而另一端无摩擦现象，加工痕迹清晰可见（图9-27和图9-28）。

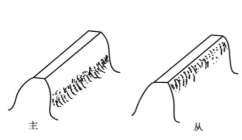

主　　　　　从

图9-25　干涉磨损示意图

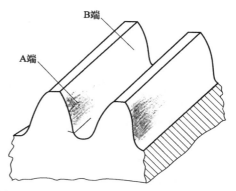

图9-26　齿面一端接触摩擦损伤和裂纹示意图

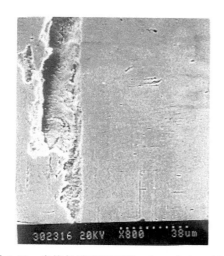

图9-27　齿接触端表面剥落，加工痕迹已磨去

图9-28　齿未接触端加工痕迹清晰

有的齿轮失效不是单一因素，可能是两种甚至数种因素综合所致，但必有一种为主要因素。例如，工程机械中的驱动齿圈安装后仅使用94h，齿根一端崩裂剥落（图9-29）。设计要求齿圈材料为45Mn2钢，齿部经感应淬火后硬度为52～60HRC，硬化层深度齿顶处大于6mm，齿根处为3～7mm，齿根两端边缘圆角 R 为6mm。崩角失效齿圈齿根两端边缘棱角 R 仅为0.5mm，有的呈尖角状。从齿根圆弧面的接触压痕可知，仅在崩角的一端有接触压痕，对齿根表面和安装轴线的平行度测量结果存在0.75～1.0mm的偏差，使齿圈在运行过程中齿圈齿底圆弧面接触挤压不均匀，齿端局部接触应力较大，引起高硬度尖角处应力集中，导致崩角剥落。

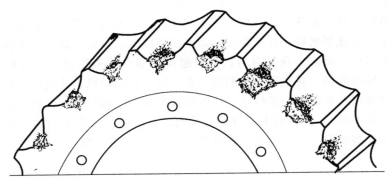

图 9-29　驱动齿圈崩角示意图

　　对于传动系统的配合件的材料选择或安装不当，易使传动件产生黏合磨损和受力不均形成局部接触应力过大而引起过早损伤失效。如 12t 提升机构安装后仅提升 127 次（要求 15000 次）就发生齿轮轴和滚针端疲劳剥落和黏合（图 9-30），而使整个提升机构失效。其原因是齿轮轴和滚针材料采用相同的 GCr15 轴承钢制造，经淬火、回火后的硬度均在 60HRC 以上。由于选用晶体结构相同、形成固溶体倾向较大的相同材料作为摩擦副，易产生黏着磨损，加上安装精度较差，滚针和齿轮轴不平行，使滚针端部和齿轮轴局部接触应力较大，提升机构经短期使用就产生疲劳剥落和黏合失效。

(a) 齿轮轴局部
损坏形态　　　(b) 齿轮轴局部损坏处的放大形貌　　　(c) 滚针端损坏形态

图 9-30　齿轮轴和滚针端损坏形貌

　　对于一些非传动的固定件，安装后受力不均，虽不会发生立即断裂，但在长期的使用过程中受到振动等外在应力的影响，易在应力集中部位如沟槽、台阶等尖角处形成裂纹，尤其是硬度较高的结构件，显得尤为敏感。由于断裂的延迟性和隐秘性，其危害较大。例如，飞机起落架螺栓是由 30CrMnSiA 钢制成，经调质处理后的硬度达 32～37HRC（实测为 35.5HRC），使用一年后发现四只螺栓断裂（图 9-31）。断裂部位处于螺头与螺杆的交接处，断裂是从一边先形成，然后随应力变化逐渐向中心扩展至

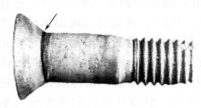

图 9-31　断裂螺栓

螺栓的整个断裂，断面可看到扩展的疲劳条带（图9-32）。螺栓硬度与材料成分均符合设计要求，显微组织中未发现非金属夹杂超标等冶金缺陷，组织为细小均匀的回火索氏体（图9-33）。从螺栓断后张开形态和断面外周压痕形貌可知，螺栓的断裂，主要是安装时螺栓拧紧后，头部与螺杆不垂直，使头部受力不均，头与杆之间受到一个弯曲应力，在随后的使用应力的作用下，使螺杆头部下面与杆交接处的应力集中处形成微裂纹，随使用时间的延长和应力的反复作用，裂纹随之扩展，最后导致螺栓的断裂。

图9-32 螺栓的疲劳断裂形态

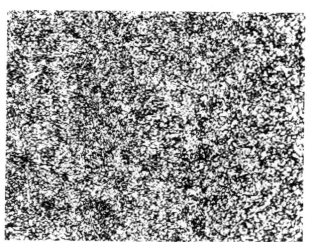

图9-33 细小均匀的回火索氏体组织 400×

9.1.5 安装零件表面损伤

安装过程是较复杂而细微的工作，稍有不慎就可能造成零部件表面的损伤，则在长期使用应力的作用下，会引起损伤部位的应力集中，导致微裂纹的形成，并随工作应力的变化而逐步扩展。如高速齿轮箱中的减速器输入齿轮轴，使用一年左右，先后两根发生断裂，断裂部位与特征基本相同（图9-34～图9-36）。输入齿轮轴在装配过程中键槽尾端两边严重擦伤，造成表层金属塑性变形，出现鳞片状皱褶和微裂纹（图9-37和图9-38）。当存在表面缺陷的齿轮轴在工作状态下受载时，易引起应力集中而形成疲劳源。另外，由于零件表面受到摩擦造成金属变形引起晶粒的破碎和晶格的畸变而导致表层金属的冷作硬化（显微硬度测定变形层硬度高达 $660\sim824HV_{0.2}$，未擦伤部位仅为 $366\sim397HV_{0.2}$），表面层形成较大的残余应力，促进了裂纹的形成和扩展，最后导致输入齿轮轴的断裂失效。

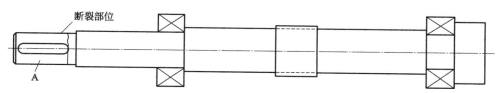

图9-34 输入齿轮轴全貌与断裂部位示意图

一些冷却管或液压连接管连接不当，使管材安装后处于弯曲应力状态，或安装后使管子处于悬臂状态，在运行过程中产生振动，甚至发生摩擦损伤，导致疲劳裂纹的形成和扩展而失效。例如，航空高压泵进口导管安装后中间无卡箍固定而引起共振，表面损伤破裂，导致发动机油压下降而失效。汽车用制湿储气筒回路保护阀钢管总成，装车后仅运行4万千米，就发生制动气管断裂，制动气管断裂端呈弯曲状，管接头螺母接触部位的一边有较严重的摩擦损伤（图 9-39）。断口虽已摩擦损伤，但仍可看出裂源处于管外缘的损伤处，扩展区有明显的疲劳条带形貌（图 9-40）。对断裂件进行检查，材料成分和性能均符合设计要求，引起疲劳断裂主要是由于安装部位未按设计要求，偏离了正常位置，使制动气管弯曲变形。同时当接头螺母强制旋转上紧时，使制动气管接头处的局部表面产生摩擦损伤，在组装后的运行过程中，由于受到使用和振动应力的反复作用，制动气管头部损伤一侧形成微裂纹，并随运行应力的周期变化而逐步扩展至整个管的断裂。

图 9-35　断口宏观疲劳弧线

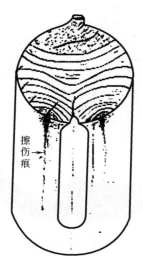

图 9-36　键槽两边擦伤和疲劳示意图

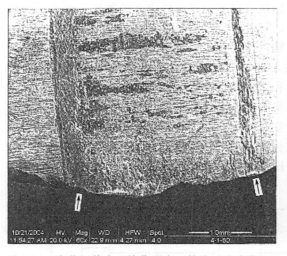

图 9-37　疲劳源外表面擦伤形态（箭头处为疲劳源）

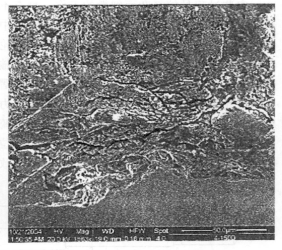

图 9-38　裂源外表面擦伤处的微裂纹

　　对于一些软质材料，如铜、铝等合金在组装运输过程中，稍不注意就可能发生机械损伤，在以后的使用过程中形成隐患。例如，海上运输用的冷冻机，仅使用一年左右就发生制冷管（TP2 铜管）的局部断裂（图 9-41）。从宏观断口可看到断裂源处于制冷管的外表面（图 9-42），裂源区虽已摩擦损伤，而扩展区有明显的疲劳扩展形貌（图 9-43）。在

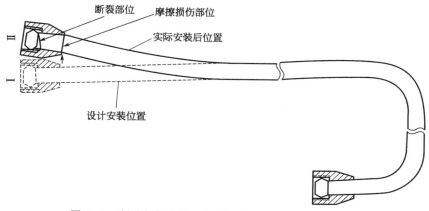

图 9-39　制动气管安装、断裂和摩擦损伤的部位与形态

裂源外缘有明显的安装过程中受到机械挤压引起金属的折叠形貌（图 9-44）。制冷管在使用过程中除了管内有－30℃的冷凝剂对管壁产生 0.7MPa 的压力外，无其它外来应力存在。所以，冷凝剂对管壁压力较小，在正常的使用条件下是安全的。但任何动力设备在使用过程中都存在不同程度的振动，尤其是在制冷管较长、中间无固定的悬挂状态，因此，制冷管有一定程度的振动是不可避免的。而制冷管端部的连接处受振动应力的影响最大，在该处存在如折叠纹等细小的缺陷，就可能引起应力集中，则在长期的使用过程

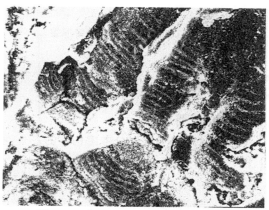

图 9-40　断口扩展区的疲劳条带形貌

中，导致微裂纹的萌生并随振动应力的变化而不断缓慢扩展，最后导致制冷管的疲劳断裂。

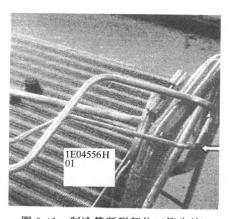

图 9-41　制冷管断裂部位（箭头处）

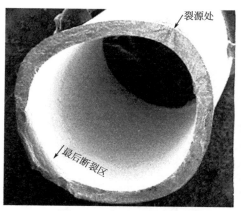

图 9-42　断口宏观形貌

　　有些安装人员违反操作规程，采用粗暴手段安装，致使零部件损伤而严重影响使用寿命。如 1Cr17 钢制的氧化氮压缩机中间冷却器的后水室端盖螺栓（M16×60），在与自来水接触使用仅一个月左右就发生断裂。原因是在装配时因螺栓孔偏心而锤击校正，加上螺母拧

得过紧，致使螺纹底部金属受到较大的冷变形，甚至出现微裂纹，在自来水中的氯离子对钢表面钝化膜的破坏，而引起局部腐蚀，促进微裂纹的进一步腐蚀扩展致使螺栓的早期断裂。所以，安装人员必须严格遵守操作规程，防止零部件的损伤。

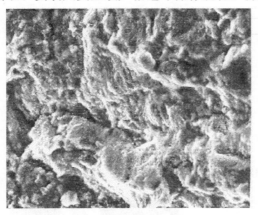

图 9-43　断口扩展区的疲劳条带形貌

图 9-44　断裂源处的挤压折叠纹

9.2　使用不当

9.2.1　过载断裂

工程设计中一般均充分考虑构件的安全性，通常在工程上的金属构件的安全系数取 2 左右，即：

$$K = R_{el}/\sigma_n = 2$$

式中　K——构件安全系数；

　　　R_{el}——金属材料的下屈服强度；

　　　σ_n——构件的名义工作应力。

实际工作应力超过构件所能承载的强度极限时，就可引起构件的过载断裂。例如，液压泵偏

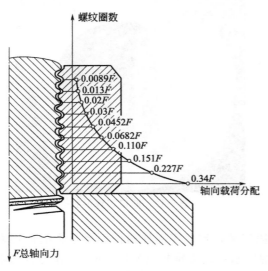

图 9-45　螺纹各牙间的载荷分配

心轴是由 12CrNi3A 钢制造，经渗碳热处理后硬度达 34～36HRC。设计最大工作压力为 1500MPa，实际使用工作压力达 1870MPa。仅工作 10 余小时，就发生轴顺时针方向旋转扭断。断口呈星形状态，裂源起始于花键槽底部尖角应力集中处，键槽底部可看到大小不等的微裂纹。有些零部件设计要求硬度范围较宽，当硬度在下限、装配应力较大时，往往在装配和使用应力的作用下，引起超载断裂。对于螺栓类紧固件，由于螺纹加工不可能绝对准确，加上材料有弹性，因此，所有的螺纹紧固件装置其载荷在螺纹上的分配都是不均匀的。加上螺栓承受的拉伸载荷会引起伸长，这就使得靠近螺母承力一侧的螺纹分担更大的载荷，而其余承力螺纹分担的载荷则依次减小（图 9-45）。载荷的

不均匀性，引起局部载荷集中现象。对螺栓紧固时，拧紧力过大，就可造成靠近螺母一侧的螺纹过载而断裂。如汽车发动机导轮架六角螺栓设计要求为 M8×30，8.8 级，硬度为 22～32HRC。装配后在短时的运行过程中就发生六角螺栓的断裂。断裂件的实测硬度为 22～23HRC，断裂处于螺纹近根部，有明显的伸长（测量结果伸长 2.5～3.5mm）和颈缩特征（图 9-46）。断裂部位表层组织为回火索氏体＋少量变形的块状铁素体，而心部组织除回火索氏体外，还有少量珠光体和沿晶分布的铁素体，说明螺栓淬火加热温度较低或保温时间不足，未完全奥氏体化。所以，淬火、回火后的硬度虽符合设计要求但处于下限。从显微组织看，未充分发挥材质性能特点，故强度较低，塑性较好。在拧紧力和使用应力的共同作用下，使螺栓塑性变形，导致最后的过载断裂。

图 9-46 断裂螺栓伸长形貌

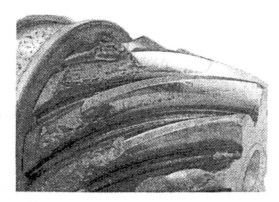

图 9-47 轴颈严重磨损和锥齿一端崩齿形态

有的设备在使用过程中受某些偶然因素使负荷突然增加或其它部件的损伤的影响而导致过载损坏也时有发生。如齿轮轴的锥齿一端崩齿失效（图 9-47），就是因轴颈处严重磨损间隙增大，使齿啮合接触不均，锥齿一端接触应力过大而引起过载崩齿。

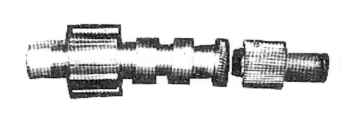

图 9-48 断裂后的转向垂直臂轴形貌

图 9-49 断口呈拉长形韧窝形貌

对于使用环境恶劣、载荷与振幅较大情况下的搬运车、运输车等易发生偶然过载失效事故。如矿山运输用 20t 自卸载重车，载重 19.5t 后行驶在弯道多、坡度大的山道下坡时，发生汽车失控撞山事故。检查时发现转向垂直臂轴断裂（图 9-48），丝杆导管有轻度变形。断裂轴材料为 30CrMnTi 钢，轴的花键部分要求渗碳，渗碳层深度为 0.8～1.2mm，硬度为 56～62HRC，心部硬度为 37～42HRC。断裂面和轴线垂直，断口平整，呈螺旋形特征，高倍镜下中心呈拉长形韧窝形貌（图 9-49），断口附近无缩颈变形特征。经理化检测，材料渗碳层、硬度和显微组织均符合设计要求。断裂系使用中受到瞬时的意外过载所致。

9.2.2 操作不当

在工作过程中由操作失误或未按规定程序进行，导致零部件和设备的损坏时有发生。南京某钢厂的冷轧分厂的冷轧机，操作规程要求在开机前必须先开主轴轴承循环冷却水，然后开机工作。由于操作工未开冷却水就开机，使轴承和轴因摩擦产生高温，导致轴颈出现密集的纵向摩擦热裂纹和轴瓦的熔化而造成巨大的经济损失。

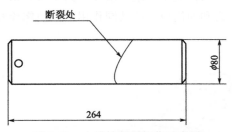

图 9-50　小臂轴断裂部位示意图

对于工作条件较恶劣的工程机械，往往操作不当引起零部件的损坏，尤其是挖掘机类机械，由于受力不均匀而导致零件的变形和断裂的情况常有发生。例如，挖掘机在成都挖掘土石方时，由于受力不均匀，甚至利用挖斗横向推移土石，导致挖斗油缸连接小臂轴承受应力而断裂（图 9-50）。其断口与纵轴呈 25°左右倾斜，瞬时断裂区呈 45°，断面形貌较粗糙，似一次性弯曲折断形态（图 9-51）。在其断裂源处和另一端的相反位置，约占圆周的一半有明显的挤压和摩擦损伤痕迹，形成 0.25mm 深的沟槽（图 9-52）。该轴材料为 45 钢，经工频淬火，表面硬度为 57～58HRC，硬化层深度达 2.7mm。而中心硬度仅为 186～190HBW，组织为珠光体＋铁素体。说明工频淬火前未经调质处理，抗弯强度较低，当受到较大的不正常的弯曲应力时易变形，使表层高硬度的脆性层开裂和折断。若经调质处理提高中心硬度和强度，充分发挥材料性能，就不易变形开裂，可有效地提高轴的使用寿命。所以，该轴的断裂是受到不正常的弯曲应力和设计考虑不周造成的。

(a) 未清洗断口形貌，箭头处为裂源，白色区为碰伤区

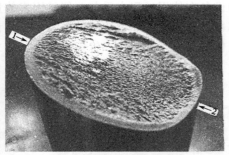

(b) 清洗后断口形貌，箭头1处为裂源；箭头2处为瞬时断裂区

图 9-51　小臂轴断口形貌

(a) 裂源处外表面挤压摩擦损伤形态

(b) 安装部位挤压与摩擦损伤形态

图 9-52　小臂轴外表面损伤形态

　　有些摩擦部件在工作过程中应定时增加润滑剂，以保持有良好的润滑状态，避免因润滑不良而使摩擦件损伤而失效。如某厂冲床仅使用 200h，就发现主轴中间和连杆轴瓦配合部位有磨损并出现蓝黑色氧化物和细小密集的裂纹（图 9-53）。主轴材料为 38CrMoAlA 钢，经调质处理后氮化，氮化层深度为 0.40mm，和轴瓦配合区域为 0.47mm，表面硬度为 894～901HV，和连杆轴瓦连接区域表面硬度为 634HV，心部硬度为 292HBW。裂纹深度贯穿氮化层，和轴瓦配合区域外的氮化层相比，扩散层有明显的增加（图 9-54），且脉状氮化物也消失（图 9-55），中心组织为回火索氏体和粒状贝氏体（图 9-56）。轴和连杆轴瓦相配合连接，通过连杆的往复运动带动主轴的上下运动而产生摩擦。由于摩擦功总是以热的形式消散，导致温度的升高，甚至可使材料发生相变，形成摩擦马氏体。因此，要求轴和轴瓦间有一定的润滑油，降低摩擦系数，防止工作时摩擦损伤和摩擦温度的升高。冲床在长期的运行过程中，未适时添加润滑油，引起润滑不良与润滑油膜的破裂和摩擦温度的升高，导致摩擦裂纹的形成。有文献指出，对普通碳素钢，当摩擦温度达到 600～750℃时，就会出现微小的热裂纹，温度超过 750℃时，就会出现严重的裂纹。由此可知，由

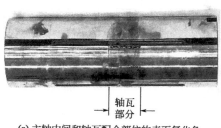

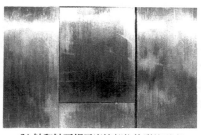

(a) 主轴中间和轴瓦配合部位的表面氧化色　　　(b) 轴和轴瓦相互摩擦部位的裂纹形态

图 9-53　主轴和轴瓦配合部位形态

(a) 和轴瓦配合处轴表面氮化层　　　(b) 未经摩擦损伤处的氮化层

图 9-54　表面氮化层

(a) 摩擦部位的裂纹和组织形态　　　(b) 未经摩擦处的氮化层中沿晶脉状组织形态

图 9-55　摩擦处和未摩擦处组织形态

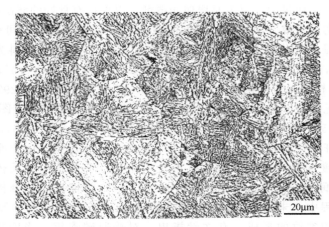

图 9-56　冲床主轴中心组织为回火索氏体＋粒状贝氏体

于轴瓦冷却不良和轴与轴瓦间润滑膜的破裂，摩擦温度升高至 600℃ 以上，使主轴摩擦表面呈蓝黑色，并形成表面轴向条状裂纹。与此同时，高的摩擦温度也导致氮化层中氮向内部扩散，使氮化层中脉状氮化物消失和氮化扩散层深度的增加，使表面硬度和抗磨性下降而失效。

使用过程中，由于操作等因素，发生撞击和突然加载导致零部件的快速断裂，除断裂件的外表面存在撞击印痕外，该印痕与断裂源间还应存在其因果关系。断口往往呈现快速断裂形貌，甚至出现解理状形貌。例如，汽车右转向节臂，在运行过程中发生转向臂断裂（图 9-57 和图 9-58）。转向节臂材料为 40Cr 钢，经模锻、调质后的硬度为 31～32HRC（设计要求为 22～28HRC），硬度较高，塑性较差。当运行过程中受到非正常的冲击时，就在转向节臂的中间销钉孔边缘棱角薄弱部位产生弯曲，引起裂纹并迅速扩展至整个断裂（图 9-59 和图 9-60）。在断裂起始部位除有擦伤外，可看到拉长的韧窝特征（图 9-61），快速扩展区呈沿晶和解理形貌（图 9-62），最后产生塑性断裂呈韧窝状（图 9-63）的瞬时断裂区，这与冲击破坏断口的三要素特征相吻合。由图 9-58 可知，在失效件端部和断裂起源相对应部位有明显的压痕，说明该部件的断裂和端部受到一个较大的冲击应力有关。从断口形貌可看出，其放射状区域较大，而起始纤维区和瞬时断裂区较小。一般在常温条件下，断口放射区域的大小和加载速度有关，加载速度增加，则放射状区随之扩大，所以该部件的断裂与受力过大和加载速度过快有关。而硬度较高，增加部件的脆性，在较大的冲击条件下，促进部件的脆性断裂。

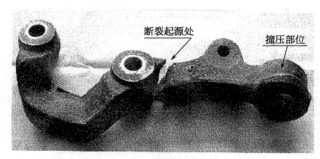

图 9-57　转向节臂断裂残骸外观形貌

图 9-58　转向节臂端部受压部位宏观形貌

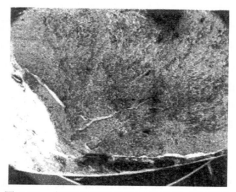

图 9-59 断裂起始部位断口放射状台阶形貌

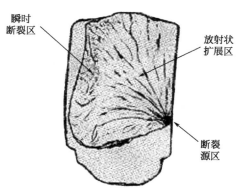

图 9-60 断口扩展方向示意图

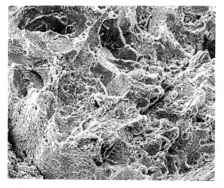

图 9-61 裂源边缘呈拉长的韧窝形貌

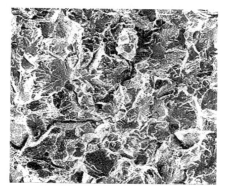

图 9-62 快速扩展区解理和准解理形貌与二次裂纹

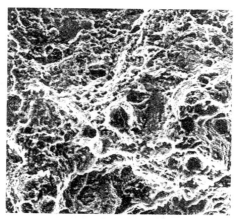

图 9-63 瞬时断裂区韧窝断口形貌

9.3 使用、维修和保养

机械设备经常检查和维修是确保安全使用所必需的，缺乏正常的检查和保养，保持良好的润滑状态，往往是导致零部件的损伤和失效的重要因素。例如，汽车发动机排气门是由 5Cr21Mn9Ni4N 钢制造，经调质后硬度保持在 25～35HRC，杆表面经软氮化处理，和高磷

图 9-64　排气门损坏后的残余部分

铸铁气门导管相配合。在使用过程中，由于缺乏良好的保养，润滑不良，引起气门和导管的黏合磨损，最终导致气门的断裂（图 9-64）。气门和导管表面金属摩擦引起的变形、折皱、碎裂、黏附和微裂纹形貌见图 9-65～图 9-68。由于表面经软氮化处理，排气门在工作过程中和气门导管产生相对滑动摩擦时，与高磷铸铁气门导管之间有良好的抗磨性能，在润滑和配合很好的情况下，能保持良好的工作运动状态。若滑动摩擦过程中表面粗糙度差、出现润滑不良、工作过程出现跳动、配合机构间隙不良和局部温度过高等不良因素，都会使摩擦副之间的摩擦系数急剧上升，在滑动摩擦之间产生拉伤、表面塑性变形和咬合、撕裂，气门导管表面铸铁的剥落，导致气门导管与排气门杆的黏合与横向微裂纹的萌生和扩展，最终导致排气门杆的断裂。

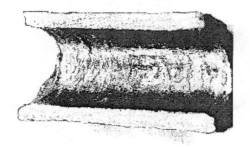

图 9-65　气门导管内表面的摩擦损伤

图 9-66　断裂部位外表面粘有金属的形貌

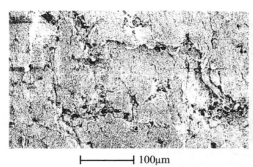

|————| 100μm

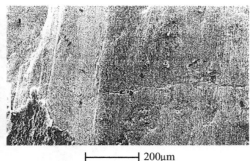

|————| 200μm

图 9-67　排气门表面摩擦损伤和微裂纹形态

对于一些工程机械，尤其是外露受力的零部件，如使用环境恶劣的建筑工程机械在长期使用中易于损伤，必须经常检查、维修，防止事故的发生。某建筑安装公司工地使用的 3.6m×1.5m 的吊装料台（205kg）是由 4 根直径为 10.3mm、长为 3.6m 的钢丝绳吊起（图 9-69）。由于缺乏检查和维修，使用仅 5 个月左右，在吊装盖板和支撑板（共 264kg）时发生料台用钢丝绳断裂（图 9-70）压死人的安全生产事故。整个钢丝绳锈蚀较严重，局部锈蚀断裂较多（图 9-71）。有的除锈蚀外，还受到一定程度的变形和磨损，尤其是断裂部位锈蚀和磨损更为严重（图 9-72～图 9-74）。这是由于钢丝绳长期在大气环境中频繁使用，受到变形、磨损和腐蚀，使绳中钢丝强度下降和断裂，未及时检查发现和更换，当吊运载荷较大或受到碰撞、振动等因素的影响时，就会导致钢丝绳的突然断裂。

(a) 表面黏附形态和软氮化层与
基体组织　100×

(b) 图(a)表面黏附局部放大形态　500×

图 9-68　排气门显微组织和表面黏附形貌

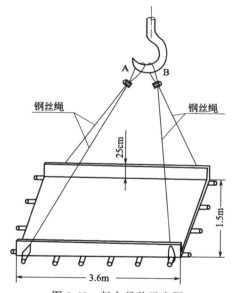

图 9-69　料台吊装示意图

图 9-70　钢丝绳 A 断裂后的特征

图 9-71　局部锈蚀断裂较严重

图 9-72　断裂部位的钢丝绳锈蚀情况

图 9-73　钢丝腐蚀坑处腐蚀产物　400×

图 9-74　钢丝表面的锈蚀槽和锈蚀产物

9.4　环境介质影响

机械装置均工作在一定条件的环境中如温度、介质、气氛等，当环境条件超过一定范围时，机械零件的使用性能会受到一定的影响而降低使用寿命，甚至出现突发性事故。

9.4.1　温度的影响

处于低温下工作的金属零件，除面心立方晶格的结构件外，都有随温度的降低而出现塑性向脆性转化的现象，由塑性向脆性转变的转变点（T_c）称为脆性转变温度。当零件使用温度低于该金属的脆性转变温度时，就可能发生脆性断裂。反之，当温度过高，就可能增加材料塑性，引起零件的塑性变形和降低屈服强度而失效。长期在温度反复转变的条件下工作，会引起金属热疲劳。例如，在高温与低温反复转变下工作的锻模，当锻造受热时，工作表面比相邻内层受热快，发生膨胀而受内层的牵制，使工作表面产生压缩应变。而冷却时表面温度比内层温度下降快，而产生拉伸应变。在弹性应变区域内连续地受急热急冷的循环变换的压缩和拉伸，使表层产生许多微小裂纹（图 9-75）。热疲劳裂纹的出现，一方面影响模锻时高温锻件金属的流动，加速模具表面的磨损；另一方面随着热循环的继续，使微裂纹逐渐扩展，产生剥落，使模具的损坏进一步发展，甚至发生断裂。

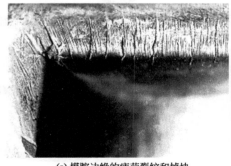

(a) 模腔边缘的疲劳裂纹和掉块

(b) 模腔边缘平面的网状裂纹和掉块

图 9-75　热锻模热疲劳裂纹

对于在温度变化下工作的零件，在应力集中部位易促进热疲劳裂纹的形成和扩展。如钛合金叶轮在 9h 的点火→冷却的寿命试验后就发现在叶轮根部出现弯曲状的径向裂纹

图 9-76 叶轮上的宏观裂纹

（图 9-76）。叶片部分由于受点火高温的影响呈蓝黑色，裂纹断面呈深蓝色的氧化膜。经能谱成分测定，除基体成分外，还有 C、N、O 等元素存在（图 9-77 和表 9-1）。清洗后在扫描电镜下观察，可清晰地看到裂纹的扩展方向（图 9-78），起源部分有明显的疲劳条带存在（图 9-79），这是由温度引起的快速膨胀及冷收缩的循环变化导致热疲劳裂纹的形成和扩展。

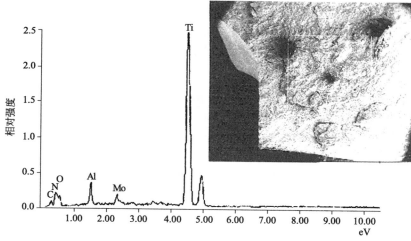

表 9-1 能谱成分

元素	含量（质量）/%
C Kα	05.08
N Kα	08.49
O Kα	10.73
Al Kα	03.66
Mo L	02.96
Ti Kα	69.09

图 9-77 能谱测定部位和能谱成分图

图 9-78 断口经清洗后的形貌

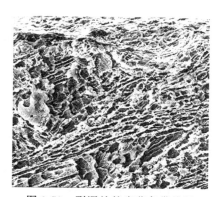

图 9-79 裂源处的疲劳条带特征

517

有些零部件的失效，看似在冷加工过程中，实质是与冷加工过程中的应变和热应力有关。例如，金属薄板冷轧辊，冷轧时承受着复杂而繁重的应力，除了制造过程中的热处理残余应力外，主要是工作过程中的接触应力和热应力，导致轧辊的磨损、疲劳与脆性剥落等多种失效，其中疲劳剥落最为常见。除轧辊本身制造质量外，还与轧辊的使用条件，如接触应力的大小和反复次数有关。轧制时运转过程中出现轧材断带、重叠等而发生的卡钢或打滑，将使工作辊的接触带受到局部过热、热冲击温升和滑动摩擦的同时作用，严重时会发生黏辊现象，使轧辊表面被不同程度的烧伤而出现微裂纹，由于这些微裂纹的发展而引起轧辊表面疲劳剥落而失效。

9.4.2 气氛与介质

有些零部件处于一定的气氛和介质的环境中工作，当气氛和介质中含有一定的腐蚀元素时（表 9-2），就可能引起表面腐蚀损伤。一般腐蚀发展缓慢而易于发现。当零件处于拉应力状态下工作，承受足够的拉应力（工作应力、残余应力、腐蚀产物体积效应引起的应力和结构应力）时，在特定的腐蚀环境下，就会引起应力腐蚀破裂而导致失效。例如，0Cr18Ni9Ti 钢制的热交换器水管，管外冷却水温 30～50℃，管内进口水温度为 118℃左右，出口温度为 60～80℃，水呈弱碱性。管内和管外压差虽小于 10 个大气压，但由于水中含有 Cl^- 和 O_2，在长期使用中发生应力腐蚀而导致泄漏。由于应力腐蚀零件无明显的塑性变形，裂纹源均发生在零件表面，裂纹基本上与所受拉应力相垂直，往往呈树枝状分布。有的表面腐蚀坑较大（图 9-80），有的表面腐蚀坑较小，但垂直应力向内扩展较深（图 9-81）。当零件表面产生腐蚀同时受到交变应力的作用，就易形成腐蚀疲劳破裂。其特征不仅表面有较明显的腐蚀坑，断面还有较多的腐蚀产物和疲劳条带形貌。

表 9-2　常用钢材发生应力腐蚀开裂的敏感介质

金属材料种类	敏感腐蚀介质
软钢	①$NaOH + Na_2SiO_3$；②$Ca(NO_3)_2$、NH_4NO_3 和 $NaNO_3$ 溶液；③$HCN + SnCl_2 + AsCl_3 + CHCl_3$；④$Na_3PO_4$ 溶液；⑤纯 $NaOH$；⑥$NH_3 + CO_2 + H_2S + HCN$；⑦$NaOH$、KOH 溶液、单乙醇胺溶液 $+ H_2S + CO_2$；$Fe(AlO_2)_3 + Al_2O_3 + CaO$ 溶液；⑧$HNO_3 + H_2SO_4$；⑨$MgCl_2 + NaF$ 溶液；⑩无水液氨；⑪H_2S 溶液；⑫$FeCl_3$ 溶液
Fe-Cr-C	①NH_4Cl、$MgCl_2$、$NH_4H_2PO_4$、Na_2HPO_4 溶液；②$H_2SO_4 + NaCl$ 溶液；③$NaCl + H_2O_2$ 溶液、海水；④H_2S 溶液
Fe-Ni-C	①$HCl + H_2SO_4$、水蒸气；②H_2S 溶液
Fe-Cr-Ni-C	①$NaCl + H_2O_2$ 溶液、海水；②$H_2SO_4 + CuSO_4$ 溶液；③$MgCl_2$、$CaCl_2$、$NaCl$、$BaCl_2$ 溶液；④$CH_3CH_2Cl +$水；⑤$LiCl$、$ZnCl_2$、$CaCl_2$、NH_4Cl 溶液；⑥$(NH_4)_2CO_3$ 溶液；⑦$NaCl$、NaF、$NaBr$、NaI、NaH_2PO_4、Na_3PO_4、Na_2SO_4、$NaNO_3$、Na_2SO_3、$NaClO_3$、$Na_2C_2H_3O_2$ 溶液；⑧水蒸气 $+$ 氯化物；⑨H_2S 溶液；⑩$NaCl + NH_4NO_2$ 溶液、$NaCl + NaNO_2$ 溶液；⑪连多硫酸

燃气轮机叶片，由于重油燃烧的气氛和双抽气轮机叶片在 350℃ 的水蒸气的环境中运行时，受到 S、O、Cl 等离子侵蚀，就会引起叶片的腐蚀和腐蚀疲劳断裂。如热电厂汽轮电机第一级动片运行约六年时发生叶片折断（图 9-82）。叶片和断口大部分呈深黑色。断面大部分较平整，而少部分小面积较粗糙，呈高低不平的两个区域。经清洗后可清晰地看到弧状疲劳条带（图 9-83），扩展区有闪亮的小结晶状。粗糙的瞬时断裂区域小，说明叶片在运行过程中承受的应力较小，呈高周低应力疲劳断裂特征，在叶片表面呈现出不同程度的腐蚀坑形

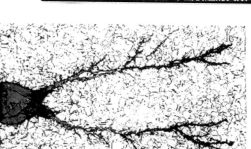

(a)未侵蚀状态 70×   (b)电解侵蚀状态 70×

图 9-80 0Cr18Ni9Ti 热交换器应力腐蚀引起的树枝状裂纹（裂纹横截面）

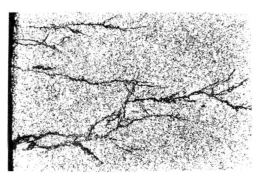

图 9-81 0Cr18Ni9Ti 热交换器应力腐蚀横截面上树枝状裂纹（电解侵蚀） 70×

貌（图 9-84）。对裂源附近的腐蚀产物能谱成分分析表明有较多的 Cl、S 等对铬不锈钢起腐蚀作用的元素存在（图 9-85 和表 9-3），说明叶片在长期的运行过程中处于含有微量 Cl、S 离子的蒸汽环境中，使叶片表面腐蚀，引起应力集中，萌生裂纹，导致疲劳断裂，在扩展区可看到疲劳条带、沿晶和穿晶扩展形貌（图 9-86 和图 9-87）。

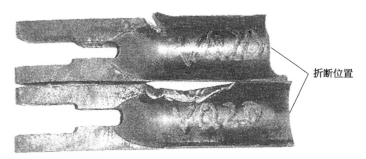

折断位置

图 9-82 叶片折断后靠根部的形态

图 9-83 清洗后的叶片疲劳断口形貌

519

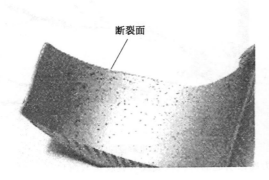

(a) 低倍镜下形态   (b) 扫描电镜下形态　500×

图 9-84　叶片表面的腐蚀形态

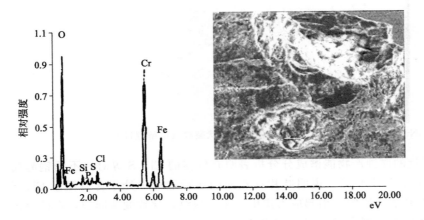

表 9-3　能谱成分

元素	含量(质量)/%
O Kα	23.84
Si Kα	01.85
P Kα	00.77
S Kα	00.90
Cl Kα	01.90
Cr Kα	41.63
Fe Kα	29.11

图 9-85　能谱成分分析部位和成分图

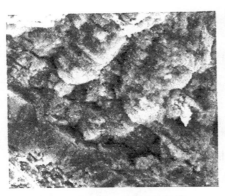

图 9-86　扩展区的疲劳条带

图 9-87　沿晶和穿晶开裂形貌

　　对长期暴露在工业大气中的结构件，尤其是在露天情况下工作的结构件，在潮湿的空气和雨水侵蚀下，也会引起应力腐蚀破裂。例如铁路、桥梁、高层建筑等大型结构件，广泛应用高强度螺栓及低合金中碳结构钢，经热锻成形后采用淬火、中温回火处理，硬度一般在 34～36HRC。由于构件长期暴露在工业大气中，尤其是使用在含有腐蚀介质的潮湿空气及积存雨水条件下，易发生腐蚀造成延迟性断裂，而且随回火温度的降低应力腐蚀敏感性更为明显，断口呈冰糖状沿晶扩展开裂。在沿海地区的电力设备中的铝合金长期受到大气和雨露的侵蚀，会受到腐蚀而损坏。例如，LY12（2A12）CZ 合金制的电器接线板，在露天使用约 6 年左右就发生严重的腐蚀而出现层状剥落（图 9-88 和图 9-89）。对其腐蚀产物能谱成分分析结果，有较高的 O、Cl 和少量的 Mg 等元素（图 9-90）。说明沿海的潮湿空气中有较多的 Cl 离子，使铝合金板材产生晶界腐蚀，致使层片状晶粒剥落，最终导致接线板的腐蚀失效。

应力腐蚀不仅与介质、应力有关，还与热处理状态有关。焦化厂的焦煤鼓风机是由 13Ni5A 钢制造，经调质处理，显微组织为回火索氏体和少量铁素体与沿晶分布的粒状碳化物，然后采用热铆接，冷却后不仅组织发生变化，而且还产生组织应力和温差应力，使铆钉杆部承受拉应力。由于焦炉煤气中含有 60% 左右的 H_2 和 $6\sim 8g/m^3$ 的 H_2S，当风机运行时，腐蚀介质首先自表面沿着铆钉具有碳化物的晶界处引起腐蚀，而且易吸附腐蚀环境中的氢，引起氢脆，形成细小微裂纹，加速应力腐蚀，裂纹向内扩展，最终导致铆钉的断裂脱落，使整个风机损坏。

图 9-88　接线板表面腐蚀形貌

图 9-89　板腐蚀处的横截面层状腐蚀形态

(a) 能谱成分测定部位

元素	含量(质量)/%	含量(原子分数)/%
O Kα	47.12	62.22
Mg Kα	00.23	00.20
Al Kα	33.19	25.99
Cl Kα	19.46	11.59

(b) 成分能谱图和成分

图 9-90　腐蚀层腐蚀产物能谱成分分析

有些冷却管道由于水中含腐蚀性元素，其含量虽小，但长期处于该液体中的零件表面会引起腐蚀。发电厂用冷油器黄铜管，管内通水冷却而管外有一定油温，由于水中存在 C、

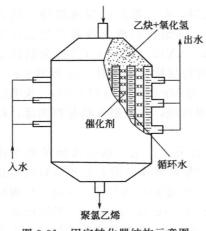

乙炔+氧化氢

出水

催化剂

循环水

入水

聚氯乙烯

图 9-91 固定转化器结构示意图

CO_2、Cl_2、Cl^-、HSO_4^-、SO_4^{2-}、S、H_2S、As 等微量物质，在铜与水界面处会形成 Cu_2S、Cu_2O、$CuCl_2$、CuS 等腐蚀产物，则在长期的通水过程中，产生缓慢腐蚀，在外界应力（使用应力和振动应力）的作用下，也会导致腐蚀疲劳。有的在水中加入缓冲剂（$Na_2O \cdot SiO_2$），对管子起保护作用，当水中腐蚀元素较多时，此保护作用甚微。如化工厂的固定转化器是一种热交换装置（图 9-91），在生产中氯化氢气体和乙炔气体在催化剂的作用下，生成聚氯乙烯，反应中所放出的热量通过管子外部的循环水带走。管子内部的聚氯乙烯介质的工作温度为 150～200℃，工作压力为 0.05MPa。循环水的温度为 90～105℃，工作压力为 0.1MPa。管子规格为 $\phi51mm \times 3mm$，材质为 20 钢。该厂共有这种设备数十台，在多年的使用过程中，经常发生泄漏，使用期限最长 2 年，最短仅为 18 天。循环水是工业水经软化处理后加入一定量的碱后进入循环系统中的，经取样分析循环水的 pH 值却始终不如软化水时的高，有时还显酸性。其氯离子的含量接近工业水中含量，高于软化水 10 倍左右，比通常的地下水要高出 30 倍左右。因此，氯离子的成倍增加，是造成热交换器管子腐蚀的主要原因。为了防止热交换器的腐蚀，在循环水中加入缓冲剂——水玻璃（$Na_2O \cdot SiO_2$）。水玻璃在水中水解后形成带负电荷的胶状粒子，这些粒子迁移到阳极区形成凝胶体薄膜，覆盖于腐蚀产物上，使腐蚀产物不与循环水直接接触，腐蚀就自动停止了。即使有腐蚀产生，水玻璃就会吸附于腐蚀产物上并形成一层保护薄膜，对管子起保护作用。然而，如果循环水中有大量氯离子存在时，会使腐蚀局部化。由于氯离子原子半径小，穿透能力强，可破坏钢管表面形成的保护膜，被破坏保护膜的那部分金属形成小阳极区，而保护膜为大阴极区，这种小阳极、大阴极所形成的电化学腐蚀速度大得惊人，可以在数十小时内造成管子穿孔泄漏。所以，循环冷却水中存在着大量的氯离子，破坏了缓蚀剂的保护作用，形成小阳极、大阴极所形成的电化学腐蚀，致使管子的泄漏。

炼铁的余热发电机，一般在温度为 55～60℃、煤气流量为 54～56 万标准立方厘米/小时，喷水的饱和蒸汽下长期工作。在煤气和饱和蒸汽的环境下工作，往往会引起叶片的腐蚀，导致腐蚀疲劳断裂。

9.4.3 管道的爆裂与应力腐蚀

锅炉管道、蒸汽管等在长期的运行过程中，受到温度、炉水、烟气等因素的影响，会引起材质性能的改变和腐蚀，导致管道的爆裂时有发生。

9.4.3.1 温度与应力

管道长期在一定的高温和应力作用下引起失效是常见的，如火力发电厂中蒸汽管道长期在中温和应力作用下运行，尤其是在超温条件下引起蠕变和组织的改变，使片状珠光体球化和石墨化，降低力学性能，导致蒸汽管道的爆裂。某发电厂 20 钢制的 $\phi19mm \times 9mm$ 的蒸汽管道，设计使用温度为 450℃，蒸汽压力为 3.82MPa。当运行 15 万小时左右，发现蒸汽管道变形和弯曲，管道外壁有黄褐色氧化层。运行过程中有瞬时超温至 456～475℃，气压维持在 3.92～4.1MPa。经解剖检查，管内壁出现石墨化条带（图 9-92 和图 9-93）。蒸汽压力和温度虽超规范不多，但由于片状珠光体是一种不稳定的组织形态，在相同体积下，片状珠光体的表面积比球状珠光体大得多，即片状珠光体有较高的表面能。因此，在长期的高温作用下，高能量的碳化物由于原子活动能力增加，就有力图减少其表面能的趋势，从而过渡至更稳定最小表面能的倾向，即温度较高的珠光体中片状碳化物有自发向球化转变的趋势，造成珠光体球化。在扩散过程中，由于晶界上原子扩散速度较快，因而碳化物容易向晶界上扩散，形成晶界更易发生球化及碳化物聚集。对某些钢种还会发生碳化物的石墨化（$Fe_3C \longrightarrow 3Fe+[C]$）及合金元素在固溶体和化合物之间的重新分配等，导致材料的抗拉强度和蠕变强度等力学性能的下降。另外，金属强度取决于晶粒本身和晶界之间的强度。在常温下晶界强度高于晶粒强度，但随着温度的升高，两者都随之下降，晶界强度比晶粒内强度下降快得多。这是因为高温时晶粒畸变、空穴等扩散消失。当达到再结晶温度时，两者相等。对碳钢而言，此温度为450℃，高于此温度，则晶界强度低于晶内强度。所以在大于450℃下长期运行时，金属晶界就是金属最薄弱的环节。上述因素促使碳化物发生球化与石墨化和金属的蠕变滑移。蠕变滑移增加畸变能，组织不稳定，对碳化物球化和石墨化有利。渗碳体与石墨在晶界上的析出，削弱了晶界原子间的结合力，加速蠕变的进行，最终导致蒸汽管的变形、弯曲，甚至发生爆裂。

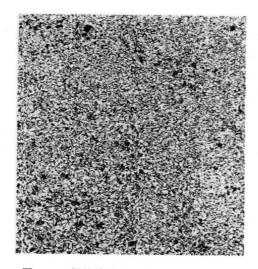

图 9-92　焊缝热影响区的石墨条带　50×

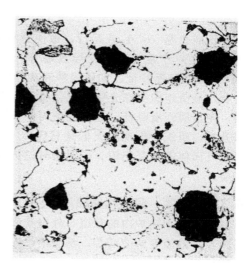

图 9-93　图 9-92 中石墨条带处的石墨和
碳化物球化形态　500×

　　若在运行过程中受意外因素在短期内突然超温较多（高于 A_1 点），而在压力作用下发生爆裂会出现金属相变现象。如某厂一台 30-25-400 型锅炉的水冷壁管，蒸汽温度 400℃，压力为 250MPa，管材为 20g 钢，仅运行一年左右就发生爆管两根。爆管口呈喇叭口状（图 9-94），裂口长达 230mm，宽 184mm，管壁明显减薄，边缘十分锋利，具有韧性破断的特征。管材外壁有黑色氧

图 9-94　锅炉水冷壁管爆管形态

化物，内壁未发现有积垢，比较干净。远离破裂处的显微组织为铁素体＋珠光体，呈魏氏组织特征（图 9-95）。

　　在管径胀大处组织为贝氏体＋铁素体（图 9-96）。越靠近破口，不平衡组织越多。爆口

处硬度达 384HBW，由此可知，管子爆裂前过热温度已超过该钢的 A_3 点（855℃），引起原组织转变为奥氏体，塑性与韧性增加。使管壁产生变形、胀粗，在内压不变的情况下，使管壁迅速减薄而引起爆裂，使大量炉水冲出，一方面起到冲刷清洗内壁的作用，另一方面又起到迅速冷却管壁的作用，使奥氏体转变为贝氏体，硬度随之升高。

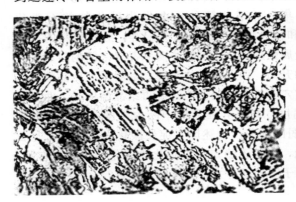 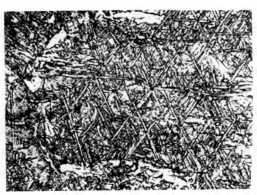

图 9-95　离破口较远处的魏氏组织　500×　　　　　图 9-96　靠近破口处的贝氏体＋铁素体　500×

在长期超温（$<A_1$）运行，致使管材金属组织开始球化，造成组织缺陷，最后因短期过热（$>A_3$）产生加速蠕变导致爆管。既有长期超温（$<A_1$）爆管特征，也有短期过热（$>A_3$）爆裂破断特征。如管内外有灰黑色的氧化层，管外壁有较多的纵向小裂纹，裂口边缘锐利，显微组织中珠光体球化、脱碳，有时可看到破裂附近有晶粒相对移动所产生的晶间裂纹，使金属强度降低。这是在炉内经长期运行过程中产生了金属蠕变的特征。裂口处硬度显著升高，组织中出现回火低碳马氏体（低碳钢 M_f 点较高，在淬火过程中遭到自回火所致）或贝氏体等相变组织。说明短时过热温度较高（$>A_3$），引起炉管金属的加速蠕变而导致爆裂。

9.4.3.2　温度、应力和腐蚀

对长期处于锅炉内的管道，外壁受高温火焰及烟气的强烈腐蚀，而内壁受到有侵蚀性炉水腐蚀及炉内温度的波动等，都会给炉管寿命带来极大的影响，更易发生爆裂。然而不同原因导致炉管的破裂，在其管壁上都会留有相应的反映，据此就可寻找出导致破管的主要原因及研究破坏的过程。如某厂一台锅炉过热器管（15CrMo 钢、$\phi38mm×3.5mm$）运行六年发生爆管（图 9-97）。爆口附近管形膨胀长大，呈椭圆形，爆口处管壁最薄。管外壁有较厚的黑色氧化皮，且有较多的纵向裂纹，具有粗糙的脆性特征，内壁有较厚的硬而致密的积垢和氧化皮。显微结构裂纹沿晶扩展，呈曲折状，裂纹内有灰色腐蚀产物。外表面有脱碳层，组织为铁素体＋珠光体（图 9-98）。珠光体区域碳化物发生球化，并趋向于晶界分布（图 9-99），甚至出现球状石墨（图 9-100），这是炉管长期处于高温下所致。

锅炉在使用过程中，由于停炉或管壁受热不均匀等，使受热面有较大的温差，产生交变应力，首先使金属表面氧化开裂，使基体金属裸露出来，在蒸汽或炉水的腐蚀作用下，形成微电池而迅速腐蚀，促进了应力腐蚀。在锅炉的管道弯曲部位易出现横向环状裂纹（图 9-101）。管外壁上腐蚀较均匀，管内壁出现无规律的腐蚀坑和横向的细小裂纹，腐蚀和细小裂纹处往往有鼓泡凸起（图 9-102）。管材铁素体＋珠光体组织未发生变化，但裂纹多呈沿晶分布或呈沿晶和穿晶混合形态，裂纹内充满灰色腐蚀产物，尾部呈分叉状（图 9-103）。所以，单纯的应力腐蚀，是首先在表面产生腐蚀坑，然后在应力和腐蚀介质的

共同作用下，相互促进的破坏过程。其特点有以下三点。

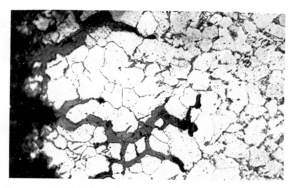

图 9-97 过热器管爆管形态 1/3×

图 9-98 沿晶分布的裂纹内有灰色腐蚀产物，表层脱碳

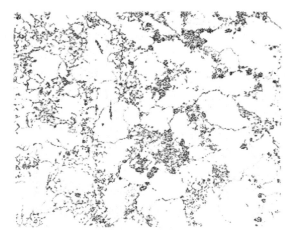

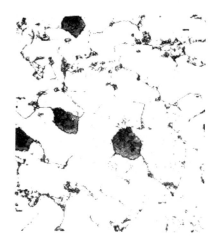

图 9-99 铁素体＋分散状球形
珠光体组织 200×

图 9-100 铁素体＋沿晶分布的珠光体＋
黑色球状石墨 500×

图 9-101 管外壁腐蚀坑和横向裂纹

图 9-102 管内壁鼓泡和横向裂纹 9×

① 不管裂纹扩展途径是沿晶还是穿晶，裂纹内必定是充满腐蚀产物，裂纹扩展尾部呈分枝状。

② 由于裂纹内腐蚀产物的生成，引起体积膨胀，而易使表面鼓泡凸起，并产生和拉应力方向相垂直的横向裂纹。

③ 管壁金属往往没有变形，显微组织没有变化。

锅炉在运行过程中发生炉管破裂的原因很多，有设计、用材、制造、安装和维修等，运行条件不当而导致炉管破裂也很常见，其失效形态各异。而应力腐蚀不仅在锅炉中易发生，在化工工业中也常发生。

9.4.3.3 碱脆与硝脆

(1) 碱脆 碱脆引起的开裂或断裂是沿晶的，它和其它应力腐蚀一样，是由应力、特定的腐蚀介质和金属组织三个因素共存引起。

对于在高温下工作的锅炉，其冷却的天然水中含有 CO_2、O_2 可加速低碳结构钢的腐蚀。天然水中还含有大量的矿物质，特别是 Ca^{2+}、Mg^{2+}，使锅炉内产生大量的矿物质沉积，降低导热能力，造成局部过热，加速氧化和局部破坏现象。所以，必须对锅炉用水进行软化处理，即加入石灰或碳酸钠，使 Ca^{2+} 及 Mg^{2+} 分别以 $CaCO_3$ 及 $Mg(OH)_2$ 方式沉淀，同时，也中和了溶解 CO_2 带来的酸性。因此，经处理后的水中含有过剩的 NaOH（应用离子交换法净水时，也需要用 NaOH 来中和 H_2CO_3，因而也会有残存的碱性），在长期的服役过程中，由于锅炉中水的不均匀蒸发，在连接不紧密而有漏气的地方，引起 NaOH 的浓缩，浓度可达到很高，当 NaOH 含量高于 5% 时就可能发生脆化，而且浓度越高，碱脆的敏感性越大。如 150 型锅炉，其工作温度为 500℃，压力为 7.5MPa 的过热管，大修时换了一批 15CrMo 钢制的 $\phi38mm \times 3.5mm$ 的冷弯成形管。安装后经多次采用氢氧化钠和磷酸三钠水溶液清洗煮锅，后搁置待用。经较长一段时间后再启动时，发现多处弯管部位出现贯穿性的横向裂纹（图 9-104）。管外壁呈红色氧化铁，开裂处管径没有胀大，裂口边缘管壁厚度没有减薄。由于弯管工艺不当，弯头呈椭圆形，裂纹出现在椭圆形的两侧。管内壁有一薄层白色粉末覆盖，将白色粉末配成 10% 水溶液测其 pH 值达 12，说明管垢的碱性较大。对管壁硬度测定，未裂的直管处硬度为 148～167HBW，而开裂的弯头部位硬度达 177～202HBW，超过了标准要求（≤156HBW），说明该处由于弯管时的冷作硬化而存在内应力。显微组织为铁素体＋珠光体。可看到管壁内侧裂纹最为严重，由内表面沿晶界呈曲折状向中心发展，裂纹细小而长短不一，很多裂纹尾端呈分枝状，有的贯穿整个管壁，裂纹内充填着灰色腐蚀产物。由于锅炉过热管弯曲后内应力较大的部位晶粒内和周边存在电位差，所以，在碱性较

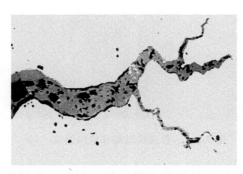

图 9-103 裂纹分枝形态和灰色腐蚀产物 100×

图 9-104 锅炉弯管处的裂纹

大的炉水作用下，晶界就易被电解腐蚀，致使管壁内表面产生晶界裂纹，也为碱性溶液聚集和浓缩提供了有利条件。随后在应力和腐蚀介质的作用下，裂纹不断沿晶向外壁扩展，从而使弯管部位的管壁破裂。

碱脆不仅与碱的浓度有关，还取决于水的温度和所处的应力状态。如图 9-105 所示，温度低于 AB 线则不发生碱脆。但随工作应力和残余应力的增加，脆性随之增加（图 9-106）。

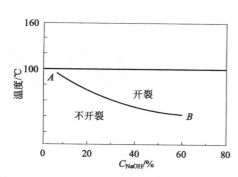

图 9-105 碱脆与溶液浓度和温度之间的关系

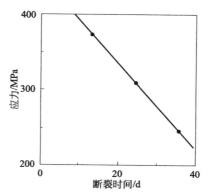

图 9-106 低碳钢碱脆断裂时间随应力的变化

一般认为，低碳结构钢中 C、N 与其他有害杂质 S、P、Zr、As 等元素在晶界偏析和粗大晶粒均会增加碱脆敏感性。因此，改变晶界偏析状态和细化晶粒的热处理可降低碱裂倾向。

（2）硝脆 硝脆是低碳结构钢在浓硝酸盐中的应力腐蚀开裂和断裂的现象，亦称"硝酸盐脆化"，简称为硝脆。它与低碳结构钢碱脆的形成过程有相似之处，在脆断的本质上，两种应力腐蚀断裂的机理都是低碳结构钢的沿晶阳极溶解型，因而影响这两种脆性的金属学因素相似。低碳结构钢碱脆和硝脆都是沿晶开裂的原因，人们广泛认为脆性敏感性是由于 C、N 和有害的微量杂质元素在晶界偏析所引起。

硝脆和碱脆的主要区别是两种腐蚀介质不同，反应不同，腐蚀产物各异。碱脆时介质的 pH 值很高，而降低 pH 值时却可加速硝脆。如图 9-107 所示，pH 值在 3～7 范围内，应力腐蚀断裂时间（t_r）没有明显变化，当 pH 值大于 7 时，其脆化断裂时间迅速增加。在低碳结构钢的含碳量范围内，随碳含量的增加，硝脆敏感性下降，但却使碱脆的敏感性增加。当碳含量为 0.08% 时，硝脆敏感性为最大，而碱脆敏感性最小。低碳结构钢的硝脆与碱脆，均可通过热处理来改变晶界 C、N 及其他有害微量元素的分布状态，从而改善和消除脆性的形成。

9.4.3.4 氧化铁垢腐蚀破裂

炉管内壁表面存在缺陷，很粗糙或安装时金属受热面的机械损伤，同时炉水中含氧量较高时，会造成金属表面电化学的不均匀性，损伤部位的金属活泼性增强，而成为容易氧化腐蚀的区域。表面缺陷的存在，使炉管壁不平滑，也会使炉火和水中某些直径较大的微粒物质在该处沉积，使金属受热面产生积垢，导致垢下腐蚀损伤。例如，某厂

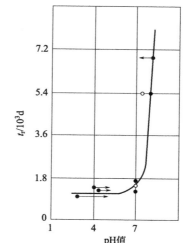

图 9-107 pH 值对 0.13%C 钢在 96℃的 5N NH_4NO_3 中应力腐蚀断裂时间的影响

一台汽量为 6.5t/h、水压为 2.52MPa 的锅炉水冷管，用 $\phi51mm\times3mm$ 的 20 钢制造，由于条件所限，炉水未经除氧处理，仅运行半年左右就发生穿孔漏水。而管外壁无烟黑和管形胀大及减薄现象。检查时清洗出许多氧化铁垢。解剖后在其内壁局部出现似螺旋状、塔形壳状凸出和大小不等的褐黑色（Fe_2O_3）和黑色（Fe_3O_4）氧化铁垢，分布在一条直线上，并有明显的表面缺陷（图 9-108）。其质松脆呈分层状，去除后内壁呈溃疡性麻坑，有的呈穿孔状。显微组织为铁素体＋珠光体，未发现异常，硬度无变化。腐蚀坑底部呈弧形，尚有腐蚀产物存在（图 9-109）。由于表面氧化铁垢的形成，在其覆盖面的金属呈阳极，同时易引起管壁的过热，破坏了金属保护膜，加速了局部溃疡性的腐蚀，并向内深入，最后导致炉管的穿孔漏水。

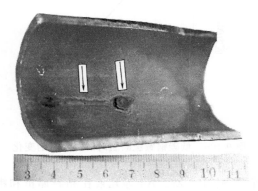

图 9-108 管内壁螺旋状氧化铁垢 1∶1

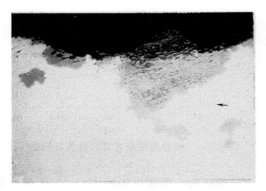

图 9-109 去除氧化铁垢后的腐蚀坑 100×

有的引起水冷壁管爆管的原因是由于给水不符合水质指标的浊度与硬度。水中杂质容易在受热面热负荷高的部位生成硅酸盐——含铁硅酸盐混合水垢的复层型水垢，使钢的导热性能恶化，管壁温度升高，钢的高温性能下降。与此同时产生垢下金属的高温汽水腐蚀，形成具有与铸造结构相似的柱状晶氧化铁垢。在锅炉工作压力作用下，钢发生蠕变直到爆管。

9.4.3.5 氢蚀破裂

长期在高温高压下与含氢的介质接触，会产生脱碳降低强度和渗氢引起氢脆破裂（称为

图 9-110 管壁鼓泡破裂形态

氢蚀）。如某厂 20 钢制的锅炉冷壁管，仅运行三年多，就发现管壁有大小不等的鼓泡和横向裂纹，但未出现管径胀粗、管壁减薄现象。鼓泡处切开成空洞状，没有腐蚀产物，如图 9-110 所示。裂纹断口粗糙，呈脆性状，在扫描电镜下观察呈沿晶脆断特征（图 9-111）。显微组织中裂纹沿铁素体晶界延伸，裂纹周围珠光体减少或消失（图 9-112）。这说明水冷壁管中有炉水存在时，在高温下，汽水与锅炉管中的铁产生反应：

$$4H_2O+3Fe \longrightarrow Fe_3O_4+8(H)$$

产生的氢原子不能及时被蒸汽带走，就会形成氢蚀，使氢扩散到金属中，由于合金中的碳与氢的结合比铁与碳的结合能力强，因此，使氢与钢中碳生成甲烷：

$$Fe_3C+2H_2 \Longleftrightarrow 3Fe+CH_4\uparrow$$

随着这种反应的进行，致使钢中的渗碳体不断地由于氢与碳的作用而消耗，使裂纹附近珠光体产生脱碳还原成铁素体，引起金属组织的变化。在较低温度下发生组织改变，势必会产生很大的内应力，再加上生成的甲烷易集中在金属空隙及界面上，随着反应的进行，甲烷不断增多，压力不断增加，到一定程度促使晶界及夹杂物界面产生显微裂纹。温度越高、压

力越大，氢蚀速度就越快。靠近表面的微孔及夹杂物界面形成金属鼓泡和晶界开裂，致使钢的强度、韧性与塑性显著降低，导致锅炉管壁的破裂。所以，氢蚀特征有以下几点：

① 裂纹沿晶界或夹杂物界面产生；

② 裂纹周围有脱碳现象；

③ 表面附近有鼓泡，在封闭状态下无腐蚀产物，易和其它腐蚀破裂区分。

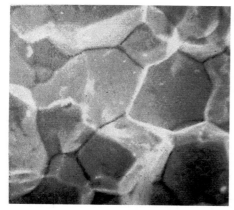

图 9-111　沿晶开裂断口形貌

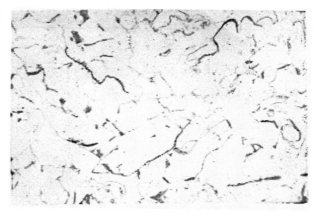

图 9-112　铁素体＋少量珠光体
（黑色粗线为裂纹）　250×

9.4.3.6　渗碳、渗氮引起炉管开裂

对于一些电阻加热炉，由于操作或温度控制不当，可使管内液流分解，产生原子渗入管壁引起脆性开裂。如 ϕ35mm×3.5mm 的 1Cr18Ni9Ti 不锈钢制造的电阻炉盘管，仅运行半年（累计 161h）就在弯管处破裂而引起氢气泄漏燃烧事故。盘管原设计工作压力为 5.9MPa，使用温度为 300℃。管内物料为橡胶老化剂的半成品 4-氨基二苯胺、氢气及丙酮等，管外侧保温材料为珍珠岩粉。经检查破裂部位管表面呈黑色氧化皮。力学性能测定，其抗拉强度和延伸率明显降低（表 9-4）。显微检查管破裂处内壁有 0.9～1.0mm 的碳氮化层，硬度达 735～891HV。俄歇电子能谱分析其原子相对浓度，测定结果表明管内外层 C、N 元素相差甚为悬殊（图 9-113 和表 9-5）。这是由于设备频繁的运行和停止，当温度低于 70℃时，使管内物料凝固，热传导下降。当再次启动时，由于液流停滞而造成管壁温度陡升，引起高温，导致管内有机化合物分解成 C、N 活性原子，渗透并扩散进入钢的表面，使富有塑性的不锈钢转变为硬而脆、膨胀系数甚小的渗层组织。随着炉温的上升和下降的频繁变化引起的反复应变，即膨胀与收缩，导致渗层中裂纹的产生和氢气的泄漏。

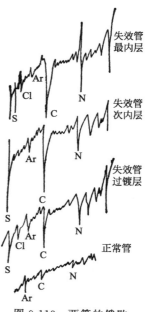

图 9-113　两管的俄歇
电子能谱曲线

表 9-4　不锈钢盘管的力学性能与标准要求

样品与标准 ＼ 力学性能	R_e /MPa	R_m /MPa	A /%	压扁试验
失效管	280	480	10	压至 2～3mm 裂

续表

力学性能 样品与标准	R_e /MPa	R_m /MPa	A /%	压扁试验
正常管	260	600	51	良好
B804 标准要求		≥560	≥40	

表 9-5　两管元素的原子相对浓度　　　　　　　　单位：%

名称	检查部位	Ni	Fe	N	C
失效管	最内层	6.4	32.0	32.0	29.5
		6.3	32.4	32.4	29.2
		6.7	31.8	31.7	29.9
	次内层	7.0	34.5	19.5	38.9
		7.0	34.1	19.4	39.4
		7.5	34.1	20.1	38.4
	过渡层	10.5	45.6	21.8	22.1
		9.7	45.4	22.0	22.9
		10.4	45.4	22.3	21.8
	管外层	7.9	80.5	4.5	4.1
		8.1	80.7	4.9	6.3
		7.9	80.1	4.5	6.5
正常管	管内层	13.6	75.4	4.1	6.9
		13.1	75.9	3.9	7.1
		13.2	76.4	3.8	6.6
	管外层	12.2	75.1	5.1	9.9
		11.9	75.2	4.2	8.8
		11.4	74.6	5.9	8.0

另外，经固溶处理后的单相奥氏体不锈钢，在 450～850℃ 温度范围内长时间运行过程中，往往会沿着晶界析出 Cr 的碳化物，从而引起晶界贫 Cr，降低抗晶界腐蚀倾向。如锅炉再热管内壁工作环境为高温高压蒸汽，水质不纯，就易造成氯化物应力腐蚀，使材料强度降低，脆性增加，也会导致再热管的爆裂。

9.4.3.7　黄铜冷凝管脱锌腐蚀

汽轮机冷凝管脱锌腐蚀是常见的一种失效形式。黄铜在有腐蚀的介质中，不是按合金成分比例溶解，锌是选择性的溶脱，而铜在合金中富集。常见的脱锌有两种，即均匀性层状脱锌和脱锌后的铜可呈栓塞状与基体分离，被形象地称为瓶塞状脱锌或栓状脱锌。冷凝管中液流介质中会有氯离子时就可能引起脱锌，若介质中还含有氨和硫时，可促进脱锌腐蚀。例如，盐城某电厂 10 号、11 号机组的冷凝管由 $\phi 25mm \times 1mm$ 的 HSn70-1A 黄铜管制成，并于 2005 年 7 月安装后投产，至 2011 年 2 月、5 月和 6 月共四次冷凝水硬度急剧上升，检查发现 10 号机组冷凝器南侧上部和 11 号机组冷凝器北侧下部各一根铜管泄漏。分解检查发现冷凝管中间内表面受腐蚀而形成较大的空洞，两端呈不规则腐蚀破裂形态，并有较长的纵向裂纹，管内孔有一层较厚的脆性层，有的已剥落，仅剩下很薄的外表皮，如图 9-114 所示。对其内壁剥离的脆性层和剥离后的内表面进行扫描电镜与能谱分析，内表面剥离脆性层呈颗粒腐蚀形貌，有的呈剥落形态（图 9-115）。能谱成分分析结果见图 9-116、图 9-117 和表 9-6，除有氧外，含锌量较低。说明剥离的脆性层有严重的脱锌和氧化现象。而脆性层剥离后的内表面能谱成分测定结果见图 9-118、图 9-119 和表 9-7，由于管内表面脆性层和管之

(a) 破裂冷凝管全貌

(b) 冷凝管中间的孔洞形态

(c) B端破裂和纵向裂纹形态

(d) A端破裂和内层剥落形貌

图 9-114　冷凝管腐蚀破裂形态

间缝隙污垢的沉积，成分中除有较多的 C、O、Si 等元素外，还含有 Cl、S、P 等成分，而
Cu、Zn 等主要元素较低。对剥离的脆性层和管外表层成分分析结果（表 9-8），也证实内表
面剥离层的脱锌较严重。从铜管横截面取样金相观察，内表面除有腐蚀坑外，横截面有明显的
两个区域，在其交界处有细小裂纹（图 9-120）。侵蚀后内表面脆性层和外表层有明显的差异
（图 9-121），脆性层局部放大后呈现出明显的沿晶网络状分布的红铜色脱锌形貌（图 9-122）。
失效铜合金中含有微量的 Mn 和 Fe 超标，由于 Fe 在固态铜合金中溶解极微，一般以富铁相
质点分布于黄铜基体中，有细化晶粒的作用，对力学性能和脱锌腐蚀影响极微；而 Mn 含量
一般在 0.1%～0.3%（质量分数）可固溶于铜中，有利于提高黄铜的力学和工艺性能与抗
均匀腐蚀能力抵抗脱锌腐蚀。所以，微量的 Mn 和 Fe 超标不是引起冷凝器管破裂泄漏的因

素。引起脱锌腐蚀的主要原因是由于冷凝器铜管通过的冷却水的水质不良，含有氯化物等有害物质（如 $FeCl_3$、KCl、SO_2 等），引起管内壁腐蚀脱锌，导致铜管壁减薄开裂泄漏。所以，要避免类似脱锌腐蚀，必须改善冷却水质，消除 Na、Cl、S 等有害元素，才能延长冷凝管的使用寿命。

图 9-115　铜管内表面剥落脆性层形貌

图 9-116　剥落层能谱成分分析表面

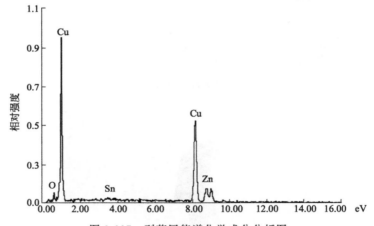

图 9-117　剥落层能谱化学成分分析图

表 9-6　能谱化学成分分析结果

元素	含量(质量)/%	含量(原子分数)/%
O Kα	02.18	08.24
Sn L	01.73	00.88
Cu Kα	78.77	74.88
Zn Kα	17.32	16.00
其它	余量	ZAF

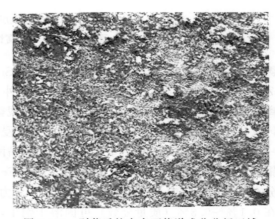

图 9-118　剥落后的内表面能谱成分分析区域

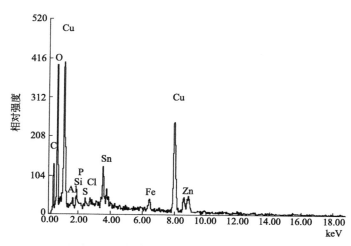

图 9-119 剥落后的内表面能谱成分分析图

表 9-7 剥落后内表面能谱成分分析结果

元素	含量（质量）/%	含量（原子分数）/%
C Kα	22.76	47.17
O Kα	19.13	29.77
Al Kα	00.76	00.70
Si Kα	01.23	01.09
P Kα	00.46	00.37
S Kα	00.51	00.40
Cl Kα	00.41	00.29
Sn L	07.16	01.50
Fe Kα	02.56	01.14
Cu Kα	38.66	15.15
Zn Kα	06.36	02.42
其它	余量	ZAF

表 9-8 铜管外表层和内表面剥离脆性层成分分析结果

化学成分/%	Cu	Fe	Mn	Ni	Zn	As	Sn
铜管外表层	71.0	0.13	0.14	0.23	27.32	0.053	1.01
铜管内表面脆性层	80.2	0.15	0.15	0.08	18.47	0.09	0.85
GB/T 5232—2001 HSn70-1A	69.0～71.0	≤0.10	—	≤0.50	余量	0.03～0.06	0.80～1.30

图 9-120 未经侵蚀内表面红色
脱锌层与腐蚀坑和裂纹

图 9-121 经侵蚀后管内表
面脱锌层和裂纹

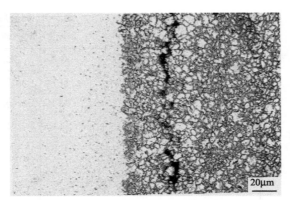

图 9-122　图 9-121 局部放大后的脱锌层和裂纹形态

9.5 管理不当

机械零部件的失效除设计、使用、过失、外界影响和正常损耗失效外，管理混乱、混料和产品缺陷漏检等导致零部件的早期失效案例，也占有一定的比例。制造过程中的工序间的调度转接和保管不当、工序混乱泄漏等形成产品的隐患，导致零部件的早期失效也时有发生。例如，汽车转向器锁紧节叉（图 9-123）设计要求为 45 钢经锻造调质后硬度为 207～255HBW。由于管理混乱和缺乏严格执行产品质量检验的制度，遗漏了热处理调质工序而未被发现，保留锻造后的晶粒大小不等的珠光体＋网络状铁素体和少量魏氏体组织状态（图 9-124），硬度仅为 195HBW。组织不良和硬度较低，使锁紧节叉抗疲劳性能下降。仅使用 50 万次左右就在节叉根部发生疲劳断裂（图 9-125），仅为设计要求使用寿命（大于 80 万次）的 62.5％。

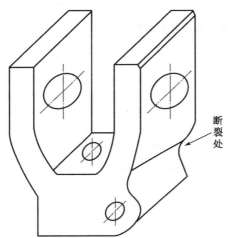

断裂处

图 9-123　锁紧节叉断裂部位示意图

齿轮箱与压管轴连接的 T 形螺钉规格为 M12×45，在使用过程中突然断裂（图 9-126 和图 9-127）。螺钉技术要求按 GB/T 3088.1—2000

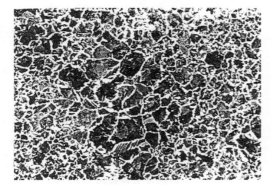

图 9-124　珠光体＋网络状铁素体＋魏氏体组织　100×

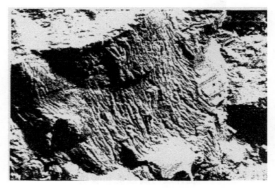

图 9-125　断口上的疲劳条带

图 9-126　断裂螺钉部位

图 9-127　断裂与变形螺钉

标准性能为 8.8 级，材料为 35 钢，$R_m>800MPa$，硬度 238～304HBW。断裂螺钉硬度实测为 161HBW，变形螺钉为 166HBW，不符合技术要求。材料成分分析结果符合 GB/T 699—1999 中 35 钢的要求。钢中非金属夹杂 A 类和 D 类均为 1 级、B 类为 0.5 级。显微组织为条带状铁素体＋珠光体（图 9-128）。说明断裂和变形螺钉未经调质处理（经调查，实际生产过程中遗漏了热处理工序），硬度较低，大大降低了螺钉的抗剪切强度。按经验公式：抗剪切强度 $\tau_b=(0.7～0.8)R_m=(0.7～0.8)\times800=560～640MPa$，而失效螺钉的实际抗剪切强度＝$(0.7～0.8)\times563=394～450MPa$，比设计要求降低了近 30%。所以，当工作过程中受到较大剪切应力时就易产生剪切断裂。

　　又如，汽车发动机喷油压板六角螺栓，设计要求为 8.8 级，材料为 35 钢，经调质处理后硬度为 22～32HRC。由于管理混乱，误用 40Cr 钢，调质处理按 35 钢规范进行（35 钢淬火加热温度为 850～880℃，水中冷却淬火，520℃回火；而 40Cr 钢淬火加热温度为 830～860℃，油冷淬火，580℃回火）。由于淬火加热温度较高，水中冷却速度过快，因此淬火应力过高，造成螺栓头部与杆的交接"R"处产生淬火裂纹未被发现，硬度也偏高（断裂件实测硬度为 38～39HRC）。在安装后发动机试车过程中发生螺栓头部折断（图 9-129），在其断口上呈现出明显的淬火裂纹经高温回火后的深灰

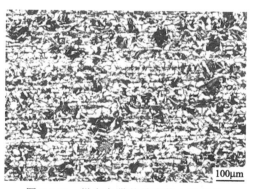

图 9-128　纵向条带状铁素体＋珠光体

（氧化）色形貌和后断的灰白色断裂面及少量的剪切唇（图 9-130）。

图 9-129　断裂螺栓全貌　1×

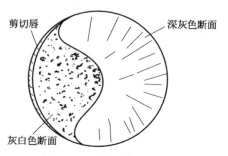

剪切唇　　深灰色断面

灰白色断面

图 9-130　断口特征示意图

管理不当造成生产流程的混乱，有的易发现，如机械加工后的几何形状、尺寸和粗糙度等方面的缺陷，易在宏观和装配过程中被发现。而混料和工序间的热处理、焊接后的去应力退火以及酸洗、电镀后的去氢处理等遗漏，若未经严格检查则不易被发现，从而带来安全隐患甚至造成严重损失。

9.6 安装、使用和维护不当引起的失效案例

9.6.1 一段预热管渗漏事故分析

9.6.1.1 概况

一段预热管的作用主要是当氢气、丙酮、RT 等化学品通过预热器时，在管外采用150～200℃左右蒸汽加热的方法，将管内化学品加热，弯管处采用膨胀蛭石粉保温。该预热器弯管材料为 1Cr18Ni9Ti 钢，规格为 $\phi 45mm \times 3.5mm$，安装使用运行 8 年后，发现弯管有渗漏现象，将其拆下进行检查、分析。

9.6.1.2 检查结果

（1）宏观检查 一段预热器渗漏部位均在弯管处，在放大镜下可看到较多的细小裂纹和密集的黑色小点。从弯管部位横截面切取试样，抛光腐蚀后，可见横截面有较多的裂纹，由外表面向内壁发展，如图 9-131 所示。

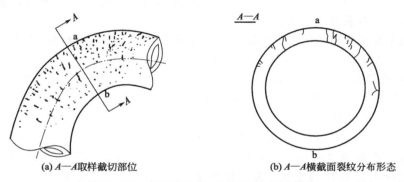

(a) A—A 取样截切部位 (b) A—A 横截面裂纹分布形态

图 9-131 弯管截取部位和裂纹分布示意图

（2）晶界腐蚀试验 从弯管处取样，按 GB/T 1223—75 标准要求，采用 10% 草酸电解侵蚀法（C 法），检查晶界腐蚀，结果良好。

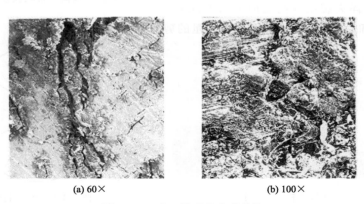

(a) 60× (b) 100×

图 9-132 表面微裂纹和腐蚀坑

（3）扫描电镜检查 从弯管表面有不规则的腐蚀坑处取样进行扫描电镜检查，发现有较多的裂缝和腐蚀坑（图 9-132），从腐蚀坑处剖开可看到腐蚀坑内的腐蚀产物形貌（图 9-133）。从泥纹状形貌处（图 9-134）能谱成分分析结果显示，腐蚀产物中有较多的 Cl、S、K 等有害元素（表 9-9）。

(a) 腐蚀坑形态

(b) 腐蚀产物形貌

图 9-133　腐蚀坑和腐蚀产物形貌

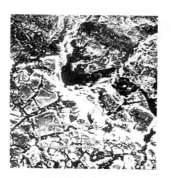

图 9-134　泥纹状的腐蚀产物　300×

表 9-9　图 9-134 中腐蚀产物的成分

元素	相对强度	含量（质量）/%
Al Kα	11.3756	1.94
Si Kα	65.4789	6.63
S Kα	20.5315	1.45
Cl Kα	21.8263	1.42
K Kα	12.1154	0.70
Ca Kα	65.2939	3.65
Ti Kα	15.8148	1.03
Cr Kα	743.1573	61.35
Fe Kα	149.7320	18.17
Ni Kα	24.7858	3.64
		100.00

（4）显微组织检查 从弯管处沿横截面取样，抛制侵蚀后可看到较多的微裂纹，裂纹从外表面向内发展，呈穿晶型为主的应力腐蚀特征，裂纹几乎贯穿整个壁厚（图 9-135）。远

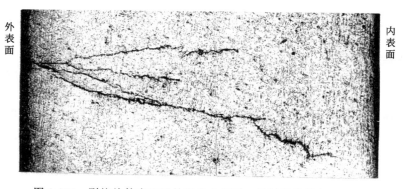

图 9-135　裂纹从外表面开始向中心扩展，呈树根状形态　50×

537

离钢管腐蚀坑的中心处为正常的奥氏体组织（图 9-136），而钢管弯曲的外表层有明显的冷作硬化现象（图 9-137），显微硬度达 $380HV_{0.5}$，腐蚀沿滑移面向内发展（图 9-138）。

图 9-136　弯曲管中心处的等
轴状奥氏体　100×

图 9-137　弯管外表层冷作滑移线
形貌和硬度测定　200×

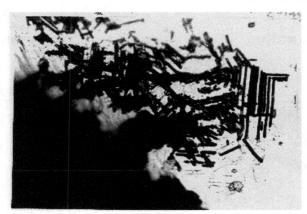

图 9-138　腐蚀沿滑移面发展　500×

（5）化学成分分析　失效预热器材料成分分析结果如表 9-10，符合技术要求。

表 9-10　失效预热器材料成分和 1Cr18Ni9Ti 标准要求

失效件与标准	化学成分/%							
	C	Si	Mn	P	S	Ni	Cr	Ti
失效预热器	0.085	0.71	1.23	0.019	0.012	9.2	18.3	0.054
GB/T 1220—1992 1Cr18Ni9Ti	≤0.12	≤1.00	≤2.00	≤0.035	≤0.030	8.00～11.0	17.0～19.00	5×(C%-0.02)～0.08

9.6.1.3　结果分析

根据裂纹形态，腐蚀产物的测定，一段预热器的失效系应力腐蚀所致。应力的来源有以下两个方面。

（1）残余应力　从显微组织中的滑移线和硬度较高可知，预热器弯管为奥氏体不锈钢冷弯成形（正常固溶态的 1Cr18Ni9Ti 钢管硬度为 ≤200HV），使冷弯钢管表层硬度增加并存在较大的残余应力（可达 418.4～836.7MPa）。

（2）不锈钢管内孔承受着 **588MPa** 的压力，使管外壁承受着一定的张应力。

以上两种应力的叠加，使管弯曲表面存在较大的残余拉伸应力。

从弯管外表面裂缝处的能谱成分分析结果可知，裂缝内的腐蚀产物中存在着 S、Cl 等有害的腐蚀元素，对 Cr-Ni 不锈钢而言，这种活性介质的浓度有时甚至很低，也足以引起应力腐蚀开裂。在弯管外面采用膨胀蛭石粉作为保温层，可能存在一定的 S、Cl 等腐蚀元素（有待研究）。应力腐蚀的初始阶段相似于点蚀过程，当腐蚀形成后，造成小腐蚀坑内应力集中，导致金属起裂，在无晶间腐蚀情况下呈穿晶扩展，即沿奥氏体晶粒的滑移面向金属内部扩展。应力腐蚀开裂是一个缓慢的过程，形成点蚀坑有一个相当长的过程。然后在腐蚀坑中形成裂源，裂纹的扩展速度一般在 0.001～0.3cm/h。随着应力腐蚀裂纹的缓慢扩展，K_1 值并不变化。因此，裂纹形成过程出现分叉现象，就形成了应力腐蚀裂纹的重要特征之一。弯管从使用至失效达八年之久，最长裂纹已贯穿整个管壁，说明该弯管的使用寿命已到极限阶段。

9.6.1.4　结论

① 弯管材料成分分析结果符合 1Cr18Ni9Ti 钢。晶间腐蚀试验结果无晶界腐蚀现象。

② 弯管的应力腐蚀裂纹主要是由于管材弯曲时产生较大的残余应力和使用应力的叠加的结果。在一定的腐蚀介质下，应力腐蚀裂纹由弯曲的外壁向内发展，裂纹最长已贯穿整个钢管壁厚，已到使用的危险阶段。若继续使用，就使裂纹进一步扩展而引起严重渗漏。

9.6.2　变速箱齿轮失效分析

风电变速箱中间齿轮轴（小齿轮）和大齿轮相啮合，在不同载荷下分阶段试车，即空载运行一天后，分别以额定载荷的 30%、50%、90%、105%、110%、120%、130% 和 140% 共 8 个阶段试车。当试车至 140% 载荷时，出现较大的噪声，检查发现大小齿轮的齿断裂，如图 9-139 所示。

图 9-139　变速箱齿轮断齿全貌

大小齿轮材质和技术要求　材料为 18CrNiMo7-6HHMQ，经渗碳、淬火、回火后的齿面有效硬化层深度为 1.5～1.9mm，齿面硬度为 57.0～62HRC，心部硬度为 35.0～42.0HRC（中间齿轮轴和齿轮技术要求完全相同）。

9.6.2.1　检查结果

（1）宏观检查　中间齿轮轴的断齿偏向于齿宽的一端，向受力方向一边折断，断口呈疲劳特征。而另一端除有挤压损伤外，齿基本保持完好。在与断齿相邻的未断齿的整个啮合齿面受力很不均匀，受力较大的一端有明显的压伤磨损痕迹（图 9-140），其中最严重的齿根部位压痕深达 0.9mm 左右（图 9-141）。而另一端除齿根有较轻微的压伤外，齿面上尚保留着加工痕迹（图 9-142）。断口疲劳区呈现出不同的粗糙形貌，在裂源区较平坦光滑，扩展区的前端逐渐粗糙，瞬时断裂区已完全擦伤，而齿根部位加工较粗糙，断面呈贝壳状断裂形貌（图 9-143）。大齿轮除偏于一侧的挤压掉块和齿顶处有轻微摩擦损伤外，其余都较完整，断面均受到碎块挤压而呈现出一次性快速断裂形态，未见有疲劳特征的断口形貌。

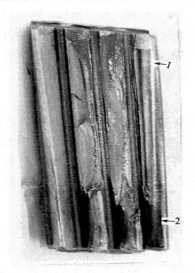

图 9-140　断口疲劳形貌和齿根一端压伤形态

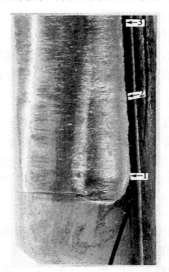

图 9-141　图 9-140 中箭头 1 处严重摩擦压伤形貌

图 9-142　图 9-140 中箭头 2 处齿
面保持加工痕迹

图 9-143　齿断裂面宏观疲劳形
貌和粗糙的加工痕迹

（2）断口扫描电镜检查　从中间齿轮轴的断齿部位取样在扫描电镜下观察，齿断裂是从齿根粗糙的加工痕迹处开始，呈快速放射状扩展。呈现较多的撕裂棱，接着出现撕裂的"鱼鳞"状形貌（图 9-144）。在高倍镜下可看到密集细小的疲劳条带，说明裂纹扩展速度较缓慢，并出现较多的平行于疲劳条带的二次裂纹。随着应力周期的变化和裂纹的扩展，出现了较宽的平行状的疲劳条带（图 9-145）。瞬时断裂区呈等轴状的韧窝形貌（图 9-146）。

（3）硬度测定　中间齿轮轴齿面硬度为 59.0～59.5HRC，齿心部硬度为 41.5～42HRC。大齿轮齿面硬度为 58.5～59.5HRC，齿心部硬度为 39.5～40HRC。以上均符合设计要求。

（4）化学成分分析 失效的中间齿轮轴的化学成分分析结果见表 9-11，符合 MQ 用渗碳淬火钢锻件棒材技术条件。

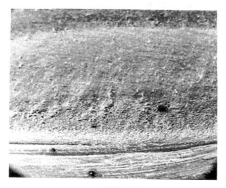 

(a) 裂源区的形貌 　　　　　　(b) 裂源区局部放大后放射状形貌
　　　　　　　　　　　　　　　　　和齿根处的加工痕迹

图 9-144 齿断裂起源部位的形态

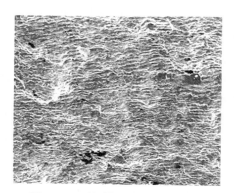 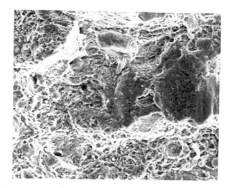

图 9-145 断裂扩展区的疲劳条带 　　　图 9-146 瞬时断裂区的韧窝和局部擦伤形态

表 9-11 失效中间齿轮轴成分与标准要求 单位：%

化学成分	C	Si	Mn	S	P	Cr	Ni	Mo	Cu
中间齿轮轴	0.19	0.27	0.70	0.010	0.009	1.63	1.56	0.28	0.18
MQ 技术要求	0.15～0.19	≤0.40	0.50～0.90	≤0.010	≤0.010	1.50～1.80	1.55～1.70	0.25～0.35	≤0.20

（5）钢中非金属夹杂物检查 从中间齿轮轴的断齿部位取样，按 GB/T 10561—2005 标准 A 法评定结果为，A、B、C 三类夹杂物均小于 0.5 级，D 类夹杂物为 1 级，符合技术要求。

（6）渗碳、淬火、回火后的硬化层测定 中间齿轮轴齿面硬化层深度为 1.50mm，大齿轮齿面硬化层深度为 0.90～1.00mm，小于技术要求。

（7）显微组织检查 从中间齿轮轴断齿的磨损部位和未磨损部位取样，大齿轮从齿部取样，检查结果如下。

① 中间齿轮轴齿部未磨损处表层渗碳层组织为细小针状回火马氏体＋细颗粒状碳化物和少量残余奥氏体，齿心部组织为低碳马氏体＋少量粒状贝氏体。齿根部严重磨损处（图 9-141 箭头 1）表层由于摩擦温度较高，已形成一层白色淬火马氏体，并有较多的微裂纹，

其下面形成黑色过回火区。经显微硬度测定，白色淬火马氏体区硬度高达 $875HV_{0.2}$（相当于 65.5HRC），而过回火区硬度仅为 $515HV_{0.2}$（相当于 50.5HRC），如图 9-147 所示。而图 9-141 箭头 2 处由于磨损相对较轻，淬火马氏体不明显，但出现较严重的变形和微裂纹（图 9-148）。随着磨损程度的减小，变形特征随之减轻，但仍有金属变形和微裂纹存在（图 9-149）。

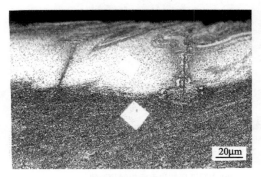

图 9-147　中间齿轮严重磨损处的淬、回火组织

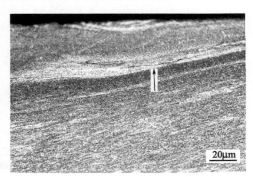

图 9-148　图 9-141 箭头 2 处的摩擦变形和微裂纹

② 大齿轮齿部表层渗碳层组织为较细小的回火马氏体＋细小颗粒状的碳化物和少量残余奥氏体，齿中心为低碳马氏体＋少量粒状贝氏体。

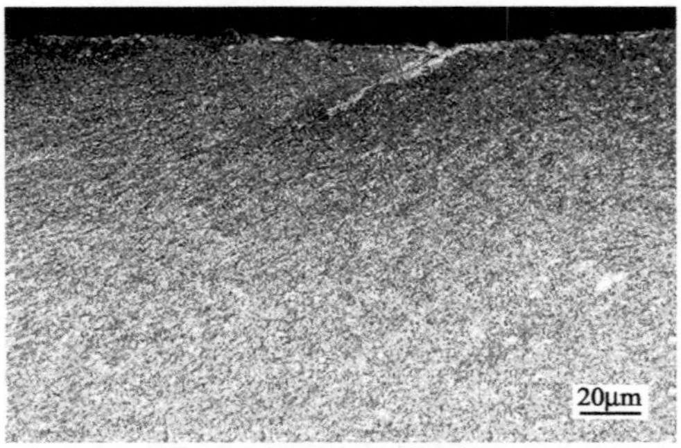

9.6.2.2　结果分析

(1) 中间齿轮轴和大齿轮损坏的问题　检查结果可知，两齿轮均有局部齿的损坏，而中间齿轮轴的齿根处断裂面有明显的疲劳条带特征，说明该处齿的断裂是由微裂纹的萌生和逐渐扩展的过程。而大齿轮齿部仅出现挤压快速断裂形态，说明中间齿轮首先损坏，然后引起大齿轮的损坏。从中间齿轮轴的断齿及其附近齿部损伤形貌可知，齿轮在运行过程中齿的啮合面接触很不均匀，主要受力于齿的一端，

图 9-149　图 9-141 箭头 3 处的摩擦变形和微裂纹

而且齿根磨损压伤严重，这就使得齿的局部应力，尤其是齿根所受的挤压和弯曲应力过大。载荷局部集中的原因，主要是由于安装不良，导致中心偏差。齿面接触不均匀造成局部接触应力过大，就可能导致润滑油膜的破坏和接触面的摩擦损伤。由于大齿轮和齿轮轴齿之比为 67∶19，因此，齿部接触应力的变化和损伤主要表现在中间齿轮轴的齿轮上，并且随着加载负荷的逐渐增大，不仅使接触面磨损加重，而且会使接触面过热，温度升高，甚至达到临界温度以上。当两齿轮接触后迅速脱离，温度迅速下降，使高温区出现淬火马氏体，还可能使齿根粗糙的加工痕迹应力集中处和淬火马氏体区产生微裂纹。随着齿轮运转，齿部应力的周期变化，使微裂纹逐步扩展，而且随加载负荷的增加而加速扩展至整个齿的断裂。所以，齿轮啮合不良，接触不均匀，导致局部接触应力过大，是中间齿轮轴和大齿轮损坏和断裂的主要原因。

(2) 大齿轮表层硬化层过浅的问题　大小齿轮的表层组织形态较好，呈细小的回火马氏体＋小颗粒状碳化物和少量残余奥氏体。但大齿轮实测硬化层深度仅为 0.90～1.00mm，不符合技术要求（1.50～1.90mm）。由于大、小齿轮的齿数比较大，因此，大齿轮在短期内运行，对使用寿命的影响不明显。一般大、小齿轮的啮合，大齿轮的硬度应低于小齿轮（约 2～4HRC），以避免小齿轮的过早损坏。

9.6.2.3 结论

① 中间齿轮轴和大齿轮材质均符合技术要求，大齿轮表面硬化层深度过浅，不是造成齿轮失效的原因。

② 中间齿轮轴和大齿轮啮合不良，局部接触应力过大，导致中间齿轮轴齿根加工刀痕处应力集中和接触高温处组织改变和微裂纹的形成，是造成齿轮失效的主要原因。

9.6.2.4 改进意见

① 检查齿轮箱与齿轮的几何形状和齿轮安装后的齿轮啮合情况，防止超差和偏斜。

② 齿根部位适当提高粗糙度精度要求，防止应力集中度过大，产生微裂纹。

③ 严格控制齿轮表面硬化层深度和表面与中心硬度，确保齿轮的使用寿命。

9.6.3 汽车发动机曲轴断裂分析

客运公司汽车在运输过程中，发现发动机异响，并逐渐加大，接着发动机熄火。分解后发现曲轴第三道主轴颈平衡点处断裂，如图 9-150 所示。

图 9-150 断裂曲轴全貌（箭头处为断裂部位）

曲轴设计要求 材料为 QT900-5 球墨铸铁，轴颈表面中频淬火，硬化层深度为 2mm±0.5mm，表面硬度≥48HRC，心部硬度 250～300HBW。轴颈与曲轴壁连接的过渡圆角（R）部位采用滚压强化，以提高疲劳强度。与轴颈相配合的轴承材料为 Cu-Pb 合金。发动机转速为 3800r/min。

9.6.3.1 检查结果

（1）宏观检查 经清洗后断口与轴颈形貌如图 9-151，断裂起源于轴颈边缘（R）处，然后向 B 区扩展，C 区为瞬时断裂区，扩展区有明显的疲劳条带形貌。第三道主轴颈表面有严重的拉伤沟槽、剥落和细小的横向不规则裂纹。轴颈表面有高温氧化色，并有黄色铜黏附在表面，轴颈边缘"R"处有炭黑覆盖。

（2）扫描电镜检查 轴颈表面除了有严重的拉痕和沟槽外，还有密集的横向为主的细小裂纹和剥落坑（图 9-152）。轴颈表面和裂纹内黏附的黄铜色物质，经能谱成分分析结果为轴瓦 Cu-Pb 合金。靠近

图 9-151 经清洗后断口和轴颈宏观形貌

"R"处的断口起始部位可见滚压后的金属变形断裂形貌和小裂纹。扩展区有明显的疲劳条带（图 9-153）。瞬时断裂区有较多的韧窝和石墨坑。

图 9-152　和轴颈摩擦方向垂直的裂纹与少量剥落坑

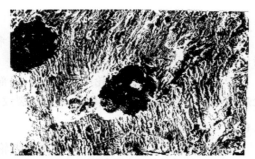

图 9-153　断面扩展区的疲劳条带与石墨剥落坑

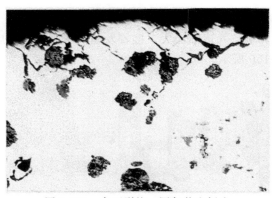

图 9-154　表面裂纹、团絮状和蠕虫
状石墨形貌（未经侵蚀）

（3）硬度测定　断裂曲轴的基体硬度为 278HBW，符合设计要求。

（4）金相分析　从断口起始部位取样观察，轴颈表面有较多的斜向显微裂纹，有的呈网络状，深度达 0.10～0.20mm，有的剥落成凹坑（图 9-154）。石墨除少量呈球状外，大部分呈团絮状和蠕虫状（图 9-155），按 GB/T 9441 标准评定，球化分级为 4～6 级。经侵蚀后基体组织中珠光体数量大于 90%。轴颈表面不仅有微裂纹，而且还存在白色的超细晶的淬火马氏体层，硬度高达 762HV$_{0.1}$。在其下面为软化层，硬度为 424HV$_{0.1}$ 左右。再下面为中频淬火层，硬度为 529HV$_{0.1}$（图 9-156）。靠近轴颈与曲轴臂连接的过渡"R"处也受到高温快冷而形成一层硬化层。

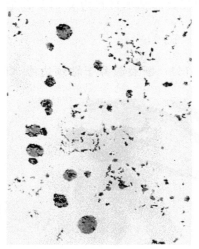

图 9-155　石墨大部分呈蠕虫状、少量
呈球状和团絮状　100×

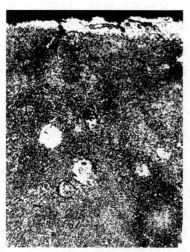

图 9-156　轴颈表面摩擦高温引起的白色
淬火马氏体和中频淬火层　200×

9.6.3.2　结果分析

（1）曲轴球墨铸铁质量问题　从断裂的轴颈部位取样检查发现，珠光体数量、碳化物等

均符合相关技术要求，但石墨球化率很差。由于球墨铸铁的力学性能的好坏很大程度上取决于球化率，球化率高，不仅强度和延伸率高，而且对抗磨性也有利。轴颈处存在大量的团絮状和蠕虫状石墨，降低了曲轴的力学性能和抗磨性能，严重地影响曲轴的使用寿命。

（2）轴颈表面裂纹和淬火马氏体的形成问题　从轴颈表面出现严重的摩擦损伤、轴瓦铜合金的黏附和轴颈边缘"R"处的炭黑特征可知，曲轴在运行过程中，轴和轴瓦间的摩擦温度较高，这可能是由于轴颈与轴瓦间的润滑或配合不良和比压较大，导致部分摩擦功以热的形式消散使温度升高。随摩擦热的升高，使轴颈和轴瓦间润滑油变质而遭破坏，从而使轴颈与轴瓦表面直接接触，在材料分子引力作用下，发生黏附。同时可在剪应力的作用下发生断裂形成磨屑，增加摩擦面的磨粒磨损。在磨粒磨损的双重作用下，使摩擦热增加而形成热磨损。当金属加热至软化温度时，又加速了轴颈和轴瓦间接触面的黏着和撕裂，甚至发生相变，使轴颈表面出现大量的微裂纹。

由于上述原因，摩擦力增加和扭转力加大，使得"R"槽表面石墨坑和微缺陷处应力集中而形成裂纹，并逐渐扩展至断裂。

9.6.3.3　结论

① 曲轴的断裂是属于使用期间引起的早期疲劳断裂，裂源位于轴颈与轴臂连接的过渡圆角"R"处的石墨和微缺陷的应力集中处。

② 造成应力集中过大、疲劳裂纹萌生和断裂的原因，主要是润滑不良与油膜破裂，导致轴颈与轴瓦间的摩擦磨损、黏附和撕裂，引起摩擦温度的升高和运转扭力的增加。当轴颈边缘"R"处应力集中过大时，引起疲劳裂纹的萌生和扩展，最后导致曲轴的整体断裂。

③ 球墨铸铁曲轴球化不良，会严重地降低曲轴的力学性能和抗磨性，促进轴颈和轴瓦间的摩擦磨损和黏附以及疲劳裂纹的形成，降低曲轴的使用寿命。

9.6.3.4　改进意见

① 提高球墨铸铁曲轴的球化质量，减少和消除团絮状与蠕虫状石墨，以提高曲轴的力学性能、抗磨性和使用寿命。

② 改善轴颈和轴瓦间的配合，确保轴颈和轴瓦间在运行过程中有良好的润滑。

9.6.4　主动锥齿轮崩齿失效分析

汽车主动锥齿轮在公交车行驶 6 万千米时，就发生齿面崩裂而失效，如图 9-157 所示。

图 9-157　失效主动锥齿轮（箭头处为崩裂部位）

锥齿轮材质技术要求　材料为 20CrMnTiH 钢，齿面渗碳，渗层深度为 1.6～2.0mm，淬火、回火后表面硬度为 58.0～64.0HRC，心部硬度要求为 33.0～45.0HRC。

9.6.4.1 检查结果

(1) **宏观检查** 崩裂部位均处于齿的凹面齿顶，呈从齿顶向下剥离形态。崩裂断面形成两个扩展区域，靠近齿顶区域扩展较快，向下的第二个区域相对较慢。两个区域均有贝纹状疲劳弧线形貌（图 9-158），在齿面上部分崩裂的背面（齿凸面）有较长的裂纹，裂纹由齿顶向下发展，并有崩裂现象。在裂纹齿面的一端局部接触压痕和剥落明显（图 9-159），近齿顶处有明显的接触摩擦产生的麻点和点片状剥落（图 9-160）。

上述特征说明齿轮在运行过程中齿面的接触是不均匀的，崩齿的一端和其上部分压力较大。同时，靠近崩齿一端的轴颈和轴承组装部位也有明显的摩擦变色和损伤（图 9-161）。

(2) **齿面磨削烧伤检查** 经对齿面进行磨削烧伤检查，结果发现有磨削回火烧伤特征。

(3) **硬度测试** 齿表面硬度为 60~61HRC，心部硬度为 33~33.5HRC。

(4) **钢中非金属夹杂物检查** 按 GB/T 10561—2005 技术标准检查和评定结果，A 类夹杂为 0.5 级，B 类和 Ds 类夹杂均为 1 级，D 类夹杂为 1.5 级。

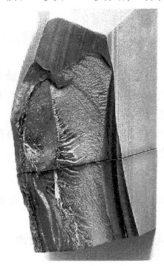

图 9-158 崩齿断口形貌

图 9-159 崩齿一端局部接触压痕和点状剥落

图 9-160 一端齿上部分的剥落形态

图 9-161 崩齿端轴颈摩擦损伤形态

(5) **化学成分分析** 该锥齿轮的化学成分分析结果见表 9-12，符合技术要求。

表 9-12 失效件化学成分与标准要求

失效件与标准	化学成分/%						
	C	Si	Mn	P	S	Cr	Ti
失效主动锥齿轮	0.21	0.28	1.15	0.012	0.003	1.35	0.06
GB/T 5216—2004 20CrMnTiH	0.17～0.23	0.17～0.37	0.80～1.15	≤0.035	≤0.035	1.00～1.35	0.04～0.10

(6) 硬化层深度测定 在 1/2 齿高表面处测定有效硬化层深度为 1.72～1.73mm（图 9-162），符合技术要求。

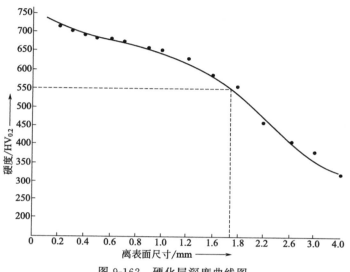

图 9-162 硬化层深度曲线图

(7) 显微组织检查 从接触应力较大的不均匀麻点剥落部位取样检查，在其表面有一层白色淬火马氏体，并有较多的微裂纹，在其下面为黑色高温回火层（图 9-163）。未损伤齿面组织为回火马氏体＋残余奥氏体和少量的颗粒状碳化物（图 9-164），中心组织为索氏体＋粒状贝氏体和少量铁素体（图 9-165）。

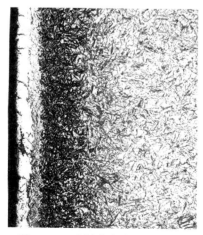

图 9-163 表层白色淬火马氏体，黑色为高温回火层 400×

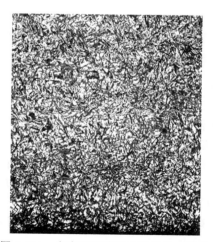

图 9-164 齿表层渗碳回火马氏体＋残余奥氏体＋少量颗粒状碳化物 400×

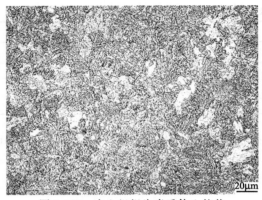

图 9-165　中心组织为索氏体＋粒状
贝氏体＋少量铁素体　400×

9.6.4.2　结果分析

　　从检查结果可知，锥齿轮的每个齿表面接触是不均匀的。齿面的接触痕迹和麻点、剥落和崩裂均处于齿一端的上部分，说明锥齿轮在运行过程中，局部接触应力很大。在高应力接触摩擦条件下，引起接触面间温度升高，离开接触后迅速冷却，导致组织的转变和微裂纹的形成。齿中心组织为回火索氏体＋粒状贝氏体和少量铁素体，中心硬度处于设计要求的下限，则在较大的接触应力作用下，引起齿的变形，易导致微裂纹的萌生。在运行过程中周期变化的接触应力的作用下，使微裂纹逐渐扩展和高硬度的表层崩裂。

　　锥齿轮一端的轴颈有较严重的磨损现象。轴承内圈和轴之间没有相对运动，不会有摩擦损伤现象。轴颈磨损，说明轴承和轴承内圈之间有一定的松动而引起相对运动，从而影响到齿轮间的接触状态，对锥齿轮的崩裂和使用寿命有较严重的影响。

9.6.4.3　结论

　　锥齿轮的材质符合设计要求。引起锥齿轮一端上部分崩齿失效的原因，主要是在运行时齿面的接触不良，导致齿面的麻点、剥落和崩齿。

9.6.5　齿轮轴齿磨损分析

　　风力发电机中 3182 高速齿轮轴（图 9-166）与 3193 中间级小齿轮配合运转，在较长时间的运行中发现，高速轴齿轮的齿面和中间小齿轮的齿面均有较严重的磨损。

图 9-166　3182 高速齿轮轴

　　齿轮轴和小齿轮的材料均为 18CrNiMo7-6 钢，经渗碳、淬火、回火后的硬化层深度为 1.30～1.80mm，硬度要求表面为 58.0～64.0HRC，心部为 33.0～45.0HRC。

9.6.5.1　检查结果

　　(1) 宏观检查　3182 和 3193 两齿轮配合的齿表面均出现深度与宽度不等的粗糙的摩擦沟痕，但沟痕分布的部位各异，3182 齿轮的齿面沟痕出现在节圆线的上部分（图 9-167），而 3193 齿轮轴齿面沟痕出现在齿根部位（图 9-168）。

　　(2) 硬度测定　3182 高速齿轮轴齿顶表面硬度 58～58.5HRC，心部硬度为 38～38.5HRC；3193 中间级小齿轮齿顶硬度为 59.0～59.5HRC，心部硬度为 35.0～37.0HRC。两齿轮的硬度均符合设计图纸的要求。

　　(3) 硬化层深度的测定　3182 高速齿轮轴硬化层深度为 1.48mm；3193 中间级小齿轮硬化层深度为 1.50mm。

　　(4) 金相组织检查　分别从两件（3182、3193）齿部损伤部位取样检查，结果如下。

图 9-167 3182 高速齿轮齿面节圆上半部摩擦损伤

图 9-168 3193 中间级小齿轮齿根部分擦伤沟痕

① 钢的晶粒度。两齿轮均在 8～9 级左右（按 GB/T 6394—2002）。

② 钢中非金属夹杂物。两齿轮 A、B 和 D 类夹杂均为 1 级（按 GB/T 10561—2005），未见有 C 类夹杂物。

③ 显微组织。3182 高速轴齿部靠近齿根未摩擦损伤部位，渗碳表层组织为回火马氏体＋小颗粒状碳化物和少量残余奥氏体，按 JB/T 6141.3—92《重载齿轮渗碳金相检验》标准评定，马氏体和残余奥氏体均为 2 级，碳化物为 1 级（图 9-169）。在齿面节圆线上部分磨损部位表层有一层白亮的淬火马氏体，其硬度高达 $715HV_{0.2}$（相当于 60HRC）。在其下面为深灰色回火屈氏体，其硬度仅为 $503HV_{0.2}$（相当于 49.5HRC）（图 9-170）。局部可看到淬火马氏体与回火屈氏体之间有明显的塑性变形特征。说明高速齿轮轴在运行过程中，齿啮合摩擦胶合过程中产生高温，引起组织转变，导致淬火马氏体和回火屈氏体的形成，其深度约在 0.20～0.25mm 左右。心部组织为低碳马氏体＋粒状贝氏体，并能看到网络状黑色晶界（图 9-171）。

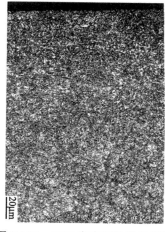

图 9-169 3182 齿表面渗碳层组织
回火马氏体＋粒状碳化物＋少量残余奥氏体

图 9-170 磨损部位
淬火马氏体和回火托氏体

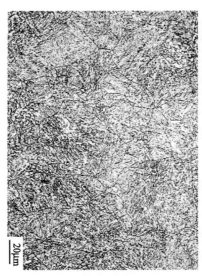

图 9-171　3182 高速齿轮轴中心组织

低碳回火马氏体＋粒状贝氏体

图 9-172　3193 小齿轮靠近齿顶齿面渗碳层组织

回火马氏体＋少量粒状碳化物和残余奥氏体

　　3193 中间级小齿轮靠近齿顶未接触摩擦部位的齿面表层组织为回火马氏体＋少量小颗粒状碳化物和残余奥氏体（图 9-172），按上述标准评定马氏体和残余奥氏体均为 3 级，碳化物为 1 级。在齿面节圆线下部分摩擦损伤表层也有一层白亮的淬火马氏体，其下面为回火屈氏体组织，由齿啮合摩擦引起的高温导致组织变化，深约 0.10～0.15mm（图 9-173），齿心部组织为低碳回火马氏体＋粒状贝氏体和网络状的黑色晶界（图 9-174）。

图 9-173　3193 小齿轮磨损齿面的

淬火马氏体和回火托氏体

图 9-174　3193 小齿轮中心组织

低碳回火马氏体＋粒状贝氏体

9.6.5.2　检查结果分析

　　(1) 齿轮损坏的性质　高速齿轮轴和中间级小齿轮在运行过程中，齿面损坏的宏观特征呈深宽不等的条状粗糙沟痕，显微组织中表层出现一层白色淬火马氏体和其下面的回火屈氏体，说明高速齿轮轴和中间级小齿轮在运行过程中，齿接触的啮合面产生较高的温度（$>A_{c_1}$），随后的急速冷却中形成淬火马氏体。其下面温度较低（$<A_{c_1}$）部位形成回火屈氏体或索氏体，并有金属塑性变形特征。这些特征均表明两齿轮在啮合挤压过程中金属在高温下产生变形，甚至出现"焊合"与撕裂现象。

上述损坏现象，对于高速重载齿轮易存在以下两种情况：①在转动过程中，由于齿面压力或速度过大，容易导致润滑油被挤压和啮合处的局部高温，以致使两齿的接触面上产生局部"焊合"，齿轮在继续转动时，又被滑动撕落，形成沟痕；②使用过程中润滑不充分，导致运转温度过高，也会产生过热损坏，造成润滑剂的破坏，使齿啮合时的接触面焊合和撕脱而损坏，使齿面撕出沟痕。以上现象一般称之为胶合损伤（也称为热胶合），这种齿啮合面的"焊合"、撕脱会使齿面急剧地损坏而失效。

（2）齿面损坏的部位问题 一对斜齿轮啮合时，是沿着与轴线倾斜的直线相接触，接触线长度由零逐渐增大，到某一位置后又逐渐缩短，直至脱开啮合，所以其齿面各点均能接触到。但3182和3193一对啮合齿上损坏部位各异，3182齿轮轴齿面损坏部位主要在节圆线上部分，而3193小齿轮齿面损坏部位处于齿根处，说明两齿啮合时有干涉现象，导致3182齿轮轴与3193小齿轮两齿面分别在齿顶和齿根部位有摩擦损伤。在齿形精度良好的前提下，出现此种损伤现象，与装配中心距控制不当有关，这加速了两齿局部热胶合的形成。

9.6.5.3 结论

装配时两齿轮轴中心距控制不当，局部齿面压力过大，润滑油被挤压（或润滑不充分），造成局部高温"焊合"和撕脱损伤，是3182和3193一对高速啮合齿轮的齿面失效的主要原因。

9.6.6 汽轮机第十二级动叶片开裂分析

C25000kW汽轮机安装后，仅运行半年左右，就有40余片LC5-5第十二级动叶片出现横向裂纹，经更换新叶片后，仅试车几天又发现有4片叶片表面出现横向开裂。

叶片材质设计要求 材料为2Cr13不锈钢，经锻造、调质处理后的力学性能要求，$R_{p0.2} \geqslant 588MPa$、$R_m \geqslant 735MPa$、$A \geqslant 15\%$、$Z \geqslant 50\%$、$A_{KV} \geqslant 58J/cm^2$，硬度为$229 \sim 277HBW$。显微组织为均匀的回火索氏体，晶粒度$\geqslant 4$级。

9.6.6.1 检查结果

（1）外观和断口检查 靠近叶根端有一条较粗大的横向裂纹，叶片中部有两条较细小的裂纹（图9-175）。在扫描电镜下观察，在裂纹部位及其周围叶面有较密集的腐蚀坑（图9-176和图9-177），对腐蚀坑中的腐蚀产物进行能谱成分分析（图9-178和表9-13），结果显示除了有Si、Cr、Mn、Fe外，还有较多的S、O、Na、K等元素。从大裂纹处打开的断口表面有一薄层黄褐色腐蚀产物，如图9-179所示。裂纹由A端向B端扩展（B端灰白色区域为裂纹掰开时的撕裂断面），裂纹起源于A端的叶片表面腐蚀坑处（图9-180）。在腐蚀坑底部有较多的腐蚀产物（图9-181），经能谱成分分析表明和图9-178基本相同。靠近裂纹起源附近有较多细小密集的疲劳条带（图9-182），而裂纹前端快速扩展区呈现出沿晶和穿晶开裂形貌（图9-183）。

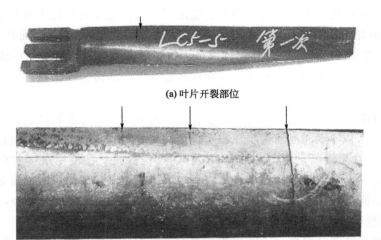

(a) 叶片开裂部位

(b) 图(a)局部放大后的裂纹形态

图 9-175　第一次叶片开裂部位和裂纹形态

图 9-176　裂纹周围的腐蚀坑

图 9-177　叶片表面的腐蚀坑

(a) 能谱测定部位

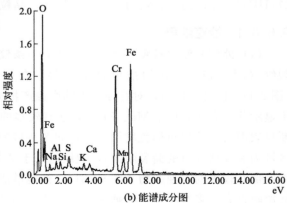

(b) 能谱成分图

图 9-178　腐蚀产物的能谱成分分析

图 9-179 裂纹断口形貌

表 9-13 能谱成分

元素	含量(质量)/%	含量(原子分数)/%
O Kα	23.50	48.96
Na Kα	02.31	03.35
Al Kα	01.14	01.41
Si Kα	00.90	01.07
S Kα	01.53	01.59
K Kα	00.69	00.59
Ca Kα	00.84	00.70
Cr Kα	24.67	15.81
Mn Kα	00.57	00.34
Fe Kα	43.85	26.18

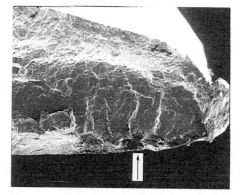

图 9-180 叶片断口 A 端腐蚀坑处裂源形貌

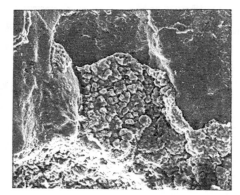

图 9-181 图 9-180 中箭头处的腐蚀产物

(2) 叶片成分分析 开裂叶片的成分见表 9-14，符合技术要求。

表 9-14 开裂叶片的成分及标准要求

失效件与标准	化学成分/%						
	C	Si	Mn	P	S	Cr	Ni
第一次开裂失效叶片	0.24	0.37	0.44	0.014	0.002	12.42	—
第二次开裂失效叶片	0.22	0.35	0.45	0.017	0.008	12.58	—
JB/T 3073.4—1993 2Cr13	0.16~0.25	≤1.00	≤1.00	≤0.030	≤0.030	12.0~14.0	≤0.60

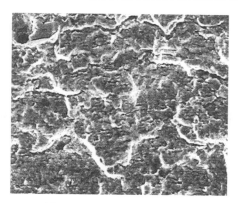

图 9-182 扩展区的疲劳条带

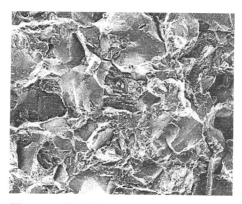

图 9-183 快速扩展区沿晶和穿晶开裂形貌

553

(3) 叶片力学性能测试 在开裂叶片上取样进行力学性能测试，结果见表 9-15，符合技术要求。

表 9-15 开裂叶片的力学性能与技术要求

失效件与标准	$R_{p0.2}$/MPa	R_m/MPa	A/%	Z/%	A_{KV}/(J/cm^2)	硬度/HBW
第一次开裂失效叶片	795	925	19	62.5	64～61	275
第二次开裂失效叶片	783	917	19.6	63.1	64.8～67.1	273
JB/T 3073.4—1993	≥588	≥735	≥15	≥50	≥58.8	229～277

(4) 钢中非金属夹杂物测定 按 GB/T 10561—2005 标准评定，开裂叶片中 A 类夹杂为 1.5 级，B 类夹杂为 1 级，C、D 两类夹杂均小于 1 级。

(5) 钢的晶粒度检查 按 GB/T 6394—2002 标准评定，开裂叶片的晶粒度为 5～6 级（技术要求不低于 4 级）。

(6) 高、低倍组织检查 酸蚀宏观组织检查未发现有超技术要求的冶金缺陷，显微组织均为回火索氏体（图 9-184）。

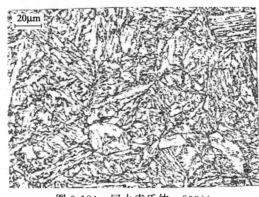

图 9-184 回火索氏体 500×

9.6.6.2 结果分析

叶片成分、组织和力学性能均符合相关的技术要求。但叶片表面，尤其是在裂纹周围有较密集、大小不等的腐蚀坑，裂纹是从腐蚀坑处形成和扩展所致。根据对腐蚀产物能谱成分分析，腐蚀产物中有较多的 S 元素，说明引起叶片腐蚀的原因与其在运行过程中尤其是高温气流中含有 H_2S 等有害介质有关。当叶片表面出现腐蚀后，叶片在受到离心力和弯曲应力作用下，使叶片较薄的一端腐蚀较深的部位形成应力集中，当超过一定的应力值时，就可导致微裂纹的形成，并随着叶片运转时产生的交变应力而使裂纹不断扩展，致使产生粗大的宏观腐蚀疲劳裂纹。

9.6.6.3 结论

① 失效叶片的材质符合 JB/T 3073.4—1993 的技术要求。

② 叶片裂纹的形成主要是由于叶片表面受到含有 H_2S 等有害介质的腐蚀，使腐蚀较深形成应力集中较大的部位产生微裂纹，随叶片运转应力的变化，使裂纹呈周期性扩展至宏观腐蚀疲劳裂纹。

9.6.7 涡轮盘裂纹分析

柴油机增压器涡轮转子在热带海域运行的轮船上使用两年后发现涡轮盘上出现较长的裂纹（图 9-185 和图 9-186）。

9.6.7.1 概况

增压器的设计参数 常用转速为 18500r/min，最高转速为 20500r/min，常用温度为 550℃，最高允许 620℃。

图 9-185 涡轮转子箭头处为裂纹

图 9-186 涡轮焊缝附近的裂纹（箭头处）
A 区为焊缝，B 区为涡轮基材

涡轮盘材料为 14Cr11MoV 钢，经锻造调质处理（1050℃ ± 10℃ 油冷淬火，670℃±20℃ 空冷回火），叶片材料为 1Cr17Ni13WTi 钢。采用手工电弧焊将叶片焊接在涡轮盘上，焊条为 ϕ3.2mm 的奥 242（Cr18Ni12Mo3），焊接时在叶片两侧交替进行（图 9-187），焊接前进行 400℃ 预热 2h，焊后进行 300℃ 去应力处理。

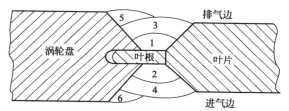

图 9-187 焊接次序示意图（纵剖面）

增压器的工作环境处于热带海域，经现场调查，在使用过程中，曾有海水倒灌入增压器内。

9.6.7.2 检查结果

（1）宏观特征 裂纹处于涡轮盘的叶片排气边一侧的焊缝附近，呈周向分布。裂纹中间较宽，两端较细，长度约为涡轮盘圆周长的 1/3 左右。在叶片和涡轮盘的表面均有较厚的积碳和油垢（图 9-185）。在体视显微镜下观察，可看到靠近焊缝的 14Cr11MoV 钢母材的热影响区有腐蚀凹坑、堆积物和粗细不等的裂纹存在，如图 9-188 所示。部分裂纹部位经清洗和酸洗后，可清晰地看到大小不等的腐蚀坑和裂纹（图 9-189）。

图 9-188 热影响区的裂纹和堆积物

图 9-189 经酸洗后的裂纹与腐蚀坑

(2) 扫描电镜断口分析　将裂纹打开后，经高锰酸钾碱性水溶液清洗后作扫描电镜检查，断口上除有弧形色带外，晶面上有较深的腐蚀坑（图 9-190），并有大量的龟裂状的腐蚀产物（图 9-191），经能谱成分分析，腐蚀产物中含有 S、Cl、Cr、Fe、Mn、Ni 等元素。

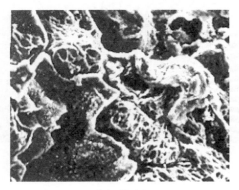 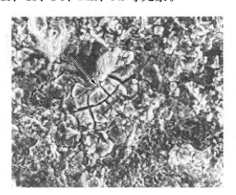

图 9-190　晶间腐蚀坑　1000×　　　　图 9-191　泥纹状腐蚀产物　1000×

(3) 金相检查　垂直于断裂面取样磨制抛光后，发现在腐蚀坑下面均有裂纹存在（图 9-192），局部放大后可看到裂纹内填满灰色腐蚀产物，在其周围有较多的细小腐蚀裂纹（图 9-193）。对灰色腐蚀产物采用 JCXA-733 型电子探针作微区成分分析，结果显示该灰色区域主要成分为 S、Cl、Cr、Fe，还可能存在 V、Mn、Ni、K 等微量元素。经侵蚀后，焊缝熔合情况良好。在焊缝附近的母材基体中有由于焊接热循环过程中引起的大量的 δ 铁素体。热影响区呈粗大回火马氏体＋少量 δ 铁素体向马氏体＋托氏体和马氏体＋索氏体＋少量 δ 铁素体过渡，裂纹处于马氏体＋托氏体区（图 9-194）。涡轮盘（14Cr11MoV 钢）中心组织为保留马氏体位向的回火索氏体＋少量铁素体（图 9-195）。

图 9-192　腐蚀坑下的裂纹　125×　　　　图 9-193　图 9-192 中局部放大后的裂纹和灰色腐蚀产物　300×

(4) 化学成分分析　涡轮盘的成分分析结果见表 9-16，符合 14Cr11MoV 马氏体耐热钢的成分标准。

表 9-16　失效涡轮盘成分分析结果与 14Cr11MoV 钢标准要求

失效件与标准	化学成分/%							
	C	Si	Mn	P	S	Cr	Mo	V
失效涡轮盘	0.13	0.16	0.28	0.024	0.002	11.0	0.60	0.36
GB 1221—2007 14Cr11MoV 钢	0.11～0.18	≤0.50	≤0.60	≤0.035	≤0.030	10.0～11.5	0.50～0.70	0.25～0.40

图 9-194　焊缝侧涡轮盘热影响区的组织和裂纹形貌　300×

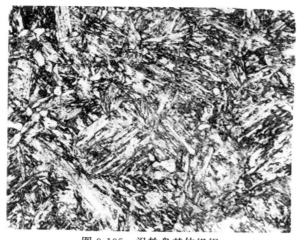

图 9-195　涡轮盘基体组织
回火索氏体＋少量铁素体　300×

9.6.7.3　结果分析

　　涡轮转子处于高温下高速旋转状态，叶片受到较大的离心力，并受到高温气流的作用，使叶片产生一定的扭转和弯曲应力，还可能存在不同程度的振动应力，因此，涡轮转子处于复杂的综合应力作用下运行。若涡轮处在含有一定氯化物等腐蚀介质的环境下，会引起涡轮盘表面的点腐蚀，则就可能使腐蚀区域的薄弱部位萌生裂纹。对涡轮盘裂纹断裂面的腐蚀产物采用电子探针成分分析结果证实，腐蚀产物中含有较多的 Cl、S 等元素。在对涡轮盘失效情况调查中得知，涡轮盘在运行过程中曾因操作不当，引起海水倒灌进入增压器内，由于海水中含有大量的 Cl⁻ 等腐蚀性离子，加剧了涡轮转子表面的点腐蚀。所以在腐蚀环境和使用应力的协同作用下，使涡轮转子的热影响区的马氏体＋托氏体的高硬度部位，在腐蚀坑处萌生微裂纹，随着涡轮盘运行的继续，使微裂纹逐渐扩展到宽而长的宏观裂纹，影响增压器的安全运行。

9.6.7.4　结论

　　① 涡轮盘转子材料和焊接质量良好。

② 热带海洋大气，对涡轮盘转子有一定的腐蚀作用，尤其是操作不当引起海水倒灌，加剧了涡轮盘表面的点腐蚀。在高速运转过程中产生的使用应力的作用下，导致腐蚀坑底部萌生微裂纹，随着涡轮盘的运行，微裂纹逐渐扩展成较宽而长的宏观裂纹。

9.6.8 凝结水泵筒体连接螺栓断裂失效分析

凝结水泵筒体是由 16 根 M36×180mm 的螺栓连接，当水泵运行一个多月时，发生 9 根螺栓断裂。螺栓材料设计要求为 20Cr13 马氏体不锈钢经调质处理。

9.6.8.1 检查结果

(1) 宏观检查 断裂部位处于螺栓头部与螺杆的交接"R"处，宏观断口可清晰地看到两个区域，即较平滑区和快速断裂的粗糙区，不同螺栓断口快速断裂的粗糙区域大小不等（图 9-196），说明每个螺栓在运行过程中受力状态和断裂时间不同。拆卸下来未断的螺栓根部"R"部位均有明显的拧紧挤压产生的印痕和微裂纹（图 9-197）。和螺栓相配合的筒体孔径为 42mm，在孔径周围未经加工，呈粗糙而凹凸不平形貌，当螺栓在螺母拧紧时，使螺栓根部"R"处受到孔径周围凸出物的挤压，不仅使螺栓根部受到损伤形成应力集中，同时使螺栓螺纹根部受力状态发生改变而产生弯曲应力。

图 9-196 螺栓断口形貌（箭头所指为快速断裂起始线）

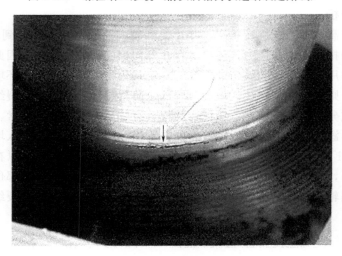

图 9-197 螺栓根部的挤压痕迹和微裂纹

（2）断口扫描电镜观察　取图 9-196 中编号为 1、2 的两个螺栓断口在扫描电镜下观察，断口起始区域均有不同程度的损伤，外表面加工痕被挤压呈平滑区（图 9-198），高倍镜下可看到损伤和微裂纹与疲劳条带（图 9-199 和图 9-200）。在其较平滑区呈疲劳扩展特征（图 9-201），而快速扩展区（图 9-196 箭头所指区）呈韧窝＋准解理和细小二次裂纹形貌（图 9-202）。

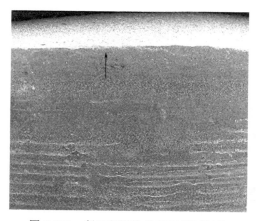

图 9-198　断口起源处外表面挤压损伤

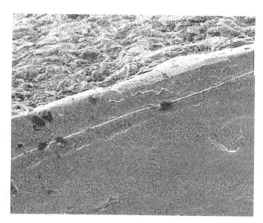

图 9-199　图 9-198 中箭头处裂源的外表面形态

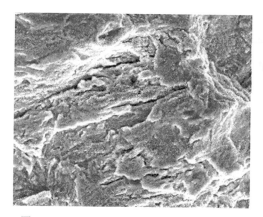

图 9-200　近开裂源处的微裂纹和疲劳条带

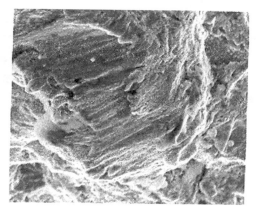

图 9-201　扩展区的疲劳条带

（3）化学成分分析　断裂螺栓的化学成分见表 9-17，符合 GB/T 1220—2007 中 30Cr13 的技术要求。

表 9-17　断裂螺栓的化学成分和 30Cr13 技术要求

失效件与标准	化学成分/%						
	C	Si	Mn	P	S	Cr	Ni
断裂螺栓	0.27	0.24	0.33	0.020	0.015	12.24	0.14
GB/T 1220—2007 30Cr13	0.26～0.35	≤1.00	≤1.00	≤0.035	≤0.035	12.0～14.0	≤0.60

（4）力学性能检查　断裂螺栓的力学性能检查结果见表 9-18，不符合 GB/T 1220—

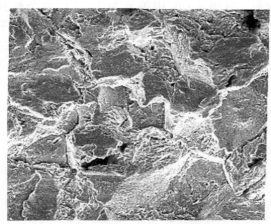

图 9-202　快速断裂区韧窝＋准解理和微裂纹

2007 调质处理后的力学性能要求。

表 9-18　**断裂螺栓与标准要求的力学性能**

失效件与标准	$R_{p0.2}$/MPa	R_m/MPa	A/%	Z/%	HBW
断裂螺栓 1	305	565	32	67	169
断裂螺栓 2	290	555	32	69	166
GB/T 1220—2007	≥540	≥735	≥8	≥35	≥217

（5）钢中非金属夹杂物检查　对失效螺栓非金属夹杂物进行检查，按 GB/T 10561—2005 标准评定，A 类夹杂为 2 级，B 类夹杂为 2.5 级，C 和 D 类夹杂均小于 1 级（图 9-203）。

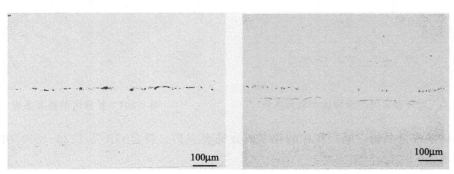

图 9-203　钢中非金属夹杂物　100×

（6）显微组织检查　从失效螺栓取样，其组织为铁素体基体上分布着略呈网络状但较均匀的颗粒状碳化物（图 9-204）。说明断裂螺栓未经调质处理，仍保留着球化退火后的组织形态。

9.6.8.2　结果分析

（1）螺栓材质问题　根据使用条件，设计要求凝结水泵内筒体连接螺栓材料为 20Cr13 马氏体不锈钢。由于实际使用的 30Cr13 钢除有较多的 Cr 外，还含有比 20Cr13 较高的碳，使钢的强

20μm

图 9-204 铁素体基体上分布着颗粒状碳化物

度、硬度和耐磨性等均得到显著的提高，一般用于制造力学性能要求较高、有一定耐蚀性要求的零件。但这些优良的性能，只能通过适当的热处理才能得到充分的发挥。对于一般结构件采用30Cr13 钢通过调质处理后获得回火索氏体组织，具有较高的强度和韧性相配合的综合力学性能，可满足使用要求。但在退火状态下的力学性能较低，尤其是屈服强度（$R_{p0.2}$）比调质状态低 45%左右，和一般 35 钢和 40 钢相近。只是由于管理不善，遗漏了调质处理工序，就不能充分发挥30Cr13 马氏体不锈钢优良性能的作用，失去了选择 30Cr13 马氏体不锈钢的意义。该螺栓的使用受力状态需在调质处理后的 20Cr13 钢才能适应的话，则退火状态下的力学性能就不能满足使用要求，而严重降低螺栓的使用寿命，也是造成螺栓早期失效的主要因素。

（2）筒体螺栓孔周围平整度不好的影响 和螺栓相连接的筒体孔周围未经加工，平整度较差，安装时螺栓在螺母拧紧时，使用螺栓头部平面和筒体接触不良，使螺栓根部 "R" 处局部受到较大的挤压应力，不仅使螺栓根部局部区域受到损伤，同时使螺栓根部受力状态发生改变，产生不同程度的弯曲拉伸应力，在与随后运行过程中的工作应力的共同作用下，使局部区域损伤较严重处首先产生微裂纹。在工作应力的反复作用下，微裂纹不断扩展，同时也加重了其它螺栓的承载负荷，从而引起剩余螺栓局部损伤处先后开裂，最后导致 9 只螺栓的先后断裂和剩余未断螺栓根部圆角处的开裂。从断裂螺栓瞬时断裂区的面积大小，就可知螺栓开裂和断裂的先后次序。所以，筒体螺栓孔周围平面的高低不平，使螺栓拧紧后的圆角处的表面损伤和应力的改变，是促进螺栓断裂的重要因素。

（3）钢中非金属夹杂物的影响 断裂螺栓中存在较多的 A 类和 B 类非金属夹杂物，会严重地割裂基体的连续性，降低钢的力学性能，但条状分布的非金属夹杂物对螺栓纵向力学性能影响较小。若夹杂物暴露在螺栓圆角部位表面，就可能促进裂纹的形成和扩展，但不是引起螺栓断裂的主要因素。

9.6.8.3 结论

① 失效螺栓材料成分符合 GB/T 1220—2007 标准中 30Cr13 规定的技术要求，钢中非金属夹杂物较严重，但不是导致螺栓断裂的因素。

② 生产管理混乱，遗漏工序，未经调质处理，螺栓处于退火状态，其力学性能较低是造成螺栓断裂的主要原因。筒体螺栓孔周围不平整，造成螺栓根部圆角处的损伤与应力状态的改变，促进了螺栓根部微裂纹的萌生和扩展。

9.6.9 变速箱齿轮轴断裂分析

齿轮轴安装后在试载过程中，当加载至额定载荷的 30% 左右时，发生运转异常。停机调整后，继续试运转不久，就发生齿轮轴断裂，如图 9-205 所示。

设计要求齿轮轴材料为 18CrNiMo7-6 钢，经调质处理。

9.6.9.1 检查结果

(1) 宏观检查 齿轮轴采用加热压装成联轴器，断裂部位处于键槽和联轴器靠近轴台阶的一端外缘，轴断裂部位的外表面有严重的损伤和压痕（图 9-206）。断口较平坦，呈灰白色，靠外缘裂源区经摩擦后较光滑，呈暗灰色，但仍可看到多裂源形态和隐约可见的疲劳弧线形貌，键槽孔处已遭严重擦伤（图 9-207）。靠近键槽孔处的瞬时断裂区较小，说明轴在使用时所受的应力较小。轴在运行过程中，不仅受到扭转时的剪切应力，而且还承受一定的弯曲应力，导致瞬时断裂区偏离中心区。

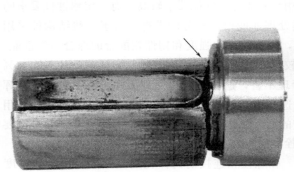

图 9-205 齿轮轴断裂部位的实物

图 9-206 断裂部位外表面损伤形态

(2) 断口扫描电镜观察 多个断裂源区均呈放射状特征（图 9-208），由于摩擦损伤，

(a) 齿轮轴多源断口形貌

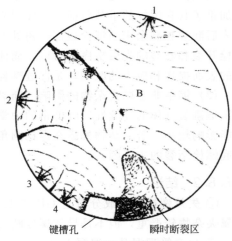

(b) 多源断口形貌示意图
1～4 为不同裂纹源

图 9-207 多源断口形貌

裂源区的疲劳条带已无法辨认。而和裂源区相对应的外表面可看到严重的损伤和加工痕迹，并有较多的微裂纹（图 9-209 和图 9-210）。离裂源不远的整个扩展区均呈现出较多的疲劳条带和二次裂纹（图 9-211）。瞬时断裂区为韧窝形貌（图 9-212）。

图 9-208　裂源处的放射状形态

图 9-209　裂源表面严重损伤和微裂纹

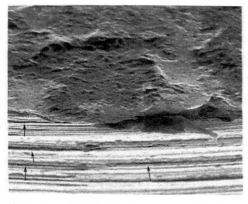

图 9-210　断裂外表面的加工痕迹和微裂纹

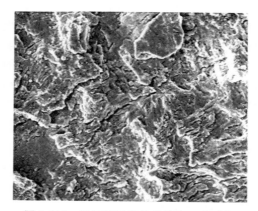

图 9-211　扩展区的疲劳条带和二次裂纹

（3）硬度测定　断裂的齿轮轴表面硬度为 43.5～44.0HRC，1/2R 处和心部硬度均为 37.0～38.5HRC。

（4）化学成分分析　从断口附近取样，化学成分分析结果见表 9-19，符合技术要求。

表 9-19　断裂齿轮轴化学成分与标准要求

失效件与标准	化学成分/%							
	C	Si	Mn	P	S	Cr	Ni	Mo
断裂齿轮轴	0.18	0.32	0.62	0.011	0.006	1.69	1.53	0.29
18CrNiMo7-6 钢标准要求	0.15～0.19	≤0.40	0.50～0.90	≤0.020	≤0.010	1.50～1.80	1.40～1.70	0.25～0.35

（5）金相检查　断裂部位钢中各类非金属夹杂物检查结果均为 1 级，平均晶粒度为 9 级。表层组织为较细小而均匀的低碳马氏体（图 9-213），而中心部位由于成分偏析，显微组织略呈

条带形态，条带部位组织为低碳马氏体＋少量的粒状贝氏体，其它部位粒状贝氏体稍多。

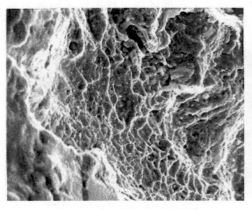

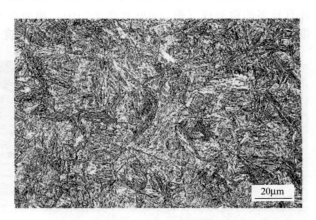

图 9-212　瞬时断裂区的韧窝形貌　　　　图 9-213　断裂部位外表层的低碳马氏体组织

9.6.9.2　结果分析

齿轮轴在正常的运行过程中，主要承受一个扭转力，在轴的外表面的剪切应力最大，且各部位相等，因此，当轴过载断裂时，最后瞬时断裂区应在中心区。由于断裂处的外表面和键槽相切，易在键槽处形成应力集中而产生裂源。但实际裂源并不在键槽处，而是在联轴器和齿轮轴连接的台阶摩擦损伤严重处，说明该轴在组装后的同心度不好，不仅使该轴在运行过程中联轴器和轴的台阶之间产生摩擦，同时形成一个弯曲应力。从断口瞬时断裂区较小，可看出齿轮轴在运行过程中所受的载荷较小。但由于断口附近加工痕和损伤较严重，该处应力集中系数增加，因此易在该薄弱部位萌生裂纹源，导致多源疲劳裂纹的形成和扩展。这是造成齿轮轴早期失效的主要因素。

9.6.9.3　结论

① 齿轮轴组装同心度不好，使运行过程中产生摩擦损伤和较大的扭转弯曲应力，导致齿轮轴台阶损伤处形成较大应力集中而产生微裂纹，并在交变应力的作用下迅速扩展，导致齿轮轴的早期疲劳断裂。

② 齿轮轴的断裂处表面有较粗糙的加工痕迹，增加摩擦损伤，促进微裂纹的形成和齿轮轴的早期断裂。

9.6.9.4　改进意见

① 确保齿轮轴在组装后有良好的同心度，消除运行过程中旋转弯曲应力的形成，以利于使用寿命的提高。

② 提高齿轮轴联轴器和台阶之间表面精度，以提高零件的疲劳强度和使用寿命。

9.6.10　齿轮箱输出轴开裂失效分析

9.6.10.1　概况

注塑机齿轮箱输出轴配有安全联轴器，安装后仅使用一天就发现有漏油现象，停机拆开后发现输出轴开裂。输出轴在工作时单方向运转。拆开后输出轴开裂形态如图 9-214 所示。同时轴承也受到一定程度的损坏。

技术要求：输出轴材料为 17CrNiMo6 钢，齿面渗碳、淬回火后有效硬化层深度为 1mm 左右，表面硬度为 58～64HRC，心部硬度为 32～42HRC。

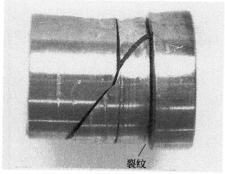

(a) 箭头处为可见裂纹   (b) 去除轴承后裂纹段局部放大后裂纹形态

图 9-214 输出轴断裂部位形态

加工流程：锻造→正火处理→粗加工→调质处理→精加工→渗碳、淬回火处理。

9.6.10.2 检查结果

（1）宏观检查 输出轴开裂部位处于装有轴承的端部台阶"R"部位。将裂纹掰开后发现裂源位于轴台阶"R"处的表面，从轴的一边向另一边呈河流状快速扩展至约 1/2 半径处（图 9-215），中心区呈高低不平旋转形态，然后呈 45°左右扩展。整个断口呈现弯曲和扭转扩展开裂形态。

（2）扫描电镜检查 断裂起源于轴表面过渡圆"R"处的加工痕迹部位，由于加工痕迹深浅不同，所以裂源不在同一平行线上，使断裂外表面呈锯齿状。断口出现很多撕裂台阶，呈河流状形貌（图 9-216），还可看到裂源外表面粗糙的加工痕迹处的细小裂缝（图 9-217）。靠近裂源处的断裂面呈准解理形貌，并有较多的沿晶开裂的二次裂纹（图 9-218）。近轴中心区呈韧窝和少量沿晶断裂形貌（图 9-219）。断口中心区有明显的旋转断裂形态。

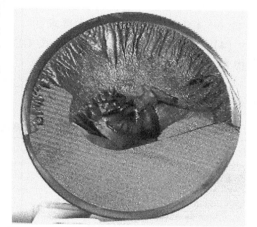

图 9-215 轴台阶"R"部位断裂面河流状形态

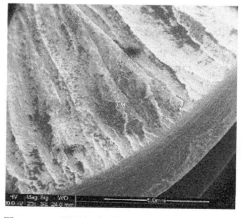

图 9-216 裂源部位呈河流状向中心扩展形态

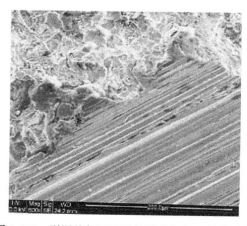

图 9-217 裂源从加工痕迹处形成和加工裂缝形态

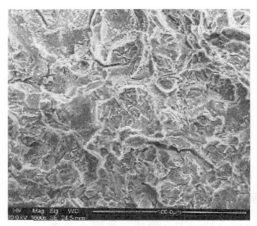 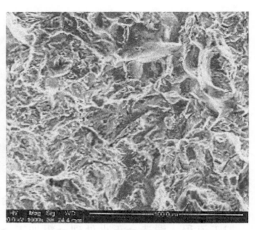

图 9-218　靠近裂源处断口准解理
形貌和沿晶二次裂纹

图 9-219　靠近中心区韧窝＋少量
沿晶断裂形貌

(3) 硬度测定　近表面硬度为 43～44HRC，1/2 半径处硬度为 42～43HRC，中心硬度为 41.5～43HRC。超出了技术要求。

(4) 钢中非金属夹杂物检查　按 GB/T 10561—2005 检查以 A 法评定，结果为 B 类夹杂物为 0.5 级，D 类夹杂为 1 级。

(5) 化学成分分析　输出轴化学成分见表 9-20，Mn 含量较高，其余元素含量符合技术要求。

表 9-20　开裂输出轴的化学成分与技术要求

化学成分/%	C	Si	Mn	P	S	Cr	Ni	Mo
开裂输出轴	0.19	0.31	0.73	0.010	0.004	1.74	1.50	0.28
DIN 17210 17CrNiMo6 钢	0.15～0.20	≤0.40	0.40～0.60	≤0.035	≤0.035	1.50～1.80	1.40～1.70	0.25～0.35

(6) 显微组织检查　从裂源附近切取金相试样，磨制抛光后观察，其开裂的台阶处过渡圆 "R" 约 1mm 左右，但粗糙度较差。显微组织为低碳马氏体＋少量粒状贝氏体（图 9-220），心部组织由于成分的不均匀，呈现出条带状分布形态（图 9-221）。

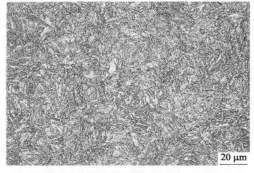 

图 9-220　低碳马氏体＋少量粒状贝氏体　500×

图 9-221　中心条带状组织形态

9.6.10.3　结果讨论

（1）化学成分不合格和硬度偏高问题　对输出轴材料成分分析结果，含 Mn 量较高（0.73%），超出了技术要求的上限（0.40～0.60）。Mn 在钢中不仅能和 Fe 形成固溶体，提高钢中铁素体或奥氏体硬度和强度，同时又是碳化物的形成元素，其进入碳化物中取代一部分 Fe 原子，强烈地增加钢的淬硬性，提高了硬度和强度，对韧性和塑性有明显的影响。对输出轴硬度测定，表面至中心硬度均超出了技术要求，因此降低了轴的韧性和塑性。所以，Mn 含量和硬度过高，增加了输出轴的脆性，当受到较大的弯曲应力时，就促进了轴开裂和折断。

（2）输出轴开裂的主要因素　输出轴开裂处于轴直径 50mm 和直径 45mm 的连接台阶过渡圆处，该处应力集中系数较大。根据有关资料计算（图 9-222），如过渡圆半径为 1mm，该过渡圆处的扭转应力集中系数可达 1.73 左右。由于输出轴在运行过程中承受单方向扭转剪切应力，其最大剪切应力应在轴的外表面，断裂面和轴心相垂直，呈圆周剪切状态，瞬时断裂区处于中心。但该轴断裂的断口形貌不是剪切断裂形态，而是从台阶过渡圆"R"处的一边向另一边扩展，呈撕裂状的河流形态向中心扩展，说明该轴的开裂不是受到旋转剪切应力所致，而是受到一个较大的弯曲应力。根据图 9-223 计算可知，其弯曲应力集中系数可达 2.2 左右，导致轴过渡圆"R"部位切削刀痕处形成应力集中萌生裂纹，加上轴的硬度较高，致使裂纹迅速向中心扩展，然后受扭转力的作用沿 45°方向扭转开裂。

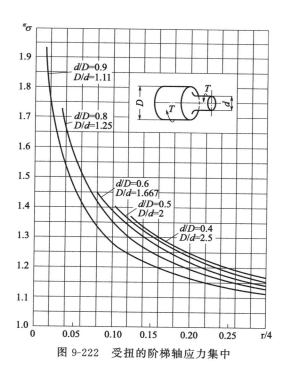

图 9-222　受扭的阶梯轴应力集中

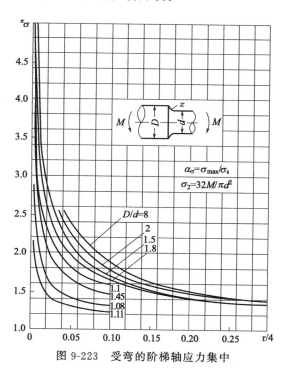

图 9-223　受弯的阶梯轴应力集中

9.6.10.4　结论

① 输出轴开裂主要是由轴安装同心度不良，导致在运行过程中受到一个较大的不正常的弯曲应力所致。

② 输出轴材料 Mn 含量和硬度超出技术要求，降低了轴的韧性和塑性，当受到弯曲应

力时，促进了轴的快速开裂失效。

9.6.11 变速箱齿轮失效分析

9.6.11.1 概况

变速箱在 1300h 负载试验时，共分 10 个循环，每个循环进行 130h。每个循环内依次进行 1、2、3、4 和 6 挡运转，运转时间分别占比：1 挡 1.5%，2 挡 6.5%，3 挡 21%，4 挡 25%，6 挡 46%，5 挡因为动力直接从输入轴传递到输出轴，所有齿轮空转而不再进行试验。当运转至第五个循环时出现异响，拆解后发现二轴 6 挡齿轮局部齿面剥落，经更换后继续试验至第七个循环时感觉有异响，拆解后发现中间轴 1 挡和 5 挡、二轴的 4 挡和 6 挡共四个齿轮齿面剥落。图 9-224 为变速箱变速齿轮全貌。

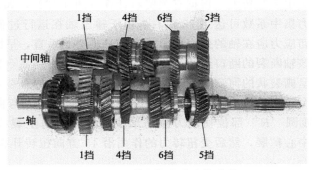

图 9-224 变速箱变速齿轮全貌

技术要求：齿轮材料为 20MnCr5 钢，经渗碳、淬回火后齿轮技术要求见表 9-21。

表 9-21 齿轮渗碳、淬回火后齿轮技术要求

零 件	中 间 轴				二 轴			
	1 挡	4 挡	5 挡	6 挡	1 挡	4 挡	5 挡	6 挡
表面硬度/HRC	59~63	59~63	60~63	60~63	59~63	59~63	59~63	59~63
心部硬度/HRC	35~42	35~42	35~42	35~42	35~42	35~42	35~42	35~42
有效硬化层深度/mm	0.6~1.0	0.4~0.7	0.4~0.7	0.4~0.7	0.4~0.7	0.4~1.0	0.6~1.0	0.4~0.7

9.6.11.2 检查结果

（1）宏观检查 变速箱在负载台架试验过程中除 2 挡、3 挡齿轮外，其余 1、4、5、6 挡齿轮均产生剥落和磨损。中间轴 1、5 挡和二轴 4、6 挡齿根处均有剥落，而中间轴的 4、6 挡和二轴的 1、5 挡齿顶面均有磨损。对失效齿轮检查发现有两个共同特征，一是剥落齿轮的剥落部位均在齿的一端齿根处，而与其相啮合的齿轮面磨损部位均是和齿根剥落面相对应的齿顶区域；二是齿的另一端接触很少，加工痕迹仍清晰可见（图 9-225 和图 9-226）。

（2）硬度测定 除二轴 4 挡（剥落件）齿表面硬度略高（63.8HRC）外，其余齿表面和心部硬度均符合技术要求。

（3）齿表面磨削烧伤检查 对失效的四对齿轮进行酸蚀磨削烧伤检查，结果未发现烧伤特征。

（4）化学成分分析 对四对剥落件分别取样进行化学成分分析，结果见表 9-22，除 6 挡齿轮 Si 含量稍高外，其余均符合技术要求。

图 9-225 齿根一端剥落形态

图 9-226 齿顶一端磨损形态

表 9-22 四对剥落齿轮的化学成分与技术要求

化学成分/%	C	Si	Mn	P	S	Cr	Al
1 挡剥落件	0.18	0.094	1.24	0.009	0.022	1.27	0.030
4 挡剥落件	0.19	0.10	1.22	0.010	0.023	1.27	0.036
5 挡剥落件	0.19	0.092	1.23	0.011	0.023	1.27	0.020
6 挡剥落件	0.20	0.27	1.25	0.011	0.029	1.06	0.030
20MnCr5 钢	0.17~0.22	≤0.12	1.10~1.50	≤0.030	0.020~0.035	1.00~1.30	0.010~0.045

(5) 钢中非金属夹杂物检查 按 GB/T 10561—2005 检查，评定结果四对剥落件 A 类夹杂物均为 1~2 级，B 类夹杂物为 0.5~1.5 级，D 类夹杂为 1 级，都符合 Q/15N2407 技术要求。

(6) 表面有效硬化层深度测定 各挡齿轮渗碳、淬回火后受力面有效硬化层深度测定结果见表 9-23，部分齿面有效硬化层深度超过了技术要求。

表 9-23 失效件表面有效硬化层深度测定结果

零 件	1 挡受力面		4 挡受力面		5 挡受力面		6 挡受力面	
	剥落件	磨损件	剥落件	磨损件	剥落件	磨损件	剥落件	磨损件
有效硬化层深度/mm	0.67	0.57	1.05*	0.68	0.74*	1.00	0.74*	0.68

标注 * 的表示数据比技术要求略高。

(7) 显微组织检查 从 1、4、5、6 挡四对齿轮的剥落和磨损部位分别取样，在靠近齿根表面剥落处除有剥落凹坑和微裂纹外，还可看到由齿根部位受到挤压摩擦引起的组织变形形貌（图 9-227），说明齿根剥落是由于齿轮在运行过程中啮合不良，受到较大的挤压摩擦，引起疲劳剥落。和齿根剥落相对应的齿顶磨损处，因受到挤压摩擦产生摩擦热，导致齿顶局部表面产生二次淬火马氏体（白色层）和过回火组织（黑色），如图 9-228 所示。无损伤齿的表面渗碳层组织为针状回火马氏体（4 级）＋少量细粒状碳化物（1 级）和残余奥氏体（3 级），中心组织为低碳马氏体＋少量粒状贝氏体（图 9-229）。

9.6.11.3 结果讨论

(1) 齿轮渗碳后齿表面硬度和硬化层深度超标问题 一般认为，随着硬化层深度的增加，接触疲劳强度随之提高。为了使齿轮有足够的接触疲劳抗性，硬化层深度应当是最大切应力深度的两倍。所以，从接触应力考虑，硬化层深度较深为好。但随着硬化层深度的增加，超出最佳值，会使表层残余压应力降低，影响弯曲疲劳性能。硬化层深度过深会降低弯曲疲劳抗力。有关资料记载，通过试验，对表面硬度和硬化层深度的关系式为 $T = HVs \cdot t/(R \cdot \sigma_{max})$，式中 HVs 为表面硬度，t 为硬化层深度，R 为接触部位的相对曲率半径，σ_{max} 为赫兹应力。此关系式充分考虑了硬度、硬化层深度、接触应力和接触表面的曲率半径的综合影响，关系式中硬度越高和硬化层深度越深，T 值越大。T 值和接触疲劳寿命的关系如图 9-230 所示。当 $T < 0.31$ 时，接触表面会发生硬化层剥落；当 $T \geq 0.31$ 且 $HVs/\sigma_{max} \leq 4.1$ 时，易产生片状剥落；当 $HVs/\sigma_{max} > 4.1$，疲劳剥落影响甚微，所以，齿表面硬度和硬化层深度超标不是造成齿轮剥落失效的因素。

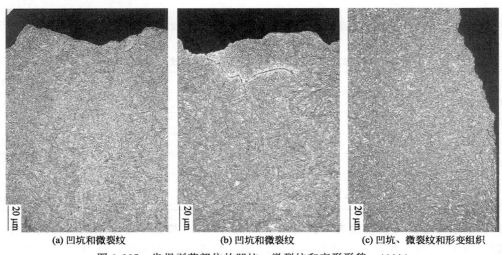

(a) 凹坑和微裂纹　　　　　　(b) 凹坑和微裂纹　　　　　(c) 凹坑、微裂纹和形变组织

图 9-227　齿根剥落部位的凹坑、微裂纹和变形形貌　400×

(a) 表面淬火马氏体　　　　　　　　　　　(b) 表面过回火组织

图 9-228　齿顶磨损部位表面淬火马氏体和过回火组织形貌　400×

（2）6 挡齿轮材料硅含量略高问题　硅是钢中常见的元素，硅和氧的亲和力较强，所以常作为炼钢过程中的还原剂或脱氧剂。在我国的结构钢和渗碳钢中都要存在 $0.17\% \sim 0.37\%$ 左右的含硅量。硅在钢中不形成碳化物，而是以固溶体形态存在铁素体或奥氏体中，起到提高固溶体强度和冷加工变形硬化率的作用。只有当含硅量较高时，在一定程度上会降低钢的韧性和塑性，在高温保温过程中促进碳的石墨化和退火时容易脱碳，所以在一般钢中其含量受到一定的限制。20MnCr5 钢是从德国引进的渗碳钢，相当于我国的 20CrMn 钢，其强度和韧性较高，淬透性良好，热处理变形小，低温韧性好，切削加工性良好，一般作为

渗碳件和截面较大、负载较高的调质件。6 挡齿轮材料中含硅量为 0.27％，略高于 Q/15N2407 标准要求，我们认为对其工艺性能和使用性能影响极微。

（3）齿轮齿根表面剥落问题 变速箱齿轮齿根剥落部位取样，金相组织检查结果，除剥落凹坑和凹坑底部微裂纹外，未见异常组织，而与齿根剥落相对应的齿顶磨损部位却出现摩擦高温引起的二次淬火马氏体和过回火组织，说明该齿顶与剥落齿的齿根产生干涉磨损，导致靠近齿顶处组织变化和变形及齿根的剥落。另外，所有齿根剥落和齿顶磨损部位均在齿的同一端，这说明齿的安装不良，导致齿轮箱在运行过程中，齿的啮合不均匀，一端接触应力较大，则在长期的运转过程中导致一端齿根的疲劳剥落和相配合齿顶的磨损。

图 9-229 中心部低碳马氏体＋粒状贝氏体组织 400×

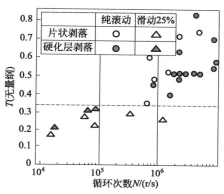

图 9-230 T 与接触疲劳寿命的关系曲线

9.6.11.4 结论

① 4、5 挡齿轮表面硬度稍高和 4、5、6 挡齿轮的硬化层深度偏深以及 6 挡材料含硅量偏高，均不符合相关技术要求，但都不是导致齿轮剥落失效的主要因素。

② 变速箱安装不当，导致齿轮啮合不良，在运行过程中齿的局部接触应力过大，是致使齿根剥落失效的主要原因。

9.6.12 输入锥齿轮轴断齿失效分析

9.6.12.1 概况

高速齿轮箱于 2016 年 7 月 21 日出厂，在广东湛江某钢铁公司投入使用，运行 6 个月左右就出现设备跳停，无法正常运转。现场拆箱检查，发现齿轮箱内输入锥齿轮轴上有两个齿断裂，其余齿也损伤严重，导致一块闷盖损坏（图 9-231 和图 9-232）。

图 9-231 输入锥齿轮轴和锥齿轮失效全貌
（箭头处为切割部位）

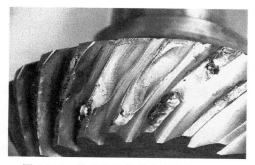

图 9-232 输入锥齿轮轴齿断裂部位形态

技术要求：输入锥齿轮轴材料为 18CrNiMo7-6 钢，齿部渗碳，淬、回火后有效硬化层深度为 1.30～1.70mm，齿面硬度为 58.0～62.0HRC。

9.6.12.2 检查结果

(1) 宏观检查 输入锥齿轮轴有两个齿断裂，断齿附近的齿和其相配合的锥齿轮局部区域齿面均有较严重的损伤，有些是受断齿碎块挤压所致。两个断齿的断裂部位均偏于靠外圆一端，断裂源最表面有明显的薄层脆性快速断裂区，随后呈弧形逐步扩展，为明显疲劳断裂特征，扩展区面积约占整个断面的 90%（图 9-233）。未断齿和断齿相同受力面的同一端也有严重的啮合损伤压痕，而另一端接触较轻微（图 9-234），说明输入锥齿轮在运行中齿面啮合接触应力很不均匀，断裂端接触应力较大，断齿附近的未断齿的一端表面也有微裂纹存在（图 9-235）。

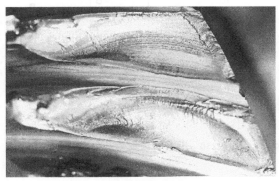

图 9-233　齿断裂面疲劳弧线形貌

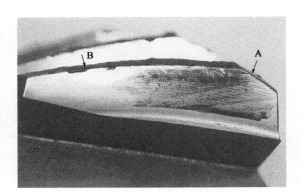

图 9-234　断齿附近齿的齿面接触损伤形态
A—严重接触损伤面；B—接触很少

图 9-235　断齿附近齿端面靠近齿根处的微裂纹

(2) 断口扫描电镜检查 从两个断齿部位取样，清洗后置于扫描电镜下观察，裂源呈直线状，起始断裂区为较平整细致的快速脆性断裂，呈现出撕裂棱的放射状形貌，这可能与渗碳层硬度较高有关。随后裂纹呈细密的疲劳条带状扩展（图 9-236）。高倍电镜下可见裂源起始于加工痕迹处，靠近裂源的加工痕迹处有较多的微裂纹（图 9-237）。瞬时断裂区呈韧窝和准解理形貌（图 9-238）。

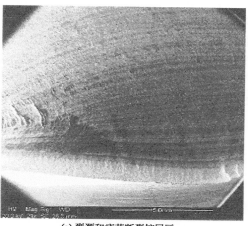
(a) 裂源和疲劳断裂扩展区

(b) 断裂源处局部放大后的形貌

图 9-236 断齿部位形貌

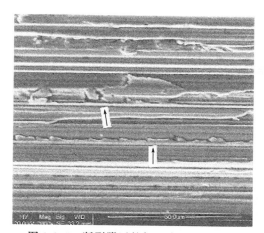
图 9-237 断裂附近的加工痕处的微裂纹

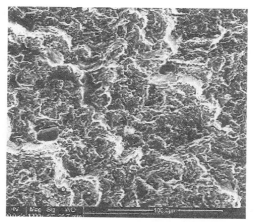
图 9-238 瞬时断裂区呈准解理和韧窝形貌

（3）硬度测定 在 1/2 齿高处测定齿受力表面硬度为 $696HV_{0.2}$（相当于 59.9HRC），非受力齿表面硬度为 $705HV_{0.2}$（相当于 60.3HRC），心部（齿根圆与齿中心线相交区域）硬度为 44.0～44.5HRC，均符合技术要求。

（4）齿磨削烧伤检查 将齿清洗后置于酸液中进行烧伤检查，未发现有磨削烧伤特征。

（5）化学成分分析 从输入锥齿轮轴上取样进行化学成分分析，结果见表 9-24，符合技术要求。

表 9-24 失效输入锥齿轮轴的化学成分与技术要求

化学成分/%	C	Si	Mn	P	S	Cr	Ni	Mo
失效输入锥齿轮轴	0.19	0.25	0.70	0.007	0.004	1.65	1.56	0.28
18CrNiMo7-6 钢	0.15～0.21	0.17～0.35	0.50～0.90	≤0.020	≤0.015	1.50～1.80	1.40～1.70	0.25～0.35

（6）钢中非金属夹杂物检查 在齿轮中心线与齿根圆相交部位取样，按 GB/T 10561—2005 检查，评定结果 A、D 两类夹杂物为 0.5 级，Ds 类夹杂为 1 级。

（7）齿面有效硬化层深度测定　以 $550HV_1$ 为界，在受力面 1/2 齿高处有效硬化层深度为 1.56mm，非受力面 1/2 齿高处有效硬化层深度为 1.62mm，均符合技术要求。

（8）显微组织检查　从图 9-234 中 A 端啮合挤压痕迹的中间切取试样，磨制抛光侵蚀后观察，齿面挤压处金属呈较严重的变形，局部出现摩擦马氏体，随金属变形方向有密集的微裂纹和剥落缺口（图 9-239）。图 9-234 中 B 端 1/2 齿高处表面渗碳层组织为较细的回火马氏体＋少量残余奥氏体及细粒状碳化物（图 9-240），心部组织（齿根圆与齿中心线相交区域）为低碳马氏体（图 9-241）。

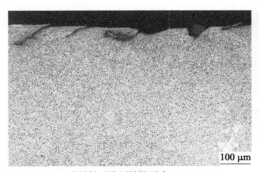
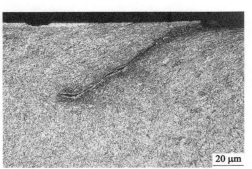

(a) 摩擦挤压表面缺陷形态　100×　　　　(b) 图(a)局部放大后金属变形和微裂纹部分区域
　　　　　　　　　　　　　　　　　　　　白色摩擦马氏体　400×

图 9-239　摩擦挤压表面变形和微裂纹与剥落缺口形态

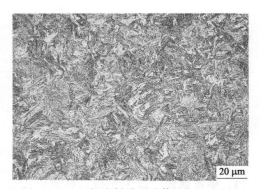

图 9-240　齿表面回火马氏体＋少量颗粒状碳　　　图 9-241　心部为低碳马氏体组织　400×
　　　　化物和残余奥氏体　400×

9.6.12.3　结果讨论

从宏观检查可清晰地看到齿面的啮合不均匀，断裂端的齿面出现严重的摩擦挤压损伤痕迹，而另一端齿面磨削加工痕迹仍清晰可见，明显是齿啮合时两端接触不均，其接触应力相差也较大。

断齿端面摩擦压痕处的组织中表面出现金属变形并有较多的微裂纹和剥落凹坑，同时在较大的摩擦挤压的接触应力下出现了局部的瞬时高温，使表层少量组织奥氏体化，随即急速冷却形成了白亮的淬火马氏体，齿轮在正常啮合下是不可能出现这些现象的。

从断裂源处扫描电镜观察可知，断裂源起始于接触应力较大的磨削加工痕迹的应力集中处，在长期的反复交变应力作用下，出现了微裂纹并逐步扩展，最终导致齿的断裂。

9.6.12.4 结论

① 输入锥齿轮轴材料化学成分、非金属夹杂物、热处理后的有效硬化层深度、硬度和显微组织均符合相关技术要求。

② 输入锥齿轮轴齿的断裂，主要是由于齿的啮合不均匀，齿局部接触应力过大，在磨削加工痕迹处产生应力集中，长期的运行过程中形成微裂纹，并随接触应力的反复作用裂纹逐渐扩展，最终导致齿的断裂。

9.6.13 汽车后桥壳带半轴套管开裂失效分析

9.6.13.1 概况

汽车后桥壳带半轴套管总成按图 9-242 组装在试验台作垂直弯曲疲劳试验，当试验至 22 万次时，发现左边半轴有明显的裂纹存在（图 9-243）。

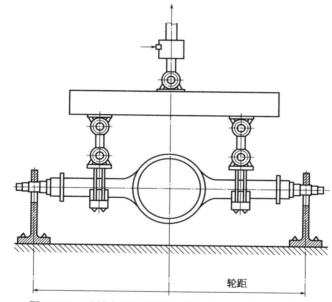

图 9-242 后桥壳带半轴套管总成疲劳试验装置示意图

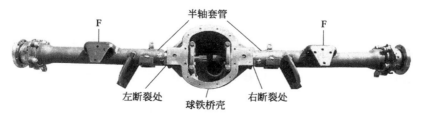

图 9-243 疲劳试验中后桥壳带半轴套管开裂部位实物图

技术要求：套管材料为 25MnCr6 钢，经调质热处理后硬度要求为 237～280HBW。疲劳试验载荷为 2.45t，轮距为 1704mm，板管中心距为 1000mm。试验寿命要求≥30 万次（过去一般可做到≥60 万次）。

后桥壳和半轴套管组装工艺：先将后桥壳（球铁）加热至 250～300℃后，插入半轴套管，利用后桥壳冷却收缩来紧固半轴套管。

9.6.13.2　检查结果

（1）**宏观检查**　半轴套管开裂部位位于后桥壳与半轴套管连接处，当疲劳试验至 22 万次时仅发现左半轴套管有较明显的裂纹，将左右两边连接处解剖后，发现除了左半轴套管有较大的裂纹外，右半轴套管也有裂纹，裂纹相对较细（图 9-244）。半轴套管外表面裂纹较宽，内孔裂纹较窄，说明裂纹是由外表面向内孔扩展。左右半轴套管外表面裂纹周围和对应的桥壳接触部位均有一层黑色氧化物覆盖，经清洗后，接触表面有许多细小麻坑和剥落等摩擦损伤特征（图 9-245 和图 9-246）。将左右两边裂纹掰开后，断口特征基本相似，起源处均有氧化物覆盖，经清洗后，可清晰看到裂纹均由外表面向里扩展，呈放射状的大小不等的撕裂台阶（图 9-247）。

(a) 左半轴套管

(b) 右半轴套管

图 9-244　左右半轴套管内表面裂纹形态

图 9-245　半轴套管经清洗后摩擦损伤形态

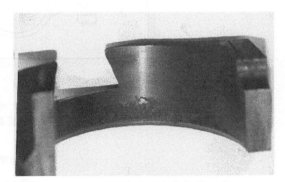

图 9-246　桥壳表面摩擦损伤形态

（2）**扫描电镜检查**　从裂纹部位取样置于扫描电镜下观察，在半轴套管和后桥壳接触部位均出现微小的金属变形和细小裂纹及许多小麻坑（图 9-248）。细小裂纹都垂直于滑动方向，这是半轴套管和后桥壳接触后，在台架试验过程中桥壳孔和半轴套管之间产生很小范围内的相对滑动（微动）而发生金属的黏着咬合或焊合撕裂，造成金属表层的塑性变形和细小裂纹的产生，这些细小裂纹就形成疲劳断裂源。

（3）**硬度测定**　左右半轴套管硬度分别为 288～292HBW 和 287～291HBW，均略高于技术要求（237～280HBW）。

（4）**化学成分分析**　对左半轴套管进行成分分析，结果见表 9-25，除硫含量略低外，其余元素含量均符合技术要求。

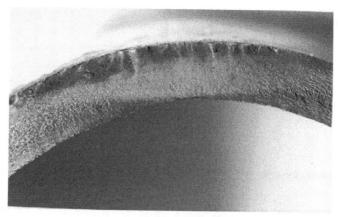

图 9-247 半轴套管裂纹断面形态

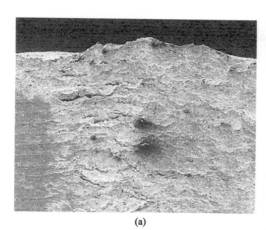

(a)

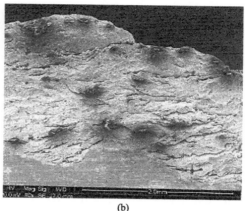

(b)

图 9-248 半轴套管裂纹周围微动磨损部位的细小裂纹、金属变形和剥落形态

表 9-25 开裂左半轴套管化学成分与技术要求   单位：%

化学成分	C	Si	Mn	S	P	Cr
开裂左半轴套管	0.25	0.25	1.44	0.016	0.009	0.39
15N2014—2003（企标）25MnCr6 钢	0.20~0.28	0.15~0.35	1.20~1.70	0.02~0.04	≤0.035	0.39~0.60

（5）钢中非金属夹杂物检查　在半轴套管裂纹附近取样，按 GB/T 10561—2005 标准检查和 A 法评定，A 类夹杂物为 1.5 级，B 类、D 类和 Ds 类夹杂物均为 0.5 级，均符合企标 15N2014—2003 技术要求。

（6）显微组织检查　从微动磨损部位垂直于开裂面切取试样，磨制抛光后观察，摩擦损伤部位呈高低不平、金属变形、金属氧化物镶嵌在金属内以及微裂纹形貌（图 9-249），经侵蚀后可清晰地看到金属被挤压变形、金属氧化物和微裂纹等缺陷（图 9-250）。基体组织均为调质热处理后的回火索氏体。

9.6.13.3　结果讨论

（1）套管的微动磨损问题　一般两个配合件经紧密组装后，其接触面之间有一定的压应

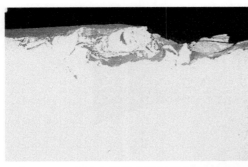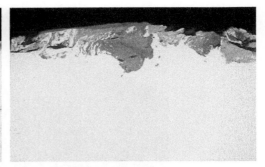

图 9-249 半轴套管微动磨损部位金属挤压破碎、氧化物和微裂纹形貌（未经侵蚀） 400×

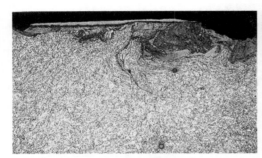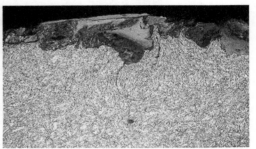

图 9-250 靠近裂纹断口附近的磨损表面组织变形、氧化物和微裂纹形态 400×

力而无相对运动。当组合件受到某种振动或一定程度的反复弯曲作用时，两个紧密配合件交接处的表面会产生微小的相对滑动，导致零件表面微凸体产生塑性变形与金属间的咬合或焊合而形成微裂纹，同时出现金属氧化和微小的剥落等表面损伤，一般称之为微动磨损。

后桥壳和半轴套管通过热组装形成紧密配合，在它们之间产生一定程度的压应力，而无相对运动。但在疲劳试验时，由于半轴套管受到一个反复弯曲应力的作用，使半轴套管和后桥壳的接触口处产生一个微小的相对位移和滑动。在长时间的相对位移和滑动的作用下，接触金属表面产生摩擦损伤、变形和氧化，并出现微裂纹和细小的金属剥落。随着微小的相对位移和滑动的不断进行，微裂纹不断扩展，导致半轴套管的开裂失效。所以，半轴套管的开裂是由微动磨损所致。

（2）半轴套管硬度偏高的影响 对左右两边半轴套管硬度测定结果，左半轴套管为288～292HBW，右半轴套管为287～291HBW，均略高于技术要求（237～280HBW）。随着调质处理的半轴套管硬度的提高，虽对塑性和韧性有一定的影响，但对提高强度和耐磨性是有益的。由于半轴套管硬度超出要求的上限仅7～12HBW，对力学性能的影响有限，不是造成微动磨损和开裂的因素。

（3）半轴套管材料硫含量低的影响 一般认为，硫残存在钢中是有害的杂质元素之一，它在钢中和 Fe、Mn 形成 FeS、MnS 等非金属夹杂，降低钢的塑性和韧性，也是造成钢热脆性的原因。所以，除含硫易切屑钢外，钢中硫含量越低越好，在优质钢中其含量不得大于0.035%。而半轴套管材料中的硫含量比企标 15N2014—2003 中规定（0.02%～0.04%）低0.004%，对半轴套管微动磨损影响甚微，也不是造成微动磨损和开裂失效的因素。

9.6.13.4 结论

① 半轴套管开裂主要原因是疲劳试验过程中产生微动磨损，导致后桥壳和半轴套管接

触表面金属的变形、微小的脱落、氧化和微裂纹的形成，并逐步扩展形成较大的宏观裂纹而失效。

② 半轴套管硬度偏高、材料中硫含量略低，不符合相关技术要求，但不是导致微动磨损和半轴套管开裂的因素。

9.6.14 冷油器铜管开裂失效分析

9.6.14.1 概况

发电厂用冷油器黄铜管长 2.3m，共 760 根，管内通水冷却管外的热油。共运行 26 个月后发现有 9 根冷却管产生周向裂纹，如图 9-251 所示。黄铜管材料为 HSn70-1，尺寸为 $\phi15mm\times1mm$。使用时，管内进水温度为 15℃，出水温度为 20℃，管内水压为 0.2MPa，管外进油温度为 55℃，通过管内水冷却，出油温度降至 40℃，管外油压为 0.15MPa。

9.6.14.2 检查结果

（1）宏观检查 将 9 根有裂纹的铜管中两根编号为 030♯ 和 031♯（图 9-251）。裂纹形貌如图 9-252 所示，裂纹呈无序分布，有的裂纹较宽，有的裂纹较细小密集而不连续。管外表面较光洁，无明显的划痕等机械损伤，而管内表面呈深褐色，有的裂纹内表面凸起呈疏松状。

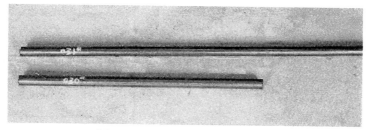

图 9-251　030♯、031♯开裂铜管

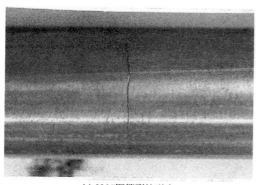

(a) 030#铜管裂纹形态　　　(b) 031#铜管裂纹形态

图 9-252　铜管不同部位的横向裂纹

（2）断口扫描电镜观察 将铜管沿裂纹较宽处折断后置于扫描电镜下观察，断裂面被泥纹状的腐蚀产物覆盖（图 9-253）对不同部位的腐蚀产物采用能谱成分分析，测定结果显示含有 C、O、S、和 Cl 等元素（图 9-254 和图 9-255）。断口经清洗后可清晰地看到裂纹起源于内表面并向外表面扩展（图 9-256），断面呈解理和准解理特征（图 9-257），在高倍电镜

下呈现出疲劳条带逐步扩展的形貌（图 9-258）。由此可知，铜管内流动的水含有微量的 S、Cl 等腐蚀离子，在长时间的使用中，对铜管内表面有一定的腐蚀作用。当内表面形成不同程度的腐蚀坑后，产生应力集中，在振动等使用应力作用下，形成微裂纹。随后在交变应力的作用下，裂纹逐步向外表面扩展，直至使整个管壁形成腐蚀疲劳开裂。

图 9-253　腐蚀产物形态

图 9-254　内表面腐蚀产物能谱测定部位（箭头方框）

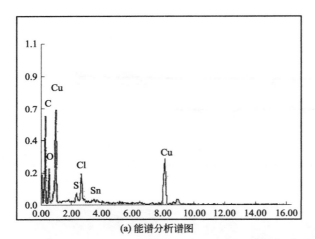

元素	含量/%	含量(原子分数)/%
C K	01.85	05.76
O K	18.51	43.38
S K	02.10	02.46
Cl K	07.76	08.20
Sn L	03.54	01.12
Cu K	66.24	39.08

(a) 能谱分析谱图　　　　　　　　(b) 能谱成分

图 9-255　腐蚀产物能谱化学成分测定结果

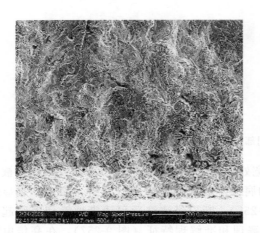

图 9-256　清洗后裂纹由内表面向外表面扩展形貌

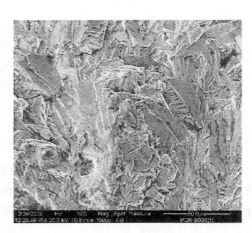

图 9-257　解理和准解理断裂形态

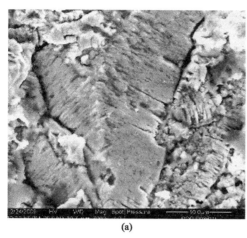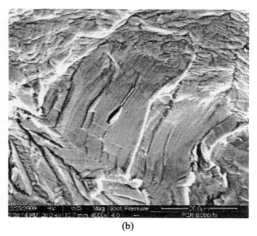

(a)   (b)

图 9-258 高倍电镜下疲劳条带形貌

（3）化学成分分析 经测定，开裂铜管的化学成分见表 9-26，符合 GB/T 5232—2001 中的技术要求。

表 9-26 开裂铜管的化学成分与技术要求

化学成分/%	Cu	Sn	As	Fe	Pb	Ni	Zn
开裂铜管	70.42	1.15	0.04	0.07	0.02	0.01	余量
GB/T 5232—2001 HSn70-1	69.0～71.0	0.80～1.30	0.03～0.06	≤0.10	≤0.05	≤0.50	余量

（4）硬度测定 铜管表面硬度为 $120～130HV_{0.2}$。

（5）残余应力检查 从无裂纹部位切取试样，采用氨熏法试验，未发现有任何裂纹产生，说明残余应力不大。

（6）显微组织检查 从铜管裂纹部位取样，经磨平抛光后观察，铜管内表面有明显的沿晶腐蚀、脱锌和不同形态及深度的腐蚀坑和微裂纹，裂纹由内表面向外表面扩展（图 9-259～图 9-261）。铜管外表面较光洁，无腐蚀特征。经侵蚀后，基体组织为 α 单相组织，晶粒较细小，晶粒度大小为 0.025mm（图 9-262）。

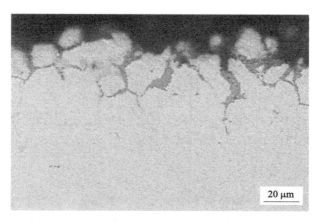

20 μm

图 9-259 沿晶腐蚀和少量脱锌（铜红色） 500×

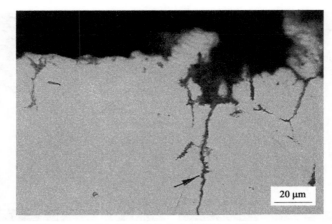

图 9-260　腐蚀坑和沿晶分布的腐蚀和裂纹　500×

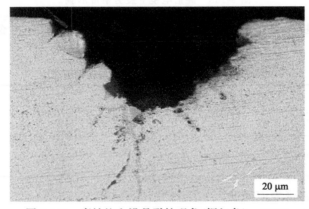

图 9-261　腐蚀坑和沿晶脱锌现象(铜红色)　500×

图 9-262　α单相细晶组织（0.025mm）　100×

9.6.14.3　结果分析

对失效黄铜检查结果可见，铜管外表面较光洁，无锈蚀、划痕等缺陷。而内表面有一层较厚的深褐色腐蚀产物，经扫描电镜和金相组织检查，证实腐蚀疲劳裂纹是由管内壁腐蚀坑与沿晶腐蚀形成和扩展所致。产生腐蚀和裂纹必须要有腐蚀介质和外应力的存在，经能谱对腐蚀产物成分测定，腐蚀产物中含有 Cl、O、S、C 等元素。由于管内通水冷却降低管外油温，根据有关文献介绍，HSn70-1 锡黄铜在冷却水中氯离子超过 300mg/L 就会产生脱锌腐蚀。一般水中可能存在 C、CO_2、Cl_2、Cl^-、HSO_4^-、SO_4^{2-}、S、H_2S 等微量物质，在铜与水界面处会形成 Cu_2S、Cu_2O、CuCl、CuS、$CuSO_4$ 等腐蚀产物，所以会使铜管内壁在长时间的通水过程中产生缓慢腐蚀。一般长 2.3m 的黄铜管安装后无外界应力的作用，但检查结果表明有腐蚀疲劳裂纹的存在，说明不仅有腐蚀介质的存在，同时还必须要有一定振幅的动态外加交变应力的作用。腐蚀疲劳裂纹即使交变应力很小也可能产生，并不需要像应力腐蚀开裂的静载拉伸应力那样必须达到一定的门槛值才会发生，所以腐蚀疲劳不存在疲劳极限。这个很小振幅的外加应力，可能是设备在运行过程中有一定的振动，即使微小的振幅引起的应力也会在应力集中的腐蚀坑和晶界腐蚀处萌生微裂纹，并缓慢地随应力变化而向铜管内部扩展，最终形成贯穿铜管壁的宏观裂纹。

9.6.14.4 结论

① 失效黄铜管材质符合 GB/T 5232—2001 中 HSn70-1 牌号要求。

② 黄铜管横向裂纹是由管内壁产生腐蚀和外加微小应力的共同作用下引起的腐蚀疲劳裂纹。

参考文献

［1］ 毛小云. φ400×1200 冷轧辊的断辊失效分析 ［J］. 理化检验（物理分册）, 1988（3）: 58.

［2］ GB/T 1172—1999.

［3］ 中国机械工程学会摩擦学学会主编. 摩擦磨损润滑译文集 ［M］. 上海: 上海科技出版社, 1982.

［4］ ［日］ 润滑学会编. 润滑故障及其预防措施 ［M］. 池金译. 北京: 机械工业出版社, 1983.

［5］ 南京工学院考研组. 材料力学: 下册 ［M］. 北京: 人民教育出版社, 1960.

［6］ ［苏］ r•c 皮萨连科等著. 材料力学手册（第二版）［M］. 范钦珊, 朱祖成译. 北京: 中国建筑工业出版社, 1982.

［7］ 梁思祖等. 锅炉后管板泄漏事故分析 ［J］. 理化检验（物理分册）, 1996（32）: 47.

［8］ 刘以宽等. H13 钢热压锻模的试验和应用 ［J］. 金属热处理, 1984（10）: 7.

［9］ 王万阁. 4Cr5MoSiV1（H13）模具钢 ［J］. 模具工业, 1990（4）: 5.

［10］ 司鹏程等. 热作模具材料的进展 ［J］. 金属热处理, 1993（1）: 13.

［11］ 乔学亮等. 微量元素的动态偏聚与 H13 钢的高温脆性 ［J］. 机械工程材料, 1992（6）: 17.

［12］ ［英］ O. E Okoraofr. M2 和 H13 合金工具钢的断裂韧性 ［J］. 陈洵泽. 国外金属热处理, 1987（5）: 5.

［13］ 吴效林. 关于球墨铸铁的断裂形貌和断裂特征的一些研究 ［J］. 热加工工艺, 1980（03）: 15.

［14］ ［美］ John Dodd. 高强度高延性球墨铸铁 ［J］. 国外铸造, 1979（4）: 13.

［15］ 黄子康等. 球铁曲轴弯曲疲劳强度和组织之间的关系 ［J］. 机械工程材料, 1983（2）: 3.

［16］ 高令怡. 碳素结构钢的锻造过热与锻件曲轴的断裂分析 ［J］. 金属材料与热加工工艺, 1980（4）: 13.

［17］ 牛俊民. 用扫描电子显微镜观察分析锻件中的"鸟巢"缺陷 ［J］. 理化检验（物理分册）, 1984（12）: 45.

［18］ 韩旭红等. 停车轴的断裂失效分析 ［J］. 金属热处理, 1993（1）: 41.

［19］ 孙兴邦. 大型锻件防白点热处理工艺 ［J］. 金属热处理, 1983（12）: 37.

［20］ ［英］ J. C 斯库里. 腐蚀原理 ［M］. 李启中译. 北京: 水利电力出版社, 1984.

［21］ ［美］ M. G 方坦纳, N•D 格林等. 腐蚀工程 ［M］. 左景伊译. 北京: 化学工业出版社, 1982.

［22］ ［英］ O. R 艾万思. 金属的腐蚀与氧化 ［M］. 华保定译. 北京: 机械工业出版社, 1976.

［23］ 胡德昌. 金属结构与抗蚀 ［M］. 北京: 宇航出版社, 1987.

［24］ 中国机械工程学会材料学会主编. 焊接工艺与失效分析 ［M］. 北京: 机械工业出版社, 1989.

［25］ 宋宏图等. L-B 型组合式制动梁产生裂纹原因的分析与建议 ［J］. 理化检验（物理分册）, 2006, 42（6）: 311.

［26］ 王广生等. 金属热处理缺陷分析及案例 ［M］. 北京: 机械工业出版社, 2007.

［27］ 刘宗昌. 钢件的淬火开裂及防止方法 ［M］. 北京: 冶金工业出版社, 1991.

［28］ 梁焕文. 微量残存元素对 45 钢制件变形与开裂的影响 ［J］. 理化检验（物理分册）, 1986（2）: 39.

［29］ 丁安民. 热处理裂纹分析 ［J］. 热加工工艺, 1980（3）: 53.

［30］ 甘春瑾. 汽车后桥断裂分析 ［J］. 理化检验（物理分册）, 1999（10）: 460.

［31］ 张瑛洁, 邹伟等. 机车摇枕断裂分析 ［J］. 理化检验（物理分册）, 1999（10）: 463.

［32］ QCn262—1999.

［33］ 许大冲. 在气体 C-N 共渗层中出现黑色组织原因研究 ［J］. 航空材料, 1982（2）: 21.

［34］ 洪班源等. 化学热处理 ［M］. 哈尔滨: 黑龙江人民出版社, 1981.

［35］ 王冶等. 金属热处理 ［J］, 1983（11）: 2.

［36］ 李炳生. 金属材料与热加工工艺 ［J］, 1979（5）: 54.

［37］ 董加祥等. 金属材料与热加工工艺 ［J］, 1980（4）: 32.

［38］ 洪觉宏.金属热处理［J］，1981（8）：35.

［39］ 郑明新等.金属热处理［J］，1984（4）：23.

［40］ 小野法二.精密加工［J］，1977，4（6）.

［41］ 辅机零件失效缺陷分析编写组.辅机零件失效及缺陷分析［M］.航空与航天编辑部，1985（9）：254.

［42］ 朱宗元等.模具钢电火花加工变质层性能研究［J］.机械工程材料，1988（3）：13.

［43］ 朱宗元.模具钢电火花加工变质层组织的研究［J］.理化检验（物理分册），1988（4）：10.

［44］ 李亚兰等.提高模具放电加工层的性能与使用寿命［J］.金属热处理，1984（11）：4.

［45］ 周平南.高压燃油管开裂分析［J］.理化检验（物理分册），2005，41（9）：475.

［46］ 赵建平，孙涛.UG-75/5.3-M21锅炉水冷壁上集箱爆管事故分析［J］.理化检验（物理分册），2005，41（9）：467.

［47］ 徐世清.高强度钢零件环境脆的成因和预防措施［J］.机械工程材料，1984（3）：56.

［48］ 黎永钧.低碳马氏体钢延迟断裂特征的研究［J］.机械工程材料，1980（2）：4-5.

［49］ ［日］ 筱原孝顺，松本桂一.应力腐蚀裂纹的诊断［J］.材料，30（337）：951.

［50］ 吴光译.合金元素和组织对结构钢抗氢脆能力的影响［J］.国外金属材料，1980（2）：11.

［51］ 肖纪美.韧化原理和工艺——提高材料断裂韧性的途径［J］.国外金属材料，1977（4）：10-11.

［52］ 陈福林.锅炉过热器弯头爆管原因分析［J］.理化检验（物理分册），1990（1）：51.

［53］ 孙忠孝.电站锅炉钢管应变时效脆化研究［J］.理化检验（物理分册），1992（2）：21.

［54］ 蔡泽高.金属磨损与断裂［M］.上海：上海交通大学出版社，1985.

［55］ 蒋智翔等.锅炉及压力容器受压元件强度［M］.北京：机械工业出版社，1999（7）.

［56］ 李之光，王铣庆.锅炉受压元件强度分析与设计［M］.北京：机械工业出版社，1988.

［57］ 吴连生.断裂失效分析［J］.理化检验（物理分册），1983（5）：41.

［58］ 胡世炎等.机械失效分析手册［M］.成都：四川科学技术出版社，1989.

［59］ 一机部机电研究所轧辊课题组.金属薄板冷轧工作辊的表层疲劳剥落［J］.金属热处理，1982（9）：4.

［60］ 柯伟，杨武.腐蚀科学技术的应用和失效案例［M］.北京：化学工业出版社 2006.

［61］ 孙繁革.固定转化器泄漏原因分析［J］.理化检验（物理分册），1999，35（11）：512.

［62］ 郑文龙.金属构件断裂分析与防护［M］.上海：上海科学技术出版社，1980.

［63］ ［美］ A·约翰·塞德莱克斯.不锈钢的腐蚀［M］.耿文范译.北京：机械工业出版社，1986.

［64］ 张栋，钟培道，陶春虎，雷祖圣.失效分析［M］.北京：国防工业出版社，2008.

［65］ ［苏］ Г·Ф·高洛文，M·M·查美特宁.高频热处理［M］.王东升译.北京：机械工业出版社，1965.

［66］ 中国机械工程学会主编.齿轮失效分析［M］.北京：机械工业出版社，1992：70.